제2판

기계공학 핵심역학

제2판

기계공학 핵심역학

MECHANICAL ENGINEERING & MECHANICS

유주식 지음

KM 경문사

머리말

이 책은 기계공학의 4대 역학 과목(정역학, 동역학, 재료역학, 유체역학)에 대한 내용을 담고 있다. 이 책을 쓴 주된 목적은, 기계공학의 주요 기초 과목을 전체적으로 쉽게 공부할 수 있도록 하는 것이다.

여기에서 다루고 있는 과목들은 대부분의 대학에서 한 학기 이상씩 배우는 것으로 각 과목의 내용을 모두 소개하는 것은 어렵다. 따라서 전반적인 기계공학 공부에 도움이 되는 주요 핵심 내용을 뽑아서 수록하도록 노력하였다.

이 책에서는 기본적인 핵심 내용을 예제와 함께 제시하였고, 기본 개념 파악을 주된 목적으로 하여 충분한 양의 연습문제를 수록하였다. 연습문제에서는 중등교사 및 공무원 임용시험에 출제된 문제를 많이 수록하여 각종 시험을 준비하는 데 도움이 되게 하였다. 모든 연습문제의 해답을 수록하고 대부분의 문제에 대해 풀이 과정을 상세히 기술하였다.

아무쪼록 이 책이 기계공학 공부와 각종 시험 준비에 좋은 길잡이가 되길 바라는 바이다. 끝으로 책의 출판에 도움을 주신 도서출판 경문사 관계자들께 감사드린다.

2023년 2월

유 주 식

차례

CHAPTER 1 단위

CHAPTER 2 정역학

CHAPTER 3 동역학

CHAPTER 4

재료역학

CHAPTER 5

유체역학

CHAPTER

1

단위

1.1 차원과 단위

물리량의 성질을 표현하기 위해 사용되는 변수를 차원(dimension)이라 한다. 단위(unit)는 인위적으로 정한 크기를 기준으로 차원을 표현하기 위해 사용되는 것을 말하며, 여러 가지로 표현될 수 있다. 예를 들어 길이의 차원은 하나이지만, 길이의 단위에는 mm, cm, m, 자, 척, inch, feet 등 여러 가지가 있다. 따라서 인위적으로 정한 크기는 기준에 따라 다를 수가 있으므로 각 나라마다 사용하는 단위가 다양하게 나타나는데 최근에는 국제적으로 공인된 SI 단위(International System of Unit)를 많이 사용하는 추세에 있다.

공학에서는 대부분 문자를 사용하여 현상을 해석하지만 실제의 물리량은 모두 단위를 가지고 있다. 특히 역학에서는 차원이 다른 여러 가지 물리량들이 여러 종류의 단위(mm, cm, km, mm^2, cm^2, dyne, N, kN, kgf, Pa, MPa, GPa, W, PS, …)로 표현되므로 단위를 잘 알아야 한다. 문자변수로 표현된 결과 식을 알아도(예를 들어 $v=\sqrt{2gh}$, $\Delta L=\dfrac{PL}{AE}$, $H=\dfrac{4\sigma\cos\beta}{\gamma D}$, …) 단위 환산을 잘못하여 틀리는 경우가 많으므로 단위에 대한 개념을 확실하게 파악해 두도록 한다.

1. SI 단위

SI 단위는 국제표준화기구(국제 도량형 총회)에서 단위를 통일하여 국제적으로 통용되도록 채택한 단위를 말한다. SI 단위에는 7개의 기본 단위[표 1.1.1]와 2개의 보조 단위[표 1.1.2]가 있다.

표 1.1.1 SI 기본 단위

기본량(차원)	기호	명칭	기본량(차원)	기호	명칭
질량	kg	킬로그램	물질량	mol	몰
길이	m	미터	전류	A	암페어
시간	s	초	광도	cd	칸델라
온도	K	켈빈			

표 1.1.2 SI 보조 단위

기본량	기호	명칭
평면각	rad	라디안(radian)
입체각	sr	스테라디안(steradian)

† 각(평면각과 입체각)은 차원이 없는 무차원량이다.

2. 절대단위계, 중력단위계

(1) 절대단위계(MLT 계)

기준량으로 질량(M), 길이(L), 시간(T)을 잡고 이들을 기본으로 하여 다른 단위를 나타내는 것.

(2) 중력단위계(FLT 계)

기준량으로 힘(F), 길이(L), 시간(T)을 잡고 이들을 기본으로 하여 다른 단위를 나타내는 것.

[표 1.1.3]에 기계공학에서 주로 사용되는 기본차원을 나타내었다. 특히 역학이 주가 되는 기계공학에서 나타나는 거의 모든 물리량들의 차원은 질량(M), 길이(L), 시간(T)의 조합으로 표현된다.

표 1.1.3 기본차원과 SI 단위

물리량	차원	SI 단위	물리량	차원	SI 단위
질량	M	kg	온도	Θ	K
길이	L	m	평면각		rad
시간	T	s			

예제 1.1.1

속도(v)는 단위시간(t)당 이동거리(s)를 나타내고, 가속도(a)는 단위 시간(t)당 속도(v)의 변화량이다. 가속도의 차원을 MLT 계로 나타내어라.

풀이 속도의 차원($[v]$)은

$$[v]=\frac{[s]}{[t]}=\frac{L}{T}$$

이므로, 가속도의 차원($[a]$)은 다음과 같다.

$$[a]=\left[\frac{dv}{dt}\right]=\frac{[v]}{[t]}=\frac{L/T}{T}=LT^{-2}$$ ■

예제 1.1.2

밀도(ρ)는 단위 부피(V)당 질량(m)으로 정의된다. 밀도의 차원을 MLT 계로 나타내어라.

풀이 밀도의 정의에 의해 차원($[\rho]$)은 다음과 같다.

$$[\rho]=\left[\frac{\text{질량}}{\text{부피}}\right]=\frac{[\text{질량}]}{[\text{부피}]}=\frac{M}{L^3}=ML^{-3}$$ ■

예제 1.1.3

단위면적에 수직으로 작용하는 힘을 압력(pressure)이라 한다. 면적 A에 힘 F가 수직으로 작용할 때 압력 $P=F/A$이다. 압력의 차원을 FLT계와 MLT계로 나타내어라.

풀이 압력 $P=\dfrac{F}{A}$이므로 FLT 계에서 압력의 차원은

$$[P]=\left[\frac{F}{A}\right]=\frac{[F]}{[A]}=\frac{F}{L^2}$$

이고, 힘의 차원$[F]$은

$$[F]=[ma]=[m][a]=M\times(L/T^2)=ML/T^2$$

이므로 MLT계에서 압력의 차원은 다음과 같다.

$$[P]=\frac{F}{L^2}=\frac{ML/T^2}{L^2}=\frac{M}{LT^2}$$ ■

3. 역학에 관한 단위계

(1) M·K·S 단위계(SI 단위계)

길이 (m), 질량 (kg), 시간 (s)을 기본단위로 하는 단위계. 힘의 단위는 N(Newton), 압력은 Pa(Pascal), 일과 에너지는 J(Joule), 일률(동력)은 W(Watt)이다.

① 1N: 1kg의 물체에 1m/s^2의 가속도를 내게 하는 힘.

$$1\text{N} = 1\text{kg} \cdot \text{m/s}^2$$

② 1J: 1N의 힘을 작용하여 1m 이동했을 때 한 일.

$$1\text{J} = 1\text{N} \cdot \text{m}$$

③ 1Pa: 1N의 힘이 1m^2에 수직으로 작용할 때의 압력.

$$1\text{Pa} = 1\text{N/m}^2 \quad (1\,\text{bar} = 10^5\,\text{Pa})$$

④ 1W: 1초에 1J의 일을 할 때의 일률.

$$1\text{W} = 1\text{J/s} = 1\text{N} \cdot \text{m/s}$$

(2) c·g·s 단위계

길이 (cm), 질량 (g), 시간 (s)을 기본단위로 하는 단위계.

① 1dyne: 1g의 물체에 1cm/s^2의 가속도를 일으키는 힘.

$$1\text{dyne} = 1\text{g} \cdot \text{cm/s}^2 \quad (1\text{N} = 10^5\,\text{dyne})$$

② 1erg: 1dyne의 힘을 작용하여 1cm 이동했을 때 한 일.

$$1\,\text{erg} = 1\,\text{dyne} \cdot \text{cm} \quad (1\text{J} = 10^7\,\text{erg})$$

(3) 중력 단위계

길이 (m), 시간 (s)과 힘의 단위 kgf를 사용한다.

- 1kgf: 질량 1kg의 물체에 작용하는 중력(1kg의 무게).

$$1\text{kgf} = 9.80665\,\text{N}$$

예제 1.1.4

SI 단위계에서 1 J의 일은 cgs 단위계에서 몇 erg인가?

풀이 SI 단위에서 힘과 거리를 cgs 단위로 표현하면

$$1\text{N} = 10^5\,\text{dyne},\ \ 1\text{m} = 10^2\,\text{cm}$$

이므로 1 J의 일을 cgs 단위계의 erg로 나타내면 다음과 같다.

$$1\text{J} = 1\text{N} \cdot \text{m} = 10^5\,\text{dyne} \cdot 100\text{cm} = 10^7\,\text{erg}$$ ■

예제 1.1.5

중력단위계에서 40kgf의 힘은 SI 단위계에서 몇 kN 인가?

풀이

$$F = 40\text{kgf} = 40\text{kg} \times g = 40\text{kg} \times 9.8\text{m/s}^2 = 392\,\text{N} = 0.392\,\text{kN}$$ ■

예제 1.1.6

압력 $10\,\text{kgf/cm}^2$은 몇 kPa인가?

풀이 SI 단위계에서 압력 $1\text{Pa} = 1\text{N/m}^2$이고, $1\text{kgf} = 9.8\text{N}$, $1\text{cm} = 10^{-2}\text{m}$이므로

$$\begin{aligned} 10\frac{\text{kgf}}{\text{cm}^2} &= 10 \times \frac{9.8N}{(10^{-2}m)^2} = 9.8 \times 10^5 \frac{N}{m^2} \\ &= 9.8 \times 10^5\,\text{Pa} \\ &= 980\,\text{kPa} \end{aligned}$$

이다. 여기에서 $1\text{kPa} = 10^3\,\text{Pa}$이다. ■

예제 1.1.7

단위면적에 수직으로 작용하는 힘을 압력이라 한다. 면적 A에 힘 F가 수직으로 작용할 때 압력 $P = F/A$이다.

$10\,\text{cm}^2$의 면적에 40N의 힘이 수직으로 가해지면 면적에 작용하는 압력은 몇

kPa인가?

풀이 면적 $A = 10\,\text{cm}^2$, 힘 $F = 40\text{N}$이므로 압력은 다음과 같다.

$$P = \frac{F}{A} = \frac{40\text{N}}{10\text{cm}^2} = 4 \times \frac{\text{N}}{(10^{-2}\text{m})^2}$$

$$= 4 \times 10^4 \frac{\text{N}}{\text{m}^2} = 4 \times 10^4\,\text{Pa}$$

$$= 40\text{kPa}$$

■

SI 단위계(Standard International unit)는 각국에서 사용하던 단위계를 표준화시키기 위하여 만든 것이다. [표 1.1.4]에 기계공학의 역학에서 많이 사용하는 기본 단위를 요약하여 나타내었다.

표 1.1.4 역학의 기본 단위

물리량	MKS (SI)		cgs	
	기호	이름	기호	이름
질량	kg	킬로그램	g	그램
길이	m	미터	cm	센티미터
시간	s	초	s	초
열역학 온도	K	켈빈	K	켈빈
평면각	rad	라디안	rad	라디안
전류	A	암페어	A	암페어
힘	N	뉴턴	dyne	다인
압력, 응력	Pa (N/m^2)	파스칼	dyne/cm^2	
일, 에너지	J	줄	erg	에르그
일률, 동력	W	와트	erg/s	

[표 1.1.5]는 SI 단위계에서 사용하는 접두사이다. 그리고 [부록]에 기계공학에서 많이 나타나는 물리량들의 차원과 SI 단위를 종합적으로 나타내었다. 역학을 공부할 때 나타나는 각종 물리량들의 차원과 단위를 잘 알아두도록 한다. 단위를 안다는 것은 그 물리량을 안다는 것과 같은 말이다.

표 1.1.5 SI 단위의 접두사

곱해지는 수	명칭	기호	곱해지는 수	명칭	기호
10^{12}	tera	T	10^{-3}	milli	m
10^{9}	giga	G	10^{-6}	micro	μ
10^{6}	mega	M	10^{-9}	nano	n
10^{3}	kilo	k	10^{-12}	pico	p
10^{-2}	centi	c			

예

$$2\,\mathrm{km} = 2\times10^{3}\,\mathrm{m}\ ;\ 4\,\mathrm{MPa} = 4\times10^{6}\,\mathrm{Pa}\ ;\ 8\,\mathrm{mm} = 8\times10^{-3}\,\mathrm{m}.$$ ■

1.2 일과 동력

1. 일(work)

[그림 1.2.1]과 같이 힘 F(N)이 물체에 작용하여 힘(F)의 방향으로 s(m)만큼 이동하였을 때 힘 F가 물체에 대하여 한 일 W(J)은 다음과 같다.

$$W = Fs$$

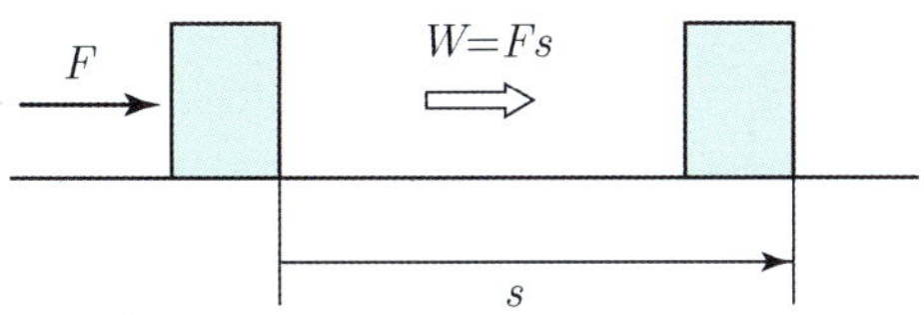

그림 1.2.1

1 N의 힘을 작용하여 힘의 방향으로 1 m 이동하였을 때 한 일의 양을 1J(Joule)이라 한다.

$$1\,\mathrm{J} = 1\,\mathrm{N} \cdot \mathrm{m} = 1\,\mathrm{kg} \cdot \mathrm{m}^2/\mathrm{s}^2$$

일의 정의는 $W = \int \vec{F} \cdot \vec{ds}$이다. [그림 1.2.2]와 같이 일정한 힘 $\vec{F}$의 방향과 이동거리 $\vec{s}$의 방향이 θ의 각을 이루면 $W = Fs\cos\theta$이다.

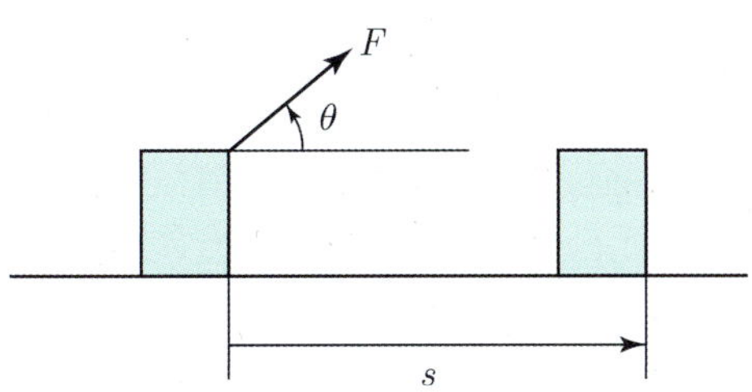

그림 1.2.2

Note 어떤 사람이 50kg의 물건을 지고 수평방향으로 10km를 걸어갔을 때 한 일의 양은 얼마일까? 상당히 무거운 짐을 지고 꽤 먼 거리를 힘들게 걸어갔으므로 많은 일을 했다고 생각이 든다. 그런데 공학(자연과학)의 관점에서 보면 이 사람이 한 일의 양은 0(zero)이다. 왜냐하면 힘의 방향과 걸어간 거리의 방향이 직각이므로 $W = Fs\cos 90° = 0$이기 때문이다. 일상생활에서 사용하는 일이란 용어와 공학(자연과학)에서 사용하는 일이란 용어의 개념은 다르다.

예제 1.2.1

수평면에 놓인 물체에 수평방향으로 20 N의 힘을 가하여 수평방향으로 4m의 거리를 이동하였을 때 물체에 한 일(J)을 구하여라.

풀이 물체에 작용하는 힘의 방향과 물체의 이동 방향이 같으므로

$$W = Fs = 20\text{N} \cdot 4\text{m} = 80\text{N} \cdot \text{m} = 80\,\text{J}$$ ■

예제 1.2.2

수평면에 놓인 물체에 수평면과 30°의 방향으로 10 N의 힘을 가하여 수평방향으로 5m의 거리를 이동하였을 때 물체에 한 일(J)을 구하여라.

풀이 물체에 작용하는 힘의 방향과 물체의 이동 방향이 $\theta = 30°$의 각을 이루므로

$$\begin{aligned} W &= Fs\cos\theta = 10\text{N} \cdot 5\text{m} \cdot \cos 30° \\ &= 25\sqrt{3}\,\text{N} \cdot \text{m} = 25\sqrt{3}\,\text{J} \end{aligned}$$ ■

2. 동력(power)

단위 시간 동안에 한 일의 양을 동력(power, 일률)이라 한다. 시간 t 동안에 한 일의 양이 W이면 동력 P는 다음과 같다.

$$P = \frac{W}{t}$$

(1) 직선 운동

속도 v로 운동하는 물체에 같은 방향으로 F의 힘이 작용할 때 동력(P)은 다음과 같다.

$$P = Fv$$

(2) 회전운동

각속도 ω로 회전하는 물체에 회전방향으로 T의 토크가 작용할 때 동력(P)은 다음과 같다.

$$P = T\omega$$

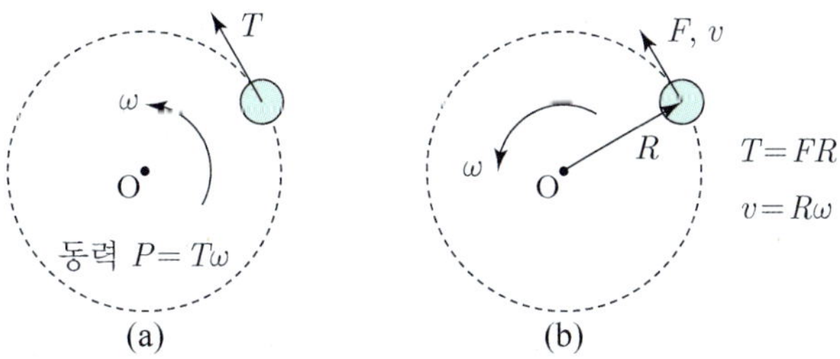

그림 1.2.3 회전체의 동력

설명
- 직선운동: $P = \dfrac{W}{t} = \dfrac{Fs}{t} = F \times \dfrac{s}{t} = Fv$
- 회전운동: 힘의 모멘트(토크 T)에 의해 각위치가 θ_1에서 θ_2로 이동하였을 때 한 일은

$$W = \int_{\theta_1}^{\theta_2} T d\theta$$

이다. 토크가 일정할 때 각 변위 $\Delta\theta = \theta_2 - \theta_1$이면 일은

$$W = T\Delta\theta$$

이고 동력은 다음과 같다[그림 1.2.3(a)].

$$P = \frac{dW}{dt} = T\frac{d\theta}{dt} = T\omega$$

† [그림 1.2.3(b)]와 같이 물체에 작용하는 힘을 F, 회전 중심으로부터의 거리를 R이라 하면 토크 $T = FR$이고, 물체의 선속도 $v = R\omega$이다. 따라서 동력은 다음과 같다.

$$P = Fv = F \times (R\omega) = (FR)\omega = T\omega$$

예제 1.2.3

주행 방향으로 2kN의 힘을 받고 시속 90km로 달리는 자동차의 동력은 몇 kW인가?

풀이 자동차가 받는 힘 $F = 2\text{kN}$이고 자동차의 속도(v)는

$$v = 90\frac{\text{km}}{\text{hr}} = 90 \times \frac{1000\text{m}}{3600\text{s}} = 25\text{m/s}$$

이므로 자동차의 동력(P)은 다음과 같다.

$$P = Fv = 2\text{kN} \times 25\frac{\text{m}}{\text{s}} = 50\frac{\text{kN} \cdot \text{m}}{\text{s}} = 50\text{kW}$$

■

예제 1.2.4

500N · m의 토크를 받고 4rad/s의 각속도로 회전하는 물체의 동력은 몇 kW인가?

풀이 토크 $T = 500\text{N} \cdot \text{m}$, 각속도 $\omega = 4\text{rad/s}$이다. 물체의 동력(P)은 다음과 같다.

$$P = T\omega = (500\text{N} \cdot \text{m}) \times \left(4\frac{\text{rad}}{\text{s}}\right)$$
$$= 2000\left(\frac{\text{N} \cdot \text{m}}{\text{s}}\right) = 2000(\text{W}) = 2(\text{kW})$$

이상에서 각도의 단위 radian은 무차원량이다. ■

3. 각속도와 원주 속도

(1) 회전속도 N(rpm)으로 회전하는 물체의 각속도 ω(rad/s)는 다음과 같다.

$$\omega = \frac{2\pi N}{60} \ \ (\text{rad/s})$$

(2) 지름 D(mm)인 원 위에서 회전속도 N(rpm)으로 회전하는 물체의 원주 속도 v(m/s)는 다음과 같다.

$$v = \frac{D}{2000} \times \frac{2\pi N}{60} \ \ (\text{m/s})$$

설명 • 1분 동안에 N 바퀴를 회전하고, 한 바퀴(360°)는 2π(rad)이므로 1분 동안에 회전한 각은 $2\pi N$(rad)이다. 그리고 1분은 60초이므로 각속도(ω)는 다음과 같다.

$$\omega = \frac{\Delta\theta}{\Delta t} = \frac{2\pi N}{60} \left(\frac{\text{rad}}{\text{s}}\right)$$

• 반지름 R일 때 원주 속도 $v = R\omega$이다. 1m = 1000mm, $R = \frac{D}{2}$이므로 단위를 환산하면 속도(v)는 다음과 같다.

$$v = R\omega = \left(\frac{D}{2} \times \frac{1}{1000}\right) \times \frac{2\pi N}{60} = \frac{D}{2000} \times \frac{2\pi N}{60} \ \left(\frac{\text{m}}{\text{s}}\right)$$

예제 1.2.5

900N · m의 토크를 받고 100rpm으로 회전하는 축이 전달하는 동력은 몇 kW인가?

풀이 토크 $T = 900\text{N} \cdot \text{m}$, 회전수 $N = 100\text{rpm}$이다. 각속도(ω)는

$$\omega = \frac{2\pi N}{60} \ \ (1/\text{s})$$

이므로 축이 전달하는 동력(P)은 다음과 같다.

$$P = T\omega = T \times \frac{2\pi N}{60}$$

$$= (900\text{N} \cdot \text{m}) \times \frac{2\pi \times 100}{60\text{s}}$$

$$= 3000\pi\left(\frac{\text{N}\cdot\text{m}}{\text{s}}\right)$$

$$= 3000\pi(\text{W}) = 3\pi(\text{kW})$$ ■

4. 동력의 단위

공학에서 자주 나타나는 중요한 물리량 중의 하나는 동력(일률, power)이며 일반적으로 많이 사용하는 동력의 단위에는 kW와 마력(PS)이 있다.

$1\,\text{kW} = 1000\,\text{N}\cdot\text{m/s} = 102\,\text{kgf}\cdot\text{m/s}$

$1\,\text{PS} = 75\,\text{kgf}\cdot\text{m/s} = 735.5\,\text{W}$

설명

- $1\,\text{kgf} = 9.80665\,\text{N}$
- $1\,\text{kW} = 1000\text{N}\cdot\frac{\text{m}}{\text{s}} = 1000\times\frac{\text{kgf}}{9.80665}\cdot\frac{\text{m}}{\text{s}} = 102\,\text{kgf}\cdot\frac{\text{m}}{\text{s}}$
- $1\,\text{PS} = \frac{75\,\text{kgf}\cdot\text{m}}{\text{s}} = \frac{75\times 9.80665\text{N}\cdot\text{m}}{\text{s}}$

$$= 735.5\frac{\text{N}\cdot\text{m}}{\text{s}} = 735.5\frac{\text{J}}{\text{s}} = 735.5\,\text{W}$$

예제 1.2.6

300kgf·m의 토크를 받고 5rad/s의 각속도로 회전하는 물체의 동력은 몇 PS인가?

풀이 토크 $T = 300\text{kgf}\cdot\text{m}$, 각속도 $\omega = 5\,\text{rad/s}$이다. $1\,\text{PS} = 75\,\text{kgf}\cdot\text{m/s}$이므로 동력(PS)은 다음과 같다.

$$P = T\omega = (300\text{kgf}\cdot\text{m})\times\left(5\frac{\text{rad}}{\text{s}}\right)$$

$$= 1500\left(\frac{\text{kgf}\cdot\text{m}}{\text{s}}\right)$$

$$= 1500\times\frac{1}{75}(\text{PS}) = 20(\text{PS})$$ ■

5. 에너지(energy)

일을 할 수 있는 능력을 에너지라 하며, 그 저장 형태에 따라 역학적 에너지, 전기 에너지, 원자력 에너지 등이 있다.

에너지의 단위는 일의 단위(J)와 같고, 에너지의 종류에 따라 cal(열 에너지), Wh(와트시, 전기 에너지), eV(원자력 에너지) 등을 사용한다. J와 cal, Wh, eV의 관계는 다음과 같다.

$$1\,\text{cal} = 4.18681\,\text{J}, \qquad 1\,\text{Wh} = 3600\,\text{J}, \qquad 1\,\text{eV} = 1.60217733 \times 10^{-19}\,\text{J}$$

그 외에 화학 에너지(석탄, 석유 등의 화석연료나 전지 또는 음식물 등의 물질에 저장되어 있는 에너지), 파동 에너지(파동에 의해 전달되는 에너지), 빛 에너지(태양이나 전구 등이 가지고 있는 에너지) 등의 여러 종류가 있다. 열역학에서 많이 취급하는 열기관에서는 '역학적 에너지'와 '열 에너지'를 주로 고려한다.

태양 에너지는 대부분의 에너지의 근원이다. 태양 에너지가 근원이 아닌 에너지에는 지열 에너지, 핵 에너지 등이 있다.

예제 1.2.7

에너지의 차원을 MLT 계로 나타내어라.

풀이 에너지(E)의 차원은 일(W)의 차원과 같다.

$$[E] = [W] = [Fs] = [ma][s] = \frac{ML}{T^2} \times L = \frac{ML^2}{T^2}$$ ■

6. 운동 에너지, 위치 에너지, 역학적 에너지

(1) 운동하는 물체가 가지고 있는 일을 할 수 있는 능력을 운동 에너지(kinetic energy)라 하며, 속도 v로 운동하고 있는 질량 m인 물체의 운동 에너지 E_k는 다음과 같다.

$$E_k = \frac{1}{2}mv^2$$

(2) 힘을 받는 공간에서 물체의 위치를 바꾸게 되면 그 물체의 일을 할 수 있는 능력이 증가하거나 감소하게 된다. 이와 같이 위치에 따라 발생하는 일을 할 수 있는 능력을 위치 에너지(potential energy)라 한다. 위치 에너지는 물체를 기준위치로부터 그 지점까지 옮기는 데 필요한 일의 양과 같다. 기준 위치를 지면으로 할 때 지면으로부터 높이 h에 있는 질량 m인 물체의 중력에 의한 위치 에너지는 다음과 같다.

$$E_p = mgh \ (g\text{는 중력가속도})$$

(3) 위치 에너지와 운동 에너지를 합하여 역학적 에너지라 한다.

위치 에너지는 기준위치의 값을 0으로 하고, 기준위치로부터 측정한 양을 나타내므로 양(+) 또는 음(−)의 값을 가질 수 있다. 역학적 에너지는 기계적 에너지라고도 한다.

1.3 단위 연산

차원이 있는 물리량을 계산할 때 단위 연산을 하는 경우, 단위를 문자와 같이 취급하여 연산한다.

예제 1.3.1

높이 $h = 1960\text{cm}$에서 자유낙하한 공이 지면에 떨어졌을 때 공의 속력은 몇 m/s인가? (중력가속도 $g = 9.8\text{m/s}^2$이다.)

풀이 지면에 떨어졌을 때 공의 처음 위치 에너지(mgh)가 전부 운동 에너지$\left(\frac{1}{2}mv^2\right)$로 바뀌므로

$$mgh = \frac{1}{2}mv^2$$

$$\begin{aligned}\therefore\ v &= \sqrt{2gh} = \sqrt{2 \times 9.8\frac{\text{m}}{\text{s}^2} \times 1960\text{cm}} = \sqrt{2 \times 9.8\frac{\text{m}}{\text{s}^2} \times 19.6\text{m}} \\ &= \sqrt{(19.6)^2 \times \frac{\text{m}^2}{\text{s}^2}} = 19.6\sqrt{\left(\frac{\text{m}}{\text{s}}\right)^2} \\ &= 19.6(\text{m/s})\end{aligned}$$

■

예제 1.3.2

지면에서 똑바로 위로 $v = 980\text{cm/s}$의 속력으로 쏘아올린 공이 올라갈 수 있는 최고 높이는 몇 m인가? (중력가속도 $g = 9.8\text{m/s}^2$이다.)

풀이 최고점에서 공의 초기 운동 에너지$\left(\frac{1}{2}mv^2\right)$가 전부 위치 에너지($mgh$)로 바뀌므로

$$\frac{1}{2}mv^2 = mgh$$

$$\therefore \quad h = \frac{v^2}{2g} = \frac{\left(980\frac{\text{cm}}{\text{s}}\right)^2}{2 \times 9.8\frac{\text{m}}{\text{s}^2}} = \frac{\left(9.8\frac{\text{m}}{\text{s}}\right)^2}{2 \times 9.8\frac{\text{m}}{\text{s}^2}} = \frac{9.8^2\text{m}}{2 \times 9.8} = 4.9\text{m}$$ ■

예제 1.3.3

밀도 ρ, 유속 v인 유체의 동압은 $\frac{1}{2}\rho v^2$이다. 밀도와 유속이 각각 $\rho = 1000\text{kg/m}^3$, $v = 2\text{m/s}$일 때 유체의 동압은 몇 Pa인가?

풀이 $1\text{Pa} = 1\text{N/m}^2$, $1\text{N} = 1\text{kg}\cdot\frac{\text{m}}{\text{s}^2}$이므로 동압(Pa)은 다음과 같다.

$$p_v = \frac{\rho v^2}{2} = \frac{\left(1000\frac{\text{kg}}{\text{m}^3}\right) \times \left(2\frac{\text{m}}{\text{s}}\right)^2}{2}$$

$$= 2000\frac{\text{kg}}{\text{m}^3} \times \frac{\text{m}^2}{\text{s}^2}$$

$$= 2000\left(\text{kg} \cdot \frac{\text{m}}{\text{s}^2}\right) \times \frac{1}{\text{m}^2} = 2000\frac{\text{N}}{\text{m}^2}$$

$$= 2000\,\text{Pa}$$ ■

위 예제들에서는 모두 단위를 직접 대입하고 단위 연산과 단위 변환을 하여 원하는 단위로 환산된 값을 구하였다. 그런데 차원이 있는 물리량의 계산에서 나타나는 모든 단위를 어느 한 단위계(SI 단위계, kg, m, s, N, Pa, J, W)로 통일해 주면 복잡한 단위 연산을 하지 않아도 구하고자 하는 값을 얻을 수 있다.

예제 1.3.4

수심 h에서 물에 의한 압력 $p = \gamma h$이다. 물의 비중량과 수심이 각각 $\gamma = 9.8\text{kN/m}^3$, $h = 1\text{m}$일 때 압력은 몇 Pa인가?

풀이 (1) 단위 연산: $1\text{N/m}^2 = 1\text{Pa}$이므로

$$p = \gamma h = \left(9.8\frac{\text{kN}}{\text{m}^3}\right) \times 1\text{m} = \left(9.8 \times \frac{1000\text{N}}{\text{m}^3}\right) \times 1\text{m}$$

$$= 9800\frac{\mathrm{N}}{\mathrm{m}^2} = 9800\mathrm{Pa}$$

(2) 주어진 단위를 SI 단위 m, N으로 통일하여 계산한다. SI 단위계로 나타낸 비중량과 수심은

$$\gamma = 9.8\mathrm{kN/m^3} = 9800\mathrm{N/m^3}, \qquad h = 1\mathrm{m}$$

이므로 압력(Pa)은 다음과 같다.

$$p = \gamma h = 9800 \times 1 = 9800\,(\mathrm{Pa})$$

이상에서 길이와 힘을 SI 단위 m, N으로 바꿔주면 단위 연산을 하지 않아도 나오는 압력의 단위는 SI 단위 Pa이다. ■

예제 1.3.5

이상기체의 상태방정식은 $PV = mRT$이다. 압력 $P = 0.9\,\mathrm{MPa}$, 부피 $V = 4 \times 10^4\,\mathrm{cm^3}$, 기체상수 $R = 0.3\,\mathrm{kJ/kg \cdot K}$, 절대온도 $T = 300\,\mathrm{K}$일 때 기체의 질량(kg)을 구하여라.

풀이 압력(P), 부피(V), 기체상수(R), 온도(T)를 모두 SI 단위로 나타내면

$$P = 0.9\,\mathrm{MPa} = 0.9 \times 10^6\,\mathrm{Pa} = 9 \times 10^5\,\mathrm{Pa}$$
$$V = 4 \times 10^4\,\mathrm{cm^3} = 4 \times 10^4 \times (10^{-2}\mathrm{m})^3 = 0.04\mathrm{m}^2$$
$$R = 0.3\,\mathrm{kJ/kg \cdot K} = 300\mathrm{J/kg \cdot K}$$
$$T = 300\,\mathrm{K}$$

이므로 질량(kg)은 다음과 같다.

$$m = \frac{PV}{RT} = \frac{(9 \times 10^5) \times 0.04}{300 \times 300} = 0.4\,(\mathrm{kg})$$

이상에서 P, V, R, T를 모두 SI 단위로 나타내면 단위 연산을 하지 않아도 나오는 질량의 단위는 SI 단위 kg이다. ■

예제 1.3.6

체적유량 $Q = AV$ 이다. $Q = 40\ell/\mathrm{s}$, 면적 $A = 0.02\,\mathrm{m}^2$일 때 유속 $V(\mathrm{m/s})$를 구하여라. $1\ell = 1000\,\mathrm{cc}$, $1\mathrm{cc} = 1\mathrm{cm}^3$이다.

풀이 체적유량 $Q = AV$에서 $V = Q/A$이므로

$$V = \frac{Q}{A} = \frac{40\ell/\mathrm{s}}{0.02\mathrm{m}^2} = \frac{(40\times1000)\mathrm{cm}^3/\mathrm{s}}{0.02\mathrm{m}^2}$$

$$= \frac{(40\times1000)\times(10^{-2}\mathrm{m})^3/\mathrm{s}}{0.02\mathrm{m}^2}$$

$$= 2\frac{\mathrm{m}^3/\mathrm{s}}{\mathrm{m}^2} = 2\,(\mathrm{m/s})$$

■

예제 1.3.7

질량이 5 kg인 정지해 있는 로켓을 연직 상방으로 $20\mathrm{m/s}^2$으로 가속하기 위해 로켓에 가해야 할 힘을 구하여라.

풀이 연직 상방을 $+y$ 방향으로 하면 중력의 방향은 $-y$ 방향이고 이 방향으로 로켓의 무게(mg)가 작용한다. $+y$ 방향으로 로켓에 가한 힘을 F라고 하면 물체의 가속도 $a = 20\mathrm{m/s}^2$이므로 뉴턴 운동법칙에서

$$\sum F_y = ma_y$$

$$F - mg = ma$$

$$\therefore\ F = ma + mg = m(a+g) = 5\times(20+9.8)\,(\mathrm{N}) = 149\,(\mathrm{N})$$

■

예제 1.3.8

안지름 $D = 20\,\mathrm{cm}$, 동점성계수 $\nu = 1.5\times10^{-6}\,\mathrm{m}^2/\mathrm{s}$, 평균유속 $V = 30\,\mathrm{m/s}$ 일 때 레이놀즈수 $Re = \dfrac{VD}{\nu}$를 구하여라.

풀이 SI 단위로 통일해 계산한다. 안지름 $D = 20cm = 0.2m$이므로

$$Re = \frac{VD}{\nu} = \frac{30\times0.2}{1.5\times10^{-6}} = 4\times10^6$$

■

† 레이놀즈수(Re: Reynolds number)는 무차원수(dimensionless number)이다.

예제 1.3.9

피토관으로 측정한 동압이 ΔP일 때 유속 $V=\sqrt{\frac{2\Delta P}{\rho}}$이다. 유체의 밀도 $\rho=1000\text{kg/m}^3$, $\Delta P=200\,\text{kPa}$일 때 유속 $V(\text{m/s})$를 구하여라.

풀이 SI 단위 kg, m, Pa로 통일하여 계산한다.

$$\rho=1000\text{kg/m}^3$$
$$\Delta P=200\,\text{kPa}=200\times10^3\,\text{Pa}$$

이므로 유속 $V(\text{m/s})$은 다음과 같다.

$$V=\sqrt{\frac{2\Delta P}{\rho}}=\sqrt{\frac{2\times(200\times10^3)}{1000}}=20(\text{m/s})$$

이상에서 SI 단위로 통일하여 나타내면 단위 연산을 하지 않아도 나오는 속도의 단위는 SI 단위 (m/s)이다. 실제로 다음과 같이 단위 연산을 해보면 압력이 Pa, 밀도가 kg/m^3일 때 속도의 단위$[v]$는 (m/s)가 된다.

$$[v]=\sqrt{\frac{\text{Pa}}{\text{kg/m}^3}}=\sqrt{\frac{\text{N/m}^2}{\text{kg/m}^3}}=\sqrt{\frac{(\text{kg}\cdot\text{m/s}^2)/\text{m}^2}{\text{kg/m}^3}}=\sqrt{\frac{\text{m}^2}{\text{s}^2}}=\frac{\text{m}}{\text{s}}$$ ■

예제 1.3.10

이상기체의 상태방정식은 $\frac{P}{\rho}=RT$이다. 압력 $P=574\,\text{kPa}$, 기체상수 $R=0.287\,\text{kJ/kg}\cdot\text{K}$, 절대온도 $T=400\,\text{K}$일 때 기체의 밀도 $\rho[\text{kg/m}^3]$를 구하여라.

풀이 압력(P), 기체상수(R), 온도(T)를 모두 SI 단위로 나타내면

$$P=574\,\text{kPa}=574\times10^3\,\text{Pa}$$
$$R=0.287\,\text{kJ/kg}\cdot\text{K}=287\text{J/kg}\cdot\text{K}$$
$$T=400\,\text{K}$$

이므로 밀도(kg/m^3)는 다음과 같다.

$$\rho = \frac{P}{RT} = \frac{574 \times 10^3}{287 \times 400} = 5\,(kg/m^3)$$

이상에서 P, R, T를 모두 SI 단위로 나타내면 단위 연산을 하지 않아도 나오는 밀도(ρ)의 단위는 SI 단위 kg/m^3이다. ■

1. 연습문제

1. 동력(power)의 차원을 MLT계로 나타내어라.

2. 상온에서 공기의 기체상수 $R = 0.287\,\mathrm{kJ/kg \cdot K}$이다. 기체상수($R$)의 차원을 M, L, T, Θ로 나타내어라.

3. 표면장력(surface tension)은 단위 길이당 힘으로 정의된다. 표면장력의 차원을 MLT계와 FLT계로 나타내어라.

4. 압력과 부피를 각각 P, V라 할 때 체적탄성계수는 $-V \times \dfrac{\Delta P}{\Delta V}$로 정의된다. 체적탄성계수의 차원을 MLT계와 FLT계로 나타내어라.

5. $40\,\mathrm{g/cm^3}$은 몇 $\mathrm{kg/m^3}$인가?

6. $100\,\mathrm{kg}$의 무게는 몇 N인가?

7. $20\mathrm{kgf/cm^2}$은 몇 kPa인가?

8. 단면적 A인 관 내부에서 유속 V로 유체가 흐르고 있을 때 체적유량 $Q = AV$이다. $Q = 500\mathrm{cm^3/s}$, $A = 50\,\mathrm{cm^2}$일 때 유속 $V(\mathrm{m/s})$를 구하여라.

9. 음속 $c = \sqrt{kRT}$이다. $k = 1.4$, $R = 0.287\,\mathrm{kJ/kg \cdot K}$, $T = -40\,℃$일 때 음속(c)을 구하여라. 절대온도 $\mathrm{K} = 273 + ℃$이다.

10. 이상기체의 상태방정식은 $PV = mRT$이다. 압력 $P = 500\,\mathrm{kPa}$, 부피 $V = 4 \times 10^4\,\mathrm{cm^3}$, 기체상수 $R = 0.287\,\mathrm{kJ/kg \cdot K}$, 질량 $m = 0.2\,\mathrm{kg}$일 때 기체의 온도는 몇 ℃인가? 절대온도 $\mathrm{K} = 273 + ℃$이다.

11. 안지름 $D=30\text{cm}$의 관 속을 유속 $V=0.2\text{m/s}$로 물이 흐르고 있을 때 레이놀즈수 (Reynolds number) $Re=\dfrac{\rho VD}{\mu}$을 구하여라. 물의 밀도 $\rho=1000\text{kg/m}^3$, 점성계수 $\mu=1.01\times10^{-3}\,\text{Pa}\cdot\text{s}$이다.

12. $1\,\text{cal}=4.1868\,\text{J}$이다. $100\,\text{kJ}$의 일은 몇 kcal의 열량에 해당하는가?

13. $0.6\,\text{km/min}$로 부는 바람에 의한 압력($\rho V^2/2$)은 몇 Pa인가? 공기의 밀도 $\rho=1.23\text{kg/m}^3$이다.

14. 20 kg의 등산 가방을 지고 높이 1800 m 산을 올라갔을 때 한 일은 몇 kJ인가?

15. 4kg의 가방을 들고 수평방향으로 2 km 걸어갔을 때 한 일은 얼마인가?

16. 어떤 물체에 40N의 힘을 가하여 10초 동안에 힘의 방향과 같은 방향으로 12m를 이동하였다. 일률은 몇 W인가?

17. 기중기를 사용하여 질량 5000kg인 물체를 연직 상방으로 0.2m/s로 끌어올리고 있다. 기중기의 일률은 몇 kW인가?

18. 2kW의 전동기를 40분 동안 작동하였을 때 전동기가 한 일은 몇 kJ인가?

19. 10m/s로 운동하는 질량 2 kg인 물체의 운동 에너지는 몇 J인가?

20. 72 km/hr로 달리는 질량 400 kg인 트럭의 운동 에너지는 몇 kJ인가?

21. 900 rpm으로 회전하는 마찰차의 각속도는 몇 rad/s인가?

22. $2\times10^6\,\text{N}\cdot\text{mm}$의 토크를 받고 300 rpm으로 회전하는 물체의 동력(kW)을 구하여라.

23. 회전속도 120 rpm으로 400 W의 동력을 전달하는 축에 걸리는 토크($\text{N}\cdot\text{mm}$)를 구하여라.

24. 30kW의 동력을 전달하는 축에 걸리는 토크가 10^5 kgf · mm일 때 축의 회전속도(rpm)를 구하여라.

25. 탄성계수 $E = \dfrac{PL}{A\Delta L}$ 이다. 길이 $L = 1.0$m, 면적 $A = 20\text{mm} \times 40\text{mm}$, 축 방향 힘 $P = 16$kgf, 늘어난 길이 $\Delta L = 1.0$mm일 때 봉의 탄성계수 E[MPa]를 구하여라. (단, 중력가속도 $g = 10\text{m/s}^2$으로 한다.)

26. 다음 단위 중 어느 것이 옳은가? [중등교사임용시험(기계)]

① 1 N = 1 kg · m/s
② 1 J = 1 N · m/s
③ 1 W = 1 J/s
④ 1 bar = 10^6 N/m^2

27. 다음 단위 중 옳은 것은? [중등교사임용시험(기계)]

① 1 Pa = 1 N/m
② 1 J = 1 N · m/s
③ 1 kW = 75 kgf · m/s
④ 1 N = 10^5 dyne

28. 국제적으로 통용되는 SI 단위계(international unit system)에서 정하는 기본단위가 아닌 것은? [공무원시험]

① 미터(meter)
② 킬로그램(kilogram)
③ 켈빈(Kelvin)
④ 뉴턴(Newton)

29. SI 기본단위가 아닌 것은? [공무원시험]

① rad
② s
③ m
④ kg

30. 기본단위인 길이는 m, 질량은 kg, 시간은 s로 물리량을 표시할 때, 다음 중 옳지 않은 것은? [공무원시험]

① 동력: $[\text{m}^3 \cdot \text{kg} \cdot \text{s}^{-3}]$
② 응력: $[\text{m}^{-1} \cdot \text{kg} \cdot \text{s}^{-2}]$
③ 에너지: $[\text{m}^2 \cdot \text{kg} \cdot \text{s}^{-2}]$
④ 힘: $[\text{m} \cdot \text{kg} \cdot \text{s}^{-2}]$

† 단위면적에 작용하는 하중을 응력(stress)이라 한다. 면적 A에 하중 W가 작용할 때 응력 $\sigma = W/A$이다. 응력의 단위는 압력의 단위와 같다.

31. 전단용 전단기(shearing machine)에 강철제 원판형 관성차(플라이 휠, fly wheel)가 설치되어 있다. 관성차의 극관성모멘트가 J[kgf · m · s^2]이고, 최고 회전수가 N[rpm]일 때, 이 관성차의 최대 운동 에너지[kgf · m]는? (단, $\pi = 3$으로 한다.) [공무원시험]

① $0.001\,JN^2$　　② $0.005\,JN^2$

③ $0.05\,JN^2$　　④ $0.01\,JN^2$

† 질량 m, 속도 v인 물체의 운동 에너지 $E_k = \frac{1}{2}mv^2$이고, 질량관성모멘트 I, 각속도 ω인 물체의 운동 에너지 $E_k = \frac{1}{2}I\omega^2$이다.

32. 중력가속도가 4m/s^2인 어느 별에서 질량 3kg의 무게는? [공무원시험]

① 12kgf　　② 12tf

③ 12N　　④ 12lbf

33. 점성계수 μ의 차원은 어느 것인가? [중등교사임용시험(기계)]

① $ML^{-1}T^{-1}$　　② $ML^{-1}T^{-2}$

③ $ML^{-2}T^{-1}$　　④ MLT

† 점성계수(μ)는 $\tau = \mu\frac{du}{dy}$로 정의된다. 여기에서 τ는 전단응력(단위면적에 작용하는 힘, F/A), u는 유체의 속도분포, y는 벽면으로부터 거리이다.

34. 자동차용 디젤기관이 2000(rpm)으로 운전될 때 120(PS)의 출력을 발생하였다면 토크(kgf · m)는 약 얼마인가? (단, $\pi = 3$이다) [중등교사임용시험(기계)]

① 1.7　　② 4.5

③ 17　　④ 45

35. 다음 값과 식들로부터 질량유량 $\dot{m} = \rho A V$[g/s]를 구하여라. 단, $\pi = 3$이다. $g = 10\,\text{m/s}^2$, $\rho = 1.0\text{g/cm}^3$, $h = 32\text{mm}$, $D = 20\text{mm}$, $V = \sqrt{2gh}$, $A = \frac{\pi}{4}D^2$

CHAPTER

2

정역학

2.1 힘의 성분과 합력

역학은 힘을 받는 물체의 정지 또는 운동 상태를 다루는 학문으로 특히 기계공학에서 가장 기초가 되는 분야이다. 각종 구조물의 강도와 변형, 유체 유동, 측정 장치, 기계의 진동 및 안정성 등은 모두 역학의 기본원리를 바탕으로 하여 해석되고 만들어진다. 역학의 여러 분야 중 정역학에서는 정지 상태에 있는 물체의 역학적 관계를 조사한다. 모든 역학의 기본은 힘이므로 정역학을 통하여 기초적인 힘의 개념을 파악하도록 한다.

1. 스칼라(scalar)와 벡터(vector)

(1) 스칼라

거리, 면적, 부피, 시간, 밀도, 질량, 온도, 에너지, 속력 등과 같이 크기만으로 나타낼 수 있는 물리량을 스칼라라 한다.

(2) 벡터

힘, 모멘트, 변위, 속도, 가속도, 자기장 등과 같이 크기와 방향을 갖는 물리량을 벡터라 한다.

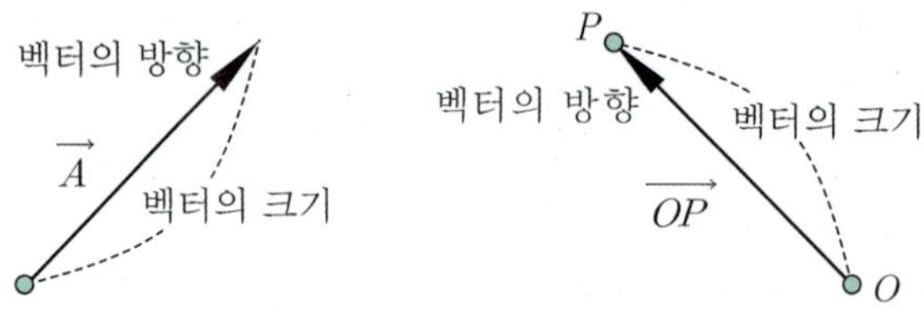

그림 2.1.1 벡터

설명 벡터를 그림으로 표시할 때는 [그림 2.1.1]과 같이 화살표를 사용하여 나타내며, 기호로 표시할 때는 일반적으로 $\vec{A}$, $\overrightarrow{OP}$ 등과 같이 문자 위에 방향을 의미하는 화살표를 붙여서 나타낸다. 그림에서 $\overrightarrow{OP}$는 힘이 점 O에서 P로 향하

고 있음을 나타낸다. 벡터 $\vec{A}$의 크기를 나타낼 때 수학에서는 $|\vec{A}|$와 같이 절댓값으로 나타내지만 간편하게 A로 나타내기도 한다. 일반적으로 힘 $\vec{F}$의 크기를 F로 나타낸다.

2. 힘(force)

물체의 모양이나 운동 상태를 변하게 하는 원인이 되는 물리량을 힘이라 한다.

설명 공을 누르면 찌그러지고 고무줄을 당기면 늘어난다. 정지해 있는 물체를 끌면 움직이게 되고, 달리고 있는 자동차의 브레이크를 밟으면 차가 정지하게 된다. 이와 같이 물체의 형상을 변화시키거나 운동 상태를 변화시키는 것을 힘이라 한다. 일상생활에 존재하는 힘에는 탄성력, 중력, 마찰력, 자기력, 전기력, 압력에 의한 힘 등이 있다. 물이 끓어서 수증기가 되면 부피가 약 1700배로 팽창하고 이때 발생하는 수증기의 힘을 이용하여 화력발전소이나 원자력발전소의 터빈을 돌려서 전기를 생산한다.

3. 힘의 3요소

힘의 효과는 물체에 작용하는 힘의 크기(magnitude), 방향(direction), 작용점(point of application)에 의해 결정되는데 이들을 힘의 3요소라 한다.

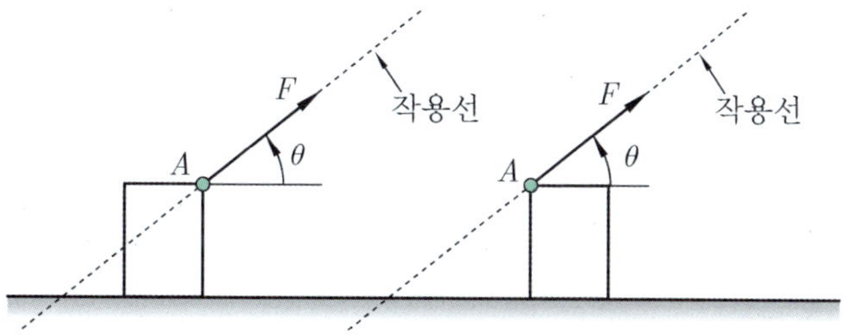

▎그림 2.1.2 힘의 3요소

설명 힘은 [그림 2.1.2]와 같이 화살표를 이용하여 나타내면 편리하다. 여기에서 물체에 작용하는 힘의 효과는 힘의 크기(F)와 방향(θ)뿐만 아니라 힘이 작용하는 점(A)의 위치에 따라서도 달라진다. 그리고 힘의 방향을 나타내는 화살표의 연장선을 작용선이라 한다.

4. 힘의 합력

두 개 이상의 힘과 같은 효과를 갖는 하나의 힘을 구하는 것을 힘의 합성이라고 하고 이때 구한 힘을 합력이라 한다.

5. 나란한 두 힘의 합력

(1) 같은 방향의 두 힘이 작용할 때

합력의 크기는 두 힘의 크기를 더한 값이고, 방향은 두 힘의 방향과 같다.

(2) 반대 방향의 두 힘이 작용할 때

합력의 크기는 큰 힘에서 작은 힘을 뺀 값이고, 방향은 큰 힘의 방향과 같다.

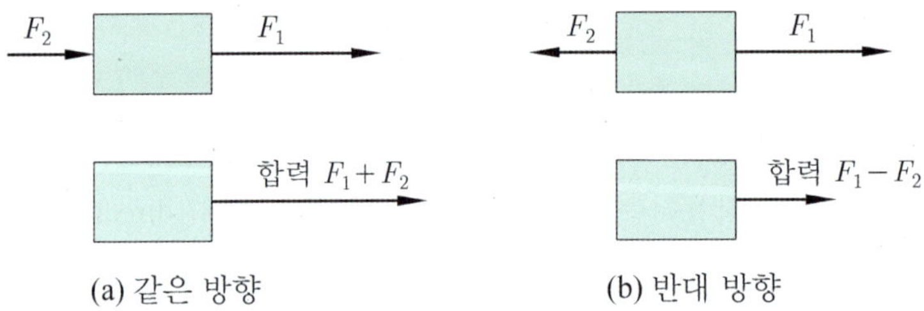

그림 2.1.3 같은 방향과 반대 방향 힘

설명 [그림 2.1.3]과 같이 나란한 두 힘의 합력의 크기는 두 힘의 크기를 대수적으로 더하거나 뺀 값이 된다. 즉, 두 힘의 방향이 같을 때 합력의 크기는 F_1+F_2이고, 반대 방향일 때 합력의 크기는 $F_1-F_2(F_1>F_2)$이다. 합력의 방향은 큰 힘의 방향과 같다.

예제 2.1.1

[그림 2.1.4]의 (a), (b)에서 각각에 대한 합력을 구하여라.

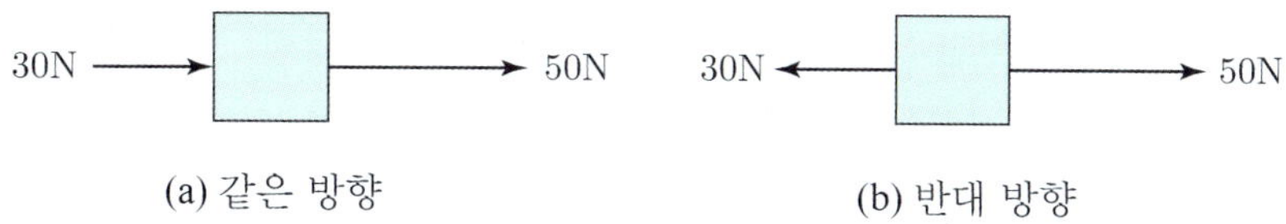

그림 2.1.4 나란한 힘의 합력

풀이 (a) 두 힘이 같은 작용선 위에서 같은 방향으로 작용하므로 합력의 크기는 $30 + 50 = 80(\mathrm{N})$이고 오른쪽(→)으로 작용한다.

(b) 두 힘이 같은 작용선 위에서 서로 반대 방향으로 작용하므로 합력의 크기는 $50 - 30 = 20(\mathrm{N})$이고, 큰 힘(50N)의 방향인 오른쪽(→)으로 작용한다. ■

6. 나란하지 않은 두 힘의 합력

[그림 2.1.5]와 같이 두 힘($\overrightarrow{P}$, $\overrightarrow{Q}$)이 나란하지 않을 때는 평행사변형법이나 삼각형법으로 합력을 구한다.

(1) 평행사변형법

두 힘 $\overrightarrow{P}$, $\overrightarrow{Q}$의 시작점을 일치시키고 두 힘을 두 변으로 하는 평행사변형을 그렸을 때 평행사변형의 대각선은 두 힘의 합력 $\overrightarrow{R} = \overrightarrow{P} + \overrightarrow{Q}$이 된다.

(2) 삼각형법

힘 $\overrightarrow{Q}$의 시작점을 $\overrightarrow{P}$의 끝점으로 평행 이동시킨 후 $\overrightarrow{P}$의 시작점과 $\overrightarrow{Q}$의 끝점을 연결한 것은 합력 $\overrightarrow{R} = \overrightarrow{P} + \overrightarrow{Q}$가 된다.

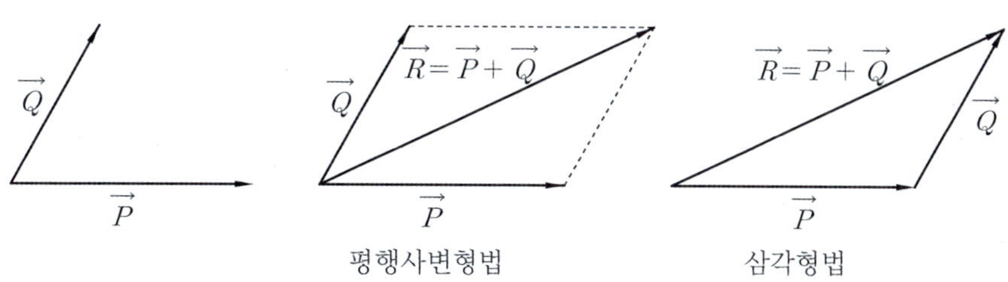

그림 2.1.5 평행사변형법과 삼각형법

설명 먼저 평행사변형법 또는 삼각형법에 의한 두 힘의 합력 $\overrightarrow{R}=\overrightarrow{P}+\overrightarrow{Q}$의 크기는 다음과 같이 코사인 제2법칙을 이용하여 구할 수 있다. [그림 2.1.6]과 같이 $\overrightarrow{P}$, $\overrightarrow{Q}$가 이루는 각을 α라 하면 삼각형 ABC에서

$$R^2=P^2+Q^2-2PQ\cos(\pi-\alpha)=P^2+Q^2+2PQ\cos\alpha$$

$$\therefore\ R=\sqrt{P^2+Q^2+2PQ\cos\alpha} \qquad \cdots\cdots ①$$

이다. R이 구해지면 합력 $\overrightarrow{R}$의 방향각 β는 삼각형 ABC에 사인법칙을 적용하여 구할 수 있다.

$$\frac{Q}{\sin\beta}=\frac{R}{\sin(\pi-\alpha)}=\frac{R}{\sin\alpha} \qquad \cdots\cdots ②$$

또는, 점 C에서 내린 수직선과 AB의 연장선의 교점을 D라 하면

$$\overline{\mathrm{BD}}=Q\cos\alpha,\ \overline{\mathrm{CD}}=Q\sin\alpha$$

이므로 삼각형 ACD에서 다음과 같이 방향각 β가 구해진다.

$$\tan\beta=\frac{\overline{\mathrm{CD}}}{\overline{\mathrm{AD}}}=\frac{\overline{\mathrm{CD}}}{\overline{\mathrm{AB}}+\overline{\mathrm{BD}}}=\frac{Q\sin\alpha}{P+Q\cos\alpha}$$

$$\therefore\ \beta=\tan^{-1}\left(\frac{Q\sin\alpha}{P+Q\cos\alpha}\right) \qquad \cdots\cdots ③$$

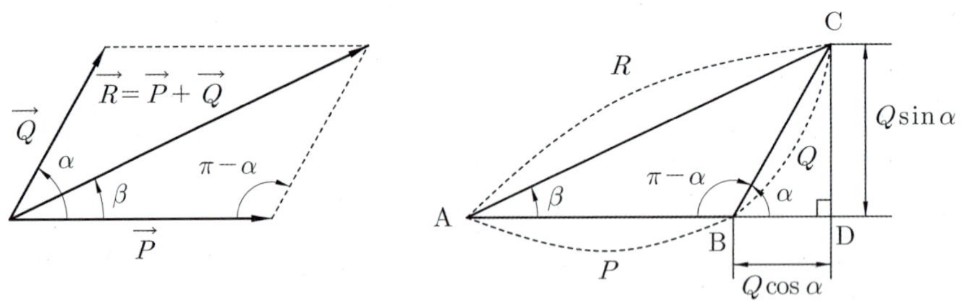

그림 2.1.6

평행사변형법과 삼각형법으로 구한 합력은 같다. $\overrightarrow{P}$, $\overrightarrow{Q}$가 나란할 때 ①에서 $\cos 0=1$, $\cos\pi=-1$이므로, 같은 방향일 때

$$R = \sqrt{P^2 + Q^2 + 2PQ} = \sqrt{(P+Q)^2} = P + Q$$

반대방향일 때

$$R = \sqrt{P^2 + Q^2 - 2PQ} = \sqrt{(P-Q)^2} = |P - Q|$$

가 된다. 즉, 평행사변형법 또는 삼각형법은 나란하거나 나란하지 않은 두 힘의 합력의 크기를 모두 구할 수 있다.

예제 2.1.2

[그림 2.1.7(a)]와 같이 두 힘 $F_1 = 7\,\text{N}$, $F_2 = 4\,\text{N}$ 이 서로 직각으로 작용할 때 합력의 크기와 방향을 구하여라.

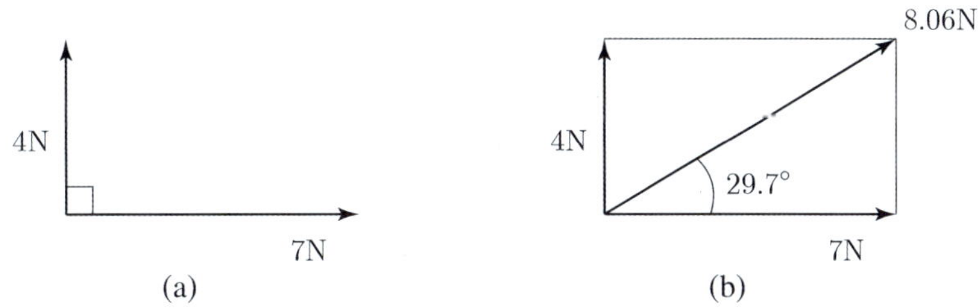

그림 2.1.7 합력의 크기와 방향

풀이 두 힘이 서로 직각으로 작용하므로

- 합력의 크기 $R = \sqrt{F_1^2 + F_2^2} = \sqrt{7^2 + 4^2} = 8.06\,(\text{N})$
- 합력의 방향 $\beta = \tan^{-1}\left(\dfrac{F_2}{F_1}\right) = \tan^{-1}\left(\dfrac{4}{7}\right) = 29.74°$ ■

예제 2.1.3

다음 [그림 2.1.8]에서 두 힘 $\overrightarrow{P}$, $\overrightarrow{Q}$가 이루는 각 $\alpha = 60°$이고, 힘의 크기 $P = 30\,\text{N}$, $Q = 20\,\text{N}$일 때 합력 $\overrightarrow{R}$의 크기와 방향을 구하여라.

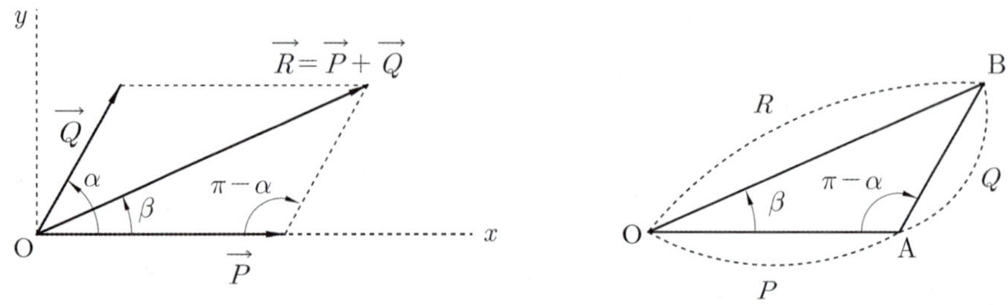

그림 2.1.8 합력의 크기와 방향

풀이 식 ①로부터 합력 $\vec{R}$의 크기는

$$\begin{aligned} R &= \sqrt{P^2+Q^2+2PQ\cos\alpha} \\ &= \sqrt{30^2+20^2+2\times30\times20\cos60°} \\ &= 43.6\,(\mathrm{N}) \end{aligned}$$

이고, 식 ③을 사용하면 합력의 방향각(β)은 다음과 같다.

$$\beta = \tan^{-1}\left(\frac{Q\sin\alpha}{P+Q\cos\alpha}\right) = \tan^{-1}\left(\frac{20\sin60°}{30+20\cos60°}\right) = 23.4°$$ ■

7. 힘의 분해, 분력(성분)

하나의 힘을 같은 효과를 내는 두 개 이상의 힘으로 나누는 것을 힘의 분해라 하고, 분해된 각 힘을 분력(또는 힘의 성분)이라 한다.

힘의 분해는 힘의 합성의 역과정이다. 힘을 분해할 때 분력의 방향은 임의로 정할 수 있지만 일반적으로 직각좌표계를 이용하여 서로 수직인 성분(직각 성분)으로 분해하는 것이 편리하다.

8. 직각좌표계를 이용한 힘의 분해

하나의 힘 $\vec{F}$를 직각좌표계를 이용하여 분해한 두 힘 $\vec{F_x}$, $\vec{F_y}$를 힘 $\vec{F}$의 x와y 벡터 성분이라 하고, x, y축 방향의 단위벡터를 각각 $\vec{i}$, $\vec{j}$라 하면 $\vec{F_x}=F_x\vec{i}$, $\vec{F_y}=F_y\vec{j}$로 쓸 수 있으므로 F_x, F_y를 힘 $\vec{F}$의 x, y 스칼라 성분이라 한다[그림 2.1.9]. 힘 $\vec{F}$

가 x축과 이루는 각이 θ이면 $\vec{F}$는 다음과 같이 분해된다.

$$F_x = F\cos\theta,\ F_y = F\sin\theta$$
$$\vec{F} = F(\cos\theta\,\vec{i} + \sin\theta\,\vec{j})$$

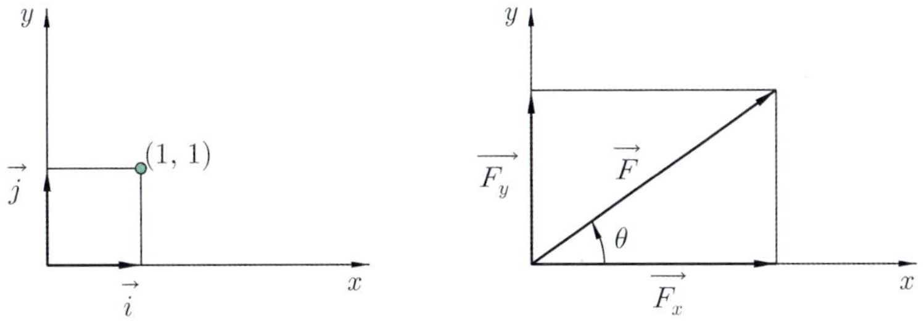

그림 2.1.9

설명 삼각함수의 정의에 의하여 $\vec{F}$의 스칼라 성분 $F_x = F\cos\theta,\ F_y = F\sin\theta$이다. 단위벡터 $\vec{i}$, $\vec{j}$는 각각 방향이 x축, y축이고 크기가 1인 벡터이므로 $\vec{F_x} = F_x\vec{i}$, $\vec{F_y} = F_y\vec{j}$로 쓸 수 있다. 따라서

$$\vec{F} = \vec{F_x} + \vec{F_y} = F(\cos\theta\,\vec{i} + \sin\theta\,\vec{j})$$

이다. 스칼라 성분 F_x, F_y는 $\vec{F}$의 방향에 따라 양(+), 음(−) 또는 0의 값을 갖는다. [그림 2.1.9]의 힘 벡터는 x, y 스칼라 성분이 모두 양이며, F_x, F_y를 알 때 $\vec{F}$의 크기(F)와 $\vec{F}$가 x축과 이루는 각 θ는 다음과 같이 구할 수 있다.

$$F = \sqrt{F_x^2 + F_y^2}, \qquad \theta = \tan^{-1}\left(\frac{F_y}{F_x}\right)$$

예제 2.1.4

[그림 2.1.10]과 같이 브래킷의 한 점 A에 작용하는 세 힘의 x, y 스칼라 성분을 구하여라.

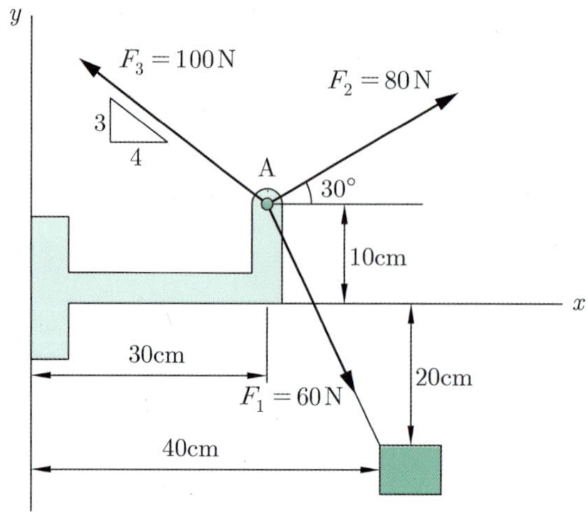

그림 2.1.10

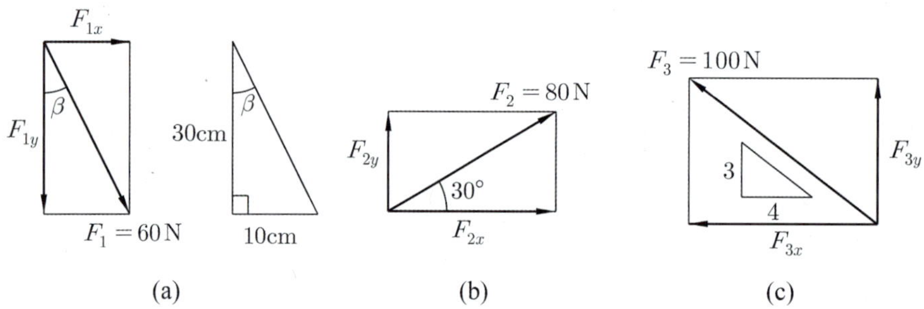

그림 2.1.11

풀이 기하학적 구조로부터 $\overrightarrow{F_1}$의 방향은 [그림 2.1.11]의 (a)와 같다. 여기에서 각 β를 구하면 $\beta = \tan^{-1}\left(\frac{10}{30}\right) = 18.43°$이므로 $\overrightarrow{F_1}$의 스칼라 성분은

$$F_{1x} = 60\sin\beta = 60\sin 18.43° = 18.97\,(\text{N})$$

$$F_{1y} = -60\cos\beta = -60\cos 18.43° = -56.92\,(\text{N})$$

이다. 그리고 그림의 (b)에서 $\overrightarrow{F_2}$의 스칼라 성분은

$$F_{2x} = 80\cos 30° = 69.28\,(\text{N})$$

$$F_{2y} = 80\sin 30° = 40\,(\text{N})$$

이고, (c)에서 변의 길이가 3, 4, 5인 직각삼각형으로부터 $\overrightarrow{F_3}$의 스칼라 성분은 다음과 같다.

$$F_{3x} = -100 \times \frac{4}{5} = -80\,(\mathrm{N})$$

$$F_{3y} = 100 \times \frac{3}{5} = 60\,(\mathrm{N})$$

■

† 힘 $\overrightarrow{F}$는 힘의 크기 F와 힘 방향의 단위벡터 $\vec{n}$의 곱($\overrightarrow{F} = F\vec{n}$)으로 표현되므로 이것을 이용하여 $\overrightarrow{F_1}$의 스칼라 성분을 구할 수 있다.

$$\overrightarrow{F_1} = F_1\vec{n} = 60\left[\frac{10\vec{i} - 30\vec{j}}{\sqrt{10^2 + (-30)^2}}\right] = 60(0.3162\vec{i} - 0.9487\vec{j})$$
$$= 18.97\vec{i} - 56.92\vec{j}\ (\mathrm{N})$$

9. 직각 성분으로 분해된 힘의 합력

성분으로 분해된 힘 $\overrightarrow{F_1}$, $\overrightarrow{F_2}$, …, $\overrightarrow{F_n}$의 합력 $\overrightarrow{R}$의 스칼라 성분은 각 스칼라 성분들의 대수적인 합으로 구할 수 있다.

$$\overrightarrow{F_1} = F_{1x}\vec{i} + F_{1y}\vec{j},\ \overrightarrow{F_2} = F_{2x}\vec{i} + F_{2y}\vec{j},\ \cdots,\ \overrightarrow{F_n} = F_{nx}\vec{i} + F_{ny}\vec{j}$$
$$\overrightarrow{R} = R_x\vec{i} + R_y\vec{j}$$

$$\overrightarrow{R} = \overrightarrow{F_1} + \overrightarrow{F_2} + \cdots + \overrightarrow{F_n} = \sum_{k=1}^{n}\overrightarrow{F_k}$$

$$R_x = F_{1x} + F_{2x} + \cdots + F_{nx} = \sum_{k=1}^{n}F_{kx}, \qquad R_y = F_{1y} + F_{2y} + \cdots + F_{ny} = \sum_{k=1}^{n}F_{ky}$$

$$R = \sqrt{R_x^2 + R_y^2}, \qquad \theta = \tan^{-1}\left(\frac{R_y}{R_x}\right)$$

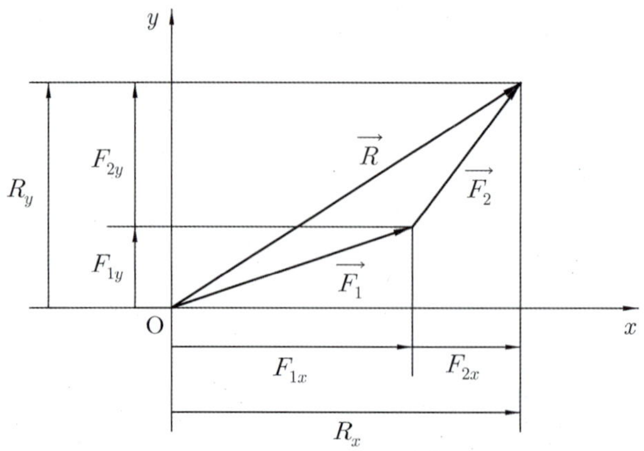

▎그림 2.1.12

설명 [그림 2.1.12]에서 $\vec{F_1} = F_{1x}\vec{i} + F_{1y}\vec{j}$, $\vec{F_2} = F_{2x}\vec{i} + F_{2y}\vec{j}$ 의 합력을 $\vec{R} = R_x\vec{i} + R_y\vec{j}$ 라 하면

$$\vec{R} = \vec{F_1} + \vec{F_2} = (F_{1x}\vec{i} + F_{1y}\vec{j}) + (F_{2x}\vec{i} + F_{2y}\vec{j})$$

$$\therefore \ R_x\vec{i} + R_y\vec{j} = (F_{1x} + F_{2x})\vec{i} + (F_{1y} + F_{2y})\vec{j}$$

이므로 다음과 같이 결론지을 수 있다.

$$R_x = F_{1x} + F_{2x} = \sum F_x, \ R_y = F_{1y} + F_{2y} = \sum F_y$$

여기에서 $\sum F_x$는 'x 스칼라 성분의 대수학적 합'을 나타내고, $\sum F_y$는 'y 스칼라 성분의 대수학적 합'을 나타낸다. 즉, 합력의 x 스칼라 성분은 각 힘들의 x 스칼라 성분을 (단순하게) 대수적으로 모두 합한 것이고, y 스칼라 성분은 각 힘들의 y 스칼라 성분을 대수적으로 모두 합한 것이다.

예제 2.1.5

[예제 2.1.3]과 [그림 2.1.8]에서 두 힘 $\vec{P}$, $\vec{Q}$를 x, y성분으로 분해하고, 이것을 이용하여 합력의 크기와 방향을 구하여라.

풀이 [그림 2.1.8]과 같이 좌표계를 잡으면

$$\vec{P} = 30\vec{i} \ (\mathrm{N})$$

$$\vec{Q} = 20(\cos\alpha\,\vec{i} + \sin\alpha\,\vec{j}) = 20(\cos 60°\,\vec{i} + \sin 60°\,\vec{j}) = 10\vec{i} + 10\sqrt{3}\,\vec{j}\ (\mathrm{N})$$

로 쓸 수 있다. 따라서 합력

$$\begin{aligned}\vec{R} = \vec{P} + \vec{Q} &= 30\,\vec{i} + (10\vec{i} + 10\sqrt{3}\,\vec{j})\\ &= (30+10)\vec{i} + 10\sqrt{3}\,\vec{j}\\ &= 40\vec{i} + 10\sqrt{3}\,\vec{j}\ (\mathrm{N})\end{aligned}$$

이므로, 합력의 크기와 방향각은 다음과 같다.

$$R = \sqrt{R_x^2 + R_y^2} = \sqrt{40^2 + (10\sqrt{3})^2} = 43.59\,(\mathrm{N})$$

$$\beta = \tan^{-1}\left(\frac{R_y}{R_x}\right) = \tan^{-1}\left(\frac{10\sqrt{3}}{40}\right) = 23.41°$$ ■

† 힘을 성분으로 분해하면 관련된 계산을 대수적으로 할 수 있다. 특히 세 개 이상의 힘의 힙력을 구할 때 평행사변형법을 여러 번 적용하는 것은 복잡하지만 각 힘을 성분으로 분해하면 쉽게 합력을 구할 수 있다.

예제 2.1.6

[그림 2.1.13(a)]와 같이 원점 O에 작용하는 세 힘 $\vec{F_1}$, $\vec{F_2}$, $\vec{F_3}$을 x, y성분으로 분해하고, 합력 $\vec{R} = \vec{F_1} + \vec{F_2} + \vec{F_3}$의 크기와 방향을 구하여라.

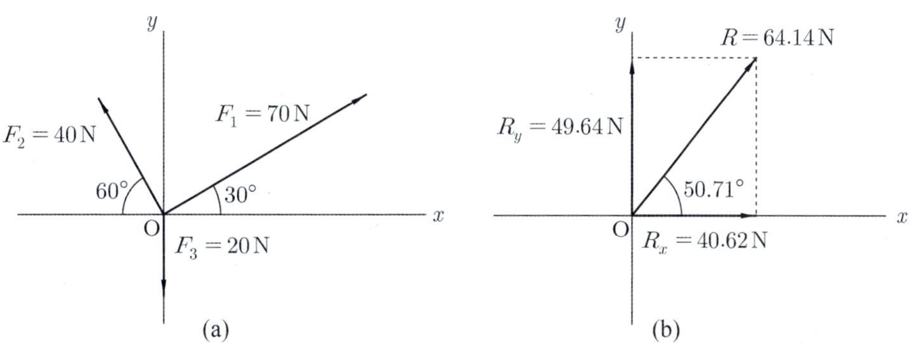

그림 2.1.13

풀이 세 힘 $\vec{F_1}$, $\vec{F_2}$, $\vec{F_3}$을 x, y성분으로 분해하면

$$\overrightarrow{F_1} = 70(\cos 30°\vec{i} + \sin 30°\vec{j}) = 35\sqrt{3}\vec{i} + 35\vec{j} \text{ (N)}$$
$$\overrightarrow{F_2} = 40(-\cos 60°\vec{i} + \sin 60°\vec{j}) = -20\vec{i} + 20\sqrt{3}\vec{j} \text{ (N)}$$
$$\overrightarrow{F_3} = -20\vec{j} \text{ (N)}$$

이다. 합력 $\vec{R} = \vec{F_1} + \vec{F_2} + \vec{F_3}$을 $\vec{R} = R_x\vec{i} + R_y\vec{j}$로 하면

$$R_x = F_{1x} + F_{2x} + F_{3x} = 35\sqrt{3} + (-20) + 0$$
$$= 40.62 \text{ (N)}$$
$$R_y = F_{1y} + F_{2y} + F_{3y} = 35 + 20\sqrt{3} + (-20)$$
$$= 49.64 \text{ (N)}$$

이므로 합력의 크기와 방향각은

$$R = \sqrt{R_x^2 + R_y^2} = \sqrt{(40.62)^2 + (49.64)^2} = 64.14 \text{ (N)}$$
$$\beta = \tan^{-1}\left(\frac{R_y}{R_x}\right) = \tan^{-1}\left(\frac{49.64}{40.62}\right) = 50.71°$$

이고, 이것을 그림으로 나타내면 [그림 2.1.13(b)]와 같다. ■

예제 2.1.7

[그림 2.1.14(a)]와 같이 원점 O에 작용하는 네 힘의 합력의 크기와 방향을 구하여라. F_1, F_2, F_3, F_4는 힘의 크기를 나타낸다.

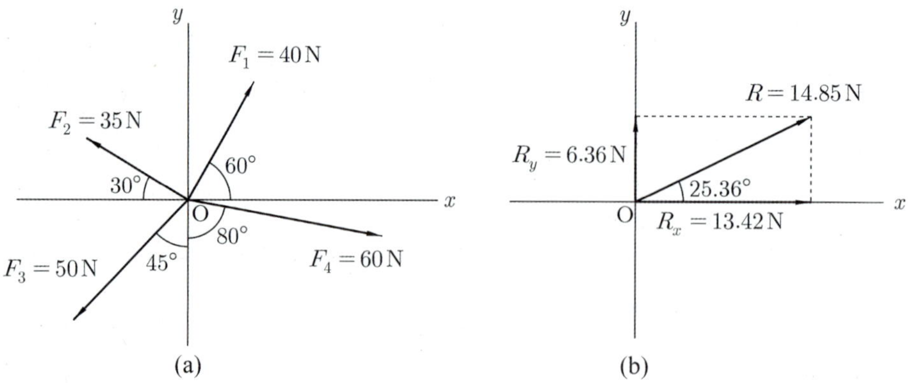

그림 2.1.14

풀이 여러 힘의 합력을 구할 때 다음과 같이 표를 만들어 계산하는 것이 편리하다.

힘	x축과 이루는 각도: θ	x 성분: $F\cos\theta$	y 성분: $F\sin\theta$
$F_1 = 40\,\mathrm{N}$	60°	20 N	34.64 N
$F_2 = 35\,\mathrm{N}$	150°	−30.31 N	17.5 N
$F_3 = 50\,\mathrm{N}$	225°	−35.36 N	−35.36 N
$F_4 = 60\,\mathrm{N}$	350°	59.09 N	−10.42 N
합력 R		13.42 N	6.36 N

합력 $\vec{R}$의 성분은

$$R_x = F_{1x} + F_{2x} + F_{3x} + F_{4x} = 20 - 30.31 - 35.36 + 59.09$$
$$= 13.42\ (\mathrm{N})$$
$$R_y = F_{1y} + F_{2y} + F_{3y} + F_{4y} = 34.64 + 17.5 - 35.36 - 10.42$$
$$= 6.36\ (\mathrm{N})$$

이므로 합력의 크기와 방향각은 다음과 같다[그림 2.1.14(b)].

$$R = \sqrt{R_x^2 + R_y^2} = \sqrt{(13.42)^2 + (6.36)^2} = 14.85\,(\mathrm{N})$$
$$\beta = \tan^{-1}\left(\frac{R_y}{R_x}\right) = \tan^{-1}\left(\frac{6.36}{13.42}\right) = 25.36°$$

■

† 힘 $\vec{F}$가 x축의 양의 방향과 이루는 각이 θ일 때 $\vec{F} = F(\cos\theta\,\vec{i} + \sin\theta\,\vec{j})$, $F_x = F\cos\theta$, $F_y = F\sin\theta$로 분해된다.

2.1 연습문제

1. 그림의 (a), (b)에 대해 두 힘의 합력을 각각 구하여라.

▎문제 2.1.1

2. 두 힘의 합력의 크기와 합력의 작용선과 x축 사이의 각을 구하여라.

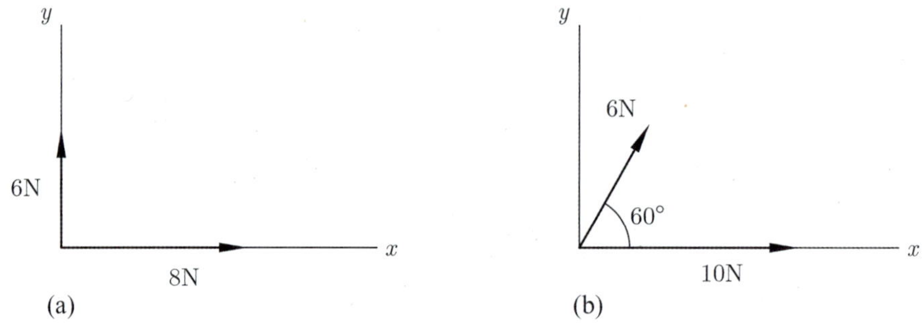

▎문제 2.1.2

3. 두 힘의 합력의 크기와 합력의 작용선과 x축 사이의 각을 구하여라.

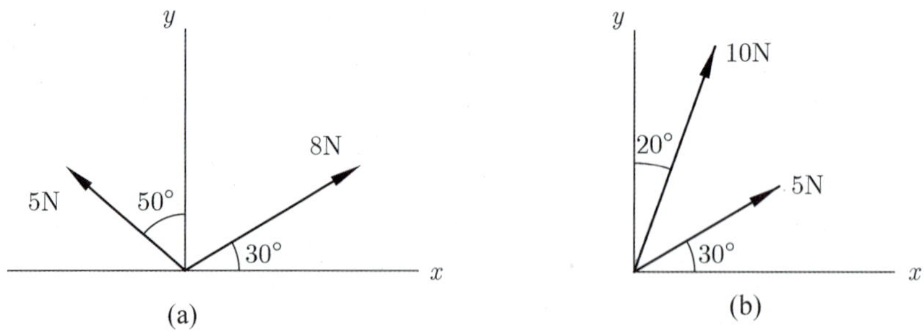

▎문제 2.1.3

4. 두 힘의 합력의 크기를 구하여라.

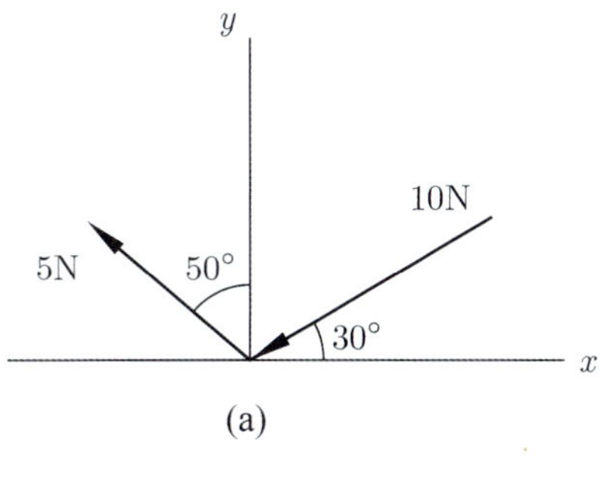

❙ 문제 2.1.4

5. 힘 $\overrightarrow{F}$의 크기가 10N이다. 단위벡터 $\vec{i}$, $\vec{j}$의 항으로 $\overrightarrow{F}$를 벡터로 표현하여라. $\overrightarrow{F}$의 x, y 스칼라 성분은 얼마인가?

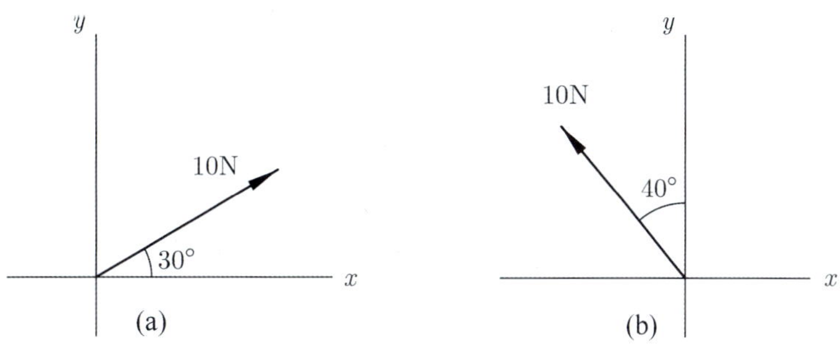

❙ 문제 2.1.5

6. 힘 $\overrightarrow{F}$의 방향과 x축의 양의 방향 사이의 각을 구하여라.

① $\overrightarrow{F} = 2\vec{i} + 3\vec{j}$ ② $\overrightarrow{F} = -12\vec{i} + 8\vec{j}$

③ $\overrightarrow{F} = -10\vec{i} - 14\vec{j}$ ④ $\overrightarrow{F} = 4\vec{i} - 3\vec{j}$

7. 크기가 20N인 힘 $\overrightarrow{F}$의 기울기가 그림과 같다. 단위벡터 $\vec{i}$, $\vec{j}$의 항으로 $\overrightarrow{F}$를 벡터로 표현하여라.

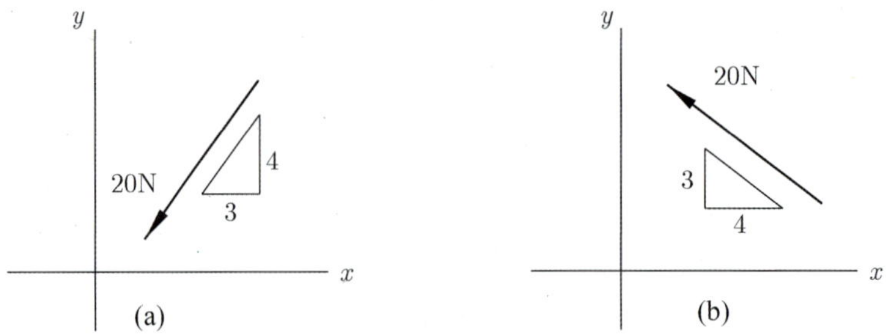

문제 2.1.7

8. 힘의 직각 성분 분해를 이용하여 두 힘의 합력 $\overrightarrow{R}$을 구하여 벡터로 표현하고, 합력의 크기를 구하여라.

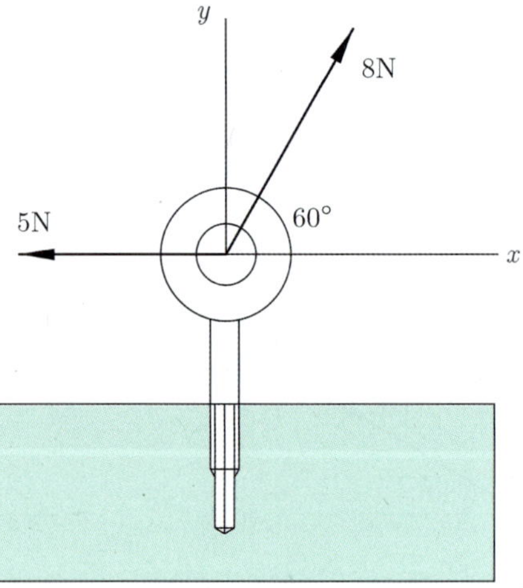

문제 2.1.8

9. 풀리의 케이블에 같은 크기의 장력 T가 걸리고 있다. $T=20\,\text{N}$일 때 두 힘의 합력 $\overrightarrow{R}$을 구하여 벡터로 표현하여라.

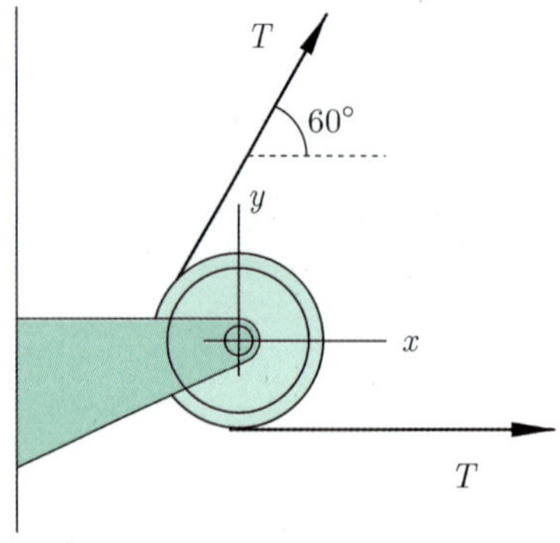

문제 2.1.9

10. 주어진 힘을 x, y 성분으로 분해한 후 세 힘의 합력 $\overrightarrow{R}$을 구하여 벡터로 표현하고, 합력의 크기를 구하여라.

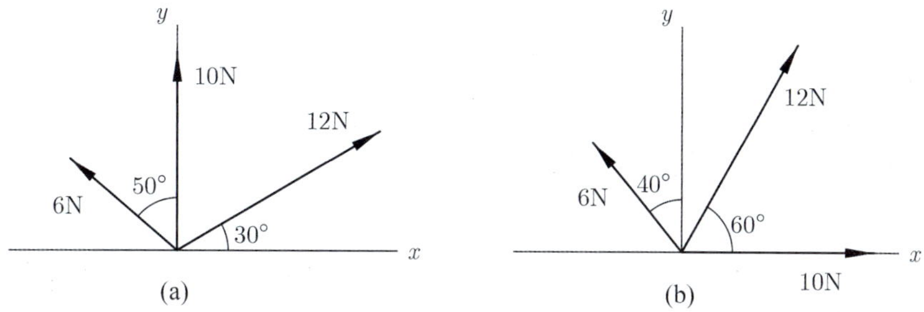

❙ 문제 2.1.10

11. 주어진 힘의 x, y 성분을 구한 후 세 힘의 합력 $\overrightarrow{R}$을 구하여 벡터로 표현하고, 합력의 크기를 구하여라.

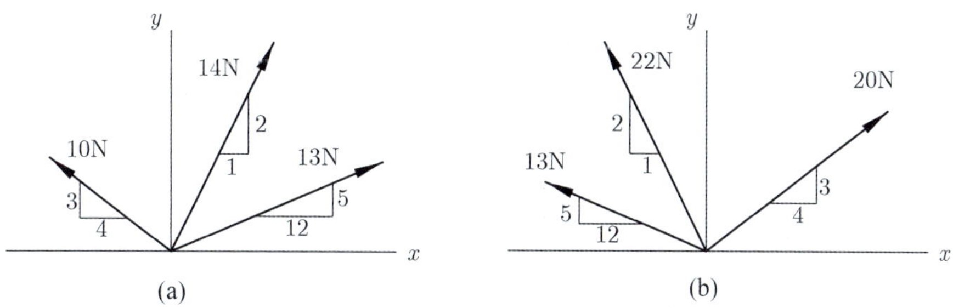

❙ 문제 2.1.11

12. 두 힘(40 N과 50 N)의 합력의 크기가 70N일 때 각 α를 구하고, 이때 합력의 방향이 수직선(50N의 힘의 작용선)과 이루는 각을 구하여라.

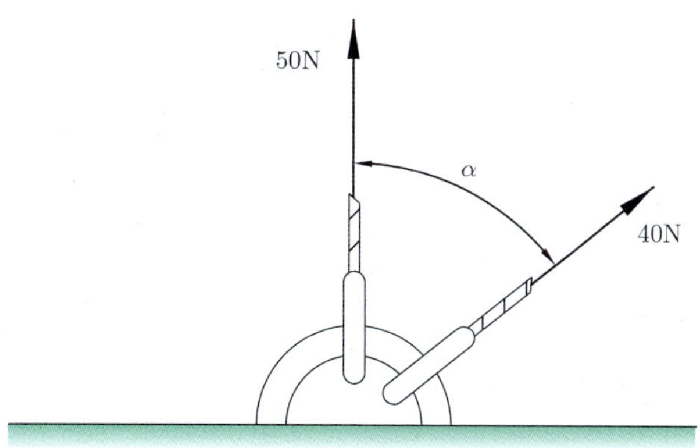

❙ 문제 2.1.12

13. 2kN의 힘과 $\overrightarrow{F}$의 힘을 가하여 수평으로 박혀 있는 못을 빼내려 한다. 두 힘의 합력의 방향이 수평방향이 될 때 $\overrightarrow{F}$의 크기를 구하고, 그때의 합력을 구하여라.

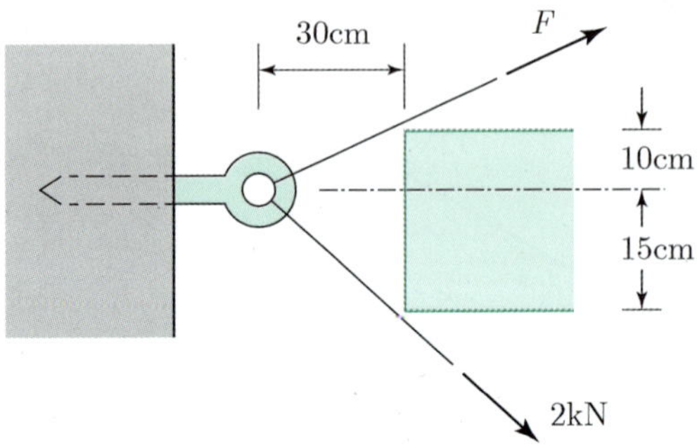

❙ 문제 2.1.13

14. 그림과 같이 막대의 끝부분(O)에 세 힘($\overrightarrow{F_1}$, $\overrightarrow{F_2}$, $\overrightarrow{F_3}$)이 작용하고 있다. 세 힘의 합력의 크기와 방향각을 구하여라.

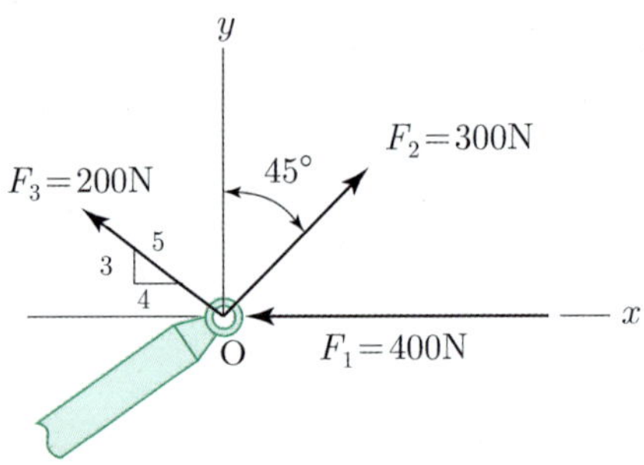

❙ 문제 2.1.14

15. 그림과 같이 한 척의 예인선이 두 척의 작은 배를 끌고 있다. 줄 AB에 걸리는 인장력이 250N이고 AC에 걸리는 인장력이 370N일 때 예인선에 작용하는 합력과 예인선의 중심선에 대한 합력의 방향각을 구하여라.

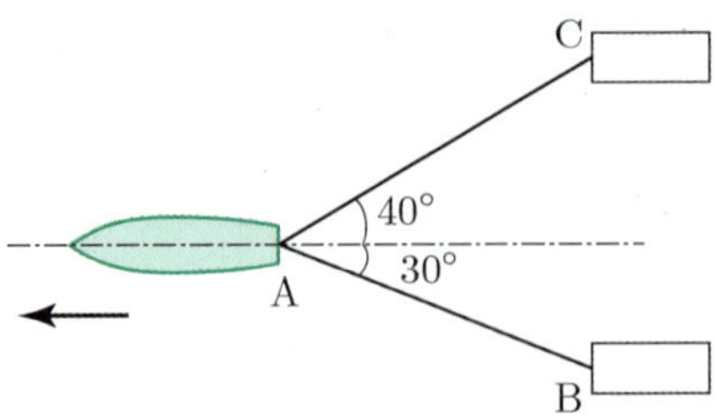

❙ 문제 2.1.15

16. $\vec{P}=3\vec{i}-2\vec{j}$, $\vec{Q}=-\vec{i}+\vec{j}$일 때 $\vec{R}=\vec{P}-\vec{Q}$의 크기는?

17. 그림과 같은 xy 평면상의 두 힘 P_1, P_2의 합력의 크기[kN]는? [공무원시험]

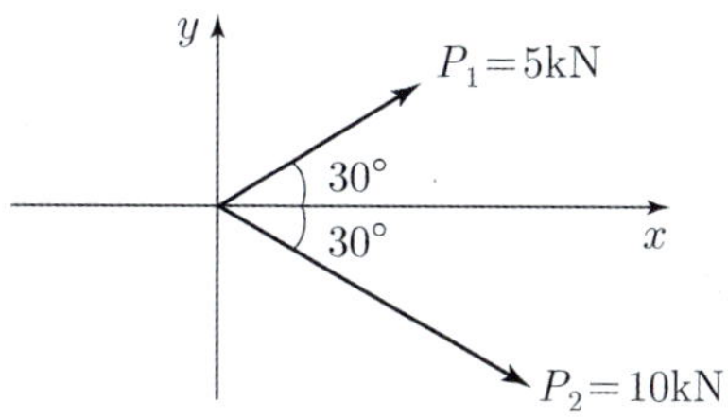

❙ 문제 2.1.17

① 5 ② $5\sqrt{7}$
③ 10 ④ $10\sqrt{7}$

18. 다음 설명 중 옳지 않은 것은? [공무원시험]

① 힘을 표시하는 3요소는 힘의 크기, 방향, 작용점이다.
② 선형 탄성영역에서 응력과 변형률이 비례한다.
③ 동마찰계수는 정마찰계수보다 작다.
④ 힘, 변위, 속력, 가속도는 모두 벡터(vector)양이다.

19. 다음 물리량 중 벡터양은 어느 것인가? [공무원시험]

① 질량 ② 온도
③ 힘 ④ 에너지
⑤ 시간

20. 다음 물리량 중 스칼라량은? [공무원시험]

① 변위 ② 자기장
③ 운동량 ④ 힘
⑤ 에너지(energy)

2.2 힘의 모멘트

1. 힘의 모멘트

어떤 축에 대해 물체를 회전시키려는 힘의 작용을 힘의 모멘트(moment) 또는 토크(torque)라 한다. 회전축(O)으로부터 힘의 작용선까지의 수직 거리가 d일 때[그림 2.2.1] 힘 F의 회전축(O)에 대한 모멘트의 크기(M_O)는 다음과 같다.

$$M_O = Fd$$

SI 단위계에서 모멘트의 기본 단위는 N · m이다.

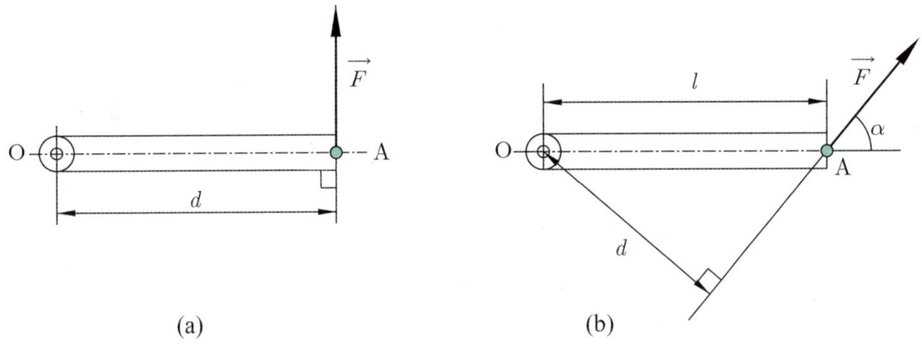

그림 2.2.1

설명 힘은 물체를 이동시키거나 변형시키기도 하고, 어떤 축(힘의 작용선과 교차하거나 평행하지 않는 선)에 대해 물체를 회전시키려고도 한다. [그림 2.2.2]와 같이 스패너(spanner)로 파이프에 힘을 가하는 경우를 살펴보자. 스패너에 수직으로 작용하는 힘($\vec{F}$)의 효과 중 하나는 스패너의 수직축에 대해 파이프를 회전시키려는 효과이다. 이 효과의 크기는 힘의 크기 F와 힘의 작용점으로부터 파이프까지의 유효길이 d에 관계된다. 이와 같이 물체를 회전시키려는 힘의 작용을 힘의 모멘트라 한다. 평면에서

$$(\text{모멘트 크기}) = (\text{힘}) \times (\text{팔의 길이})$$

로 정의된다. 여기에서 팔의 길이는 모멘트 중심(회전축)으로부터 힘의 작용선까지의 수직거리이다. [그림 2.2.1(a)]와 같이 점 O로부터 힘 F의 작용점 A까지의 거리가 d이고 힘의 작용선이 OA와 수직일 때 힘의 모멘트는 $M_O = Fd$이다.

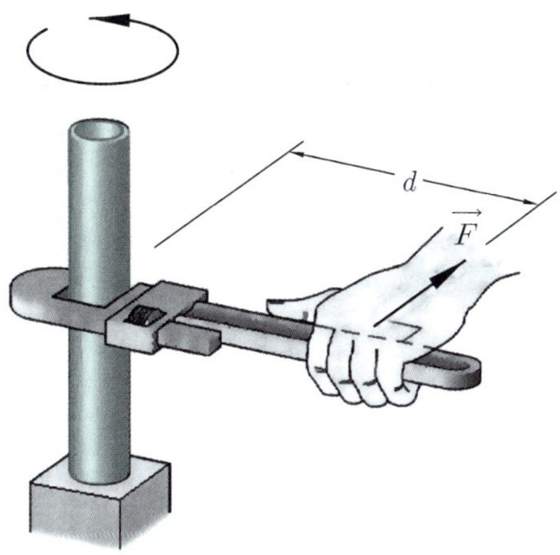

▎그림 2.2.2

설명 한편 [그림 2.2.1(b)]와 같이 힘의 작용선과 OA의 연장선이 이루는 각이 α이면 작용선까지의 수직거리 $d = l\sin\alpha$이므로 모멘트는

$$M = Fd = Fl\sin\alpha$$

가 된다. 모멘트가 작용하는 방향에는 [그림 2.2.3]과 같이 반시계방향(a)과 시계방향(b)이 있다. 따라서 모멘트는 작용점, 크기, 회전방향을 모두 갖는 벡터이다.

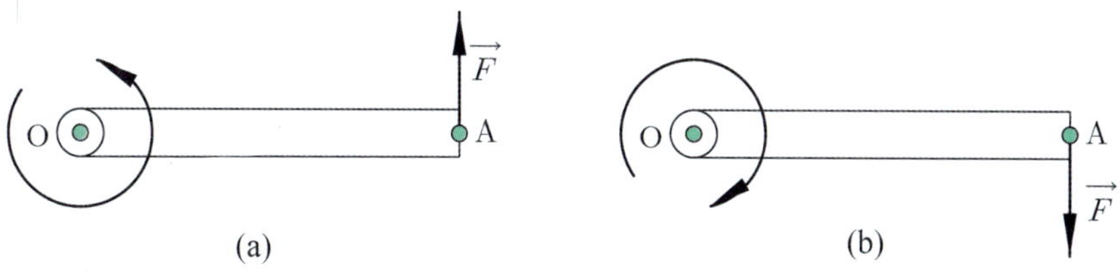

▎그림 2.2.3

† 평면에서 모멘트는 물체의 힘이 작용하는 평면에 수직인 벡터이고, 모멘트의 방향은 힘 $\vec{F}$가 물체를 회전시키려는 방향에 따라 결정된다. 모멘트 방향에 대한 부호는 일반적으로 반시계방향(↶) 모멘트는 양(+), 시계방향(↷) 모멘트는 음(−)으로 정한다. 문제에 따라서 이와 반대로 부호를 정할 수도 있지만 정해진 부호에 대한 규칙은 일관성을 유지해야 한다.

정역학은 재료역학(고체역학)이나 유체역학 등의 기초가 된다. 이와 같은 분야에서 많이 취급하는 것은 2차원 문제이며, 2차원 평면에서 모멘트의 회전방향은 시계방향과 반시계방향의 두 방향으로 구분된다. 따라서 모멘트의 크기(M)에 대해서는 식 $M = Fd = Fl\sin\alpha$과 같은 스칼라 식을 사용하는 것이 편리하다. 그리고 여러 힘이 관련되어 있을 때는 각각의 힘에 의한 모멘트의 회전방향(↶, ↷)에 주의해서 양(+) 또는 음(−)의 부호를 부여하면 된다.

예제 2.2.1

[그림 2.2.4]에서 $d = 4\text{m}$, $F = 50\text{N}$일 때 점 O에 대한 힘 F의 모멘트를 구하여라.

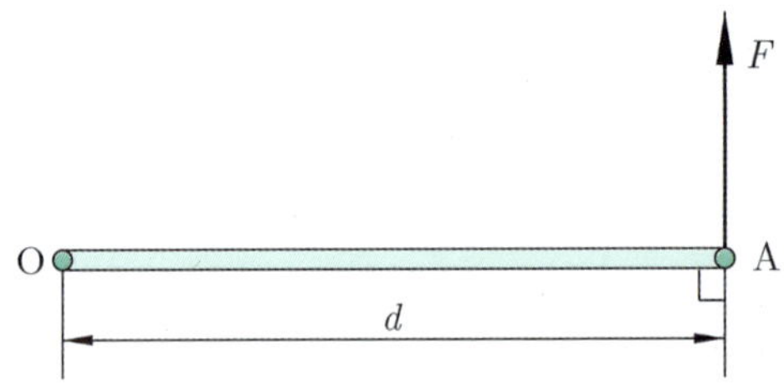

그림 2.2.4

풀이 힘의 크기가 50N이고 팔의 길이가 4m이므로 힘의 모멘트

$$M_O = Fd = 50\text{N} \times 4\text{m} = 200\,\text{N}\cdot\text{m}\ (↶)$$ ■

예제 2.2.2

[그림 2.2.5(a)]와 같이 4N의 힘이 점 A에 작용할 때 점 O에 대한 힘의 모멘트를 구하여라.

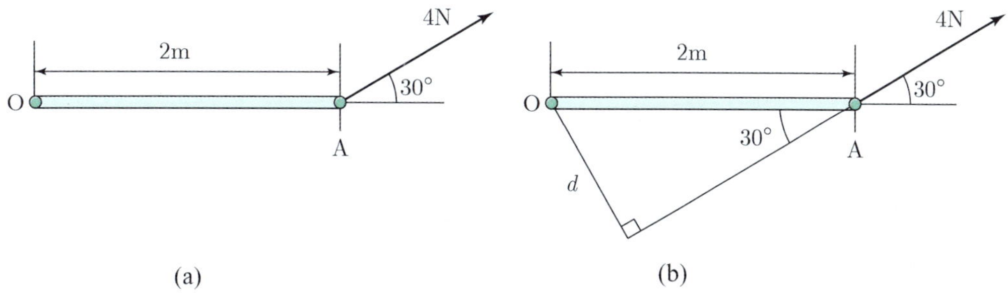

▎그림 2.2.5

풀이 [그림 2.2.5(b)]에서 점 O로부터 힘의 작용선까지의 수직거리

$$d = 2\sin 30°\ (\mathrm{m})$$

이다. 따라서 점 O에 대한 힘의 모멘트는 다음과 같다.

$$M_O = Fd = 4\mathrm{N} \times 2\sin 30°\,\mathrm{m} = 4\,\mathrm{N}\cdot\mathrm{m}\ (\curvearrowleft)$$

예제 2.2.3

[그림 2.2.6]과 같은 두 힘이 작용할 때 점 O에 대한 두 힘의 모멘트 합을 구하여라.

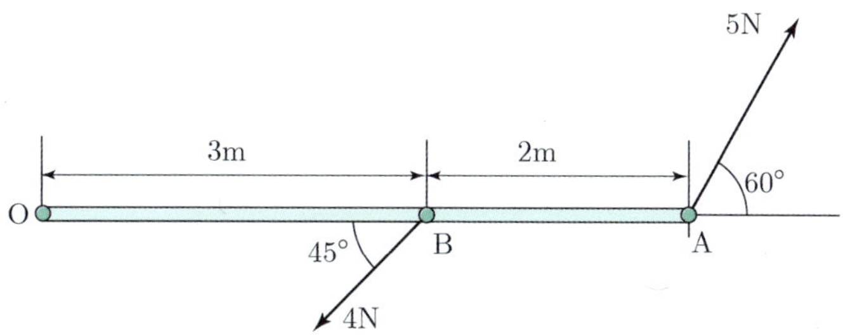

▎그림 2.2.6

풀이 반시계방향($\curvearrowleft$)의 모멘트를 양(+)으로 하고, 5N과 4N의 힘에 의한 모멘트를 각각 M_1, M_2라 하면

$$M_1 = 5\mathrm{N} \times [(2+3)\sin 60°\,\mathrm{m}] = 21.65\,\mathrm{N}\cdot\mathrm{m}$$
$$M_2 = -4\mathrm{N} \times (3\sin 45°\,\mathrm{m}) = -8.49\,\mathrm{N}\cdot\mathrm{m}$$

$$\therefore \quad M_O = M_1 + M_2 = 21.65 - 8.49 = 13.16\,(\mathrm{N \cdot m})\,(\curvearrowleft)$$

이다. 여기에서 반시계방향(↶)의 모멘트를 양(+)으로 잡았으므로 M_2가 음(−)의 값을 갖는다는 것은 M_2가 시계방향(↷)으로 회전하는 모멘트라는 것을 의미한다. ■

2. 모멘트의 벡터 표현

2차원, 3차원을 포함하여 일반적으로 모멘트는 다음과 같이 벡터 곱으로 정의되는 벡터이다.

$$\overrightarrow{M_O} = \vec{r} \times \vec{F}$$

여기에서 $\vec{r}$은 [그림 2.2.7]과 같이 모멘트 기준점 O로부터 힘 $\vec{F}$의 작용선상의 점 A까지의 위치벡터이다. 이와 같이 정의되는 $\overrightarrow{M_O}$를 점 O에 대한 힘 $\vec{F}$의 모멘트라 한다.

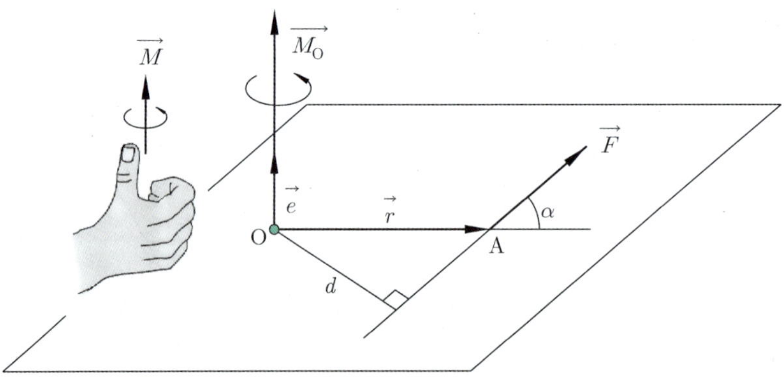

▍그림 2.2.7

설명 벡터 곱의 정의에 의해 모멘트는

$$\overrightarrow{M_O} = \vec{r} \times \vec{F} = |\vec{r}||\vec{F}|\sin\alpha\,\vec{e} = Fr\sin\alpha\,\vec{e}$$

이다. 여기에서 α는 두 벡터 $\vec{r}$과 $\vec{F}$ 사이의 각이고, $\vec{e}$는 $\vec{r}$과 $\vec{F}$를 포함하는 평면의 수직방향 단위벡터이다. 그림으로부터 $r\sin\alpha = d$이므로 모멘트의 크기는

$$M_O = Fr\sin\alpha = Fd$$

이다. 크기(M_O)와 방향($\vec{e}$)을 갖는 모멘트 $\overrightarrow{M_O}$는 다음과 같이 쓸 수 있다.

$$\overrightarrow{M_O} = Fd\,\vec{e} = M_O\,\vec{e}$$

단위벡터 $\vec{e}$의 방향은 오른손 법칙을 사용하여 구한다. 즉 그림과 같이 오른손의 손가락을 $\vec{r}$의 방향으로부터 $\vec{F}$의 방향으로 감을 때 엄지손가락이 가리키는 방향이 $\overrightarrow{M_O}$의 방향($\vec{e}$의 방향)이다. 벡터 곱의 교환법칙은 성립하지 않는다. $\vec{F}\times\vec{r} = -\vec{r}\times\vec{F}$이므로 $\vec{F}\times\vec{r}$의 방향은 $\vec{r}\times\vec{F}$의 반대 방향이다.

† 모멘트는 물체의 힘이 작용하는 평면에 수직인 벡터이고, 모멘트의 방향은 힘 $\vec{F}$가 물체를 회전시키려는 방향에 따라 결정된다. 일반적으로 오른손 법칙에 따라서 회전축에 대한 $\vec{F}$의 모멘트는 회전하려는 방향으로 회전축을 거머쥐었을 때 엄지손가락이 가리키는 방향의 벡터로 표현한다[그림 2.2.7]. 모멘트 방향에 대한 부호는 일반적으로 반시계방향(CCW) 모멘트는 양(+), 시계방향(CW) 모멘트는 (−)로 정한다. 문제에 따라서 이와 반대로 부호를 정할 수도 있지만 정해진 부호에 대한 규칙은 일관성을 유지해야 한다.

3. 바리논(Varignon)의 정리

한 점에 여러 힘이 작용할 때, 어떤 기준점(O)에 대한 각 힘의 모멘트의 합은 동일한 기준점(O)에 대한 이들 힘의 합력의 모멘트와 같다.

설명 기준점(O)으로부터 각 힘까지의 위치벡터를 $\vec{r}$로 하고, 합력을

$$\overrightarrow{F_1} + \overrightarrow{F_2} + \cdots + \overrightarrow{F_n} = \vec{R}$$

로 하면 각 힘이 갖는 모멘트의 합은

$$\vec{r}\times\overrightarrow{F_1} + \vec{r}\times\overrightarrow{F_2} + \cdots + \vec{r}\times\overrightarrow{F_n} = \vec{r}\times(\overrightarrow{F_1} + \overrightarrow{F_2} + \cdots + \overrightarrow{F_n}) = \vec{r}\times\vec{R}$$

이다. 즉, 점 O에 대한 각 힘들($\overrightarrow{F_1}$, $\overrightarrow{F_2}$, $\cdots$, $\overrightarrow{F_n}$)의 모멘트의 합은 점 O에 대한 합력($\vec{R}$)의 모멘트와 같다. 이 식으로부터 임의의 기준점에 대한 어떤 힘의

모멘트는 그 힘의 각 성분이 동일한 기준점에 대해 갖는 모멘트들의 합과 같다는 것을 알 수 있다.

† 바리논의 정리를 이용하면 힘을 성분으로 분해하여 임의 방향을 갖는 힘의 모멘트를 쉽게 구할 수 있다.

4. 2차원인 경우의 점에 대한 모멘트

직각 좌표계상에서 점 A(x, y)에 작용하는 힘 $\overrightarrow{F} = F_x\vec{i} + F_y\vec{j}$의 원점(O)에 대한 모멘트는

$$\overrightarrow{M_O} = (xF_y - yF_x)\vec{k}$$

이다[그림 2.2.8]. 여기에서 $\vec{k}$는 z 방향의 단위벡터이다.

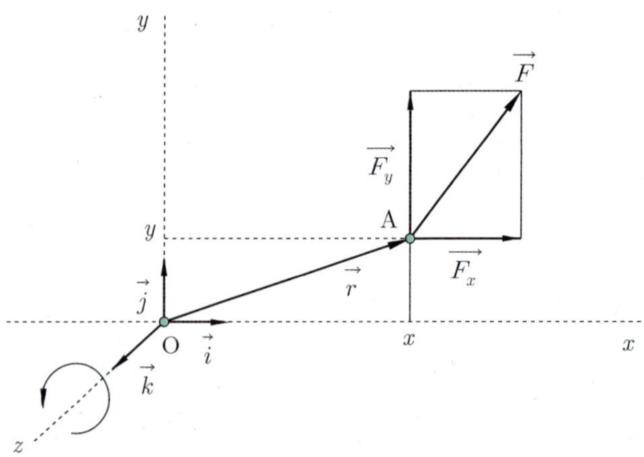

▌그림 2.2.8

설명 원점 O로부터 힘의 작용점 A까지의 위치벡터

$$\vec{r} = x\vec{i} + y\vec{j}$$

이므로 모멘트의 정의에 의해

$$\overrightarrow{M_O} = \vec{r} \times \overrightarrow{F} = (x\vec{i} + y\vec{j}) \times (F_x\vec{i} + F_y\vec{j})$$

$$= xF_x(\vec{i}\times\vec{i}) + xF_y(\vec{i}\times\vec{j}) + yF_x(\vec{j}\times\vec{i}) + yF_y(\vec{j}\times\vec{j})$$
$$= xF_x(0) + xF_y(\vec{k}) + yF_x(-\vec{k}) + yF_y(0)$$
$$= (xF_y - yF_x)\vec{k}$$

이다. 따라서 2차원인 경우 xy 평면상의 힘에 의한 어떤 점(O)에 대한 모멘트는 평면에 수직(z축 방향)이다. 여기에서

$$\overrightarrow{M_O} = M_O\vec{k}$$
$$M_O = xF_y - yF_x$$

로 나타내면 양(+)의 모멘트($M_O > 0$)는 양의 z축 방향으로 향하며 물체를 반시계방향으로 회전시키고, 음(−)의 모멘트($M_O < 0$)는 음의 z축 방향으로 향하며 물체를 시계방향으로 회전시킨다.

† 바리논의 정리에 의해 힘 F의 모멘트는 분력 F_x와 F_y의 모멘드의 합과 같다. [그림 2.2.8]에서 F_x에 의한 모멘트는 시계방향이고 팔의 길이가 y이므로 $-yF_x$이고, F_y에 의한 모멘트는 반시계방향이고 팔의 길이가 x이므로 $+xF_y$이다. 따라서 F에 의한 모멘트는 $\overrightarrow{M_O} = (xF_y - yF_x)$ (↶)이다.

예제 2.2.4

[그림 2.2.9(a)]에서 점 O에 대한 힘 F의 모멘트를 구하여라.

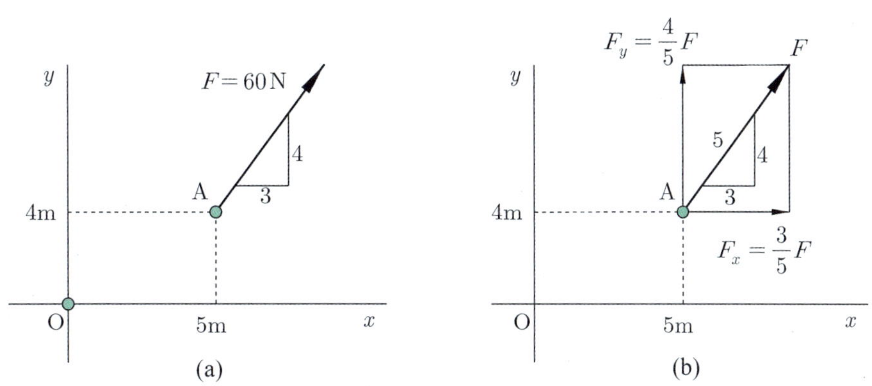

그림 2.2.9

풀이 (1) 그림 (b)와 같이 힘 F를 x, y 스칼라 성분으로 분해하여 모멘트를 구한다. 점 O에서 점 A까지의 위치벡터 $\vec{r}=5\vec{i}+4\vec{j}\,(\mathrm{m})$이다.

$$F_x = \frac{3}{5}F = \frac{3}{5}\times 60 = 36\,(\mathrm{N})$$

$$F_y = \frac{4}{5}F = \frac{4}{5}\times 60 = 48\,(\mathrm{N})$$

$$\therefore\ M_\mathrm{O} = xF_y - yF_x = 5\times 48 - 4\times 36 = 96\ (\mathrm{N\cdot m})\ (\curvearrowleft)$$

(2) 힘의 작용선까지의 수직거리 d를 구하여 모멘트를 구한다. 작용선은 기울기가 4/3이고 점 (5, 4)를 지나는 직선이므로 작용선의 방정식은

$$y = \frac{4}{3}(x-5)+4$$

$$\therefore\ 4x-3y-8=0$$

이다. 따라서 원점 O(0, 0)에서 작용선까지의 거리

$$d = \frac{|ax+by+c|}{\sqrt{a^2+b^2}} = \frac{|4\times 0-3\times 0-8|}{\sqrt{4^2+(-3)^2}} = \frac{8}{5}\ (\mathrm{m})$$

이므로 모멘트(M_O)는 다음과 같다.

$$M_\mathrm{O} = Fd = 60\times\frac{8}{5} = 96\ (\mathrm{N\cdot m})(\curvearrowleft)$$

평면에서 모멘트 크기를 구할 때 (2)의 방법을 사용하지 않고 (1)과 같이 힘을 성분으로 분해하여 쉽게 구할 수 있다. ■

† 점 $\mathrm{P}(x_0, y_0)$와 직선 $ax+by+c=0$ 사이의 거리(d)는 다음과 같다.

$$d = \frac{|ax_0+by_0+c|}{\sqrt{a^2+b^2}}$$

예제 2.2.5

[그림 2.2.10]에서 400 N의 힘이 점 O에 대해 작용하는 모멘트를 구하여라.

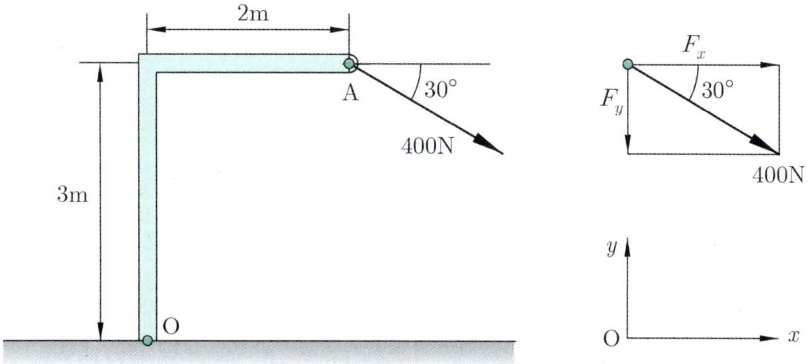

▌그림 2.2.10

풀이 (1) 점 A에 작용하는 400N의 힘을 x, y 스칼라 성분으로 분해하여 모멘트를 구한다. 위치벡터 $\vec{r} = 2\vec{i} + 3\vec{j}\,(\mathrm{m})$이다.

$$F_x = 400\cos 30° = 346.41\,(\mathrm{N})$$
$$F_y = -400\sin 30° = -200\,(\mathrm{N})$$

$$\therefore\ M_O = xF_y - yF_x = 2\times(-200) - 3\times(346.41) = -1439.23\,(\mathrm{N\cdot m})$$

반시계방향을 양(+)으로 잡았으므로 음(−)의 부호는 모멘트가 시계방향으로 작용하는 것을 의미한다. 따라서 모멘트를 다음과 같이 쓸 수 있다.

$$M_O = 1439.23\ \mathrm{N\cdot m}\,(\curvearrowright)$$

(2) 400N의 힘을 직각성분으로 대체하면

$$F_1 = 400\cos 30° = 346.41\,(\mathrm{N})(\rightarrow)$$
$$F_2 = 400\sin 30° = 200\,(\mathrm{N})(\downarrow)$$

이다. $M = Fd$이고 F_1, F_2에 의한 모멘트는 모두 시계방향이므로

$$M_O = 3\times 346.41 + 2\times 200 = 1439.23\,(\mathrm{N\cdot m})(\curvearrowright)$$

이다. (바리논의 정리에 의해 임의의 점에 작용하는 힘 모멘트는 그 힘의 각 성분들에 의한 모멘트의 합과 같다.)

2차원 평면에서 모멘트를 구할 때 (1)과 같이 공식

$$M_O = xF_y - yF_x$$

을 적용하려 하지 말고 (2)와 같이 각 성분(F_x, F_y)의 모멘트를 구하여 합하는 것이 편리하다. 단, 이때는 모멘트의 회전방향(시계방향 또는 반시계방향)을 잘 살펴보아야 한다. 회전방향이 같을 때는 대수적으로 합하고 다를 때는 큰 값에서 작은 값을 뺀 값이 전체 모멘트의 크기가 된다. 모멘트의 회전방향은 큰 값의 회전방향과 같다. ■

예제 2.2.6

[그림 2.2.11]의 굽은 봉에 작용하는 네 힘의 점 O에 대한 모멘트 합을 구하여라.

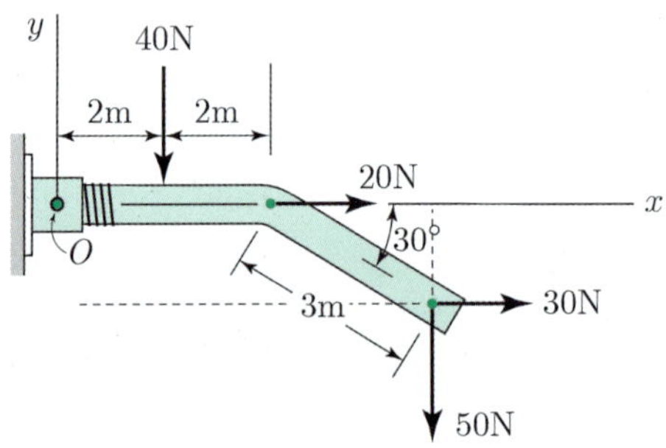

그림 2.2.11

풀이 반시계방향(↶)의 모멘트를 양(+)으로 가정하고 모멘트 합을 구한다. 그림에서 40 N과 50 N에 의한 모멘트는 시계방향(↷)이고, 30N에 의한 모멘트는 반시계방향(↶)이며, 20 N의 힘에 대해서는 팔의 길이가 0이다. 따라서

$$M_O = -(40\text{N}\cdot 2\text{m}) + (20\text{N}\cdot 0\text{m}) + (30\text{N}\cdot 3\sin 30°\text{m})$$
$$-[50\text{N}\cdot(4+3\cos 30°)\text{m}]$$

$$\therefore\ M_O = -364.9(\text{N}\cdot\text{m}) = 364.9(\text{N}\cdot\text{m})(\curvearrowright)$$

이다. 위의 모멘트를 벡터로 표현하면 $\overrightarrow{M_O} = -364.9\vec{k}(\text{N}\cdot\text{m})$이다. ■

5. 벡터 곱(크로스 또는 외적)

두 벡터 $\overrightarrow{P}$, $\overrightarrow{Q}$의 벡터 곱 $\overrightarrow{P}\times\overrightarrow{Q}$는 그 크기가

$$|\overrightarrow{P}\times\overrightarrow{Q}| = PQ\sin\alpha$$

이고, 방향이 [그림 2.2.12]와 같이 오른손 법칙에 의해 정해지는 벡터이다.

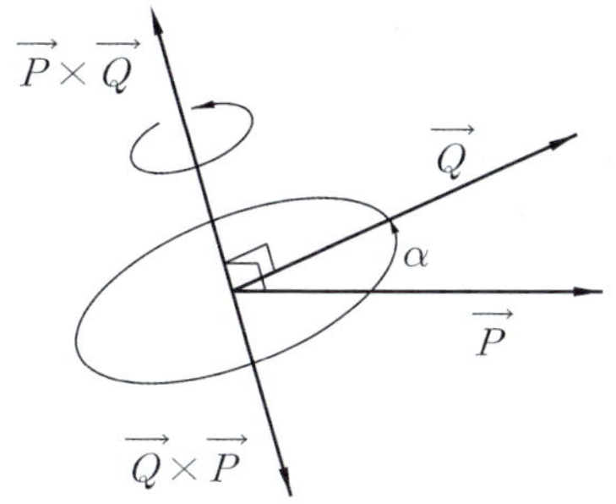

▎그림 2.2.12

오른손 좌표계를 이용하여 벡터 곱의 정의로부터

$$\vec{i}\times\vec{i}=0,\ \vec{j}\times\vec{j}=0,\ \vec{k}\times\vec{k}=0$$
$$\vec{i}\times\vec{j}=\vec{k},\ \vec{j}\times\vec{k}=\vec{i},\ \vec{k}\times\vec{i}=\vec{j}$$
$$\vec{j}\times\vec{i}=-\vec{k},\ \vec{k}\times\vec{j}=-\vec{i},\ \vec{i}\times\vec{k}=-\vec{j}$$

의 관계식을 얻는다[그림 2.2.13].

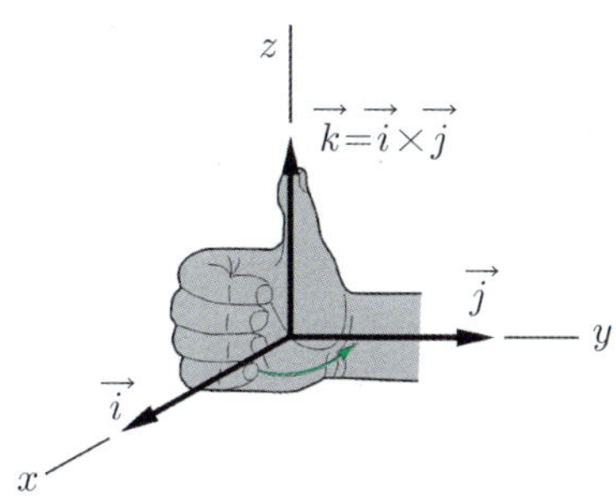

▎그림 2.2.13

오른손 법칙에 의해 일반적으로 반시계방향(↶)의 부호를 양(+), 시계방향(↷)의 부호를 음(−)으로 정한다. 벡터 곱의 순서를 바꾸고 오른손 법칙을 사용하면

$$\overrightarrow{Q} \times \overrightarrow{P} = -\overrightarrow{P} \times \overrightarrow{Q}$$

이다. 즉, 벡터 곱에서는 교환법칙이 성립하지 않는다.

직각좌표계에서 각 벡터를 성분으로 표현하였을 때 다음과 같이 행렬식으로 벡터 곱을 나타낼 수 있다.

$$\overrightarrow{P} \times \overrightarrow{Q} = \begin{vmatrix} \vec{i} & \vec{j} & \vec{k} \\ P_x & P_y & P_z \\ Q_x & Q_y & Q_z \end{vmatrix} = (P_y Q_z - P_z Q_y)\vec{i} - (P_x Q_z - P_z Q_x)\vec{j} + (P_x Q_y - P_y Q_x)\vec{k}$$

여기에서 $\overrightarrow{P} = P_x \vec{i} + P_y \vec{j} + P_z \vec{k}$, $\overrightarrow{Q} = Q_x \vec{i} + Q_y \vec{j} + Q_z \vec{k}$이다.

[행렬식 계산]

(2×2) 행렬 $A = \begin{bmatrix} a & b \\ c & d \end{bmatrix}$의 행렬식은 다음과 같다.

$$\det(A) = |A| = \begin{vmatrix} a & b \\ c & d \end{vmatrix} = ad - bc$$

그리고 3×3 행렬의 행렬식은 다음과 같이 계산된다.

$$\begin{aligned} \overrightarrow{M} &= \begin{vmatrix} \vec{i} & \vec{j} & \vec{k} \\ x & y & z \\ F_x & F_y & F_z \end{vmatrix} = \vec{i}\begin{vmatrix} y & z \\ F_y & F_z \end{vmatrix} - \vec{j}\begin{vmatrix} x & z \\ F_x & F_z \end{vmatrix} + \vec{k}\begin{vmatrix} x & y \\ F_x & F_y \end{vmatrix} \\ &= (yF_z - zF_y)\vec{i} - (xF_z - zF_x)\vec{j} + (xF_y - yF_x)\vec{k} \end{aligned}$$

예제 2.2.7

다음 두 벡터의 벡터 곱 $\vec{r} \times \overrightarrow{F}$을 구하여라.

$$\vec{r} = -2\vec{i} + 3\vec{k}, \qquad \overrightarrow{F} = 3\vec{i} - 4\vec{j}$$

풀이 벡터 성분으로 표현된 식을 이용한다.

$$\vec{r}\times\vec{F}=\begin{vmatrix}\vec{i} & \vec{j} & \vec{k}\\ r_x & r_y & r_z\\ F_x & F_y & F_z\end{vmatrix}=\begin{vmatrix}\vec{i} & \vec{j} & \vec{k}\\ -2 & 0 & 3\\ 3 & -4 & 0\end{vmatrix}$$

$$=[0\cdot 0-3\times(-4)]\vec{i}-[(-2)\cdot 0-3\cdot 3]\vec{j}+[(-2)\cdot(-4)-0\cdot 3]\vec{k}$$

$$=12\vec{i}+9\vec{j}+8\vec{k}$$

■

6. 3차원인 경우의 점에 대한 모멘트

3차원 공간에서 점 $A(x,y,z)$에 작용하는 힘 $\vec{F}=F_x\vec{i}+F_y\vec{j}+F_z\vec{k}$의 원점(O)에 대한 모멘트는 다음과 같다.

$$\overrightarrow{M_O}=\overrightarrow{r_{A/O}}\times\vec{F}=\begin{vmatrix}\vec{i} & \vec{j} & \vec{k}\\ x & y & z\\ F_x & F_y & F_z\end{vmatrix}$$

$$=(yF_z-zF_y)\vec{i}+(zF_x-xF_z)\vec{j}+(xF_y-yF_x)\vec{k}$$

설명 원점으로부터 점 $A(x,y,z)$까지의 위치벡터 $\overrightarrow{r_{A/O}}=x\vec{i}+y\vec{j}+z\vec{k}$이므로

$$\overrightarrow{M_O}=\overrightarrow{r_{A/O}}\times\vec{F}=(x\vec{i}+y\vec{j}+z\vec{k})\times(F_x\vec{i}+F_y\vec{j}+F_z\vec{k})$$

$$=xF_x(\vec{i}\times\vec{i})+xF_y(\vec{i}\times\vec{j})+xF_z(\vec{i}\times\vec{k})$$

$$+yF_x(\vec{j}\times\vec{i})+yF_y(\vec{j}\times\vec{j})+yF_z(\vec{j}\times\vec{k})$$

$$+zF_x(\vec{k}\times\vec{i})+zF_y(\vec{k}\times\vec{j})+zF_z(\vec{k}\times\vec{k})$$

$$=xF_y\vec{k}-xF_z\vec{j}-yF_x\vec{k}+yF_z\vec{i}+zF_x\vec{j}-zF_y\vec{i}$$

$$=(yF_z-zF_y)\vec{i}+(zF_x-xF_z)\vec{j}+(xF_y-yF_x)\vec{k}$$

† 힘 $\vec{F}=F_x\vec{i}+F_y\vec{j}+F_z\vec{k}$의 작용선이 점 $A(x,y,z)$를 지나면 힘 $\vec{F}$의 원점(O)에 대한 모멘트는 $\overrightarrow{M_O}=\overrightarrow{r_{A/O}}\times\vec{F}$이다.

† $$\overrightarrow{M_O}=\begin{vmatrix}\vec{i} & \vec{j} & \vec{k}\\ x & y & z\\ F_x & F_y & F_z\end{vmatrix}=\vec{i}\begin{vmatrix}y & z\\ F_y & F_z\end{vmatrix}-\vec{j}\begin{vmatrix}x & z\\ F_x & F_z\end{vmatrix}+\vec{k}\begin{vmatrix}x & y\\ F_x & F_y\end{vmatrix}$$

$$=(yF_z-zF_y)\vec{i}-(xF_z-zF_x)\vec{j}+(xF_y-yF_x)\vec{k}$$

예제 2.2.8

점 A의 위치벡터 $\vec{r}=5\vec{i}-3\vec{j}+6\vec{k}$ (m)일 때 점 A에 작용하는 힘 $\vec{F}=-4\vec{i}+7\vec{j}+2\vec{k}$ (N)의 원점(O)에 대한 모멘트 크기를 구하여라.

풀이 모멘트의 정의에 의해 원점에 대한 모멘트는

$$\overrightarrow{M_O}=\overrightarrow{r_{A/O}}\times\vec{F}=\begin{vmatrix}\vec{i} & \vec{j} & \vec{k}\\ x & y & z\\ F_x & F_y & F_z\end{vmatrix}=\begin{vmatrix}\vec{i} & \vec{j} & \vec{k}\\ 5 & -3 & 6\\ -4 & 7 & 2\end{vmatrix}$$

$$=(-3\times2-6\times7)\vec{i}-[5\times2-6\times(-4)]\vec{j}+[5\times7-(-3)\times(-4)]\vec{k}$$

$$=-48\vec{i}-34\vec{j}+23\vec{k}\ (\text{N}\cdot\text{m})$$

이고, 모멘트 크기(M_O)는 다음과 같다.

$$M_O=\sqrt{(-48)^2+(-34)^2+23^2}=63.16\ (\text{N}\cdot\text{m})$$

■

예제 2.2.9

[그림 2.2.14(a)]와 같이 한 변의 길이가 h인 정육면체의 한 면(AEFB)에 힘 $\vec{F}$가 작용하고 있을 때 점 D에 대한 힘 $\vec{F}$의 모멘트를 구하여라.

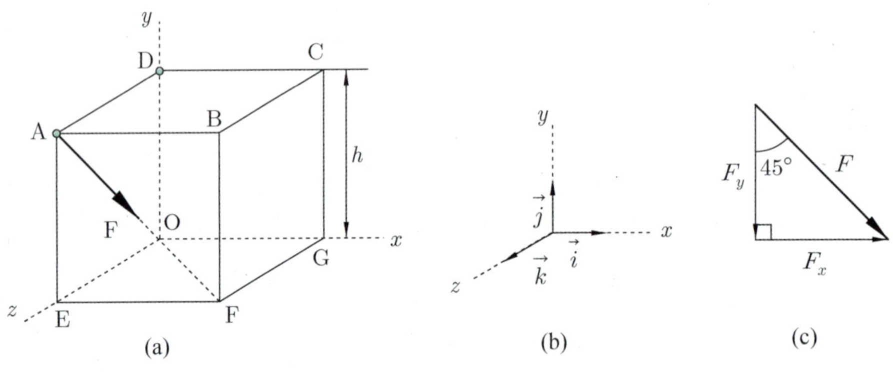

그림 2.2.14

풀이 그림의 (a), (b)와 같이 좌표계와 단위 벡터를 잡는다. 이때 점 D로부터 점 A까지의 위치벡터

$$\overrightarrow{r_{A/D}}=h\vec{k}$$

이고, 그림의 (c)와 같이 힘 $\vec{F}$를 직각성분으로 분해하면

$$\vec{F} = F(\sin 45^\circ \vec{i} - \cos 45^\circ \vec{j}) = \frac{F}{\sqrt{2}}(\vec{i} - \vec{j})$$

이다. 따라서 점 D에 대한 힘 $\vec{F}$의 모멘트($\overrightarrow{M_{\mathrm{D}}}$)는 다음과 같다.

$$\begin{aligned}\overrightarrow{M_{\mathrm{D}}} &= \overrightarrow{r_{\mathrm{A/D}}} \times \vec{F} = h\vec{k} \times \frac{F}{\sqrt{2}}(\vec{i} - \vec{j}) \\ &= \frac{Fh}{\sqrt{2}}(\vec{k} \times \vec{i} - \vec{k} \times \vec{j}) = \frac{Fh}{\sqrt{2}}(\vec{j} + \vec{i}) \\ &= \frac{Fh}{\sqrt{2}}(\vec{i} + \vec{j})\end{aligned}$$

2.2 연습문제

1. 점 A에 작용하는 200N의 힘의 점 O에 대한 모멘트를 구하여라.

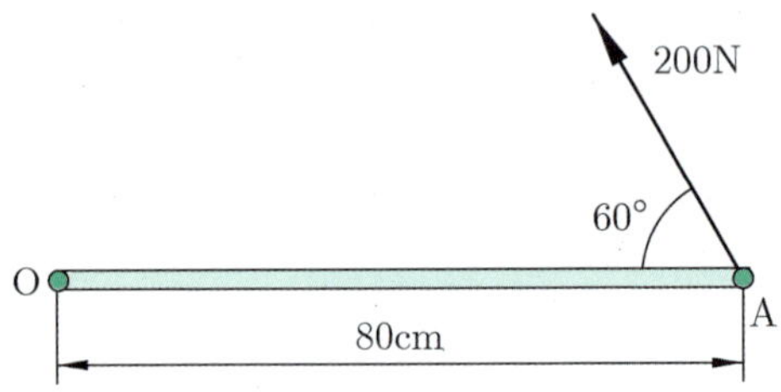

❙ 문제 2.2.1

2. 세 힘에 의해 점 O에 작용하는 모멘트를 구하여라.

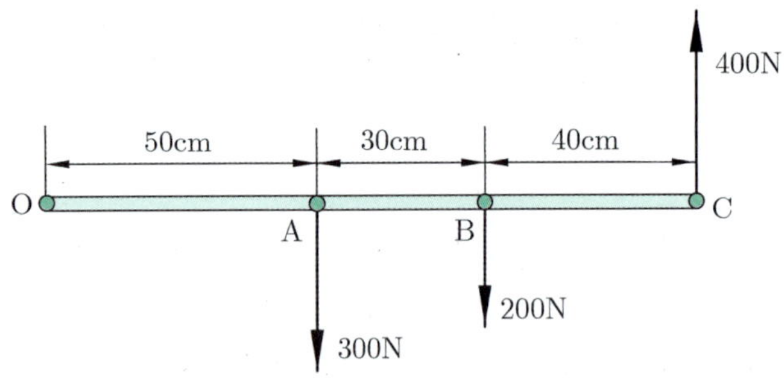

❙ 문제 2.2.2

3. 두 힘에 의해 점 O에 작용하는 모멘트를 구하여라.

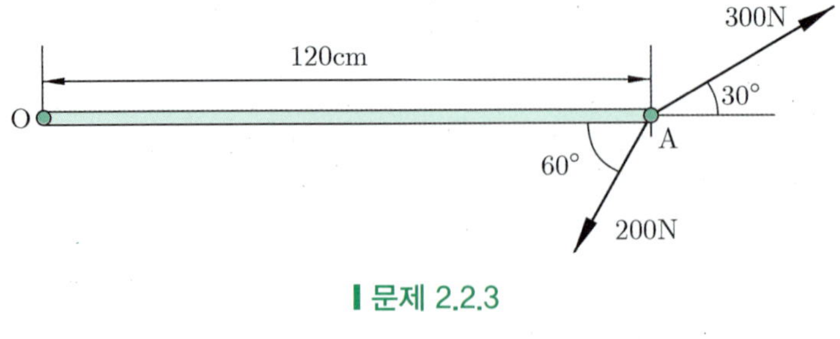

❙ 문제 2.2.3

4. 두 힘에 의해 점 A에 작용하는 모멘트를 구하여라.

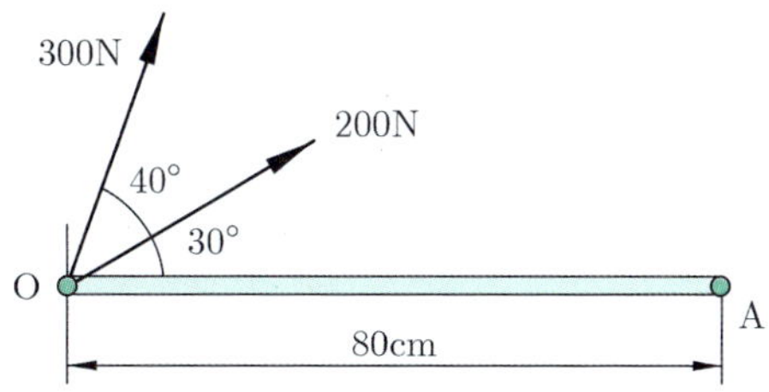

▌문제 2.2.4

5. 세 힘에 의해 점 O에 작용하는 모멘트를 구하여라.

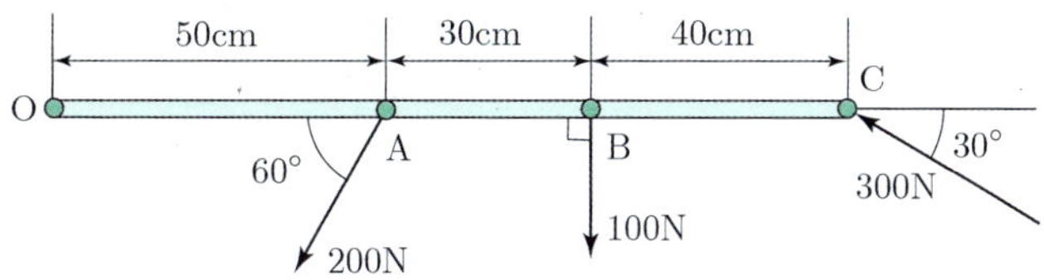

▌문제 2.2.5

6. 힘 F의 점 O에 대한 모멘트를 구하여라.

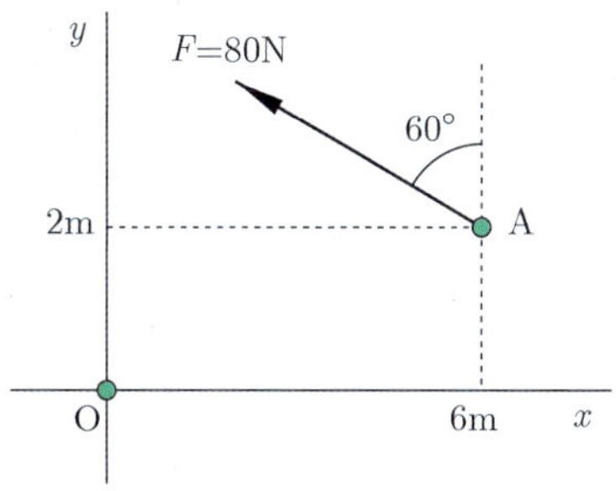

▌문제 2.2.6

7. 힘 F의 점 O에 대한 모멘트를 구하여라.

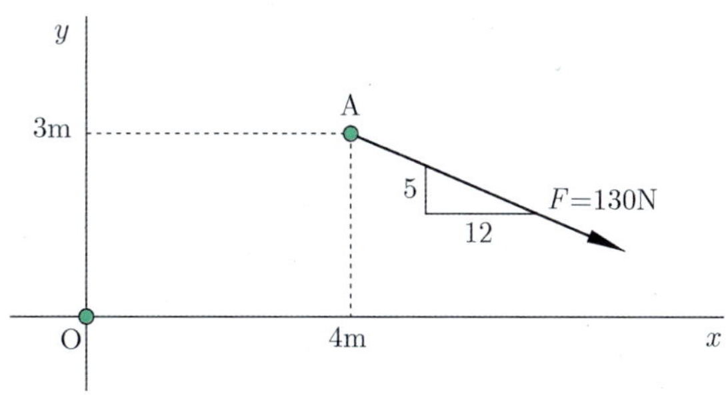

▌문제 2.2.7

8. 힘 F의 점 B와 C에 대한 모멘트를 각각 구하여라.

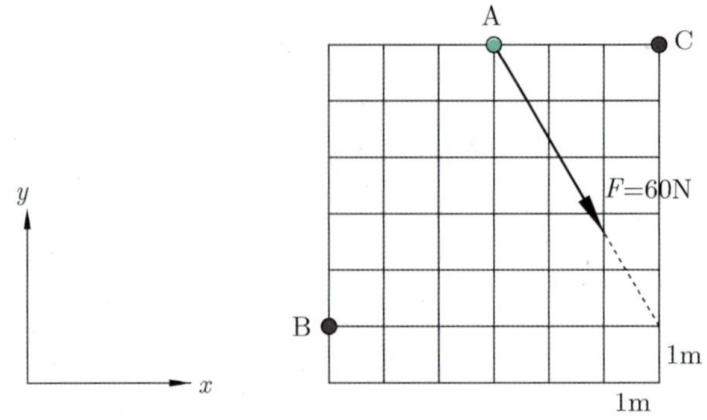

❙ 문제 2.2.8

9. (1) $\theta = 30°$일 때 힘 F의 점 O에 대한 모멘트를 구하여라.

(2) 힘 F의 점 O에 대한 모멘트가 0일 때와 모멘트가 최대가 되는 θ의 값을 각각 구하여라.

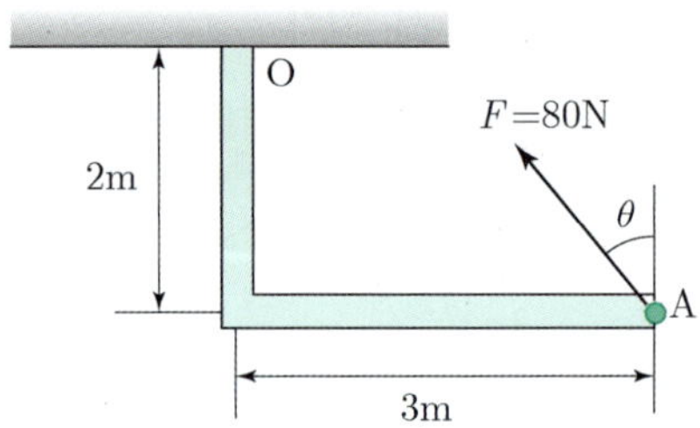

❙ 문제 2.2.9

10. 힘 F의 점 A와 B에 대한 모멘트를 각각 구하여라.

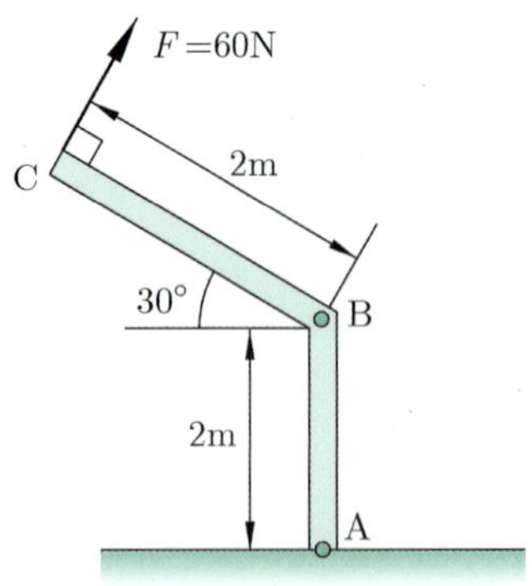

❙ 문제 2.2.10

11. 다음 각 경우에 대하여 점 A에 작용하는 힘 $\vec{F}=2\vec{i}+3\vec{j}-4\vec{k}$ (N)의 원점(O)에 대한 모멘트를 구하여라. $\vec{r}$은 점 A의 위치벡터이다.

(1) $\vec{r}=-2\vec{i}+5\vec{j}+\vec{k}$ (m)

(2) $\vec{r}=3\vec{i}-2\vec{j}+5\vec{k}$ (m)

12. 한 변의 길이가 h인 정육면체의 한 면에 힘 $\vec{F}$가 작용하고 있다. 다음을 구하여라.

(1) 점 A에 대한 힘 $\vec{F}$의 모멘트

(2) 점 D에 대한 힘 $\vec{F}$의 모멘트

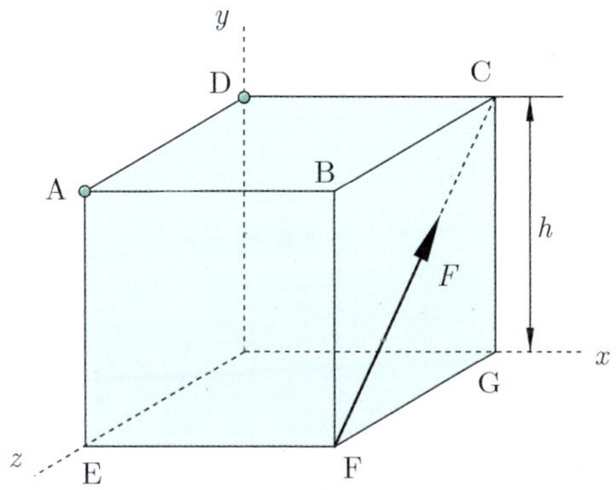

문제 2.2.12

13. 두 벡터 $\vec{P}$와 $\vec{Q}$가 사이의 각 θ를 이루고 있다. 다음 등식 중 옳지 않은 것은?

[공무원시험]

① $\vec{P}\cdot\vec{Q}=PQ\cos\theta$ ② $\vec{P}\cdot\vec{Q}=\vec{Q}\cdot\vec{P}$

③ $\vec{P}\times\vec{Q}=PQ\sin\theta$ ④ $\vec{P}\times\vec{Q}=-\vec{Q}\times\vec{P}$

⑤ $|\vec{P}\times\vec{Q}|=|\vec{Q}\times\vec{P}|$

14. 다음과 같은 구조물에서 A 점에 발생하는 휨모멘트의 크기[kN · m]는? [공무원시험]

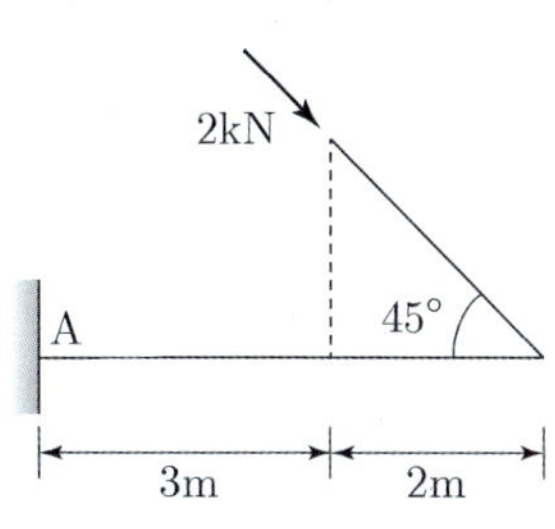

문제 2.2.14

① $\sqrt{2}$　　② $2\sqrt{2}$
③ $3\sqrt{2}$　　④ $5\sqrt{2}$

15. 그림과 같은 구조물에서 힘 $\vec{F}=(8\vec{i}+4\vec{j}-3\vec{k})$kN에 의해 O점에 발생하는 모멘트 벡터[kN · m]는? 단, $\vec{i}$, $\vec{j}$, $\vec{k}$는 각각 x, y, z축의 단위벡터이다. [공무원시험]

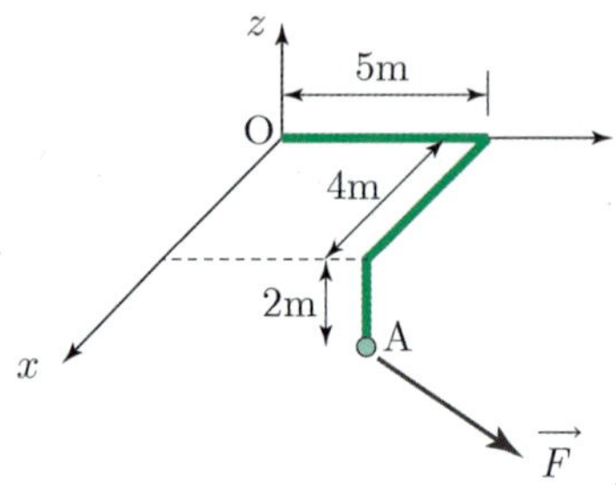

▎문제 2.2.15

① $-7\vec{i}+4\vec{j}+24\vec{k}$　　② $-7\vec{i}-4\vec{j}-24\vec{k}$
③ $23\vec{i}-4\vec{j}+24\vec{k}$　　④ $23\vec{i}+4\vec{j}-24\vec{k}$

16. 그림과 같이 고리에 400N의 힘이 작용할 때 고정부(O)에 작용하는 모멘트를 구하여라. (단, 고리의 두께와 무게는 무시한다)

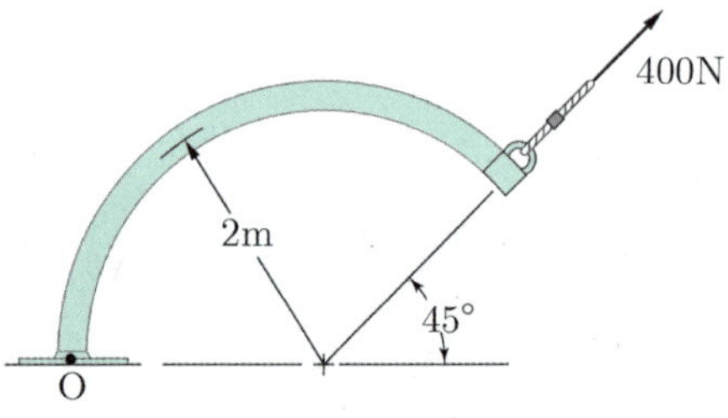

▎문제 2.2.16

2.3 힘의 평형

정지해 있는 어떤 물체에 두 개 이상의 힘이 작용하여도 힘을 받지 않을 때와 같은 상태로 정지하고 있을 때 물체에 작용하는 힘들은 평형 상태에 있다고 한다. 운동하는 물체에 여러 힘이 작용하여도 그 물체의 운동 상태에 변화가 없을 때도 그 힘들은 평형 상태에 있다고 한다. 즉, 물체에 작용하는 힘이 평형 상태에 있을 때 그 물체의 운동 상태가 변하지 않는다.

기계공학에서 '정역학(statics)'은 작용하고 있는 힘이 평형을 이루는 물체를 다루며, 정역학을 통하여 정지된 구조물에서의 반력과 외력과 내력의 관계를 결정할 수 있으므로 정역학은 역학의 가장 기본적인 분야이다. 힘이 작용하는 구조물에서의 많은 공학적 문제는 정역학으로 해석할 수 있다. 정역학으로 구한 외력과 구조물 내부의 내력과의 관계는 재료역학(고체역학)의 기본이 된다.

1. 자유물체도

고려하는 물체를 원래의 상태로부터 분리하여 그 물체에 작용하는 모든 외력을 그림으로 나타낸 것을 자유물체도(free body diagram, FBD)라 한다.

설명 공업역학에서 다루는 문제는 대상 물체에 작용하는 모든 외력을 알아야 하는데 이 외력을 구하기 위해 가장 먼저 해야 할 일은 자유물체도를 그리는 일이다. 자유물체도를 그리는 기본적인 과정은 다음과 같다.

(1) 분리하여 해석하고자 하는 물체를 선정한 후 정해진 물체를 그린다.
(2) 물체의 경계에 작용하는 모든 힘을 표시한다.
(3) 문제 해결에 필요한 주어진 치수를 기입한다. 필요한 경우 좌표축을 선정하고 자유물체도에 표시한다.

여기에서 힘이란 물체에 직접 작용하는 힘은 물론이고, 물체의 무게(체적력), 물체 상호간의 마찰력, 접촉력, 받침점의 반력 등, 그 물체에 작용하는 모든 힘을 말한다. 물체를 분리하는 과정에서 제거된 물체와의 상호 작용에 의해 발생하는 힘을 표시할 때는 작용과 반작용의 원칙을 따른다.

2. 접촉력, 반력, 체적력, 작용과 반작용

(1) 접촉력(contact force), 반력(reactive force)

두 물체 사이의 직접적인 물리적 접촉을 통하여 발생하는 힘을 접촉력이라 하고, 일반적으로 지지점으로부터 물체에 전달되는 힘을 반력이라 한다.

(2) 체적력(body force)

중력(gravity force), 전기력(electric force), 자기력(magneic force) 등과 같이 힘이 작용하는 어떤 장(field) 안에서 물체가 받는 힘을 체적력 또는 체력이라 한다.

(3) 작용과 반작용

뉴턴의 제3법칙에 의하면 힘의 작용은 항상 크기가 같고 방향이 반대인 반작용력을 동반하게 된다. 자유물체도를 그릴 때 해석하고자 하는 물체를 고립시킨 후에 그 물체에 작용하는 힘(대상 물체가 다른 물체에 작용하는 힘이 아니라)을 나타내어야 한다.

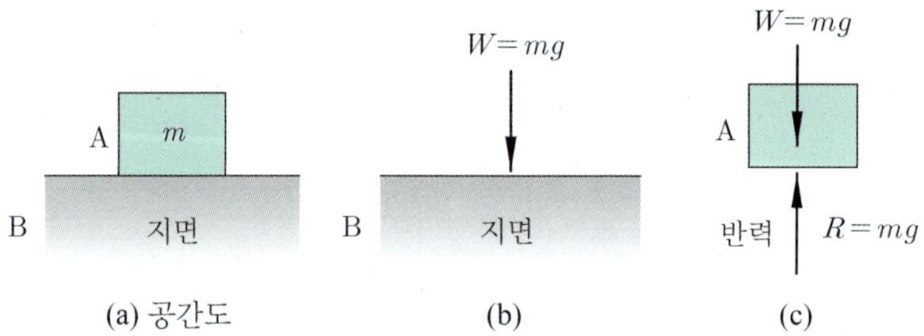

그림 2.3.1

설명 두 물체 A와 B가 접촉하여 A가 B를 누르면 작용과 반작용의 법칙에 따라 B는 A를 같은 힘으로 밀어내게 된다. 이와 같은 힘을 접촉점에서의 반력이라 한다. [그림 2.3.1(a)]와 같이 지면에 물체가 놓여 있는 경우 지면 B에는 물체의 무게 $W=mg$에 의한 힘이 아래 방향으로 작용한다[그림 (b)]. 이때 그림 (c)와 같이 물체 A의 바닥에는 작용과 반작용의 법칙에 따라 지면 B에 의해 $R=mg$의 힘이 위 방향으로 작용하게 된다. 여기에서 A가 지면으로부터 받는 힘 R을 반력이라 한다. [표 2.3.1]에는 2차원 해석에 관한 역학에서의 힘의 작용(반력의 형태)에 대한 일반적인 모양을 나타내었다.

표 2.3.1 지지점과 연결점에서의 반력

지지점 또는 연결점	반력의 형태
1. 유연한 케이블, 줄 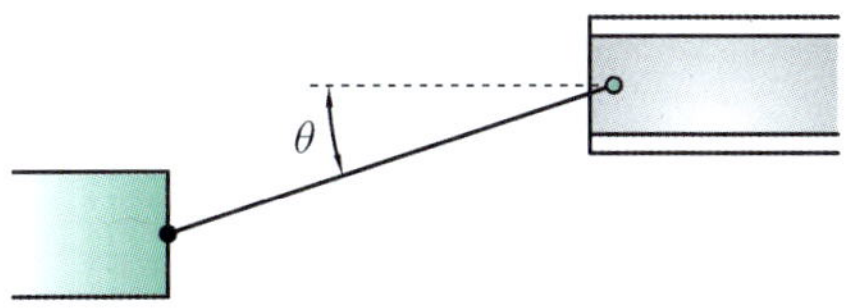	[방향을 아는 힘] 줄에 의해 작용하는 힘은 줄 방향으로 물체 밖으로 작용하는 인장력이다. 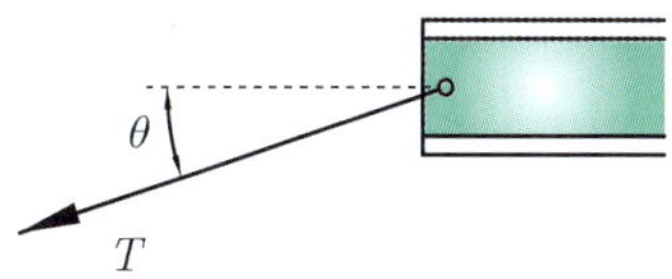
2. 롤러, 로커, 마찰 없는 면 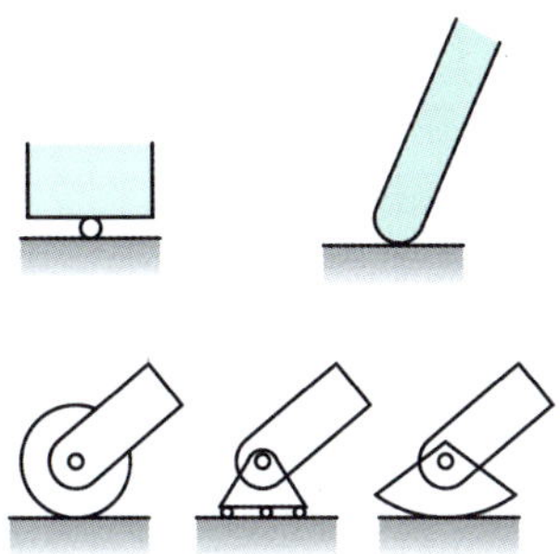	[방향을 아는 힘] 압축력을 전달하며 압축력은 면에 수직이다. 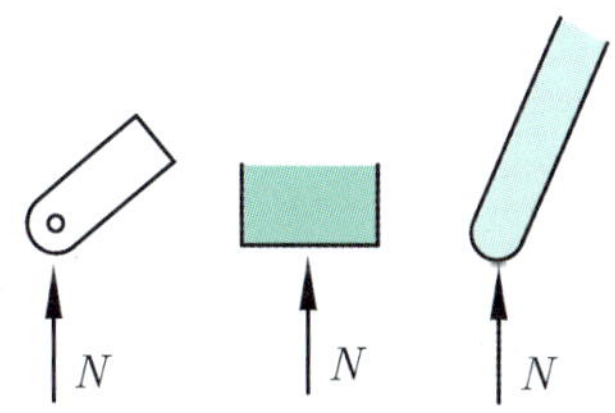
3. 마찰 없는 핀 또는 힌지, 마찰 면 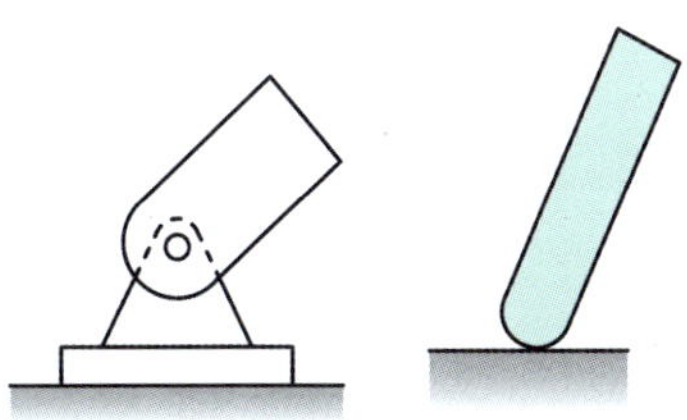	[방향을 모르는 힘] 수직분력(R_y)과 수평분력(R_x)을 모두 가질 수 있다. 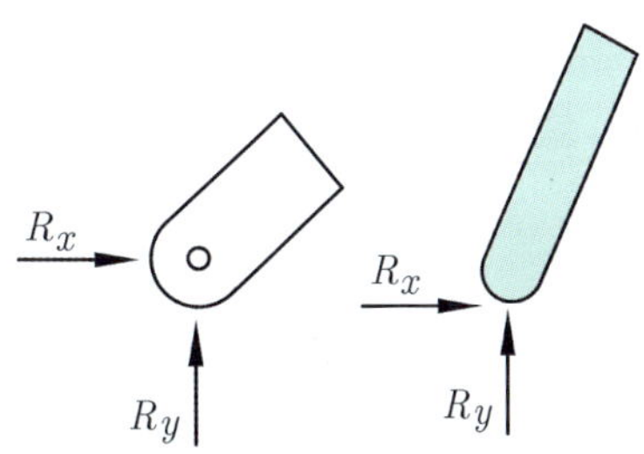
4. 마찰 없이 미끄러지는 가이드 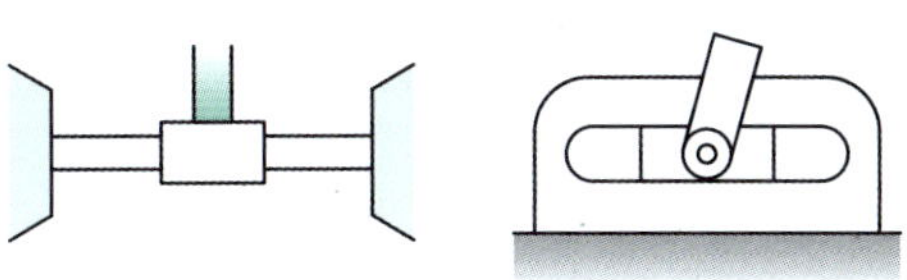	[방향을 아는 힘] 압축력을 전달하며 압축력은 면에 수직이다. 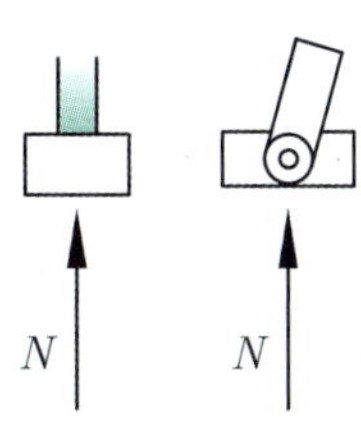

지지점 또는 연결점	반력의 형태
5. 박혀 있거나 고정된지지 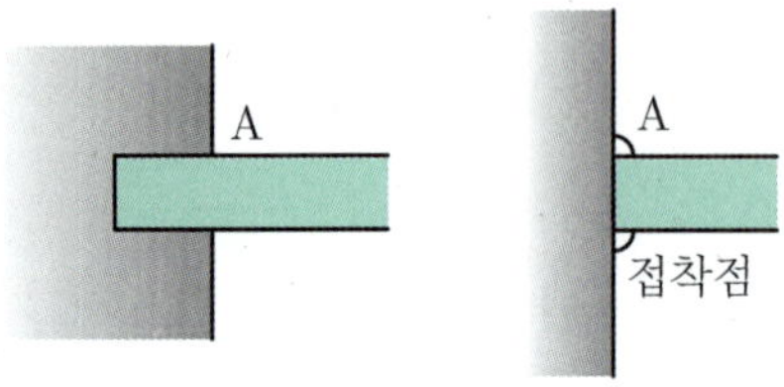	[힘과 굽힘 모멘트] 축 방향 하중(F), 전단 방향 하중(V), 굽힘 모멘트(M)를 모두 지지한다. 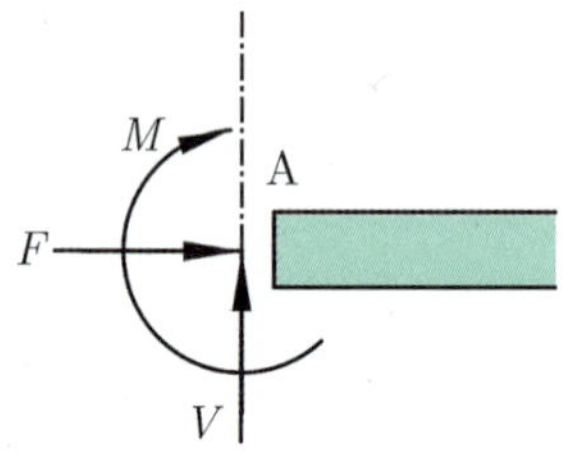
6. 중력 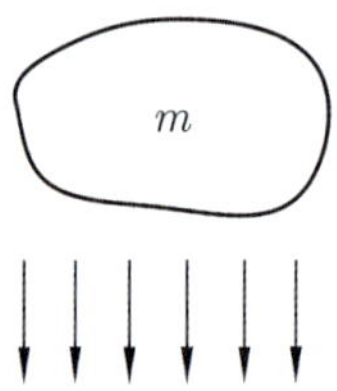	[중력에 의한 물체의 무게] 질량 m의 물체에 작용하는 무게 $W = mg$이며 물체의 질량 중심을 통과하여 지구 중심을 향한다(연직 하방). 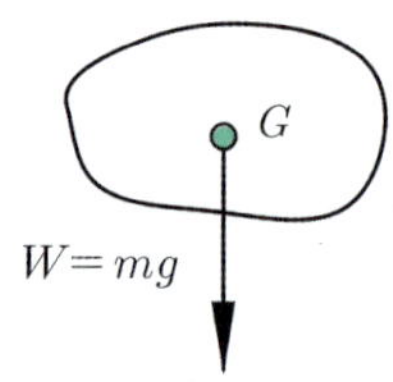

▌자유 물체도 예

예 1

[그림 2.3.2]의 (a)와 같이 두 개의 끈으로 물체를 매달 때 끈 OA, OB에는 물체의 무게 W에 의해 인장력이 걸린다. OA, OB에 걸리는 인장력을 각각 F_1, F_2라 하고, 점 O를 질점으로 잡아 점 O에 대한 자유물체도를 그리면 그림 (b)와 같다.

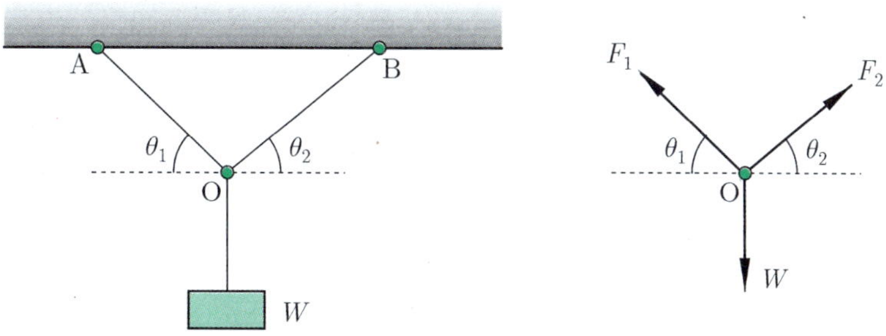

(a) 공간도 (b) 자유물체도

▎그림 2.3.2

예 2

[그림 2.3.3]의 (a)와 같이 길이 L, 무게 W의 균일한 보가 아래 방향으로 하중 P를 받고 있다. 이때 보가 역학적으로 평형을 이루기 위해서는 보의 양 끝단에서 보의 무게와 하중을 지지해 주는 반력이 있어야 한다. 이 반력을 각각 R_A, R_B라 하면, 보의 무게 중심은 보의 중앙에 있으므로 (b)와 같은 보에 대한 자유물체도를 그릴 수 있다.

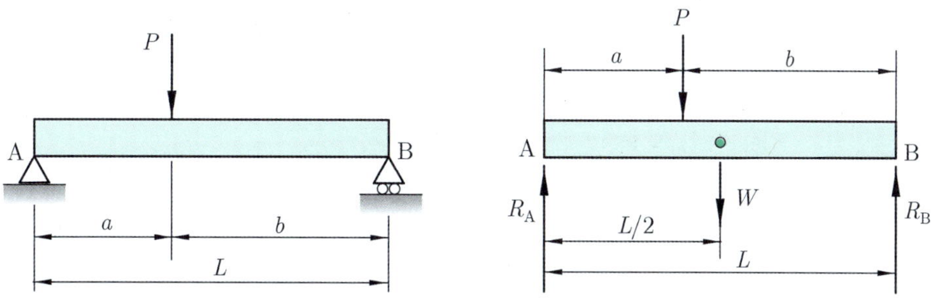

(a) 공간도 (b) 자유물체도

▎그림 2.3.3

예 3

[그림 2.3.4]의 (a)와 같이 벽에 박혀서 고정된 보의 끝에 하중 P가 작용하고 있다. 보의 박힌 부분에서는 반력과 반력 모멘트가 모두 존재하므로 고정점 A에서의 반력의 수평 성분을 H_A, 수직 성분을 R_A, 반력모멘트를 M_A라 하고, 보의 무게를 무시하면 보에 대한 자유물체도는 그림 (b)와 같다. 보의 무게

($W = mg$)를 고려할 때는 균일한 보의 경우 보의 중앙에 아래 방향으로 작용하는 하중 W를 도시하면 된다.

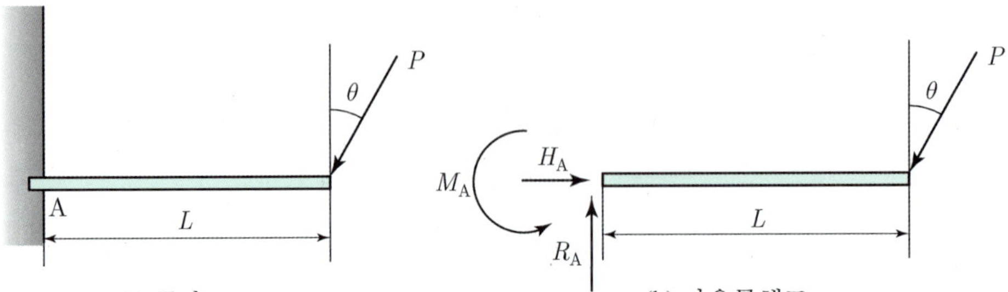

(a) 공간도 (b) 자유물체도

| 그림 2.3.4

예 4

[그림 2.3.5]의 (a)와 같이 매끄러운 수직 벽(A)과 거친 바닥(B)으로 지지되고 있는 질량 m인 물체가 있다. 매끄러운 수직 벽(A)과 물체의 접촉점에는 벽면에 수직 방향의 반력(A)만 존재한다. 이에 반해 거친 바닥(B)과 물체의 접촉점에는 바닥의 표면에 수직인 성분(B_y)과 수평 성분(B_x)이 모두 존재할 수 있다. 그리고 연직 아래 방향(↓)으로 $W = mg$의 무게가 물체의 무게 중심에 작용한다. 이와 같은 힘들을 물체에 대한 자유물체도에 나타내면 그림 (b)와 같다.

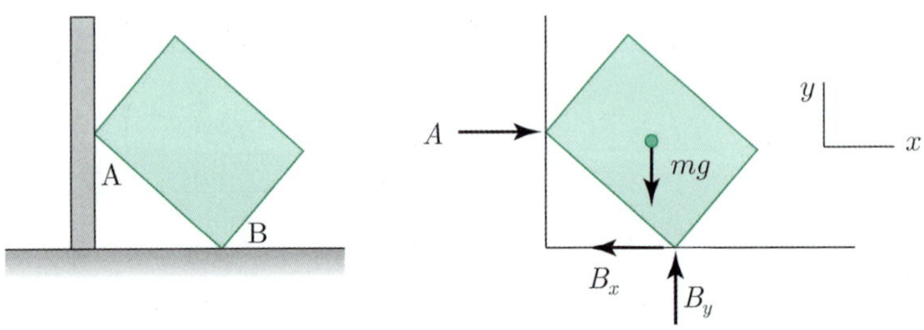

(a) (a) 공간도 (b (b) 자유물체도

| 그림 2.3.5

이상과 같이 자유물체도가 구성되면 여기에서 힘의 평형조건을 적용하여 구하고자 하는 미지력을 얻을 수 있다.

3. 질점에 작용하는 힘의 평형

질점(한 점)에 작용하는 여러 힘들 $\overrightarrow{F_1}$, $\overrightarrow{F_2}$, …, $\overrightarrow{F_n}$이 평형이 되기 위해서는 모든 힘들의 합이 0이 되어야 한다.

$$\sum \overrightarrow{F} = 0$$

따라서 힘은 벡터이므로 $\overrightarrow{F} = F_x\vec{i} + F_y\vec{j} + F_z\vec{k}$로 나타나면 일반적으로 다음과 같이 각 힘들의 x, y, z 스칼라 성분의 합이 각각 0이 되고,

$$\sum F_x = 0, \quad \sum F_y = 0, \quad \sum F_z = 0$$

2차원인 경우 질점에 대한 평형조건은

$$\sum F_x = 0, \quad \sum F_y = 0$$

이다. 즉, 여러 힘들의 수평 분력의 합과 수직 분력의 합이 각각 0이다.

설명 힘이 평형을 이룰 때 $\sum \overrightarrow{F} = 0$이고, 뉴턴의 운동법칙 $\sum \overrightarrow{F} = m\vec{a}$에서 가속도 $\vec{a} = 0$이므로 물체의 운동 상태에 변화가 없다. 각각의 힘 $\overrightarrow{F}$를 직각성분으로 분해하면

$$\sum (F_x\vec{i} + F_y\vec{j} + F_z\vec{k}) = 0$$
$$\left(\sum F_x\right)\vec{i} + \left(\sum F_y\right)\vec{j} + \left(\sum F_z\right)\vec{k} = 0$$

따라서 질점이 평형의 이루기 위한 필요충분조건은

$$\sum F_x = 0, \ \sum F_y = 0, \ \sum F_z = 0$$

이다. 이와 같이 한 질점에 작용하는 모든 힘의 합력이 0일 때 그 질점은 역학적으로 평형상태에 있다고 한다.

한 점에 작용하는 두 힘 $\overrightarrow{F_1}$, $\overrightarrow{F_2}$이 평형을 이루기 위해서는 $\overrightarrow{F_1} + \overrightarrow{F_2} = 0$이므로 $\overrightarrow{F_1} = -\overrightarrow{F_2}$이다. 즉, [그림 2.3.6]과 같이 두 힘은 크기가 같고 방향이 반대일 때

평형이 된다.

▎그림 2.3.6

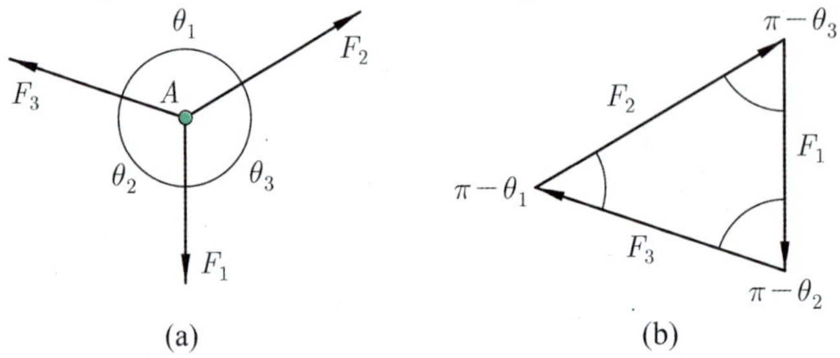

▎그림 2.3.7

한 점에 세 힘이 작용할 때[그림 2.3.7(a)] 합력이 0이 되기 위해서는 그림 (b)와 같이 힘의 삼각형을 그릴 경우 힘의 종점이 시작점과 일치해야 한다. 따라서 사인법칙에 의해

$$\frac{F_1}{\sin(\pi-\theta_1)}=\frac{F_2}{\sin(\pi-\theta_2)}=\frac{F_3}{\sin(\pi-\theta_3)}$$

$$\therefore\ \frac{F_1}{\sin\theta_1}=\frac{F_2}{\sin\theta_2}=\frac{F_3}{\sin\theta_3}$$

가 성립한다. 이것을 라미의 정리(Lami's theorem)라 한다.

† 질점(particle, point): 운동할 때 그 크기와 형상을 무시할 수 있으며 질점의 질량 중심의 위치만을 고려한다. 역학 문제에서 물체를 질점으로 가정하면 질량이 한 점에 집중되어 있고, 물체의 회전을 고려할 필요가 없으므로 해석이 간단해진다.

일반적으로 질점에 작용하는 힘[그림 2.3.8(a)]의 합력이 0이 되기 위해서는 그림 (b)와 같이 힘의 다각형을 그렸을 때 힘의 시작점과 끝점이 일치해야 한다. 즉, $\vec{F_1}$을 점 O에서 시작하게 하고, $\vec{F_2}$, $\vec{F_3}$, $\cdots$, $\vec{F_n}$을 차례로 종점과 시점이 연결되도록 배열하면 $\vec{F_n}$의 종점이 시작점 O에 일치하는 것을 알 수 있다. 질점에서 힘이 평형을 이를 때 이와 같이 하나의 닫힌 다각형을 형성한다.

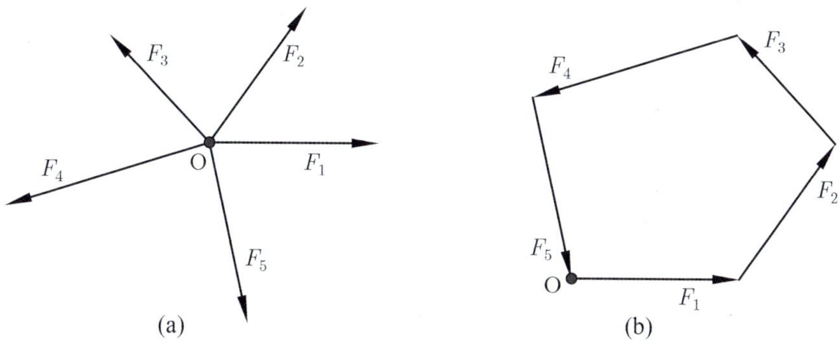

▍그림 2.3.8

예제 2.3.1

[그림 2.3.9]와 같이 두 개의 끈 OA, OB로 무게 100N의 물체를 매달 때 두 끈에 걸리는 장력을 구하여라.

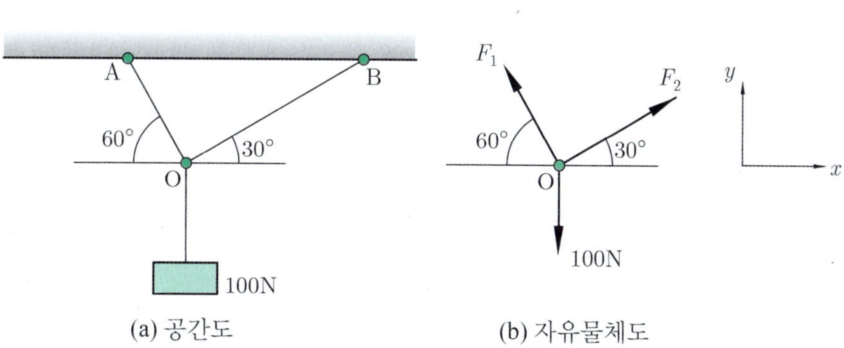

▍그림 2.3.9

풀이 그림 (a)에서 점 O에 작용하는 힘의 평형을 고려한다. 끈 OA, OB에 걸리는 힘을 각각 F_1, F_2라 하면 그림 (b)와 같이 세 힘이 평형을 이룬다.

(1) [힘의 성분 이용] $\overrightarrow{F_1}$, $\overrightarrow{F_2}$를 각각 x, y 성분으로 분해하면

$$\overrightarrow{F_1} = F_1(-\cos 60°\,\vec{i} + \sin 60°\,\vec{j}) = F_1\left(-\frac{1}{2}\vec{i} + \frac{\sqrt{3}}{2}\vec{j}\right)$$

$$\overrightarrow{F_2} = F_2(\cos 30°\,\vec{i} + \sin 30°\,\vec{j}) = F_2\left(\frac{\sqrt{3}}{2}\vec{i} + \frac{1}{2}\vec{j}\right)$$

이다. 따라서 2차원에서 질점에 대한 힘의 평형 조건을 적용하면 세 힘의

수평성분의 합은 $0(\sum F_x = 0)$에서

$$-\frac{1}{2}F_1 + \frac{\sqrt{3}}{2}F_2 = 0 \qquad \cdots\cdots ①$$

이고, 수직성분의 합은 $0(\sum F_y = 0)$에서

$$\frac{\sqrt{3}}{2}F_1 + \frac{1}{2}F_2 - 100 = 0 \qquad \cdots\cdots ②$$

이다. ①, ②를 연립하여 풀면

$$F_1 = 50\sqrt{3}\ \mathrm{N}, \qquad F_2 = 50\ \mathrm{N}$$

이 구해진다.(①에서 $F_1 = \sqrt{3}\,F_2$이므로 이것을 ②에 대입하면 $F_2 = 50\,\mathrm{N}$이고, $F_1 = \sqrt{3}\,F_2 = 50\sqrt{3}\ \mathrm{N}$이다.)

(2) [라미의 정리 이용] 100N을 F_3이라 하면 F_1, F_2, F_3에 마주보는 대각은 각각

$$\theta_1 = 30° + 90° = 120°, \qquad \theta_2 = 60° + 90° = 150°$$
$$\theta_3 = 180 - (30° + 60°) = 90°$$

이다. 라미의 정리

$$\frac{F_1}{\sin\theta_1} = \frac{F_2}{\sin\theta_2} = \frac{F_3}{\sin\theta_3}$$

에서 $F_3 = 100\,\mathrm{N}$이므로 F_1, F_2는 다음과 같다.

$$F_1 = \frac{\sin\theta_1}{\sin\theta_3}F_3 = \frac{\sin 120°}{\sin 90°} \times 100 = 50\sqrt{3}\ (\mathrm{N})$$
$$F_2 = \frac{\sin\theta_2}{\sin\theta_3}F_3 = \frac{\sin 150°}{\sin 90°} \times 100 = 50\ (\mathrm{N})$$

■

예제 2.3.2

[그림 2.3.10]에서 $F_1 = 200\,\mathrm{N}$, $F_2 = 150\,\mathrm{N}$, $F_3 = 100\,\mathrm{N}$이다. 네 힘이 평형을 이루고 있을 때 $\overrightarrow{F_4}$의 x, y 스칼라 성분 및 힘의 크기와 각 θ를 구하여라.

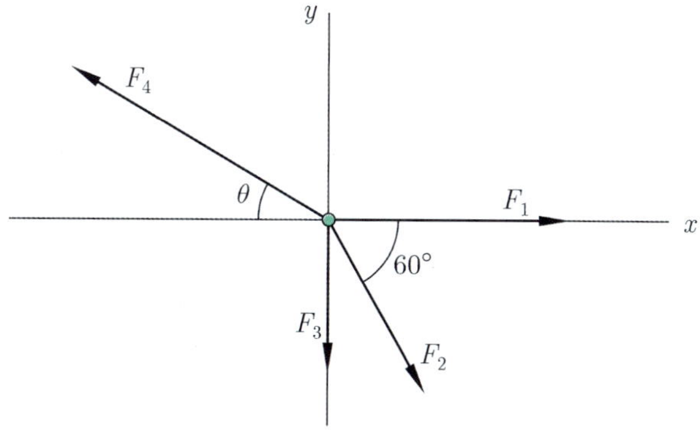

그림 2.3.10

풀이 $\overrightarrow{F_1}$, $\overrightarrow{F_2}$, $\overrightarrow{F_3}$을 각각 x, y 성분으로 나타내면

$$\overrightarrow{F_1} = 200\vec{i}\ (\mathrm{N})$$
$$\overrightarrow{F_2} = 150(\cos 60°\,\vec{i} - \sin 60°\,\vec{j}) = 75\vec{i} - 75\sqrt{3}\,\vec{j}\ (\mathrm{N})$$
$$\overrightarrow{F_3} = -100\vec{j}\ (\mathrm{N})$$

이다. 질점에 대한 힘의 평형 조건($\sum\overrightarrow{F} = 0$)을 적용하면

$$\overrightarrow{F_1} + \overrightarrow{F_2} + \overrightarrow{F_3} + \overrightarrow{F_4} = 0$$

$$\begin{aligned}\therefore\ \overrightarrow{F_4} &= -\overrightarrow{F_1} - \overrightarrow{F_2} - \overrightarrow{F_3}\\ &= -200\vec{i} - (75\vec{i} - 75\sqrt{3}\vec{j}) - (-100\vec{j})\ (\mathrm{N})\\ &= -275\vec{i} + (75\sqrt{3} + 100)\vec{j}\ (\mathrm{N})\\ &= -275\vec{i} + 229.9\vec{j}\ (\mathrm{N})\end{aligned}$$

따라서 $\overrightarrow{F_4}$의 x, y 스칼라 성분은

$$F_{4x} = -275\ (\mathrm{N}), \qquad F_{4y} = 229.9\ (\mathrm{N})$$

이고, 힘의 크기와 각 θ는 다음과 같다.

$$|\overrightarrow{F_4}| = \sqrt{(F_{4x})^2 + (F_{4y})^2} = \sqrt{(-275)^2 + (229.9)^2} = 358.4\ (\mathrm{N})$$
$$\theta = \tan^{-1}\left(\frac{229.9}{275}\right) = 39.9°$$

■

4. 강체의 평형 조건

물체가 평형 상태에 있을 때 물체에 작용하는 모든 힘의 합력이 0이고, 임의의 점(O)에 대한 모멘트를 모두 합한 값도 0이 되어야 한다.

$$\sum \overrightarrow{F} = 0, \qquad \sum \overrightarrow{M_{\mathrm{O}}} = 0$$

이것을 스칼라 형태로 나타내면 2차원에서 힘의 평형조건은 다음과 같고,

$$\sum F_x = 0, \qquad \sum F_y = 0, \qquad \sum M_{\mathrm{O}} = 0$$

3차원인 경우에는 힘과 모멘트의 각 성분에 대한 다음 6개의 조건을 만족해야 한다.

$$\sum F_x = 0, \qquad \sum F_y = 0, \qquad \sum F_z = 0$$
$$\sum M_x = 0, \qquad \sum M_y = 0, \qquad \sum M_z = 0$$

일반적으로 $\overrightarrow{F} = F_x \vec{i} + F_y \vec{j} + F_z \vec{k}$, $\overrightarrow{M_{\mathrm{O}}} = M_x \vec{i} + M_y \vec{j} + M_z \vec{k}$이다.

설명 물체의 운동은 병진 운동(translation, 이동)과 회전 운동(rotation)의 합으로 나타난다. 물체의 병진운동을 일으키는 힘은 합력에 의한 것이고, 물체가 회전운동을 하려는 경향은 물체에 발생하는 회전력인 모멘트에 의해 일어난다. 따라서 강체가 평형 상태에 있기 위해서는 물체에 작용하는 모든 힘의 합력이 0이고, 임의의 점(O)에 대한 모멘트를 모두 합한 값도 0이 되어야 한다. 예를 들어 [그림 2.3.11]과 같이 두 힘의 합력이 0이 되어도 힘의 작용선이 일치하지 않고 모멘트가 발생하면($M \neq 0$) 물체는 회전하게 된다. 따라서 역학적으로 평형이 되기 위한 필요충분조건은 $\sum \overrightarrow{F} = 0$, $\sum \overrightarrow{M_{\mathrm{O}}} = 0$이다.

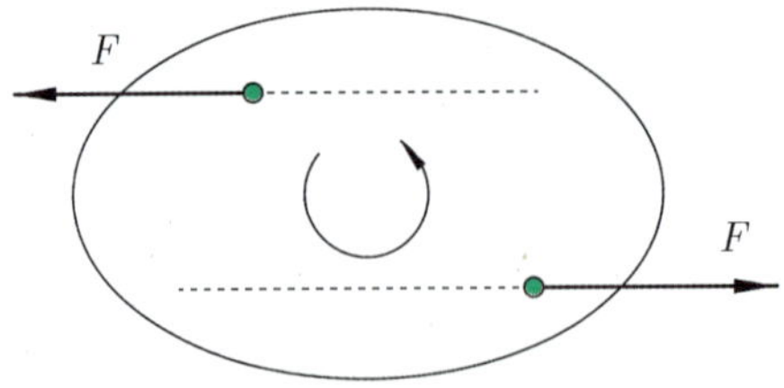

그림 2.3.11

† 강체(rigid body): 힘이 가해져도 변형이 되지 않는 물체를 강체라 한다. 일반적으로 정역학이나 동역학(운동학)에서는 강체에서의 힘을 다룬다. 실제 물체는 힘이 가해지면 약간의 형태 변화가 생기므로 힘을 해석하기 위해 실제 물체를 이상화한 것이 강체라고 볼 수 있다. 반면 구조물과 기계요소에서 힘이 작용할 때의 내력 분포와 변형을 다루는 역학의 분야를 변형체 역학이라 하며, 이 분야의 과목에는 재료역학(고체역학)이 있다. 재료역학에서도 기본이 되는 것은 힘의 평형에 대한 개념이다.

5. 짝힘(우력)

[그림 2.3.11]과 같이 크기가 같고 방향이 반대이며 동일 직선상에 있지 않은 두 힘을 짝힘(couple) 또는 우력이라 한다. 짝힘의 합력은 0이므로 단지 회전 효과만을 가진다. 이와 같은 짝힘에 의한 모멘트를 짝힘 모멘트(moment of couple) 또는 우력 모멘트라 한다. 두 우력($\overrightarrow{F}$, $-\overrightarrow{F}$) 사이의 거리가 d이면 우력의 모멘트 크기 $M = Fd$이다. († 우력 모멘트를 간단하게 우력이라고도 한다.)

예제 2.3.3

[그림 2.3.12]와 같은 단순보에 집중하중 P가 작용할 때 받침점 A, B에서의 반력을 구하여라. 단, 보의 무게는 무시한다.

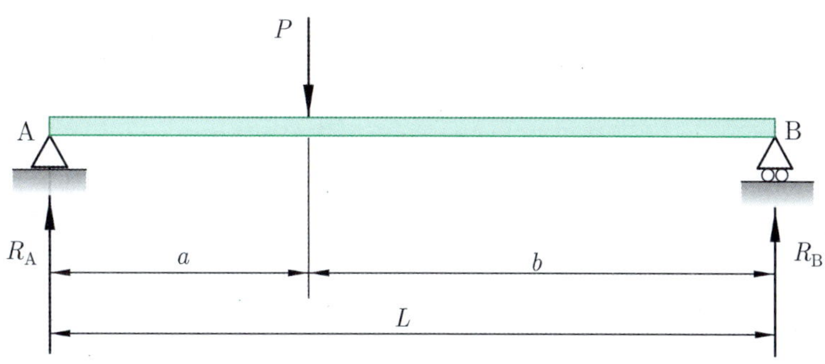

▍그림 2.3.12

풀이 받침점 A, B에서의 반력을 각각 R_A, R_B라 하면 보가 평형을 이루기 위해서는 힘의 합이 0이고, 모멘트 합이 0이다. 먼저 수직방향 힘의 합이 0이라는 조건($\sum F_y = 0$)에서

$$R_A + R_B - P = 0 \qquad \cdots\cdots ①$$

이다. 식 ①에서 힘의 방향을 위쪽 방향은 양(+), 아래쪽 방향은 음(−)으로 나타내었다. 다음에 점 B에 대한 모멘트 합이 0이라는 조건($\sum M_B = 0$)에서

$$- R_A \cdot L + P \cdot b + R_B \cdot 0 = 0$$

$$\therefore \quad - R_A L + P b = 0 \qquad \cdots\cdots ②$$

이다. 식 ②에서 모멘트 방향은 반시계방향을 양(+)으로 잡아 점 B를 기준점으로 한 힘 P의 모멘트는 양(+), R_A의 모멘트는 음(−)으로 나타내었다. 두 개의 정역학적 평형조건 ①, ②에서 받침점에서의 반력은 다음과 같이 구해진다.

$$R_A = \frac{b}{L} P, \quad R_B = \frac{a}{L} P \qquad \cdots\cdots ③$$

여기에서 점 A에 대한 모멘트 합이 0이라는 조건($\sum M_A = 0$)을 적용하면

$$R_A \cdot 0 - P \cdot a + R_B \cdot L = 0$$

$$- P a + R_B L = 0$$

$$\therefore \quad R_B = \frac{a}{L} P$$

로서 기준점을 A로 잡아서 계산해도 같은 값이 구해진다. 즉, 계가 평형을 이룰 때 임의의 점(모든 점)에 대한 모멘트 합이 0이 된다. ■

† [집중하중]: 힘의 작용선 상에 있는 어떤 한 점에 집중하여 작용하는 하중을 집중하중 또는 집중력(concentrated load, concentrated force)이라 한다. 엄밀하게 말하면 집중력은 존재하지 않는다. 왜냐하면 어떤 물체에 기계적으로 가한 힘은 아무리 작더라도 미소한 접촉 면적을 통하여 물체에 전달되기 때문에 분포하중이라 할 수 있다. 그러나 접촉 면적이 작을 때는 집중하중으로 간주하고 해석하여도 큰 문제가 없다. 하중의 SI 단위는 N이다.

† [분포하중]: 단위질량당 무게를 갖는 구조물의 하중, 물의 압력, 땅의 무게에 의한 압력 등과 같이 어느 범위 내에 분포하여 작용하는 하중을 분포하중이라 한다. 분포하중에서 균일한 크기로 작용하는 하중을 등분포하중이라 한다. 분포하중의 SI 단위는 N/m이다.

예제 2.3.4

[그림 2.3.13]과 같이 마찰 없는 핀 A와 롤러 B로 지지되고 있는 트러스에 수평방향으로 4kN, 수직방향으로 5kN의 힘이 작용하고 있다. A와 B에서의 반력의 크기를 구하여라. 모든 삼각형은 이등변삼각형이다.

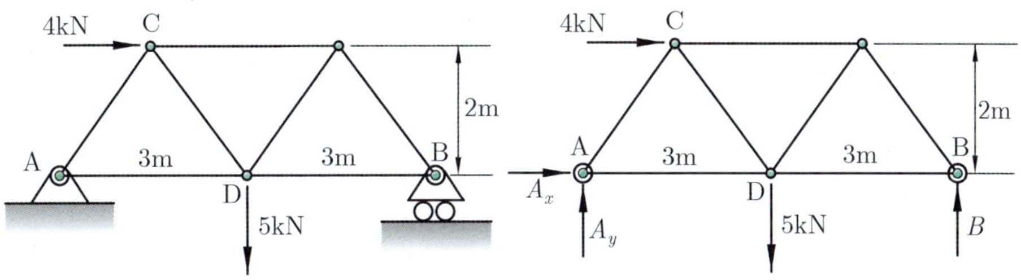

(a) 공간도 (b) 자유물체도

▎그림 2.3.13

풀이 핀 A에는 수평 성분과 수직 성분을 갖는 반력이 존재하고, 롤러 B에는 수직방향의 반력만 존재한다. 반력을 각각 A_x, A_y, B로 하여 자유물체도를 그리면 (b)와 같다. 먼저 수평방향의 힘의 합이 $0(\sum F_x = 0)$이라는 조건에서

$$A_x + 4\text{kN} = 0$$

$$\therefore \; A_x = -4\,\text{kN}$$

이고, 점 A에 대한 모멘트가 $0(\sum M_\text{A} = 0)$이라는 조건에서

$$-4\text{kN}\cdot 2\text{m} - 5\text{kN}\cdot 3\text{m} + B\cdot 6\text{m} = 0$$

$$\therefore \; B = 3.83\,\text{kN}$$

이다. 다음에 수직 방향의 힘의 합이 $0(\sum F_y = 0)$이라는 조건을 적용하면

$$A_x - 5\text{kN} + B = 0$$

$$\therefore \; A_y = 1.17\,\text{kN}$$

이다. 따라서 점 A에 작용하는 반력의 크기는

$$A = \sqrt{A_x^2 + A_y^2} = \sqrt{(-4)^2 + (1.17)^2} = 4.17\,(\text{kN})$$

이고, 점 B에 작용하는 반력의 크기는 $B = 3.83\,\text{kN}$이다. ■

6. 균일 분포하중과 등변 분포하중

정역학과 재료역학에서 많이 취급하는 것은 [그림 2.3.14(a)]와 같은 균일 분포하중(등분포하중)과 [그림 2.3.15(a)]와 같은 등변 분포하중이다. 이들에 대한 합력(F_R)과 작용점의 위치($\bar{x}$)는 각각 [그림 2.3.14(b)]와 [그림 2.3.15(b)]와 같다.

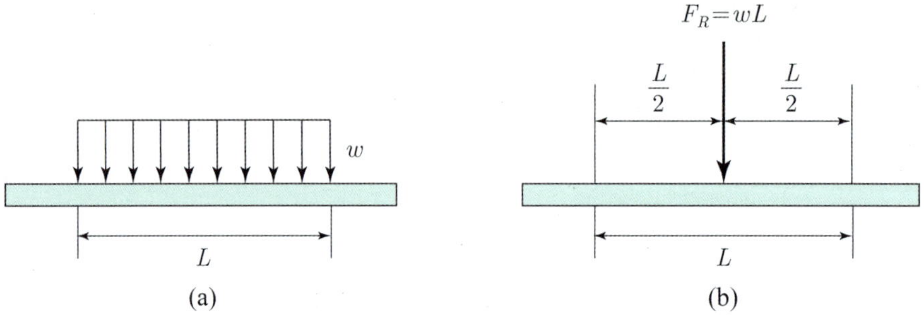

그림 2.3.14 균일 분포하중

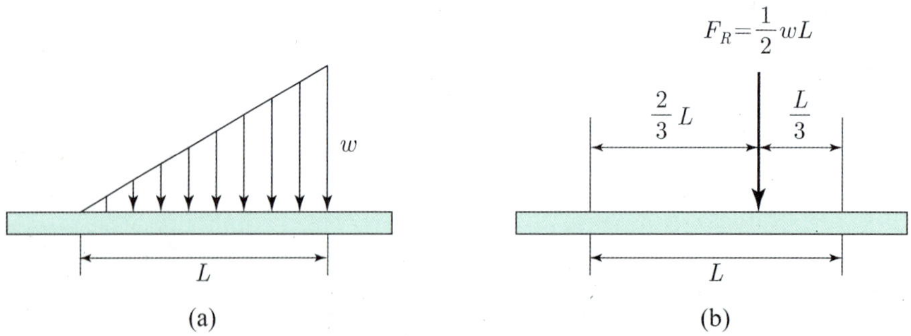

그림 2.3.15 등변 분포하중

한편 [그림 2.3.16(a)]와 같은 사다리꼴 모양의 분포하중은 그림의 점선을 따라 그림 (b)와 같이 균일 분포하중(사각형)과 등변 분포하중(삼각형)으로 분리하여 각각에 대한 합력과 작용점을 구하여 해석하면 된다.

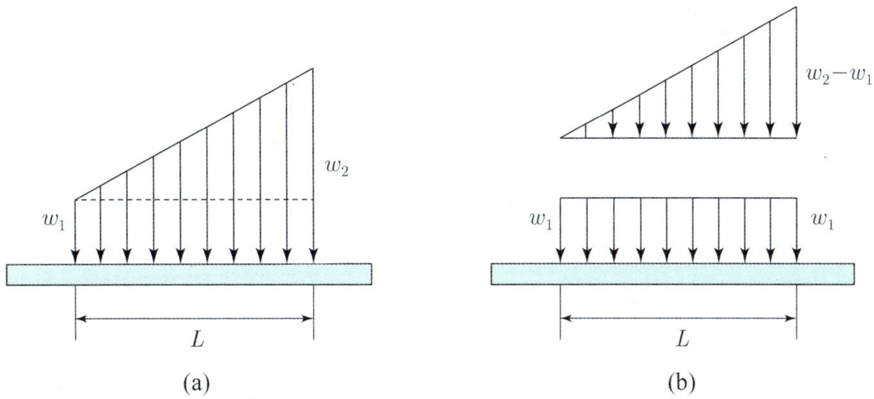

▌그림 2.3.16 사다리꼴 모양의 분포하중

† 등변 분포하중(uniformly varying load): 단위 길이 또는 단위 면적당의 하중이 재료의 축 방향 또는 어느 일정 방향으로 비례적으로 변화하고 있는 상태의 하중을 말한다. 3각 분포하중이라고도 한다.

예제 2.3.5

[그림 2.3.17]의 (a)와 같이 길이 L(m)의 단순보에 등분포하중 w(kN/m)가 작용할 때 받침점 A, B에서의 반력을 구하여라. 단, 보의 무게는 무시한다.

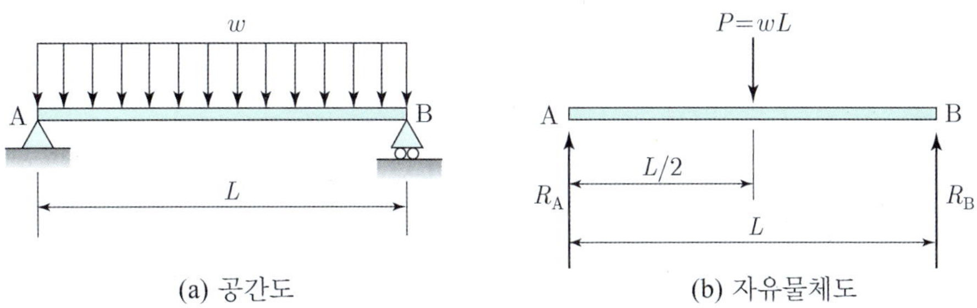

▌그림 2.3.17

풀이 분포하중 w(kN/m)에 의해 보의 전 길이 L(m)에 걸리는 하중(P)은

$$P = wL \text{ (kN)}$$

이고, 전체 분포하중의 무게 중심은 보의 중심이므로 분포하중을 그림 (b)와 같이 하나의 집중하중 P로 대체하여 자유물체도를 그릴 수 있다.

수직방향 힘의 합이 0이라는 조건($\sum F_y = 0$)에서

$$R_A + R_B - P = 0 \qquad \cdots\cdots ①$$

이고, 점 B에 대한 모멘트 합이 0이라는 조건($\sum M_B = 0$)에서

$$-R_A \cdot L + P \cdot (L/2) + R_B \cdot 0 = 0$$

$$\therefore \quad -R_A + P/2 = 0 \qquad \cdots\cdots ②$$

이다. 식 ①, ②로부터 받침점에서의 반력은 다음과 같이 구해진다.

$$R_A = \frac{P}{2} = \frac{wL}{2}, \quad R_B = \frac{P}{2} = \frac{wL}{2} \qquad \cdots\cdots ③$$

(분포하중을 그와 같은 효과를 갖는 집중하중으로 대체하여 간편하게 해석할 수 있다.) ■

예제 2.3.6

[그림 2.3.18]의 (a)와 같은 외팔보에 등변분포하중이 작용할 때 고정점 A에서의 반력을 구하여라. 단, 보의 무게는 무시한다.

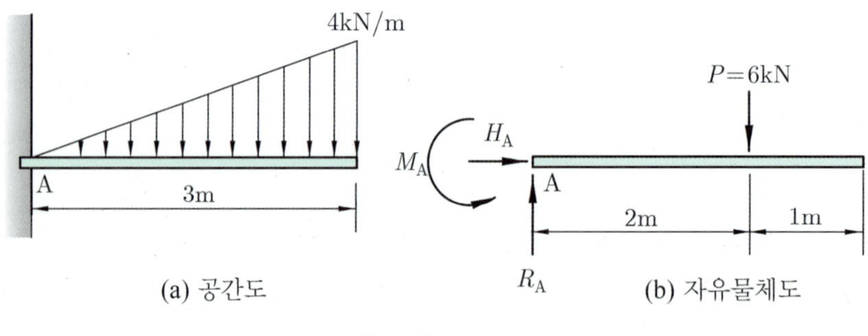

| 그림 2.3.18

풀이 분포하중에 의해 보의 전 길이(3 m)에 걸리는 하중(P)은

$$P = \frac{1}{2} \times (3\text{m}) \times 4\ (\text{kN/m}) = 6\,\text{kN}$$

이다. 높이 h인 직각삼각형의 도심은 밑변으로부터 $h/3$에 있으므로 전체 분포

하중의 중심은 보의 오른쪽 끝으로부터 $3\text{m}/3 = 1\text{m}$에 있다. 따라서 분포하중을 그림 (b)와 같이 하나의 집중하중으로 대체할 수 있고, 벽에 박혀 고정된 지지점 A에는 반력과 모멘트가 모두 존재할 수 있다. 자유물체도 (b)에서 평형조건을 적용하여 반력의 수평 성분 H_A, 수직 성분 R_A, 모멘트 M_A를 구한다. 수평방향 힘의 합이 0이라는 조건($\sum F_x = 0$)에서

$$H_A = 0 \qquad \cdots\cdots ①$$

수직방향 힘의 합이 0이라는 조건($\sum F_y = 0$)에서

$$R_A - P = 0$$

$$\therefore \ R_A = P = 6\,\text{kN} \qquad \cdots\cdots ②$$

이고, 점 A에 대한 모멘트 합이 0이라는 조건에서

$$M_A + H_A \cdot 0 + R_A \cdot 0 - P \cdot (2\text{m}) = 0$$

$$\therefore \ M_A = P \cdot 2\text{m} = 6\,\text{kN} \cdot 2\text{m} = 12\,\text{kN} \cdot \text{m} \qquad \cdots\cdots ③$$

이다. 이상으로부터 고정점 A에 걸리는 반력은 6kN, 반력 모멘트는 12kN · m이다. ■

† 2차원에서의 평형조건은 세 개($\sum F_x = 0$, $\sum F_y = 0$, $\sum M_O = 0$)이므로 미지력이 세 개이면 미지력을 모두 결정할 수 있다. 이와 같이 미지력의 개수와 평형방정식의 개수가 같은 보를 정정보(statically determinate beam)라 한다. 한편 힘의 평형만으로는 미지 반력이나 반력 모멘트를 구할 수 없는 경우에는 보의 변형을 고려해야 하는데 이와 같은 보를 부정정보(statically indeterminate beam)라 한다.

예제 2.3.7

[그림 2.3.19(a)]와 같이 부분적으로 균일 분포하중을 받는 보에서 지점 A, B에 작용하는 반력을 구하여라.

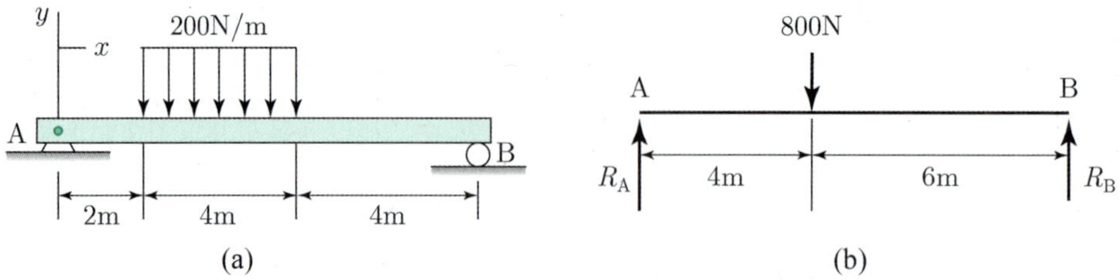

❙ 그림 2.3.19

풀이 분포하중에 의해 길이 4m에 작용하는 전하중(F_R)은

$$F_R = (200\text{N/m}) \times (4\text{m}) = 800\text{N}$$

이고, F_R의 작용점은 보의 왼쪽 끝으로부터 $\left(2\text{m} + \dfrac{4\text{m}}{2}\right) = 4\text{m}$에 있다. 따라서 분포하중을 하나의 집중하중($\overrightarrow{F_R}$)으로 대체하여 자유물체도를 그리면 그림 (b)와 같다. 여기에서 평형조건을 적용하여 반력을 구한다.

점 A에 대한 모멘트가 0($\sum M_A = 0$)인 조건을 적용하면

$$R_B \cdot 10\text{m} - 800\text{N} \cdot 4\text{m} = 0$$

$$\therefore \ R_B = 320\text{N}$$

수직방향 힘의 합이 0($\sum F_y = 0$)에서

$$R_A + R_B - 800\text{N} = 0$$

$$\therefore \ R_A = 800\text{N} - 320\text{N} = 480\text{N}$$

2.3 연습문제

1. 두 개의 끈 OA, OB로 무게 200N의 물체를 매달 때 두 끈에 걸리는 힘을 구하여라.

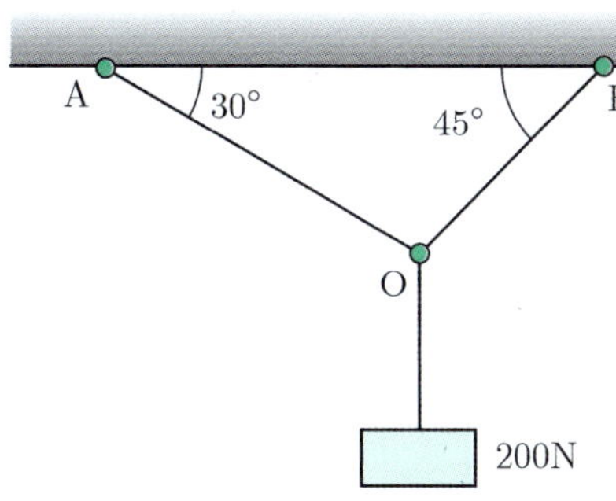

문제 2.3.1

2. 한 점에 작용하는 세 힘 $F_1 = 100$ N, F_2, F_3이 평형을 이룰 때 F_2, F_3을 구하여라.

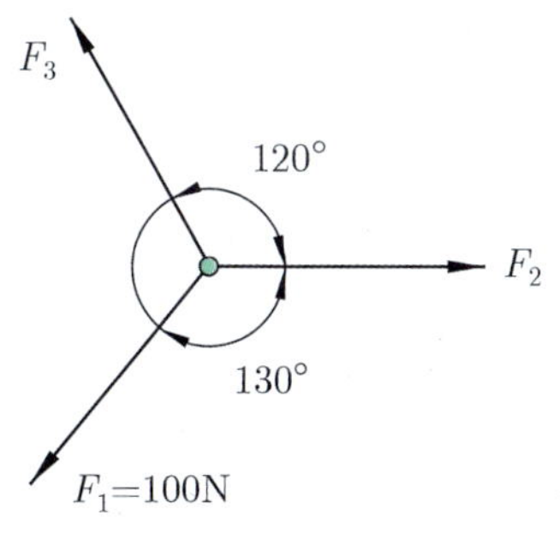

문제 2.3.2

3. 한 점에 작용하는 세 힘 $\overrightarrow{F_1} = F_{1x}\vec{i} + 4\vec{j} + 5\vec{k}$ (N), $\overrightarrow{F_2} = 3\vec{i} + F_{2y}\vec{j} - 9\vec{k}$ (N), $\overrightarrow{F_3} = 6\vec{i} - 7\vec{j} + F_{3z}\vec{k}$ (N)이 평형을 이룰 때 F_{1x}, F_{2y}, F_{3z}를 구하여라.

4. 세 힘 100N, 200N, F가 평형을 이룰 때 각 α, β, F를 구하여라.

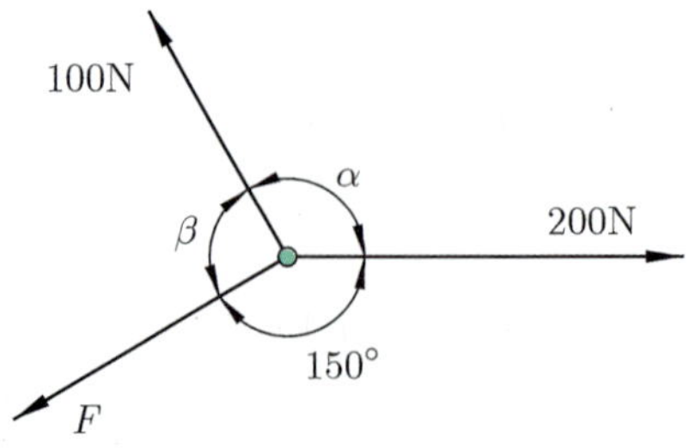

▎문제 2.3.4

5. 케이블 AC에 걸리는 인장력과 부재 BC에 걸리는 압축력을 구하여라.

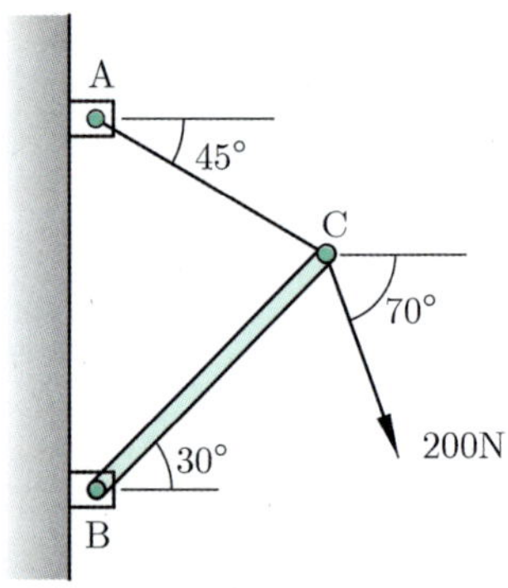

▎문제 2.3.5

6. $F_1 = 200\,\text{N}$, $F_2 = 100\,\text{N}$, $F_3 = 250\,\text{N}$이다. 네 힘이 평형을 이루고 있을 때 $\overrightarrow{F_4}$의 x, y 스칼라 성분과 힘의 크기 및 방향각 θ를 구하여라.

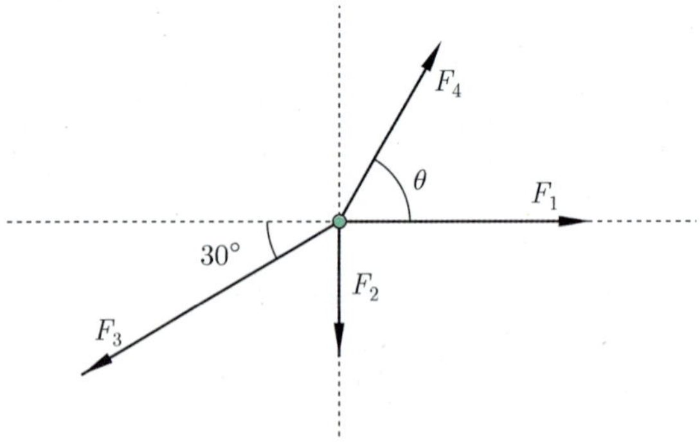

▎문제 2.3.6

7. 다섯 개의 힘이 평형을 이루고 있고, $F_1 = 100\,\text{N}$, $F_2 = 120\,\text{N}$, $F_3 = 130\,\text{N}$, $F_4 = 140\,\text{N}$이다. F_5와 각 θ를 구하여라.

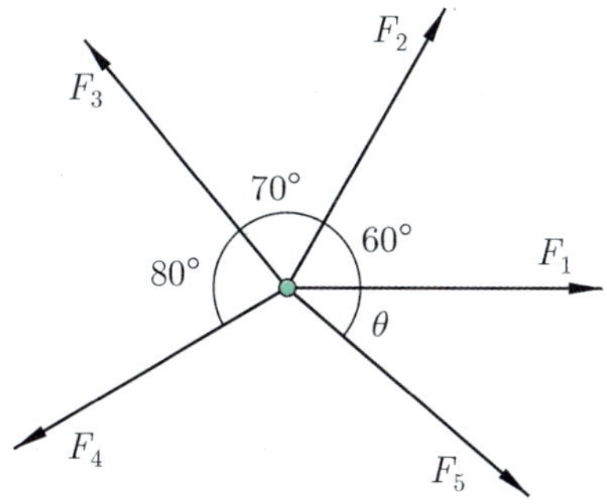

▎문제 2.3.7

8. 점 A에 고정된 무게 5kN의 보의 끝에 4kN의 힘이 아래로 작용할 때 고정점 A에 걸리는 반력을 구하여라.

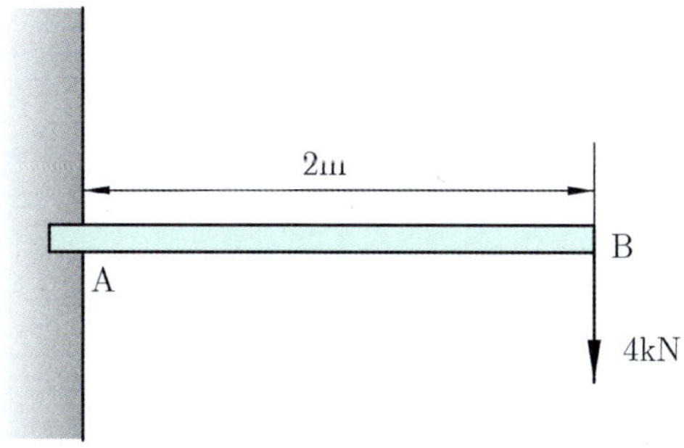

▎문제 2.3.8

9. 받침점 A, B 사이에 놓여 있는 막대가 아래 방향으로 20N과 30N의 힘을 받고 있을 때 받침점 A, B에서의 반력을 구하여라. 단, 막대의 무게는 무시한다.

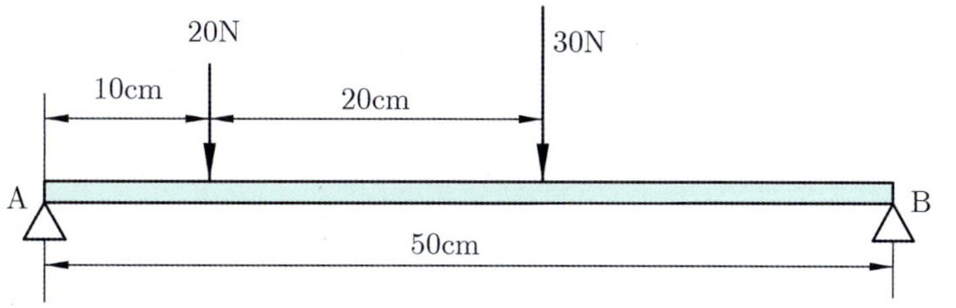

▎문제 2.3.9

10. 등분포하중 4kN/m를 받고 있는 받침점 A, B에서의 반력을 구하여라. 단, 보의 무게는 무시한다.

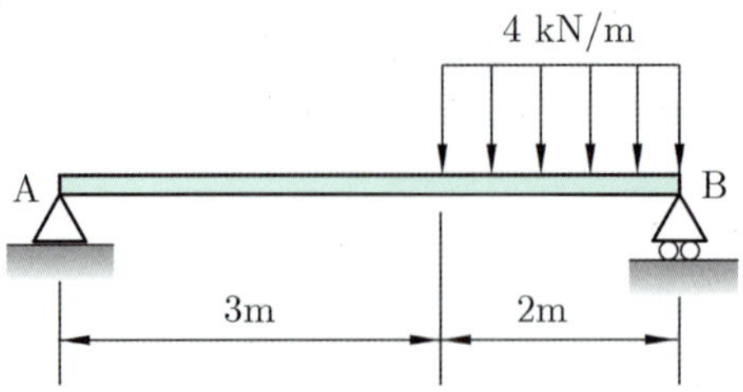

▎문제 2.3.10

11. 등변분포하중을 받고 있는 받침점 A, B에서의 반력을 구하여라. 단, 보의 무게는 무시한다.

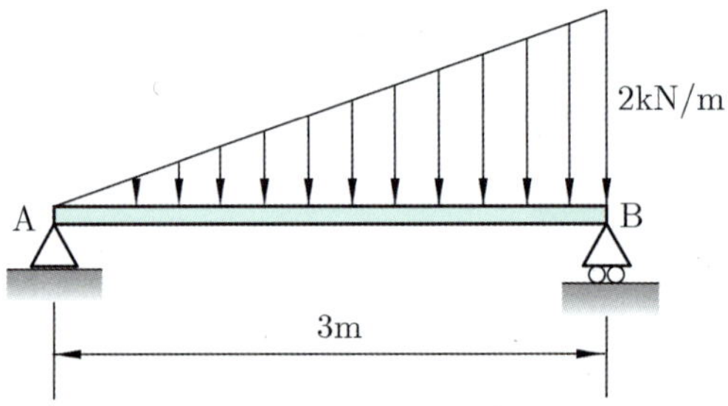

▎문제 2.3.11

12. 등변분포하중을 받고 있는 받침점 A, B에서의 반력을 구하여라. 단, 보의 무게는 무시한다.

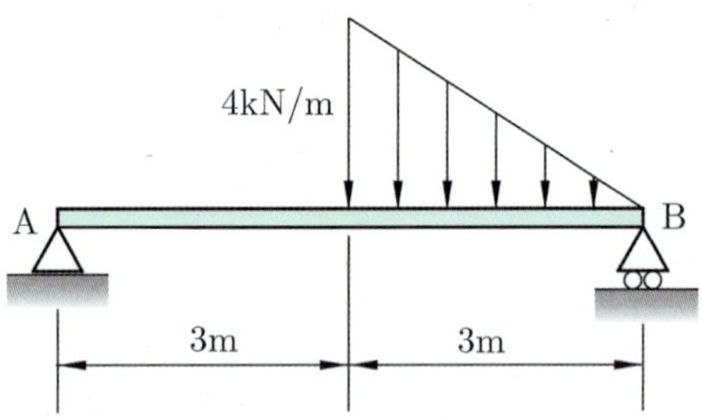

▎문제 2.3.12

13. 등분포하중 $w = 4\,\text{kN/m}$와 집중하중 $P = 5\,\text{kN}$을 받고 있는 외팔보의 고정점 A에서의 반력을 구하여라. 단, 각 $\theta = 30°$이고 보의 무게는 무시한다. († 고정점 A에는 수평성분과 수직성분을 갖는 반력과 반력 모멘트가 모두 존재한다.)

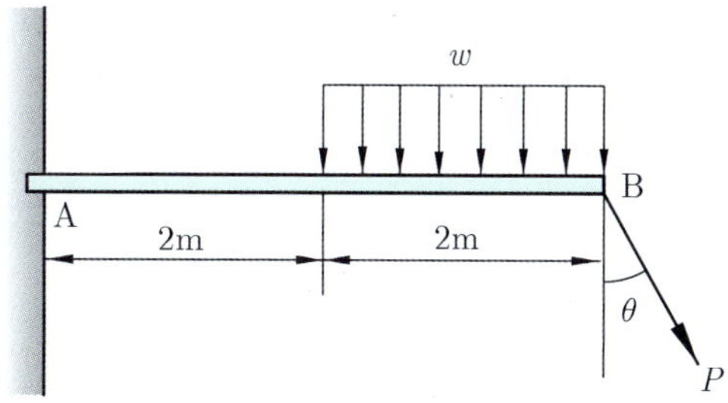

❙ 문제 2.3.13

14. 브래킷이 핀 A와 롤러 B로써 하중을 지지하고 있다. A, B에 걸리는 반력의 크기를 구하여라. 단, 브래킷의 무게는 무시한다. († 마찰 없는 핀 A에는 수평 성분과 수직 성분을 갖는 반력이 존재하고, 롤러 B에는 수평방향의 반력이 존재한다.)

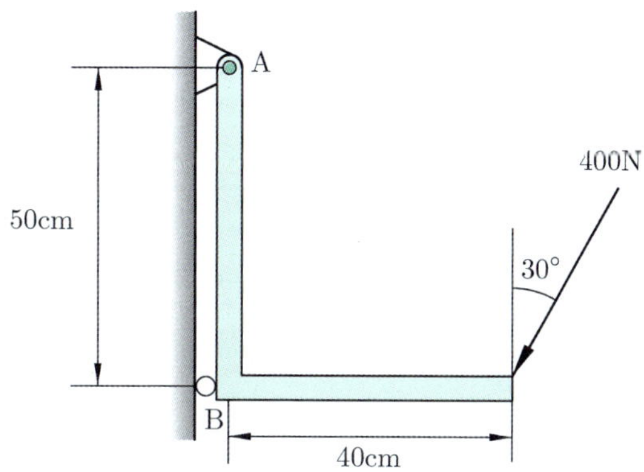

❙ 문제 2.3.14

15. 정삼각형 트러스에 무게 100N의 물체가 매달려 있을 때 지지점 A, B에서의 반력의 크기를 구하여라. A는 마찰 없는 핀, B는 롤러이다.

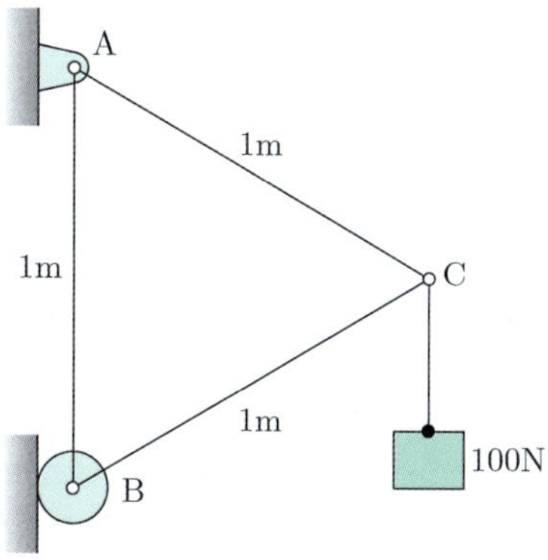

❙ 문제 2.3.15

16. 200N의 수평방향 힘을 받고 있는 트러스의 지지점 A, B에서의 반력의 크기를 구하여라. ∠ABC = 90°, A는 로커, B는 마찰 없는 핀이다.

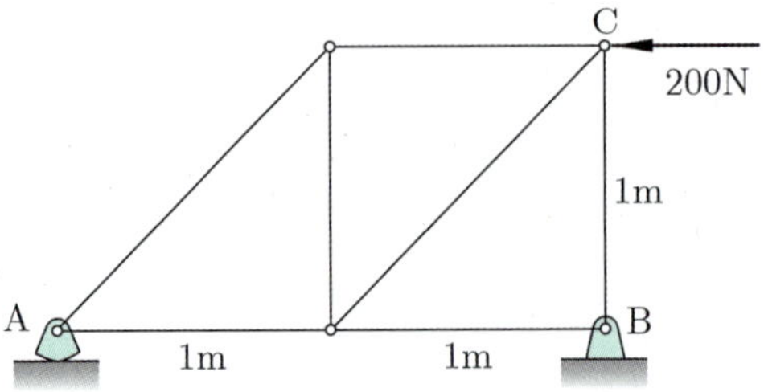

▍문제 2.3.16

17. 케이블 BC에 걸리는 인장력이 30kN일 때 고정단 A에서의 반력을 구하여라. 단, 구조물의 무게는 무시한다.

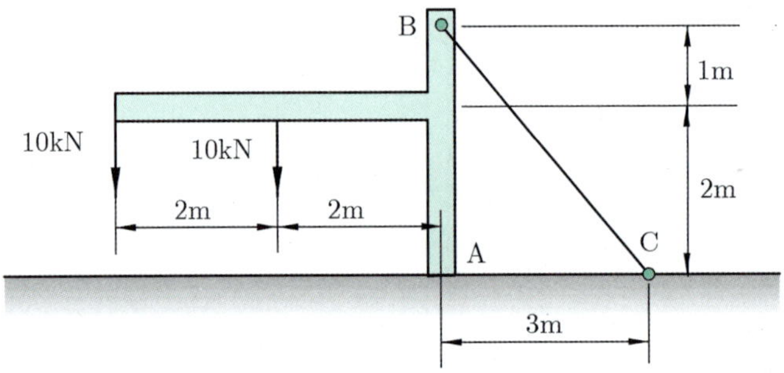

▍문제 2.3.17

18. 수직 방향으로 P의 집중하중을 받고 있는 구조물에서 롤러 A와 마찰 없는 핀 B에서의 반력을 각각 구하여라. 단, 구조물의 무게는 무시한다.

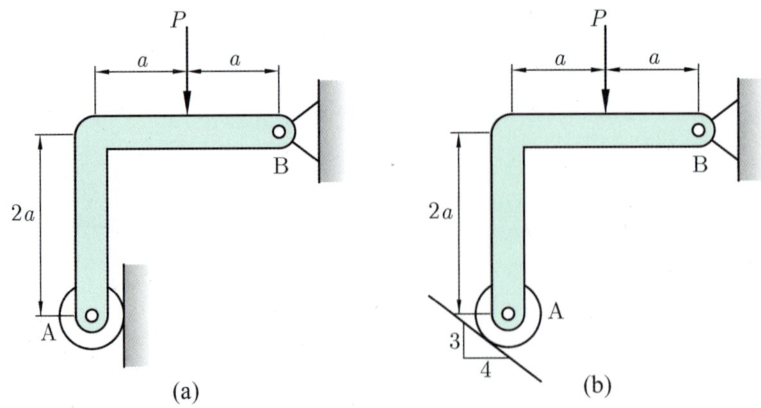

▍문제 2.3.18

19. 다음 그림은 지레의 받침대로부터 각각 2m, 1m, 3m 떨어져 있는 점 P, Q, R에 질량이 각각 5kg, x, 2kg인 물체가 놓여 평형을 이루고 있는 모습을 나타낸 것이다. x의 값[kg]은? [공무원시험]

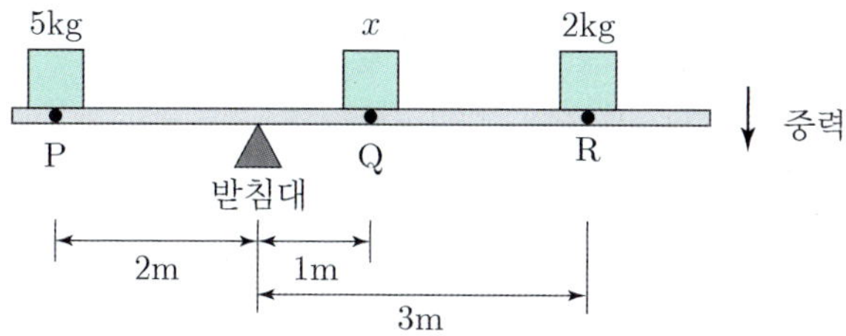

❙ 문제 2.3.19

① 1　　② 2
③ 3　　④ 4

20. 그림과 같이 길이가 4m이고 질량이 20kg인 균일한 수평 빔이 핀 연결 고리에 의해 벽에 걸려 있다. 빔의 한쪽 끝은 수평과 30°로 케이블에 의해 연결되어 있다. 질량 50kg인 물체가 벽으로부터 3m인 지점에 수평 빔에 매달려 있을 때, 케이블에 걸리는 장력의 크기[N]는? 단, 케이블의 질량은 무시하며 중력가속도는 $10\,m/s^2$이다. [공무원시험]

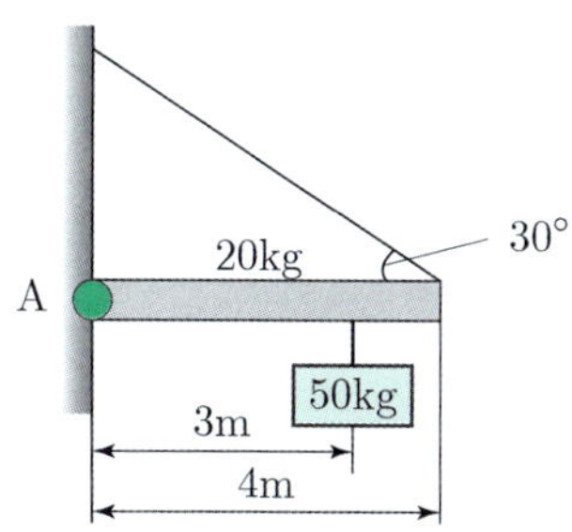

❙ 문제 2.3.20

① 950　　② 1,150
③ 1,400　　④ 1,800

21. 그림과 같은 구조물에서 BC 부재가 100 kN의 인장력을 받을 때 하중 P의 값[kN]은?

[공무원시험]

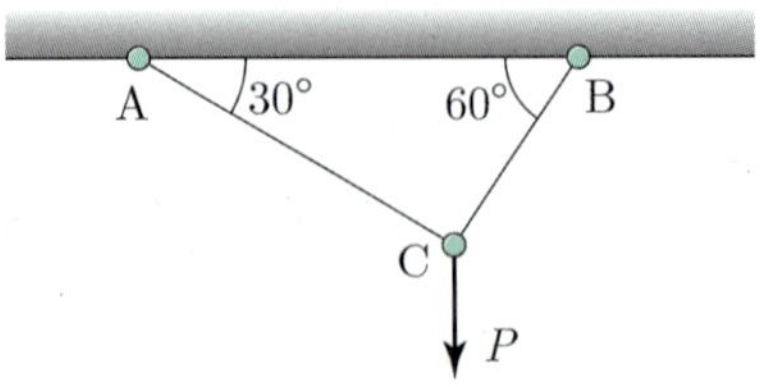

▎문제 2.3.21

① 100.0　　② 115.5

③ 141.4　　④ 173.2

22. 그림과 같이 도르래를 이용하여 500 kN의 물체를 들어 올릴 때 필요한 힘 T[kN]는?

[공무원시험]

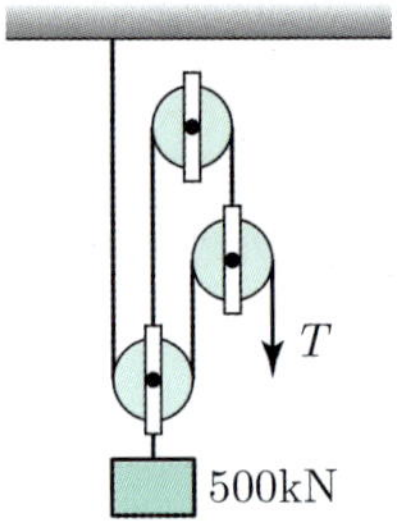

▎문제 2.3.22

① 25　　② 125

③ 250　　④ 500

† 마찰 없는 도르래를 줄이 감고 있을 때 하나의 줄(같은 줄)에 걸리는 인장력은 어느 위치에서나 동일하다.

23. 그림과 같이 2 kN과 4 kN의 하중이 4 m 간격을 유지하며 이동하고 있다. 지점 A와 B의 반력이 같게 될 때 2 kN이 작용하는 위치로부터 A 지점까지의 거리 x[m]는?

[공무원시험]

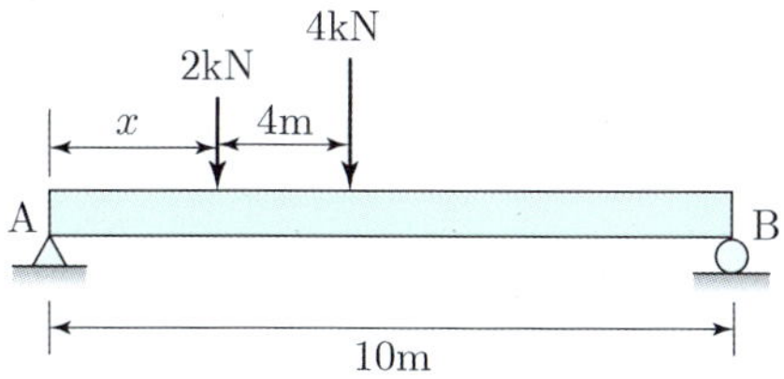

❙ 문제 2.3.23

① 2.0　　② 2.3
③ 3.0　　④ 3.3

24. 그림과 같이 봉 AB의 끝에 하중 P를 매달고 수직 벽에 줄로 C점에 고정시켰을 때, (가) 봉 AB에 작용하는 힘(F_{AB}), (나) 줄 BC에 작용하는 힘(F_{BC})의 크기를 구하여라. 단, 봉은 강체이고 봉과 줄의 무게는 무시한다. [중등교사 임용시험(기계·금속)]

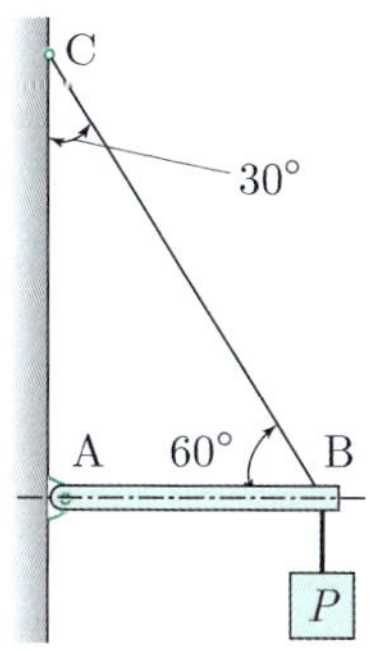

❙ 문제 2.3.24

25. 그림과 같이 도르래에 달린 블록 무게$\left(\frac{W}{4}, \frac{W}{2}, W\right)$의 균형을 유지하는 데 필요한 힘($F_1 \sim F_3$)의 크기를 비교하시오. (단, 도르래, 바, 줄의 무게 및 마찰 손실은 무시한다) [중등교사 임용시험(기술)]

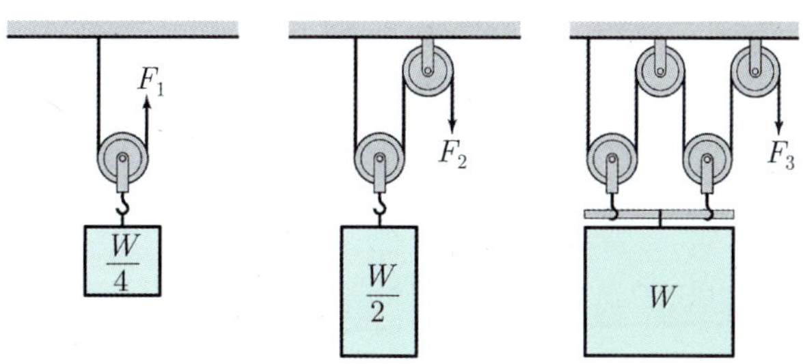

❙ 문제 2.3.25

26. 그림과 같이 AC와 BC 부재의 끝에 100kN의 하중이 작용하고 있다. AC와 BC 부재의 부재력을 구하시오. 단, $\sqrt{2} = 1.41$로 하여 답을 구하고, 인장과 압축으로 구분하여 기재하시오. [중등교사 임용시험(농공)]

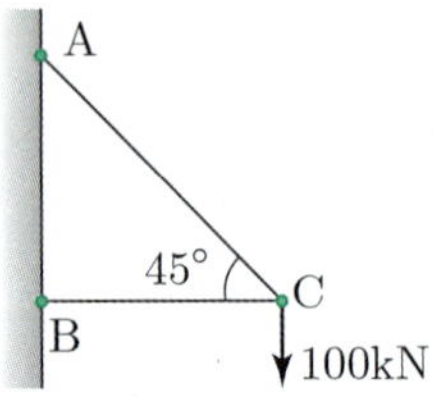

▎문제 2.3.26

27. 그림과 같이 한 개의 부재에 4개의 힘이 작용하여 평형을 이룰 때, B점에서의 힘 P와 A점으로부터 B점까지의 거리 x를 구하시오. [중등교사 임용시험(기술)]

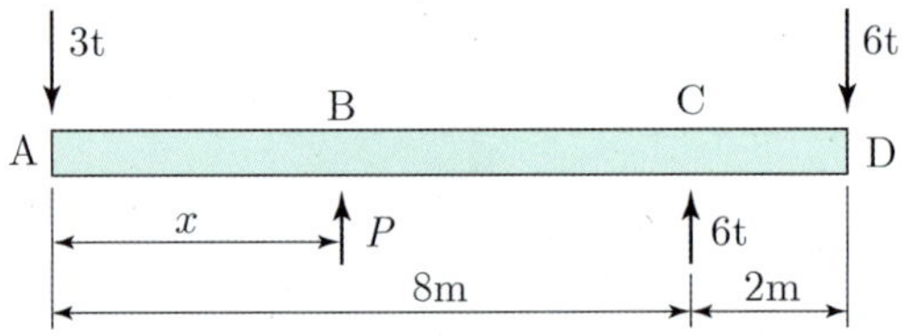

▎문제 2.3.27

28. 그림과 같은 보에 대한 다음 질문에 답하시오. [중등교사 임용시험(기계)]

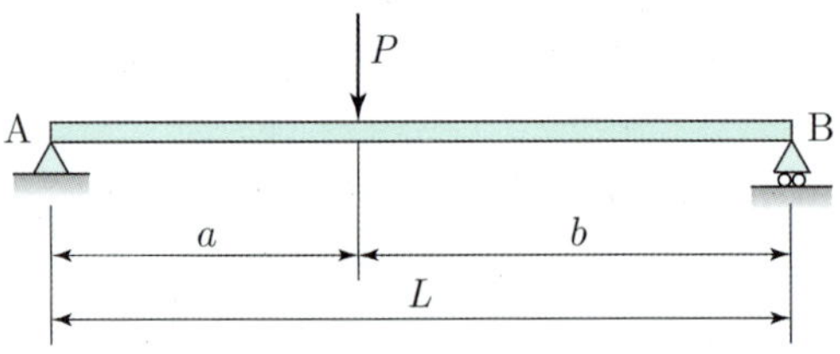

▎문제 2.3.28

(1) 보를 강체로 가정할 경우, 강체의 평형을 위한 필요충분조건을 쓰시오.

(2) 자유물체도를 작성하시오.

(3) 강체의 평형 조건을 이용하여 A점과 B점의 반력을 구하시오.

† 정역학에서 일반적으로 별도의 언급이 없으면 주어진 부재의 무게를 무시한다.

29. 그림과 같은 xy 평면상의 구조물에서 지점 A의 반력모멘트[kN · m]의 크기는? (단, 구조물의 자중은 무시한다.) [공무원시험]

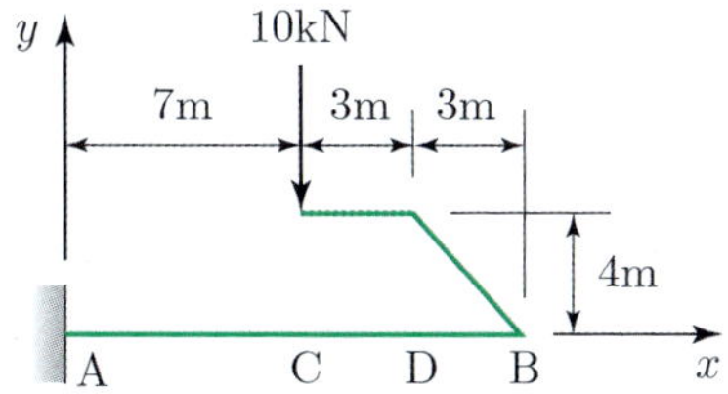

▎문제 2.3.29

① 70　　② 100

③ 104　　④ 130

30. 그림과 같은 구조물에서 A지점의 수직반력[kN]은? (단, 자중은 무시한다.) [공무원시험]

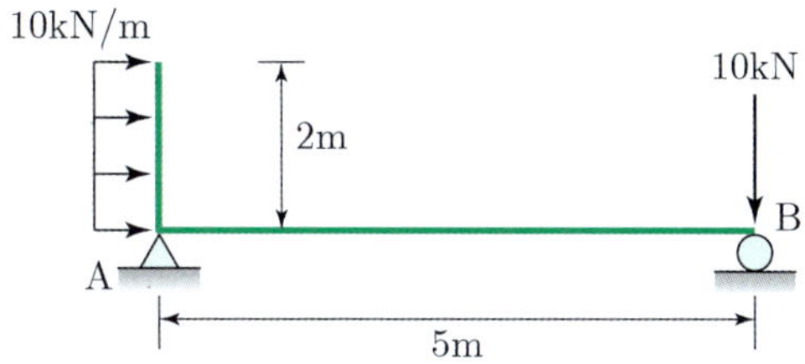

▎문제 2.3.30

① 4(↑)　　② 4(↓)

③ 5(↑)　　④ 5(↓)

31. 그림과 같이 하중 50 kN인 차륜이 20 cm 높이의 고정된 장애물을 넘어가는 데 필요한 최소한의 힘 P의 크기[kN]는? (단, 힘 P는 지면과 나란하게 작용하며, 계산값은 소수점 둘째자리에서 반올림한다.) [공무원시험]

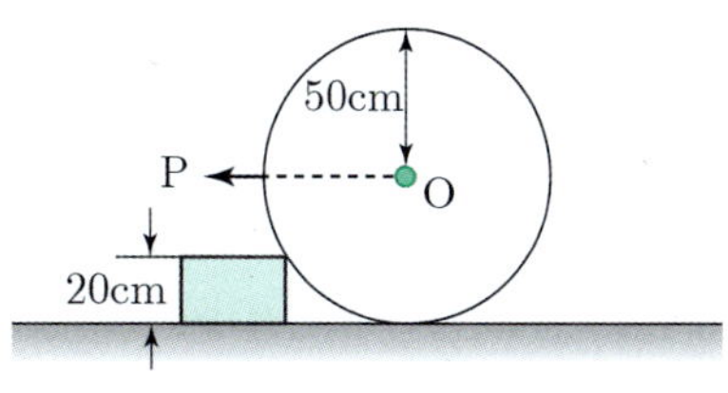

▎문제 2.3.31

① 33.3　　② 37.5

③ 66.7　　④ 75.0

32. 다음 그림과 같은 보에서 반력 $R_A = 3R_B$의 관계가 성립하는 힘 P_1의 크기[kN]는?

[공무원시험]

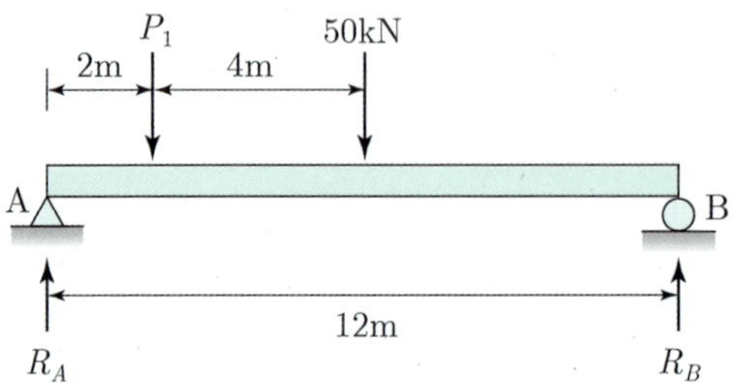

▎문제 2.3.32

① 150(↓)　　② 150(↑)

③ $\frac{150}{7}$(↓)　　④ $\frac{150}{7}$(↑)

33. 그림과 같이 배열된 무게 1,200kN을 지지하는 도르래 연결구조에서 수평방향에 대해 60°로 작용하는 케이블의 장력 T[kN]는? (단, 도르래와 베어링 사이의 마찰은 무시하고, 도르래와 케이블의 자중은 무시한다.)

[공무원시험]

▎문제 2.3.33

① $150\sqrt{3}$　　② 300

③ $300\sqrt{3}$　　④ 600

34. 그림과 같이 바닥에 정지해 있는 20kg의 벽돌 A와 10kg의 벽돌 B가 도르래에 걸쳐 있는 줄로 연결되어 있다. 도르래에 연직 상방으로 크기 F의 힘을 가했더니 벽돌 B만 천천히 들어 올려졌다. F의 최소 크기[N]는? (단, 중력 가속도는 10m/s^2이고, 줄은 늘어나지 않으며, 줄과 도르래의 질량과 마찰 및 벽돌의 크기는 무시한다.) [공무원시험]

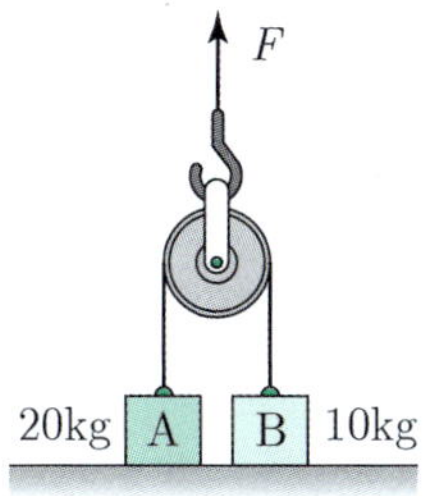

문제 2.3.34

① 50 ② 100
③ 150 ④ 200

35. 그림과 같이 하중이 작용하는 보의 B지점에서 수직반력의 크기[kN]는? (단, 보의 자중은 무시한다.) [공무원시험]

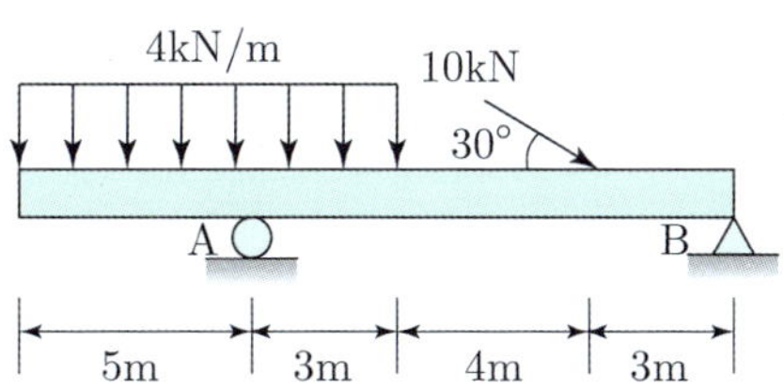

문제 2.3.35

① 0.2 ② 0.3
③ 3.8 ④ 6.7

CHAPTER

3

동역학

3.1 운동의 기술

물체에 작용하는 힘들이 서로 평형을 이룰 때의 힘의 관계를 다루는 역학을 정역학(statics)이라 하고, 운동과 운동의 원인이 되는 힘과의 관계를 다루는 역학을 동역학(dynamics)이라 한다. 한편 물체의 운동의 원인이 되는 힘은 고려하지 않고 물체의 위치나 운동 상태가 시간에 따라 어떻게 변화하는가를 규명하는 것을 운동학(kinematics)이라 한다. 물체의 운동은 주로 시간에 따른 물체의 위치와 속도(각속도), 가속도(각가속도)로 기술된다.

1. 위치벡터, 변위벡터

(1) 위치벡터

어떤 점을 기준으로 하여 질점의 위치를 나타내는 벡터를 위치벡터(position vector)라 한다.

(2) 변위벡터

운동에 따른 질점의 위치 변화를 변위(displacement)라 하고 변위를 나타내는 벡터를 변위벡터(displacement vector)라 한다.

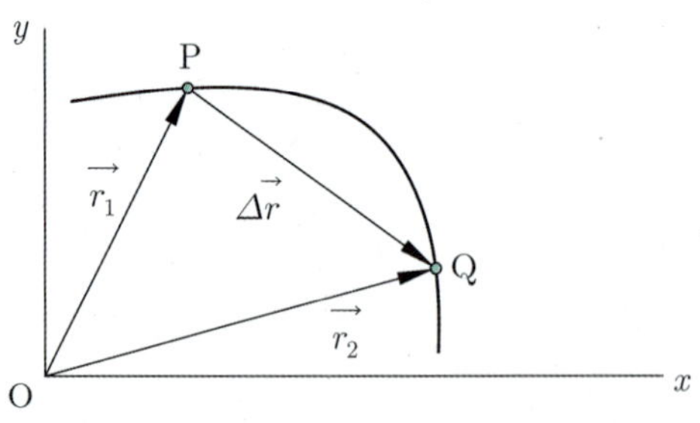

그림 3.1.1

설명 [그림 3.1.1]에서 원점(O)을 기준으로 할 때 점 P, Q의 위치벡터는 각각 $\vec{r_1}$, $\vec{r_2}$이고, 점 P가 Q로 이동할 때의 변위 벡터는 $\overrightarrow{\Delta r}$이며, 이것은 운동에 따른 두 점의 위치벡터의 차 $\overrightarrow{\Delta r} = \overrightarrow{r_2} - \overrightarrow{r_1}$을 나타낸다.

2. 경로, 직선운동, 곡선운동

[그림 3.1.2]와 같이 물체가 점 P에서 Q로 이동했을 때 물체가 지나간 자취 a, b, c, …를 경로(path)라 하고, 경로가 직선인 운동을 직선운동, 곡선인 운동을 곡선운동이라 한다.

† 변위는 위치가 변한 것을 뜻하며, 경로와는 무관하고 처음 위치와 최종 위치에 따라 결정된다. [그림 3.1.2]에서 변위는 $\overrightarrow{PQ}$로 일정하다.

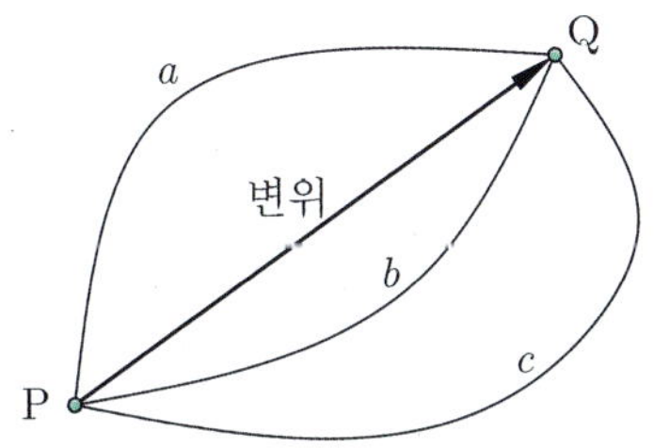

그림 3.1.2

3. 속도($\vec{v}$)

(1) 속도

물체의 운동 방향과 빠르기를 나타내는 물리량으로 단위 시간 동안의 변위를 나타낸다.

$$\text{속도} = \frac{\text{변위}}{\text{시간}} \quad [\text{SI 단위 : m/s}]$$

(2) 평균속도

시간 t_1, t_2에서의 위치벡터가 각각 $\overrightarrow{r_1}$, $\overrightarrow{r_2}$이고[그림 3.1.3], 점 P에서 Q로 이동하는 데 걸린 시간이 $\Delta t = t_2 - t_1$이면 평균속도는 다음과 같다.

$$\overrightarrow{v_{avg}} = \frac{\overrightarrow{r_2} - \overrightarrow{r_1}}{t_2 - t_1} = \frac{\Delta\vec{r}}{\Delta t}$$

(3) 순간속도

시간 간격 Δt가 무한히 작을 때의 평균속도로 질점의 경로상의 어느 점에서 질점의 위치벡터($\vec{r}$)를 시간(t)으로 미분한 것을 나타낸다.

$$\vec{v} = \lim_{\Delta t \to 0} \frac{\Delta\vec{r}}{\Delta t} = \frac{d\vec{r}}{dt}$$

속력은 속도의 크기를 나타내는 스칼라이고, 속도는 벡터이다.

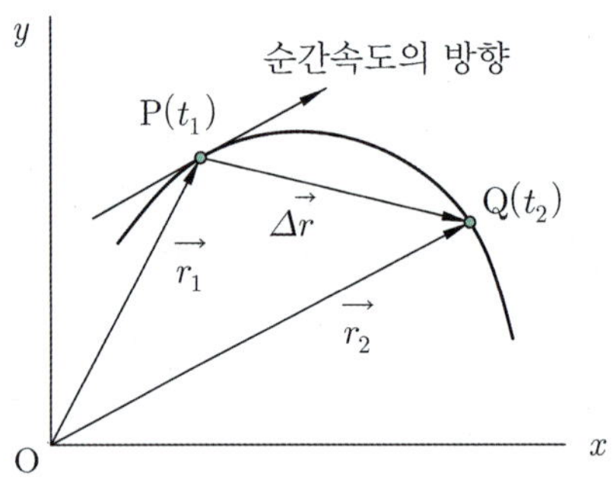

그림 3.1.3

설명 시간 간격 Δt를 아주 작게 하면 두 점 P, Q는 거의 일치하게 되며 변위 $\Delta\vec{r}$의 방향은 점 P에서 그은 접선의 방향과 같게 된다. 따라서 속도의 방향은 질점의 운동 경로상의 접선의 방향과 같다.

예제 3.1.1

2차원 평면에서 운동하는 어떤 물체의 시간 t_1, t_2에서의 위치벡터가 각각 $\overrightarrow{r_1} = -2\vec{i} + 3\vec{j}$, $\overrightarrow{r_2} = 6\vec{i} + 5\vec{j}$이다. $t_2 = t_1 + 2$일 때 t_1과 t_2 사이에서의 평균속도를 구하여라. t의 단위는 초이고, $\vec{r}$의 단위는 m이다.

풀이 평균속도

$$\overrightarrow{v_{avg}} = \frac{\overrightarrow{r_2} - \overrightarrow{r_1}}{t_2 - t_1} = \frac{(6\vec{i} + 5\vec{j}) - (-2\vec{i} + 3\vec{j})}{2}$$

$$= \frac{8\vec{i} + 2\vec{j}}{2} = 4\vec{i} + \vec{j}\ (\mathrm{m/s})$$

■

4. 곡선운동에서의 속도성분과 크기

2차원에서 질점의 이동 경로상의 점 P(x, y)에서의 속도를 $\vec{v} = v_x\vec{i} + v_y\vec{j}$라 하면 속도성분은

$$v_x = \frac{dx}{dt}, \qquad v_y = \frac{dy}{dt}$$

이고, 속도의 크기 $v = \sqrt{v_x^2 + v_y^2}$ 이다[그림 3.1.4].

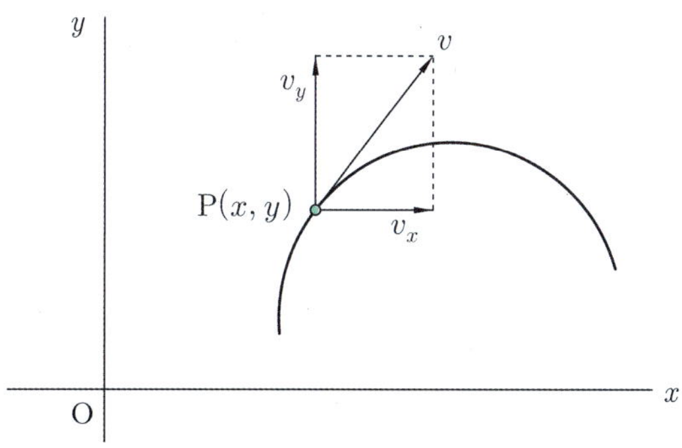

Ⅰ 그림 3.1.4

5. 가속도

(1) 가속도

단위 시간 동안의 속도 변화를 가속도라 한다.

$$(\text{가속도}) = \frac{(\text{속도 변화})}{(\text{시간})} \quad [\text{SI 단위} : \mathrm{m/s^2}]$$

(2) 평균 가속도

속도 변화를 걸린 시간으로 나눈 값으로, 시간 t_1, t_2에서의 속도를 각각 $\overrightarrow{v_1}$, $\overrightarrow{v_2}$라 하면 t_1, t_2 사이의 평균가속도($\overrightarrow{a_{avg}}$)는 다음과 같다.

$$\overrightarrow{a_{avg}} = \frac{\overrightarrow{v_2} - \overrightarrow{v_1}}{t_2 - t_1} = \frac{\Delta \overrightarrow{v}}{\Delta t}$$

(3) 순간 가속도($\overrightarrow{a}$)

시간간격 Δt가 무한히 작을 때의 평균 가속도이다.

$$\overrightarrow{a} = \lim_{\Delta t \to 0} \frac{\Delta \overrightarrow{v}}{\Delta t} = \frac{d\overrightarrow{v}}{dt}$$

임의 시간 t에서의 위치벡터를 $\overrightarrow{r}$이라 하면 시간 t에서의 가속도($\overrightarrow{a}$)는 다음과 같다.

$$\overrightarrow{a} = \frac{d\overrightarrow{v}}{dt} = \frac{d^2\overrightarrow{r}}{dt^2}$$

설명 곡선 경로를 따라 운동하는 질점의 속도가 시간 t_1일 때 $\overrightarrow{v_1}$이고, t_2에서 $\overrightarrow{v_2}$이면 $\Delta t = t_2 - t_1$에서의 속도 변화는 $\Delta \overrightarrow{v} = \overrightarrow{v_2} - \overrightarrow{v_1}$이다[그림 3.1.5]. 평균가속도는 속도의 변화를 걸린 시간으로 나눈 것으로 $\overrightarrow{a_{avg}} = \frac{\Delta \overrightarrow{v}}{\Delta t}$이다.

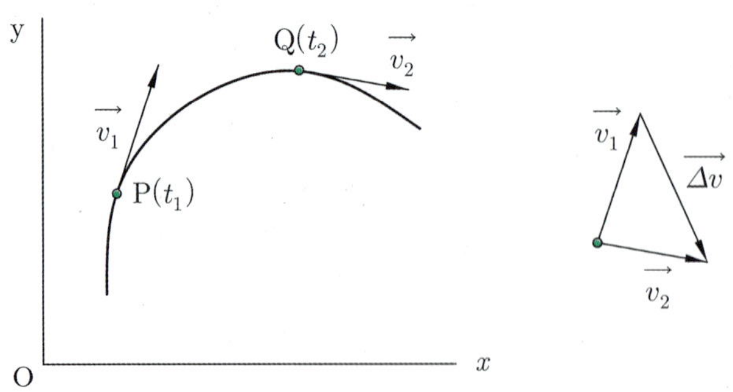

그림 3.1.5

6. 곡선운동에서의 가속도 성분과 크기

2차원에서 임의의 점 P(x,y)에서의 가속도를 $\vec{a}=a_x\vec{i}+a_y\vec{j}$라 하면 가속도 성분

$$a_x=\frac{d^2x}{dt^2},\qquad a_y=\frac{d^2y}{dt^2}$$

이고, 가속도의 크기 $a=\sqrt{a_x^2+a_y^2}$ 이다.

예제 3.1.2

2차원 평면에서 운동하는 질점 P의 시간 t에서의 위치 벡터가 $\vec{r}=(t^2+3)\vec{i}+(-2t^3+t)\vec{j}$ (m)일 때 다음을 구하여라. t의 단위는 초(s)이다.

(1) $t=1$일 때 질점의 위치

(2) $t=1$에서의 속도 $\vec{v}$와 속도의 크기

(3) $t=1$에서의 가속도 $\vec{a}$와 가속도의 크기

풀이 (1) $t=1$일 때 $\vec{r}=(1+3)\vec{i}+(-2+1)\vec{j}=4\vec{i}-\vec{j}$ (m)

(2) $\vec{v}=\dfrac{d\vec{r}}{dt}=\dfrac{d}{dt}(t^2+3)\vec{i}+\dfrac{d}{dt}(-2t^3+t)\vec{j}=2t\vec{i}+(-6t^2+1)\vec{j}$ (m/s)

$t=1$일 때 $\vec{v}=2\vec{i}+(-6+1)\vec{j}=2\vec{i}-5\vec{j}$ (m/s)

속도의 크기 $|\vec{v}|=\sqrt{v_x^2+v_y^2}=\sqrt{2^2+(-5)^2}=\sqrt{29}$ (m/s)

(3) $\vec{a}=\dfrac{d\vec{v}}{dt}=\dfrac{d}{dt}(2t)\vec{i}+\dfrac{d}{dt}(-6t^2+1)\vec{j}=2\vec{i}-12t\vec{j}$ (m/s^2)

$t=1$일 때 $\vec{a}=2\vec{i}-12\vec{j}$ (m/s^2)

가속도의 크기 $|\vec{a}|=\sqrt{a_x^2+a_y^2}=\sqrt{2^2+(-12)^2}=2\sqrt{37}$ (m/s^2) ■

† 직각좌표계의 단위 벡터 $\vec{i}$, $\vec{j}$는 상수로서 시간에 따라 변하지 않는다.

7. 직선운동

질점이 직선을 따라 운동하는 것을 직선운동이라 한다. [그림 3.1.6]과 같이 수직선

위를 움직이는 점 P의 시간 t에서의 위치가 $s(t)$이고 시간이 t에서 $t+\Delta t$까지 변할 때 점 P에서 점 Q까지 이동하였을 경우 스칼라량으로 표현된 속도와 가속도의 정의는 다음과 같다.

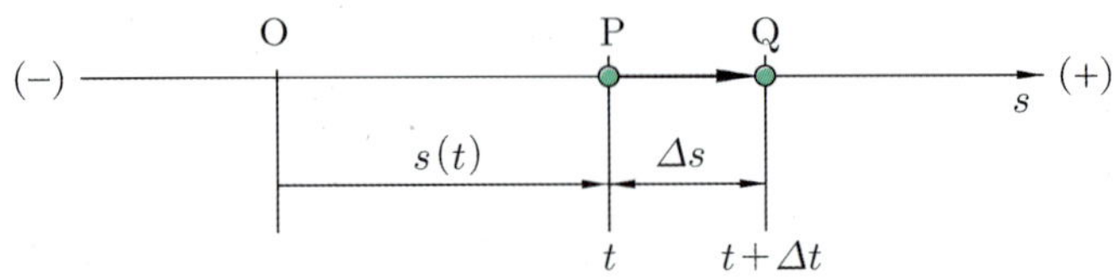

그림 3.1.6

(1) 시간 t에서 $t+\Delta t$까지의 질점 P의 평균속도

$$v_{avg} = \frac{\Delta s}{\Delta t}$$

(2) 시간 t에서의 점 P의 순간속도 또는 속도 $v(t)$는

$$v(t) = \lim_{\Delta t \to 0} \frac{\Delta s}{\Delta t} = \frac{ds}{dt}$$

이고, 속도의 크기 $|v(t)|$를 속력이라 한다. 점 P는 $v(t) > 0$일 때 양의 방향으로, $v(t) < 0$일 때 음의 방향으로 움직인다.

(3) 시간 t에서 $t+\Delta t$ 까지의 점 P의 속도의 평균변화율(평균가속도, a_{avg})은

$$a_{avg} = \frac{\Delta v}{\Delta t} = \frac{v(t+\Delta t) - v(t)}{\Delta t}$$

이고, $\Delta t \to 0$일 때의 평균변화율의 극한값을 시간 t에서의 점 P의 가속도 $a(t)$라 한다. 가속도 $a(t)$는

$$a(t) = \lim_{\Delta t \to 0} \frac{\Delta v}{\Delta t} = \frac{dv}{dt} = \frac{d^2 s}{dt^2}$$

이고, 여기에서 v가 s의 함수인 경우

$$a(t) = \frac{dv}{dt} = \frac{dv}{ds}\frac{ds}{dt} = v\frac{dv}{ds}$$

로 쓸 수 있다. 가속도의 부호는 속도 변화 방향을 나타내며 운동 방향과 관계없이 속도가 증가하면 양(+)이고, 감소하면 음(−)이다.

† 직선운동에서 속도와 가속도를 벡터로 표현하면 다음과 같다.

(1) 위치벡터: $\vec{r} = s\,\vec{i}$　　(2) 변위: $\Delta\vec{r} = \Delta s\,\vec{i}$

(3) 속도: $\vec{v} = \frac{d\vec{r}}{dt} = \frac{ds}{dt}\vec{i}$　　(4) 가속도: $\vec{a} = \frac{d\vec{v}}{dt} = \frac{dv}{dt}\vec{i} = \frac{d^2 s}{dt^2}\vec{i}$

직선운동에서는 속도와 가속도의 부호로써 방향을 나타낼 수 있으므로 스칼라량으로 표현된 식을 사용하는 것이 편리하다.

예제 3.1.3

직선 도로를 4m/s의 속도로 달리는 자동차의 속도가 7초 후에 25m/s가 되었다. 자동차의 평균 가속도의 크기는 몇 $\mathrm{m/s^2}$인가?

풀이 초기속도 $v_1 = 4\mathrm{m/s}$, 시간 간격 $\Delta t = 7\mathrm{s}$, 나중속도 $v_2 = 25\mathrm{m/s}$이므로 평균 가속도(a_{avg})는

$$a_{avg} = \frac{v_2 - v_1}{\Delta t} = \frac{(25-4)\mathrm{m/s}}{7\mathrm{s}} = 3\,\mathrm{m/s^2}$$

이다. 여기에서 차의 속도가 증가하였으므로 가속도는 양의 값을 가진다. ■

예제 3.1.4

수직선 위에서 움직이는 점 P의 t초 후의 위치가 $x(t) = t^3 - 3t\,(\mathrm{m})$일 때 $t = 2$초에서의 점 P의 속도와 가속도를 구하여라.

풀이 직선운동에서 속도와 가속도의 정의에 의해 시간 t에서의 속도 $v(t)$와 가속도 $a(t)$는 다음과 같다.

$$v(t) = \frac{dx}{dt} = 3t^2 - 3 \qquad \cdots ①$$

$$a(t) = \frac{dv}{dt} = 6t \qquad \cdots ②$$

식 ①, ②에 $t = 2$를 대입하면 다음과 같이 $t = 2$일 때의 속도 $v(2)$와 가속도 $a(2)$가 구해진다.

$$v(2) = 3 \times 2^2 - 3 = 9 \ (\mathrm{m/s})$$

$$a(2) = 6 \times 2 = 12 \ (\mathrm{m/s^2})$$

■

예제 3.1.5

직선 위에서 움직이는 어떤 물체의 시간 t초에서의 가속도가 $a = -6t + 10$ $(\mathrm{m/s^2})$일 때 $t = 0$에서 $t = 2$초 사이의 변위를 구하여라. 단, $t = 0$에서의 물체의 속도는 $4\,\mathrm{m/s}$이다.

풀이 가속도의 정의 $a = \frac{dv}{dt}$에서 $dv = adt$이고, $t = 0$일 때 $v_0 = 4\,\mathrm{m/s}$이다. 따라서 $t = 0$에서 t초까지 $dv = adt$를 적분하면

$$\int_{v_0}^{v} dv = \int_0^t a\,dt = \int_0^t (-6t + 10)dt = -3t^2 + 10t \ \ (\mathrm{m/s})$$

$$v - v_0 = -3t^2 + 10t \ \ (\mathrm{m/s})$$

$$\therefore \ \ v = -3t^2 + 10t + v_0 = -3t^2 + 10t + 4 \ \ (\mathrm{m/s})$$

이다. 속도의 정의 $v = \frac{ds}{dt}$에서 $ds = vdt$이므로 $t = 0$, 2일 때 물체의 위치를 각각 s_0, s_1으로 하고 적분하면 변위$(s_1 - s_0)$는 다음과 같다.

$$\int_{s_0}^{s_1} ds = \int_0^2 (-3t^2 + 10t + 4)dt = \left[-t^3 + 5t^2 + 4t\right]_0^2$$

$$= -2^3 + 5 \times 2^2 + 4 \times 2 = 20 \ (\mathrm{m})$$

$\therefore$ 변위 $(s_1 - s_0) = 20\ (\mathrm{m})$ ■

† $a = \dfrac{dv}{dt}$에서 $v = \int a\,dt = \int(-6t+10)dt = -3t^2 + 10t + C \quad (\mathrm{m/s})$이다. 여기에서 $t=0$일 때 $v_0 = 4\,\mathrm{m/s}$이므로 적분상수 $C=4$이다.

8. 등속 직선운동

속력과 운동 방향이 일정한 운동을 등속운동이라 한다. 속도 v인 질점이 t시간 동안에 이동한 거리를 s라 하면

$$v = \frac{s}{t}, \qquad s = vt, \qquad t = \frac{s}{v}$$

이고, 가속도 $a=0$이다.

예제 3.1.6

등산을 하는데 올라갈 때는 시속 2km로 걷고, 내려올 때는 올라갈 때보다 3km 더 먼 거리를 시속 4km로 걸어왔다. 총 소요 시간이 6시간이면 올라간 거리는 몇 km인가?

풀이 올라간 거리를 x(km)로 놓으면, 내려온 거리는 $x+3$(km)이다. 거리 s(km)를 시속 v(km)로 걸어갈 때 걸리는 시간

$$t = \frac{s}{v}\ (\text{시간})$$

이므로 시속 2km로 걸어간 시간은 $\dfrac{x}{2}$시간이고, 시속 4km로 걸어간 시간은 $\dfrac{x+3}{4}$시간이다. 여기에서 총 소요 시간은 6시간이므로

$$\frac{x}{2} + \frac{x+3}{4} = 6$$

$$2x + (x+3) = 24$$

$$3x = 21$$

$$\therefore \ x = \frac{21}{3} = 7 \ (\text{km})$$

즉, 올라간 거리는 7km 이다. ■

9. 등가속도 직선운동

직선상에서 운동하는 물체의 속도가 일정한 비율로 변할 때 물체의 가속도는 일정하며, 이러한 운동을 등가속도 직선운동이라 한다.

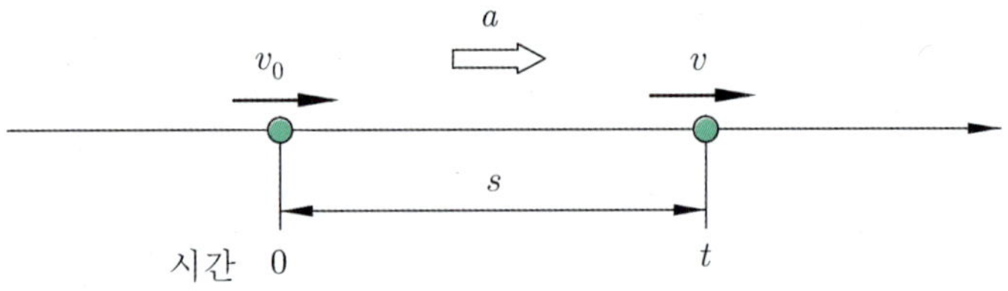

그림 3.1.7

[그림 3.1.7]과 같이 직선상에서 일정한 가속도 $a(\text{m/s}^2)$로 운동할 때, 시간 $t=0$에서의 초기속도 $v_0(\text{m/s})$, t에서의 속도 $v(\text{m/s})$, t초 동안 이동 거리 $s(\text{m})$ 사이에는 다음 관계식이 성립한다.

(1) $v = v_0 + at$	(2) $s = \frac{1}{2}at^2 + v_0 t$	(3) $v^2 - v_0^2 = 2as$

설명 (1) 속도와 가속도의 관계: 가속도의 정의 $a = \frac{dv}{dt}$에서 적분하면

$$dv = a\,dt$$

$$v = \int a\,dt = at + C \quad (C\text{는 상수})$$

이고, 초기조건 $t=0$일 때 $v=v_0$를 대입하면 $C=v_0$이므로

$$v = at + v_0$$

이다.

(2) 이동거리와 가속도의 관계: 속도의 정의 $v=\dfrac{ds}{dt}$에서 적분하면

$$s=\int vdt=\int (v_0+at)dt=v_0t+\frac{1}{2}at^2+C \quad (C\text{는 상수})$$

이고, 초기조건 $t=0$일 때 $s=0$을 대입하면 $C=0$이므로

$$s=v_0t+\frac{1}{2}at^2$$

이다.

(3) 이동거리와 속도의 관계: 가속도의 식 $a=v\dfrac{dv}{ds}$에서 $ads=vdv$이고 이 식을 적분하면

$$\int_0^s ads=\int_{v_0}^{v} vdv$$

$$as=\frac{1}{2}(v^2-v_0^2)$$

이므로 $v^2-v_0^2=2as$의 관계식이 성립한다.

[그림 3.1.8]과 같이 시간 $t_0=0$에서의 초기속도 $v_0(\mathrm{m/s})$, 초기위치 $s_0(\mathrm{m})$, t에서의 속도 $v(\mathrm{m/s})$, 위치를 $s(\mathrm{m})$라 하면 이동거리 $\Delta s=s-s_0$이므로 위치와 속도, 가속도의 관계는 다음과 같다.

(1) $v=v_0+at$	(2) $s=\dfrac{1}{2}at^2+v_0t+s_0$	(3) $v^2-v_0^2=2a(s-s_0)$

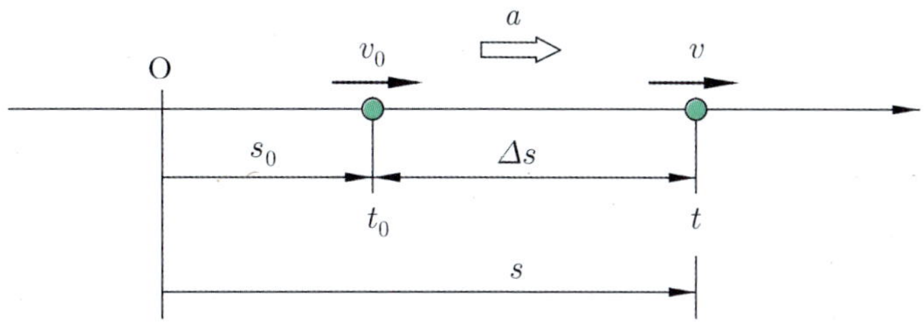

▍그림 3.1.8

예제 3.1.7

정지해 있던 물체가 2m/s^2의 가속도로 직선운동을 하였을 때 1분 후의 물체의 속도는 몇 m/s 인가?

풀이 초기속도 $v_0 = 0$, 가속도 $a = 2\text{m/s}^2$(등가속도)이므로 $t = 1\,\text{min}$ 후의 속도(v)는 다음과 같다.

$$v = v_0 + at = 0 + 2\frac{\text{m}}{\text{s}^2} \times 1\text{min}$$

$$= 2\frac{\text{m}}{\text{s}^2} \times 60\text{s} = 120\,\text{m/s}$$

■

예제 3.1.8

등가속도 운동을 하는 물체가 50m 이동하는 동안 물체의 속도가 5m/s 에서 20m/s 로 증가하였다. 물체의 가속도(a)는 몇 m/s^2인가?

풀이 초기속도 $v_0 = 5\,\text{m/s}$, 나중속도 $v = 20\,\text{m/s}$, 이동거리 $x = 50\,\text{m}$이다.

$$v^2 - v_0^2 = 2ax$$

$$\therefore\ a = \frac{v^2 - v_0^2}{2x} = \frac{20^2 - 5^2}{2 \times 50} = 3.75\,(\text{m/s}^2)$$

■

예제 3.1.9

72 km/h로 달리고 있는 자동차에 브레이크를 걸었을 때 차가 50 m 미끄러진 후에 정지하였다. 이때 차의 가속도(a)와 정지할 때까지 걸린 시간(t)을 구하여라.

풀이 처음 속도 $v_0 = 72\text{km/h} = \dfrac{72 \times 1000\text{m}}{3600\text{s}} = 20\text{m/s}$ 이고 정지했을 때의 최종속도 $v_1 = 0$이며, 이동거리 $x = 50\text{m}$ 다.

먼저 $v^2 - v_0^2 = 2ax$에서 가속도(a)를 구한다.

$$v_1^2 - v_0^2 = 2ax$$

$$0 - 20^2 = 2a \times 50$$

$$\therefore \quad a = -\frac{20^2}{2 \times 50} = -4 \ (\mathrm{m/s^2})$$

다음에 속도 관계식 $v = v_0 + at$에서 차가 정지할 때까지 걸린 시간(t)을 구한다.

$$v_1 = v_0 + at$$

$$0 = v_0 + at$$

$$\therefore \quad t = -\frac{v_0}{a} = -\frac{20}{(-4)} = 5 \ (\mathrm{s})$$

즉, 차의 가속도는 $-4\mathrm{m/s^2}$, 정지할 때까지 걸린 시간은 5초이다. ■

예제 3.1.10

$t = 0$에서 출발하여 직선운동을 하는 물체의 속도와 시간의 관계가 [그림 3.1.9]와 같이 직선으로 나타날 때 다음을 구하여라.

(1) 물체의 가속도

(2) 6초 후의 물체의 변위

(3) 6초 동안에 물체가 이동한 거리

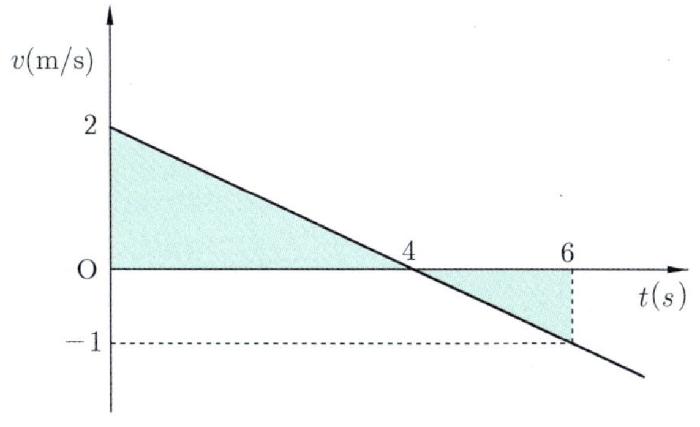

그림 3.1.9

풀이 (1) 직선운동에서 $a = \frac{dv}{dt}$이므로 $v-t$ 그래프에서 가속도는 직선의 기울기가 된다.

$\therefore \ a = -\frac{2}{4} = -\frac{1}{2}\ (\mathrm{m/s^2})$인 등가속도 운동이다.

(2) 그래프에서 $v(t) = -\frac{1}{2}t + 2\ (\mathrm{m/s})$이다. $t = 0,\ 6$일 때 물체의 위치를 각각 $x_0,\ x_1$으로 하고 $dx = vdt$를 적분하면 다음과 같이 6초 후의 물체의 변위$(x_1 - x_0)$가 구해진다.

$$dx = vdt = \left(-\frac{1}{2}t + 2\right)dt$$

$$\int_{x_0}^{x_1} dx = \int_0^6 \left(-\frac{1}{2}t + 2\right)dt$$

$$\therefore \ x_1 - x_0 = \int_0^6 (-\frac{1}{2}t + 2)dt = \left[-\frac{1}{4}t^2 + 2t\right]_0^6 = 3\ (\mathrm{m})$$

(3) 이동거리 $x = \int_{t_1}^{t_2} |v| dt$으로 $v - t$ 그래프에서 이동거리는 넓이가 된다.

$$\therefore \ \text{이동거리}\ x = \left(\frac{1}{2} \times 4 \times 2\right) + \left(\frac{1}{2} \times 2 \times 1\right) = 5\ (\mathrm{m})$$

직선운동에서 오른쪽 방향을 양(+)으로 잡으면 속도가 양인 $0 < t < 4$에서는 오른쪽으로 4m 이동하고, 속도가 음인 $t > 4$에서는 왼쪽으로 1m 이동한다. 따라서 총 이동거리(x)는 $4\mathrm{m} + 1\mathrm{m} = 5\mathrm{m}$이고, 변위$(x_1 - x_0)$는 $4\mathrm{m} - 1\mathrm{m} = 3\mathrm{m}$이다. ■

† 직선 위를 움직이는 점 P의 시각 t일 때의 속도 $v(t)$와 시각 $t = a$일 때의 위치 x_0이 주어졌을 때, 다음과 같이 속도 $v(t)$를 적분하여 구할 수 있다.

(1) 시각 t일 때의 점 P의 위치(x): $x = x_0 + \int_a^t v(t)dt$

(2) 시각 $t = a$에서 $t = b$까지 점 P의 위치 변화량(Δx): $\Delta x = \int_a^b v(t)dt$

(3) 시각 $t = a$에서 $t = b$까지 점 P가 움직인 거리(s): $s = \int_a^b |v(t)| dt$

10. 상대속도

두 물체 A, B가 각각 $\overrightarrow{v_{\mathrm{A}}}$, $\overrightarrow{v_{\mathrm{B}}}$의 속도로 운동하고 있을 때 A에서 본 B의 속도를 A에 대한 B의 상대속도라 하고 이때의 상대속도는 다음과 같다[그림 3.1.10].

$$\overrightarrow{v_{\mathrm{B/A}}} = \overrightarrow{v_{\mathrm{B}}} - \overrightarrow{v_{\mathrm{A}}} = \overrightarrow{v_{\mathrm{B}}} + (-\overrightarrow{v_{\mathrm{A}}})$$

상대속도는 운동하는 관측자가 어떤 물체의 운동을 관찰할 때 관측자에게 보이는 물체의 속도를 나타낸다.

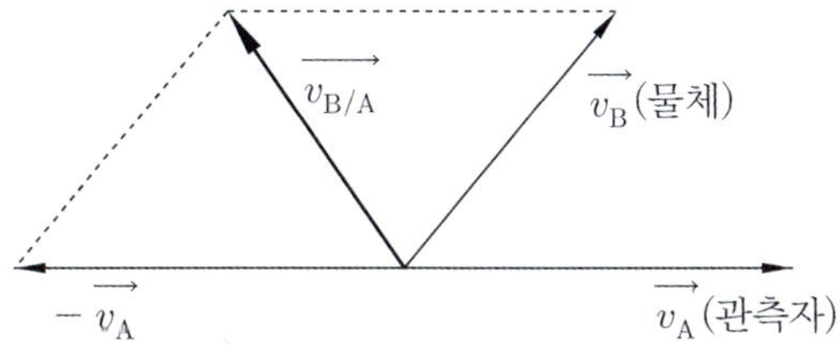

그림 3.1.10

예제 3.1.11

자동차 A는 동쪽으로 시속 60km, 자동차 B는 북쪽으로 시속 80km로 달리고 있다. A에서 본 B의 상대속도의 크기와 운동 방향을 구하여라.

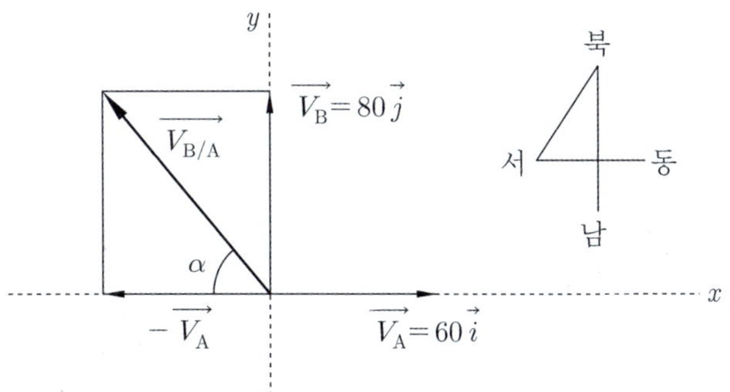

그림 3.1.11

풀이 동쪽을 $+x$, 북쪽을 $+y$로 좌표계를 정하면[그림 3.1.11] A와 B의 속도는 각각

$$\overrightarrow{V_A} = 60\vec{i}\ \ (\mathrm{km/h}),\ \overrightarrow{V_B} = 80\vec{j}\ \ (\mathrm{km/h})$$

이다. 따라서 A에서 본 B의 상대속도

$$\overrightarrow{V_{B/A}} = \overrightarrow{V_B} - \overrightarrow{V_A} = -60\vec{i} + 80\vec{j} \text{ (km/h)}$$

이므로 상대속도의 크기와 방향각은

$$|\overrightarrow{V_{B/A}}| = \sqrt{V_x^2 + V_y^2} = \sqrt{(-60)^2 + 80^2} = 100 \text{ (km/h)}$$

$$\tan\alpha = \frac{80}{60}$$

$$\therefore \ \alpha = \tan^{-1}\left(\frac{80}{60}\right) = 53.13°$$

이다. 즉, A에서 보았을 때 자동차 B는 시속 100km의 속도로 서북 방향으로 53.13°의 각도로 달리고 있다. ■

요약

(1) 질점의 위치벡터 $\vec{r}$, 속도 $\vec{v}$, 가속도 $\vec{a}$의 관계식

$$\vec{v} = \frac{d\vec{r}}{dt}, \qquad \vec{a} = \frac{d\vec{v}}{dt} = \frac{d^2\vec{r}}{dt^2} \Longleftrightarrow \vec{r} = \int \vec{v}\,dt, \qquad \vec{v} = \int \vec{a}\,dt$$

(2) 직선운동에서 위치 s, 속도 v, 가속도 a의 스칼라 식

$$v = \frac{ds}{dt}, \qquad a = \frac{dv}{dt} = \frac{d^2s}{dt^2} \Longleftrightarrow s = \int v dt, \qquad v = \int a dt$$

$t = t_0$에서 처음 위치, 처음 속도를 각각 s_0, v_0라 하면

$$s(t) = \int_{t_0}^{t} v dt + s_0, \qquad v(t) = \int_{t_0}^{t} a dt + v_0$$

3.1 연습문제

1. 질점 P가 처음 위치 $\vec{r} = 4\vec{i} + 3\vec{j}$ (m)에서 2초 후에 $\vec{r} = 2\vec{i} - 7\vec{j}$ (m)로 이동하였다. 2초 동안의 평균속도를 구하여라.

2. 어떤 물체의 시간 t에서의 위치 벡터가 $\vec{r} = (4t - t^2)\vec{i} + (-3t + t^2)\vec{j}$ (m)일 때 다음을 구하여라. t의 단위는 초이다.
   (1) $t = 1$일 때 물체의 위치
   (2) $t = 1$에서의 속도 $\vec{v}$와 속도의 방향각(방향과 x축 사이의 각)
   (3) $t = 1$에서의 가속도 $\vec{a}$와 가속도의 크기

3. 질섬의 위치가 시간(t)의 함수로 다음과 같이 주어질 때 시간 t에서의 속도와 가속도의 크기를 각각 구하여라. t의 단위는 초이고, $\vec{r}$의 단위는 m이다.

$$\vec{r} = r(\cos\omega t\,\vec{i} + \sin\omega t\,\vec{j}) \quad (r > 0,\ \omega > 0)$$

† $\frac{d}{dt}(\cos\omega t) = -\omega\sin\omega t,\ \frac{d}{dt}(\sin\omega t) = \omega\cos\omega t$

4. 평면 위에서 운동하는 점 P(x, y)의 시간 t초에서의 좌표가 $x = \cos t$ (m), $y = 4 - \sin t$ (m)일 때 다음을 구하여라.
   (1) $t = 0$에서의 속도 $\vec{v}$와 속도의 크기
   (2) $t = 0$에서의 가속도 $\vec{a}$와 가속도의 크기

5. 바람이 없는 공기 중에서의 속력이 900km/h인 비행기가 동쪽으로 1,000km 떨어진 목적지로 출항한다. 비행기가 날아가는 경로에는 200km/h의 북풍이 불고 있다면 비행기는 어떤 방향으로 날아야 하는가? 또, 이때 목적지까지 가는데 걸리는 시간은 얼마인가?

6. 어떤 물체의 속도가 처음 속도 $\vec{v} = -4\vec{i} + 2\vec{j}$ (m/s)에서 4초 후에 $\vec{v} = 16\vec{i} - 10\vec{j}$ (m/s)로 변하였다. 4초 동안의 평균 가속도를 구하여라.

7. 어떤 물체가 일정 가속도 $\vec{a} = 2\vec{i} + 3\vec{j}\,(\mathrm{m/s^2})$로 4초 동안 가속되어 속도가 $\vec{v} = 5\vec{i} - 6\vec{j}\,(\mathrm{m/s})$로 변하였다. 가속되기 직전의 속도를 구하여라.

8. 정지해 있던 자동차가 출발한 후 10초 후에 속력이 72km/h가 되었다. 평균 가속도 $(\mathrm{m/s^2})$의 크기를 구하여라.

9. 동쪽으로 시속 108km로 달리는 차가 속도를 바꾸어 5초 후에 북쪽으로 시속 54km로 달리고 있다. 5초 동안의 차의 평균 가속도$(\mathrm{m/s^2})$의 크기를 구하여라.

10. 직선운동을 하는 질점의 시간 t초에서의 위치가 $s = t^3 + 3t^2 + t\,(\mathrm{m})$일 때 $t = 2$초에서의 속도와 가속도의 크기를 구하여라.

11. 정지 상태$(s_0 = 0,\ v_0 = 0)$에서 출발하여 $0.4\mathrm{m/s^2}$의 일정가속도로 달리는 자동차의 10초 후의 위치와 속도를 구하여라.

12. 수직선 위에서 점 P가 $v = 4 - 2t\ (\mathrm{m/s})$의 속도로 운동하고 있다. $t = 0$에서 $t = 3$초까지의 점 P의 이동 거리를 구하여라.

13. 시간 t(초)에서의 질점의 가속도가 $a(t) = kt\ (\mathrm{m/s^2})$로 직선운동을 하고 있다. 다음을 구하여라.

(1) $t = 0$에서의 속도가 2m/s이고, $t = 1$초에서의 속도가 6m/s일 때 $t = 2$초에서의 속도

(2) $t = 0$에서 질점의 위치 $s = 0$일 때 $t = 3$초에서의 위치

14. 달리는 차에 브레이크를 걸었을 때 t초 후의 속도가 $v(t) = 10 - 2t\,(\mathrm{m/s})$이다. 브레이크를 건 후 정지할 때까지 걸린 시간과 이동 거리를 구하여라.

15. 수직선 위에서 속도 $v(t) = 6t - 3t^2\,(\mathrm{m/s})$로 운동하는 물체가 있다. 다음을 구하여라.

(1) $t = 0$에서 물체의 위치 $s = 0$일 때 $t = 3$초에서의 위치

(2) $t = 0$에서 $t = 3$초까지 물체가 이동한 거리

16. 자동차가 정지 상태에서 출발하여 일정한 가속도로 500m의 거리를 10초에 주파하였다. 가속도와 500m 거리를 주파할 때의 속도를 구하여라.

17. 시속 72km로 달리고 있는 차의 브레이크를 밟아서 2초 후에 정지시켰다. 브레이크를 밟은 후의 차의 가속도와 이동 거리를 구하여라.

18. 그래프는 직선 운동을 하는 물체의 속도와 시간의 관계를 나타낸 것이다. 다음을 구하여라.

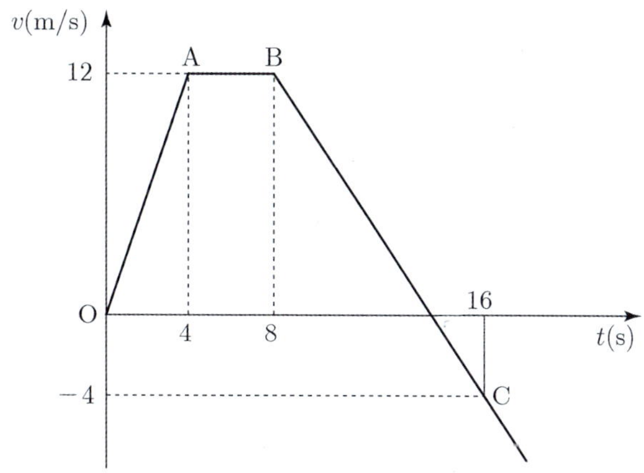

▎문제 3.1.18

(1) 0초에서 4초까지의 가속도
(2) 0초에서 8초까지의 평균 가속도
(3) 0초에서 8초까지의 평균 속도
(4) 0초에서 16초까지의 변위
(5) 0초에서 16초까지의 이동 거리

19. 두 식 $v = v_0 + at$, $s = v_0 t + \frac{1}{2}at^2$으로부터 식 $v^2 - v_0^2 = 2as$를 유도하여라.

20. 집에서 시청까지 갈 때는 시속 6km, 시청에서 집으로 돌아올 때는 시속 4km로 걸었더니 총 1시간이 걸렸다. 집에서 시청까지의 거리를 구하여라.

21. 시속 8km의 속력으로 뛰어가다가 시속 4km의 속력으로 걸어서 2시간 30분 만에 16km의 순환 도로를 한 바퀴 돌았다. 뛰어간 거리와 걸어간 거리는 각각 몇 km인가?

22. 길이가 2km인 활주로의 한쪽 끝에 착륙한 비행기가 $2.5\,\mathrm{m/s^2}$로 일정하게 감속하여 다른 쪽 끝에 정지하려 한다. 착륙 직전 비행기의 속력은? [공무원시험]

① 40 m/s　　② 60 m/s
③ 80 m/s　　④ 100 m/s

23. 다음은 처음 속도가 5 m/s 인 어떤 물체의 운동 상태에 대한 시간(t)과 가속도(a)와의 관계를 나타낸 그래프이다. $t = 0$에서 출발하여 4초 동안 이동한 거리는? [공무원시험]

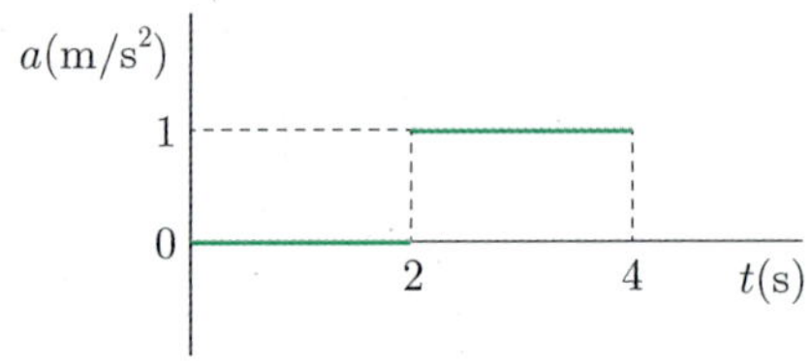

문제 3.1.23

① 8 m　　② 12 m
③ 16 m　　④ 18 m
⑤ 22 m

24. 속력 v로 수평 도로를 달리는 자동차에서 급브레이크를 밟았더니 거리 d만큼 미끄러진 후 정지하였다. 이 자동차가 $2v$의 속력으로 같은 도로를 달릴 때 급브레이크를 밟으면 d의 몇 배 거리를 미끄러지다가 정지하겠는가? 단, 공기 저항은 무시한다. [공무원시험]

① $\frac{1}{4}$　　② $\frac{1}{2}$
③ 2　　④ 4

25. x축을 따라 움직이는 입자의 위치가 시간에 따라 $x(t) = 7 + 9t - 2t^3$으로 변한다. $t = 3$일 때 입자의 속도[m/s]는? (단, 여기서 x의 단위는 미터(m)이고, t의 단위는 초(s)이다.) [공무원시험]

① 음의 x방향으로 3　　② 양의 x방향으로 20
③ 음의 x방향으로 20　　④ 음의 x방향으로 45

26. x축상에서 움직이는 물체가 $+x$ 방향으로 20m/s의 속도로 등속도 운동하여 일정한 거리를 진행한 후, 곧이어 등가속도 운동하여 물체의 최종 속도가 $+x$ 방향으로 4m/s가 되었다. 등속도 운동으로 진행한 거리와 등가속도 운동으로 진행한 거리가 같다면, 전체 운동 시간 동안 이 물체의 평균 속력[m/s]은? [공무원시험]

① $8\sqrt{2}$ ② 12

③ $10\sqrt{2}$ ④ 15

27. 북쪽으로 2m/s로 움직이는 물체 A가 있다. 동쪽으로 3m/s로 움직이는 물체 B에서 물체 A의 운동을 측정할 때, 물체 A의 상대속도의 크기[m/s]와 방향은? [공무원시험]

	상대 속도의 크기[m/s]	방향
①	5	북쪽
②	5	북서쪽
③	$\sqrt{13}$	북쪽
④	$\sqrt{13}$	북서쪽

3.2 중력장 내의 운동

물체에는 지구 중심 방향으로 인력이 작용하는데 이것을 중력이라 하며, 중력에 의해 생기는 가속도를 중력가속도(g)라 한다. 중력가속도의 값은 장소에 따라 조금씩 다르지만 일반적으로 $g = 9.8\text{m/s}^2$으로 한다. 중력가속도의 방향은 언제나 연직 아래 방향이다

1. 중력장에서의 직선운동

(1) 자유낙하운동[그림 3.2.1(a)]

무거운 물체를 들고 있다가 가만히 놓을 때와 같이 정지 상태에서 중력의 영향만으로 낙하하는 물체의 운동을 자유낙하운동이라 한다. 이때의 운동은 처음속도 $v_0 = 0$이고 가속도는 중력가속도 g인 등가속도 직선운동이다. 물체의 처음 위치를 원점으로 하고 아래 방향을 양(+)으로 잡으면 t초 후의 속도 v와 물체의 이동 거리 h의 관계식은 다음과 같다.

$$v = gt, \qquad h = \frac{1}{2}gt^2, \qquad v^2 = 2gh$$

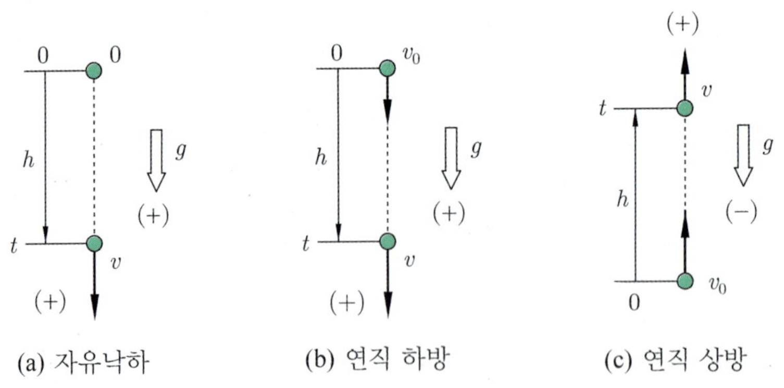

그림 3.2.1

(2) 연직 아래 방향으로 v_0의 속력으로 던질 때[그림 3.2.1(b)]

아래 방향을 양(+)으로 잡으면 처음속도와 중력가속도의 방향이 같으므로 가속도 $a = g$이다.

$$v = v_0 + gt, \qquad h = v_0 t + \frac{1}{2}gt^2, \qquad v^2 - v_0^2 = 2gh$$

(3) 연직 위쪽으로 v_0의 속력으로 던질 때[그림 3.2.1(c)]

위 방향을 양(+)으로 잡으면 처음속도와 중력가속도의 방향은 반대가 되므로 가속도 $a = -g$이다. 이때는 중력이 처음 속도와 반대방향으로 작용하므로 최고 높이에 도달할 때까지는 속력이 점점 느려지는 운동을 한다.

$$v = v_0 - gt, \qquad h = v_0 t - \frac{1}{2}gt^2, \qquad v^2 - v_0^2 = -2gh$$

예제 3.2.1

높이 $h = 50\text{m}$인 건물의 옥상에서 어떤 물체를 자유 낙하시켰을 때 물체가 바닥에 떨어질 때까지 걸린 시간과 이때의 물체의 속도를 구하여라.

풀이 자유낙하에서 $h = \frac{1}{2}gt^2$이므로 땅에 떨어질 때까지 걸린 시간

$$t = \sqrt{\frac{2h}{g}} = \sqrt{\frac{2 \times 50}{9.8}} = 3.19\ (\text{s})$$

이고, 이때의 속도(v)는 다음과 같다.

$$v = gt = 9.8 \times 3.19 = 31.3\ (\text{m/s})$$

[또는, 위치 에너지 mgh가 운동 에너지 $\frac{1}{2}mv^2$로 변환된다는 조건으로부터

$$\frac{1}{2}mv^2 = mgh$$

$$\therefore \ v = \sqrt{2gh} = \sqrt{2 \times 9.8 \times 50} = 31.3\ (\text{m/s})]$$

■

예제 3.2.2

높이 H인 건물 옥상에서 어떤 물체를 연직 아래 방향으로 4m/s의 속도로 던졌더니 3초 후에 지면에 떨어졌다. 건물의 높이 H를 구하여라.

풀이 낙하거리 $h = v_0 t + \frac{1}{2} g t^2$에서 $v_0 = 4\text{m/s}$, $t = 3\text{s}$이므로 건물의 높이(H)는 다음과 같다.

$$H = 4 \times 3 + \frac{1}{2} \times 9.8 \times 3^2 = 56.1\,(\text{m})$$ ■

예제 3.2.3

어떤 물체를 $v_0 = 100\,\text{m/s}$의 속력으로 연직 위 방향으로 던졌을 때 물체가 최고점에 도달할 때까지 걸린 시간과 최고점의 높이를 구하여라.

풀이 최고점에서 물체의 속도 $v = 0$이므로

$$v = v_0 - gt = 0 \quad \therefore t = \frac{v_0}{g} = 10.2\,(\text{s})$$

이고, 최고점의 높이를 $h_{\max}$라 하면

$$v^2 - v_0^2 = -2g\,h_{\max}$$

$$0 - v_0^2 = -2gh_{\max}$$

$$\therefore \quad h_{\max} = \frac{v_0^2}{2g} = \frac{100^2}{2 \times 9.8} = 510.2\,(\text{m})$$ ■

2. 포물선운동

물체를 임의 각도로 경사지게 던졌을 때, 물체의 운동은 수평방향과 수직 방향으로 나누어 생각할 수 있다. 공기 저항을 무시하면 물체는 연직 아래 방향(+)으로 일정한 크기의 중력을 받아서 가속도 $a = g$의 등가속도 운동을 하고 수평방향의 속도는 변하지 않는다. 이로 인하여 물체의 운동 경로는 포물선을 그리게 되는데 이와 같은 운동을 포물선운동이라 한다.

3. 수평방향으로 던진 물체의 운동

지면으로부터 높이 H인 곳에서 수평방향으로 v_0의 속력으로 던진 물체의 운동을 고려한다[그림 3.2.2]. 물체의 운동을 수평(x)성분과 수직성분(y)으로 분해하면 수평방향으로는 등속도운동이고, 연직방향으로는 중력가속도 $a=g$의 등가속도 운동이다[표 3.2.1].

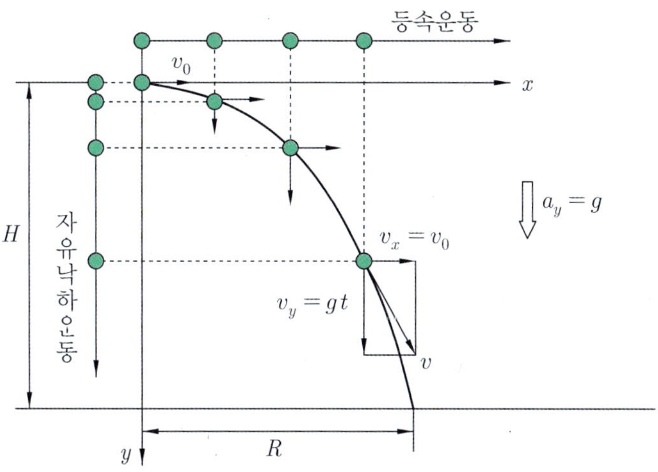

그림 3.2.2

표 3.2.1

	수평방향	연직방향
처음속도(v_0)	$v_{0x}=v_0$	$v_{0y}=0$
가속도(a)	$a_x=0$	$a_y=g$
t초 후의 속도(v)	$v_x=v_{0x}+a_xt=v_0$	$v_y=v_{0y}+a_yt=gt$
t초 후의 위치(x, y)	$x=v_0t$	$y=v_{0y}t+\frac{1}{2}a_yt^2=\frac{1}{2}gt^2$

(1) 낙하시간

지면에 떨어질 때까지 걸린 시간은 자유낙하한 시간과 같다.

$$H=\frac{1}{2}gt_1^2 \qquad \therefore \text{ 낙하시간 } t_1=\sqrt{\frac{2H}{g}}$$

(2) 수평 도달 거리

낙하시간 t_1 동안에 수평방향으로 일정속도 v_0의 등속운동을 하므로 수평 도달 거리는 다음과 같다.

$$R = v_0 t_1 = v_0 \sqrt{\frac{2H}{g}}$$

(3) 지면에 떨어졌을 때의 물체의 속도 크기

지면에 도달했을 때 속도의 x성분은 $v_x = v_0$이고, y 성분은 $v_y = g t_1 = \sqrt{2gH}$ 이므로 속도의 크기는 다음과 같다.

$$v = \sqrt{v_x^2 + v_y^2} = \sqrt{v_0^2 + 2gH}$$

(4) 물체의 운동경로

수평방향 변위 $x = v_0 t$와 연직방향 변위 $y = \frac{1}{2}gt^2$에서 t를 소거하여 정리하면 운동경로는 $y = \frac{g}{2v_0^2}x^2$이다.

예제 3.2.4

지면 위 높이 h에서 수평방향으로 공을 던졌더니 지면에 떨어질 때까지 수평방향으로 운동한 거리가 h였다. 처음 속도 v_0를 구하여라.

풀이 땅에 떨어질 때까지 걸린 시간을 t라 하면 낙하거리가

$$h = \frac{1}{2}gt^2$$

이므로 낙하시간은

$$t = \sqrt{\frac{2h}{g}}$$

이다. 이때 수평방향으로는 처음 속도 v_0의 등속운동이므로 수평방향으로 날아간 거리는

$$h = v_0 t$$

이다. 따라서 처음속도(v_0)는 다음과 같다.

$$v_0 = \frac{h}{t} = \frac{h}{\sqrt{2h/g}} = \sqrt{\frac{gh}{2}}$$ ■

예제 3.2.5

그림과 같이 80 m 높이에서 물체를 수평방향으로 $v_0 = 30\text{m/s}$의 속력으로 던졌을 때 물체가 바닥에 떨어질 때까지 걸린 시간과 수평방향으로 날아간 거리(R)를 구하여라.

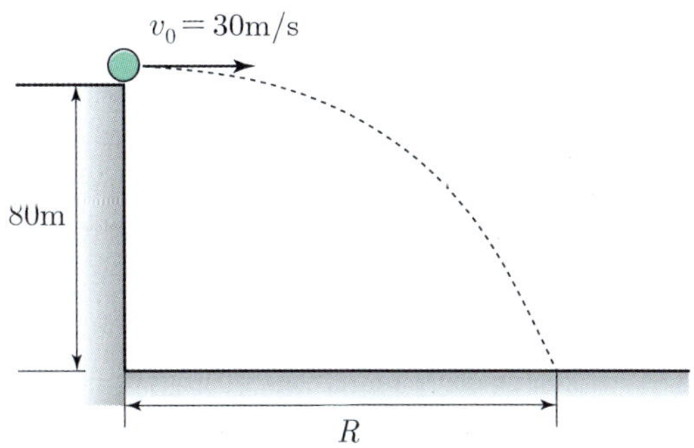

그림 3.2.3

풀이 연직 방향으로는 자유낙하이므로 낙하거리 $y = \frac{1}{2}gt^2$에서 바닥에 떨어질 때까지 걸린 시간은 $y = 80\,\text{m}$를 대입하면

$$t = \sqrt{\frac{2y}{g}} = \sqrt{\frac{2 \times 80}{9.8}} = 4.04\ (\text{s})$$

이고, 이때 수평방향(등속운동)으로 날아간 거리(R)는 다음과 같다.

$$R = v_0 t = 30 \times 4.04 = 121.2\ (\text{m})$$ ■

4. 비스듬히 위로 던진 물체의 운동

[그림 3.2.4]와 같이 수평면과 α의 각도로 위로 던져진 물체의 운동은 수평방향으로는 등속도운동이고, 연직방향으로는 중력가속도 $a=-g$의 등가속도 운동이다[표 3.2.2].

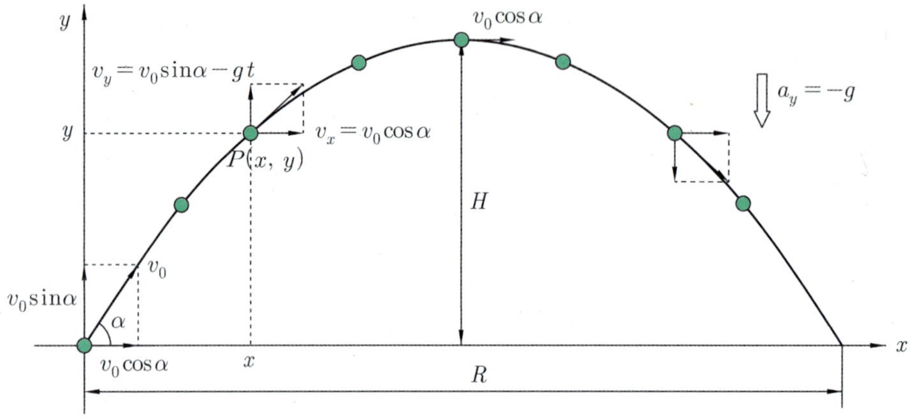

▎그림 3.2.4

▎표 3.2.2

	수평방향	연직방향
처음속도(v_0)	$v_{0x}=v_0\cos\alpha$	$v_{0y}=v_0\sin\alpha$
가속도(a)	$a_x=0$	$a_y=-g$
t초 후의 속도(v)	$v_x=v_{0x}+a_xt=v_0\cos\alpha$	$v_y=v_{0y}+a_yt=v_0\sin\alpha-gt$
t초 후의 위치(x, y)	$x=(v_0\cos\alpha)t$	$y=v_{0y}t+\frac{1}{2}a_yt^2$ $=(v_0\sin\alpha)t-\frac{1}{2}gt^2$

(1) 최고점

연직방향 속도 $v_y=0$이고 수평방향 속도만 존재한다. $v_y=0$에서 최고점에 도달하는 시간(t_1)은

$$v_y = v_0\sin\alpha - gt_1 = 0$$

$$t_1 = \frac{v_0\sin\alpha}{g}$$

이고, 최고점의 높이(H)는 다음과 같다.

$$H = (v_0 \sin\alpha) t_1 - \frac{1}{2} g t_1^2 = \frac{v_0^2 \sin^2\alpha}{2g}$$

$$H = \frac{v_0^2 \sin^2\alpha}{2g}$$

(2) 수평 도달 거리

최고점 도달 시간의 2배가 되는 시간 동안 수평방향으로 일정속도 $v_0 \cos\alpha$의 등속 운동을 하므로 수평 도달 거리(R)는 다음과 같다.

$$R = (v_0 \cos\alpha) \cdot (2t_1) = v_0 \cos\alpha \times \frac{2v_0 \sin\alpha}{g} = \frac{v_0^2 \sin 2\alpha}{g}$$

$$R = \frac{v_0^2 \sin 2\alpha}{g}$$

따라서 $2\alpha = 90°$, 즉 발사각 $\alpha = 45°$일 때 수평 도달 거리가 최대가 된다.

(3) 물체의 운동경로

수평방향 위치 $x = (v_0 \cos\alpha) t$에서 $t = \dfrac{x}{v_0 \cos\alpha}$를 구하여 연직방향 위치 $y = (v_0 \sin\alpha) t - \dfrac{1}{2} g t^2$에 대입하여 정리하면 운동경로($y$)는 다음과 같다.

$$y = x \tan\alpha - \frac{g}{2v_0^2 \cos^2\alpha} x^2$$

예제 3.2.6

처음 속도 500m/s, 수평선과 30° 각도로 위로 발사된 포탄이 올라갈 수 있는 최고점의 높이와 발사점으로부터 낙하점까지의 수평 거리를 구하여라. 단, 발사점과 낙하점은 같은 고도에 있고, 공기 저항은 없다.

풀이 위 결과 식으로부터 최고점의 높이(H)는

$$H = \frac{v_0^2 \sin^2\alpha}{2g} = \frac{(500)^2 \times \sin^2 30°}{2 \times 9.8} = 3188.8\,(\mathrm{m})$$

이고, 발사점으로부터 낙하점까지의 수평 거리(R)는 다음과 같다.

$$R = \frac{v_0^2 \sin 2\alpha}{g} = \frac{(500)^2 \times \sin(2 \times 30°)}{9.8} = 22{,}092\,(\mathrm{m}) = 22.09\,(\mathrm{km})$$ ■

예제 3.2.7

600m/s로 발사하는 대포를 사용하여 중간에 있는 높이 2km 산 너머 수평거리 25km에 있는 목표물을 타격하려면 [그림 3.2.5] 어떤 각도로 포탄을 발사해야 하는가? 단, 포와 목표물의 고도는 같고 공기저항은 무시한다.

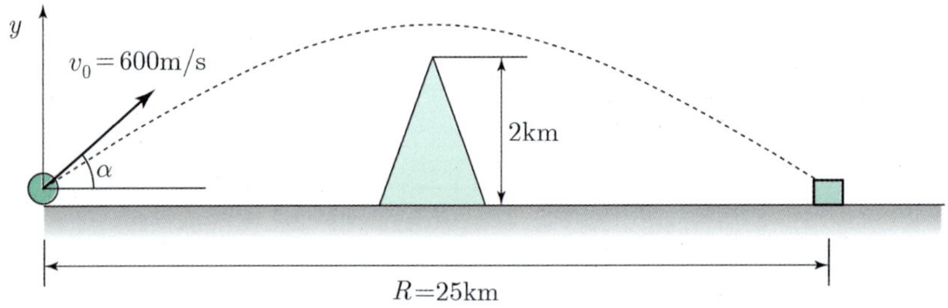

그림 3.2.5

풀이 발사각이 α일 때 포탄의 낙하점까지의 수평거리

$$R = \frac{v_0^2 \sin 2\alpha}{g}$$

에서 $R = 25\mathrm{km}$, $v_0 = 600\mathrm{m/s}$이다. α에 대하여 풀면

$$\sin 2\alpha = \frac{gR}{v_0^2}$$

$$2\alpha = \sin^{-1}\left(\frac{gR}{v_0^2}\right) = \sin^{-1}\left(\frac{9.8 \times 25 \times 1000}{600^2}\right) = 42.89°$$

$$\therefore \ \alpha = 21.44°$$

이다. 발사각 $\alpha = 21.44°$일 때 포탄의 최고점의 높이

$$H = \frac{v_0^2 \sin^2\alpha}{2g} = \frac{(600)^2 \times \sin^2 21.44°}{2 \times 9.8} = 2454\,(\mathrm{m}) = 2.45\,(\mathrm{km})$$

이므로 포탄은 중간에 있는 높이 2km 산을 넘어서 목표물을 타격한다. ■

예제 3.2.8

그림과 같이 수평인 지면 위의 점 P에서 지면과 각 $\theta = 30°$의 방향을 이루면서 $v_A = 40\,\mathrm{m/s}$의 속력으로 물체 A를 쏘아 올렸다. 이와 동시에 물체 B는 수평면 위의 점 Q를 통과하며 등속직선운동을 한다. A와 B는 점 R에서 충돌한다. P와 Q 사이의 수평거리는 150m이고 지면으로부터 Q점이 있는 수평면까지의 높이는 15m일 때 충돌 전 B의 속력을 구하여라. 단, 점 P, Q, R은 동일 연직면 상의 점이고, 물체의 크기와 공기 저항은 무시하며, 중력 가속도는 $10\,\mathrm{m/s^2}$이다.

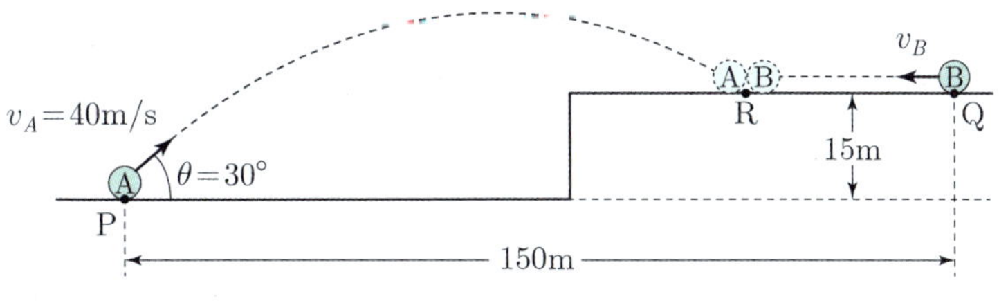

▌그림 3.2.6

풀이 물체가 충돌할 때까지 걸린 시간을 t라 할 때 이 시간 동안 두 물체가 이동한 수평방향 거리의 합은 150m이다. 따라서 두 물체는 수평방향으로는 모두 등속운동을 하므로 다음 관계식이 성립한다.

$$(v_A \cos 30°)t + v_B t = 150$$

$$\therefore \quad (40 \cos 30° + v_B)t = 150 \qquad \cdots\cdots ①$$

물체 A는 연직 방향으로 등가속도 운동을 하고 시간 t 동안 올라간 높이는 15m이므로 다음과 같은 관계식이 유도된다.

$$h = (v_A \sin 30°)t - \frac{1}{2}gt^2 = 15$$

$$(40 \sin 30°)t - \frac{1}{2} \cdot 10 \cdot t^2 = 15$$

$$20t - 5t^2 = 15$$

$$\therefore \ t^2 - 4t + 3 = 0 \quad \cdots\cdots ②$$

식 ②를 풀면 $t = 1\text{s}, 3\text{s}$ 이다. 여기에서 $t = 1\text{s}$ 는 A가 올라갈 때 15m 높이에 있는 것을 나타낸다. 따라서 $t = 3\text{s}$ 을 식 ①에 대입하면 물체 B의 속도(v_B)는 다음과 같다.

$$v_\text{B} = \frac{150}{t} - 40\cos 30° = 50 - 20\sqrt{3} = 15.4 \ \ (\text{m/s})$$ ■

3.2 연습문제

1. 건물 옥상에서 가만히 떨어뜨린 공이 4초 후에 지면에 도달한다면 건물 높이는 얼마인가?

2. 자유 낙하한 물체가 400m 아래로 떨어지는 데 걸린 시간과 이때의 물체의 속력을 구하여라.

3. 자유낙하한 공이 처음 3초 동안 낙하한 거리와 그 이후 2초 동안 낙하한 거리를 구하여라.

4. 그래프는 연직 위로 던진 물체의 속도와 시간의 관계를 나타낸 것이다. 물체가 올라간 최고점의 높이와 그때까지 걸린 시간을 구하여라.

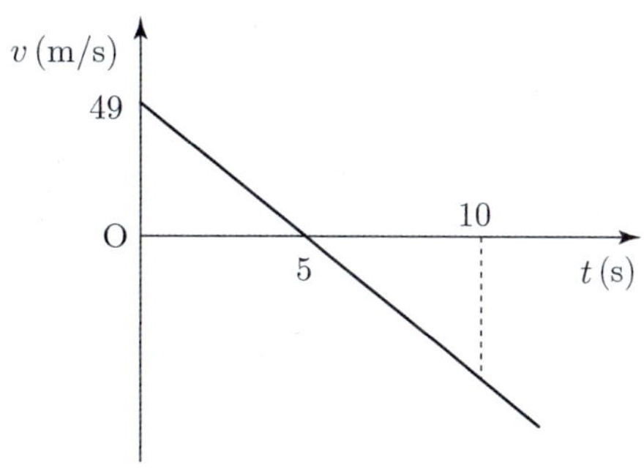

▎문제 3.2.4

5. 연직 위로 던진 공의 최고점의 높이가 20m이면 공의 처음 속도는 얼마인가?

6. 처음 속도 60m/s로 연직 위로 쏘아 올린 공이 도달할 수 있는 최대 높이와 그때까지 걸린 시간을 구하여라.

7. 높이 $h=80\text{m}$에서 공을 자유 낙하시키는 것과 동시에 지면에서 다른 공을 연직 위쪽으로 쏘아 올렸다. 두 개의 공이 높이 30m에서 충돌하게 하려면 지면에서 쏘아올린 공의 처음 속도를 얼마로 해야 하는가?

8. 그림과 같이 높이 $H=200\text{m}$에서 속도 v_0로 물체 A를 연직 아래로 던지고, 이와 동시에 지면에서 물체 B를 연직 위로 속도 v_0로 던져 올렸을 때 4초 후에 두 물체가 만났다면 처음 속도 v_0는 얼마인가?

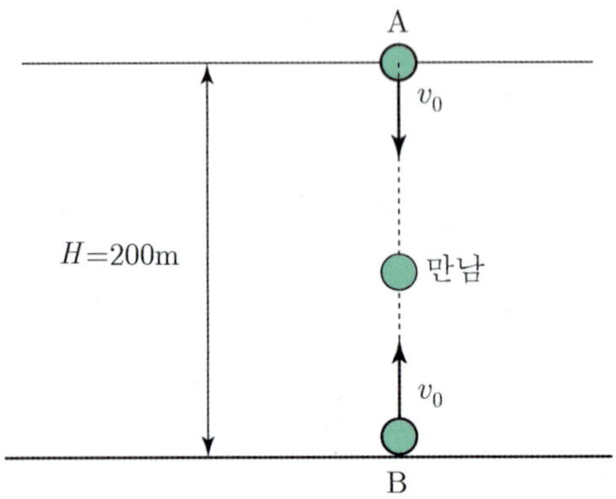

▍문제 3.2.8

9. 그림과 같이 높이 $H=80\text{m}$인 건물의 옥상에서 $v_0=30\text{m/s}$의 속력으로 물체를 연직 위쪽 방향으로 쏘아 올렸을 때 다음을 구하여라.

(1) 물체가 지면에 떨어지는 순간의 속력

(2) 지면에 떨어질 때까지 물체가 이동한 거리

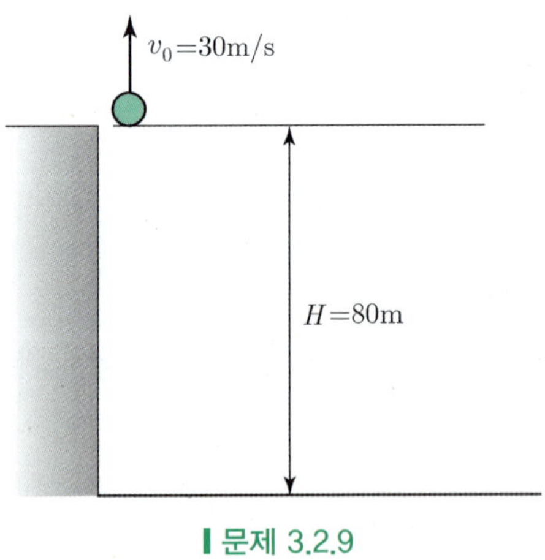

▍문제 3.2.9

10. 지면으로부터 높이 40m인 지점에서 물체를 연직 위 방향으로 20m/s의 속력으로 던졌을 때 물체가 지면에 떨어질 때까지 걸린 시간을 구하여라.

11. 1400m 상공에서 수평방향으로 500km/h의 속력으로 쏜 물체가 지면에 도달할 때까지 걸린 시간과 수평방향의 이동 거리를 구하여라.

12. 1000m 상공에서 수평방향으로 30m/s로 공을 던졌을 때 4초 후의 공의 속도의 크기와 공의 운동 방향이 수평선과 이루는 각을 구하여라.

13. 그림과 같이 높이 H에서 수평방향으로 $v_0 = 40\text{m/s}$의 속력으로 물체를 던졌을 때 6초 후에 물체가 지면에 떨어졌다. 높이 H와 수평방향으로 이동한 거리(R)를 구하여라.

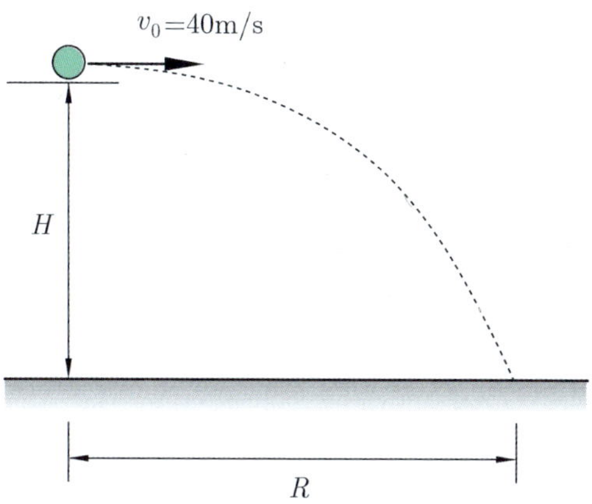

❙ 문제 3.2.13

14. 처음 속도 48m/s, 수평선과 60°의 각도로 경사지게 위로 발사한 물체가 있다. 다음을 구하여라.

(1) 2초 후의 물체의 높이와 수평방향과 수직방향의 속도성분

(2) 6초 후의 물체의 높이와 수평방향과 수직방향의 속도성분

15. 처음 속도 80m/s, 수평선과 30°의 각도로 경사지게 위로 발사한 물체가 올라갈 수 있는 최고점의 높이와 지면에 떨어질 때까지 날아간 수평 거리를 구하여라. 단, 지면의 고도는 일정하다.

16. 야구 선수가 수평면에서 위로 20°의 각도로 공을 쳐서 공의 비거리가 140m 이상이 되게 하려면 공의 처음 속도가 얼마 이상이 되게 해야 하는가? 비거리는 공이 날아가서 지면에 떨어진 곳까지의 변위를 말하며, 운동장은 수평으로 만들어져 있다.

17. 처음 속도 $v_0 = 40\text{m/s}$로 비스듬히 쏘아 올린 물체가 5초 후에 지면에 떨어졌을 때 발사각 α(속도의 방향과 지면 사이의 각도)를 구하여라.

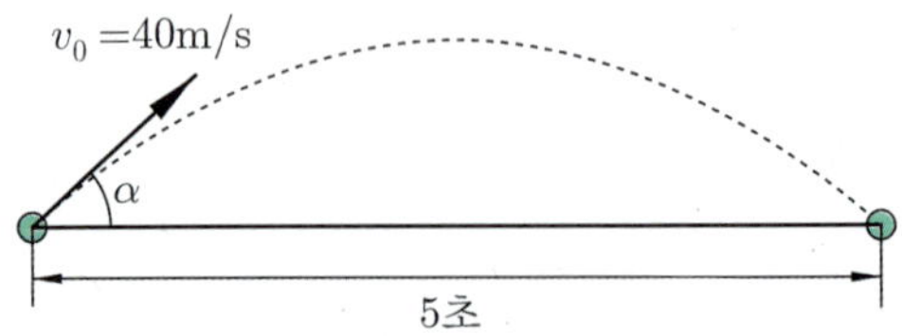

| 문제 3.2.17

18. 바다 위의 군함에서 300m/s로 발사할 수 있는 포를 사용하여 포로부터 수평 거리 4km에 있는 적함을 타격하려면 포신의 각도를 어떻게 조절해야 하는가? 단, 배는 모두 정지해 있고, 배의 높이와 공기 저항은 무시한다.

19. 물체 A를 수평방향으로 v_0의 속력으로 발사하는 것과 동시에 같은 고도에 있는 물체 B를 자유낙하시킨다. B의 연직 아래에 있는 어떤 점 P에서 두 물체가 충돌할 수 있는가를 검토해 보아라. 단, 두 물체는 동일 평면에서 운동하고, 공기 저항은 무시한다.

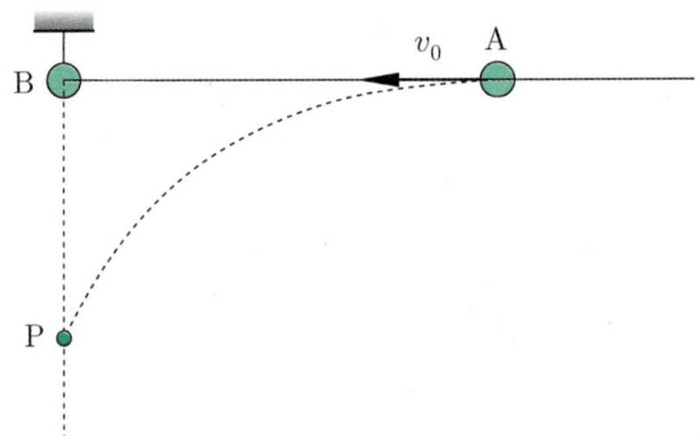

| 문제 3.2.19

20. 질량이 4kg인 물체를 20m/s의 속력으로 연직 위 방향으로 던져 올렸을 때 이 물체가 올라갈 수 있는 최고 높이는 몇 m인가? 단, 공기 저항은 무시하고 중력가속도는 10m/s^2이다. [공무원시험]

① 5m ② 10m

③ 15m ④ 20m

⑤ 25m

21. 감나무에서 열린 감이 나무에서 떨어져 1초 후에 지면에 도달하였다. 감이 떨어진 높이와 감의 평균속도는 각각 얼마인가? 단, 공기 저항은 무시하고 중력가속도는 $10\,\mathrm{m/s^2}$이다. [공무원시험]

① 1m, 2m/s ② 1m, 5m/s
③ 5m, 5m/s ④ 5m, 10m/s
⑤ 10m, 10m/s

22. 높이 H인 건물의 옥상에서 수평방향으로 $v_0 = 10\,\mathrm{m/s}$의 속력으로 물체를 던졌더니 수평 거리 $R = 40\,\mathrm{m}$ 지점에서 지면에 떨어졌다. 물체가 지면에 떨어질 때까지 걸린 시간과 건물의 높이(H)를 구하여라.

23. 그림과 같이 물체 A가 수평면에 대하여 45° 방향으로 속력 v로 던져지는 순간에 물체 B가 건물 옥상에서 수평방향으로 10m/s의 속력으로 던져진다. 물체 A와 B가 점 P에서 충돌할 때 속력 v를 구하여라. 단, A와 B는 동일 연직면 상에서 운동하며, 공기 저항과 물체의 크기는 무시한다.

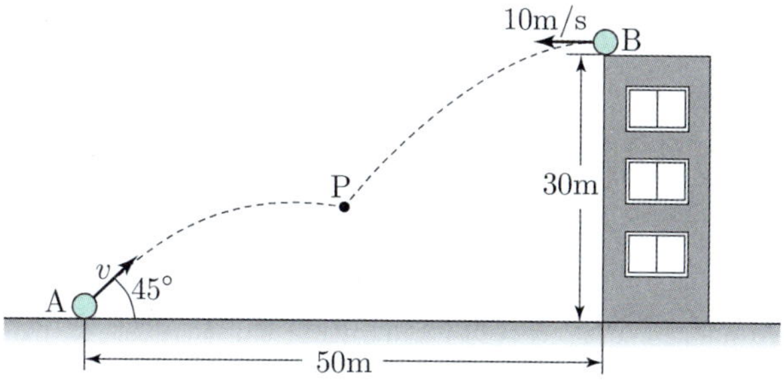

문제 3.2.23

24. 어떤 물체를 던져 건물 A의 지붕에서 옆 건물 B의 지붕으로 보내려 한다. 그림과 같이 두 건물은 4m 떨어져 있고, 건물 A가 B보다 5m 더 높다. 수평으로 던져진 물체가 건물 B의 지붕에 도달하기 위한 최소속력(m/s)은? 단, 중력가속도는 $10\,\mathrm{m/s^2}$이고 공기 저항은 무시한다. [공무원시험]

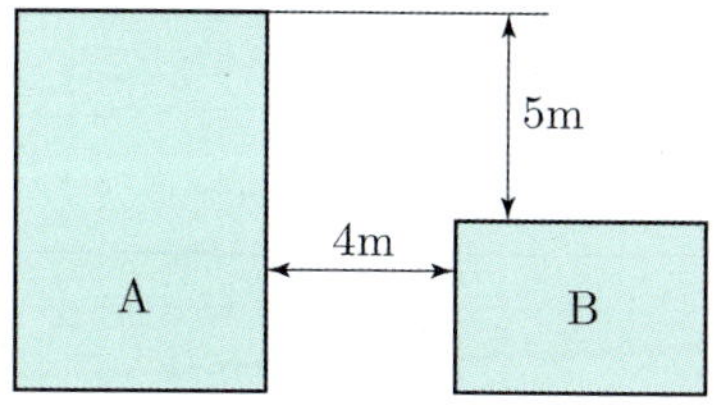

문제 3.2.24

① 3　　② 4
③ 5　　④ 6

25. 그림과 같이 공을 수평면으로부터 45° 위로 던졌더니 2초 후에 떨어졌다. 이 공이 수평으로 날아간 거리 L은 얼마인가? 단, 중력가속도는 10m/s^2이고, 공기 저항과 공의 크기는 무시한다. [공무원시험]

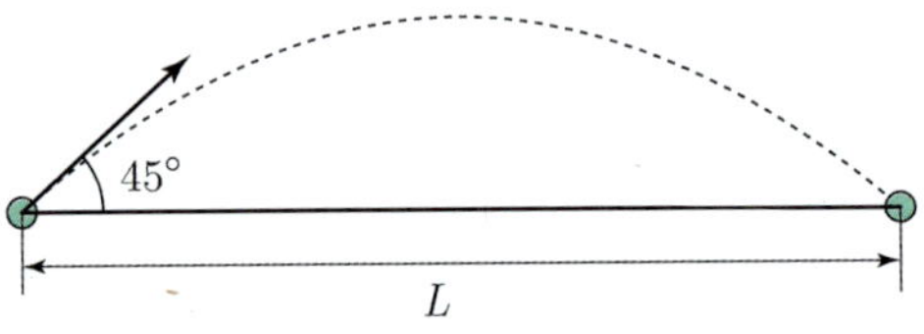

❙ 문제 3.2.25

① $5\sqrt{2}$ m　　② 10 m
③ $10\sqrt{2}$ m　　④ 20 m
⑤ $20\sqrt{2}$ m

26. 골프공이 수평에서 30° 위쪽을 향하여 50 m/s의 초기속도로 날아간 경우, 다음 물음에 답하시오. [중등교사 임용시험(기계·금속)]

(1) 골프공이 떨어질 때까지의 소요시간을 계산하시오.

(2) 골프공이 떨어진 지점까지의 거리를 계산하시오.

(3) 골프공이 도달한 최고 높이를 계산하시오.

27. 중력가속도 g인 수평면 위에서 물체를 초기 속도 $\overrightarrow{v_0}$로 발사하여 수평 거리 R인 지점에 떨어지게 하려고 한다. 이 경우, 초기 속도의 수평 성분(v_{0x})과 연직 성분(v_{0y})의 곱 $v_{0x}v_{0y}$를 구하시오. 또, 수평 거리 R에 도달하기 위해서 물체가 가져야 할 최소의 초기 속력 $v_{\min}$을 구하시오. [중등교사임용시험(물리)]

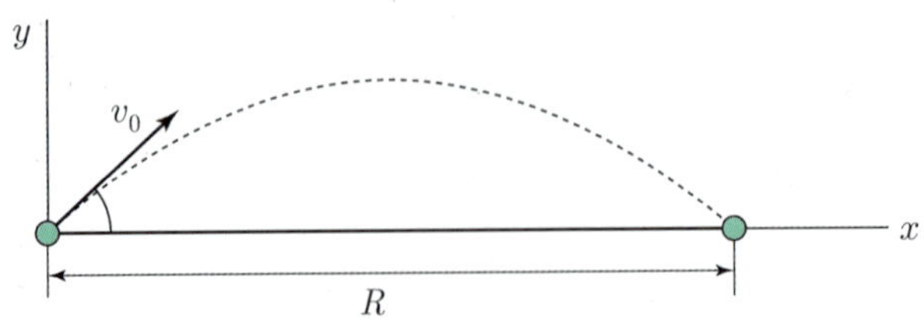

❙ 문제 3.2.27

28. 그림에서 물체 A는 수평면과 60°의 각을 이루며 $10\sqrt{2}$ m/s의 속력으로, B는 수평면과 45°의 각을 이루며 $10\sqrt{3}$ m/s의 속력으로 A와 동시에 던져진다. A가 최고점에 도달했을 때 두 물체가 충돌하는 경우 던져진 순간부터 충돌할 때까지 B의 변위의 수평 방향 성분을 구하여라. 단, 중력가속도는 10m/s^2이고, 공기 저항과 물체의 크기는 무시한다.

▍문제 3.2.28

29. 해수면으로부터 높이 100m에 설치되어 있는 해안포에서 처음 속도 200m/s, 수평선과 30° 각도로 포탄이 발사되었다. 공기 저항을 무시할 때 다음을 구하여라.

(1) 포탄이 최고점에 도달할 때까지 걸린 시간과 발사점으로부터 최고점까지의 높이

(2) 포탄이 해수면에 떨어질 때까지 걸린 시간과 발사 지점으로부터 낙하점까지의 수평 거리(R)

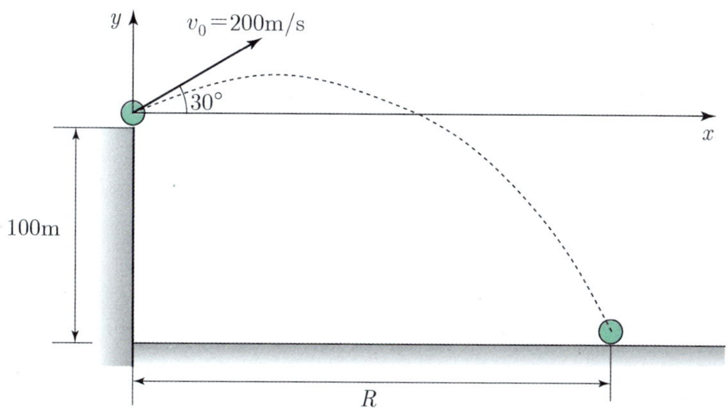

▍문제 3.2.29

30. 그림과 같이 수평면 상의 점 A에서 속력 v_0로 던져진 공이 점 B와 C를 지나 점 D까지 포물선 운동을 하였다. 여기에서 점 B는 공이 올라갈 수 있는 최고점이고 점 D는 A와 같은 수평면 상에 있다. 다음을 구하여라. 단, 중력가속도는 10m/s^2이고, 공기 저항과 공의 크기는 무시한다.

(1) 공의 속력 v_0

(2) 점 A에서 D까지의 거리(R)

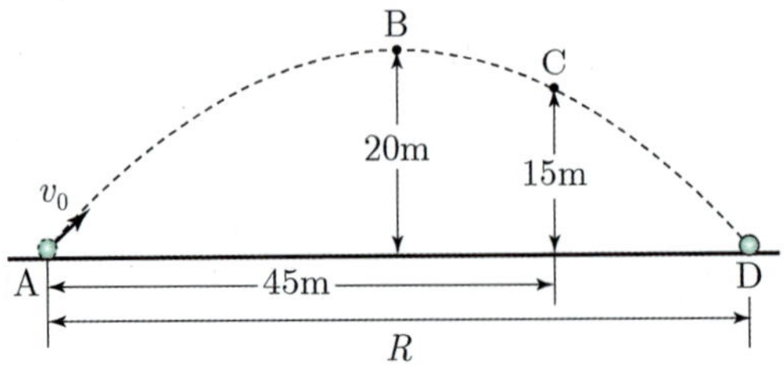

❙ 문제 3.2.30

3.3 힘과 운동 법칙

1. 운동 제 1법칙(뉴턴의 제 1법칙)

모든 물체는 운동 상태를 변화시키려는 외부로부터의 힘이 작용하지 않으면, 등속도 운동을 하는 물체는 등속도 운동을 계속하고 정지해 있는 물체는 계속 정지해 있다.

설명 물체의 모양이나 운동 상태를 변화시키는 원인을 힘이라 한다. 물체에 작용하는 힘의 합 $\sum F = 0$이면 가속도 $a = \frac{dv}{dt} = 0$이므로 물체의 속도 '$v =$ 일정'하게 된다. 정지 상태는 $v = 0$인 경우로서 '$v =$ 일정'에 포함된다. 따라서 정지 상태에 있으면 계속 정지해 있고, 등속도 운동을 하고 있으면 계속 등속도 운동을 유지한다. 즉, 외부로부터 물체에 작용하는 순 힘이 0이면 물체는 현재의 운동 상태를 유지한다. 이와 같이 물체가 현재의 운동 상태를 유지하려는 성질을 관성이라 하며, 운동 제 1법칙을 관성의 법칙이라고 한다.

2. 운동 제 2법칙(뉴턴의 제 2법칙)

(1) 일반식

물체에 작용하는 외력의 합($\sum \vec{F}$)은 물체의 운동량($m\vec{v}$)의 시간 변화율과 같다.

$$\sum \vec{F} = \frac{d}{dt}(m\vec{v})$$

(2) 질량이 일정할 때

외부로부터 물체에 힘이 작용하면 힘의 방향으로 가속도($\vec{a}$)가 생기며 질량이 일정할 때 가속도의 크기는 힘의 크기에 비례하고 물체의 질량에 반비례한다.

$$\sum \vec{F} = m\vec{a}$$

이 식에서 가속도의 각 성분에 대해 스칼라량으로 표현된 운동 제 2법칙은 다음과 같다.

$$\sum F_x = ma_x,\ \sum F_y = ma_y,\ \sum F_z = ma_z$$

힘 $\vec{F}$의 방향과 가속도 $\vec{a}$의 방향은 같다[그림 3.3.1].

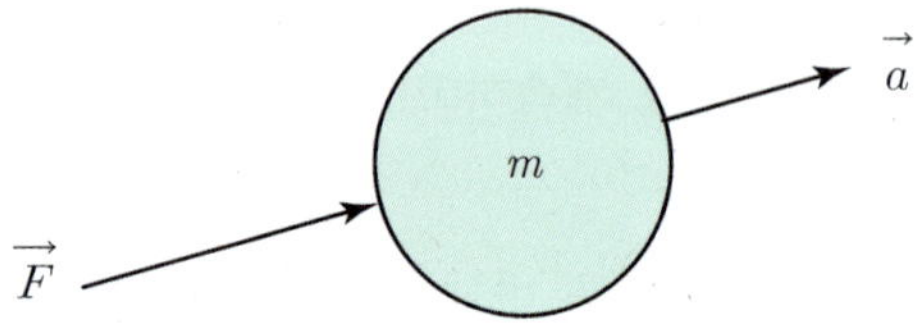

그림 3.3.1

설명 물체에 힘이 작용하면 운동 상태가 변할 수 있는데 운동 제2법칙은 이와 같은 힘과 운동의 변화 사이의 관계를 정량화한 것이다. 운동량($\vec{p}$)은 운동 중인 물체의 운동의 정도 또는 운동의 양을 나타내는 물리량으로 물체의 질량(m)과 속도($\vec{v}$)의 곱으로 정의되는 벡터이다.

$$\vec{p} = m\vec{v}\ [\text{SI 단위 kg} \cdot \text{m/s}]$$

운동 제2법칙은 물체의 운동량의 시간 변화율과 순 힘(net force)의 관계이다. 운동의 변화를 결정하는 것은 물체에 작용하는 여러 힘들의 합(순 힘)이라는 것을 유념해야 한다. 일반적인 운동 제2법칙은

$$\sum \vec{F} = \frac{d\vec{p}}{dt} = \frac{d(m\vec{v})}{dt}$$

인데, 질량이 일정한 경우

$$\sum \vec{F} = \frac{d(m\vec{v})}{dt} = m\frac{d\vec{v}}{dt} = m\vec{a}$$

가 된다. 즉, 물체에 힘이 작용하면 힘의 방향으로 가속도($\vec{a}$)가 생기며 가속도의 크기는 힘의 크기에 비례한다. 뉴턴의 제2법칙의 일반적인 형태는 $\sum \vec{F} =$

$\frac{d}{dt}(m\vec{v})$이지만 물체의 질량이 일정한 경우에 대한 운동을 많이 취급하므로 $\sum\vec{F}=m\vec{a}$가 더 알려져 있다. 특히 일차원인 경우 스칼라 형태로 나타낼 때 물체에 작용하는 외력의 합을 F라 하면 운동 제2법칙은

$$F=ma$$

가 된다. 여기에서 $a\propto F$, $a\propto 1/m$임을 알 수 있으며 이 식을 가속도의 법칙이라고도 한다. 또한 뉴턴의 제2법칙에서 $\sum\vec{F}=0$이면 가속도 $\vec{a}=0$가 되므로 이것은 물체의 속도가 변하지 않는 것을 의미한다. 즉, 운동 제2법칙은 1법칙을 포함하는 개념이라 할 수 있다.

예

중력장하에서 질량 m의 물체에는 중력에 의한 $F=mg$의 힘이 지구 중심으로 작용한다. 물체의 가속도를 a라 하면 운동 제2법칙에 의해

$$F=ma=mg \quad \therefore a=g(\downarrow)$$

이다. 즉, 중력장에서 낙하하는 물체의 가속도는 중력가속도이다. ■

예제 3.3.1

그림과 같이 마찰 없는 수평면에서 질량 4kg의 물체에 수평방향으로 12N의 일정한 힘을 가하면 물체의 가속도는 몇 m/s^2인가?

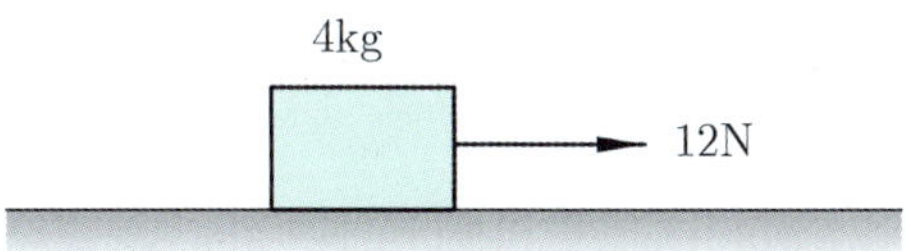

그림 3.3.2

풀이 뉴턴 운동 제2법칙 $F=ma$에서 가속도(a)는 다음과 같다.

$$a=\frac{F}{m}=\frac{12\mathrm{N}}{4\,\mathrm{kg}}=3\frac{\mathrm{N}}{\mathrm{kg}}=3\left(\mathrm{kg}\cdot\frac{\mathrm{m}}{\mathrm{s}^2}\right)\times\frac{1}{\mathrm{kg}}=3\,(\mathrm{m/s^2})$$ ■

예제 3.3.2

정지해 있는 질량 100kg의 물체에 일정한 힘이 작용하여 4초 후에 물체의 속력이 8m/s가 되었다. 물체가 받은 힘(F)을 구하여라.

풀이 처음속도 $v_1 = 0$이고, 4초 후의 속도 $v_2 = 8\text{m/s}$이다.

$$\therefore \quad F = ma = m\frac{v_2 - v_1}{\Delta t} = 100\text{kg} \times \frac{(8-0)\text{m/s}}{4\text{s}}$$

$$= 200\,\text{kg} \cdot \frac{\text{m}}{\text{s}^2} = 200\,(\text{N})$$

■

예제 3.3.3

질량 $m = 40\text{kg}$의 물체가 $v_0 = 30\text{m/s}$의 속도로 직선 운동을 하고 있다. 운동 방향과 반대 방향으로 120N의 일정한 힘을 물체에 가하면 몇 초 후에 물체가 정지하는가?

풀이 처음 속도 $v_0 = 30\text{m/s}$의 방향을 양(+)으로 잡으면 힘 120N의 방향은 음(−)이다. 따라서 $F = ma$에서 가속도는

$$a = \frac{F}{m} = \frac{-120\text{N}}{40\text{kg}} = -3\,\frac{\text{m}}{\text{s}^2}$$

이므로 정지($v = 0$)하는데 걸리는 시간 t는 다음과 같다.

$$v = v_0 + at$$

$$0 = v_0 + at$$

$$\therefore \quad t = -\frac{v_0}{a} = -\frac{30\text{m/s}}{-3\text{m/s}^2} = 10\text{s}$$

■

3. 운동 제 3법칙(뉴턴의 제 3법칙)

물체 A가 B에게 힘을 가하면 B는 작용선과 크기가 같고 방향이 반대인 힘을 A에게 가한다.

설명 운동 제3법칙은 물체들 사이의 힘에 관한 것이다. 배를 타고 벽을 밀면 배는 벽으로부터 반대 방향의 힘을 받아서 뒤로 밀리게 된다. 실험에 의하면 물체 A가 물체 B에 힘을 가하면 B도 A에 힘을 가한다. 이 두 힘은 크기가 같고 방향이 반대이다. 이때 한쪽 힘을 작용, 다른 쪽을 반작용이라고 하며 제3법칙을 작용·반작용의 법칙이라고도 한다. 작용과 반작용은 두 물체 사이에 작용하는 상호 작용력이다. 따라서 운동 제3법칙에 나타나는 한 쌍의 힘은 다른 물체에 작용한다는 것을 유념해야 한다. 이와 같은 개념은 특히 큰 물체를 여러 물체로 분리하여 분리된 물체에 대한 자유 물체도를 그릴 때 중요하다. 예를 들어 한 물체를 두 물체 A, B로 분리할 때 A가 B에 가하는 힘이 $\vec{F}$이면 크기가 같고 방향이 반대인 힘 $-\vec{F}$를 같은 작용선상에서 B가 A에 가하게 된다.

예

질량 m의 물체에 지면과 θ의 각도로 P의 힘이 일정하게 작용하고 있을 때[그림 3.3.3] 물체가 수평방향으로 가속도 a의 등가속도 직선운동을 하는 경우를 해석하면 다음과 같다.

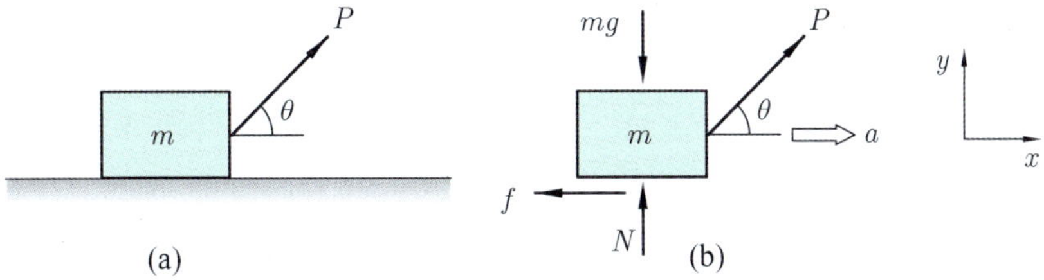

그림 3.3.3

먼저 운동 제3법칙(작용·반작용의 원칙)을 적용하여 물체를 지면에서 분리하여 물체에 대한 자유물체도를 그린다(b). 물체에는 힘 P, 중력 mg, 마찰력 f 외에 지면으로부터의 반력 N이 작용한다. 마찰력의 방향은 운동방향과 반대 방향이다. 여기에서 지면을 x축, 지면과 수직 방향을 y축으로 하여 좌표계를 잡으면 x방향 가속도 $a_x = a$이고 y방향 가속도는 $a_y = 0$이다. 물체에 대하여 운동 제2법칙을 적용하면

- x 방향: $\sum F_x = ma_x \quad \therefore\ P\cos\theta - f = ma$

• y 방향: $\sum F_y = ma_y \quad \therefore \; N - mg + P\sin\theta = 0$

이다. 이 식으로부터 지면에서의 반력 N과 마찰력 f를 구할 수 있다. ■

4. 미끄럼마찰(sliding friction)

(1) 마찰력

마찰은 두 물체의 접촉면 사이에서 물체의 운동을 방해하는 현상으로 이때 발생하는 힘을 마찰력이라 한다.

(2) 정지 마찰력

물체에 힘을 가해도 물체가 움직이지 않을 때의 마찰력(f_s)을 말하며 물체에 가해진 외력(P)의 크기와 같다.

$$f_s = P$$

(3) 최대 정지 마찰력

정지 상태의 물체에 힘을 가했을 때 물체가 움직이기 시작하는 순간의 마찰력을 최대 정지 마찰력($f_{s,\max}$)이라 한다. 정지마찰계수를 μ_s, 수직 반력을 N이라 하면 최대 정지 마찰력은 다음과 같다.

$$f_{s,\max} = \mu_s N$$

(4) 운동 마찰력

운동하고 있는 물체가 받는 마찰력(f_k)으로 외력에 관계없이 일정한 값을 갖는다. 운동마찰계수를 μ_k, 수직 반력을 N이라 하면 운동 마찰력(f_k)은 다음과 같다.

$$f_k = \mu_k N$$

(5) 마찰각과 정지마찰계수

수평면 위에 물체를 올려놓고 경사각 ϕ를 점점 크게 해주면 어느 순간에 물체가 빗면을 따라 미끄러져 내려간다. 이때의 경사각을 마찰각이라 하고, 정지마찰계수(μ_s)는 다음과 같이 구해진다.

$$\mu_s = \tan\phi$$

설명 수평면에 정지해 있는 물체를 수평방향으로 서서히 잡아당기는 경우를 살펴본다[그림 3.3.4]. 작은 힘으로 물체를 당기면 물체는 움직이지 않으며, 이것은 접촉면에서의 마찰력(f_s)이 물체에 가한 힘(P)과 평형을 이루고 있기 때문이다. 이때의 마찰력을 정지마찰력(static frictional force)이라 하고, 정지마찰력은 작용하는 힘과 크기가 같고($f_s = P$) 방향이 반대이다. 그러나 당기는 힘을 서서히 증가시키면 어느 순간 물체가 미끄러지기 시작한다. 이때 마찰력은 크기가 최대가 되는데 이것을 최대정지마찰력($f_{s,\max}$)이라 한다. 최대정지마찰력의 크기는 정지마찰계수(μ_s)와 수직반력(N)의 곱($f_{s,\max} = \mu_s N$)으로 정의된다. 그런데 일단 물체가 움직이기 시작하면 마찰력은 감소하게 되며 이때의 마찰력을 운동마찰력(kinetic frictional force)이라 한다. 운동마찰력(f_k)의 크기는 운동마찰계수(μ_k)와 수직반력의 곱($f_k = \mu_k N$)으로 정의된다. 마찰력의 방향은 접촉면의 접선방향이고 물체의 운동을 방해하는 방향이며, 최대정지마찰력의 크기는 접촉면의 넓이와는 관계가 없다[쿨롱의 마찰법칙(Coulomb's law of dry friction)].

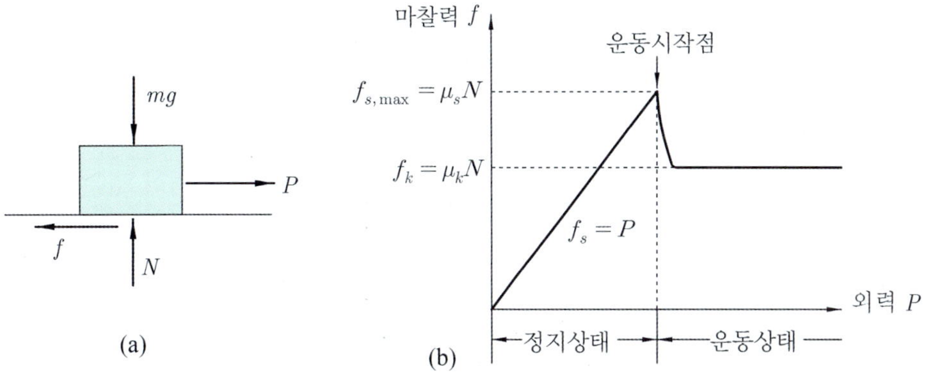

그림 3.3.4

이상에서 설명한 마찰력과 물체에 가한 힘의 관계를 요약하면 그림 (b)와 같다. 운동마찰력의 크기는 거의 일정하다.

각도 ϕ의 경사면 위에 물체가 있을 때 연직 아래 방향으로 작용하는 물체의 무게($W = mg\downarrow$)를 빗면 방향과 빗면에 수직한 방향으로 분해하여 자유물체도를 그리면 [그림 3.3.5]와 같다. 여기에서 빗면에 수직한 방향의 힘의 평형에 의해 수직 반력 $N = W\cos\phi$이므로 최대 정지마찰력

$$f_s = \mu_s N = \mu_s W\cos\phi$$

이고, 경사면을 따라 물체를 미끄러져 내려오게 하는 힘은 중력의 빗면 성분으로 $W\sin\phi$이다. 물체가 경사면을 미끄러져 내려가는 순간에는 이 두 힘이 같아진다. 따라서 정지마찰계수(μ_s)는 다음과 같다.

$$W\sin\phi = \mu_s W\cos\phi$$

$$\therefore \quad \mu_s = \frac{\sin\phi}{\cos\phi} = \tan\phi$$

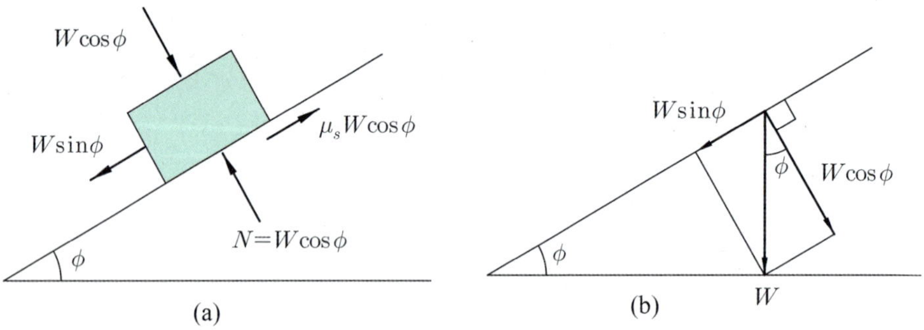

그림 3.3.5

5. 구름마찰(rolling friction)

두 물체 중에서 어느 한 물체가 굴러갈 때의 마찰을 구름마찰이라 한다. 일반적으로 롤러나 바퀴 등이 굴러갈 때에도 운동을 방해하는 약간의 저항력이 있는데 이것은 물체의 무게에 의한 접촉면의 변형에 의해 발생하는 것이다.

예제 3.3.4

경사각 $\theta = 30°$인 빗면 위에서 질량 m의 물체가 중력에 의해 일정한 가속도 a

로 미끄러져 내려오고 있을 때 물체의 가속도를 구하여라. (단, 운동 마찰계수 $\mu_k = 0.2$이다.)

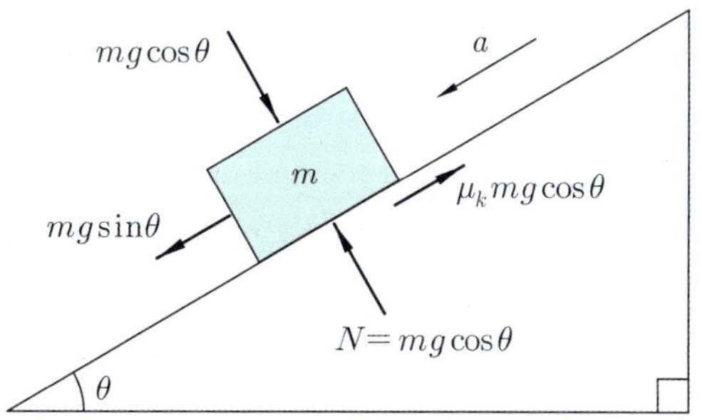

그림 3.3.6

풀이 연직 아래 방향으로 작용하는 중력에 의한 힘(mg)을 빗면 방향과 빗면에 수직한 방향으로 분해하면 각각 $mg\sin\theta$, $mg\cos\theta$이다. 따라서 반력(N)과 미끄러질 때의 마찰력(f_k)은

$$N = mg\cos\theta$$
$$f = \mu_k N = \mu_k mg\cos\theta$$

이므로, 물체에 작용하는 운동방향($a \swarrow$)의 힘은

$$mg\sin\theta - \mu_k mg\cos\theta$$

이다. 여기에서 운동 제2법칙을 적용하면 다음과 같이 물체의 가속도(a)가 구해진다.

$$\sum F = ma$$
$$mg\sin\theta - \mu_k mg\cos\theta = ma$$

$$\therefore \quad a = g(\sin\theta - \mu_k\cos\theta) = 9.8(\sin 30° - 0.2\cos 30°) = 3.2\ (\text{m/s}^2)$$ ■

6. 탄성력, 용수철(스프링)

(1) 탄성력

물체에 힘을 가하여 변형시켰을 때 물체가 본래 상태로 되돌아가려는 힘을 탄성력이라 한다.

(2) 용수철

용수철은 변형된 길이와 힘의 크기가 비례하는 선형 용수철과 그렇지 않은 비선형 용수철이 있다. 용수철의 길이가 늘어나면 줄어들려는 방향으로 힘이 생기고, 용수철이 압축되면 늘어나려는 방향으로 힘이 발생한다.

(3) 훅(Hook)의 법칙

x축을 용수철의 길이 방향과 평행하게 잡고, 평형 상태의 위치를 원점($x=0$)으로 잡으면

$$F = -kx$$

이다. 이 식에서 음의 부호는 변위 x와 복원력 F의 방향이 반대라는 것을 나타내고, k를 용수철상수(스프링상수) 또는 탄성계수라 한다. k의 SI 단위는 N/m이다.

7. 장력

물체에 연결된 줄을 잡아당기면 줄은 물체에서 멀어지는 방향으로 물체를 잡아당긴다. 이때 줄이 팽팽한 긴장 상태에 있기 때문에 이와 같은 힘을 장력(tension)이라 한다. 줄의 장력은 물체에 작용하는 힘의 크기와 같고, 언제나 물체에서 멀어지는 방향으로 작용한다.

[그림 3.3.7(a)]에서 물체에 연결된 줄의 질량을 무시하면 줄은 물체와 손을 장력 $\vec{T}$로 당긴다. 이때 "물체와 손에 작용하는 장력은 크기가 같고 방향이 반대이다." 질량이 없고 마찰력이 없는 도르래[그림 3.3.7(b), (c)]의 경우도 마찬가지이다.

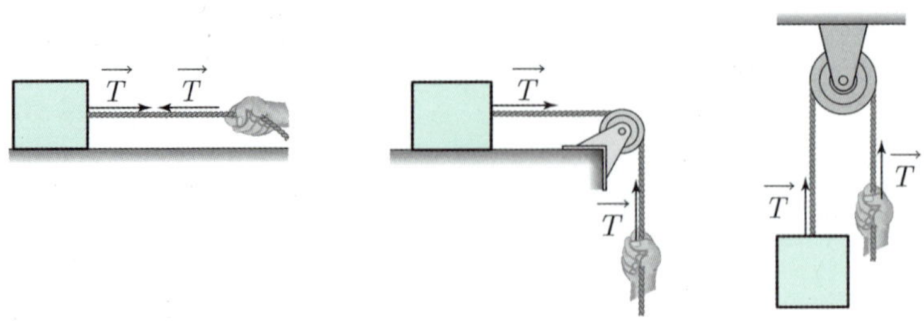

(a) (b) (c)

그림 3.3.7 장력

예제 3.3.5

케이블에 매달려 있는 $m = 800\text{kg}$의 승강기가 케이블에 끌려 연직 위쪽으로 $a = 1.2\,\text{m/s}^2$의 일정 가속도로 올라가고 있다. 케이블의 무게를 무시할 때 케이블에 걸리는 장력을 구하여라.

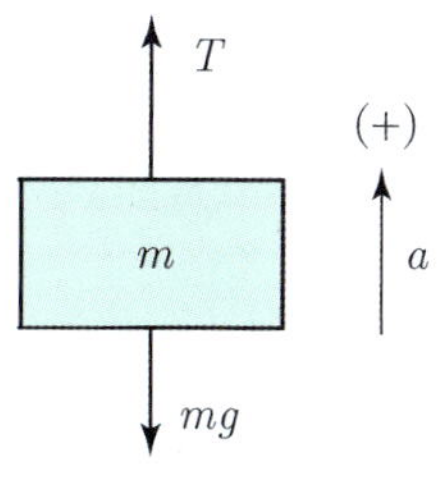

그림 3.3.8

풀이 승강기에 작용하는 외력은 케이블의 장력과 승강기의 무게이다. 승강기는 직선 운동을 하므로 가속도의 방향과 같은 방향(위쪽)을 양(+)으로 잡고 운동 제2법칙 $\sum F = ma$를 적용하면 장력(T)이 구해진다.

$$T - mg = ma$$

$$\therefore \quad T = m(a+g) = 800(1.2 + 9.8) = 8800\,(\text{N})$$

■

예제 3.3.6

질량 $m = 2\text{kg}$과 $M = 8\text{kg}$의 물체가 도르래(pulley)를 지나는 줄로 연결되어 일정한 가속도로 운동하고 있다. 줄의 무게와 도르래의 마찰력을 무시할 때 물체의 가속도와 줄에 걸리는 장력을 구하여라.

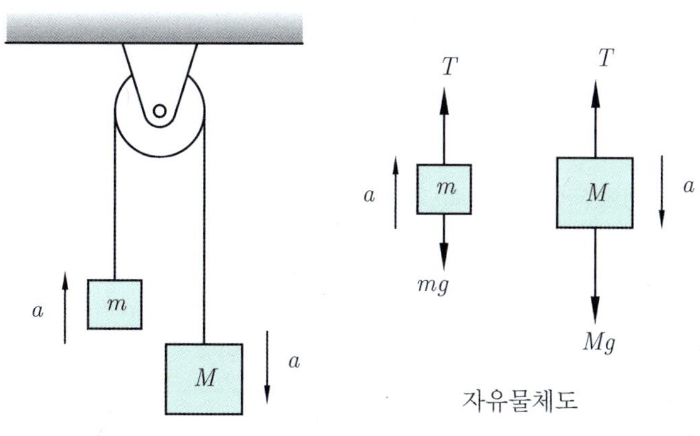

그림 3.3.9

풀이 줄에 걸리는 장력을 T, 가속도를 a로 놓고 각각의 물체에 대한 자유물체도를 그려 문제를 해석한다. 줄로 연결된 두 물체는 무거운 물체가 낙하하는 방향으로 운동한다. 질량 m의 물체는 위로 운동하므로 이 방향(↑)을 양(+)으로 잡고 운동 제2법칙을 적용하면

$$T - mg = ma \qquad \cdots\cdots ①$$

이고, 질량 M의 물체는 아래로 운동하므로 이 방향(↓)을 양(+)으로 잡고 2법칙을 적용하면

$$Mg - T = Ma \qquad \cdots\cdots ②$$

이다. ①+②에서

$$Mg - mg = ma + Ma$$

$$\therefore \ a = \frac{M-m}{M+m} g \qquad \cdots\cdots ③$$

이고, ③을 ①에 대입하면 인장력

$$T = \frac{2mM}{M+m} g \qquad \cdots\cdots ④$$

이다. ③, ④로부터 $m = 2\text{kg}$, $M = 8\text{kg}$일 때 가속도와 장력은 다음과 같다.

$$a = \frac{M-m}{M+m} g = \frac{(8-2)\text{kg}}{(8+2)\text{kg}} \times 9.8\,\text{m/s}^2 = 5.88\,\text{m/s}^2$$

$$T = \frac{2mM}{M+m} g = \frac{2 \cdot (2\text{kg}) \cdot (8\text{kg})}{8\text{kg} + 2\text{kg}} \cdot 9.8\,\text{m/s}^2 = 31.36\,\text{N}$$ ■

예제 3.3.7

질량 $m = 4\text{kg}$과 $M = 10\text{kg}$의 물체가 도르래에 걸린 줄로 연결되어 m의 무게에 의해 일정한 가속도로 운동하고 있다. M의 물체와 수평으로 놓인 바닥과의 운동마찰계수 $\mu_k = 0.2$일 때 물체의 가속도와 줄에 걸리는 장력을 구하여라. 단, 줄의 무게와 도르래의 마찰력은 무시한다.

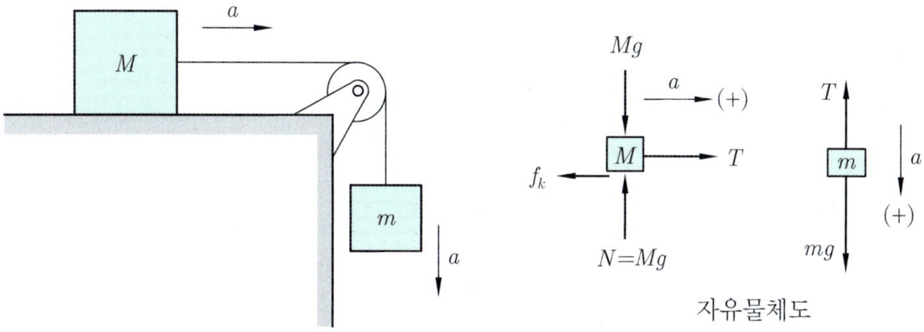

▌그림 3.3.10

풀이 질량 M의 물체와 바닥과의 마찰력을 f_k, 줄에 걸리는 장력을 T, 가속도를 a로 한다. m의 물체는 아래로 운동하므로 이 방향(↓)을 양(+)으로 잡고 운동 제2법칙을 적용하면

$$mg - T = ma \qquad \cdots\cdots ①$$

이나. M의 물체는 오른쪽으로 운동하므로 이 방향(→)을 양(+)으로 잡고 2법칙을 적용하면

$$T - f_k = Ma \qquad \cdots\cdots ②$$

이다. ①+②에서

$$mg - f_k = ma + Ma$$

$$\therefore \quad a = \frac{mg - f_k}{M + m} \qquad \cdots\cdots ③$$

이다. 물체 M에서 지면에 수직한 방향의 가속도는 0이므로 수직반력 $N = Mg$이고, 마찰력

$$f_k = \mu_k N = \mu_k Mg \qquad \cdots\cdots ④$$

이다. 따라서 ④를 ③에 대입하면 가속도

$$a = \frac{mg - \mu_k Mg}{M + m} = \frac{(m - \mu_k M)g}{M + m} \qquad \cdots\cdots ⑤$$

이고, ⑤와 ②로부터 인장력

$$T = Ma + f_k = M\frac{(m-\mu_k M)g}{M+m} + \mu_k Mg = \frac{Mmg(1+\mu_k)}{M+m} \quad \cdots\cdots ⑥$$

이다. ⑤, ⑥으로부터 $m = 4\text{kg}$, $M = 10\text{kg}$일 때 가속도와 장력은 다음과 같다.

$$a = \frac{(m-\mu_k M)g}{M+m} = \frac{(4\text{kg} - 0.2 \cdot 10\text{kg}) \times 9.8\text{m/s}^2}{10\text{kg} + 4\text{kg}} = 1.4\,\text{m/s}^2$$

$$T = \frac{Mmg(1+\mu_k)}{M+m} = \frac{(10\text{kg})(4\text{kg})(9.8\text{m/s}^2)(1+0.2)}{10\text{kg}+4\text{kg}} = 33.6\,\text{N}$$ ■

예제 3.3.8 작용 · 반작용의 법칙

그림의 (a)와 같이 마찰이 없는 수평면 위에 질량 m, M인 두 물체 A, B를 접촉시켜놓고 수평방향으로 F의 힘으로 밀어주었다. 두 물체의 가속도와 A와 B 사이에 작용하는 힘을 구하여라.

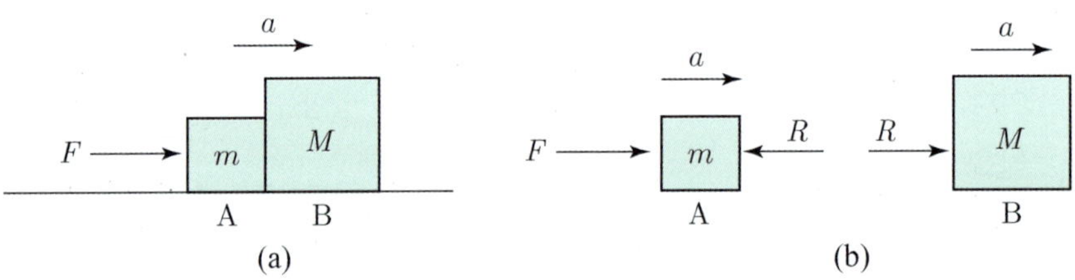

그림 3.3.11

풀이 두 물체 A와 B 사이에 작용하는 힘을 R로 하여 자유물체도를 그리면 그림의 (b)와 같다. 여기에서 물체 A는 B를 R의 힘으로 오른쪽으로(→) 밀어주며 A와 B 사이에 작용하는 힘은 작용·반작용의 법칙에 따라 크기가 같고 방향이 반대이다.

그림 (b)에서 질량 m인 A의 물체에 운동 제 2법칙($\sum F = ma$)을 적용하면

$$F - R = ma \quad \cdots\cdots ①$$

이고, 질량 M인 B의 물체에 운동 제 2법칙을 적용하면

$$R = Ma \quad \cdots\cdots ②$$

이다. 여기에서 ①+②를 하면 다음과 같이 가속도(a)가 구해진다.

$$F = ma + Ma$$
$$F = (m+M)a$$

$$\therefore \quad a = \frac{F}{m+M} \qquad \cdots\cdots ③$$

그리고 ③을 ②에 대입하면 A와 B 사이에 작용하는 힘(R)은 다음과 같다.

$$R = Ma = \frac{MF}{m+M} \qquad \cdots\cdots ④$$

■

예제 3.3.9

그림의 (a)와 같이 마찰이 없는 수평면 위에서 질량 $m = 2\text{kg}$과 $M = 3\text{kg}$의 두 물체를 실로 연결하여 수평방향으로 $F = 40\,\text{N}$의 힘으로 끌었다. 두 물체를 연결하는 실에 걸리는 인장력과 물체의 가속도를 구하여라. 실의 무게는 무시한다.

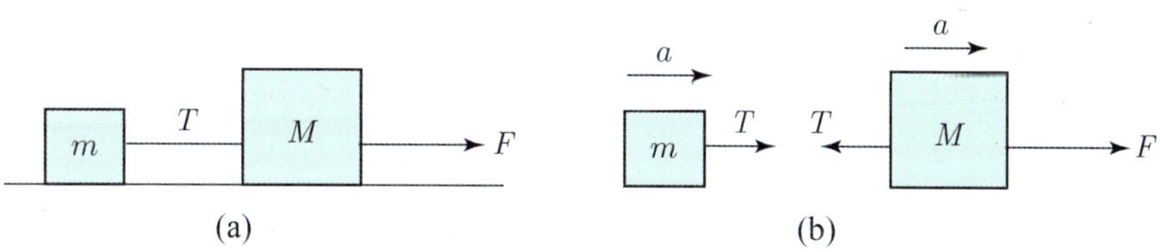

▎그림 3.3.12

풀이 줄에 걸리는 인장력을 T, 가속도를 a로 놓고 각각의 물체에 대한 자유물체도 (b)를 그려 문제를 해석한다. 줄에는 인장력이 작용하며 작용·반작용의 법칙에 따라 크기가 같고 방향이 반대인 인장력이 두 물체에 각각 작용한다.

그림(b)에서 질량 m의 물체에 운동 제2법칙($\sum F = ma$)을 적용하면

$$T = ma \qquad \cdots\cdots ①$$

이고, 질량 M의 물체에 운동 제2법칙을 적용하면

$$F - T = Ma \qquad \cdots\cdots ②$$

이다. ①+②를 하면

$$F = ma + Ma$$
$$F = (m+M)a$$

$$\therefore \quad a = \frac{F}{M+m} \qquad \cdots\cdots ③$$

이고, ③을 ①에 대입하면 실에 걸리는 장력은

$$T = \frac{mF}{M+m} \qquad \cdots\cdots ④$$

이다. ③, ④로부터 $m = 2\text{kg}$, $M = 3\text{kg}$, $F = 40\,\text{N}$일 때 가속도(a)와 장력(T)의 값은 다음과 같다.

$$a = \frac{F}{M+m} = \frac{40\text{N}}{(3+2)\text{kg}} = 8\,\text{m/s}^2$$

$$T = \frac{mF}{M+m} = \frac{2\text{kg} \times 40\text{N}}{(3+2)\text{kg}} = 16\,\text{N}$$

■

▌심화학습–뉴턴 운동법칙 적용

특히 뉴턴 운동 법칙은 역학이 관계되는 여러 공학 문제에서 많이 이용되는 중요한 법칙이다. 여러 가지 복잡한 현상들이 뉴턴 운동법칙으로부터 출발하여 이론적으로 해석되고 있다.

예제 1 단진자 운동

단진자는 질량 m의 추와 질량이 없고 늘어나지 않는 길이 L의 실로 구성되어 있다. 추는 매단 점을 지나는 수직선의 좌우로 진동한다. 마찰에 의한 손실이 없을 때 각 변위 $\theta(t)$에 대한 미분방정식을 유도하여라.

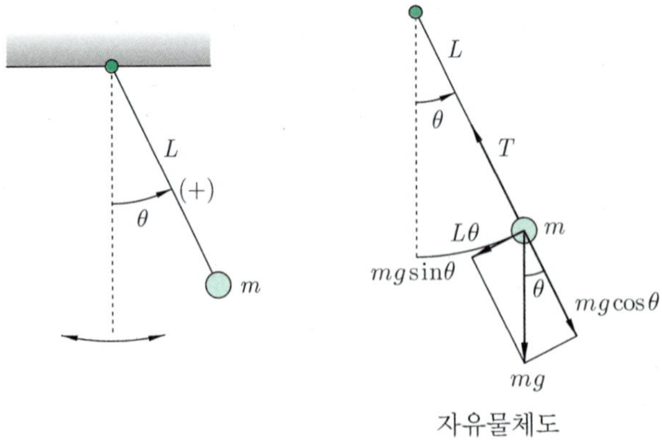

▌그림 3.3.13

풀이 공기의 저항을 무시하면 추에 작용하는 힘은 추의 무게(mg)와 실의 장력(T)이다. 먼저 추의 무게를 추의 운동방향(접선방향)과 이에 수직인 방향으로 분해하여 자유물체도를 그린다. 여기에서 접선방향(θ방향)으로 뉴턴의 운동법칙($F = ma$)을 적용하면 접선방향의 가속도는

$$a = \frac{d^2(L\theta)}{dt^2} = L\frac{d^2\theta}{dt^2}$$

이고, 이 방향으로 작용하는 힘은 $-mg\sin\theta$이므로

$$mL\frac{d^2\theta}{dt^2} = -mg\sin\theta$$

$$\therefore \quad \frac{d^2\theta}{dt^2} + \frac{g}{L}\sin\theta = 0$$

이 된다. 여기에서 θ가 작을 때($\theta \simeq 0$) 근사적으로 $\sin\theta \approx \theta$로 하면 $\theta(t)$에 대한 미분방정식

$$\theta'' + \omega^2\theta = 0 \quad (\omega = \sqrt{g/L})$$

이 유도된다. ■

† 이 미분 방정식을 풀어서 $\theta(t) = A\cos(\omega t - \delta)$ (A, δ는 상수)를 구할 수 있고, 이 식으로부터 진폭이 작을 때의 단진자의 각진동수 $\omega = \sqrt{g/L}$ 와 주기 $T = \frac{2\pi}{\omega} = 2\pi\sqrt{\frac{L}{g}}$ 를 얻는다.

예제 2 **용수철 진동**

용수철 상수 k의 용수철에 매달린 질량 m의 물체가 마찰 없는 수평면에서 구동력 $F(t) = F_0\sin\omega t$ ($F_0 > 0, \omega > 0$)을 받고 강제진동을 하고 있다. 평형상태로부터의 변위를 $x(t)$라 할 때 $x(t)$에 대한 미분방정식을 유도하여라.

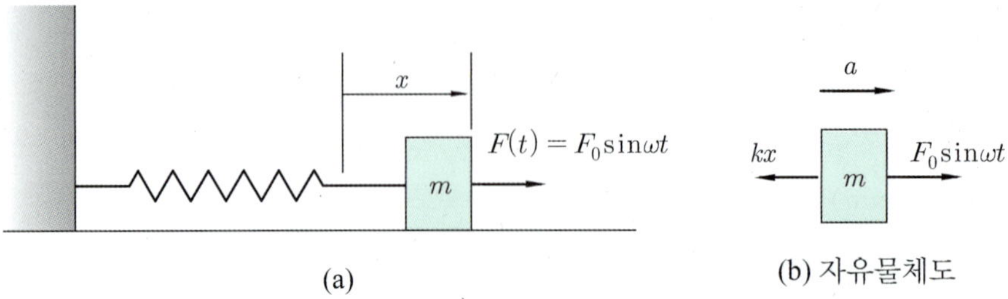

그림 3.3.14

풀이 정적 평형 상태로부터 늘어난 용수철의 길이를 x라 하면 훅의 법칙에 의해 물체에는 용수철이 늘어난(또는 줄어든) 방향과 반대 방향으로 kx의 힘이 작용한다. 따라서 제 2법칙($\sum F = ma$)에 의해

$$ma = -kx + F_0 \sin \omega t$$

이고, 가속도는 $a = \dfrac{d^2x}{dt^2}$이므로 물체의 운동에 대한 미분방정식은 다음과 같다.

$$m\frac{d^2x}{dt^2} = -kx + F_0 \sin \omega t$$

$$\frac{d^2x}{dt^2} + \frac{k}{m}x = \frac{F_0}{m}\sin \omega t$$

$$\therefore \quad x'' + \omega_n^2 x = \frac{F_0}{m}\sin \omega t \quad \left(\omega_n = \sqrt{k/m}\right) \qquad \cdots\cdots (*)$$

여기에서 $\omega_n/2\pi$을 계의 고유주파수(natural frequency)라 한다. ■

† 미분방정식 (*)를 풀어서 $x(t)$를 구할 수 있다. $\omega_n \neq \omega$일 때 (*)의 일반해는

$$x(t) = A\cos\omega_n t + B\sin\omega_n t + \frac{F_0}{m(\omega_n^2 - \omega^2)}\sin\omega t$$

이고, 초기조건이 $x(0) = 0$, $x'(0) = 0$이면

$$x(t) = \frac{F_0}{m\omega_n(\omega_n^2 - \omega^2)}(-\omega\sin\omega_n t + \omega_n \sin\omega t)$$

이다. $\omega_n = \omega$인 경우 일반해

$$x(t) = A\cos\omega t + B\sin\omega t - \frac{F_0}{2m\omega} t\cos\omega t$$

이고, 초기조건 $x(0) = 0$, $x'(0) = 0$을 적용하면

$$x(t) = \frac{F_0}{2m\omega^2}(\sin\omega t - \omega t\cos\omega t)$$

이다. 이와 같은 진동을 비감쇠강제진동이라 한다. 특히 입력주파수와 고유주파수가 같아지는 경우($\omega_n = \omega$)를 공진(resonance)이라 하는데 이 경우에는 시간이 갈수록 진동의 진폭이 점점 커짐을 알 수 있다($\omega t\cos\omega t$ 항). 즉, 초기에는 매우 작은 진폭의 진동도 $t \to \infty$로 가면 계를 파괴할 수 있는 큰 진동을 겪을 수 있다는 것을 보여준다. 공진은 공학에서 매우 중요한 현상이다.

3.3 연습문제

1. 질량 2kg의 물체에 4000 dyne의 힘을 일정하게 가하면 물체의 가속도는 몇 cm/s^2가 되는가?

2. 어떤 물체에 1.4N의 힘을 가하였을 때 물체의 가속도가 25 mm/s^2이면 질량은 몇 kg인가?

3. 질량 $m = 2kg$의 물체가 마찰 없는 수평면 위에서 그림과 같은 힘을 받고 운동하고 있을 때 다음을 구하여라.

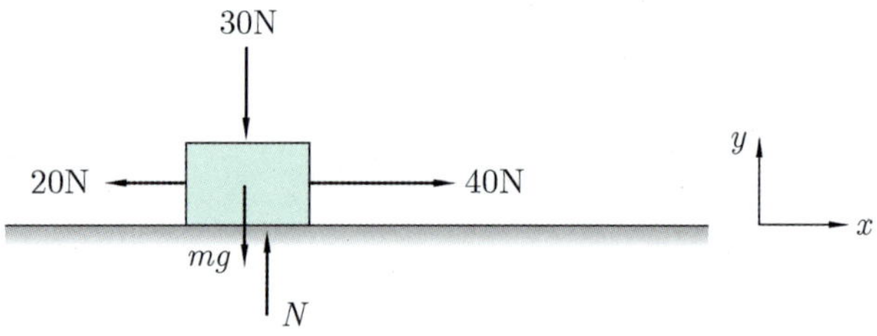

문제 3.3.3

(1) 바닥으로부터 받는 수직 반력

(2) 물체의 가속도

(3) 정지 상태에서 출발하였을 때 4초 후의 변위

4. 질량이 각각 $m_A = 3kg$, $m_B = 7kg$인 두 개의 블록 A, B가 마찰이 없는 수평면 위에서 가벼운 줄로 연결되어 있다. 블록 B를 오른 쪽으로 $F = 40N$의 힘으로 당길 때 블록의 가속도와 연결 줄에 걸리는 장력을 구하여라.

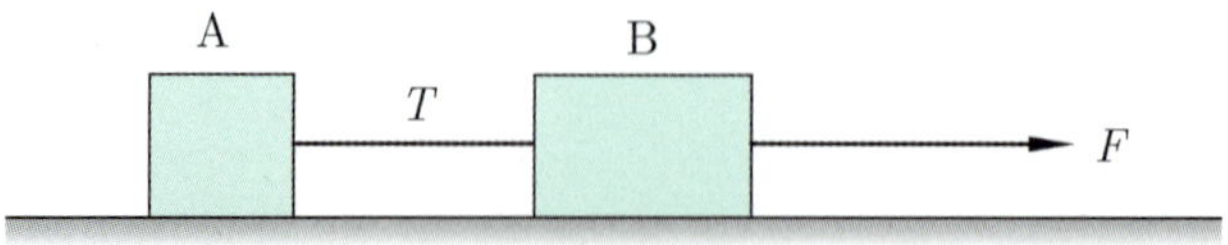

문제 3.3.4

5. 정지해 있는 1000kg의 승용차가 등가속도 직선 운동을 하여 4초 만에 72km/h로 가속되었다. 차의 가속도와 차가 받은 추진력을 구하여라.

6. 10m/s의 속도로 등속 직선 운동을 하고 있는 20kg의 물체에 일정한 힘을 작용하여 4초 후에 정지시키려면 가해야 할 힘의 크기는 몇 N인가?

7. 케이블에 매달려 있는 100kg의 물체가 연직 아래쪽으로 $2.8\,m/s^2$의 일정 가속도로 하강하고 있다. 케이블의 무게를 무시할 때 케이블에 걸리는 장력을 구하여라.

8. 마찰 없는 면 위에 놓여 있는 40kg의 물체에 500N의 힘을 수평선과 30° 각도로 일정하게 가할 때 물체의 가속도를 구하여라.

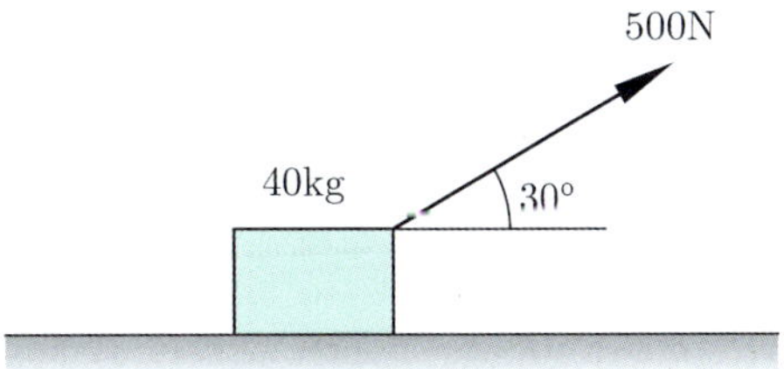

❙ 문제 3.3.8

9. 질량 $m = 4$kg의 물체가 수평면 위에서 그림과 같은 힘을 받고 운동하고 있다. 동마찰계수 $\mu_k = 0.2$일 때 다음을 구하여라.

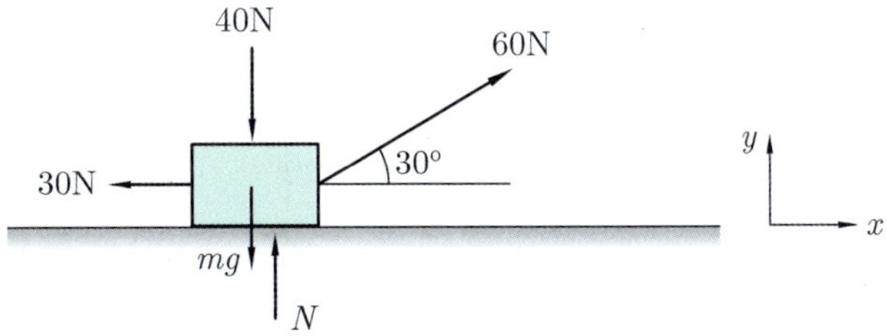

❙ 문제 3.3.9

(1) 바닥으로부터 받는 수직 반력

(2) 물체의 가속도

(3) 정지 상태에서 출발하였을 때 2초 후의 변위

10. 미끄럼마찰에서 마찰각이 $20°$이면 정지마찰계수는 얼마인가?

11. 정지마찰계수가 0.25이면 마찰각은 얼마인가?

12. 어떤 물체가 경사각 $10°$의 빗면을 따라 일정한 속도로 미끄러져 내려오고 있을 때 운동마찰계수를 구하여라. (등속운동이므로 $\sum F = 0$이다.)

13. 경사각 $\theta = 30°$인 빗면 위에서 질량 m의 물체가 일정가속도 a로 미끄러져 내려오고 있을 때 물체의 가속도를 구하여라. 단, 운동 마찰계수 $\mu_k = 0.3$이다.

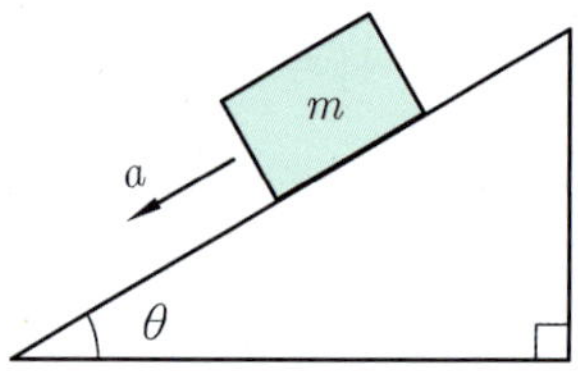

문제 3.3.13

14. 질량 $m = 4\text{kg}$과 $M = 10\text{kg}$의 물체가 도르래(pulley)를 지나는 줄로 연결되어 있다. 질량 m의 물체를 연직 아래 방향으로 $P = 30\text{N}$ 의 힘으로 당길 때 물체의 가속도와 줄에 걸리는 장력을 구하여라. 단, 줄의 무게와 마찰력은 무시한다.

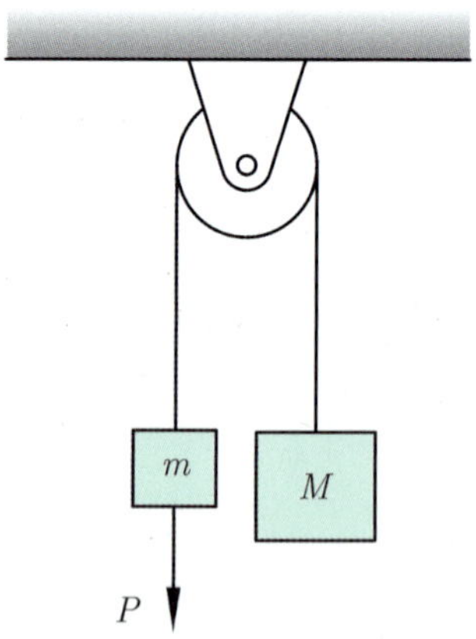

문제 3.3.14

15. 질량 m과 M의 물체가 도르래에 걸린 줄로 연결되어 일정 속도 또는 일정 가속도로 운동하고 있다. 다음을 구하여라.

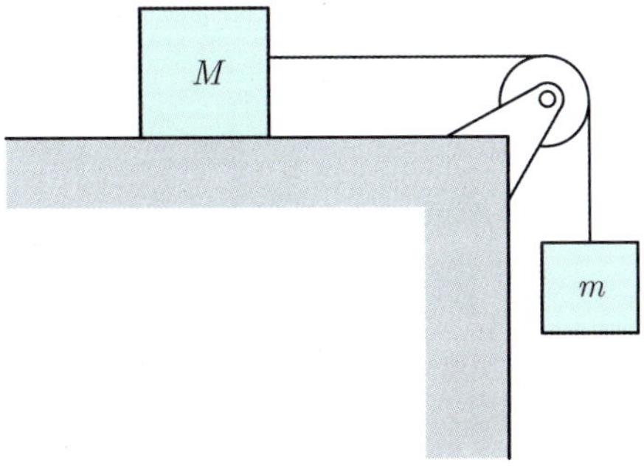

▎문제 3.3.15

(1) $m=2\text{kg}$, $M=3\text{kg}$이고 마찰이 없을 때 물체의 가속도와 줄에 걸리는 장력
(2) $m=3\text{kg}$, $M=8\text{kg}$이고, 두 물체가 일정 속도로 운동하고 있을 때 M의 물체와 수평으로 놓인 바닥과의 운동마찰계수
(3) $m=4\text{kg}$, $M=6\text{kg}$이고, M의 물체와 바닥과의 운동마찰계수 $\mu_k=0.2$일 때 물체의 가속도
(4) $m=2\text{kg}$, $M=4\text{kg}$이고, 두 물체가 일정 가속도 $1.3\,\text{m/s}^2$로 운동하고 있을 때 M의 물체와 바닥과의 운동마찰계수

16. 물체 A와 B의 질량은 각각 $m_\text{A}=8\text{kg}$, $m_\text{B}=2\text{kg}$이고 마찰 없는 도르래 위로 연결되어 일정한 가속도로 운동하고 있다. A와 경사면 사이의 운동마찰계수 $\mu_k=0.2$, 경사각 $\theta=40°$일 때 A의 가속도와 줄에 걸리는 장력을 구하여라.

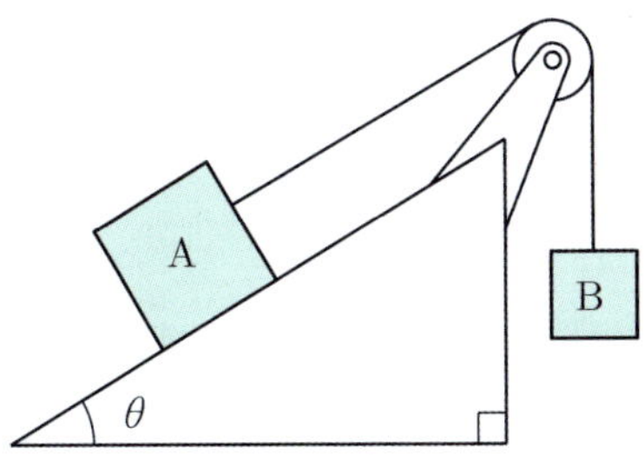

▎문제 3.3.16

17. 그림과 같이 수평면과 $\alpha=30°$의 각도로 일정한 힘 T를 가하여 질량 $m=40\text{kg}$의 물체를 일정한 속도로 끌고 있다. 물체와 지면과의 운동마찰계수 $\mu_k=0.1$일 때 끄는 힘 T를 구하여라.

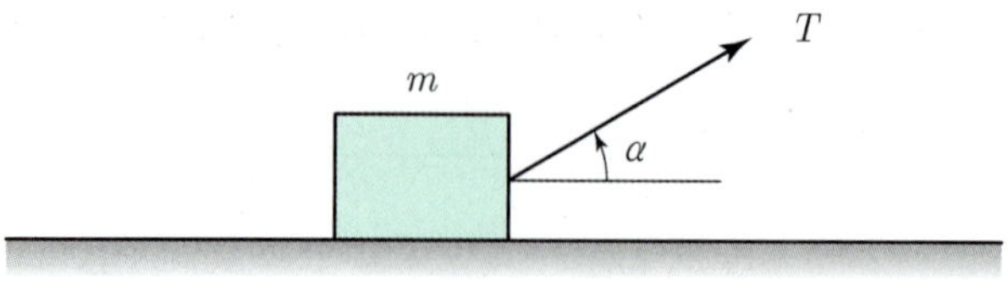

▎문제 3.3.17

18. 두 개의 블록 A와 B의 질량은 각각 $m_A = 4\text{kg}$, $m_B = 2\text{kg}$이고 마찰 없는 도르래 위로 연결되어 일정한 가속도로 운동하고 있다. B와 수평면 사이의 운동마찰계수 $\mu_k = 0.3$이고 경사면은 마찰 없는 면이다. 경사각 $\theta = 30°$일 때 블록의 가속도를 구하여라.

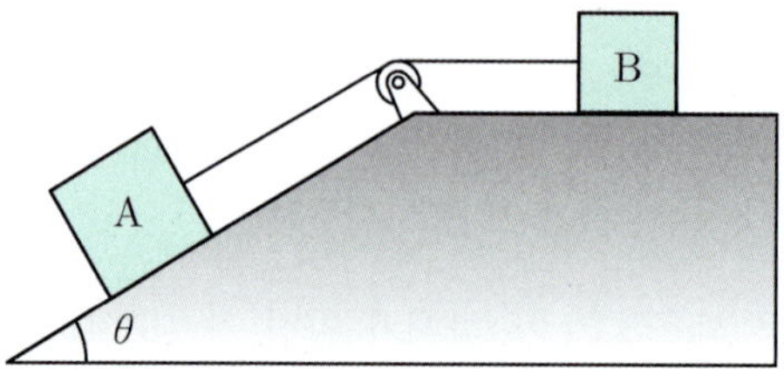

▎문제 3.3.18

19. 어떤 사람이 정지한 엘리베이터 바닥에 놓인 체중계 위에 올라서서 눈금을 보니 50kg이었다. 이 엘리베이터가 위 방향으로 $1.0\,\text{m/s}^2$으로 가속된다면 체중계가 가리키는 눈금은? 단, 중력 가속도의 크기는 $10\,\text{m/s}^2$으로 한다. [공무원시험]

① 60kg ② 55kg
③ 51kg ④ 45kg

20. 그림과 같이 질량이 각각 4kg과 2kg인 두 블록이 마찰이 없는 수평면 위에서 서로 맞닿아 있다고 하자. 질량이 4kg인 물체의 왼쪽에서 오른쪽으로 12N의 일정한 힘을 가하였을 때, 질량 2kg인 물체에 가해지는 알짜힘은? [공무원시험]

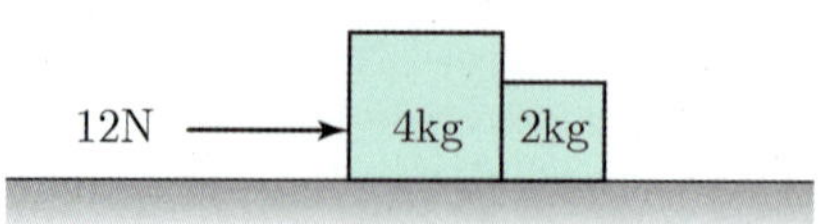

▎문제 3.3.20

① 12N ② 8N
③ 4N ④ 0N

21. 세 물체 A, B, C가 접촉한 상태로 마찰이 없는 수평면 위에 있다. A의 질량은 5kg, B의 질량은 3kg, C의 질량은 2kg이다. 그림과 같이 A 물체에 200N의 힘을 수평방향으로 가하였을 때 세 물체는 접촉한 상태로 운동한다. 이때 C가 B에 가하는 힘의 크기는 얼마인가? [공무원시험]

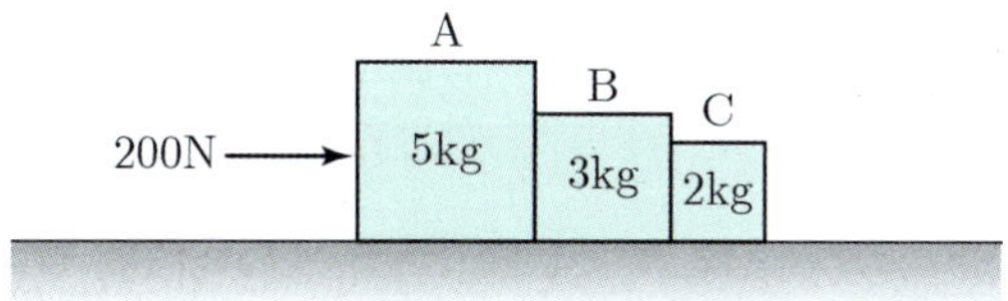

▎문제 3.3.21

① 0N
② 20N
③ 40N
④ 100N
⑤ 200N

22. 다음은 직선상에서 운동하는 질량이 10kg인 어떤 물체의 속도(v)와 시간(t)의 관계를 나타낸 그래프이다. 옳지 않은 설명을 고르면? 단, 모든 마찰 저항은 무시한다. [공무원시험]

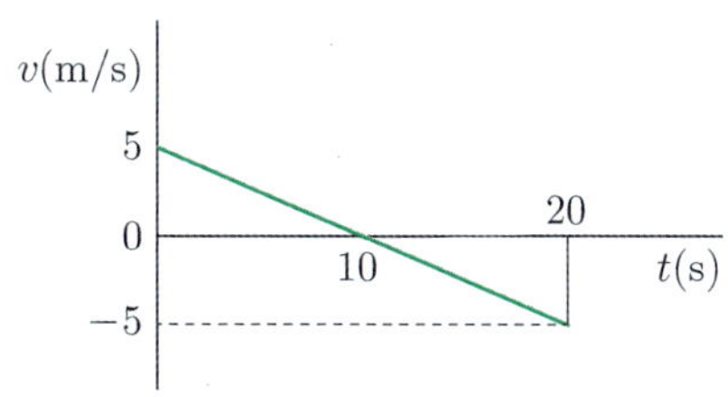

▎문제 3.3.22

① 변위는 0m이다.
② 이동 거리는 25m이다.
③ 평균 속력은 2.5m/s이다.
④ 가속도는 $-0.5\,m/s^2$이다.
⑤ 물체에 작용하는 힘의 크기는 5N이다.

23. 중력가속도가 $4\,m/s^2$인 어느 별에서 질량 3kg의 무게는? [공무원시험]

① 12kgf
② 12tf
③ 12N
④ 12lbf

24. 그림과 같이 마찰이 없는 도르래를 통해 두 물체가 가벼운 줄로 연결되어 있다. 입방체 M_1과 수평면 사이의 운동마찰계수는 0.3이고 M_1의 질량은 4kg, M_2의 질량은 7kg이다. 줄의 장력을 두 물체의 가속도로 나눈 값[kg]에 가장 가까운 값은? 단, 줄의 질량과 공기 저항은 무시하며 중력가속도는 10m/s^2이다. [공무원시험]

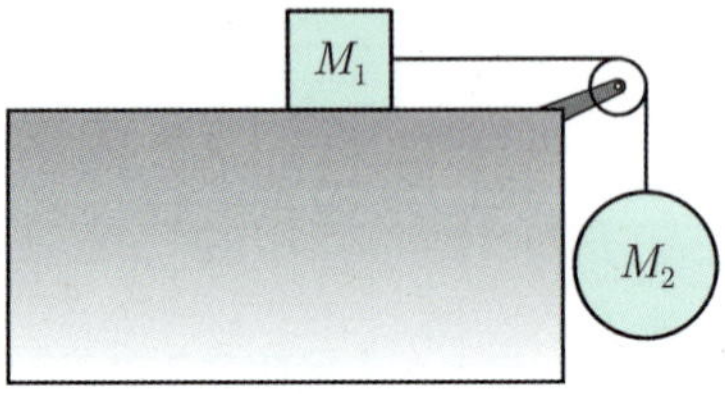

I 문제 3.3.24

① 1.50 ② 5.50
③ 6.28 ④ 13.30

25. 한 아이가 스키를 타고 수평면에서 30° 기울어진 경사면을 일정한 가속도로 내려오고 있다. 스키와 경사면 사이의 운동 마찰계수가 0.4일 때 아이의 가속도는 중력가속도(g)의 몇 배인가? 단, $\sqrt{3}=1.7$로 한다. [공무원시험]

① 0.16 ② 0.34
③ 0.45 ④ 0.65

26. 다음 그림과 같이 수평면 위의 수레가 도르래를 통하여 추와 실로 연결되어 운동한다. 추의 질량이 수레 질량의 두 배이면 수레의 가속도는? 단, 실과 도르래의 질량, 공기 저항 및 모든 마찰은 무시하며 중력 가속도는 g이다. [공무원시험]

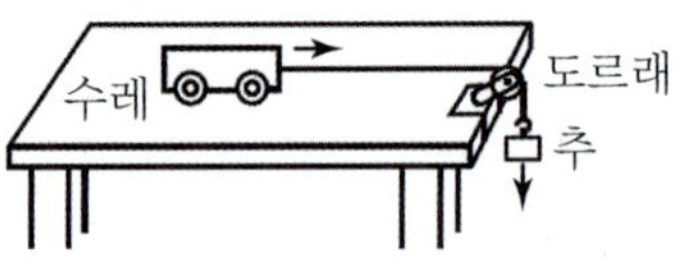

I 문제 3.3.26

① $\frac{1}{3}g$ ② $\frac{2}{3}g$
③ g ④ $2g$

27. 그림과 같이 마찰이 없는 수평면에 질량 4kg의 물체 A와 질량 6kg의 물체 B가 나란히 서 있다. 수평방향으로 $F=20\mathrm{N}$의 힘을 물체 A에 가하였다. 물체 A는 다시 물체 B를 밀고 있다. 물체 A가 물체 B에 가하는 수평 힘의 크기[N]는? 단, 공기 저항은 무시한다. [공무원시험]

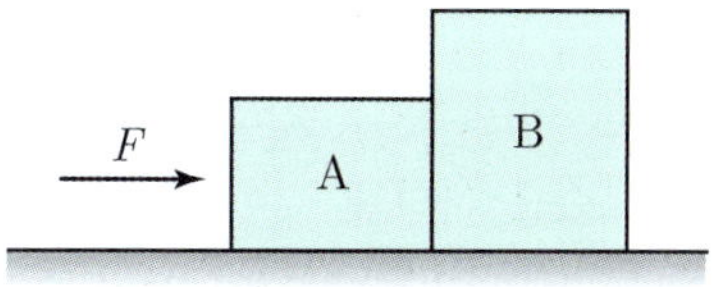

▎문제 3.3.27

① 8
② 10
③ 12
④ 20

28. 그림과 같이 질량이 2kg인 물체에 수평면과 $\theta=30°$로 20N의 힘이 가해졌다. 물체와 수평면 사이의 운동마찰계수가 $\mu_k=0.2$일 때, 물체의 수평방향 가속도의 크기[$\mathrm{m/s^2}$]는? 단, 중력가속도는 $10\mathrm{m/s^2}$이다. [공무원시험]

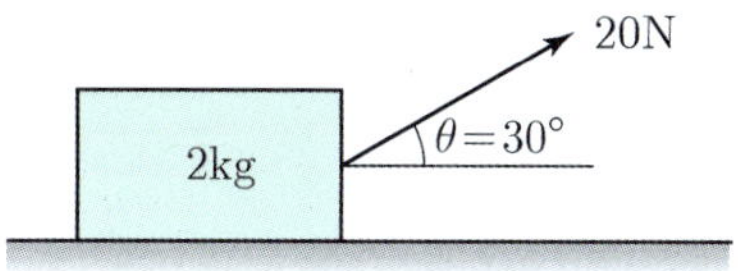

▎문제 3.3.28

① 4
② 6
③ $5\sqrt{3}-2$
④ $5\sqrt{3}-1$

29. 그림과 같이 수평면에 정지해 있는 질량이 m인 물체에 수평면과 θ의 각도로 힘 T가 작용하고 있다. 물체를 움직이기 위해 필요한 최소한의 힘의 크기는 각 θ에 따라 달라진다. 이 힘을 최소로 하는 각을 물체와 바닥 사이의 정지마찰계수 μ_s로 나타내시오. 단, 중력가속도는 g이다. [중등교사임용시험(물리)]

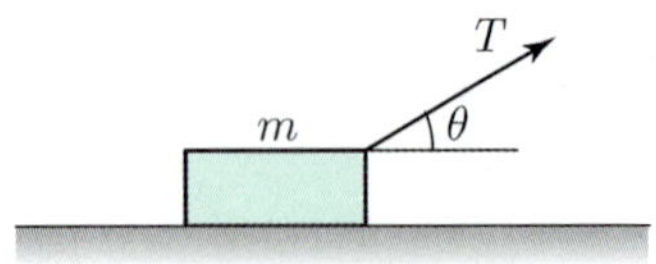

❙ 문제 3.3.29

30. 그림은 수평인 탁자에 놓인, 속이 차고 밀도가 균일한 원통이 가는 실로 도르래를 통해 추와 연결되어 운동하는 모습을 나타낸 것이다. 원통과 추의 질량은 각각 $2m$, m이다. 추가 연직 아래로 운동하는 동안 원통에 감긴 실이 수평면과 평행하게 풀리면서 원통은 수평면을 따라 오른쪽으로 미끄러짐 없이 구른다. 두 물체가 운동하는 동안 실의 장력의 크기는 $T=\frac{3}{7}mg$이다. 이에 대한 설명으로 옳은 것만을 보기에서 있는 대로 고른 것은? 단, 실의 질량 및 도르래와 실 사이의 마찰은 무시한다. 실과 원통 중심축은 수직이며 중력가속도는 g이다. [중등교사임용시험(물리)]

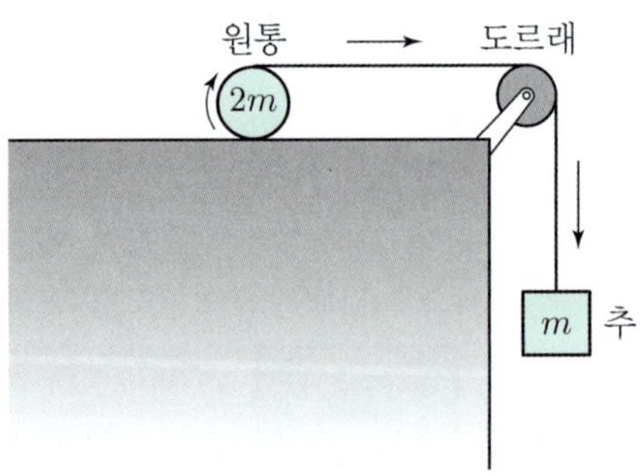

❙ 문제 3.3.30

ㄱ. 추의 이동거리는 원통 질량중심의 이동 거리의 2배이다. ㄴ. 수평면이 원통에 작용하는 마찰력의 방향은 오른쪽이다. ㄷ. 원통 질량중심의 가속도의 크기는 $\frac{2}{7}g$이다.

① ㄱ　　② ㄷ
③ ㄱ, ㄴ　　④ ㄴ, ㄷ
⑤ ㄱ, ㄴ, ㄷ

3.4 회전 운동

강체가 운동하는 동안에 강체 내의 모든 점들이 원래 위치와 평행을 유지하면서 이동하는 경우를 병진운동이라 하고, 강체 내의 질점들이 어떤 축(회전축)을 중심으로 원형 경로를 따라 움직이는 경우를 회전운동이라 한다. 회전축은 강체 내에 있거나 강체 밖에 있을 수 있으며 회전축 상에 위치한 질점의 속도와 가속도는 0이다. 병진운동의 속도(v), 가속도(a), 힘(F)에 대응하는 회전운동의 물리량은 각속도(ω), 각가속도(α), 모멘트(M, 토크 T)이다.

1. 각 위치

회전축이 z축이라 할 때 동경 OP와 기준선(x축)이 이루는 각도(θ)를 질점 P의 각 위치(angular position)라 한다.

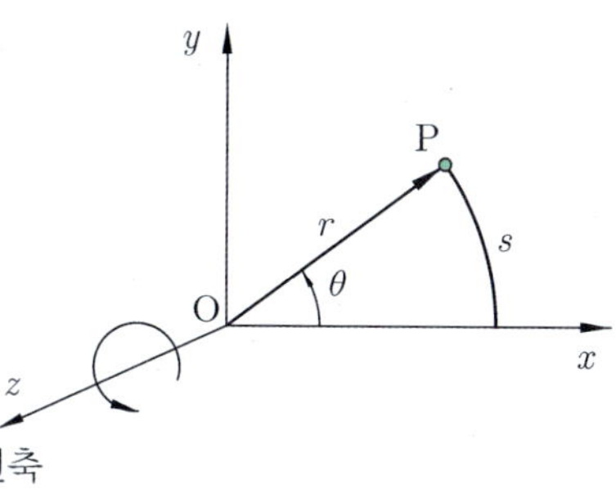

그림 3.4.1

설명 회전축 상의 점으로부터 회전축에 수직인 선을 따라 질점(P)까지 거리를 r이라 할 때 기준선과 선분 r이 이루는 각도를 각 위치라 한다. x축으로부터 점 P까지 원호의 길이를 s라 하면

$$s = r\theta, \qquad \theta = \frac{s}{r}$$

이다. 각도는 차원이 없으며 기본단위는 라디안(radian)이고, 일반적으로 반시계

방향을 양(+)의 방향으로 잡는다. 수직선 위에서 병진운동을 하는 경우에는 물체의 위치 $x(t)$를 알면 물체의 운동을 알 수 있다. 이와 마찬가지로 회전운동을 하는 경우에는 각 위치 $\theta(t)$를 알면 그 물체의 회전운동 상태를 파악할 수 있다.

2. 각 변위

강체가 회전하여 각위치가 θ_1에서 θ_2로 변하면 각 변위(angular displacement)는 다음과 같다.

$$\Delta\theta = \theta_2 - \theta_1$$

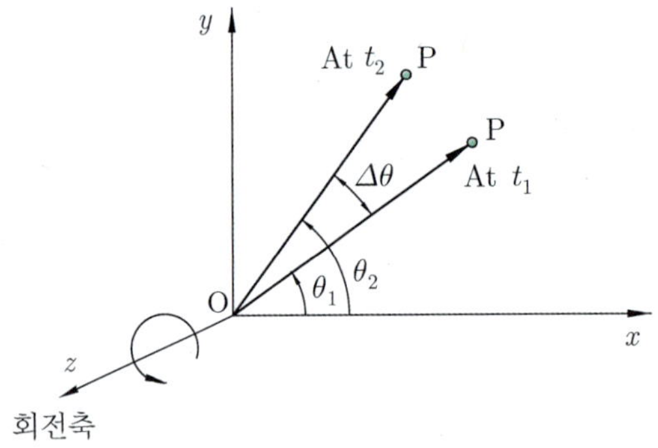

그림 3.4.2

설명 그림에서 시간 t_1, t_2에서의 각 위치는 각각 θ_1, θ_2이다. $\Delta\theta = \theta_2 - \theta_1$는 $\Delta t = t_2 - t_1$ 동안의 각 변위를 나타낸다. 병진운동과 마찬가지로 각 변위도 양(+) 또는 음(−)의 값을 갖는다. 일반적으로 반시계방향을 양, 시계방향을 음으로 정의한다.

3. 각속도

회전체의 각위치가 시간 t_1에서 θ_1이고, t_2에서 θ_2일 때 t_1과 t_2 사이의 평균 각속도(angular velocity)는

$$\omega_{avg} = \frac{\theta_2 - \theta_1}{t_2 - t_1} = \frac{\Delta\theta}{\Delta t}$$

이다. 순간각속도 ω는 Δt가 0으로 접근하는 극한값으로

$$\omega = \lim_{\Delta t \to 0} \frac{\Delta\theta}{\Delta t} = \frac{d\theta}{dt}$$

이다. 순간각속도를 일반적으로 각속도라 한다.

설명 각속도는 단위 시간에 회전한 각도를 나타내며 SI 단위는 rad/s이다. 공작기계나 펌프 등에서 많이 사용하는 각속도의 단위는 rpm인데 이것은 분당 회전수(rev/min)를 나타낸다. 한 바퀴는 2π rad이므로 N(rpm)을 각속도 ω (rad/s)로 나타내면

$$\omega = \frac{2\pi N}{60} \text{(rad/s)}$$

이다. 직선운동에서의 속도와 마찬가지로 각속도도 양(+) 또는 음(−)의 값을 갖는다. 각속도의 크기를 각속력이라 한다.

예제 3.4.1

회전속도 $N = 500$rpm을 각속도 ω(rad/s)로 나타내어라.

풀이 한 바퀴는 2πrad이므로 1rpm은 $\frac{2\pi \text{rad}}{60\text{s}}$이다. 따라서 $N = 500$rpm일 때 각속도 ω(rad/s)는 다음과 같다.

$$\omega = \frac{2\pi N}{60} = \frac{2\pi \times 500 \text{rad}}{60 \text{s}} = 52.4 \text{(rad/s)}$$ ■

4. 각가속도

시간 t_1, t_2에서의 각속도가 각각 ω_1, ω_2라 하면 $\Delta t = t_2 - t_1$동안의 평균 각가속도(angular acceleration, α_{avg})는

$$\alpha_{avg} = \frac{\omega_2 - \omega_1}{t_2 - t_1} = \frac{\Delta\omega}{\Delta t}$$

이다. 순간각가속도 α는 Δt가 0으로 접근하는 극한값으로

$$\alpha = \lim_{\Delta t \to 0} \frac{\Delta\omega}{\Delta t} = \frac{d\omega}{dt}$$

이다. 순간각가속도를 일반적으로 각가속도라 한다.

5. 등각가속도 운동

각속도가 일정한 운동을 등각가속도 운동이라 하며 병진운동의 등가속도 운동과 회전운동의 등각가속도 운동은 [표 3.4.1]과 같이 유사한 관계식을 가진다. 표에서 s_0, v_0, θ_0, ω_0는 각각 $t=0$에서의 위치, 속도, 각위치, 각속도를 나타낸다.

표 3.4.1

병진운동	회전운동
$v = v_0 + at$	$\omega = \omega_0 + \alpha t$
$s = s_0 + v_0 t + \frac{1}{2}at^2$	$\theta = \theta_0 + \omega_0 t + \frac{1}{2}\alpha t^2$
$v^2 - v_0^2 = 2a(s - s_0)$	$\omega^2 - \omega_0^2 = 2\alpha(\theta - \theta_0)$
$s = s_0 + \frac{1}{2}(v_0 + v)t$	$\theta = \theta_0 + \frac{1}{2}(\omega_0 + \omega)t$

예제 3.4.2

시간 $t = 0$에서의 각속도 $\omega_0 = -4\,\text{rad/s}$, $\theta_0 = 0$이고, 각가속도 $\alpha = 0.2\,\text{rad/s}^2$로 회전하는 물체가 있다. 여기에서 부호는 반시계 방향을 양(+)으로 잡았다.

(1) 물체가 일시적으로 정지하는 시간을 구하여라.

(2) 물체가 처음 위치로부터 반시계방향으로 10 바퀴 회전하는데 걸리는 시간을 구하여라.

풀이 (1) 처음에 시계방향으로 회전하는 물체($\omega_0 < 0$)가 점점 반시계방향으로 가속

$(\alpha > 0)$되고 있다. 물체가 정지하는 순간에 $\omega = 0$이므로 이것을 이용하면 다음과 같이 정지하는 시간(t)이 구해진다.

$$\omega = \omega_0 + \alpha t$$

$$\therefore \quad t = \frac{\omega - \omega_0}{\alpha} = \frac{0 - (-4)}{0.2} = 20\,(\mathrm{s})$$

(2) 각가속도가 일정할 때 시간(t)과 각 변위($\theta - \theta_0$)의 관계식은

$$\theta - \theta_0 = \omega_0 t + \frac{1}{2}\alpha t^2 \qquad \cdots\cdots (\star)$$

이다. 여기에서 $\omega_0 = -4\,\mathrm{rad/s}$, $\alpha = 0.2\,\mathrm{rad/s^2}$이고 $n = 10$ 바퀴의 회전을 각도로 계산하면

$$\theta - \theta_0 = 2\pi n = 2\pi \cdot 10 = 20\pi$$

이다. 이 값들을 식 ($\star$)에 대입하면 다음과 같이 물체가 반시계방향으로 10 바퀴 회전하는데 걸리는 시간(t)이 구해진다.

$$20\pi = -4t + \frac{1}{2} \cdot (0.2)t^2$$

$$t^2 - 40t - 200\pi = 0$$

$$\therefore \quad t = 20 + \sqrt{20^2 + 200\pi} = 52.07\,(\mathrm{s}) \quad (\because \quad t > 0)$$

■

6. 병진운동 변수와 회전운동 변수의 관계

(1) 속력

회전체의 각속력이 ω일 때 회전축으로부터 r만큼 떨어진 점에서의 (선)속력은 다음과 같다.

$$v = r\omega$$

(2) 가속도

회전체의 각가속도가 α일 때 회전축으로부터 r만큼 떨어진 점에서의 가속도의 각도 방향 성분(접선 성분) a_t와 회전축을 향하는 반경 방향 성분 a_r은 다음과 같다.

$$a_t = r\alpha, \qquad a_r = \frac{v^2}{r} = r\omega^2$$

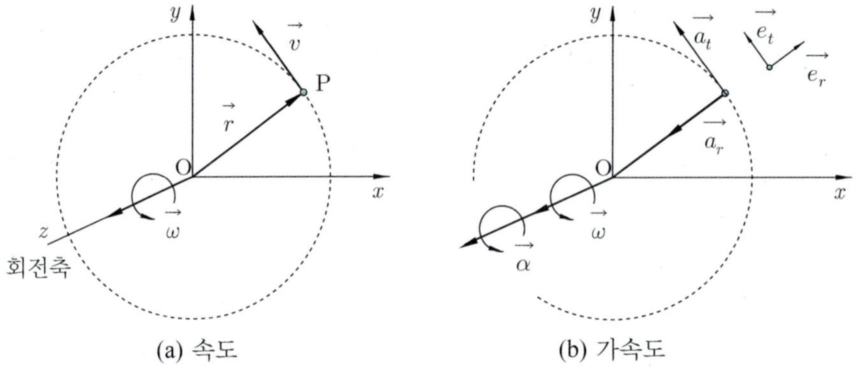

▌그림 3.4.3

설명 (1) 각속도 $\vec{\omega}$로 회전하는 강체에서 회전축으로부터의 위치가 $\vec{r}$인 점에서의 (선)속도는

$$\vec{v} = \vec{w} \times \vec{r}$$

이다. 여기에서 속도의 크기를 스칼라로 나타내면 $v = \omega r$이 된다.

† 회전축으로부터 r만큼 떨어진 질점이 θ만큼 회전하면 질점의 이동거리는 원호의 길이인 $s = r\theta$이다. 이 식을 시간 t에 대해 미분하면

$$v = \frac{ds}{dt} = r\frac{d\theta}{dt} = r\omega$$

(2) 가속도는 속도를 시간에 대해 미분한 것으로

$$\vec{a} = \frac{d\vec{v}}{dt} = \frac{d}{dt}(\vec{\omega} \times \vec{r}) = \frac{d\vec{\omega}}{dt} \times \vec{r} + \vec{\omega} \times \frac{d\vec{r}}{dt}$$

이다. 여기에서 $d\vec{\omega}/dt = \vec{\alpha}$, $d\vec{r}/dt = \vec{v} = \vec{\omega}\times\vec{r}$이므로

$$\vec{a} = \vec{\alpha}\times\vec{r} + \vec{\omega}\times(\vec{\omega}\times\vec{r})$$

이 된다. 이 식에서 첫 번째 항은 가속도 벡터의 접선성분(각도방향 성분) $\vec{a_t}$, 두 번째 항은 법선성분(반경방향 성분) $\vec{a_r}$을 나타낸다.

$$\vec{a_t} = \vec{\alpha}\times\vec{r}$$
$$\vec{a_r} = \vec{\omega}\times(\vec{\omega}\times\vec{r}) = -\omega^2\vec{r}$$

따라서 평면운동에서 가속도의 크기를 스칼라 식으로 나타내면

$$a_t = \alpha r,\ \ a_r = \omega^2 r$$

이다. 반경방향 가속도는 회전축을 향한다.

7. 구심력

등속원운동을 하는 물체는 속도의 방향을 바꾸기 위하여 항상 원의 중심 쪽으로 가속되어야 하는데 이러한 가속도를 구심 가속도라 한다. 구심 가속도의 크기는 일정하지만 방향은 원의 중심을 향하므로 계속 변한다. 즉, 구심 가속도의 방향은 항상 원주상의 선속도 방향에 수직이고 원의 중심을 향한다. 앞의 설명에서 회전축을 향하는 반경 방향 가속도 성분(a_r)이 구심 가속도이다.

구심 가속도에 의해 원운동을 하는 물체에 원의 중심 방향으로 작용하는 힘을 구심력이라 한다. 구심력의 방향은 구심 가속도의 방향과 같다. 등속 원운동에서 구심력은 항상 원의 중심을 향하며 크기가 일정하다. 질량 m인 물체가 반지름 r인 원둘레를 일정한 속력 v로 등속 원운동을 할 때 물체에 작용하는 구심력의 크기(F_r)는 운동 제 2법칙에 의해 다음과 같다.

$$F_r = m a_r = m r \omega^2 = m\frac{v^2}{r}$$

8. 원심력

원심력(F_r)은 원운동을 하는 물체에 나타나는 관성력으로 구심력과 크기가 같고 방향이 반대이다. 자동차가 커브 길을 돌 때 차 안에 탄 사람은 바깥쪽으로 향하는 힘을 느끼게 되는데 이것은 길의 곡률 반경에 의해 생기는 원심력이다. 원심력의 크기 $F_r = m\dfrac{v^2}{r}$은 굽은 정도를 나타내는 반지름(r)에 반비례한다. 따라서 반지름이 작은 급커브 길을 돌 때는 원심력이 커지므로 차의 속도(v)를 줄여야 한다.

예제 3.4.3

반지름 20 cm의 자동차 바퀴가 120 rpm으로 회전하고 있다. 바퀴 바깥 둘레의 원주 속도를 구하여라.

풀이 반지름 $r = 0.2\text{m}$, 회전수 $N = 120\text{rpm}$, 각속도 $\omega = \dfrac{2\pi N}{60}(\text{rad/s})$이므로 원주 속도($v$)는 다음과 같다.

$$v = r\omega = r \cdot \frac{2\pi N}{60} = (0.2\text{m}) \cdot \left(\frac{2\pi \cdot 120}{60}\right)(\text{rad/s}) = 2.51(\text{m/s})$$ ■

예제 3.4.4

지름 80cm인 바퀴가 200 cm/s의 원주 속도로 회전하고 있다. 바퀴의 각속도 $\omega(\text{rad/s})$와 분당 회전수 $N(\text{rpm})$을 구하여라.

풀이
- 각속도: $\omega = \dfrac{v}{r} = \dfrac{200\text{cm/s}}{(80/2)/\text{cm}} = 5\,\text{rad/s}$
- 분당 회전수: $N = \dfrac{60\omega}{2\pi} = \dfrac{60 \cdot 5}{2\pi} = 47.7(\text{rpm})$ ■

예제 3.4.5

정지 상태로부터 일정 각가속도로 가속되어 20초 후에 물체의 각속도가 4 rad/s이 되었다. 이때 회전축으로부터 5m 떨어진 지점에서의 접선방향 가속도의 크기를 구하여라.

풀이 먼저 각가속도(α)를 구하면

$$\alpha = \frac{\omega - \omega_0}{t} = \frac{(4-0)\text{rad/s}}{20\text{s}} = 0.2\ \text{rad/s}^2$$

이다. 이때 회전축으로부터 $r = 5\text{m}$ 떨어진 지점에서의 가속도의 접선 성분(a_t)은 다음과 같다.

$$a_t = r\alpha = 5\text{m} \cdot (0.2\,\text{rad/s}^2) = 1\,\text{m/s}^2$$

여기에서 rad은 무차원수이다. ■

예제 3.4.6

일정한 속도로 회전하고 있는 강체에서 회전축으로부터 10m 떨어진 지점의 반경방향 가속도의 크기가 40m/s^2일 때 강체의 각속도를 구하여라.

풀이 회전축으로부터 $r = 10\text{m}$에서 반경방향 가속도의 크기 $a_r = 40\text{m/s}^2$이므로 각속도(ω)는 다음과 같다.

$$a_r = r\omega^2$$

$$\therefore \quad \omega = \sqrt{\frac{a_r}{r}} = \sqrt{\frac{40\,(\text{m/s}^2)}{10\text{m}}} = 2\ \text{rad/s}$$ ■

9. 질량관성모멘트, 회전운동 에너지

기준점(O)으로부터의 거리가 r인 점에서의 질량을 dm이라 할 때 다음과 같이 정의되는 물리량

$$I = \int r^2\,dm \quad [\text{SI 단위} : \text{kg} \cdot \text{m}^2]$$

을 점 O에 대한 질량관성모멘트(mass moment of inertia), 관성모멘트(moment of inertia), 또는 회전관성(rotational inertia)이라 한다. 각속도 ω로 회전하고 있는 질량관성모멘트 I인 강체의 회전운동 에너지(E_k)는 다음과 같다.

$$E_k = \frac{1}{2} I \omega^2$$

설명 어떤 물체가 질량 m_1, m_2, $\cdots$인 여러 입자들로 구성되어 있을 때 물체의 운동 에너지는 입자들의 운동 에너지의 합으로

$$E_k = \frac{1}{2}m_1 v_1^2 + \frac{1}{2}m_2 v_2^2 + \cdots = \sum\left(\frac{1}{2}m_i v_i^2\right)$$

이다. m_i, v_i는 각각 i 번째 입자의 질량과 속력을 나타낸다. 물체가 강체인 경우 강체의 각속력 ω는 모든 입자들에 대해 동일하므로 회전축으로부터 각 입자까지의 거리를 r_i라 하면 $v_i = r_i\omega$이다. 이때

$$E_k = \sum\left(\frac{1}{2}m_i v_i^2\right) = \frac{1}{2}\left(\sum m_i r_i^2\right)\omega^2$$

이다. 여기에서 $I = \sum m_i r_i^2$ 로 정의하면 운동 에너지 $E_k = \frac{1}{2}I\omega^2$이다. 물체가 유한한 개수의 입자로 구성되어 있을 때는 $I = \sum m_i r_i^2$으로 관성모멘트를 구할 수 있다. 그러나 물체가 물질의 연속적인 분포로 되어 있다면 다음과 같이 무한히 작은 질량요소 dm에 대한 관성모멘트 $r^2 dm$을 물체 전체에 대해 적분하여 구한다.

$$I = \int r^2\, dm$$

[표 3.4.2]에 몇 가지 물체들의 질량 중심(G)을 지나는 축에 대한 관성모멘트를 나타내었다.

▌평행축 정리

회전축(O)이 물체의 질량중심을 지나는 축(C)과 평행하고 회전축으로부터 질량중심까지의 수직거리가 h일 때 질량관성모멘트(I_O)는

$$I_O = I_C + mh^2$$

이다. 여기에서 m은 물체의 질량이고, I_C는 물체의 질량중심을 지나는 회전축에 대한 관성모멘트이다. 관성모멘트는 힘의 모멘트와 마찬가지로 반드시 기준축이 있다. I_O는 축 O를 기준으로 한 것을 나타낸다.

예를 들어 질량 m, 반지름 R인 속이 찬 구(sphere)의 중심을 지나는 축에 대한 관성모멘트 $I_C = \frac{2}{5}mR^2$이다. 그리고 중심으로부터 구 표면까지의 거리는 R이므로 구 표면에 접하는 축에 대한 관성모멘트(I)는 다음과 같다.

$$I = I_C + mh^2 = \frac{2}{5}mR^2 + mR^2 = \frac{7}{5}mR^2$$

예제 3.4.7

질량 M, 길이 L인 가느다란 막대의 한 끝을 지나고 막대에 수직인 축에 대한 막대의 질량관성모멘트를 구하여라.

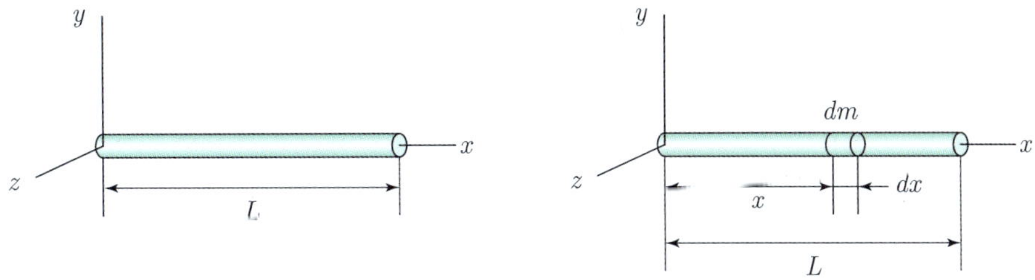

그림 3.4.4

풀이 두께를 무시할 수 있는 가느다란 막대의 단위 길이당 질량은 M/L이다. [그림 3.4.4]와 같이 길이 dx의 미소질량 요소 dm을 선정하면

$$dm = \frac{M}{L}dx$$

$$\therefore \quad I_y = \int x^2\,dm = \int_0^L x^2 \cdot \frac{M}{L}dx = \frac{M}{L}\int_0^L x^2 dx$$
$$= \frac{M}{L}\left[\frac{1}{3}x^3\right]_0^L = \frac{1}{3}ML^2$$

■

10. 회전반경

관성모멘트 I인 축에 대한 질량 m의 회전반경(radius of gyration, 자이로 반경) k는 다음과 같이 정의된다. k는 길이의 차원을 갖고 SI 단위는 m이다.

$$k = \sqrt{\frac{I}{m}}, \qquad I = mk^2$$

표 3.4.2 질량관성모멘트(회전관성)

물체	질량관성모멘트
1. 원통셀(속이 빈 원기둥) 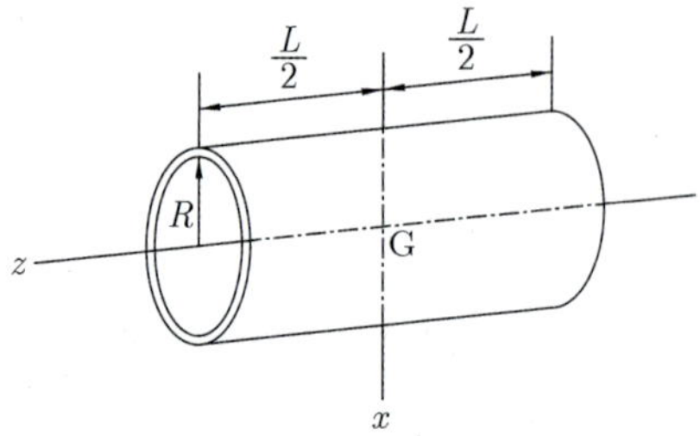	$I_x = \frac{1}{2}mR^2 + \frac{1}{12}mL^2$ $I_z = mR^2$
2. 원통(속이 찬 원기둥) 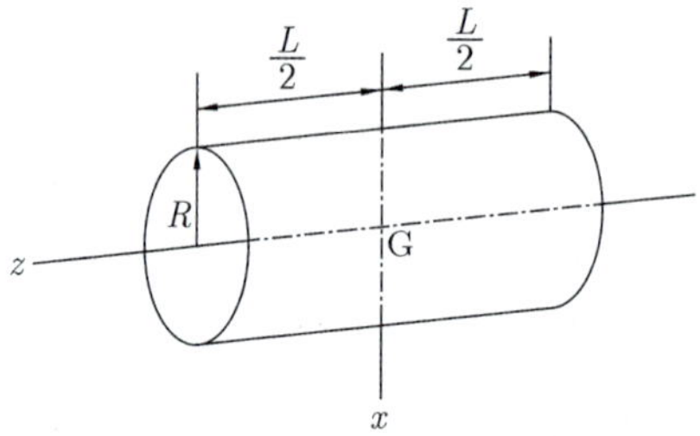	$I_x = \frac{1}{4}mR^2 + \frac{1}{12}mL^2$ $I_z = \frac{1}{2}mR^2$
3. 직육면체(직사각 기둥) 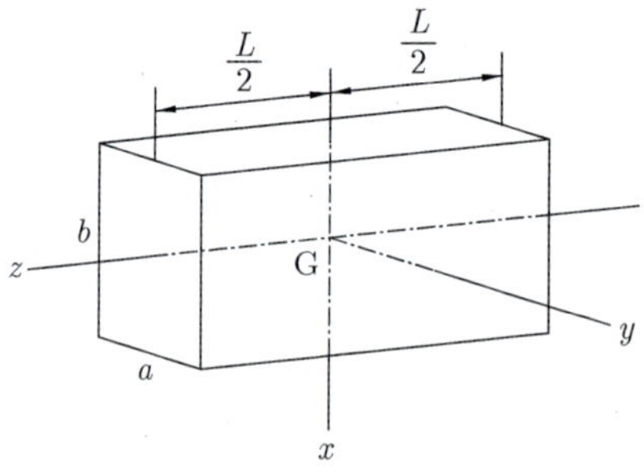	$I_x = \frac{1}{12}m(a^2 + L^2)$ $I_y = \frac{1}{12}m(b^2 + L^2)$ $I_z = \frac{1}{12}m(a^2 + b^2)$
4. 구형(sphere) 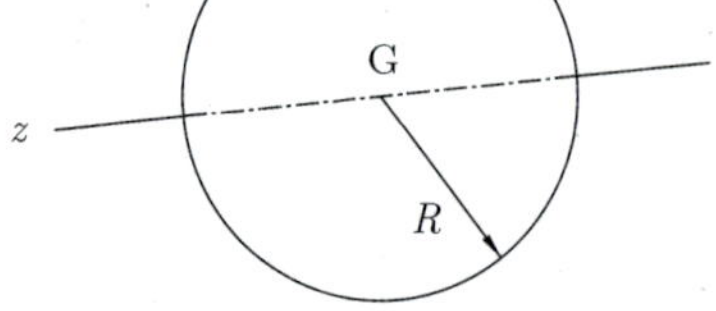	(1) 구형셀(속이 빈 구 껍질) $I_z = \frac{2}{3}mR^2$ (2) 구(속이 찬 구) $I_z = \frac{2}{5}mR^2$
5. 가는 막대 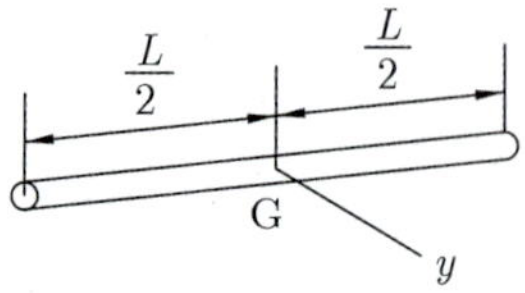	$I_y = \frac{1}{12}mL^2$

11. 회전에 대한 운동법칙

모멘트($\overrightarrow{M}$)에 의해 질량관성모멘트 I의 물체에 발생하는 각가속도 $\overrightarrow{\alpha}$는 다음 관계식을 따른다.

$$\sum \overrightarrow{M} = I\overrightarrow{\alpha}$$

여기에서 I와 $\overrightarrow{M}$은 각각 같은 회전축에 대한 질량관성모멘트와 힘의 모멘트이고, $\sum \overrightarrow{M}$은 물체에 작용하는 순모멘트(net moment, 알짜 돌림힘)를 나타낸다. 강체가 xy 평면에서 회전운동을 할 때 모멘트와 각가속도의 크기를 각각 M, α라 하면

$$\sum M = I\alpha$$

이다. 3차원 공간에서 운동모멘트와 각가속도의 각 성분에 대해 스칼라량으로 표현된 일반적인 운동법칙은 다음과 같다.

$$\sum M_x = I\alpha_x, \qquad \sum M_y = I\alpha_y, \qquad \sum M_z = I\alpha_z$$

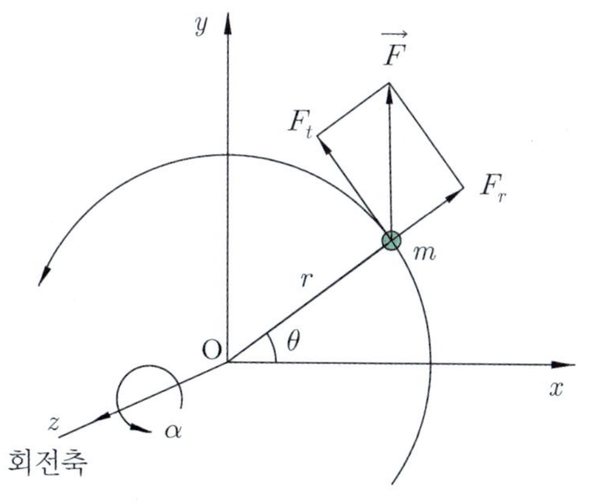

그림 3.4.5

설명 [그림 3.4.5]와 같이 질량이 없는 길이 r의 막대의 끝에 있는 질량 m의 입자를 고려한다. 막대의 한 끝은 지면에 수직인 축에 고정되어 물체는 원 궤도를 따라

회전운동을 할 수 있다. 임의의 힘 $\vec{F}$가 물체에 작용할 때 입자가 원 궤도를 따라 움직일 수 있으므로 힘의 접선성분 F_t에 의해 접선방향으로 입자가 가속된다. 접선방향의 가속도를 a_t라 하면 뉴턴의 제2법칙에 의해

$$F_t = ma_t$$

이다. 여기에서 입자에 작용하는 힘의 모멘트 $M = F_t r$이고, 가속도 $a_t = \alpha r$이므로

$$M = F_t r = (ma_t)r = m(\alpha r)r = (mr^2)\alpha$$

$$\therefore \quad M = I\alpha$$

이다. 이 식을 물체에 작용하는 힘이 여러 개인 경우로 일반화시키면 다음과 같다.

$$\sum \vec{M} = I\vec{\alpha}$$

12. 일과 동력

힘의 모멘트(M)에 의해 각위치가 θ_1에서 θ_2로 이동하였을 때 한 일(W)은

$$W = \int_{\theta_1}^{\theta_2} M d\theta$$

이다. 따라서 모멘트가 일정할 때 각변위 $\Delta\theta = \theta_2 - \theta_1$이면 일($W$)은

$$W = M\Delta\theta$$

이고, 동력(일률, power) P는 다음과 같다.

$$P = \frac{dW}{dt} = M\frac{d\theta}{dt} = M\omega$$

† 병진운동과 회전운동의 관계식을 요약하면 [표 3.4.3]과 같다. 병진운동의 질량과 힘은 각각 회전운동의 질량관성모멘트와 힘의 모멘트에 대응된다.

표 3.4.3

병진운동(직선운동)		회전운동	
위치	$x(t)$	각위치	$\theta(t)$
속도	$v=\frac{dx}{dt}$	각속도	$\omega=\frac{d\theta}{dt}$
가속도	$a=\frac{dv}{dt}=\frac{d^2x}{dt^2}$	각가속도	$\alpha=\frac{d\omega}{dt}=\frac{d^2\theta}{dt^2}$
질량	m	질량관성모멘트	$I=\int r^2 dm$
운동법칙	$\sum F=ma$	운동법칙	$\sum M=I\alpha$
운동 에너지	$E_k=\frac{1}{2}mv^2$	운동 에너지	$E_k=\frac{1}{2}I\omega^2$
일	$W=\int Fds$	일	$W=\int Md\theta$
일률	$P=Fv$	일률	$P=M\omega$

† 스칼라량으로 표현할 때 모멘트 기호 M 대신 토크(Torque) 기호 T를 사용하여 일률 $P=T\omega$로 많이 나타낸다.

예제 3.4.8

정지해 있는 플라이휠(fly wheel)에 100 N · m의 모멘트를 작용시켰더니 회전하기 시작하여 2분 후에 300rpm의 회전속도에 도달하였다. 플라이휠의 질량관성 모멘트를 구하여라. 단, 회전축에서의 마찰은 무시한다.

풀이 먼저 각가속도를 구한다. 처음 각속도 $\omega_1=0$, 2분 후의 각속도는

$$\omega_2=\frac{2\pi N}{60}=\frac{2\pi\cdot 300}{60}=31.42\,(\text{rad/s})$$

이므로 각가속도는 다음과 같다.

$$\alpha=\frac{\Delta\omega}{\Delta t}=\frac{\omega_2-\omega_1}{\Delta t}=\frac{31.42-0}{(2\cdot 60)}=0.262\,(\text{rad/s}^2)$$

따라서 플라이휠의 질량관성 모멘트(I)는 다음과 같다.

$$M=I\alpha$$

$$\therefore \quad I = \frac{M}{\alpha} = \frac{100}{0.262} = 381.68 \text{ (N} \cdot \text{m} \cdot \text{s}^2\text{)}$$

예제 3.4.9

질량 $M = 4\text{kg}$, 반지름 $R = 10\text{cm}$인 원판에 $m = 2\text{kg}$인 물체가 원판의 테두리에 감긴 줄로 연결되어 있다. m의 무게에 원판의 중심을 지나는 지면에 수직한 축에 대하여 원판이 회전할 때 다음을 구하여라. 단, 줄은 미끄러지지 않으며 회전축과 원판 사이에 마찰은 없다.

(1) 원판의 각가속도

(2) 줄에 걸리는 장력

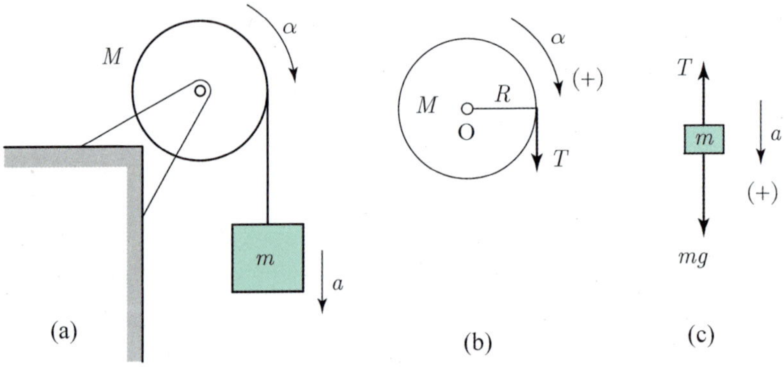

▎그림 3.4.6

풀이 [그림 3.4.6]의 (a)와 같이 m이 연직아래 방향으로 낙하하면 원판은 반시계방향으로 회전하게 되므로, 가속도 a는 연직 아래 방향을 (+), 각가속도 α는 반시계방향을 (+)로 잡는다. 줄에 걸리는 장력 T는 M에서는 아래 방향, m에서는 위 방향으로 작용한다.

그림 (b)에서 원판의 중심(O)에 대한 관성모멘트 $I_O = \dfrac{MR^2}{2}$, 모멘트 $M_O = TR$이므로 원판에 대하여 운동법칙($\sum M = I\alpha$)을 적용하면

$$M_O = I_O \alpha$$

$$TR = \left(\frac{MR^2}{2}\right)\alpha$$

$$\therefore \quad T = \frac{MR\alpha}{2} = \frac{Ma}{2} \quad (\because a = R\alpha) \qquad \cdots\cdots ①$$

이다. 그리고 그림 (c)에서 운동법칙($\sum F = ma$)을 적용하면

$$mg - T = ma \qquad \cdots\cdots ②$$

이다. 여기에서 ①의 T를 ②에 대입하여 a를 구하면

$$a = \frac{mg}{m + M/2} = \frac{2 \cdot (9.8)}{2 + 4/2} = 4.9\ (\mathrm{m/s^2})$$

이고, 각가속도(α)는

$$\alpha = \frac{a}{R} = \frac{4.9}{0.1} = 49\ (\mathrm{rad/s^2})$$

이 된다. 그리고 식 ①로부터 줄에 걸리는 장력(T)은 다음과 같다.

$$T = \frac{1}{2}Ma = \frac{1}{2} \cdot (4) \cdot (4.9) = 9.8\ (\mathrm{N})$$ ■

예제 3.4.10

지름 200 mm의 도르래의 원주에 4kN의 힘이 작용하여 300rpm의 회전속도로 동력을 전달하고 있다. 회전축에 걸리는 모멘트와 전달 동력을 구하여라.

풀이 회전축으로부터 힘의 작용선까지의 거리는 도르래의 반지름이므로 축에 걸리는 모멘트(M)는

$$M = Fr = (4 \times 10^3 \mathrm{N}) \cdot \left(\frac{200 \times 10^{-3} \mathrm{m}}{2}\right) = 400\,\mathrm{N \cdot m}$$

이고, 동력(P)은 다음과 같다.

$$P = M\omega = (400\mathrm{N \cdot m}) \cdot \left(\frac{2\pi \times 300}{60\mathrm{s}}\right) = 12570\ \mathrm{W} = 12.57\,\mathrm{kW}$$ ■

3.4 연습문제

1. 자동차 바퀴가 3,000 rpm으로 회전하고 있다. 바퀴의 각속도(rad/s)와 회전축으로부터 20cm 떨어진 지점의 (선)속력(m/s)을 구하여라.

2. 2,000 rpm으로 회전하고 있는 바퀴가 일정한 각가속도로 감속되어 30초 후에 정지하였다. 바퀴가 정지할 때까지 굴러간 회전수(rev)를 구하여라.

3. 질량 m_1, m_2의 두 물체가 미끄러짐이 없는 도르래를 지나는 줄로 연결되어 있다. 도르래는 속이 찬 원판(disk)형이며 도르래와 회전축 사이에 마찰이 없고, m_2와 바닥 사이에도 마찰이 없다. m_1의 무게에 의해 가속도 $a = g/2$의 등가속도 운동을 할 때 아래쪽 줄에 걸리는 장력 $T_1 = 40\,\text{N}$이고 위쪽 줄에 걸리는 장력 $T_2 = 20\,\text{N}$이다. 도르래와 물체의 질량(kg)을 구하여라.

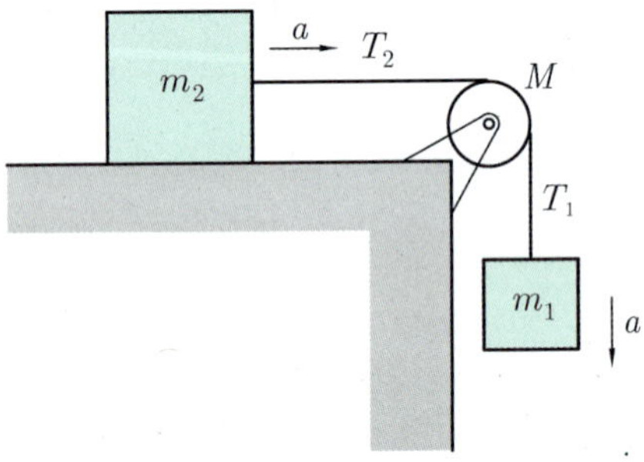

❙ 문제 3.4.3

4. 일정한 각속도 10rad/s로 회전하고 있는 강체에서 회전축으로부터 80cm 떨어진 지점의 반경방향 가속도(m/s^2)의 크기를 구하여라.

5. 지름 60cm의 바퀴가 0.4 rad/s^2으로 감속되어 감속이 시작된 후 10회전 후에 정지하였다. 바퀴 테두리의 접선 방향의 가속도(m/s^2)와 처음 각속도(rad/s)를 구하여라.

6. 경사각 $\theta = 30°$인 경사면에서 중력에 의해 농구공이 굴러 내려가고 있다. 공이 정지 상

태에서 출발하였을 때 경사면을 따라 10m 지점을 지날 때의 공의 속력을 구하여라. 단, 농구공은 미끄러지지 않으며 공의 속은 비어있다. (* 공의 질량을 m, 반지름을 R이라 하면 공의 중심에 대한 관성모멘트는 $2mR^2/3$이고 평행축의 정리는 $I = I_c + mh^2$이다.)

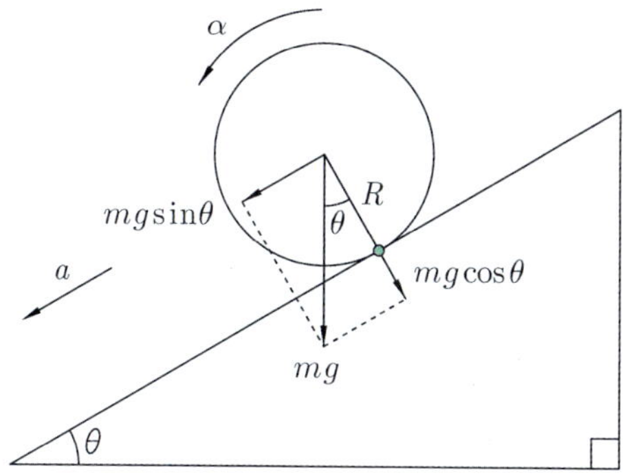

❙ 문제 3.4.6

7. 실량 M, 반지름 R인 구와 원판의 중심축에 대한 관성모멘트는 kMR^2 (k는 상수)으로 쓸 수 있다. 구 또는 원판이 높이 h의 경사면에서 정지 상태로부터 출발하여 미끄럼 없이 굴러 내려갈 때 최종 속력을 구하여라. (* 회전운동 에너지 $E_k = I\omega^2/2$이다.)

8. 질량관성모멘트 $0.2\text{kg} \cdot \text{m}^2$인 물체에 $12\text{N} \cdot \text{m}$의 모멘트를 일정하게 가하면 물체의 각가속도는 얼마가 되는가? 질량관성모멘트와 힘의 모멘트의 기준 축은 같다.

9. 질량관성모멘트 $0.4\text{kg} \cdot \text{m}^2$인 물체가 100rad/s로 회전하고 있을 때 운동 에너지는 몇 J인가?

10. 4,000rpm으로 회전하는 자동차 엔진에 걸리는 모멘트가 $100\text{N} \cdot \text{m}$이면 전달동력은 몇 kW인가?

11. 질량 m, 반지름 R인 균일한 재질의 구의 중심을 지나는 축에 대한 회전반경을 구하여라.

12. 풀리(원판) 주위에 감겨 있는 줄에 질량 m의 블록이 연결되어 있다. 블록이 아래쪽으로 운동할 때 풀리의 각가속도 α는? (단, 줄은 늘어나지 않으며 줄의 질량은 무시한다. 점

O에 대한 풀리의 회전 관성모멘트는 I, 반지름은 r, 중력가속도는 g로 가정한다)

[공무원시험]

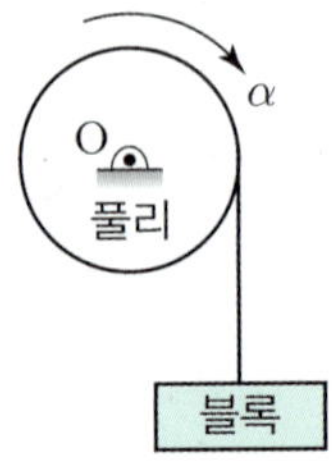

문제 3.4.12

① $\alpha = \dfrac{mgr}{I}$ ② $\alpha = \dfrac{mgr}{(I+mr^2)}$

③ $\alpha = \dfrac{mg}{(I+mr^2)}$ ④ $\alpha = \dfrac{mgr^2}{(I+mr^2)}$

13. 깡통을 1m 길이의 줄에 매달아 수평면 상에서 2초에 한 바퀴씩 돌린다. 깡통이 등속원운동을 한다고 할 때 깡통의 구심가속도의 크기는?

14. 질량 50kg, 반지름 20cm인 균일한 원판이 중심축을 회전축으로 하여 회전할 수 있게 설치되었다. 원판의 바깥쪽에 40N의 힘을 원주방향으로 가하면 원판의 각가속도 ($\mathrm{rad/s^2}$)는 얼마가 되겠는가? 단, 회전축에서의 마찰은 무시한다.

15. 정지해 있는 플라이휠에 80N · m의 모멘트를 작용시켰더니 회전하기 시작하였다. 플라이휠의 질량관성 모멘트가 $200\,\mathrm{kg \cdot m^2}$일 때 3분 후의 플라이휠의 분당 회전수(rpm)를 구하여라. 단, 회전축에서의 마찰은 무시한다.

16. 균일한 원판의 회전 중심에서 5cm 떨어진 위치에 작은 물체를 놓고 정지 상태에서 일정한 각속도로 원판을 회전시켰다. 물체가 막 미끄러질 때까지 원판이 5회전 하였다면 원판의 각가속도[$\mathrm{rad/s^2}$]는? 단, 물체와 원판 사이의 마찰계수는 0.5이고 중력 가속도는 $10\mathrm{m/s^2}$이다.

[공무원시험]

① $\dfrac{\pi}{5}$ ② $\dfrac{5}{\pi}$

③ $\dfrac{1}{20\pi}$ ④ 20π

17. 질량 500 kg 인 자동차가 반지름 150 m 인 경사지지 않은 커브 길을 돌고 있다. 타이어와 길 사이의 정지마찰계수가 0.6 이다. 자동차가 미끄러지지 않고 안전하게 운행할 수 있는 최대 속력에 대한 설명으로 옳지 않은 것은? 단, 중력 가속도는 $10\mathrm{m/s^2}$ 이다.

[공무원시험]

① 정지마찰계수가 클수록 최대 속력이 빠르다.

② 회전하는 반지름이 클수록 최대 속력이 느리다.

③ 최대 속력은 자동차의 질량과 관계없다.

④ 최대 속력은 30 m/s 이다.

18. 질량 m 인 물체가 반지름 R 인 마찰이 없는 수직 원형트랙의 바닥에서 높이 $\frac{3}{4}R$ 인 위치 A에서 정지 상태로부터 트랙을 따라 미끄러져 내려간다. 물체가 트랙의 바닥 지점 B에 도달했을 때 물체가 트랙으로부터 받는 힘은? [공무원시험]

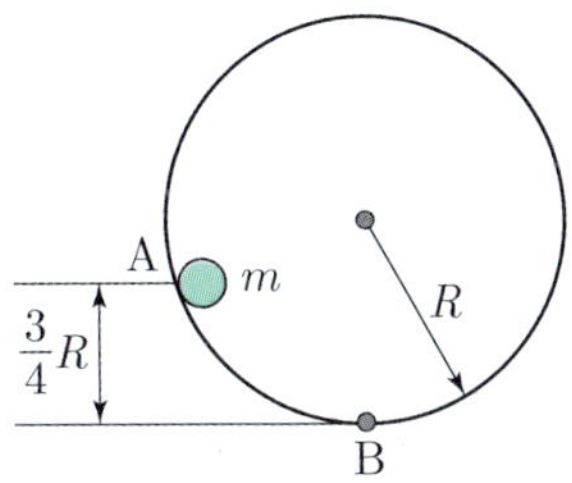

❙ 문제 3.4.18

① mg　　② $\frac{3}{2}mg$

③ $2mg$　　④ $\frac{5}{2}mg$

19. 그림과 같이 길이 1 m 인 줄에 질량 1 kg 인 구를 매달아 연직 방향과 60°를 이루는 지점에서 가만히 놓았더니 진자 운동을 하였다. 구가 가장 낮은 지점 A를 통과할 때 줄에 걸리는 장력[N]은? 단, 중력 가속도는 $10\mathrm{m/s^2}$ 이고, 줄의 질량과 마찰 및 저항은 무시한다. [공무원시험]

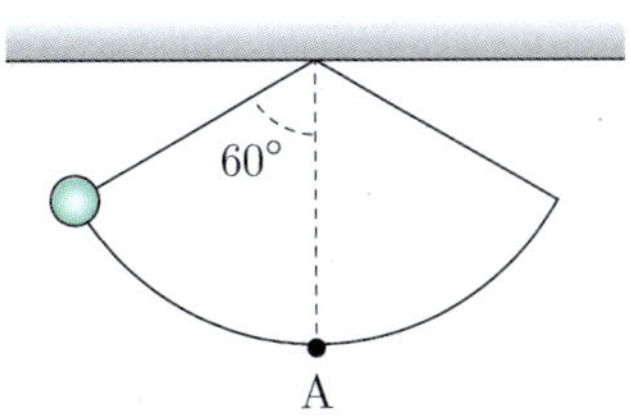

❙ 문제 3.4.19

① 14.1　　② 17.3
③ 20　　④ 30

20. 반지름이 각각 r, $2r$, $3r$인 바퀴로 만든 축바퀴를 연직으로 매달았다. 그림과 같이 줄을 이용하여 반지름이 $2r$, $3r$인 바퀴에 질량이 각각 $2m$, m인 물체를 매달고, 반지름이 r인 바퀴에는 연직 아래 방향으로 힘 F를 가했다. 두 물체가 정지 상태를 유지하는 힘 F의 크기는? (단, 축바퀴의 질량, 줄의 질량, 모든 마찰은 무시하며 줄은 늘어나지 않고 g는 중력 가속도이다) [공무원시험]

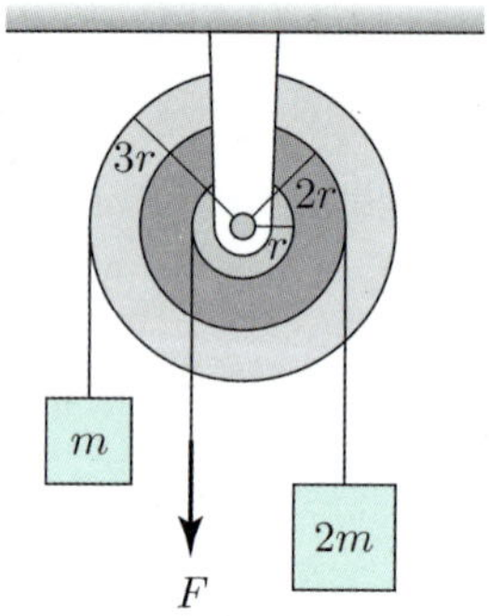

문제 3.4.20

① mg　　② $2mg$
③ $3mg$　　④ $4mg$

21. 그림과 같이 길이가 L이고 질량이 m인 균일한 막대가 한쪽 끝을 통과하는 마찰 없는 핀을 중심으로 회전할 수 있다. 정지 상태에 있던 이 막대를 수평 위치에서 가만히 놓을 때 다음을 구하여라.

(1) 막대의 한쪽 끝이 가장 낮은 위치에 도달했을 때(막대가 똑바로 수직으로 서 있을 때) 막대의 각속도.

(2) (1)의 상태에 있을 때 막대 질량중심(CM)의 접선방향 속력과 막대의 가장 낮은 점의 속력.

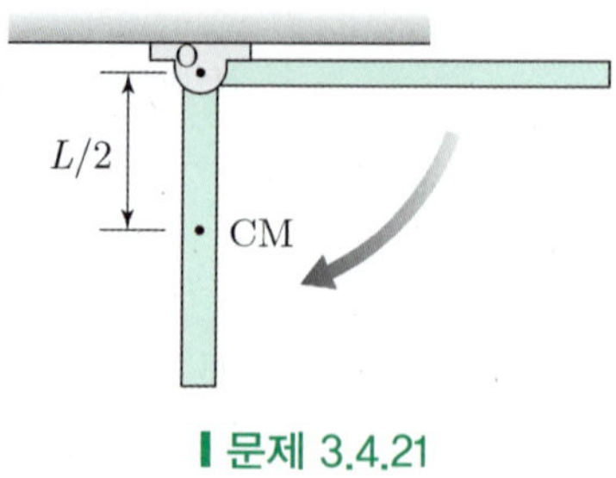

문제 3.4.21

CHAPTER

4

재료역학

4.1 응력과 변형률

1. 하중의 분류

(1) 작용 상태에 따른 분류

(a) 인장하중(tensile load): 재료를 양쪽에서 잡아당기도록 작용하는 하중

(b) 압축하중(compressive load): 재료를 양쪽에서 누르도록 작용하는 하중

(c) 전단하중(shearing load): 재료를 미끄러뜨려서 자르도록 작용하는 하중

(d) 굽힘하중(bending load): 재료가 휘어지도록 작용하는 하중

(e) 비틀림하중(torsional load): 재료가 비틀어지도록 작용하는 하중

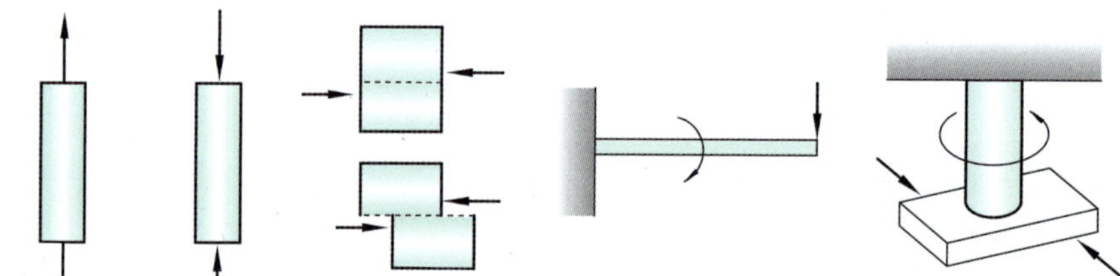

▎그림 4.1.1 작용 상태에 따른 하중의 종류

설명 물체에 작용하는 외력을 하중(load)이라고 하며 하중의 작용상태에 따라 [그림 4.1.1]과 같이 분류한다. 여기에서 인장하중과 압축하중을 총칭하여 수직하중 또는 세로하중이라 하고, 전단하중(shearing load)을 가로하중이라고도 한다. 하중의 작용 상태에 따라 물체에는 인장응력, 압축응력, 전단응력, 굽힘 응력, 비틀림 응력이 발생한다.

(2) 하중 속도에 의한 분류

(a) 정하중(static load): 시간에 따른 변화가 없이 일정하게 유지되는 하중[그림 4.1.2(a)], 또는 매우 느린 속도로 조금씩 증가하면서 작용하는 하중.

(b) 동하중(dynamic load): 하중이 가해지는 속도가 빠르고 시간에 따라 크기, 방향, 작용점 등이 변하는 하중. 동하중에는 ① 반복하중(repeated load): 힘

의 방향은 변하지 않고 주기적으로 반복하여 작용하는 하중, ② 교번하중(alternative load): 힘의 크기와 방향이 주기적으로 변하는 하중, ③ 충격하중(impact load): 순간적인 매우 짧은 시간에 작용하는 하중 등이 있다[그림 4.1.2(b), (c), (d)].

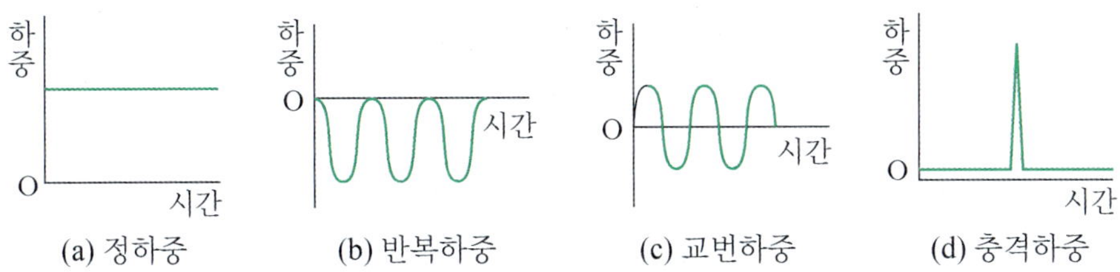

그림 4.1.2 하중 속도에 따른 하중의 종류

2. 수직 응력과 전단 응력

물체가 외부로부터 힘(외력)을 받으면 물체 내부에는 그 외력에 저항하는 힘이 생기는데 이 저항력을 내력(internal force)이라 하고, 단위 면적당 내력을 응력(stress)이라 한다. 응력의 SI 단위는 $\mathrm{N/m^2 = Pa}$ 이다.

$$(\text{응력}) = \frac{(\text{내력})}{(\text{단면적})}$$

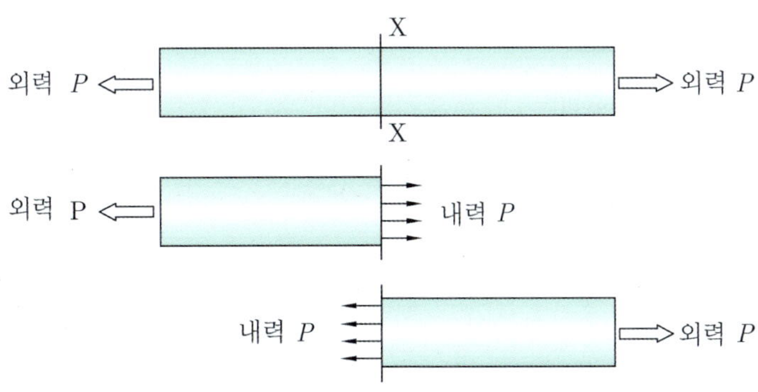

그림 4.1.3 외력과 내력

설명 고무줄의 양 끝을 손으로 잡아당기면 고무줄도 손의 힘과 같은 크기의 힘으로 손을 당기는 것을 느낄 수 있다. 이와 같이 모든 물체는 외부에서 힘을 작용하면 그 내부에는 이 힘에 저항하는 힘이 생기는데 이것을 내력이라 한다. [그림 4.1.3]과 같이 단면 X－X를 잘랐을 때 각 단면에는 외력 P와 평형을 이루는 내력 P가 발생한다. 작용-반작용 법칙에 의해 내력은 외력과 크기가 같고, 반대 방향으로 작용하며, 외력을 제거하면 없어진다. 물체에 작용하는 외력에 의해 발생하는 내력은 외력의 증가와 함께 증가하고, 재료가 견딜 수 있는 어느 한도 이상이 되면 외력에 저항할 수 없게 되어 그 재료는 마침내 파괴된다. 같은 크기의 하중이 단면적이 다른 재료에 작용하는 경우 재료에 발생하는 내력은 같다. 그러나 하중이 커질 때 단면적이 큰 재료는 파괴되지 않아도 단면적이 작은 재료는 파괴될 수 있다. 이것은 단면적이 작은 재료는 단위 면적이 지탱해야 할 힘이 커지기 때문이다. 따라서 재료의 강도(strength)를 판단하기 위해서는 재료의 단위 면적당 저항력을 고려해야 하는데 이것을 응력(stress) 또는 응력도(intensity of stress)라 한다. 외력에 의한 재료의 파손이 주 관심사가 되는 재료역학의 주요 물리량은 내력에 의한 응력이라고 할 수 있다. 응력의 단위로는 N/mm^2, MPa 등이 사용된다.

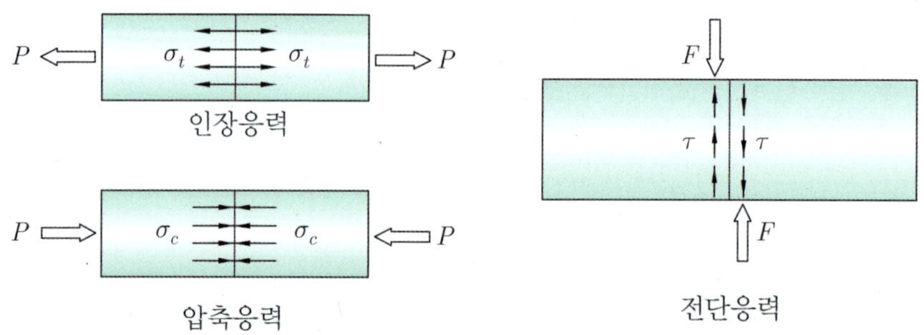

그림 4.1.4 수직응력과 전단응력

(1) 수직응력

재료의 단면에 수직으로 하중이 작용할 때 발생하는 응력을 수직응력(normal stress)이라 하며 인장응력과 압축응력으로 구분한다[그림 4.1.4]. 재료의 단면적을 A, 하중을 P라 하면 수직응력은 다음과 같이 정의된다.

$$\sigma = \frac{P}{A}$$

설명 재료의 강도는 하중의 종류에 따라 서로 다르다. 예를 들어 목재는 압축력에는 강하고 인장력에는 상대적으로 약하다. 따라서 수직응력을 두 종류의 응력으로 구분하여 [그림 4.1.4]와 같이 인장하중과 압축하중에 의해 발생하는 응력을 각각 인장응력(tensile stress), 압축응력(compressive stress)이라 한다. 일반적으로 인장응력을 σ_t, 압축응력을 σ_c로 나타내고, 응력에 부호를 붙여서 계산할 때는 인장응력을 양(+), 압축응력을 음(−)으로 하여 계산한다.

(2) 전단응력

재료의 단면에 평행하게 하중이 작용할 때 단면에 발생하는 응력을 전단응력(shear stress)이라 한다[그림 4.1.4]. 재료의 단면적을 A, 하중을 F라 하면 전단응력 τ는 다음과 같이 정의된다.

$$\tau = \frac{(\text{전단하중})}{(\text{전단되는 단면의 면적})} = \frac{F}{A}$$

설명 재료를 절단하려는 전단하중(shearing load)에 의해 절단면에 발생하는 절단방향의 응력을 전단응력이라 한다. 전단응력은 단면에 평행하게 발생하는 응력이므로 접선응력(tangential stress)이라고도 한다. [그림 4.1.4]에서 재료를 가로방향으로 미끄러뜨려서 자르도록 작용하는 전단하중 F가 단면적 A에 작용하면 전단응력 $\tau = F/A$이다.

예제 4.1.1

지름 30mm의 봉에 8kN의 인장하중이 작용할 때 봉에 발생하는 인장응력은 몇 MPa인가?

풀이 인장응력

$$\sigma = \frac{P}{A} = \frac{P}{\pi D^2/4} = \frac{4P}{\pi D^2} = \frac{4 \cdot (8 \times 10^3 \text{N})}{\pi \cdot (30 \times 10^{-3} \text{m})^2}$$

$$= 1.132 \times 10^7 \text{N/m}^2 = 11.32 \text{MPa}$$

■

예제 4.1.2

그림과 같은 리벳 이음에서 판에 가한 하중 $F=2\text{kN}$, 리벳의 지름 $D=5\text{mm}$일 때 리벳에 발생하는 전단응력은 몇 MPa인가?

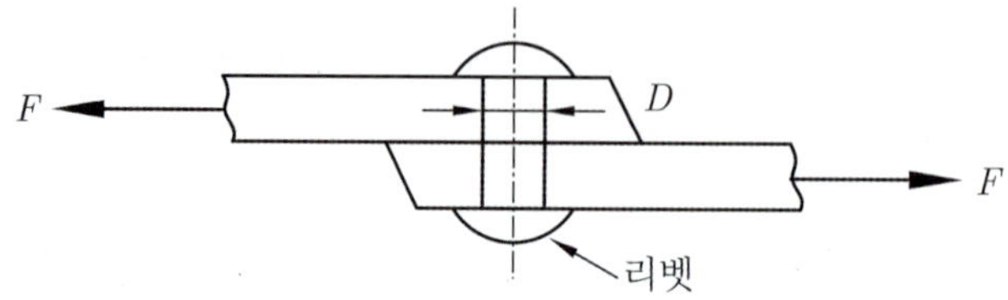

그림 4.1.5

풀이 전단응력

$$\tau=\frac{F}{A}=\frac{F}{\pi D^2/4}=\frac{4F}{\pi D^2}=\frac{4\cdot(2\times10^3\text{N})}{\pi\cdot(5\times10^{-3}\text{m})^2}$$
$$=101.86\times10^6\text{N/m}^2=101.86\text{ MPa}$$

3. 변형률

하중에 의한 재료의 변형량과 원래 치수와의 비를 변형률(strain)이라 한다.

$$(\text{변형률})=\frac{(\text{변형량})}{(\text{처음 치수})}$$

변형률에는 세로 변형률, 가로 변형률, 전단 변형률이 있다.

설명 재료에 외력이 가해지면 내부에 응력이 발생하고, 이에 따라 재료를 구성하는 원자나 분자의 상대적 위치가 변화하여 재료가 변형된다. 변형된 양은 물체의 크기에 따라 다르며, 같은 응력이 발생하는 경우에는 큰 물체일수록 변형량이 커진다. 따라서 변형량과 원래 치수와의 비를 정의하여 사용한다. 변형률은 차원이 없는 무차원량이다.

(1) 세로변형률

재료에 축 방향으로 수직 하중을 가할 때 일어나는 축 방향의 변형량을 재료의 처음 길이로 나눈 것을 세로 변형률(longitudinal strain) 또는 수직변형률이라 한다. 재료의 처음 길이와 하중을 받은 후의 나중 길이를 각각 l_0, l로 하면 세로변형률 ϵ은 다음과 같다.

$$\epsilon = \frac{l - l_0}{l_0} = \frac{\Delta l}{l_0}$$

여기에서 $\Delta l = l - l_0$은 축 방향의 재료의 변형량을 나타낸다[그림 4.1.6(a)].

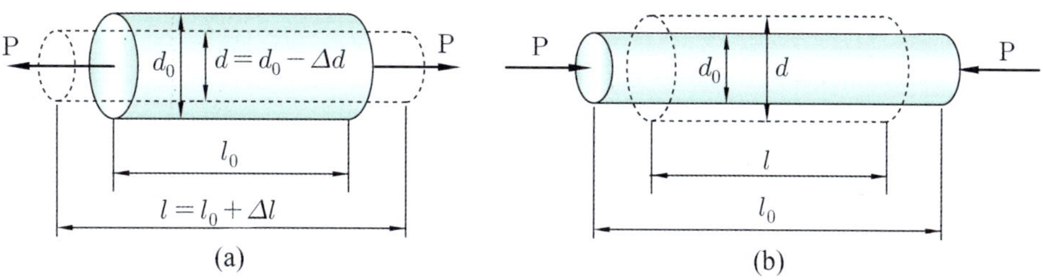

▎그림 4.1.6 축 방향과 가로 방향 변형

(2) 가로변형률

재료에 축 방향으로 수직 하중을 가할 때 일어나는 가로 방향의 변형량을 가로 방향의 처음 치수로 나눈 것을 가로 변형률(lateral strain) 또는 횡 방향 변형률(transverse strain)이라 한다. 하중을 받기 전의 재료의 처음 굵기를 d_0, 변형 후의 굵기를 d로 하면 가로변형률 ϵ'은 다음과 같다.

$$\epsilon' = \frac{d - d_0}{d_0} = \frac{\Delta d}{d_0}$$

여기에서 $\Delta d = d - d_0$은 가로 방향의 재료의 변형량을 나타낸다.

설명 [그림 4.1.6(a)]와 같이 인장 하중을 받으면 재료의 길이가 Δl만큼 늘어난다. 이때의 인장 변형률 $\epsilon = \Delta l / l_0$은 양(+)의 값을 갖는다. 반면 (b)와 같이 압축 하중을 받으면 수축하기 때문에 Δl은 음(−)의 값을 갖고 압축 변형률 $\epsilon = \Delta l / l_0$도 음이 된다. 이와 같이 재료가 수직 하중을 받을 때의 인장 변형률과 압축 변형률을 총칭하여 세로변형률이라 한다. 한편 금속 재료의 밀도는 거의 일정하므로 재료의 축방향(길이방향)으로 인장하중을 받으면 재료의 길이가 늘어나지만 가로방향으로는 가늘어진다[그림 4.1.6(a)]. 이와 반대로 압축 하중을 받으면 길이가 짧아지고 가로 방향으로는 굵어진다[그림 4.1.6(b)]. 가로 변형률 ϵ'은 이와 같은 재료의 가로 변형량(Δd)을 처음 지름 d_0로 나눈 값 $\epsilon' = \Delta d / d_0$으로 정의한다.

(3) 푸아송 비

가로변형률을 ϵ', 세로변형률을 ϵ이라 하면 푸아송 비(Poisson's ratio) ν는 다음과 같이 정의되고,

$$\nu = \left| \frac{\epsilon'}{\epsilon} \right| = -\frac{\epsilon'}{\epsilon}$$

푸아송 비의 역수 $m = \frac{1}{\nu} = \left| \frac{\epsilon}{\epsilon'} \right|$을 푸아송 수(Poisson's number)라 한다.

설명 [그림 4.1.6]과 같이 수직 하중을 받으면 세로와 가로방향으로 변형이 동시에 발생한다. 실험에 의하면 세로변형률 ϵ과 가로변형률 ϵ'의 비는 응력이 어느 한계 값 이하일 때는 각 재료마다 고유의 값을 갖는다는 것이 알려져 있다. 이에 따라 푸아송 비를 정의하였고, 이것은 탄성계수와 함께 중요한 재료 상수로 사용되고 있다. 세로변형률과 가로변형률의 부호가 서로 반대이기 때문에 ϵ'/ϵ는 음(−)의 부호를 갖는다. 그런데 실제로 각각의 변형률은 절댓값을 많이 사용하므로 일반적으로 ϵ'/ϵ의 부호는 무시하며 푸아송 비 $\nu = |\epsilon'|/|\epsilon|$으로 정의하여 사용한다. 일반적으로 금속 재료인 경우 ν의 범위는 $0.25 \sim 0.35$ 정도이다. 푸아송 비의 이론적 최댓값은 0.5이고, 고무의 값이 이에 가깝다.

† 재료의 세로탄성계수 E, 가로탄성계수 G, 푸아송 비 ν는 이론적으로 다음과 같은 관계를 갖는다.

$$G = \frac{E}{2(1+\nu)}$$

이 관계식으로부터 어느 한 값을 알면 다른 값을 구할 수 있다. 여기에서 $\nu > 0$이므로 E의 값은 G의 값보다 두 배 이상이라는 것을 알 수 있다.

(4) 전단변형률

[그림 4.1.7]과 같이 사각형 요소에 전단하중이 작용하여 상하면에 λ만큼 상대적 변형이 발생하였을 때 양단간의 수직거리를 l이라 하면 전단변형률(shearing strain) γ는 다음과 같이 정의된다.

$$\gamma = \frac{\lambda}{l} = \tan\phi \approx \phi$$

여기에서 각 ϕ를 전단각이라 한다.

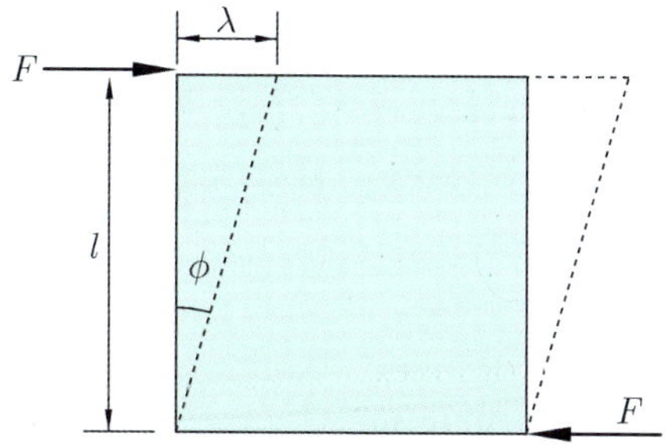

그림 4.1.7 전단변형률

설명 [그림 4.1.7]과 같이 거리 l만큼 떨어진 두 평형 면이 수평방향으로 전단 하중을 받아서 사각형 요소가 점선의 모양으로 변형되었을 때 λ를 거리 l에 대한 변형량이라 한다. 이와 같은 변형을 미끄럼 변형이라 하며, 단위 길이에 대한 미끄럼 변형을 전단변형률로 정의한다. 여기에서 수평방향으로 λ만큼 변형됨으로써 수직한 면이 ϕ의 각도로 기울어지게 되었다고 할 때 이 각도를 전단각이라 한다. 따라서 전단변형률 $\gamma = \lambda / l = \tan\phi$이고, ϕ가 아주 작을 때 $\tan\phi \approx \phi$로 근사시킬 수 있다.

예제 4.1.3 세로변형률

길이 1m의 막대가 인장 하중을 받고 길이가 2mm 늘어났을 때 막대의 세로변형률을 구하여라.

풀이 세로변형률

$$\epsilon = \frac{\Delta l}{l_0} = \frac{2 \times 10^{-3}\mathrm{m}}{1\mathrm{m}} = 2 \times 10^{-3} = 0.2(\%)$$

■

예제 4.1.4 가로변형률

지름 20mm인 둥근 봉이 인장하중을 받고 지름이 0.008mm 줄었다. 봉의 가로변형률을 구하여라.

풀이 가로변형률

$$\epsilon' = \frac{\Delta d}{d_0} = \frac{-0.008\text{mm}}{20\text{mm}} = -4 \times 10^{-4} = -0.04(\%)$$ ■

예제 4.1.5 푸아송 비

지름 40mm, 길이 400mm인 봉이 인장 하중을 받고 길이가 0.3mm 늘어나고, 지름은 0.01mm 줄어들었다. 세로변형률, 가로변형률, 푸아송 비를 구하여라.

풀이
- 세로변형률 $\epsilon = \frac{\Delta l}{l_0} = \frac{0.3\text{mm}}{400\text{mm}} = 7.5 \times 10^{-4}$
- 가로변형률 $\epsilon' = \frac{\Delta d}{d_0} = \frac{-0.01\text{mm}}{40\text{mm}} = -2.5 \times 10^{-4}$
- 푸아송 비 $\nu = \left|\frac{\epsilon'}{\epsilon}\right| = \left|\frac{-2.5 \times 10^{-4}}{7.5 \times 10^{-4}}\right| = \frac{1}{3} \approx 0.33$ ■

예제 4.1.6 전단변형률

[그림 4.1.8]과 같이 전단 칼날 사이의 거리가 10mm인 재료가 칼날에 의한 전단 하중을 받고 0.05mm의 상대적 변위가 발생하였다면 재료의 전단 변형률은 얼마인가?

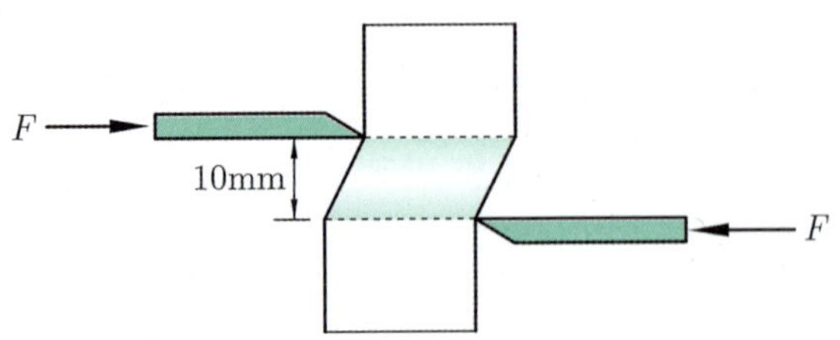

그림 4.1.8

풀이 전단변형률

$$\gamma = \frac{\lambda}{l} = \frac{0.05\,\text{mm}}{10\,\text{mm}} = 0.005 = 0.5(\%)$$ ■

4. 탄성 법칙

(1) 훅의 법칙과 탄성계수

'재료 내부에 발생하는 응력이 변형률에 정비례한다'는 것을 훅(Hook)의 법칙이라 한다.

(응력)=(비례상수)×(변형률)

여기에서 비례상수를 탄성계수(modulus of elasticity)라고 부른다. 탄성계수는 응력과 같은 단위를 갖고 N/mm^2, GPa 등이 많이 사용된다.

설명 힘을 받으면 변형되고 그 힘을 제거하면 원래의 형태로 되돌아가는 물체를 탄성체라 한다. 금속의 경우 응력과 변형률이 작은 영역에서는 대부분 이와 같은 거동을 보인다. 특히 이러한 탄성체 중에서 응력이 변형률에 정비례하는 것을 훅(Hook)의 탄성체라 한다. 그러나 금속도 응력이나 변형률이 어느 한도를 넘어서면 영구 변형 등을 동반하는 소성 등의 성질이 나타나므로 이때는 훅의 탄성체로 취급할 수 없다. 탄성체를 주로 취급하는 기초적인 재료역학에서는 비례한도 내에서의 문제를 주로 다룬다. 따라서 훅의 법칙은 재료역학 및 탄성학의 기초가 되는 기본적인 법칙 중의 하나이다. 탄성계수에는 세로탄성계수, 가로탄성계수 등이 있고, 재료마다 다른 값을 갖는다.

(2) 세로 탄성계수

인장 또는 압축 하중을 받을 때 발생하는 수직 응력 σ와 축방향의 변형률 ϵ과의 비를 세로탄성계수(modulus of longitudinal elasticity) 또는 영계수(Young's modulus)라 하고 일반적으로 E로 표시한다.

$$E = \frac{\sigma}{\epsilon} \qquad \therefore\ \sigma = E\epsilon$$

예

세로탄성계수 E, 길이 L, 단면적 A의 재료에 축방향 하중 P를 가했을 때의 변형량 ΔL은 다음과 같이 계산된다. 응력과 변형률의 정의에 의해

$$\sigma = \frac{P}{A}, \ \epsilon = \frac{\Delta L}{L}$$

이고, $\sigma = E\epsilon$이므로

$$\frac{P}{A} = E \cdot \frac{\Delta L}{L}$$

$$\therefore \ \Delta L = \frac{PL}{AE}$$

■

† 일반적으로 훅의 법칙을 $\sigma = E\epsilon$으로 많이 나타내며, 세로탄성계수 E는 응력-변형률 선도에서 비례한도 이내의 직선 부분의 기울기가 된다. 금속과 같이 탄성변형을 일으키는 데 큰 응력이 요구되는 재료는 큰 세로탄성계수 값을 갖고, 고무와 같이 잘 늘어나는 재료는 작은 값을 갖는다. 강철의 세로탄성계수는 약 210GPa이다.

(3) 전단 탄성계수

전단 하중을 받을 때 발생하는 전단 응력 τ와 전단 변형률 γ와의 비를 전단 탄성계수(modulus of elasticity in shear), 가로탄성계수(modulus of lateral elasticity) 또는 강성 계수(modulus of rigidity)라 하고 일반적으로 G로 표시한다.

$$G = \frac{\tau}{\gamma} \qquad \therefore \ \tau = G\gamma$$

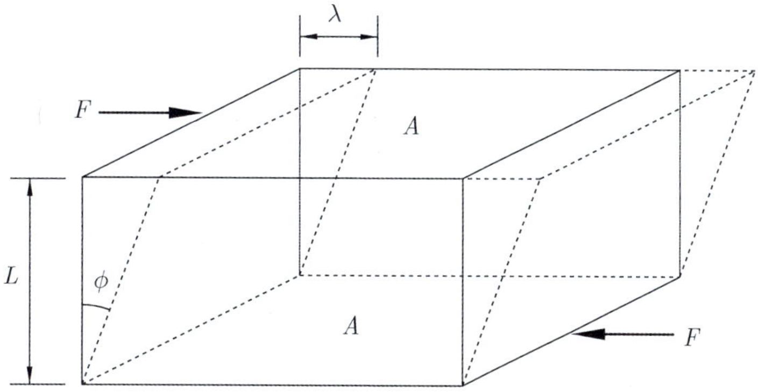

그림 4.1.9 미끄럼 변형량과 전단각

예

[그림 4.1.9]와 같이 거리 L만큼 떨어진 단면적 A의 두 면에 전단하중 F가 작용하였을 때 발생하는 미끄럼 변형량 λ와 전단각 ϕ는 다음과 같이 계산된다. 전단응력과 전단변형률의 정의에 의해

$$\tau = \frac{F}{A}, \qquad \gamma = \frac{\lambda}{L}$$

이고, $\tau = G\gamma$이므로

$$\frac{F}{A} = G \cdot \frac{\lambda}{L}$$

$$\therefore \ \lambda = \frac{FL}{AG}$$

이다. 여기에서 전단각 ϕ가 작을 때 $\lambda/L = \tan\phi \approx \phi$이므로 전단각은 다음과 같다.

$$\phi = \frac{F}{AG}$$

■

예제 4.1.7 **세로탄성계수**

길이 80 cm, 세로탄성계수 $E = 200\,\text{GPa}$인 연강봉이 300 MPa의 인장응력을 받을 때 늘어난 길이를 구하여라.

풀이 훅의 법칙에서

$$\sigma = E\epsilon = E \cdot \frac{\Delta L}{L_0}$$

이므로 늘어난 길이 ΔL은 다음과 같다.

$$\Delta L = \frac{\sigma L_0}{E} = \frac{(300 \times 10^6) \cdot (0.8)}{200 \times 10^9} = 1.2 \times 10^{-3}\,(\mathrm{m}) = 1.2\,(\mathrm{mm})$$ ■

예제 4.1.8 **전단탄성계수**

단면적 $50\,\mathrm{mm}^2$의 재료가 $8\,\mathrm{kN}$의 전단력을 받을 때 전단각이 $0.002\,\mathrm{rad}$이면 재료의 전단탄성계수(G)는 얼마인가?

풀이 단면적 $A = 50\,\mathrm{mm}^2$, 전단력 $F = 8\,\mathrm{kN} = 8000\mathrm{N}$, 전단각 $\phi = 0.002\,\mathrm{rad}$이다.
전단각 $\phi = \dfrac{F}{AG}$로부터

$$\begin{aligned} G &= \frac{F}{\phi A} = \frac{8 \times 10^3\mathrm{N}}{(2 \times 10^{-3}) \times 50\mathrm{mm}^2} \\ &= 8 \times 10^4\,\mathrm{MPa} \\ &= 80\,\mathrm{GPa} \end{aligned}$$

이상에서 $1\dfrac{\mathrm{N}}{\mathrm{mm}^2} = 1\dfrac{\mathrm{N}}{(10^{-3}\mathrm{m})^2} = 10^6\dfrac{\mathrm{N}}{\mathrm{m}^2} = 1\mathrm{MPa}$이다. ■

예제 4.1.9

길이가 1.0m이고 단면이 20mm×40mm인 사각 봉에 축방향 힘 16kgf가 작용할 때 1.0mm 늘어났다. 봉의 탄성계수[MPa]를 구하여라. (단, 중력가속도 $g = 10\mathrm{m/s}^2$으로 한다)

풀이 봉의 길이 $L = 1\mathrm{m}$, 단면적 $A = 20 \times 40\mathrm{mm}^2$, 하중 $P = 16\mathrm{kgf}$, 늘어난 길이 $\Delta L = 1\mathrm{mm}$이다. 봉의 탄성계수를 E라 하면

$$\sigma = E\epsilon$$

$$\frac{P}{A} = E\left(\frac{\Delta L}{L}\right)$$

$$\therefore \ E = \frac{PL}{A\Delta L} = \frac{(16)\times(1000)}{(20\times 40)\times(1)}\left(\frac{\text{kgf}}{\text{mm}^2}\right) = 20\left(\frac{\text{kgf}}{\text{mm}^2}\right)$$
$$= 20\left(\frac{10\text{N}}{\text{mm}^2}\right) = 200(\text{MPa})$$

여기에서 $1\text{kgf} = 10\text{N}$, $\dfrac{\text{N}}{\text{mm}^2} = \dfrac{\text{N}}{(10^{-3}\text{m})^2} = 10^6\text{Pa}$이다. ■

5. 굽힘 하중과 굽힘 응력

[그림 4.1.10]과 같이 재료가 굽힘 모멘트를 받을 경우 구부러지는 안쪽에는 수축으로 인하여 압축응력(σ_c)이 생기고, 바깥쪽에는 인장응력(σ_t)이 발생한다. 이와 같은 응력을 굽힘 응력 또는 휨 응력(bending stress)이라 한다. 선형 탄성 재료에서 굽힘 응력(σ_x)은 다음과 같이 굽힌 모멘트(M)에 비례한다.

$$\boxed{\sigma_x = -\frac{M}{I}y \ \cdots (\bigstar)}$$

여기에서 y는 중립축으로부터의 거리이고, I는 단면적의 관성모멘트(moment of inertia) 또는 단면 2차 모멘트(second moment of area)라 한다.

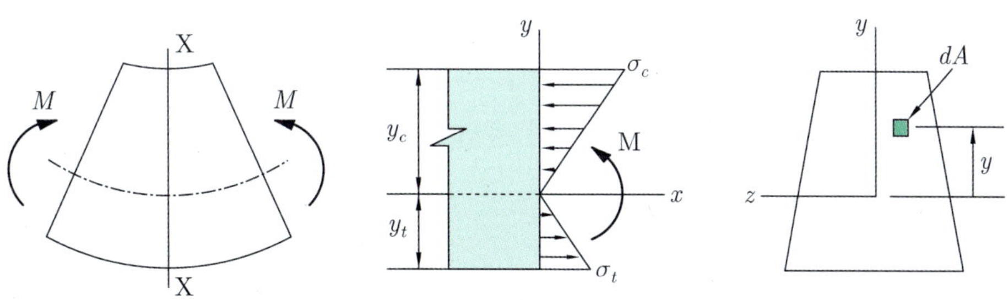

그림 4.1.10 굽힘 모멘트와 굽힘 응력

굽힘 응력이 0인 중립축의 위치는

$$\int y\,dA = 0$$

로 결정된다. 즉, z축에 대한 단면의 1차 모멘트가 0이므로 중립축은 단면의 도심(centroid)을 지난다. 직사각형과 원인 경우 중립축은 [그림 4.1.11]과 같다.

단면 2차 모멘트는

$$I = \int y^2 \, dA$$

로 정의된다. SI 단위계에서 I의 단위로는 mm^4을 많이 사용한다. [표 4.1.1]에 중립축에 대한 주요 단면의 2차 모멘트(I)를 나타내었다.

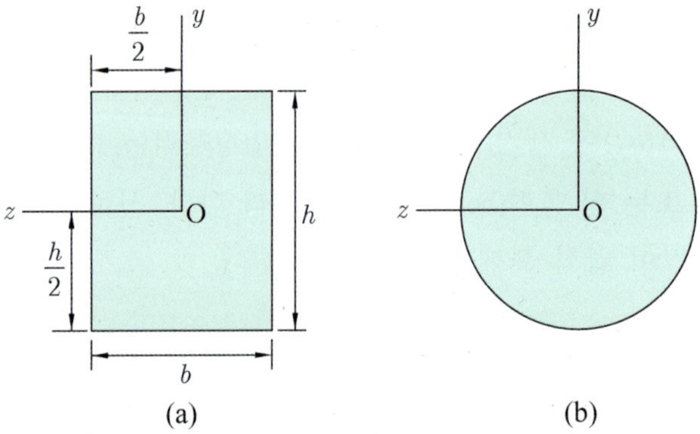

그림 4.1.11 직사각형과 원의 중립축

$\sigma_x = -\dfrac{M}{I}y$에서 굽힘 응력은 중립축으로부터의 거리($y$)에 비례하므로 최대 인장 굽힘 응력과 최대 압축 굽힘 응력은 중립축으로부터 가장 먼 곳인 보의 표면에서 발생한다. [그림 4.1.10(b)]와 같이 중립축으로부터 요소의 맨 끝까지의 거리를 각각 y_c, y_t라 하면 이에 대응하는 최대 압축 굽힘 응력 $\sigma_{c,\max}$와 최대 인장 굽힘 응력 $\sigma_{t,\max}$는 다음과 같다.

$$\sigma_{c,\max} = \frac{My_c}{I} = \frac{M}{I/y_c}, \qquad \sigma_{t,\max} = \frac{My_t}{I} = \frac{M}{I/y_t}$$

여기에서

$$Z_c = \frac{I}{y_c}, \qquad Z_t = \frac{I}{y_t}$$

를 각각 압축 쪽 단면계수, 인장 쪽 단면계수라 한다. 이때

$$\sigma_{c,\max} = \frac{M}{Z_c}, \qquad \sigma_{t,\max} = \frac{M}{Z_t}$$

이다. 즉, 단면 계수(section modulus)

$$Z = \frac{I}{y_{\max}}$$

를 정의하여 단면에서의 최대 굽힘 응력을

$$\sigma_{\max} = \frac{M}{Z} \quad \cdots (\bigstar)$$

로 나타낸다.[1] 단면이 중립축에 대하여 대칭이면 두 단면계수가 같은 값을 갖는다 ($Z = Z_t = Z_c$). [표 4.1.1]에 직사각형과 원의 단면계수(Z)를 나타내었다. 재료역학에서의 주요 관심사는 최대 응력이므로 이와 같이 단면계수를 정의하여 최대 응력을 구

❙ 표 4.1.1 주요 단면의 2차 모멘트 I와 단면계수 Z

단면	단면 2차 모멘트 I	단면계수 Z
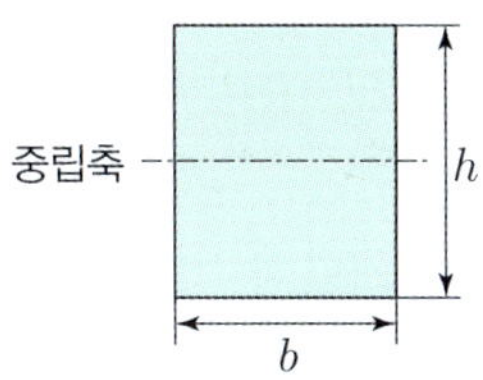	$I = \frac{bh^3}{12}$	$Z = \frac{bh^2}{6}$
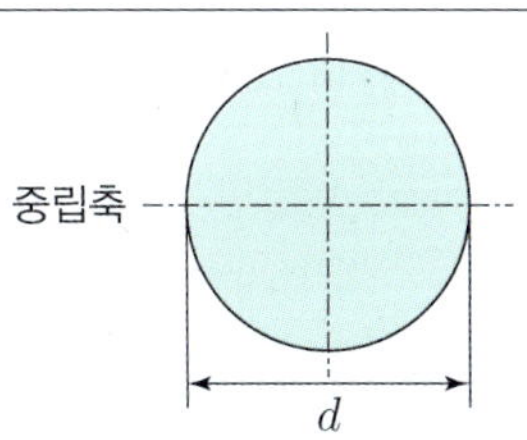	$I = \frac{\pi}{64}d^4$	$Z = \frac{\pi}{32}d^3$
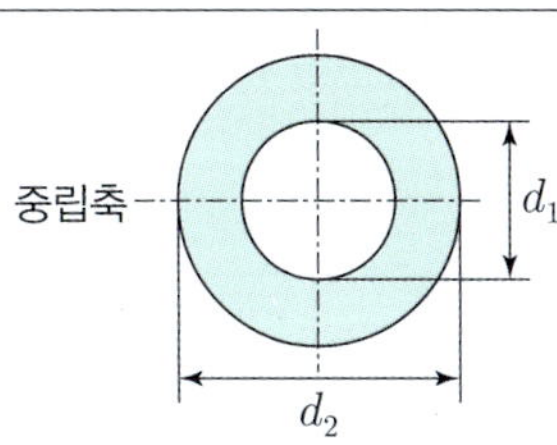	$I = \frac{\pi}{64}(d_2^4 - d_1^4)$ $= \frac{\pi}{64}d_2^4(1-x^4)$ $(x = d_1/d_2)$	$Z = \frac{\pi}{32} \times \frac{d_2^4 - d_1^4}{d_2}$ $= \frac{\pi}{32}d_2^3(1-x^4)$ $(x = d_1/d_2)$

1) 비의 유도 과정은 참고로 하고 결과 식 (★)와 휨 응력의 개념을 이해하면 된다.

한다. 한편 균일 보의 전 구간에서 굽힘 모멘트(M)가 최대인 단면에서 최대 응력 $\left(\sigma_{\max} = \frac{M_{\max}}{Z}\right)$이 발생하므로 이 단면을 위험 단면이라 한다.

예제 4.1.10 **굽힘 하중과 굽힘 응력**

한 변이 60mm인 정사각형 단면 보에 720kN · mm의 휨 모멘트가 작용하고 있을 때 단면에 발생하는 최대 휨 응력은 몇 MPa(N/mm²)인가?

풀이 정사각형 단면의 한 변의 길이를 h라 하면 휨 응력 $\sigma = \frac{M}{I}y$에서 $y = \frac{h}{2}$에서 최대 휨 응력($\sigma_{\max}$)이 발생한다. 따라서

$$I = \frac{bh^3}{12} = \frac{h \cdot h^3}{12} = \frac{h^4}{12}$$

이므로 최대 휨 응력은 다음과 같다.

$$\sigma_{\max} = \frac{M}{I}y = \frac{M}{(h^4/12)} \times \frac{h}{2} = \frac{6M}{h^3} = \frac{6 \times (720 \times 1000)\,\mathrm{N \cdot mm}}{(60\mathrm{mm})^3}$$

$$= 20\,\mathrm{N/mm^2} = 20\mathrm{MPa}$$

■

6. 비틀림 하중과 전단응력

일반적으로 전동기나 엔진의 동력을 작업 기계나 바퀴에 전달할 때는 회전축을 이용하여 회전하는 형태의 힘으로 전달한다. 동력 H(W)를 전달하는 회전축의 각속도를 ω(rad/s)라 하면 회전축이 전달하는 토크(T)는 다음과 같다.

$$T = \frac{H}{\omega} \ (\mathrm{N \cdot m})$$

이 토크가 작업 기계의 회전축을 돌리려면 회전축에는 비틀림 하중 또는 비틀림 모멘트가 발생한다.

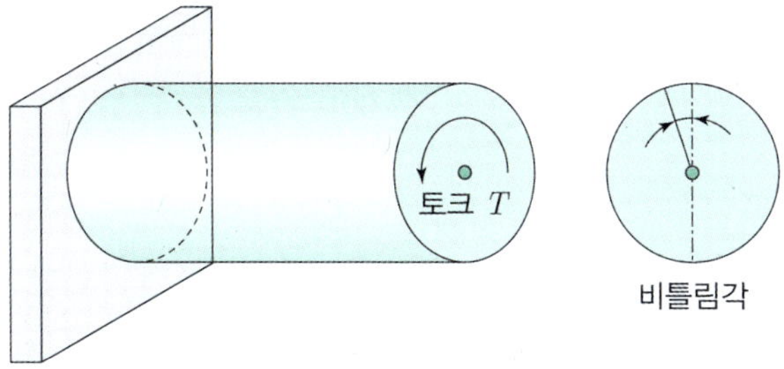

그림 4.1.12 원형 단면 축에 작용하는 비틀림 모멘트

[그림 4.1.12]와 같이 원형 단면 축의 한 끝을 고정하고 다른 쪽 끝에 비틀림 모멘트를 작용시키면 축은 비틀리기 때문에 단면에는 비틀림 응력(twisting stress) τ가 발생한다. 단면에 분포하는 전단응력을 속이 차 있는 축과 속이 비어 있는 축으로 나누어 나타내면 [그림 4.1.13]과 같다.

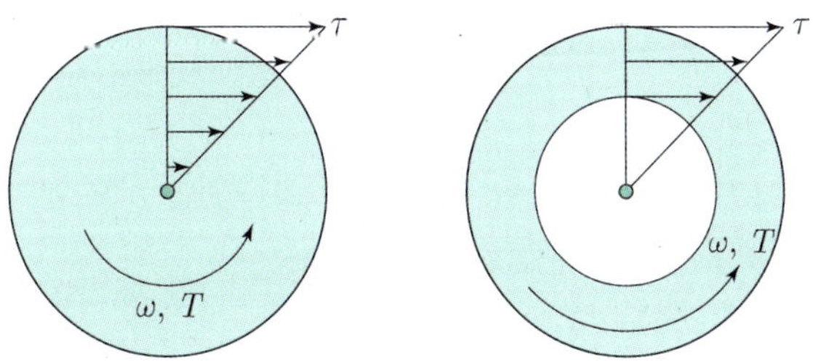

그림 4.1.13 회전축의 단면에 분포하는 전단응력

일반적으로 비틀림 모멘트 T를 받는 회전축의 원형 단면에 분포되는 전단응력의 방향은 원주방향이며, 축의 반지름 방향 좌표를 r이라 할 때 그 크기는 다음 식으로 계산된다.

$$\tau = \frac{T \cdot r}{I_p} \quad \cdots (\bigstar)$$

여기에서 I_p는 단면의 회전축의 중심에 대한 2차 모멘트로서 극관성 모멘트(polar moment of inertia) 또는 극단면 2차 모멘트라 한다. [표 4.1.2]에 속이 찬 원형 단면축과 속이 빈 원형 단면축의 I_p를 나타내었다. 단면이 원형일 때 I_p는 휨 하중을 받는 보의 휨 응력 계산에 사용하는 관성 모멘트 I의 두 배이다.

휨 하중을 받는 보의 최대 응력을 계산할 때는 단면계수 Z를 사용하였다. 이 단면계수 Z에 대응하여 극단면 계수 Z_p를 다음과 같이 정의하면 비틀림 하중을 받는 축의 최대 전단응력을 편리하게 계산하여 설계에 사용할 수 있다.

$$Z_p = \frac{I_p}{r_{\max}}$$

식 (★)에서 최대 전단응력은

$$\tau_{\max} = \frac{T \cdot r_{\max}}{I_p}$$

이다. 따라서 극단면 계수 Z_p를 사용하면 단면의 최대 전단응력은 다음 식으로 계산된다.

$$\tau_{\max} = \frac{T}{Z_p}$$

표 4.1.2 속이 찬 원형 단면축과 속이 빈 원형 단면축의 극단면 2차모멘트 I_p와 극단면 계수 Z_p

단면	극단면 2차 모멘트 I_p	극단면 계수 Z_p
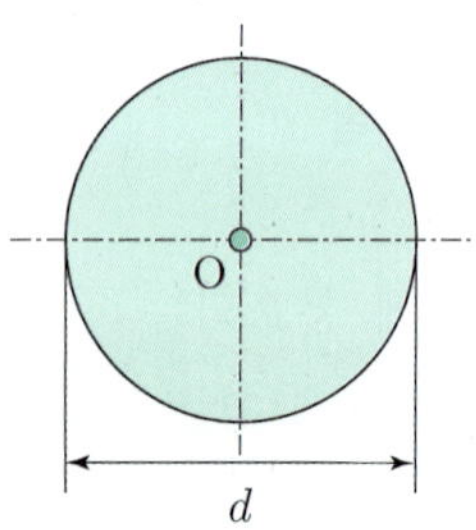	$I_p = \frac{\pi}{32}d^4$	$Z_p = \frac{\pi}{16}d^3$
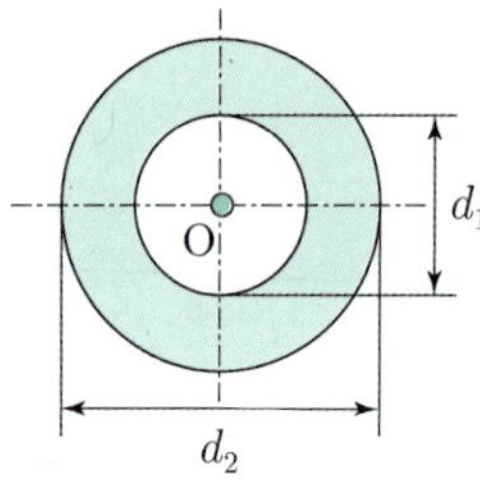	$I_p = \frac{\pi}{32}(d_2^4 - d_1^4)$ $= \frac{\pi d_2^4}{32}(1-x^4)$ $(x = d_1/d_2)$	$Z_p = \frac{\pi}{16} \times \frac{d_2^4 - d_1^4}{d_2}$ $= \frac{\pi d_2^3}{16}(1-x^4)$ $(x = d_1/d_2)$

예제 4.1.11 **비틀림 하중과 전단응력**

지름 30mm인 봉의 한쪽 끝을 고정하고 다른 쪽 끝에 비틀림 모멘트 $4 \times 10^5 \mathrm{N \cdot mm}$를 가할 때 봉에 발생하는 최대 비틀림 응력은 몇 $\mathrm{MPa(N/mm^2)}$인가?

풀이 지름 d인 봉 단면의 극단면계수 $Z_p = \frac{\pi}{16}d^3$이므로 최대 비틀림 응력 τ_{max}는 다음과 같다.

$$\tau_{max} = \frac{T}{Z_p} = \frac{16T}{\pi d^3} = \frac{16 \times (4 \times 10^5 \mathrm{N \cdot mm})}{\pi \times 30^3 \mathrm{mm}^3}$$
$$= 75.45 \mathrm{N/mm^2} = 75.45 \mathrm{MPa}$$

■

예제 4.1.12

그림과 같이 수평으로 놓인 길이 L인 원형 막대의 끝단에 길이 $\frac{L}{2}$의 직사각형 막대가 직각으로 연결되어 있다. 직사각형 막대의 끝에 P의 하중이 연직 아래 방향으로 작용할 때, 고정지점의 최상단 A점에서의 전단응력과 굽힘 응력을 구하여라. (단, 원형 막대의 직경은 d이고, 자중은 무시한다.)

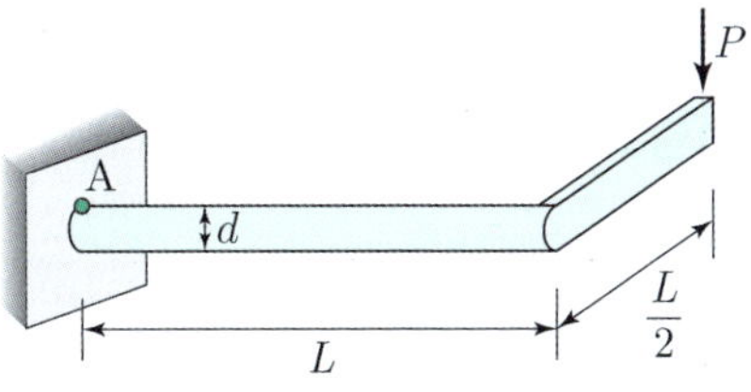

그림 4.1.14

풀이 (1) 고정 지점에 작용하는 비틀림 모멘트(T)는

$$T = P \times \frac{L}{2} = \frac{PL}{2}$$

이고, 최상단 A점에서의 전단응력(τ_A)은 다음과 같다.

$$\tau_A = \frac{T}{I_p} r_A = \left(\frac{PL/2}{\pi d^4/32}\right) \times \frac{d}{2} = \frac{8PL}{\pi d^3}$$

(2) 고정 지점에 작용하는 굽힘 모멘트(M)는

$$M = P \times L = PL$$

이고, 최상단 A점에서의 굽힘 응력(σ_A)은 다음과 같다.

$$\sigma_A = \frac{M}{I} y_A = \left(\frac{PL}{\pi d^4/64} \right) \times \frac{d}{2} = \frac{32PL}{\pi d^3}$$

7. 축의 비틀림 강성

토크를 전달하는 축은 어느 정도 비틀리게 된다. 이때 비틀림 각이 커지게 되면 재료의 탄성에 의해 진동의 원인이 되므로 축 강도와는 별도로 비틀림 각을 용도에 맞게 특정 값 이하로 제한해야 한다.

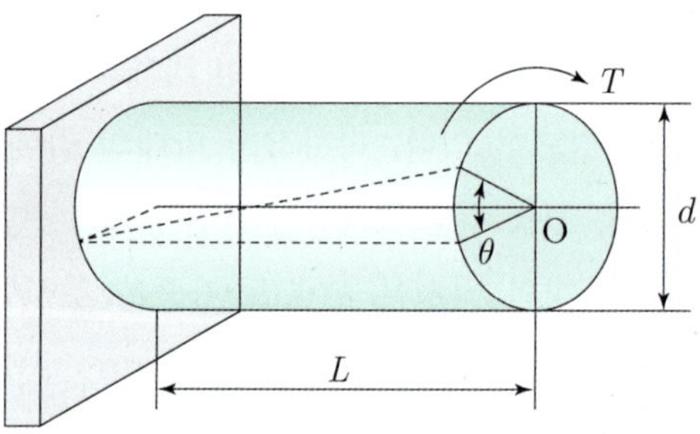

Ⅰ그림 4.1.15 비틀림 모멘트와 비틀림 각

[그림 4.1.15]와 같이 길이 L(mm)인 원형 단면 축이 비틀림 모멘트 T(N · mm)를 받을 때 축의 끝 단면에서의 비틀림 각 θ는 다음과 같다.

$$\theta = \frac{TL}{GI_p} \text{ (rad)}$$

여기에서 G(N/mm^2)는 축의 전단탄성계수, I_p(mm^4)는 축의 극관성모멘트이다. 비틀림 각 θ는 축 길이 L에 비례하고, GI_p의 값에 반비례한다. 즉, GI_p의 값이 클수록 비틀림 변형에 대한 저항이 크다는 것을 의미하므로 GI_p를 비틀림 강성(torsional rigidity)이라 한다.

속이 찬 원형 단면 축에 대해서 $I_p = \dfrac{\pi d^4}{32}$이므로 비틀림 각 θ는 다음과 같다.

$$\theta = \frac{32\,TL}{\pi G d^4} \ \text{(rad)}$$

속이 빈 원형 단면 축에 대해서 $I_p = \frac{\pi}{32}(d_2^4 - d_1^4)$이므로 비틀림 각 θ는 다음과 같다.

$$\theta = \frac{32\,TL}{\pi G(d_2^4 - d_1^4)} \ \text{(rad)}$$

위 식에서 $1\,\text{rad} = \frac{180}{\pi}$(degree)이므로 θ를 도(degree)로 나타내면 다음과 같다.

$$\theta = \frac{32\,TL}{\pi G d^4} \times \frac{180}{\pi} \ (°:\text{deg, 도})$$

$$\theta = \frac{32\,TL}{\pi G(d_2^4 - d_1^4)} \times \frac{180}{\pi} \ (°:\text{deg, 도})$$

예제 4.1.13 축의 비틀림 각

길이 1.5m, 지름 50mm의 속이 찬 원형 단면 축의 한 끝을 고정하고 $2 \times 10^5\,\text{N}\cdot\text{mm}$의 비틀림 모멘트를 가하였다. 축의 전단탄성계수가 $8 \times 10^4\,\text{N/mm}^2$일 때 고정단의 반대 쪽 끝의 비틀림 각을 구하여라.

풀이 단위를 N, mm로 통일하여 계산한다. 축 길이 $L = 1.5\text{m} = 1500\text{mm}$, 축 지름 $d = 50\text{mm}$, 비틀림 모멘트 $T = 2 \times 10^5\,\text{N}\cdot\text{mm}$, 축의 전단탄성계수 $G = 8 \times 10^4\,\text{N/mm}^2$이다. 비틀림 각($\theta$)은 다음과 같다.

$$\begin{aligned}\theta &= \frac{32\,TL}{\pi G d^4} = \frac{32 \times (2 \times 10^5) \times (1500)}{\pi \times (8 \times 10^4) \times 50^4} \\ &= 6.11 \times 10^{-3}\,(\text{rad}) \\ &= 6.11 \times 10^{-3} \times \frac{180}{\pi}\,(\text{deg}) \\ &= 0.35\,(\text{deg})\end{aligned}$$

■

8. 평면응력과 모어 원

보와 축 및 봉에서의 수직응력과 전단응력은 앞에서 기술한 기본 공식으로 계산할 수 있다. 예를 들어 보에서의 굽힘 응력은 $\sigma = M_b y/I$로 주어지고, 봉에서의 비틀림 응력은 $\tau = Tr/I_p$로 주어진다. 그런데 이들 공식에 의해 계산된 응력은 부재의 축에 직각인 단면에 작용하는 것으로 경사면에서는 이보다 더 큰 응력이 발생할 수 있다. 따라서 부재를 관통하여 자른 경사면에 작용하는 수직응력과 전단응력을 구할 수 있어야 한다.

여기에서는 이와 같은 응력을 계산하기 위해 좀 더 일반적인 응력 상태인 평면응력(plane stress)에서 경사면에 작용하는 응력을 알아본다. 평면응력에서 물체 내 한 점에서의 응력상태는 응력요소(stress element)로 표현된다. [그림 4.1.16]과 같은 평면응력에서의 변환 공식은 모어 원(Mohr's circle)으로 알려진 도식적인 방법으로 나타낼 수 있다. 모어 원으로부터 주응력, 최대 전단응력 및 경사면에서의 응력을 계산할 수 있다.

모어 원을 그리는 방법은 여러 가지가 있을 수 있지만 다음과 같이 그리는 게 편리하다.

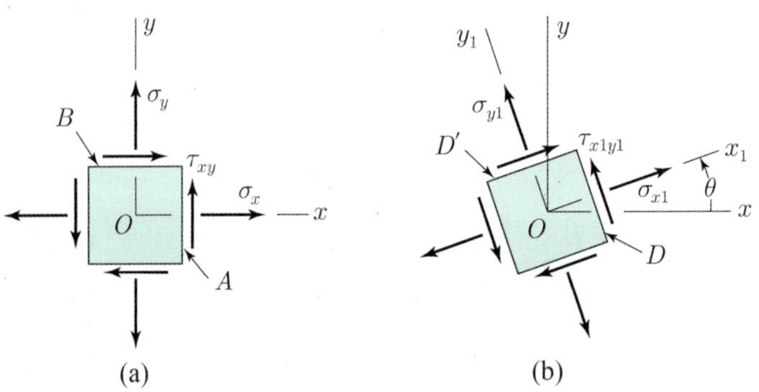

그림 4.1.16 (a) 양(+)의 전단응력과 수직 응력 (b) 경사단면의 응력

[그림 4.1.16]의 (a)와 같이 σ_x가 양이면 오른쪽에, 전단응력 τ_{xy}가 양이면 아래쪽에 면 A의 응력을 나타낸다(모어 원 [그림 4.1.17]의 점 A). 전단응력이 양의 값을 가질 때 아래쪽으로 그릴 경우의 장점은, 모어원에서 각 2θ가 반시계방향(↶)일 때를 양으로 정한 것이 변환공식을 유도할 때 2θ를 양으로 정한 방향과 일치하는 데 있다. 즉, 모어원에서 2θ의 방향과 경사 단면의 θ의 방향이 일치한다. 따라서 각 2θ에 대한 양의 방향이

모어 원과 요소 자체에서 같아지므로 응력 요소의 방향을 도식적으로 나타내기가 쉬워진다.

예를 들어 [그림 4.1.16]에서 (a)의 요소를 반시계방향(↶)으로 θ만큼 회전한 요소 (b)에서의 응력을 다음과 같이 쉽게 구할 수 있다. [그림 4.1.17]의 모어원에서 (a) 요소의 응력을 나타내는 점 A, B를 각각 반시계방향(↶)으로 2θ만큼 회전한 점 D, D'의 응력이 바로 (b) 요소의 각 면에서의 응력이 된다.

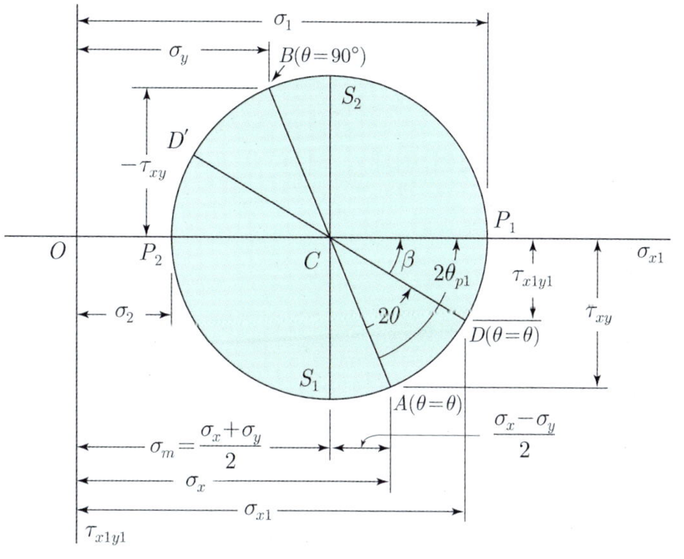

그림 4.1.17 평면 응력에 대한 모어 원

평면 응력 요소에서 x와 y면에 작용하는 응력이 σ_x, σ_y, τ_{xy}일 때 모어 원의 중심 좌표는 $C(\sigma_m, 0)$이고 모어 원의 방정식은 다음과 같다.

$$(\sigma-\sigma_m)^2+\tau^2=R^2 \qquad \cdots\cdots ①$$

여기에서 평균 응력(σ_m)과 원의 반지름(R)은 다음과 같다.

$$\sigma_m=\frac{\sigma_x+\sigma_y}{2} \qquad \cdots\cdots ②$$

$$R=\sqrt{\left(\frac{\sigma_x-\sigma_y}{2}\right)^2+(\tau_{xy})^2} \qquad \cdots\cdots ③$$

식 ①, ②, ③은 원의 방정식과 피타고라스 정리를 이용하여 쉽게 구할 수 있다. 최대 수직응력과 최소 수직응력을 주응력(principle stress)이라 하며, 모어 원에서 최대 주응력(σ_1)과 최소 주응력(σ_2) 및 최대전단응력($\tau_{\max}$)은 다음과 같이 결정된다.

$$\sigma_1 = \sigma_m + R \quad \cdots\cdots ④$$

$$\sigma_2 = \sigma_m - R \quad \cdots\cdots ⑤$$

$$\tau_{\max} = R \quad \cdots\cdots ⑥$$

그리고 [그림 4.1.18]에서 응력이 최대가 되는 각 θ_p는 다음과 같이 결정된다. 주각(principle angle) θ_p는 최대주응력이 작용하는 주평면(principle plane)의 방향을 나타내는 각도이다.

$$\tan(2\theta_p) = \frac{\tau_{xy}}{(\sigma_x - \sigma_y)/2} = \frac{2\tau_{xy}}{\sigma_x - \sigma_y}$$

$$\theta_p = \frac{1}{2}\tan^{-1}\left(\frac{2\tau_{xy}}{\sigma_x - \sigma_y}\right) \quad \cdots\cdots ⑦$$

$$\tan(2\theta_p) = \frac{\tau_{xy}}{\sigma_x - \sigma_m}$$

$$\theta_p = \frac{1}{2}\tan^{-1}\left(\frac{\tau_{xy}}{\sigma_x - \sigma_m}\right) \quad \cdots\cdots ⑧$$

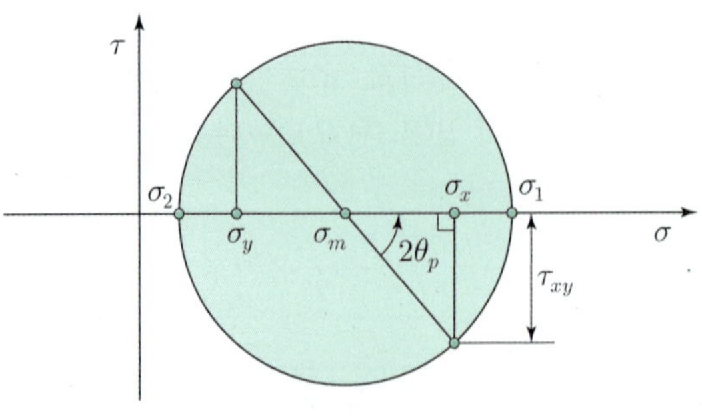

그림 4.1.18 주각 θ_p

Note 응력의 부호 규약

그림과 같은 응력요소를 살펴보자. 이 요소의 크기는 미소하며 일반적으로 직사각형으로 그린다. x, y축은 요소의 모서리와 평행하고 요소의 면은 바깥쪽으로 수직인 방향으로 나타낸다. 예를 들어 요소의 오른쪽 면을 양(+)의 x면이라 하고 왼쪽을 음(−)의 x면이라 한다. 마찬가지로 윗면은 양(+)의 y면이 되고 아래 면은 음(−)의 y면이 된다.

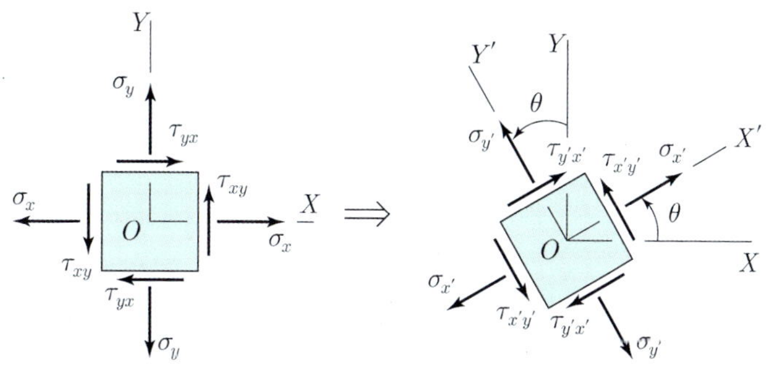

그림 4.1.19 평면 응력에서의 요소

그림에서 응력 기호는 다음과 같은 의미를 가진다. 수직응력 σ의 아래 첨자는 응력이 작용하는 면을 나타낸다. 예를 들어 σ_x는 요소의 x면에 작용하고 σ_y는 요소의 y면에 작용한다. 요소의 크기가 매우 작기 때문에 같은 크기의 수직응력이 반대 면에도 작용한다. **수직응력에 대한 부호 규약은 일반적으로 인장은 양(+)으로, 압축은 음(−)으로 한다.**

전단응력 τ는 2개의 아래 첨자를 가진다. 첫 번째 아래 첨자는 응력이 작용하는 면을 나타내고, 두 번째는 그 면에서의 응력 방향을 나타낸다. 예를 들어 τ_{xy}는 x면에 y축 방향으로 작용하고, τ_{yx}는 y면에 x축 방향으로 작용한다.

전단응력에 대한 부호 규약은 다음과 같다. **전단응력이 요소의 양의 면에 축의 양의 방향으로 작용하면 양(+)이고, 요소의 양의 면에 축의 음의 방향으로 작용하면 음(−)이다.** 따라서 그림과 같이 양의 x면과 y면에 작용하는 응력 τ_{xy}와 τ_{yx}는 양의 전단응력이 된다. 마찬가지로 **요소의 음의 면에 축의 음의 방향으로 작용하면 전단 응력은 양이 된다.** 따라서 그림과 같이 요소의 음의 면에 그려진 τ_{xy}와 τ_{yx}도 역시 양이 된다.

이상에서 정의한 전단응력에 대한 부호 규약은 다음과 같이 기술하면 쉽게 기억할 수 있다.

전단응력 방향에 관계되는 아래 첨자가 양-양 또는 음-음이면 전단응력은 양이고, 방향이 양-음 또는 음-양이면 응력은 음이다.

예제 4.1.14

평면응력 상태에서 $\sigma_x = 10\,\text{kPa}$, $\sigma_y = 2\,\text{kPa}$, $\tau_{xy} = 3\,\text{kPa}$로 측정되었다. 모어 원(Mohr's circle) 상의 주응력과 최대전단응력의 크기[kPa] 및 최대 주응력의 방향(θ_p)을 구하여라.

풀이 그림과 같이 주어진 평면응력에 대한 모어 원(Mohr's circle)을 그린다.

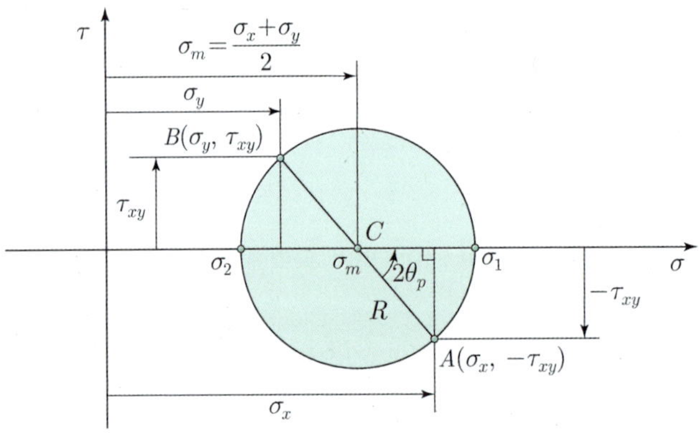

그림 4.1.20 모어 원

먼저 모어 원의 중심(C)의 좌표는 $(\sigma_{\text{m}}, 0)$이다. 여기에서 평균응력(σ_{m})은

$$\sigma_{\text{m}} = \frac{\sigma_x + \sigma_y}{2} = \frac{10+2}{2} = 6\,(\text{kPa})$$

이고, 모어원의 반지름(R)은

$$R = \sqrt{\left(\frac{\sigma_x - \sigma_y}{2}\right)^2 + \tau_{xy}^2} = \sqrt{\left(\frac{10-2}{2}\right)^2 + (3)^2} = 5\,(\text{kPa})$$

이다. 따라서 모어 원에서 최대 주응력(σ_1)과 최소 주응력(σ_2) 및 최대전단응력($\tau_{\max}$)은 다음과 같다.

$$\sigma_1 = \sigma_{\text{m}} + R = 6 + 5 = 11\,(\text{kPa})$$

$$\sigma_2 = \sigma_{\text{m}} - R = 6 - 5 = 1\,(\text{kPa})$$

$$\tau_{\max} = R = 5(\text{kPa})$$

그리고 최대 주응력의 방향(θ_p)은 다음과 같이 결정된다.

$$\theta_p = \frac{1}{2}\tan^{-1}\left(\frac{2\tau_{xy}}{\sigma_x - \sigma_y}\right) = \frac{1}{2}\tan^{-1}\left(\frac{2\times 3}{10-2}\right) \approx 18.4° \quad ■$$

† 모어 원을 그릴 때 중요한 것은 모어 원의 중심 좌표($\sigma_{\text{m}}, 0$)와 반지름(R)이다. 여기에서 $\sigma_{\text{m}} = \dfrac{\sigma_x + \sigma_y}{2}$이고, R은 모어 원이 두 점 $(\sigma_x, -\tau_{xy})$, (σ_y, τ_{xy})를 지난다는 것을 알면 피타고라스 정리로부터 쉽게 구할 수 있다. 이것이 결정되어 모어 원이 그려지면 원의 기하학적 성질로부터 주응력(σ_1, σ_2), 최대전단응력($\tau_{\max}$) 등이 구해진다.

4.1 연습문제

1. 지름이 20 mm 인 연강 봉에 4 kN 의 인장 하중이 작용하면 봉에 발생하는 인장응력은 몇 MPa 인가?

2. 바깥지름 80mm, 안지름 50mm 인 속이 빈 원통에 60kN 의 압축하중이 작용할 때 원통에 발생하는 압축응력은 몇 MPa 인가?

3. 그림과 같은 핀 이음에 인장하중 $F = 15\,\text{kN}$ 이 작용할 때 핀에 발생하는 전단응력이 30 MPa 이면 핀의 지름(d)은 몇 mm 인가?

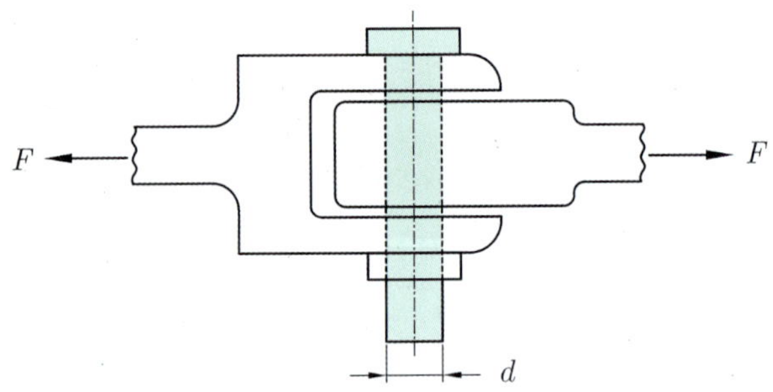

문제 4.1.3

4. 바깥지름 100mm, 안지름 70mm 인 속이 빈 축에 $6 \times 10^6\,\text{N} \cdot \text{mm}$ 의 굽힘 모멘트가 작용할 때 발생하는 최대 굽힘 응력(MPa)을 구하여라.

5. $4 \times 10^4\,\text{N} \cdot \text{mm}$ 의 굽힘 모멘트를 받는 속이 찬 원형 단면 축에 발생하는 최대 굽힘 응력이 $3\,\text{N/mm}^2$ 일 때 축 지름(mm)을 구하여라.

6. 바깥지름 50mm, 안지름 40mm 인 속이 빈 강관에 $2 \times 10^6\,\text{N} \cdot \text{mm}$ 의 비틀림 모멘트가 작용할 때 발생하는 최대 비틀림 응력(MPa)을 구하여라.

7. 4kN · m 의 비틀림 모멘트를 받는 속이 찬 원형 단면 축에 발생하는 최대 전단 응력이

$6 kN/cm^2$일 때 축 지름(mm)을 구하여라.

8. 길이 500mm 봉이 인장 하중을 받고 길이가 2mm 늘어났다면 봉의 세로변형률은 얼마인가?

9. 단면적이 일정한 봉에 인장 하중을 가하였더니 길이가 300mm가 되었다. 인장에 의한 세로변형률이 0.005이면 변형 전의 길이는 얼마인가?

10. 지름 20mm 봉이 압축 하중을 받고 지름이 0.008mm 늘어났을 때 봉의 가로변형률을 구하여라.

11. 지름 40mm, 길이 500mm인 봉이 인장하중을 받고 길이가 0.5mm 늘어나고 지름이 0.01mm 줄었을 때 재료의 푸아송 비를 구하여라.

12. 한 변의 길이가 20mm인 정육면체 모양의 재료에 50kN의 인장 하중을 작용시켰더니 하중과 직각 방향의 변의 길이가 4×10^{-3}mm만큼 줄어들었다. 재료의 세로탄성계수 $E = 200$ GPa일 때 푸아송 비를 구하여라.

13. 푸아송 수 m, 세로 탄성계수 E, 지름 d_0인 봉에 인장 하중이 작용하여 σ의 인장응력이 생겼을 때 봉 지름의 감소량을 구하여라.

14. 그림과 같은 사각형 요소가 전단하중을 받고 $\lambda = 0.4$mm의 미끄럼변형이 발생하였다. $l = 100$mm일 때 전단변형률과 전단각을 구하여라.

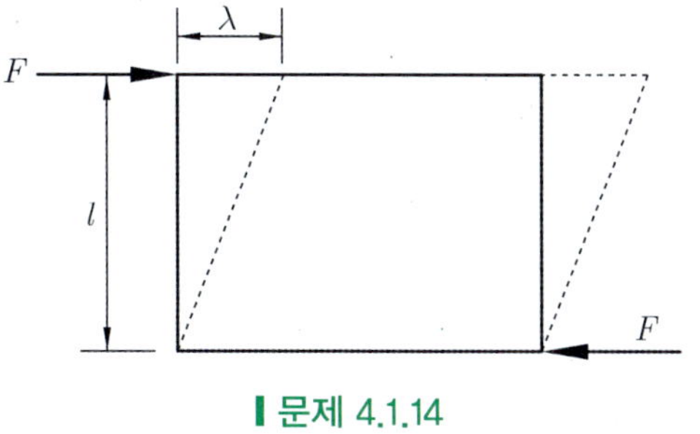

▌문제 4.1.14

15. 길이 0.5m, 세로탄성계수 $E = 200$ GPa인 봉이 100MPa의 인장응력을 받을 때 늘어난 길이를 구하여라.

16. 지름 10 mm 인 금속 봉을 인장 시험기에 설치하고 140 kN 의 인장 하중을 가하였더니 길이가 500 mm 에서 505mm 로 늘어났다. 재료의 세로탄성계수를 구하여라.

17. 전단탄성계수 $G = 80\,\text{GPa}$, 단면적 $1000\,\text{mm}^2$인 재료가 100 kN 의 전단하중을 받을 때 발생하는 전단변형률을 구하여라.

18. 전단탄성계수 $G = 80\,\text{GPa}$, 단면적 $10\,\text{cm}^2$인 재료에 단면 방향으로 전단 하중을 가했을 때 발생하는 전단각이 $10^{-3}\,\text{rad}$이면 가한 하중은 몇 kN 인가?

19. 길이 4 m 의 속이 찬 원형 단면 축에 5 kN · m 의 비틀림 모멘트가 작용할 때 축의 최대 비틀림 각이 2° 이면 축의 지름은 얼마인가? 축의 전단탄성계수는 $8 \times 10^4\,\text{N/mm}^2$이다.

20. 균일원형 단면 강봉에 인장력이 작용할 때, 강봉의 지름을 3배로 증가시키면 응력은 몇 배가 되는가? (단, 강봉의 자중은 무시한다.) [공무원시험]

① $\frac{1}{27}$ ② $\frac{1}{9}$

③ 3 ④ 9

21. 단위가 나머지 셋과 다른 것은? [공무원시험]

① 인장 응력 ② 비틀림 응력

③ 전단 변형률 ④ 철근의 탄성계수

22. 그림과 같은 길이가 1m, 지름이 30mm, 푸아송 비가 0.3인 강봉에 인장력 P 가 작용하고 있다. 강봉이 축 방향으로 3mm 늘어날 때, 강봉의 최종 지름[mm]은? [공무원시험]

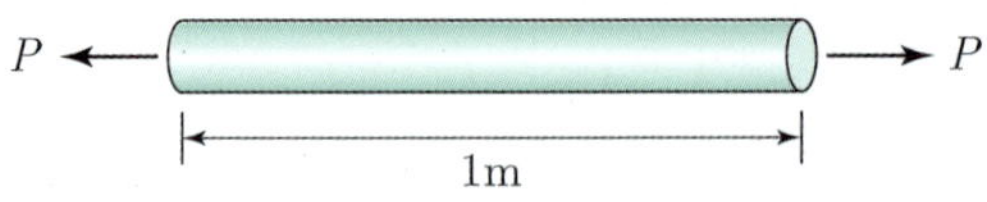

▎문제 4.1.22

① 29.730 ② 29.973

③ 30.027 ④ 30.270

23. 그림과 같이 각 변의 길이가 10mm인 입방체에 전단력 $V = 10\text{kN}$이 작용될 때, 이 전단력에 의해 입방체에 발생하는 전단 변형률 γ는? (단, 재료의 탄성계수 $E = 130\text{GPa}$, 푸

아송 비 $\nu = 0.3$이다. 또한 응력은 단면에 균일하게 분포하며, 입방체는 순수전단 상태이다) [공무원시험]

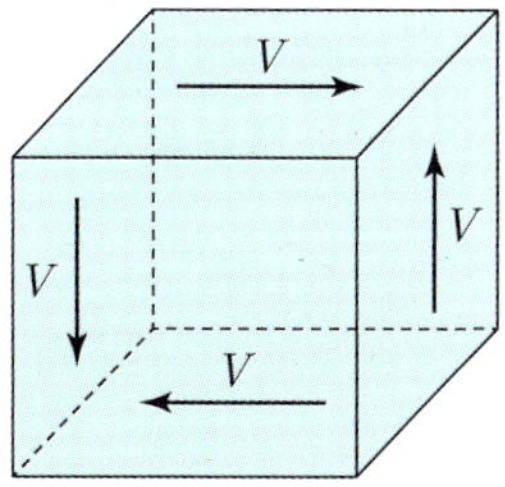

문제 4.1.23

① 0.001　　② 0.002
③ 0.003　　④ 0.005

24. 지름 10mm의 원형단면을 갖는 길이 1m의 봉이 인장하중 $P = 15$kN을 받을 때, 단면 지름의 변화량[mm]은? (단, 계산 시 π는 3으로 하고, 봉의 재실은 균일하며, 탄성계수 $E = 50$GPa, 푸아송 비 $\nu = 0.3$이다. 또한 봉의 자중은 무시한다.) [공무원시험]

① 0.006　　② 0.009
③ 0.012　　④ 0.015

25. 그림과 같이 받침대 위에 블록이 놓여 있다. 이 블록 중심에 $F = 20$kN이 작용할 때 블록에서 생기는 평균전단응력[N/mm^2]은? [공무원시험]

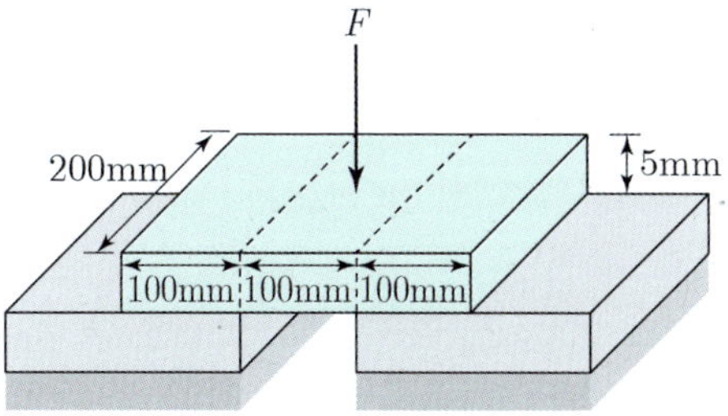

문제 4.1.25

① 1　　② 2
③ 10　　④ 20

26. 다음과 같이 지름 10mm의 강봉에 3,000kN의 인장력이 작용하여 봉의 지름이 0.4mm 줄어들었다. 이때 푸아송 비(Poisson's ratio)는? (단, 강봉의 탄성계수는 2.0×10^5MPa

이고, π는 3으로 계산한다.) [공무원시험]

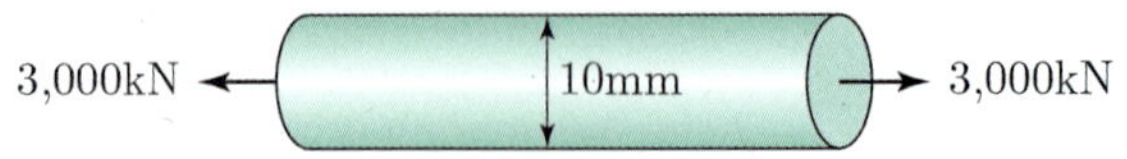

▌문제 4.1.26

① $\frac{1}{3}$ ② $\frac{1}{4}$

③ $\frac{1}{5}$ ④ $\frac{1}{6}$

27. 다음과 같이 길이가 1,000mm이고, 직경이 20mm인 균질하고 등방성인 재료로 만들어진 막대가 20kN의 축하중을 받을 때, 길이방향으로 500μm 늘어난 반면, 직경은 3μm 줄었다. 이 재료의 탄성계수(E[GPa])와 푸아송 비(ν)를 구하여라. [공무원시험]

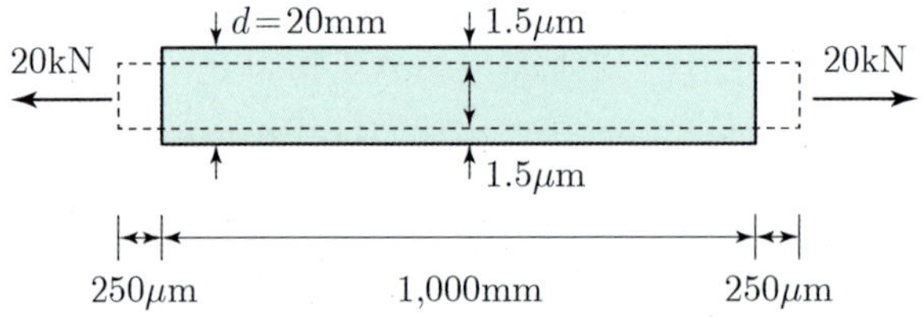

▌문제 4.1.27

28. 길이가 L인 단면적 A의 인장시험체를 힘 P로 인장하였을 때 δ의 신장이 있었다고 한다. 이 강봉의 전단탄성계수(G)는? (단, 푸아송 비는 ν이다.) [공무원시험]

① $G=\dfrac{PL}{A\delta(1+\nu)}$ ② $G=\dfrac{PL}{2A\delta(1+\nu)}$

③ $G=\dfrac{P}{AL\delta(1+\nu)}$ ④ $G=\dfrac{P}{2AL\delta(1+\nu)}$

29. 단면이 원형이고 직경이 d인 막대의 길이(축)방향으로 인장하중이 작용하여 막대에 인장응력 σ가 생겼다면 이 때 직경의 감소량을 나타내는 식은? (단, ν는 푸아송 비(Poisson's ratio)이고, G는 전단탄성계수(shear modulus)이고, E는 영의 계수(Young's modulus)이다.) [공무원시험]

① $\dfrac{\nu dG}{\sigma}$ ② $\dfrac{\nu\sigma G}{d}$

③ $\dfrac{\nu\sigma d}{E}$ ④ $\dfrac{\nu\sigma E}{d}$

30. 다음 그림과 같이 바닥면이 고정되고 전단탄성계수가 G인 고무 받침의 윗면에 전단력 V가 작용할 때 고무받침 윗면의 수평 변위 d는? (단, 전단력은 고무받침 단면에 균일하게 전달되고 전단변형의 크기는 매우 작다고 가정한다.) [공무원시험]

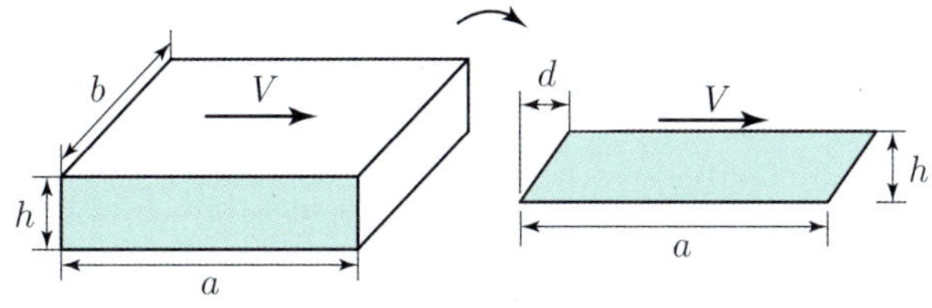

❙ 문제 4.1.30

① $\dfrac{hV}{abG}$　　② $\dfrac{GV}{abh}$

③ $\dfrac{abV}{Gh}$　　④ $\dfrac{V}{abhG}$

31. 길이가 10m이고 지름이 50cm인 강봉이 길이방향으로 작용하는 인장력에 의하여 길이방향으로 변형이 10cm 발생하였다. 이때 강봉의 푸아송 비(Poisson's ratio)가 0.2인 경우, 강봉의 반지름[cm] 변화로 옳은 것은? [공무원시험]

① 0.1 증가　　② 0.1 감소

③ 0.05 증가　　④ 0.05 감소

32. 길이 150mm, 지름 15mm의 강봉에 인장력을 가했더니 길이 방향으로 1.0mm가 늘어났다면 지름의 변화량[mm]은? (단, 이 강봉의 푸아송 수는 4이다) [공무원시험]

① 0.025(감소)　　② 0.025(증가)

③ 0.050(감소)　　④ 0.050(증가)

33. A단이 고정 지지된 원형봉에 인장력 30kN이 작용하여 그림과 같은 신장량 Δ가 발생하였다면 이 재료의 탄성계수[GPa]는? (단, 계산의 편의상 원주율 $\pi = 3$으로 한다.)

[공무원시험]

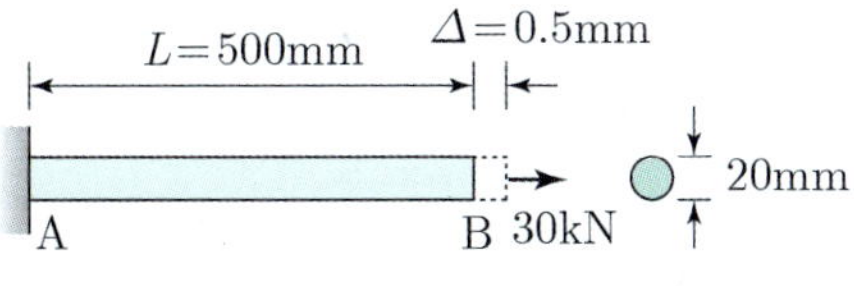

❙ 문제 4.1.33

① 50　　② 100　　③ 150　　④ 200

34. 등방성(isotropic) 재료에서 횡(세로)탄성계수(Young's modulus)를 바르게 표현한 식은? (단, G는 전단탄성계수, ν는 푸아송 비.) [공무원시험]

① $2G(1-\nu)$ ② $2G(1+\nu)$

③ $G(1+\nu)$ ④ $G(1-\nu)$

35. 그림과 같이 폭 b, 높이 h인 직사각 단면의 보에 휨모멘트 M이 작용하고 있다. 이 모멘트에 의해 발생되는 최대 휨응력을 σ_1, 이 단면을 90° 회전하여 폭 h, 높이 b로 하였을 때 동일한 휨모멘트 M이 작용할 때의 최대 휨응력을 σ_2라 한다면 σ_2/σ_1는? (단, 다른 조건은 동일하다.) [공무원시험]

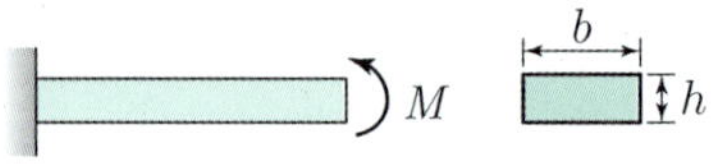

❙ 문제 4.1.35

① $\dfrac{h}{b}$ ② $\dfrac{b}{h}$

③ $\left(\dfrac{h}{b}\right)^2$ ④ $\left(\dfrac{b}{h}\right)^2$

36. 그림과 같이 길이 200mm, 바깥지름 100mm, 안지름 80mm, 탄성계수가 200GPa인 원형 파이프에 축하중 9kN이 작용할 때, 축하중에 의한 원형 파이프의 수축량[mm]은? (단, 축하중은 단면 도심에 작용한다.) [공무원시험]

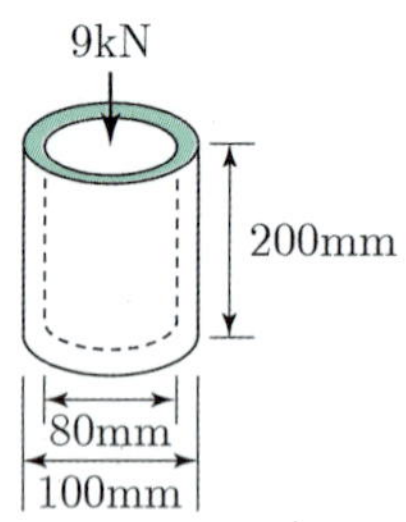

❙ 문제 4.1.36

① $\dfrac{1}{50\pi}$ ② $\dfrac{1}{100\pi}$

③ $\dfrac{1}{1600\pi}$ ④ $\dfrac{1}{2500\pi}$

37. 다음 그림과 같이 직경 100mm, 길이 10m인 균일단면 원형봉의 B단에 비틀림 모멘트 20kN · m가 작용하고 있다. 지점 A에서의 최대 전단응력 τ_{max}[MPa]와 B단의 비틀림각 θ[rad]을 구하여라. (단, 전단탄성계수 $G=80$GPa이다.) [공무원시험]

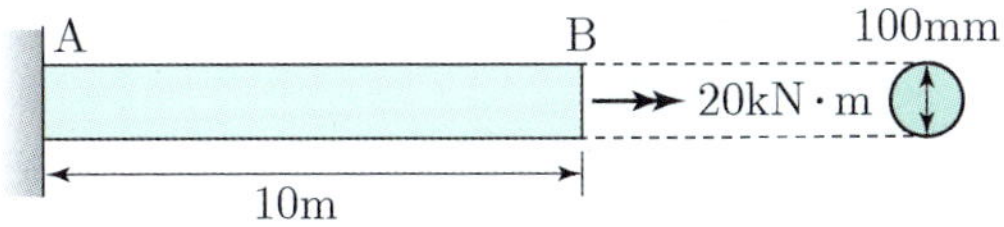

문제 4.1.37

38. 푸아송 비가 $\frac{1}{2}$이고 가로 변형률이 0.001인 재료의 세로 변형률은 얼마인가? [중등교사임용시험(기계)]

① 0.001 ② 0.002
③ 0.0005 ④ 0.005

39. 한 변이 6cm인 정사각형 보의 어느 단면에 3600kgf · cm이 휨 모멘트가 작용하고 있을 때 단면의 최대 휨 응력은 몇 kgf/cm^{2}가 되는가? [중등교사임용시험(기계)]

① 100 ② 200
③ 300 ④ 400

40. 길이 2m, 단면적 2cm^{2}인 강철 막대가 축 방향 인장하중 몇 kgf를 받으면 1cm 늘어나는지 값을 구하시오. (단, 탄성계수 $E=2\times10^6$kgf/cm^{2}이다.) [중등교사임용시험(기계)]

41. 그림과 같이 동일한 두께의 판재가 리벳으로 결합된 채 $P=1$kN의 인장력을 받고 있다. 리벳에 작용하는 평균전단응력 τ_m(MPa)을 구하시오. (단, 판에 발생하는 마찰은 무시하며 $d=10$mm, $t=5$mm이다.) [중등교사 임용시험(기계 · 금속)]

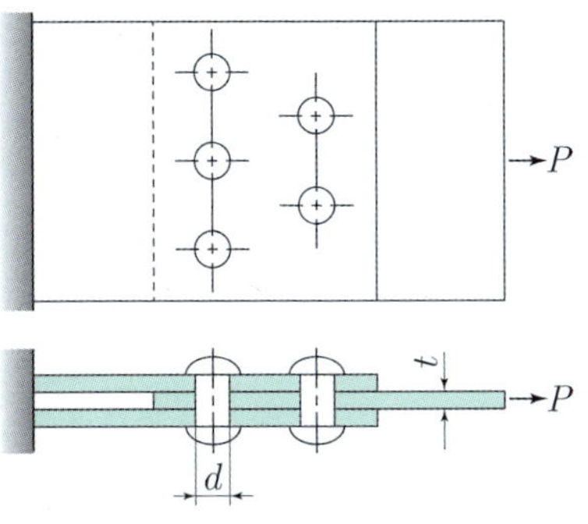

문제 4.1.41

42. 지름 50[mm] 원형단면 봉이 80$[\mathrm{N/mm^2}]$의 인장응력과 30 $[\mathrm{N/mm^2}]$의 전단응력을 동시에 받고 있을 때 최대 주응력$[\mathrm{N/mm^2}]$은? [공무원시험]

① 80 ② 90

③ 110 ④ 140

43. 다음과 같이 주어진 응력 상태에서 주응력의 크기(σ_1[MPa])와 방향(θ_1)은? [공무원시험]

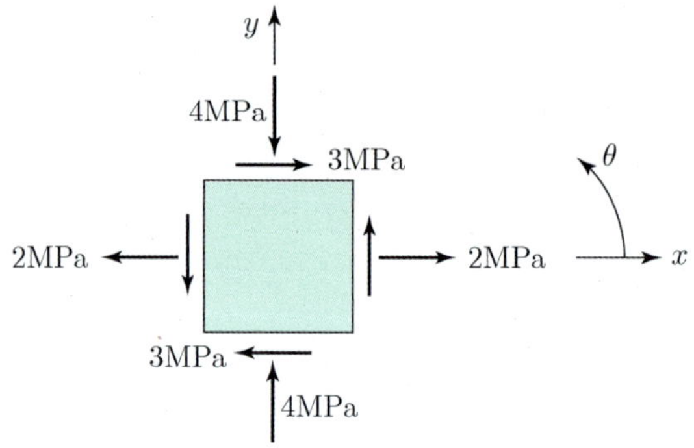

I 문제 4.1.43

	σ_1	θ_1
①	$3+3\sqrt{2}$	22.5°
②	$-1+3\sqrt{2}$	22.5°
③	$1+3\sqrt{2}$	45°
④	$-3+3\sqrt{2}$	45°

44. 다음은 평면응력상태의 응력요소를 표시한 것이다. 최대전단응력의 크기가 가장 큰 응력요소는? [공무원시험]

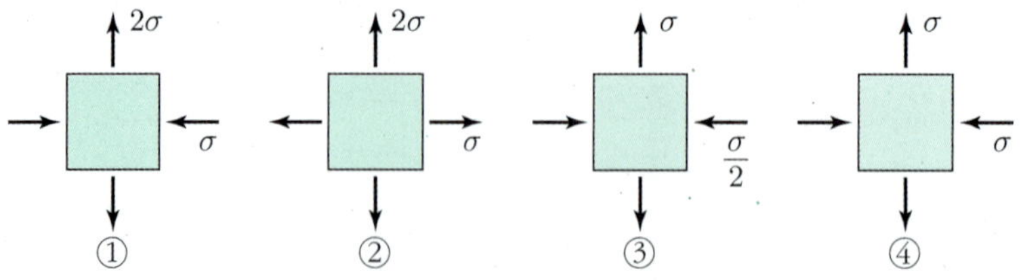

I 문제 4.1.44

45. 평면응력(2차원 응력) 상태에 있는 한 응력요소에서 $\sigma_x = 1{,}850\mathrm{kgf/cm^2}$, $\sigma_y = 250\mathrm{kgf/cm^2}$, $\tau_{xy} = -600\mathrm{kgf/cm^2}$이 작용할 때, $x-y$ 평면 내의 최대 주응력을 σ_1, 최소 주응력을 σ_2라고 하면 $\sigma_1 + 3\sigma_2$의 값은? [중등교사 임용시험(기계·금속)]

① $1300\,kgf/cm^2$ ② $1900\,kgf/cm^2$
③ $2050\,kgf/cm^2$ ④ $2200\,kgf/cm^2$
⑤ $2600\,kgf/cm^2$

46. 그림과 같이 어떤 재료의 평면응력 상태에 있는 미소사각요소에 수직응력 $\sigma_x = 6$ (MPa), $\sigma_y = 4$(MPa), 전단응력 $\tau_{xy} = 1$(MPa)이 작용하고 있다. 이때 최대주응력 σ_1 (MPa), 최대전단응력 $\tau_{\max}$(MPa)의 크기, 최대 주응력의 방향 θ_1(°, degree)을 구하고, 풀이 과정과 함께 쓰시오. (단, 재료는 균질, 등방성, 미소변위상태이다. 최대주응력 방향 θ_1은 $+x$축을 기준으로 시계방향은 $(-)$이고, 반시계방향은 $(+)$이다. θ_1의 범위는 $-90° \le \theta_1 \le 90°$이다.) [중등교사 임용시험(기계·금속)]

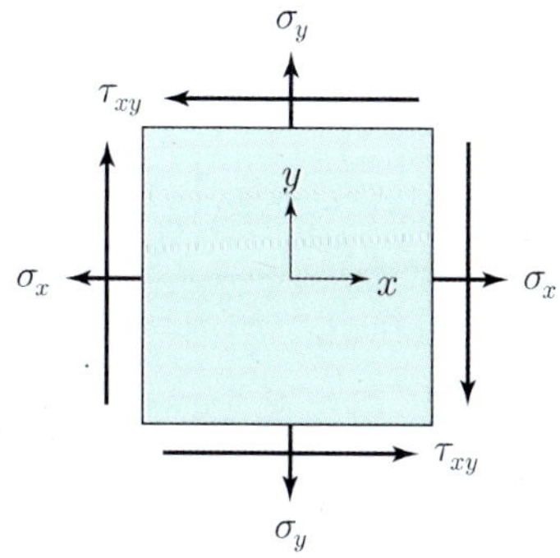

▎문제 4.1.46

47. 그림과 같이 볼트 체결에서 축 방향으로 판재를 누르는 힘 $P = 500$(N)과 수평방향 하중 $F_S = 450$(N)이 작용하고 있다. 서로 밀착되어 있는 두 판재 접촉면 사이의 마찰계수 $\mu = 0.3$일 때, 볼트의 중앙 단면에 작용하는 전단력 F(N)와 전단응력 $\tau(N/mm^2)$를 각각 구하고, 풀이 과정과 함께 쓰시오. (단, 볼트 중앙 단면의 지름 $d_1 = 10$(mm), $\pi = 3.0$으로 계산하고, 볼트와 판재 사이의 마찰력은 무시한다.) [중등교사 임용시험-기계·금속(2018)]

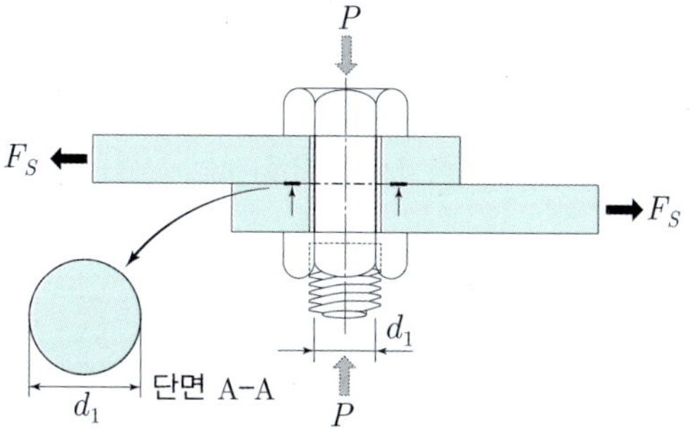

▎문제 4.1.47

4.2 재료의 강도

1. 응력-변형률 선도

인장, 압축, 굽힘 하중 등과 같은 외력에 대하여 재료가 저항하는 성질을 재료의 기계적 성질이라 한다. 기계적 성질에는 인장강도, 항복강도, 굽힘 강도, 비틀림 강도, 경도 등이 있고, 재료시험은 이러한 재료의 기계적 성질을 조사하는 것이다. 정하중하에서의 재료 강도 시험법에는 인장시험, 굽힘 시험, 비틀림 시험, 경도시험 등이 있다. 응력-변형률 선도(stress-strain diagram)는 재료의 성질을 설명하는 가장 기본적인 것 중의 하나인데 이 선도는 인장시험을 통하여 얻어진다.

[그림 4.2.1]과 같은 원형 단면의 봉에 인장하중을 가하고 이 봉의 길이방향과 가로방향의 변화를 실험적으로 측정한다. 시험편의 지름 $D=14\mathrm{mm}$, 표점거리 $L=50\mathrm{mm}$, 평행부의 길이 $P\approx 60\mathrm{mm}$, 어깨부의 반지름 $R=15\mathrm{mm}$ 이상으로 한다. 시험편에 걸리는 하중을 시험편의 단면적으로 나눈 응력(σ)을 구하고, 처음의 시험편에 표시해둔 표점거리 L에 대하여 하중이 가해짐에 따라 늘어난 길이 ΔL과의 비(변형률 ϵ)를 구한 후 σ와 ϵ의 관계를 선도로 나타내면 재료의 응력과 변형률의 관계를 알 수 있다. 이와 같이 구한 응력-변형률 선도는 재료의 특성을 설명하는 데 있어서 유용하게 사용된다. 한편 응력에는 기준이 되는 면적에 따라 다음과 같은 공칭응력과 진응력이 있다.

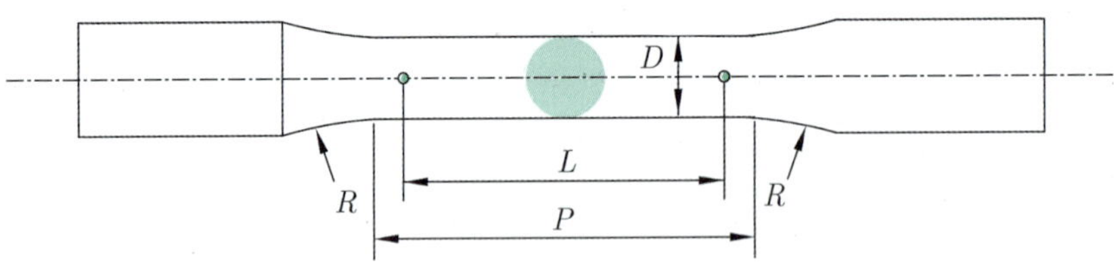

그림 4.2.1 인장시험 시험편

(1) 공칭응력

일반적으로 인장하중을 가하면 단면적이 감소하지만 이 감소량이 아주 작으므로 하중 P를 처음 단면적 A_0으로 나눈 응력

$$\sigma = \frac{P}{A_0}$$

을 공칭응력(nominal stress) 또는 공업응력이라 한다. 설계에서 일반적으로 많이 사용하는 것은 공칭응력이다.[2)]

(2) 진응력

하중에 의해 변형된 상태의 단면적 A'으로부터 구한 응력

$$\sigma_t = \frac{P}{A'}$$

을 진응력(true stress, 실제응력)이라 한다.

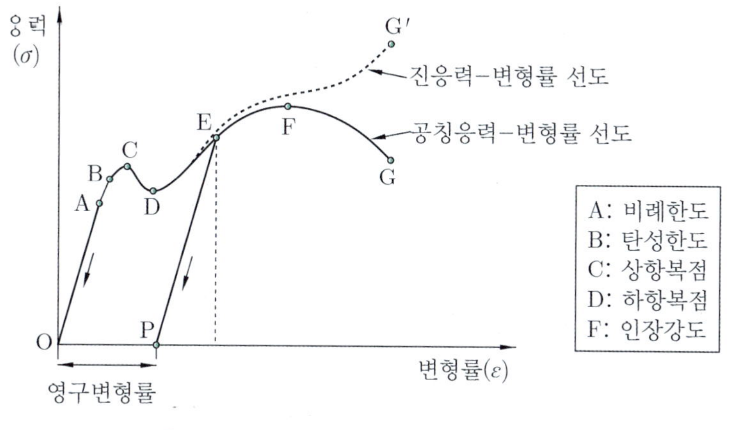

그림 4.2.2 연강의 응력−변형률 선도

[그림 4.2.2]는 연강의 응력-변형률 선도이다. 그림에서 점선은 진응력과 변형률의 관계를 나타내고, 실선은 공칭응력과 변형률의 관계를 나타낸다. 일반적으로 재료의 기계적 성질을 나타낼 때 공칭응력-변형률 선도를 많이 사용하므로 이 선도를 통하여 재료의 기계적 성질을 알아본다.

2) 일반적으로 응력이란 공칭응력을 말한다.

(1) OB 구간

변형률이 작을 때 점 A까지는 응력(σ)이 변형률(ϵ)에 비례하여 증가하므로($\sigma = E\epsilon$) 점 A의 응력을 비례한도(proportional limit)라 하며, 직선 OA의 기울기는 재료의 세로 탄성계수(E)가 된다. 그리고 점 A보다 약간 더 큰 응력 B까지는 가한 하중을 제거하면 재료가 처음 상태로 되돌아온다. 이러한 재료의 성질을 탄성(elasticity)이라 하고, 점 B의 응력을 탄성한도(elastic limit)라 한다. 대부분의 재료에서는 비례한도와 탄성한도의 값이 거의 같다.

(2) CD 구간

응력이 점 B를 지나 점 C에 도달하면 하중을 증가시키지 않아도 변형률이 갑자기 커지면서 점 D에 도달한다. 이러한 현상을 재료의 항복(yield)이라 하고, 점 C, D의 응력을 각각 상항복점(upper yield point), 하항복점(lower yield point)이라 한다.

(3) DF 구간

하항복점을 지나 점 E까지 하중을 증가시킨 후 점 E에서 하중을 감소시키면 직선 OA와 거의 평행한 선 EP를 따라 변화한다. 그리고 하중을 완전히 제거하여도 ($\sigma = 0$) 시험편에는 점 P에 해당하는 변형률이 남고 처음의 상태(O)로 돌아가지 않는다. 이와 같이 응력이 0이 되어도 남아있는 변형률을 영구 변형률(permanent strain) 또는 잔류 변형률(residual strain)이라 한다. 영구변형을 일으키는 변형을 소성변형이라 하고 영구변형이 생기는 재료의 성질을 소성(plasticity)이라 한다.

(4) FG 구간

공칭응력이 최대가 되는 점 F 부근에서는 시험편에 국부적으로 심한 단면 축소 현상(necking 현상)이 일어난다. 따라서 점 F를 지나면 단면적 감소로 인하여 진응력(실제응력)이 급격하게 커진다. 그러나 공칭응력은 서서히 감소하고, 이후 넥킹이 계속 진행되면 마침내 파단에 이르게 된다(점 G). 여기에서 응력-변형률 선도의 최고점인 점 F의 응력을 극한강도(ultimate strength)라 한다. 극한강도는 인장인 경우 인장강도, 압축인 경우 압축강도, 전단인 경우에는 전단강도라 한다.

인장시험에서 시험 값은 다음과 같이 계산한다.

(1) 인장강도(tensile strength)

시험편이 파단될 때까지 걸리는 최대 인장 하중 P_{max}을 시험편의 원단면적 A_0으로 나눈 값을 인장강도(σ_{max})라 한다.

$$\sigma_{max} = \frac{P_{max}}{A_0}$$

(2) 항복강도(yield strength)

항복점의 하중값 P_y를 시험편의 원단면적 A_0으로 나눈 값을 항복강도(σ_y)라 한다.

$$\sigma_y = \frac{P_y}{A_0}$$

(3) 연신율(elongation ratio), 단면 수축률

시험편이 파괴되기 직전의 표점거리 L_1과 원표점 거리 L_0와의 차이 $L_1 - L_0$을 변형량이라 하고, 변형량을 원 표점 거리에 대한 백분율로 나타낸 것을 연신율(ε) 또는 신장률이라 한다.

$$\varepsilon = \frac{L_1 - L_0}{L_0} \times 100\ (\%)$$

시험편이 파괴되기 직전의 최소단면적 A_1과 시험 전의 원단면적 A_0의 차이 $A_0 - A_1$가 단면 변형량이고, 단면 변형량을 원단면적에 대한 백분율로 나타낸 것을 단면 수축률(η)이라 한다.

$$\eta = \frac{A_0 - A_1}{A_0} \times 100\ (\%)$$

연성재료는 인장하중을 받을 때 항복강도 점을 지나면서 중앙부분이 서서히 가늘어지며, 인장강도 점을 지나면 [그림 4.2.3]과 같이 오목하게 넥킹(necking)이 일어난 후 파단하게 된다. 연신율과 단면 수축률은 재료의 소성 변형 능력을 나타내는 척도가 된다.

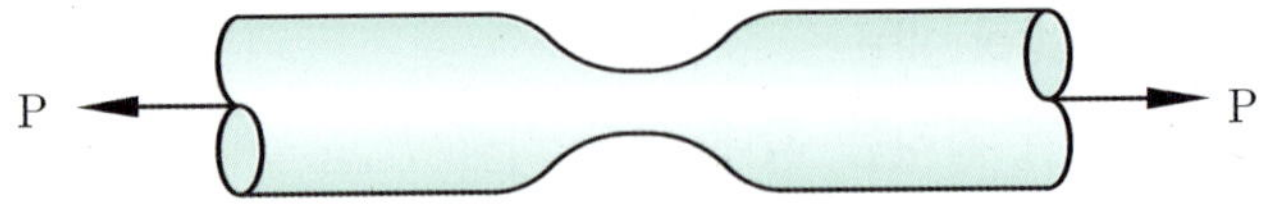

그림 4.2.3 넥킹(necking)

연강은 [그림 4.2.2]와 같은 응력 변형률 선도를 보이지만 다른 재료(주철, 합금강, 황동 등)인 경우에는 이와 같은 특성이 나타나지 않는 것이 많다. 즉, 재료마다 독특한 강도 특성을 갖는다고 할 수 있다.

예제 4.2.1 **응력 변형률 선도**

다음 표는 어떤 재료의 인장 시험 결과이다. 시험편의 인장 강도와 연신율을 구하여라.

측정 항목	측정값(mm)	측정 항목	측정값(kN)
시험편 지름	10	최대 하중	80
시험편 절단 부 지름	8	항복 하중	50
시험편의 원 표점 거리	50	파괴 하중	60
절단 후 표점 거리	60		

풀이 변형되기 전 시험편의 처음 지름 $D_0 = 10\text{mm}$, 원 표점 거리 $L_0 = 50\text{mm}$이고, 최대 하중 $P_{\max} = 80\text{kN}$, 절단 후 표점 거리 $L_1 = 60\text{mm}$이다.

(1) 인장강도: $\sigma_{\max} = \dfrac{P_{\max}}{A_0} = \dfrac{P_{\max}}{\pi D_0^2/4} = \dfrac{4 \times 80}{\pi \times 10^2} = 1.02(\text{kN/mm}^2)$

(2) 연신율: $\varepsilon = \dfrac{L_1 - L_0}{L_0} \times 100\,(\%) = \dfrac{60 - 50}{50} \times 100(\%) = 20(\%)$ ■

2. 공칭 변형률과 진변형률

처음 길이 L_0, 단면적 A_0인 봉이 하중(P)을 받은 후 길이 L_1, 단면적 A_1으로 변화하였다고 하자. 일반적으로 응력이란 공칭응력을 말하며 최초 단면적(A_0)에 대한 하중의 비 ($\sigma = P/A_0$)이고, 변형률이란 공칭변형률(ϵ)을 말하며 다음과 같이 최초 길이에 대한 늘어난 길이의 비로 정의된다.

$$\epsilon = \frac{L_1 - L_0}{L_0} = \frac{\Delta L}{L_0}$$

이 식으로부터

$$\epsilon = \frac{L_1 - L_0}{L_0} = \frac{L_1}{L_0} - 1$$

$$\therefore \quad L_1 = L_0(1+\epsilon)$$

이다. 진응력이란 변화된 단면(A_1)에 대한 하중의 비($\sigma_t = P/A_1$)이고, 진변형률(ϵ_t)이란 변화된 길이에 대한 늘어난 길이의 비로 다음과 같이 정의된다.

$$\epsilon_t = \int_{L_0}^{L_1} \frac{dL}{L} = \ln\left(\frac{L_1}{L_0}\right)$$

진변형률은 대수변형률(logarithmic strain)이라고도 한다. 진변형률과 공칭변형률은 다음 관계를 갖는다.

$$\epsilon_t = \ln\left(\frac{L_1}{L_0}\right) = \ln\left[\frac{L_0(1+\epsilon)}{L_0}\right] = \ln(1+\epsilon)$$

$$\epsilon_t = \ln(1+\epsilon)$$

재료가 변형되어도 재료의 부피는 변하지 않는다고 하면

$$A_0 L_0 = A_1 L_1 \qquad \therefore \ \frac{L_1}{L_0} = \frac{A_0}{A_1}$$

이므로 공칭변형률의 관계식에서

$$\epsilon = \frac{L_1 - L_0}{L_0} = \frac{L_1}{L_0} - 1 = \frac{A_0}{A_1} - 1$$

$$\therefore \quad A_1 = \frac{A_0}{1+\epsilon}$$

이다. 따라서 진응력과 공칭응력 및 공칭변형률은 다음 관계를 갖는다.

$$\sigma_t = \frac{P}{A_1} = \frac{P}{A_0/(1+\epsilon)} = \frac{P}{A_0}(1+\epsilon) = \sigma(1+\epsilon)$$

$$\sigma_t = \sigma(1+\epsilon)$$

3. 열응력

일반적으로 물질은 온도가 올라가면 팽창하고 내려가면 수축한다. 이에 따라 온도가 올라가서 재료가 늘어나려 하는데 이것을 방해한다면 재료는 마치 압축을 받는 것과 같은 상태로 되어 압축 응력이 발생한다. 반대로 온도가 내려가면 인장응력이 발생한다. 이와 같이 온도 변화에 따라 재료 내부에 발생하는 응력을 열응력(thermal stress)이라 한다. 열기관, 보일러 등과 같이 온도 변화가 큰 요소에는 열응력을 피하기 위하여 [그림 4.2.4(a)]와 같은 신축 이음을 하여 열 변형을 미리 고려해 주기도 한다.

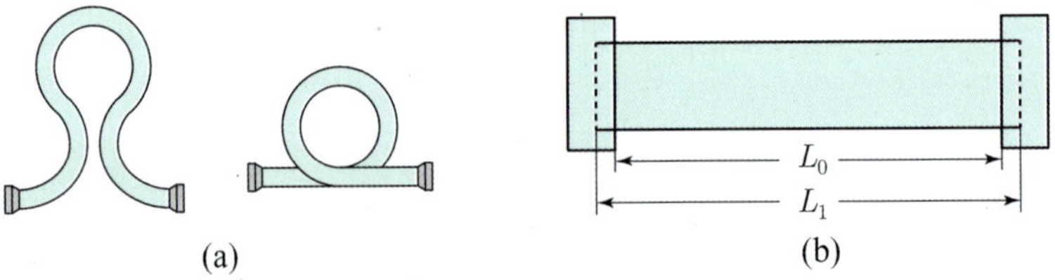

그림 4.2.4 (a) 신축 이음 (b) 양 끝을 고정시킨 막대

[그림 4.2.4(b)]와 같이 양 끝을 고정시킨 막대의 온도를 T_0에서 T_1로 변화시켰을 때 막대가 자유로이 늘어날 수 있는 경우 온도 변화에 의해 길이가 L_0에서 L_1로 변한다고 가정한다.

단위 온도 변화당 길이의 변화를 나타내는 계수를 선팽창 계수라 한다. 막대의 선팽창 계수를 α라 하면

$$L_1 = L_0[1+\alpha(T_1 - T_0)]$$

이다. 따라서 온도 변화에 의해 변화한 길이 λ와 변형률 ϵ은 다음과 같이 된다.

$$\lambda = L_1 - L_0 = L_0\alpha(T_1 - T_0)$$

$$\epsilon = \frac{\lambda}{L_0} = \alpha(T_1 - T_0)$$

$$\boxed{\epsilon = \alpha(T_1 - T_0)}$$

여기에서 $T_0 < T_1$이면 팽창하는 경우로서 $\lambda > 0$이고, $T_0 > T_1$이면 수축하는 경우로서 $\lambda < 0$이 된다. 그런데 [그림 4.2.4(b)]와 같이 막대에 어떤 구속 조건을 주어 길이의 변화를 억제하면, 팽창할 때는 그 구속 조건이 막대를 압축하는 요인으로 작용하여 막대 내부에는 압축 응력이 발생하고, 반대로 수축할 때는 인장응력이 발생한다.

따라서 막대의 세로 탄성계수를 E라 하면 막대의 온도 변화에 의해 발생하는 열응력은 다음 식으로 나타낸다. (−) 부호는 일반적인 인장응력(+)과 압축응력(−) 부호와 일치시키기 위한 것이다.

$$\sigma = -E\epsilon = -E \times \frac{\lambda}{L_0} = -E\alpha(T_1 - T_0)$$

$$\boxed{\sigma = -E\alpha(T_1 - T_0) = -E\alpha\Delta T}$$

여기에서 $\sigma > 0$이면 인장응력, $\sigma < 0$이면 압축응력을 의미한다.

열응력은 막대의 길이나 굵기와는 무관하고, 재료의 세로 탄성계수(E), 선팽창계수(α) 및 온도 차이($\Delta T = T_1 - T_0$)에 의해 결정된다.

막대의 단면적을 A라고 하면 온도 변화에 따른 막대의 팽창 또는 수축을 억제하기 때문에 발생하는 막대 고정부에서의 힘 F는 다음과 같다.

$$\boxed{F = \sigma A = -AE\alpha(T_1 - T_0)}$$

여기에서 $F > 0$이면 고정된 곳과 막대 사이에 서로 당기는 인장력, $F < 0$이면 서로 밀어주는 압축력이 발생하는 것을 의미한다.

예제 4.2.2 **열응력**

[그림 4.2.4(b)]와 같이 양쪽 끝이 벽에 고정된 지름 40mm, 길이 100mm인 봉이 있다. 초기 온도 0℃에서 봉의 내부 응력이 0일 때 봉의 온도가 35℃로 상승하면 봉에 발생하는 열응력과 벽면에 작용하는 힘은 얼마인가? 봉의 선팽창계수는 1.2×10^{-5}/℃, 세로탄성계수는 200GPa이다.

풀이 초기 온도 $T_0 = 0$℃에서 나중 온도 $T_1 = 35$℃로 상승하였다.

(1) 봉에 발생하는 열응력(σ):

$$\begin{aligned}\sigma &= -E\alpha(T_1 - T_0)\\ &= -(200 \times 10^9) \times (1.2 \times 10^{-5}) \times (35 - 0)\\ &= -8.4 \times 10^7\ (\text{Pa})\\ &= -8.4 \times 10^7\ (\text{N/m}^2)\\ &= -84\ (\text{N/mm}^2)\end{aligned}$$

$\sigma < 0$이므로 84N/mm^2의 압축응력이 발생한다.

(2) 벽면에 작용하는 힘:

$$\begin{aligned}F = \sigma A &= -84 \times \left(\frac{\pi}{4} \times 40^2\right)\\ &= -105{,}558\ (\text{N}) = -106\ (\text{kN})\end{aligned}$$

벽면에는 106kN의 압축력이 작용한다. ■

4. 피로

기계 부품은 일반적으로 동적인 반복하중을 받는 경우가 있기 때문에 정하중에서의 파괴 강도보다 더 작은 응력에서 파괴될 수 있다. 이와 같이 반복하중에 의해 일어나는 파괴를 피로 파괴라 하고 이러한 현상을 피로라 한다.

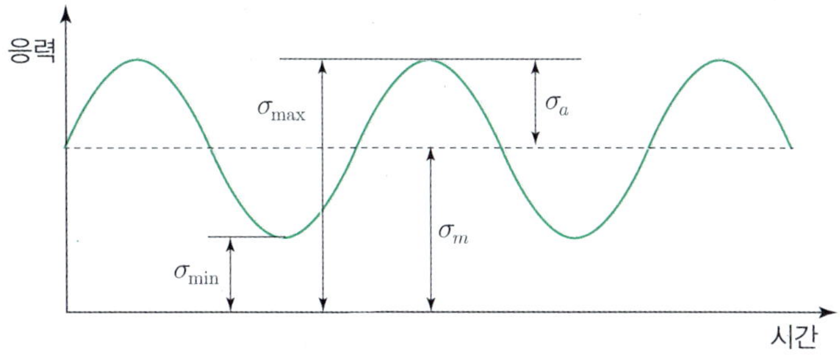

▎그림 4.2.5 반복 응력

응력이 시간에 따라 변동하는 반복하중은 [그림 4.2.5]와 같이 나타날 수 있다. 이와 같은 반복하중에서

$$\sigma_a = \frac{\sigma_{max} - \sigma_{min}}{2}$$

을 응력 진폭 또는 교번응력(alternating stress)이라 한다. 평균응력은

$$\sigma_m = \frac{\sigma_{max} + \sigma_{min}}{2}$$

이다. 여기에서 σ_{max}과 σ_{min}은 각각 최대 응력과 최소 응력을 나타낸다. 이들 성분들은 수직응력(σ)뿐만 아니라 전단응력(τ)에도 적용된다.

그리고 다음과 같은 응력 비율 R과 진폭 비율 A를 정의한다.

$$R = \frac{\sigma_{min}}{\sigma_{max}}, \qquad A = \frac{\sigma_a}{\sigma_m}$$

이상에서 교번응력은 변동 응력의 진폭을 나타낸다. 응력 진폭 σ_a를 세로축으로 잡고, 이 응력하에서 재료가 파괴될 때까지의 반복횟수 N을 가로축으로 잡으면 [그림 4.2.6]과 같은 곡선을 얻는다. 이 곡선을 'S-N 선도'라 하는데 이 선도는 피로 파괴를 일으키는 반복하중 수와 작용 응력과의 관계를 나타낸다.3)

3) 피로한도곡선, 내구곡선, S-N 곡선 또는 S-N 선도 등으로 부른다.

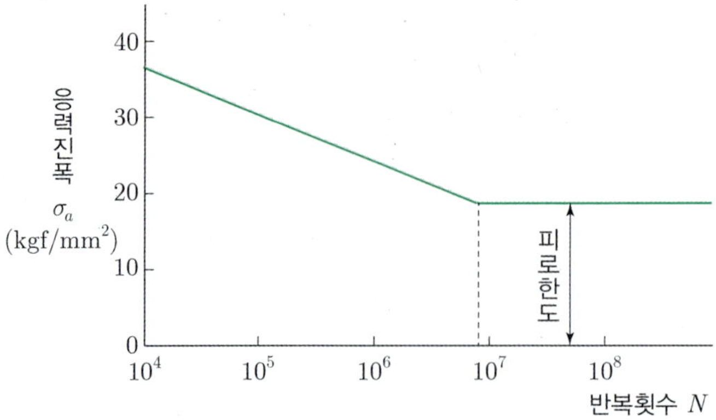

그림 4.2.6 탄소강의 S-N 선도

[그림 4.2.6]에서 응력진폭 값이 작아질수록 파괴를 일으킬 때까지의 반복 횟수가 많아지고, 어느 일정한 값에 도달하면 곡선이 수평으로 된다. 이것은 이 응력진폭보다 작은 응력 값에서는 아무리 많은 횟수의 반복하중을 가하여도 재료가 파괴되지 않는다는 것을 의미한다. 이와 같이 이상적으로는 재료가 영구히 파괴되지 않게 되는 응력의 한계치를 피로한도(fatigue limit) 또는 내구한도(endurance limit)라 한다. 즉, 피로한도는 S-N 선도에서 N 축과 평행한 부분의 응력 값으로서 반복 응력이 무한히 작용하여도 피로 파괴되지 않는 최대 응력이다. 실용적으로 강 또는 주철은 반복 횟수 10^7회 정도 이상에서 피로 파괴를 일으키지 않는 응력으로 정의한다. 재료의 피로한도는 하중의 종류와 속도, 재료의 치수, 노치(notch) 상태, 표면 거칠기, 부식, 온도 등의 여러 요인에 의해 영향을 받는다.

예제 4.2.3 피로파괴

어떤 재료에 일정 진폭으로 반복응력이 작용하고 있다. 평균응력 $\sigma_m = 240\text{MPa}$이고 응력비 $R = 0.2$일 때 최대응력과 최소응력을 구하여라.

풀이 최대응력을 σ_{max}, 최소응력을 σ_{min}라 하면 응력비의 정의에서

$$R = \frac{\sigma_{min}}{\sigma_{max}}$$

$$\therefore \ \sigma_{min} = R\sigma_{max}$$

이다. 이 식을 평균응력의 정의 식에 대입하여 $\sigma_{\max}$을 구한 후 $\sigma_{\min}$을 구하면 다음과 같다.

$$\sigma_m = \frac{\sigma_{\max} + \sigma_{\min}}{2} = \frac{\sigma_{\max} + R\sigma_{\max}}{2} = \frac{(1+R)\sigma_{\max}}{2}$$

$$\therefore \ \sigma_{\max} = \frac{2\sigma_m}{1+R} = \frac{2 \times 240}{1+0.2} = 400\,(\text{MPa})$$

$$\sigma_{\min} = R\sigma_{\max} = 0.2 \times 400 = 80\,(\text{MPa})$$

■

5. 허용응력과 안전율

기계나 구조물이 파손되지 않고 제 기능을 수행하기 위해서는 그것에 생기는 응력이 재료가 지탱할 수 있는 응력을 넘지 않아야 한다. 그 외에 온도나 하중의 종류 등 여러 요인이 복합적으로 영향을 미치므로 기계나 기계요소를 설계할 때는 이러한 요인들을 종합적으로 고려해야 한다.

(1) 사용응력, 허용응력, 설계응력

기계나 구조물을 실제로 사용할 때 재료에 발생하는 응력을 사용응력(σ_w, working stress)이라 하고, 재료의 안전성을 생각하여 사용하는 재료에 허용되는 최대 응력을 허용응력(σ_a, allowable stress)이라 한다. 사용응력은 허용응력 이하($\sigma_w \le \sigma_a$)가 되어야 한다. 한편 기계나 기계요소를 설계할 때 기준으로 사용하는 응력을 설계응력(σ_d, design stress)이라 하며 $\sigma_d \le \sigma_a$가 된다. 재료의 경제적인 면을 고려하면 사용응력은 설계응력과 같은 것이 이상적이지만 안전을 위하여 실제로는 $\sigma_w \le \sigma_d$이다. 따라서 세 응력은 다음 관계를 갖는다.

$$\sigma_w \le \sigma_d \le \sigma_a$$

(2) 기준강도

허용응력을 정할 때 기준이 되는 재료의 기준강도는 재료가 받는 하중의 종류나 사용 환경에 따른 파괴 형식에 바탕을 두고 선정한다. 상온에서 정하중을 받는 경우 기준강도는 극한강도(인장강도, 압축강도, 전단강도)가 되고, 반복하중에서는 피로강도를 기준강도로 한다.

(3) 안전율

허용응력은 재료에 따라 여러 가지 사용 조건을 복합적으로 고려해야 하므로 그 값을 정확하게 결정하기가 어렵다. 따라서 재료의 기준강도와 허용응력의 비로 나타나는 안전율(safety factor)을 알맞게 선정하여 결정한다. 기준강도를 σ_s, 허용응력을 σ_a라 하면 안전율 S는 다음과 같이 정의된다.

$$S = \frac{\sigma_s}{\sigma_a} \quad \left(\sigma_a = \frac{\sigma_s}{S}\right)$$

안전율은 기계요소가 위험하게 되는 응력 값보다 허용응력을 더 낮게 잡아서 기계요소를 충분히 안전하게 사용할 수 있도록 기계요소를 설계하는 데에 필요한 값이다. 안전율은 1보다 크고, 이 값을 크게 잡을수록 안전하지만 너무 크게 잡으면 경제성이 떨어지게 되므로 많은 경험과 연구에 의해 그 값을 적절히 결정하게 된다.

예제 4.2.4 **안전율**

200 kN의 인장하중을 받는 둥근 연강 봉이 있다. 연강의 인장강도가 420 MPa, 안전율이 3일 때 봉 지름을 구하여라.

풀이 인장강도를 기준강도로 한다. 안전율이 3이므로 허용응력(σ_a)은

$$\sigma_a = \frac{\sigma_s}{S} = \frac{420\,\text{MPa}}{3} = 140\,\text{MPa}$$

이고, 봉의 지름 d는 다음과 같다.

$$\sigma_a = \frac{W}{A} = \frac{W}{\pi d^2/4}$$

$$\therefore\ d = \sqrt{\frac{4W}{\pi\sigma_a}} = \sqrt{\frac{4(200\times10^3\,\text{N})}{\pi(140\times10^6\,\text{N/m}^2)}}$$

$$= 4.26\times10^{-2}\,\text{m} = 42.6\,\text{mm}$$ ■

4.2 연습문제

1. 인장 하중을 받는 단면적이 균일한 봉의 변형률(공칭변형률)이 0.05일 때 단면 수축률을 구하여라.

   † 금속은 거의 비압축성 물질이므로 일반적으로 변형되어도 부피 변화가 없다고 가정한다. 즉, 처음 길이와 단면적을 각각 L_0, A_0, 변형 후의 길이와 단면적을 각각 L_1, A_1이라 하면 $A_0 L_0 = A_1 L_1$이다.

2. 20℃일 때 길이 1m인 봉을 0.5mm의 틈새를 두고 벽에 고정하였다. 봉의 온도를 100℃로 올렸을 때 봉에 발생하는 열응력(MPa)을 구하여라. 봉의 세로 탄성계수 $E = 200\text{GPa}$, 선팽창계수 $\alpha = 1.2 \times 10^{-5}/℃$이다.

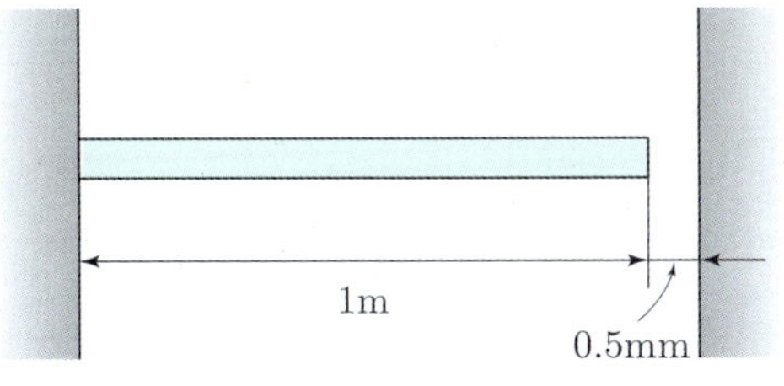

| 문제 4.2.2

3. 지름 $d = 20\text{mm}$인 봉에 $F_{max} = 30\text{kN}$, $F_{min} = 10\text{kN}$인 동적 인장하중이 작용하고 있다. 평균응력과 응력진폭을 구하여라.

4. 인장시험에서 시험편의 평행부의 지름이 10mm이고, 최대 하중이 40kN일 때 시험 재료의 인장강도는 몇 MPa인가?

5. 단면 20mm×50mm인 목재가 압축하중을 받고 있다. 목재의 압축 강도는 49MPa, 안전율은 7일 때 목재의 허용응력과 목재에 작용시킬 수 있는 안전한 최대 압축하중을 구하여라.

6. 지름 8mm인 연강 리벳 하나가 5kN의 전단력을 받고 있다. 허용응력은 사용응력과 같고, 연강의 전단강도가 340MPa일 때 안전율을 구하여라.

7. 그림과 같은 속이 차 있는 축과 비어 있는 축이 전달할 수 있는 최대 토크 비 T_1/T_2을 구하여라. 단, 두 재료는 동일하고 허용응력이 같다.

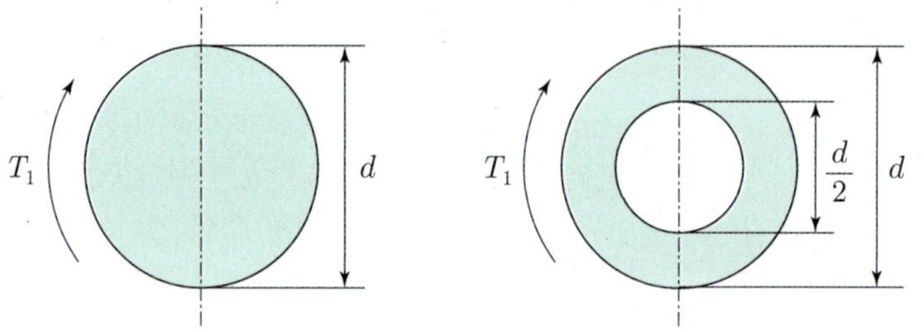

문제 4.2.7

8. 그림과 같은 응력-변형률 선도에서 a, b, c에 대한 설명으로 모두 옳은 것은?

[공무원시험]

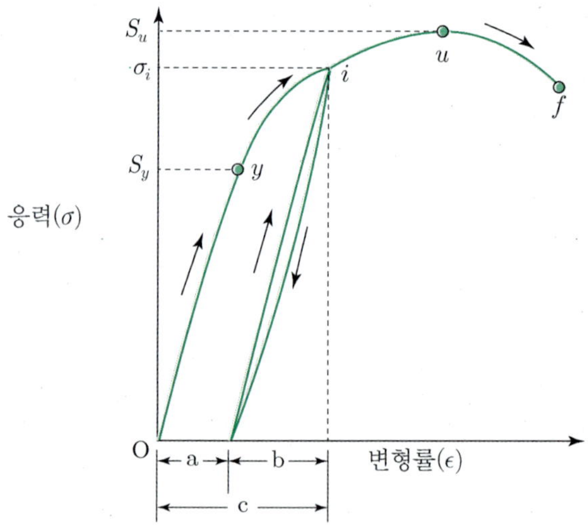

문제 4.2.8

	a	b	c
①	탄성 변형률	소성 변형률	전체 변형률
②	소성 변형률	항복 변형률	영구 변형률
③	소성 변형률	탄성 변형률	전체 변형률
④	탄성 변형률	소성 변형률	영구 변형률

9. 양단이 고정된 20℃ 의 강관에 T로 온도를 상승시켜 60MPa의 열응력이 발생하였을 때, 온도 T[℃]는? (단, 강관의 탄성계수 $E = 200\,\text{GPa}$, 선(열)팽창계수는 $1.2 \times 10^{-5}/℃$ 이다.) [공무원시험]

① 25 ② 30

③ 45 ④ 60

10. 다음 하중-변위선도는 어떤 재료로 만들어진 시험편을 사용하여 인장 시험한 결과이다. 이를 이용하여 계산한 재료의 세로 탄성계수는? (단, 시험편의 초기 표점 길이는 50mm, 초기 단면적은 $100\,\text{mm}^2$이다.) [공무원시험]

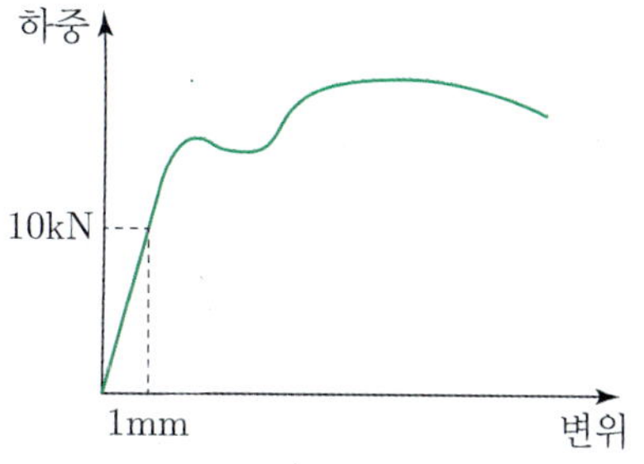

문제 4.2.10

① 5MPa ② $5 \times 10^2\,\text{MPa}$

③ 5GPa ④ $5 \times 10^2\,\text{GPa}$

11. 어떤 재료를 인장 시험하여 그림과 같은 응력(σ)-변형률(ϵ) 선도를 얻었다. 이때 후크의 법칙 $\sigma = E\epsilon$을 만족하는 구간으로 옳은 것은? (단, E는 탄성계수이다.) [공무원시험]

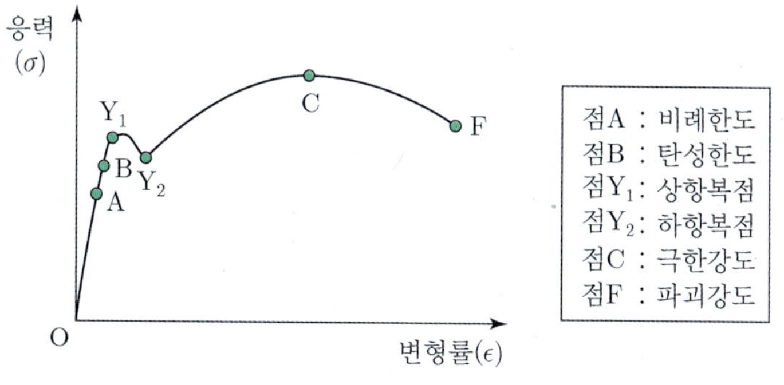

문제 4.2.11

① OA 구간 ② AB 구간

③ Y_1Y_2 구간 ④ CF 구간

12. 기계 재료 표기법에 의하면 기호 다음 세 자리 숫자는 그 재료의 최저 인장 강도[N/mm^2]를 나타낸다. KS기호가 SS400이고, 안전율(safety factor)이 2인 재료의 허용 인장 응력은? [공무원시험]

① 200MPa ② 400MPa

③ 200GPa ④ 400GPa

13. 표준시편을 인장 시험하여 얻는 응력-변형률 곡선에서 알 수 있는 재료상수가 아닌 것은? [공무원시험]

① 항복점 혹은 내력(proof stress)

② 종탄성계수 혹은 영계수(Young's modulus)

③ 극한인장강도(ultimate strength)

④ 푸아송 비(Poisson's ratio)

14. 지름 20mm인 원형 단면봉에 가할 수 있는 최대 축하중의 근삿값[kN]은? (단, 재료의 기준강도는 400MPa, 안전율은 5로 한다.) [공무원시험]

① 16.3 ② 25.1

③ 32.8 ④ 105.4

15. 지름이 20mm, 길이가 7cm인 시편이 시험 후 지름이 10mm, 길이가 8cm가 되었을 때, 단면 수축률은? [공무원시험]

① 0.55 ② 0.65

③ 0.75 ④ 0.85

16. 금속재료는 반복하중을 받으면 정적하중을 받는 경우보다 낮은 하중으로 파괴된다. 하지만 반복하중에 의해 발생되는 반복응력이 어느 한도 이하일 경우에는 피로에 의한 파괴는 일어나지 않는다. 이 경우 측정된 편진응력의 최대값이 의미하는 것은? [공무원시험]

① 극한강도 ② 피로한도

③ 탄성한도 ④ 크리프 한도

17. 기계재료의 표준인장시험에서 얻어지는 진변형률(ϵ_T)을 공칭응력(σ)과 진응력(σ_T)으로 나타낸 것으로 옳은 것은? [공무원시험]

① $\epsilon_T = \dfrac{\sigma_T}{\sigma}$ ② $\epsilon_T = \dfrac{\sigma}{\sigma_T}$

③ $\epsilon_T = \ln\left(\dfrac{\sigma_T}{\sigma}\right)$ ④ $\epsilon_T = \ln\left(\dfrac{\sigma}{\sigma_T}\right)$

18. 연신율이 20%인 재료의 인장시험에서 파괴되기 직전의 시편 전체길이가 24cm일 때 이 시편의 초기 길이[cm]는? [공무원시험]

① 19.2 ② 20.0

③ 28.8 ④ 30.0

19. 단면적 500mm^2, 길이 100mm의 봉에 50kN의 길이 방향 하중이 작용했을 때, 탄성영역에서 늘어난 길이는 2mm이다. 이 재료의 탄성계수는? [공무원시험]

① 5GPa ② 2GPa

③ 5MPa ④ 2MPa

20. 변형이 일어나지 않는 튼튼한 벽 사이에 길이 L은 50mm이고 지름 d는 20mm인 강철봉이 고정되어 있다. 온도를 10°C에서 60°C로 가열하는 경우 봉에 발생하는 열응력[MPa]은? (단, 선팽창계수는 $12\times10^{-6}/℃$, 봉 재료의 항복응력은 500MPa이고 탄성계수 E는 200GPa이다.) [공무원시험]

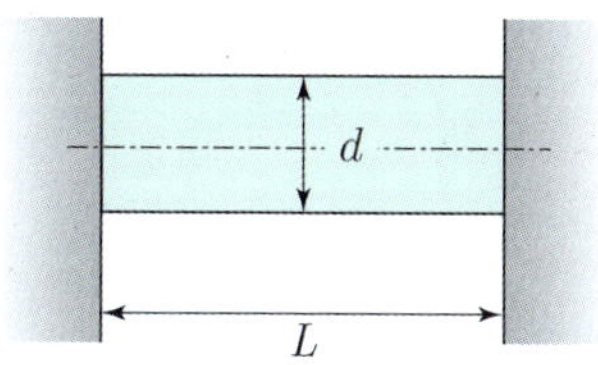

문제 4.2.20

① −60 ② −120

③ −240 ④ −480

21. 연성 재료의 응력(σ)-변형률(ϵ) 선도에서 인장 강도에 해당하는 위치는? [공무원시험]

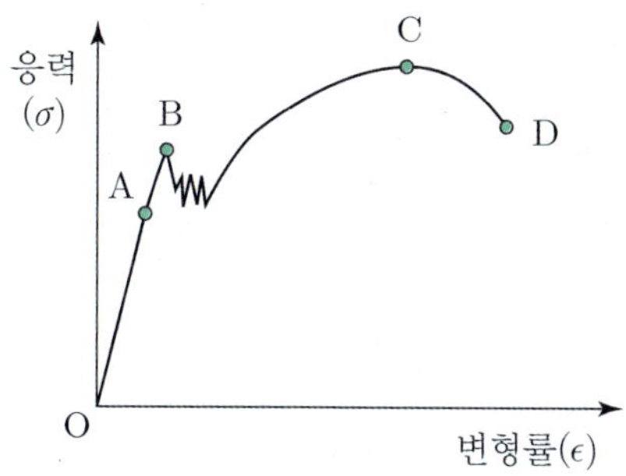

문제 4.2.21

① A　　② B

③ C　　④ D

22. 재료의 안전율(safety factor)에 대한 설명으로 옳은 것은? [공무원시험]

① 안전율은 일반적으로 마이너스(−) 값을 취한다.

② 기준강도가 100MPa이고, 허용응력이 1,000MPa이면 안전율은 10이다.

③ 안전율이 너무 크면 안전성은 좋지만 경제성이 떨어진다.

④ 안전율이 1보다 작아질 때 안전성이 좋아진다.

23. 응력-변형률 선도에 대한 설명으로 옳지 않은 것은? [공무원시험]

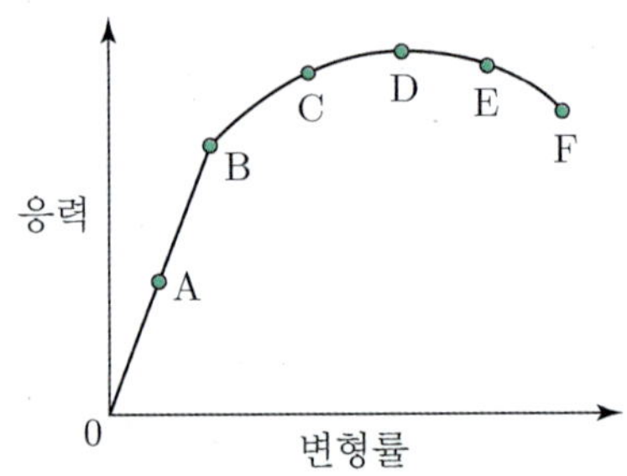

❙ 문제 4.2.23

① A점은 후크의 법칙이 적용된다.

② C점에서 하중을 제거하면 영구변형이 발생한다.

③ D점은 인장강도이고 진응력-진변형률 선도에서 나타난다.

④ E점에서 네킹(necking)이 진행된다.

24. 다음 그림과 같은 부재와 강체 벽체와의 간격이 0.1mm이고, 단면적이 50cm^2, 길이가 1.0m인 부재가 있다. 온도가 40°C 상승할 때 이 부재에 발생하는 응력[GPa]은? (단, 부재의 열팽창계수(α)는 $15 \times 10^{-6}/℃$, 탄성계수(E)는 200GPa이다.) [공무원시험]

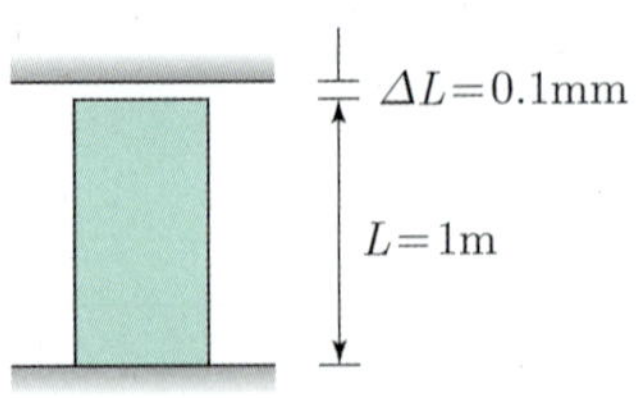

❙ 문제 4.2.24

① 0.1　　② 0.2
③ 0.4　　④ 0.8

25. 그림과 같이 하단부가 고정된 길이 10m의 기둥이 천장과 1mm의 간격을 두고 놓여 있다. 만약 온도가 기둥 전체에 대해 균일하게 20°C 상승하였을 경우, 이 기둥의 내부에 발생하는 압축응력[MPa]은? (단, 재료는 균일하며, 열팽창계수 $\alpha = 1 \times 10^{-5}/℃$, 탄성계수 $E = 200$GPa이다. 또한 기둥의 자중은 무시하며, 기둥의 길이는 간격에 비해 충분히 긴 것으로 가정한다.) [공무원시험]

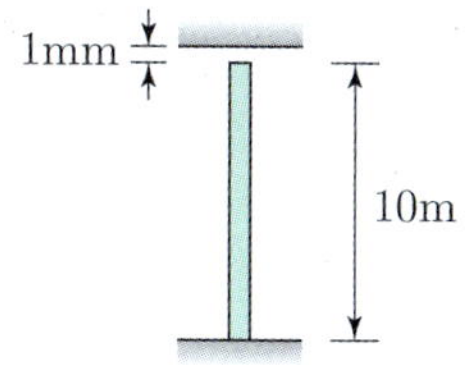

▎문제 4.2.25

① 10　　② 20
③ 30　　④ 40

26. 다음 그림과 같은 비선형 비탄성 재료로 제작된 봉이 있다. 봉의 길이가 4m이고 단면적이 2cm^2일 때, 봉의 길이가 2cm 늘어날 때까지 하중을 가한 후 모두 제거하였다. 이 봉의 잔류변형률(residual strain)은? (단, 재료의 특성을 완전 탄소성으로 가정한다.) [공무원시험]

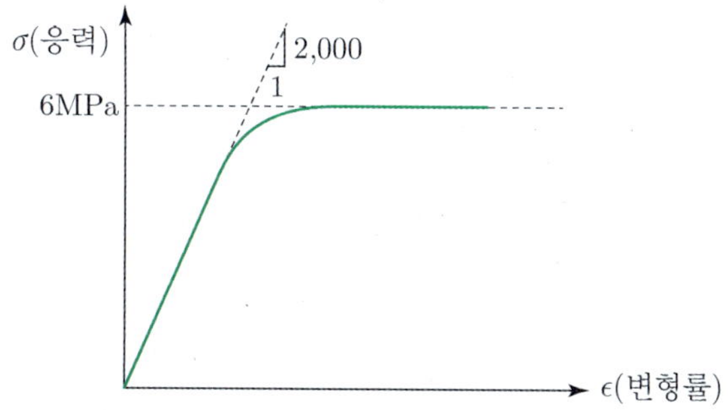

▎문제 4.2.26

① 0.001　　② 0.002
③ 0.003　　④ 0.004

27. 다음과 같은 응력-변형률 곡선에 관한 설명으로 옳지 않은 것은? [공무원시험]

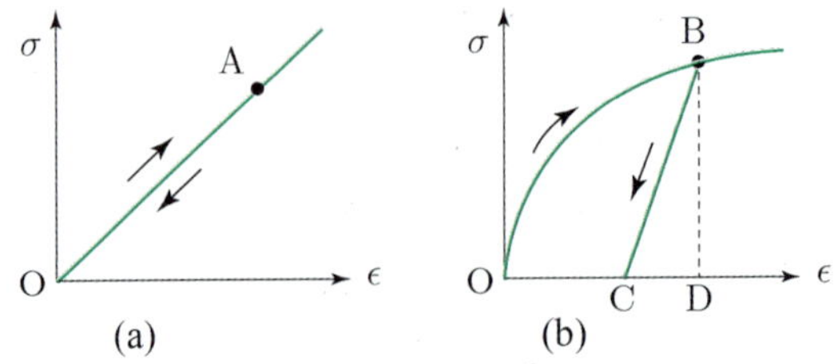

문제 4.2.27

① 그림 (a)에서 하중을 받아 A점에 도달한 후 하중을 제거했을 때 OA곡선을 따라 O점으로 되돌아가는 재료의 성질을 선형탄성(linear elasticity)이라 한다.

② 그림 (b)에서 하중을 받아 B점에 도달한 후 하중을 제거했을 때 OB곡선을 따라 되돌아가지 않고 BC를 따라 C점으로 돌아가는 재료의 성질을 비선형 탄성(nonlinear elasticity)이라 한다.

③ 그림 (b)에서 B점에 도달한 후 하중을 제거했을 때 발생한 변형률 OC를 잔류변형률(residual strain)이라 하고 변형률 CD를 탄성적으로 회복된 변형률이라 한다.

④ 그림 (b)에서 B점에서 하중을 완전히 제거한 후 다시 하중을 가하면 CB곡선을 따라 응력과 변형률이 발생된다.

28. 재료의 인장시험에서 원래 표점거리가 L_0인 시편이 인장 시험을 통해 표점거리가 L_f로 늘어났다. 이때의 진변형률(true strain) ϵ를 구하는 식으로 옳은 것은? [공무원시험]

① $\epsilon = \dfrac{L_f}{L_0}$ ② $\epsilon = \dfrac{L_f - L_0}{L_0}$

③ $\epsilon = \ln\dfrac{L_f}{L_0}$ ④ $\epsilon = \ln\dfrac{L_f - L_0}{L_0}$

⑤ $\epsilon = \exp\dfrac{L_f - L_0}{L_0}$

29. 길이 100mm, 지름 20mm인 원소재를 길이방향으로 인장 성형하여 지름 10mm인 봉재를 만들려고 한다. 이 과정에서 원소재가 겪는 길이 방향의 공학적 변형률(ϵ)과 진변형률(ϵ_t)을 구하면? (단, 소성영역 내에서 변형하고, ln2=0.7로 한다.) [공무원시험]

① $\epsilon = 2,\ \epsilon_t = 0.7$ ② $\epsilon = 3,\ \epsilon_t = 1.4$

③ $\epsilon = 4,\ \epsilon_t = 2.1$ ④ $\epsilon = 5,\ \epsilon_t = 2.8$

30. 그림과 같은 응력-변형률 관계를 갖는 길이 1.5m의 강봉에 인장력이 작용되어 응력상태가 점 O에서 A를 지나 B에 도달하였으며, 봉의 길이는 15mm 증가하였다. 이때, 인장력을 완전히 제거하여 응력상태가 C점에 도달할 경우 봉의 영구 신장량[mm]은? (단, 봉의 응력-변형률 관계는 완전탄소성 거동이며, 항복강도는 300MPa이고 탄성계수는 $E=$ 200GPa이다.) [공무원시험]

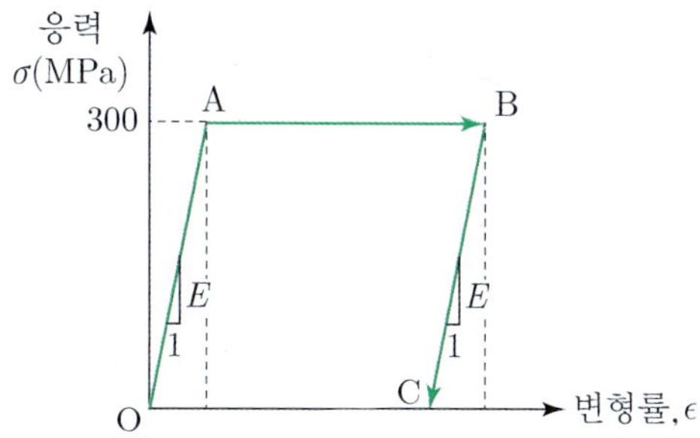

| 문제 4.2.30

① 1.25 ② 2.25
③ 12.75 ④ 13.75

31. 온도 T_1에서 길이가 L인 강철 막대가 있다. 이 막대의 온도가 T_2로 변하였다. 이때 막대의 길이는? (단, 강철의 선팽창 계수는 α이다.) [공무원시험]

① $L[1+\alpha(T_2-T_1)]$ ② $L[1-\alpha(T_2-T_1)]$

③ $L\left(1+\dfrac{\alpha}{T_2-T_1}\right)$ ④ $L\left(1-\dfrac{\alpha}{T_2-T_1}\right)$

32. 산업 현장에서 생산하는 기계부품을 채취하여 인장 시험을 하였더니 시험 결과는 아래 표와 같았다. 이 결과를 이용하여 다음 물음에 답하시오. [중등교사 임용시험(기계·금속)]

(1) 인장강도를 계산하시오.

(2) 연신율을 계산하시오.

측정 항목	측정값(mm)	측정 항목	측정값(kgf)
시험편 지름	10	최대 하중	7850
시험 절단부 지름	8	항복 하중	4710
시험편의 원 표점 거리	50	파괴 하중	6280
절단 후 표점 거리	58		

33. 다음은 파괴에 대한 설명이다. 괄호 안의 ㉠, ㉡에 해당하는 내용을 순서대로 쓰시오.

[중등교사 임용시험(기계·금속)]

(㉠)은/는 금속재료가 파괴강도보다 낮은 응력을 반복적으로 받아 발생하는 파괴이며, 주로 반복응력을 받는 항공기, 교량 구조물, 기계 부품 등 금속 파괴의 대부분을 차지하고 있다. 이것은 외형적으로 큰 변형을 수반하지 않고 경고 없이 일어나므로 주의를 요하는 파괴이다. 이 파괴의 시험 결과는 일반적으로 (㉡)곡선으로 나타낸다.

34. 경강에 일정 진폭으로 피로 응력이 작용한다고 할 때, 평균응력(σ_m)과 응력비(R)를 최대응력(σ_{max})과 최소응력(σ_{min})을 이용하여 나타낸 식을 각각 쓰시오. 또한 평균응력 110MPa, 응력비 0.1일 때 최대응력 값과 최소응력 값을 구하시오.

[중등교사 임용시험(기계·금속)]

35. 그림은 초기 단면적이 78.5(mm^2)인 금속봉재의 '공칭응력-공칭변형률 곡선'의 일부이다. 점 B는 점 A로부터 직선 OP에 평행한 직선을 그어 곡선과 만나는 점이다. σ_y는 0.2(%) 오프셋(offset) 항복응력이다. 직선 OP의 기울기가 의미하는 기계적 성질의 명칭을 쓰고, σ_y가 200(N/mm^2)일 때 항복하중(N)을 구하시오.

[중등교사 임용시험-기계·금속(2018)]

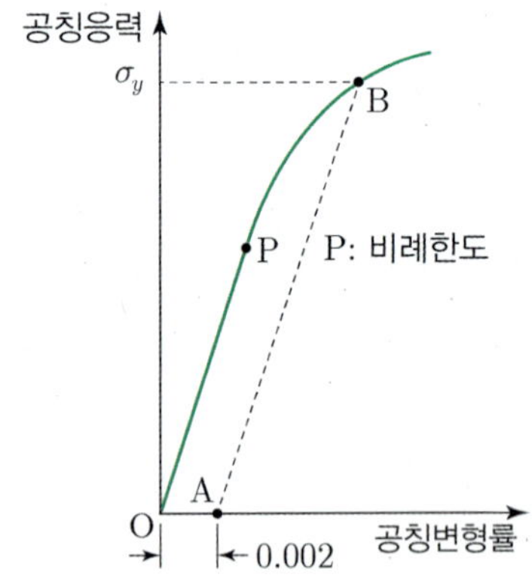

| 문제 4.2.35

4.3 보의 내력과 처짐

기계의 구성 요소 중에는 막대 모양의 긴 형상을 갖는 것이 많다. 막대가 길이 방향과 직각인 힘을 받으면 구부러지는데 이와 같은 굽힘 하중을 지지하도록 설계된 기계 요소나 구조물을 보(beam)라 한다. 보는 기계공학뿐만 아니라 토목, 건축 등의 여러 분야에서 사용되며 기초 재료역학에서 취급하는 가장 기본적인 구조물이라 할 수 있다. 보는 굽힘 하중, 전단력, 축력, 비틀림 하중을 모두 받을 수 있지만 보의 응력과 변형은 주로 굽힘 하중에 의해 발생한다.

1. 보의 종류

보를 지지하는 방법에 따라 보의 종류를 [그림 4.3.1]과 같이 (a) 단순보(단순 지지보) (b) 외팔보 (c) 내닫이보(내민보, 돌출보) (d) 다중 지지보(연속보) (e) 고정보 (f) 고정 지지보 등으로 분류한다.

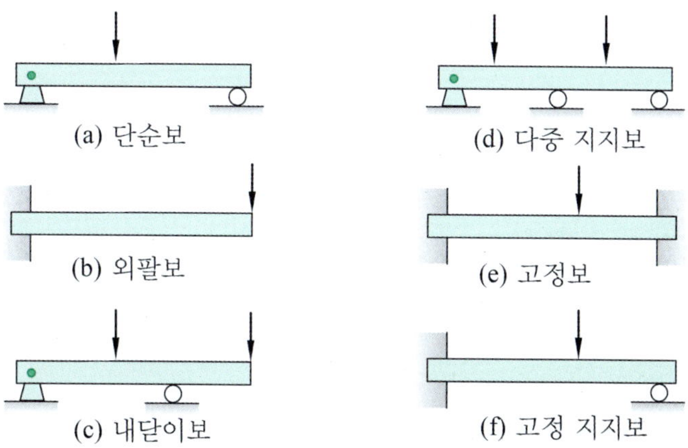

그림 4.3.1 보의 종류

설명 보를 받치고 있는 점을 받침점 또는 지점이라 하고, 두 받침점 사이의 거리를 스팬(span)이라 한다. 받침점에는 회전지점, 이동지점, 고정지점이 있다.

(1) 회전지점(핀 지점): 보의 끝이 핀으로 고정되어 있어서 회전할 수 있는 지점으로 수평 및 수직 방향 성분을 갖는 반력은 있지만 반력 모멘트는 발생하지 않는 지점.

(2) 이동지점(롤러 지점): 보의 끝이 마찰 없는 롤러로 지지되어 있어서 수평 반력과 반력 모멘트가 없고 수직 반력만 존재하는 지점.
(3) 고정 지점: 보를 완전히 고정하여 수평 및 수직 방향 성분을 갖는 반력과 반력 모멘트가 모두 존재할 수 있는 지점.

보는 이와 같은 받침점의 조합에 따라 다음과 같이 분류한다.

(1) 단순보(simple beam): 회전지점과 이동지점으로써 양 끝이 모두 받쳐져 있는 보.
(2) 외팔보(cantilever beam): 한쪽 끝은 벽에 고정되고, 다른 쪽 끝은 자유롭게 되어 있는 보.
(3) 내닫이보(overhanging beam): 회전지점과 이동지점으로써 받쳐 지고 보의 일부가 받침점 밖으로 나와 있는 보.
(4) 다중 지지보(multiply supported beam): 3개 이상의 받침점을 갖는 보. 받침점 중 하나는 회전지점이고 나머지는 이동지점.
(5) 고정보(fixed beam): 양 끝이 모두 벽에 고정되어 있는 보.
(6) 고정 지지보(supported and fixed beam): 한쪽 끝은 벽에 고정되고, 다른 쪽 끝은 이동지점으로써 받쳐져 있는 보.

단순보, 외팔보, 내닫이보 등은 정역학의 해석 방법으로 지점의 반력을 모두 구할 수 있으므로 정정보(statically determinate beam)라 한다. 반면 힘과 모멘트 평형 조건($\sum \overrightarrow{F}=0,\ \sum \overrightarrow{M}=0$)만으로는 반력을 모두 구할 수 없고 하중과 보의 변형 관계까지 고려해야 하는 다중 지지보, 고정보, 고정 지지보 등을 부정정보(statically indeterminate beam)라 한다.

2. 보의 전단력과 굽힘 모멘트

(1) 전단력

보의 임의 단면에서 단면에 평행하게 작용하는 힘으로 단면을 절단하려 하는 힘을 전단력(shear force)이라 한다[그림 4.3.2].

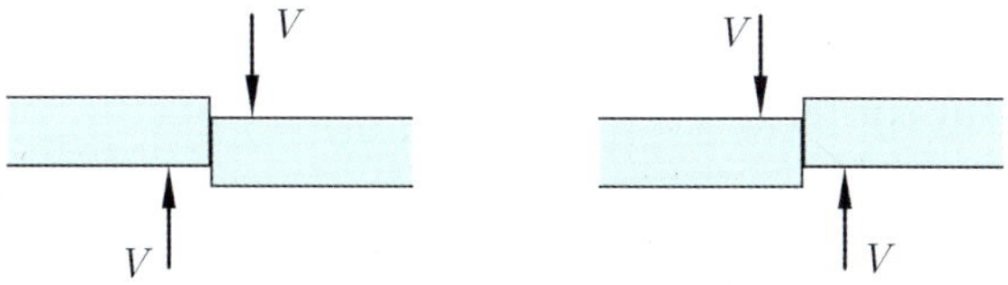

| 그림 4.3.2 전단력

(2) 굽힘 모멘트

하중에 의해 보를 휘게 하려는 작용을 굽힘 모멘트 또는 휨모멘트(bending moment)라 한다[그림 4.3.3].

| 그림 4.3.3 굽힘 모멘트

(3) 전단력과 굽힘 모멘트의 부호

일반적으로 보의 임의 점에서의 전단력과 굽힘 모멘트의 부호는 [그림 4.3.4]와 같이 정한다.

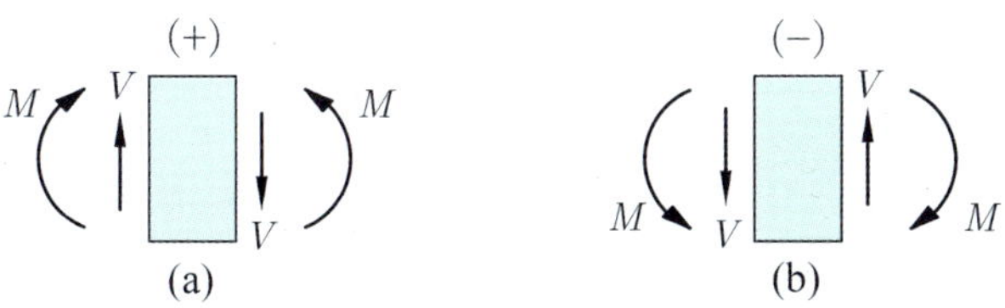

| 그림 4.3.4 전단력과 굽힘 모멘트의 부호

설명 보에 하중이 작용하면 지점에는 반력이 생기고, 보의 내부에는 하중 및 반력에 저항하는 힘이 생기게 된다. [그림 4.3.5(a)]와 같이 외팔보의 끝에 연직 위 방향으로 하중 P가 작용하는 경우를 조사해보자. 자유단으로부터 거리 x만큼 떨어진 임의 단면 $X-X$에서 보를 잘라서 보의 왼쪽 부분에 대한 자유물체도를 그리면 [그림 4.3.5(b)]와 같다. 분리된 물체는 힘 P와 단면 X − X 에서의 내력에 의해 평형을 이루고 있다. 여기에서 단면에 평행하게 작용하는 힘을 전단력(V), 보를 휘게 하는 영향을 굽힘 모멘트(M)라 한다. 외력 P가 보에 수직으로 작용하기 때문에 단면에는 축력이 존재하지 않는다. 전단력과 굽힘 모멘트는

단면에 걸쳐 분포된 내부 응력의 합력이므로 이러한 양들을 통틀어서 합응력 (resultant stress)이라고 한다.

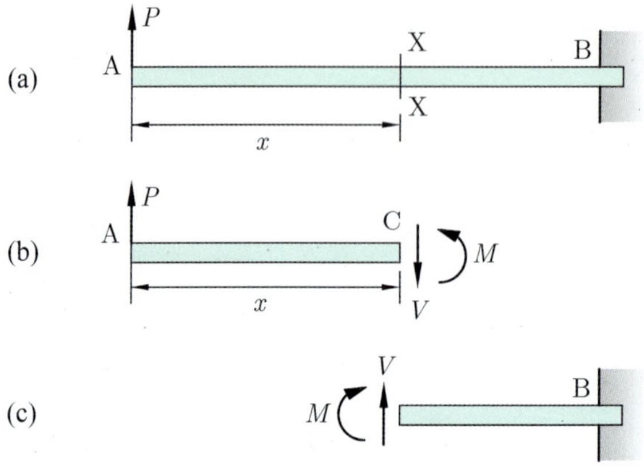

그림 4.3.5 외팔보

정정보의 전단력 V와 굽힘 모멘트 M은 정역학의 평형 방정식으로부터 구할 수 있다. [그림 4.3.5(b)]의 자유물체도에 평형방정식을 적용하면

$$\sum F_y = 0:\ P - V = 0 \qquad \therefore\ V = P$$

$$\sum M_C = 0:\ M - Px = 0 \qquad \therefore\ M = Px$$

를 얻는다.

임의 단면에 나타나는 전단력과 굽힘 모멘트를 구하기 위하여 그 부분을 절단하였을 때 왼쪽과 오른쪽 단면에 나타나는 전단력과 굽힘 모멘트는 크기가 같고 방향이 반대이다. 즉, [그림 4.3.5(b)]와 같이 V와 M이 발생하면 오른쪽 부분의 자유물체도에서는 [그림 4.3.5(c)]와 같은 V와 M이 작용한다.

[그림 4.3.4]와 같이 정한 부호 규약에서 양의 전단력은 재료를 시계방향으로 회전시키려 하며, 양의 굽힘 모멘트는 재료를 아래쪽으로 볼록하게 구부러지게 한다. 그림과 같은 요소의 왼쪽 면에서는 위쪽으로 작용하는 전단력을 양(+), 아래쪽으로 작용하는 것을 음(−)으로 하고, 오른쪽 면에서는 이와 반대로 위쪽으로 작용하는 전단력을 음(−), 아래쪽으로 작용하는 것을 양(+)으로 하였다. 굽힘 모멘트의 부호는 요소의 왼쪽 면에서는 시계방향의 모멘트를 양(+), 반시계 방향의 모멘트를 음(−)으로 하고, 오른쪽 면에서는 반시계 방향의 모멘트를 양(+), 시계방향 모멘트를 음(−)으로 하였다.

3. 전단력과 굽힘 모멘트 선도

전단력과 굽힘 모멘트의 방향과 크기가 분명하게 정해졌을 때 이들 값을 보의 한 쪽 끝으로부터 측정한 거리(x)의 함수로 그려놓은 선도를 전단력 선도(shear force diagram) 및 굽힘 모멘트 선도(bending moment diagram)라 한다.

설명 이 선도는 일반적으로 보의 전 길이를 가로축으로 잡고 전단력 및 굽힘 모멘트의 크기를 세로축에 나타낸다. 그리고 정해진 부호 규약에 따라 양(+)의 값은 가로축 위에, 음(−)의 값은 가로축 아래에 그린다. 이 선도를 통하여 보에 작용하는 전단력 및 굽힘 모멘트의 크기가 보의 전 길이에 걸쳐 어떻게 변화하는가를 쉽게 알 수 있다. 선도에서 특별히 관심의 대상이 되는 것은 이들의 최댓값 및 최솟값이다.

전단력과 굽힘 모멘트를 구하는 단계

(1) 전체 보의 자유물체도를 그리고, 정역학의 힘과 모멘트 평형 조건($\sum \overrightarrow{F} = 0$, $\sum \overrightarrow{M} = 0$)을 적용하여 지점의 반력을 구한다: 외팔보와 같이 지점이 없는 자유단을 갖는 경우에는 이 단계를 생략할 수 있다.

(2) 전단력과 굽힘 모멘트를 구하려는 위치(C)에서 보를 자르고, 절단된 보의 두 부분 중 하나를 선택한다.

(3) 선택한 보 부분에 대한 자유물체도를 그린다: 하중과 반력 등의 외력을 도시하고, 절단된 단면에는 구하려는 전단력(V) 및 굽힘 모멘트(M)를 정해진 부호 규약에 따라 표시한다.

(4) (3)의 자유물체도에 평형 조건($\sum F_y = 0$, $\sum M_C = 0$)을 적용하여 전단력 V와 굽힘모멘트 M을 구한다.

(1) 한 개의 집중하중을 받는 외팔보

[그림 4.3.6]과 같이 자유단 A에 집중하중 P가 작용하고 있는 길이 L의 외팔보에 대한 전단력 선도와 굽힘 모멘트 선도. 보의 무게는 무시한다.

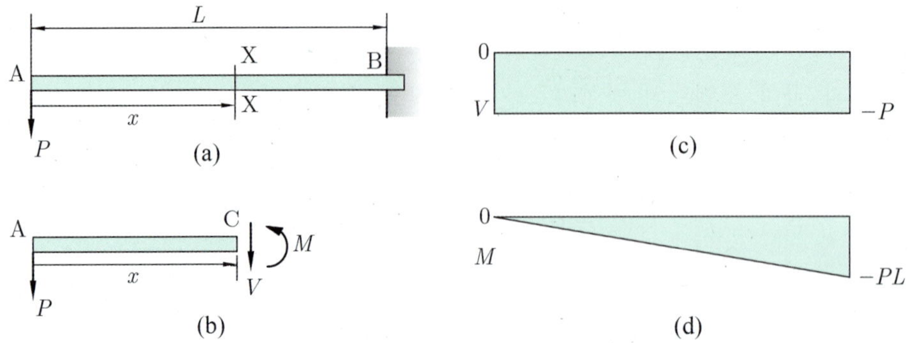

▎그림 4.3.6 집중하중을 받는 외팔보에 대한 전단력(c)과 굽힘 모멘트(d) 선도

자유단으로부터 거리 x만큼 떨어진 임의 단면 X−X 에서 보를 잘라서 보의 왼쪽 부분에 대한 자유물체도를 그리면 [그림 4.3.6(b)]와 같고, 여기에 평형방정식을 적용하면

$$\sum F_y = 0:\ -P - V = 0 \qquad \therefore\ V = -P$$

$$\sum M_C = 0:\ M + Px = 0 \qquad \therefore\ M = -Px$$

가 구해진다. 보의 전 길이에 대해 전단력과 굽힘 모멘트를 [그림 4.3.6(c), (d)]에 나타내었다. 전단력은 $-P$로 일정하며, $x = L$인 고정단 B에서 최대 크기를 갖는 굽힘 모멘트 $M_{max} = -PL$이 발생한다.

(2) 균일 분포하중을 받는 외팔보

일정한 크기의 균일 분포하중(q)을 받고 있는 길이 L의 외팔보[그림 4.3.7]에 대한 전단력 선도와 굽힘 모멘트 선도. 보의 무게는 무시한다.

자유단으로부터 거리 x만큼 떨어진 임의 단면 X−X 에서 보를 잘라서 보의 왼쪽 부분에 대한 자유물체도를 그린다. 여기에서 균일 하중 q에 의해 길이 x의 보에 작용하는 하중은 보의 중앙($x/2$)에 작용하는 하나의 집중하중 qx로 대체할 수 있다. 따라서 자유물체도는 [그림 4.3.7(b)]와 같고, 여기에 평형방정식을 적용하면

$$\sum F_y = 0:\ -qx - V = 0 \qquad \therefore\ V = -qx$$

$$\sum M_C = 0:\ M + (qx) \cdot \frac{x}{2} = 0 \qquad \therefore\ M = -\frac{1}{2}qx^2$$

이다. 이 식으로부터 보의 전 길이에 대해 전단력과 굽힘 모멘트 선도를 그리면 [그

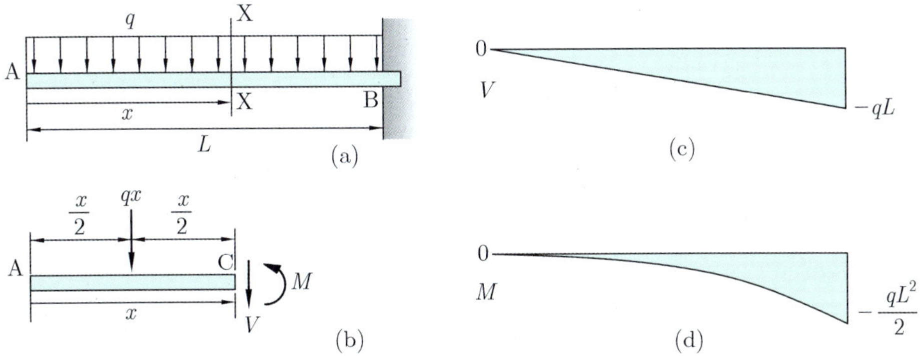

▎그림 4.3.7 균일하중을 받는 외팔보에 대한 전단력(c)과 굽힘 모멘트(d) 선도

림 4.3.7(c), (d)]와 같다. 전단력과 굽힘 모멘트의 최댓값은 $x = L$인 고정단 B에서 발생한다.

$$V_{\max} = -qL, \ M_{\max} = -\frac{1}{2}qL^2$$

(3) 한 개의 집중하중을 받는 단순보

길이 L인 보의 중앙에 집중하중(P)을 받는 단순보[그림 4.3.8]에 대한 전단력 선도와 굽힘 모멘트 선도, 보의 무게는 무시한다.

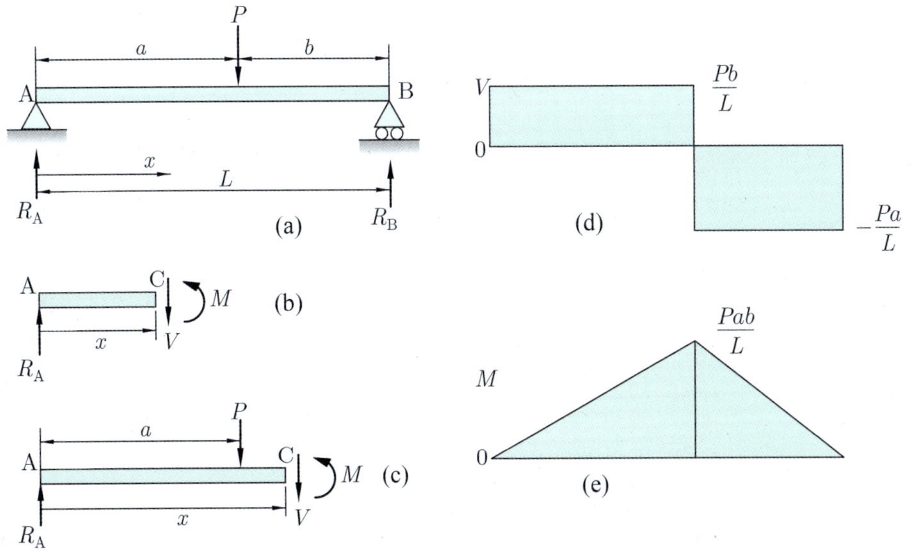

▎그림 4.3.8 집중하중을 받는 단순보에 대한 전단력(d)과 굽힘 모멘트(e) 선도

전체 보의 자유물체도로부터 보의 반력을 구하면 다음과 같다.

$$R_A = \frac{Pb}{L}, \qquad R_B = \frac{Pa}{L}$$

지점 A로부터 거리 x만큼 떨어진 위치에서 보를 자르고 보의 왼쪽 부분에 대한 자유물체도를 그린다. 먼저 $0 < x < a$일 때 자유물체도는 [그림 4.3.8(b)]와 같고, 여기에 평형방정식을 적용하면

$$\sum F_y = 0:\ R_A - V = 0 \qquad \therefore\ V = R_A = \frac{Pb}{L}$$

$$\sum M_C = 0:\ M - R_A x = 0 \qquad \therefore\ M = R_A x = \frac{Pbx}{L}$$

이다. 다음에 하중 P의 오른 쪽 구간에서 보를 잘라 내어 자유물체도를 그리면 [그림 4.3.8(c)]와 같다. 여기에 평형방정식을 적용하면 $a < x < L$에서

$$\sum F_y = 0:\ R_A - P - V = 0$$

$$\therefore\ V = R_A - P = \frac{Pb}{L} - P = -P\left(\frac{L-b}{L}\right) = -\frac{Pa}{L}$$

$$\sum M_C = 0:\ M - R_A x + P(x-a) = 0$$

$$\therefore\ M = R_A x - P(x-a) = \frac{Pbx}{L} - P(x-a) = \frac{Pa}{L}(L-x)$$

이다. 전체 보에 대한 전단력과 굽힘 모멘트 선도는 [그림 4.3.8(d), (e)]와 같다. $0 < x < a$에서의 전단력은 Pb/L로 일정하고, $a < x < L$에서의 전단력은 $-Pa/L$로 일정하다. 최대 굽힘 모멘트는 하중 P의 작용점에서 발생하며 $M_{\max} = Pab/L$이다.

(4) 균일 분포하중을 받는 단순보

일정한 크기의 균일 하중(q)을 받는 길이 L의 단순보[그림 4.3.9]에 대한 전단력 선도와 굽힘 모멘트 선도, 보의 무게는 무시한다.

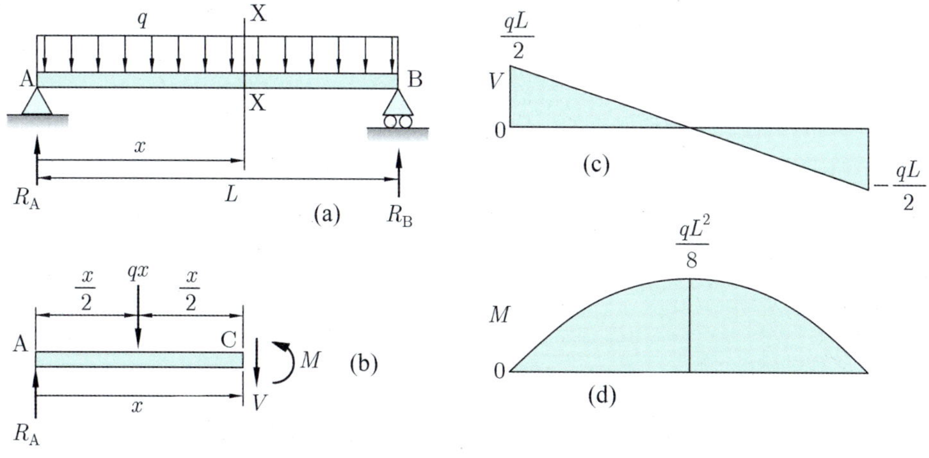

그림 4.3.9 균일 분포하중을 받는 단순보에 대한 전단력(c)과 굽힘 모멘트(d) 선도

균일 분포 하중 q가 작용할 때 길이 L의 보 전체가 받는 전 하중은 qL이며 반력은 다음과 같다.

$$R_A = \frac{qL}{2}, \qquad R_B = \frac{qL}{2}$$

지점 A로부터 거리 x만큼 떨어진 위치에서 보를 자르고 보의 왼쪽 부분에 대한 자유물체도를 그린다. 균일 하중 q에 의해 길이 x의 보에 작용하는 하중은 보의 중앙$(x/2)$에 작용하는 하나의 집중하중 qx로 대체한다. 자유물체도는 [그림 4.3.9(b)]와 같고, 여기에 평형방정식을 적용하면

$$\sum F_y = 0: \; R_A - qx - V = 0$$

$$\therefore \; V = R_A - qx = \frac{qL}{2} - qx$$

$$\sum M_C = 0: \; M + (qx)\left(\frac{x}{2}\right) - R_A x = 0$$

$$\therefore \; M = R_A x - \frac{qx^2}{2} = \frac{qLx}{2} - \frac{qx^2}{2} = -\frac{q}{2}\left(x - \frac{L}{2}\right)^2 + \frac{qL^2}{8}$$

이다. 전체 보에 대한 전단력과 굽힘 모멘트 선도는 [그림 4.3.9(c), (d)]와 같다. 최대 굽힘 모멘트는 보의 중앙$(x = L/2)$에서 발생하며 $M_{max} = qL^2/8$이다.

예제 4.3.1

그림과 같이 집중하중($P=80$kN)이 작용하는 단순보가 있다. 전단력과 굽힘 모멘트 선도를 그리고, 보의 단면이 폭 $b=40$cm, 높이 $h=50$cm인 직사각형일 때 보에 발생하는 최대 굽힘 응력(MPa)을 구하여라. (단, 보의 무게는 무시한다.)

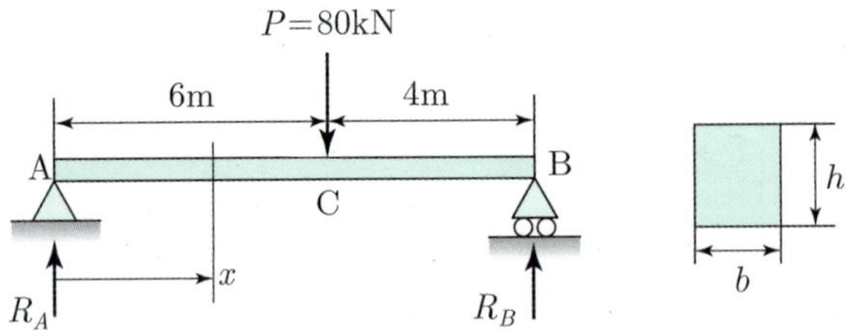

그림 4.3.10

풀이 • 지점 반력:

$$\sum M_B = 0 \text{으로부터 } R_A \times 10 - 80 \times 4 = 0$$

$$\therefore \ R_A = 32 \text{ kN } (\uparrow)$$

$$\sum F = 0 \text{으로부터 } R_A + R_B - 80 = 0$$

$$\therefore \ R_B = 48 \text{ kN } (\uparrow)$$

• 전단력:

– 부재 AC 사이: $V_{AC} = R_A = 32\,\text{kN}$

– 부재 CB 사이: $V_{CB} = R_A - 80 = -48\,(\text{kN})$

• 굽힘 모멘트 :

– 부재 AC 사이: $M_{AC} = R_A x = 32x\ (\text{kN}\cdot\text{m})$

– 단면 C: $x = 6\,\text{m}$일 때 $M_C = 32 \times 6 = 192\ (\text{kN}\cdot\text{m})$

– 부재 CB 사이: $M_{CB} = R_A x - 80(x-6) = -48x + 480\ (\text{kN}\cdot\text{m})$

이상에서 구한 전단력과 굽힘 모멘트를 선도로 나타내면 [그림 4.3.11]과 같다.

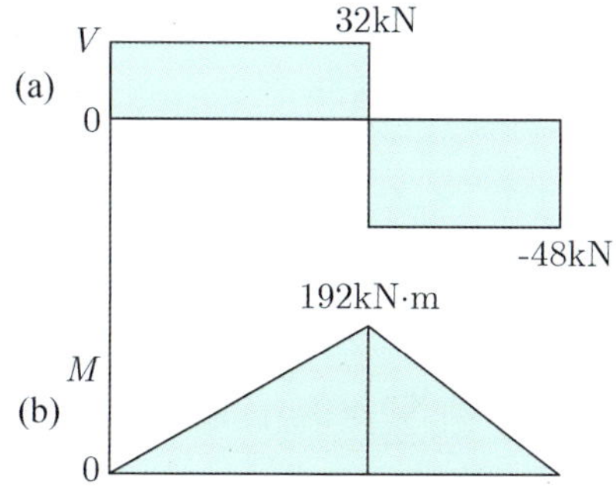

▎그림 4.3.11

• 최대 굽힘 응력: 최대 굽힘 모멘트 $M_{max} = 192\,\text{kN}\cdot\text{m}$ 이므로

$$\sigma_{max} = \frac{M_{max}}{Z} = \frac{M_{max}}{bh^2/6} = \frac{192\text{kN}\cdot\text{m}}{(0.4\text{m})(0.5\text{m})^2/6} = 11.52 \times 10^3\text{kN/m}^2$$

$$= 11.52 \times 10^6\text{N/m}^2 = 11.52\text{MPa}$$

■

예제 4.3.2

그림과 같이 부분적으로 균일 분포하중을 받는 보에서 다음을 구하여라.

(1) 지점 A, B에서의 반력

(2) 보의 중앙($x = 5\text{m}$)에서의 전단력과 굽힘 모멘트 크기

(3) $x = 7\text{m}$ 에서의 전단력과 굽힘 모멘트 크기

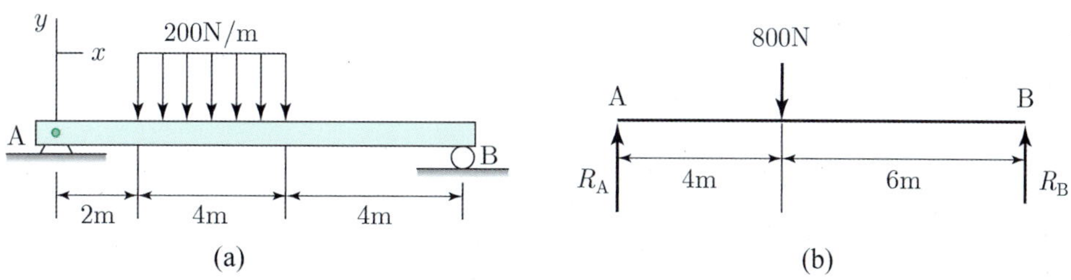

▎그림 4.3.12

풀이 (1) 분포하중에 의해 길이 4m에 작용하는 전하중은

$$F_R = (200\text{N/m}) \times (4\text{m}) = 800\text{N}$$

이고, F_R의 작용점은 보의 왼쪽 끝으로부터 $\left(2\text{m} + \frac{4\text{m}}{2}\right) = 4\text{m}$에 있다. 따라서 분포하중을 하나의 집중하중($\overrightarrow{F_R}$)으로 대체하여 자유물체도를 그리면

그림 4.3.12(b)와 같다. 여기에서 평형조건을 적용하여 반력을 구한다.

점 A에 대한 모멘트가 0($\sum M_A = 0$)인 조건을 적용하면

$$R_B \cdot 10\text{m} - 800\text{N} \cdot 4\text{m} = 0$$

$$\therefore \ R_B = 320\text{N}$$

수직방향 힘의 합이 0($\sum F_y = 0$)에서

$$R_A + R_B - 800\text{N} = 0$$

$$\therefore \ R_A = 800\text{N} - 320\text{N} = 480\text{N}$$

(2) 보를 중앙($x = 5\text{m}$)에서 절단하여 왼쪽 부분을 고려한다. 여기에서 분포하중은 길이 3m에 걸쳐 작용하므로

$$F_R = (200\text{N/m}) \times (3\text{m}) = 600\text{N}$$

이고, F_R의 작용점은 보의 왼쪽 끝으로부터 $\left(2\text{m} + \frac{3\text{m}}{2}\right) = 3.5\text{m}$에 있다. 따라서 분포하중을 하나의 집중하중($\overrightarrow{F_R}$)으로 대체하여 자유물체도를 그리면 [그림 4.3.13]과 같다. 여기에서 평형조건을 적용하여 전단력(V)과 굽힘모멘트(M)를 구한다.

$$\sum F_y = 0 \ : \ R_A + V - 600\text{N} = 0$$

$$\therefore \ V = 600\text{N} - 480\text{N} = 120\text{N}$$

$$\sum M_C = 0 \ : \ M - R_A \cdot (1.5\text{m} + 3.5\text{m}) + 600\text{N} \cdot (1.5\text{m}) = 0$$

$$\therefore \ M = 480\text{N} \cdot (5\text{m}) - 600\text{N} \cdot (1.5\text{m}) = 1500\text{N} \cdot \text{m}$$

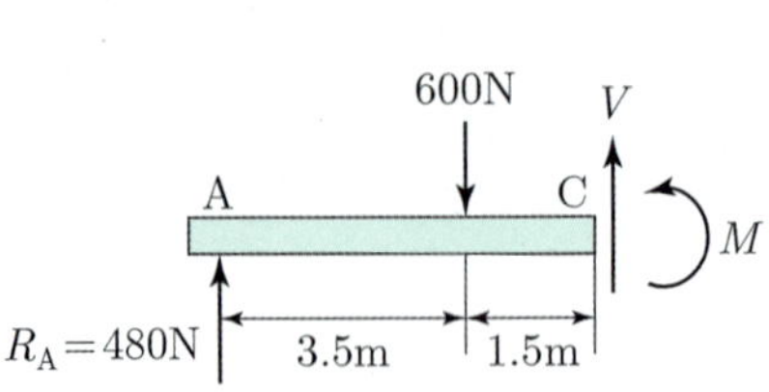

그림 4.3.13

(3) $x=7\text{m}$에서 보를 절단하여 오른쪽 부분에 대한 자유물체도를 그리면 [그림 4.3.14]와 같다. 여기에서 평형조건을 적용하여 전단력(V)과 굽힘 모멘트(M)를 구한다.

$$\sum F_y = 0 \ : \ R_B - V = 0$$

$$\therefore \ V = R_B = 320\text{N}$$

$$\sum M_C = 0 \ : \ R_B \cdot (3\text{m}) - M = 0$$

$$\therefore \ M = 320\text{N} \cdot (3\text{m}) = 960\,\text{N} \cdot \text{m}$$

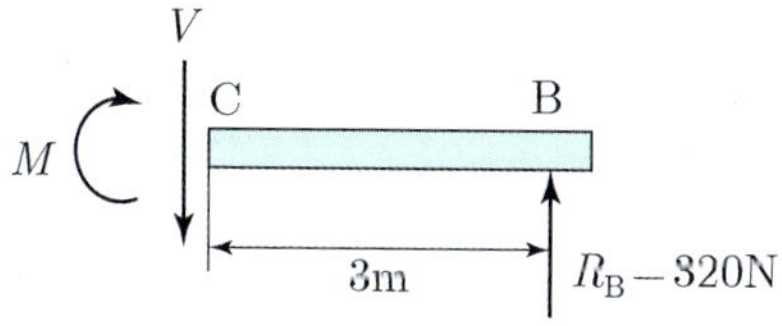

▌그림 4.3.14

보의 내력을 구할 때 절단된 보의 두 부분 중 해석하기 편리한 것을 선택하면 된다. 여기에서 절단된 보의 왼쪽 부분을 고려하여 전단력과 굽힘 모멘트를 구해보아라. ■

† 재료역학(고체역학)에서 보를 해석할 때 가장 기본적으로 알아야 할 것은 전단력과 굽힘 모멘트이다. 이를 기초로 하여 내부 응력과 처짐 등을 해석하므로 이들을 구하는 방법을 잘 알아두도록 한다.

예제 4.3.3

그림과 같이 외팔보에 분포하중(w)이 작용할 때, 〈조건〉을 고려하여 보의 B점 단면에 걸리는 전단력과 굽힘모멘트 값을 구하고, 풀이 과정과 함께 쓰시오.

[중등교사 임용시험–기계·금속(2017)]

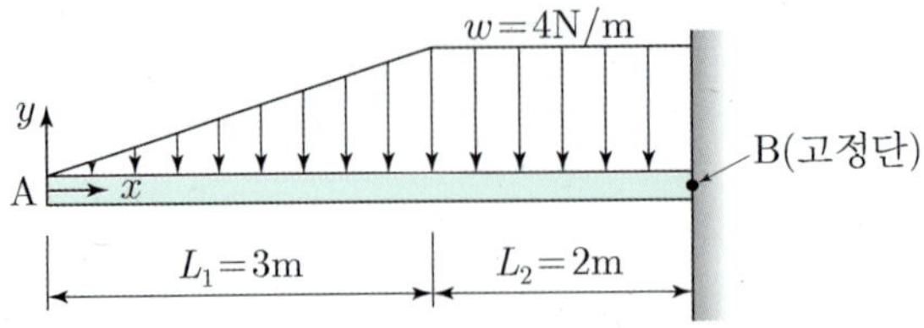

▌그림 4.3.15

〈조 건〉

- 보의 자중은 무시한다.
- 전단력의 단위는 (N), 굽힘모멘트의 단위는 (N·m)이다.
- 전단력(V)과 굽힘모멘트(M)에 대한 양(+)의 부호 규약은 다음과 같다.

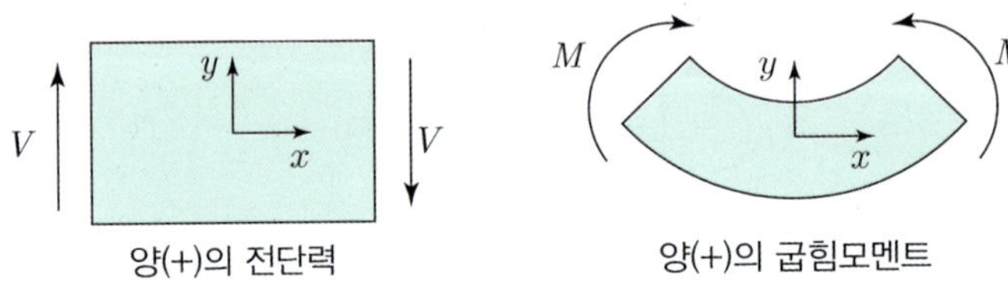

풀이 주어진 분포하중을 삼각형과 사각형으로 나누어 집중하중으로 대체한 후 자유물체도를 그린다. 왼쪽 삼각형 분포하중의 전체크기(F_{R1})는

$$F_{R1} = \frac{1}{2} w \times L_1 = \frac{1}{2} \times 4 \times 3 = 6(\mathrm{N})$$

이고, 오른쪽 사각형 분포하중의 전체크기(F_{R2})는

$$F_{R2} = w \times L_2 = 4 \times 2 = 8(\mathrm{N})$$

이며, 작용점의 위치는 [그림 4.3.16]과 같다.

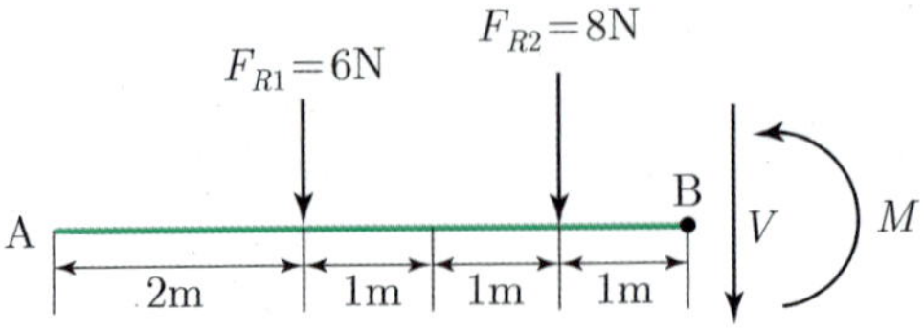

▌그림 4.3.16 자유물체도

그림에서 y방향 힘의 평형($\sum F_y = 0$)을 고려하면 전단력(V)은

$$V + F_{R1} + F_{R2} = 0$$

$$\therefore \quad V = -F_{R1} - F_{R2} = -6 - 8 = -14(\text{N}) \qquad \cdots\cdots ①$$

이고, B점에 대한 모멘트 평형($\sum M_{\text{B}} = 0$)을 고려하면 굽힘모멘트(M)는 다음과 같다.

$$M + F_{R1} \times 3 + F_{R2} \times 1 = 0$$

$$\therefore \quad M = -3F_{R1} - F_{R2} = -3 \times 6 - 8 = -26(\text{N}\cdot\text{m}) \qquad \cdots\cdots ②$$

■

4. 분포하중, 전단력 및 굽힘 모멘트 사이의 관계식

보의 길이방향(x)으로 변하는 분포하중[$w(x)$]이 작용할 때 보의 임의 단면에서의 전단력(V)과 굽힘 모멘트(M) 사이에는 다음 관계식이 성립한다.4)

$$\frac{dV}{dx} = -w, \qquad \frac{dM}{dx} = V$$

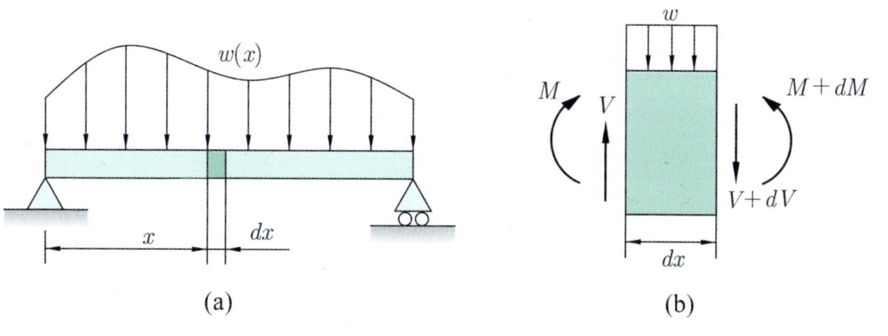

그림 4.3.17 (a) 분포하중을 받는 단순보 (b) 보의 미소요소에 대한 자유물체도

설명 하중, 전단력, 굽힘 모멘트의 관계식을 얻기 위하여 임의 위치 x에서 dx만큼 떨어진 두 단면 사이에서 잘라낸 보의 미소요소를 고려한다[그림 4.3.17]. 먼저

4) 복잡한 형태의 분포하중이 작용할 때는 이들 관계식을 이용하여 전단력과 굽힘 모멘트를 편리하게 구할 수 있다.

요소의 왼쪽 면에 작용하는 전단력과 굽힘 모멘트를 각각 V, M이라 한다. 일반적으로 전단력과 굽힘 모멘트는 보의 축 상의 위치에 따라 변한다. 분포하중인 경우 미소거리 dx에 대한 V와 M의 증가분이 미소하므로 이들을 각각 dV, dM으로 나타낸다. 이렇게 하여 미소요소에 대한 자유물체도를 그리면 그림 (b)와 같다.

(1) 전단력: 자유물체도에서 수직방향(y) 힘의 평형 조건을 적용하면 다음과 같은 식을 얻는다.

$$\sum F_y = 0: \ V - w\,dx - (V + dV) = 0$$

$$-w dx - dV = 0$$

$$\therefore \ \frac{dV}{dx} = -w$$

(2) 굽힘 모멘트: 자유물체도에서 모멘트 평형조건을 적용한다. 여기에서 분포하중은 그림의 평면에 수직인 축(z축)을 회전축으로 하는 모멘트를 발생한다. 모멘트 기준 축을 요소의 오른쪽 면을 지나는 축으로 하고, 반시계 방향을 양(+)으로 하면 다음과 같은 관계식을 얻는다.

$$\sum M_z = 0: \ (M + dM) + (wdx)\left(\frac{dx}{2}\right) - V dx - M = 0$$

$$dM + \frac{w}{2}(dx)^2 - Vdx = 0$$

여기에서 미분량 $dx \ll 1$이므로 $(dx)^2 \approx 0$으로 무시하면 다음 관계식을 얻는다.

$$dM - Vdx = 0 \quad \therefore \ \frac{dM}{dx} = V$$

5. 보의 처짐

보 단면의 도심(centroid)을 연결한 선을 도심축이라 한다. [그림 4.3.18]과 같이 보에 굽힘 하중이 작용하면 보는 휘어지게 되는데, 도심축을 연결하는 곡선 $v(x)$를 처짐 곡선(deflection curve) 또는 탄성곡선(elastic curve)이라 한다.

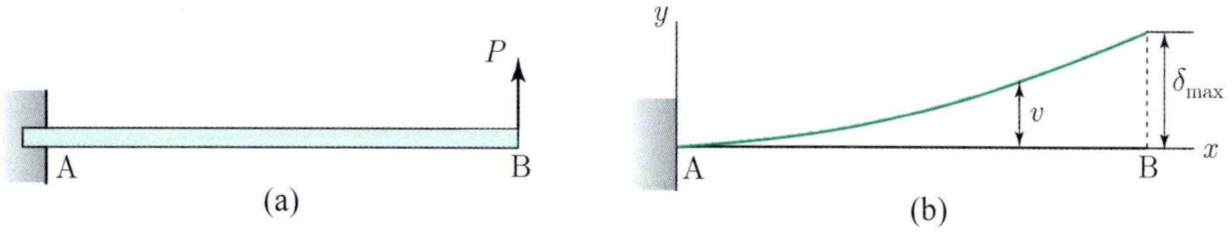

그림 4.3.18 굽힘 하중과 보의 처짐

보의 단면에 작용하는 굽힘 모멘트를 M, 단면의 2차 모멘트를 I, 보 재료의 세로 탄성계수를 E라 하면 처짐 곡선의 곡률 반지름 ρ는 다음 관계식을 따른다.

$$\frac{1}{\rho}=\frac{M}{EI}$$

여기에서 $\frac{1}{\rho}$는 곡률이라 하며 이 값의 크기에 따라 보의 휨 정도를 알 수 있다. 설계에 있어서 중요한 것은 최대 처짐이며, 이것은 하중의 형태에 따라 일반적으로 다음과 같이 표현된다.

$$\delta_{max}=C\cdot\frac{PL^3}{EI}$$

$$\delta_{max}=C\cdot\frac{qL^4}{EI}$$

여기에서 P(N)는 한 개의 집중하중, q(N/m)는 균일 분포하중을 나타낸다. L은 보의 길이, C는 보의 지지 방법에 따라 결정되는 상수이다. 위 식으로부터 보의 최대 처짐 δ_{max}은 EI에 반비례한다는 것을 알 수 있다. 즉, EI는 보의 휨에 대한 저항의 정도를 나타내며, 이것을 굽힘 강성(flexural rigidity)이라 한다.

[표 4.3.1]에 집중하중과 분포 하중을 받는 외팔보 및 단순보에 대한 최대 처짐을 나타내었다.[5)]

5) 기본적인 보에 대한 최대 처짐은 기억하도록 한다.

표 4.3.1 외팔보와 단순보의 최대 처짐

하중과 보의 형태	최대 굽힘 모멘트	최대 전단력	최대 처짐 δ_{max}
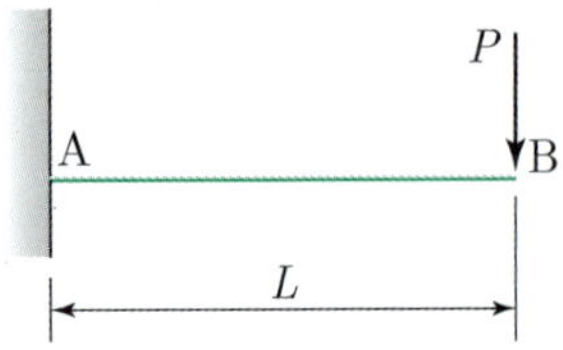	A점, PL	A와 B 사이, P	$\frac{PL^3}{3EI}$
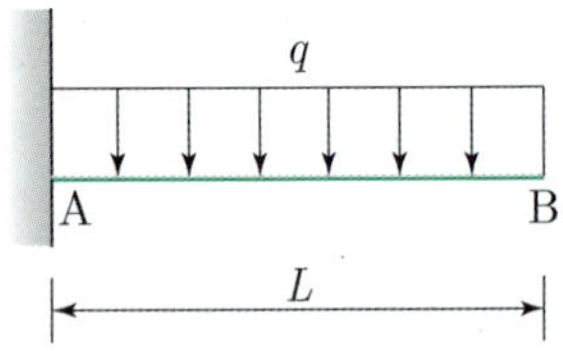	A점, $\frac{qL^2}{2}$	A점, qL	$\frac{qL^4}{8EI}$
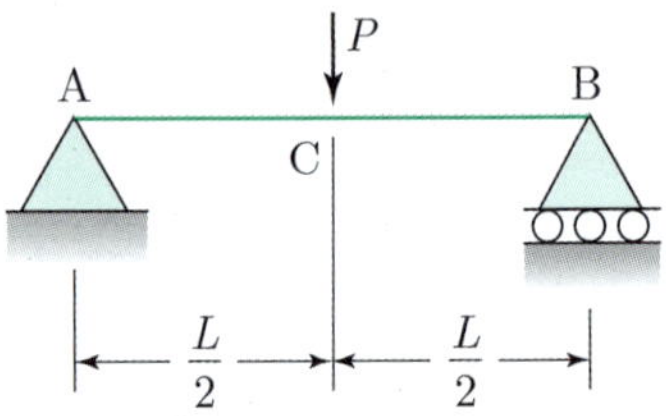	C점, $\frac{PL}{4}$	A와 C 사이, C와 B 사이, $\frac{P}{2}$	$\frac{PL^3}{48EI}$
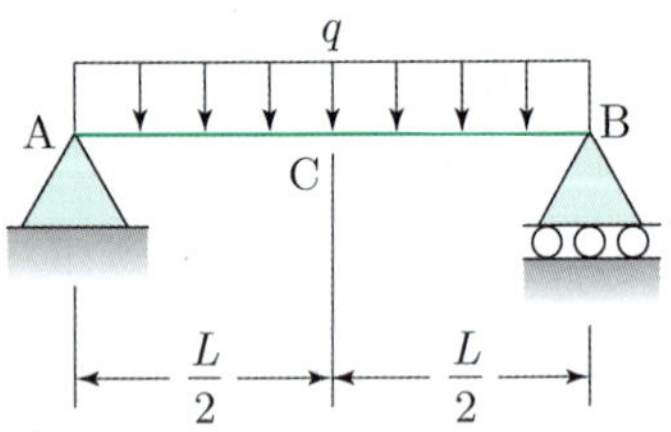	C점, $\frac{qL^2}{8}$	A점, B점, $\frac{qL}{2}$	$\frac{5qL^4}{384EI}$

예제 4.3.4

폭 $b=30\text{cm}$, 높이 $h=40\text{cm}$인 사각 단면을 갖는 길이 $L=5\text{m}$인 단순보의 중앙에 $P=40\text{kN}$의 집중하중이 작용할 때 최대 처짐의 크기를 구하여라. 보의 세로 탄성 계수 $E=200\text{GPa}$이다.

풀이 MKS 단위 N, m로 환산하여 구한다. 직사각형 단면의 2차 모멘트

$$I=\frac{bh^3}{12}=\frac{(0.3)\times(0.4)^3}{12}=1.6\times10^{-3}(\text{m}^4)$$

이고, $E=200\,\text{GPa}=200\times10^9\,\text{N/m}^2$이므로 최대 처짐 δ_{max}는 다음과 같다.

$$\delta_{max} = \frac{PL^3}{48EI} = \frac{(40 \times 1000) \times 5^3}{48 \times (200 \times 10^9) \times (1.6 \times 10^{-3})}$$

$$= 3.26 \times 10^{-4}(\text{m}) = 0.326(\text{mm})$$ ■

예제 4.3.5

길이 L의 단순보에 균일분포하중 q와 집중 하중 P가 동시에 작용할 때 보 중앙에서의 처짐을 구하여라. 보의 탄성계수는 E, 보 단면의 면적 관성모멘트는 I이다.

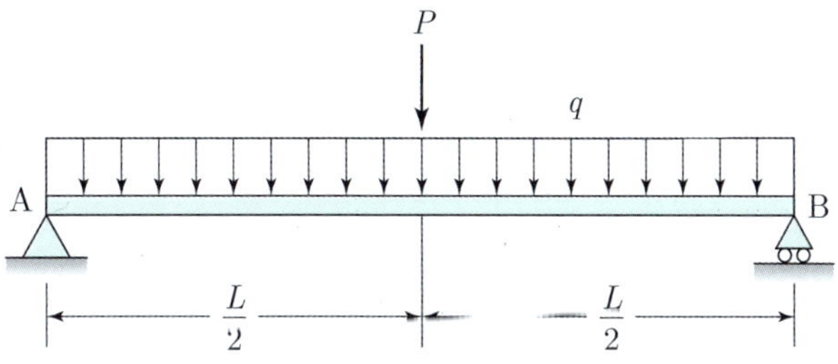

그림 4.3.19

풀이 집중하중 P가 보 중앙에 작용할 때 보 중앙의 처짐은 $\delta_1 = \frac{PL^3}{48EI}$이고, 균일분포하중 q가 작용할 때 보 중앙의 처짐은 $\delta_2 = \frac{5qL^4}{384EI}$이다. 따라서 두 하중이 동시에 작용할 때 처짐(δ)은 다음과 같다.

$$\delta = \delta_1 + \delta_2 = \frac{PL^3}{48EI} + \frac{5qL^4}{384EI}$$ ■

† [중첩의 원리] 몇 개의 다른 하중들이 동시에 작용할 때 발생하는 보의 처짐은 각각의 하중이 독립적으로 작용할 때 발생하는 처짐을 모두 합한 것과 같다. 예를 들어 하중 P_1, P_2에 의해 보의 임의 지점에 발생하는 처짐이 각각 v_1, v_2이면 두 하중이 동시에 작용할 때 그 지점의 처짐은 $v_1 + v_2$가 된다.

6. 처짐 곡선의 미분 방정식

[그림 4.3.20(a)]에서 보의 처짐(deflection) $v(x)$는 보의 축 상에 있는 점으로부터 $+y$ 방향으로의 변위이다. 일반적으로 금속 재료로 만들어진 보의 휘어지는 각은 매

우 작다. 보의 재료가 선형적으로 탄성이고, 보의 단면이 균일할 때 처짐 곡선 $v(x)$는 다음 미분 방정식으로 결정된다.

$$(1)\ EI\frac{d^2v}{dx^2}=M \qquad (2)\ EI\frac{d^3v}{dx^3}=V \qquad (3)\ EI\frac{d^4v}{dx^4}=-q$$

여기에서 E는 탄성계수, I는 보 단면의 면적 관성모멘트, M은 굽힘모멘트, V는 전단력, q는 분포하중을 나타낸다. 미분방정식에서 부호 규약은 [그림 4.3.20]과 같다. 식 (1), (2), (3)은 (a)와 같이 연직 위 방향($+y$)의 처짐을 양으로 잡았을 때의 방정식이다.

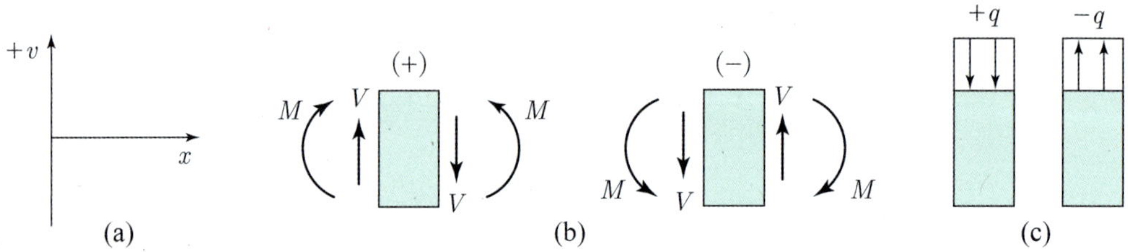

그림 4.3.20 처짐, 굽힘 모멘트, 전단력, 분포응력에 대한 부호 규약

식 (1), (2), (3) 중 하나의 미분 방정식을 풀어서 일반해를 구한 후 경계조건을 만족하는 상수를 결정하여 처짐 $v(x)$를 구한다. 단순보의 지점과 고정보의 지점의 경계조건은 다음과 같다.

- 단순보의 지점: $v=0,\ v''=0$
- 고정보의 지점: $v=0,\ v'=0$

식 (1), (2), (3)은 (a)와 같이 연직 위 방향의 처짐을 양으로 잡았을 때의 방정식이다. 이와 반대로 연직 아래 방향($-y$)의 처짐을 양으로 잡으면 처짐 곡선의 미분 방정식은 다음과 같이 된다.

$$(1')\ EI\frac{d^2v}{dx^2}=-M \qquad (2')\ EI\frac{d^3v}{dx^3}=-V \qquad (3')\ EI\frac{d^4v}{dx^4}=q$$

처짐 곡선의 미분 방정식은 보의 곡률을 구한 후$\left(\frac{1}{\rho}=\frac{d\theta}{ds}\right)$ 처짐 곡선의 기울기가

매우 작다고 가정하고 $\left(\theta \approx \tan\theta = \dfrac{dv}{dx}\right)$ 재료가 훅의 법칙을 따른다고 하여 유도된다. 일반적으로 처짐을 구하는 데 큰 관심을 두므로 여기에서는 미분방정식의 자세한 유도 과정은 생략하고 미분 방정식을 이용하여 처짐을 구하는 과정을 소개한다.

예 **보의 처짐-외팔보 집중하중**

그림과 같이 길이 L의 외팔보의 끝에 집중하중 P가 작용할 때 임의의 위치 x에서의 처짐(v)과 최대 처짐($v_{\max}$)을 구해본다. 보의 세로 탄성계수는 E, 보 단면의 2차 모멘트는 I이다.

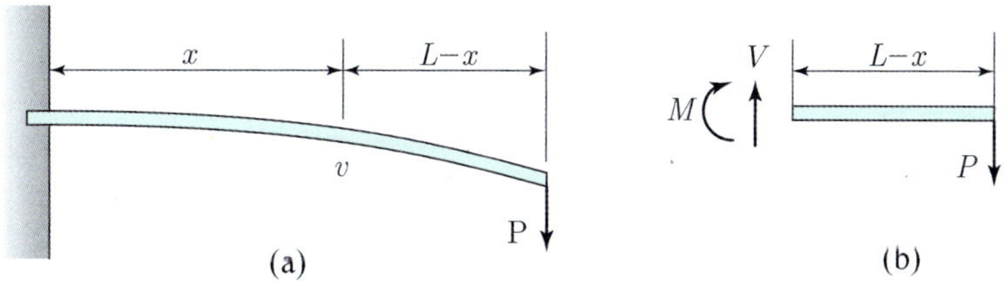

▍그림 4.3.21 집중하중을 받는 외팔보의 처짐

먼저 벽으로부터 x만큼 떨어진 지점에서의 굽힘 모멘트를 구한다. (b)의 자유물체도에 모멘트 평형 조건을 적용하면

$$M + P(L - x) = 0$$

$$\therefore \; M = -P(L - x)$$

이다. 연직 아래 방향($-y$)으로의 처짐을 양으로 잡으면 처짐(v)에 대한 미분 방정식은

$$EI\frac{d^2v}{dx^2} = -M = P(L - x)$$

이다. 이 식을 적분하면

$$EI\frac{dv}{dx} = P\left(Lx - \frac{x^2}{2}\right) + C$$

인데 고정 지점($x = 0$)에서 $v' = 0$이므로 상수 $C = 0$이다. 따라서

$$EI\frac{dv}{dx} = P\left(Lx - \frac{x^2}{2}\right)$$

이고 이 식을 한 번 더 적분하면

$$EIv = P\left(\frac{L}{2}x^2 - \frac{x^3}{6}\right) + C$$

이다. 여기에서 경계조건, $x = 0$에서 $v = 0$, 을 적용하면 상수 $C = 0$이고,

$$EIv = P\left(\frac{L}{2}x^2 - \frac{x^3}{6}\right) = \frac{P}{6}(3Lx^2 - x^3)$$

얻는다. 따라서 임의 지점에서의 보의 처짐(v)은

$$v = \frac{P}{6EI}(3Lx^2 - x^3)$$

이고, 최대 처짐은 자유단에서 일어나므로 $x = L$을 대입하면 다음과 같이 최대 처짐($v_{\max}$)이 구해진다.

$$v_{\max} = \frac{P}{6EI}(3L \times L^2 - L^3) = \frac{PL^3}{3EI}$$ ■

4.3 연습문제

1. 그림과 같은 단순보에 대한 전단력과 굽힘 모멘트 선도를 그려라. 보 내부의 최대 전단력과 최대 굽힘 모멘트는 얼마인가?

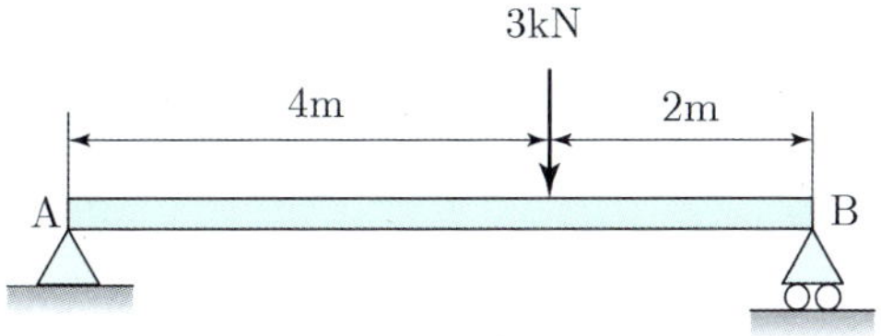

❙ 문제 4.3.1

2. 두 개의 집중하중을 받는 외팔보가 있다. 전단력과 굽힘 모멘트 선도를 그리고, 보 내부의 최대 전단력과 최대 굽힘 모멘트를 구하여라.

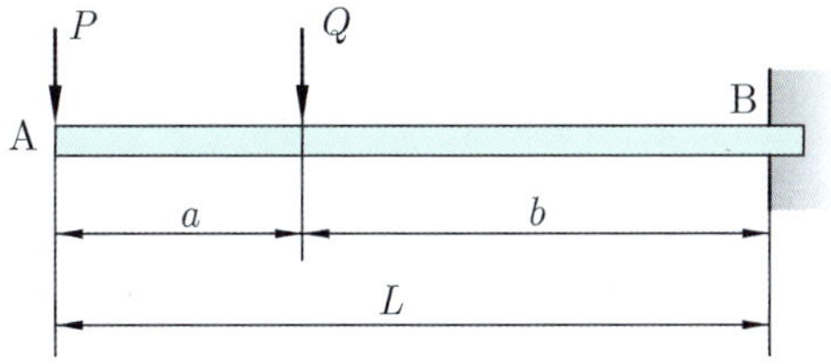

❙ 문제 4.3.2

3. 그림과 같은 단순보에서 지점 A로부터 30 cm와 60 cm 떨어진 두 단면에 작용하는 전단력과 굽힘 모멘트를 구하여라.

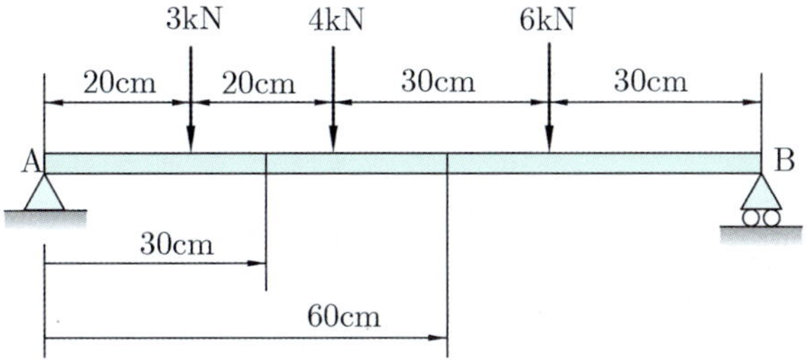

❙ 문제 4.3.3

4. 길이 L의 단순보가 선형적으로 변하는 분포하중 q를 받고 있다. 지점 A에서의 분포하중은 0이고, B에서의 분포하중은 q_0일 때 다음을 구하여라.

(1) 두 지점의 반력 R_A, R_B

(2) 지점 A로부터 거리 x인 위치에서의 전단력과 굽힘 모멘트

(3) 최대 굽힘 모멘트

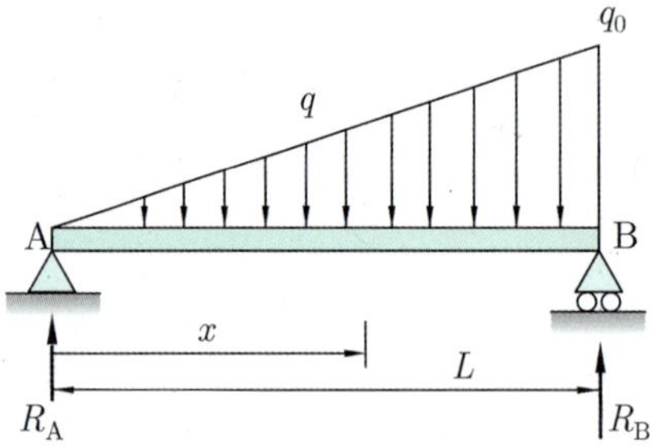

(a)

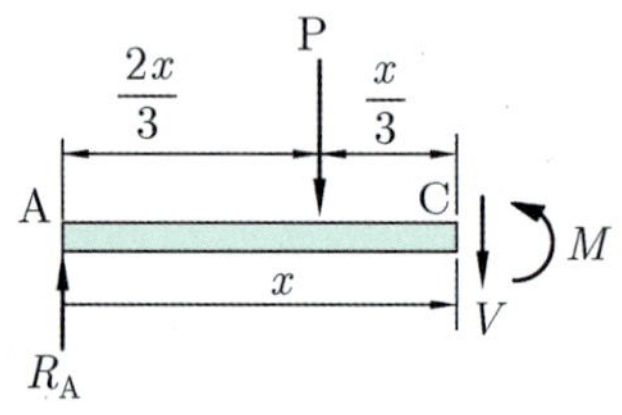

(b)

문제 4.3.4

5. 그림과 같은 돌출보가 200kN의 집중하중과 100kN/m의 균일 분포하중을 받고 있다. 지점 A로부터 3m 떨어진 단면에서의 전단력과 굽힘 모멘트를 구하여라.

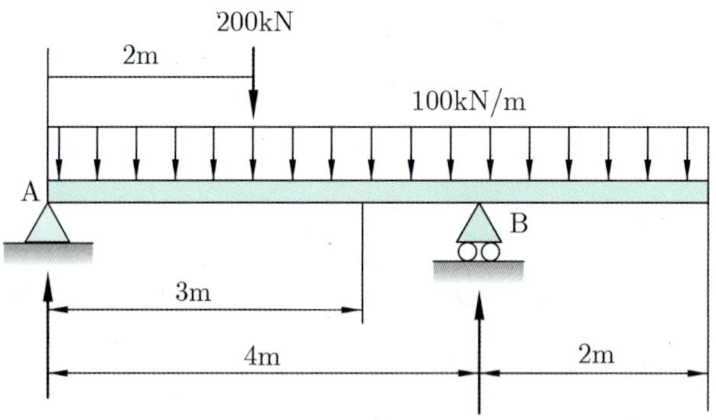

문제 4.3.5

6. 그림과 같은 형상과 치수를 갖는 단순보에 대한 다음 질문에 답하시오. 단, 보 재료의 탄성계수 $E = 20,000\text{kgf/mm}^2$이다. [중등교사 임용시험(기계)]

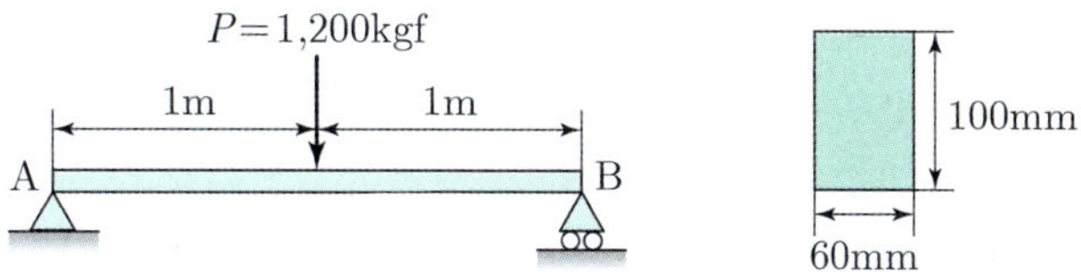

[보의 단면 형상]

I 문제 4.3.6

(1) 최대 처짐량을 구하기 위한 결과 식을 쓰고, 최대 처짐량(mm)을 계산하시오.

(2) 최대 응력을 구하기 위한 결과 식을 쓰고, 최대 응력(kgf/mm^2)을 계산하시오.

7. 길이가 8m인 외팔보의 자유단에 100kN의 집중하중이 작용하고, 자유단으로부터 2m 거리에서 길이 4m에 걸쳐 10kN/m의 균일 분포하중이 작용할 때 다음 각 값을 구하시오. [중등교사 임용시험(기계)]

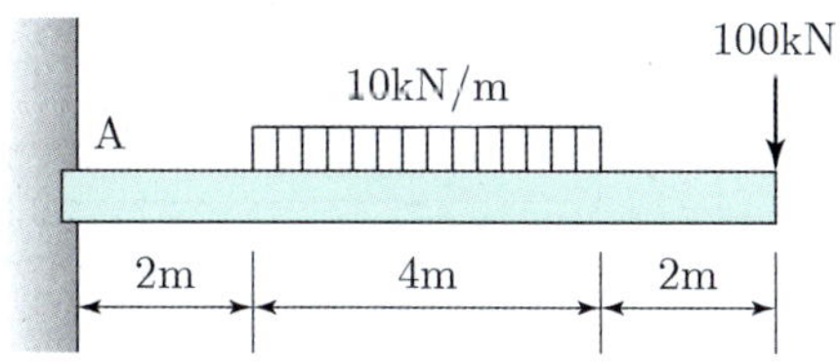

I 문제 4.3.7

(1) 최대 휨(굽힘) 모멘트(kNCDOTm)

(2) 지점 A에서의 반력의 크기(kN)

8. 그림과 같이 길이 L인 단순 지지보의 중앙부에 균일 분포하중 w가 부분적으로 작용할 때 다음을 구하여라. [중등교사 임용시험(기계·금속)]

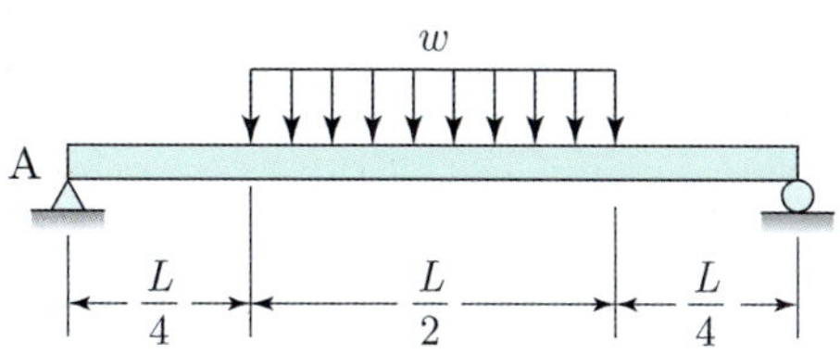

I 문제 4.3.8

(1) A지점의 반력

(2) 최대 전단력

(3) 최대 굽힘 모멘트

9. 길이 120mm인 단순보에 받침점 A로부터 40mm, 80mm 떨어진 곳에 15N, 30N의 집중 하중이 각각 작용하고 있다. 보 중앙에서의 굽힘 모멘트를 구하시오.

[중등교사 임용시험(기계·금속)]

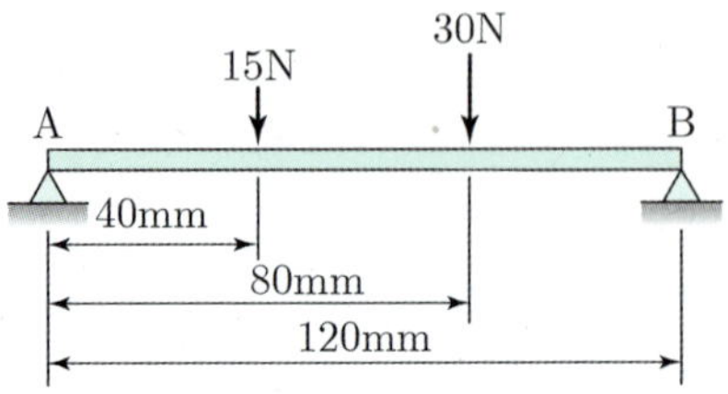

▎문제 4.3.9

10. 그림과 같이 균일 분포 하중이 작용하는 외팔보에 대한 물음에 답하시오.

[중등교사 임용시험(기계·금속)]

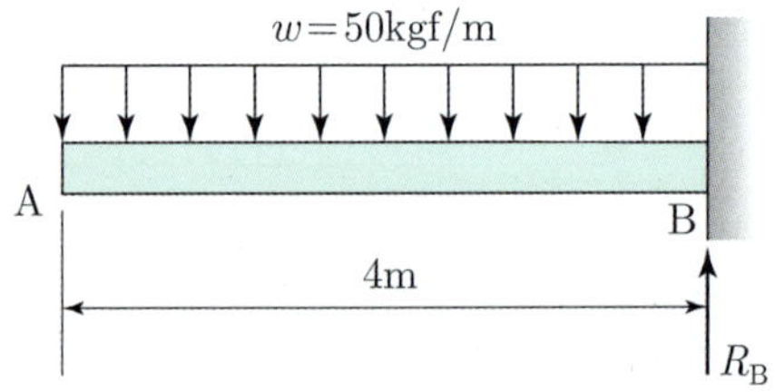

▎문제 4.3.10

(1) B점의 반력 R_B(kgf)를 계산하시오.

(2) B점에 작용하는 최대 전단력 V_{max}(kgf)를 계산하시오.

(3) B점에 작용하는 최대 굽힘 모멘트 M_{max}(kgf · cm)를 계산하시오.

11. 그림과 같은 단순보가 집중하중을 받을 때 최대 굽힘 모멘트(N · m)의 값을 구하여라.

[중등교사 임용시험(기계·금속)]

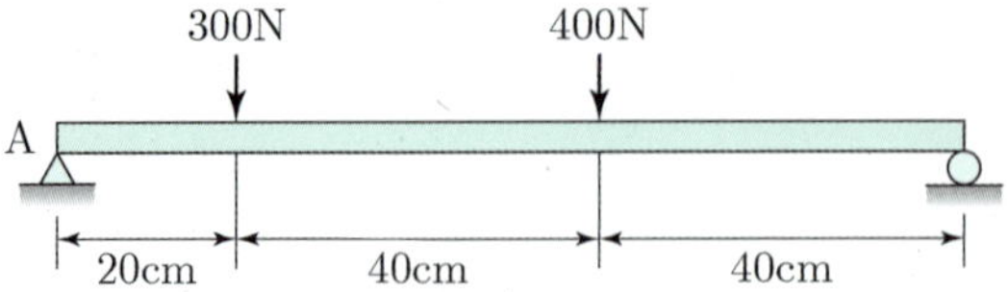

▎문제 4.3.11

12. 아래 구조물에 대한 물음에 답하시오. [중등교사 임용시험(기술)]

(1) A 지점과 B 지점의 반력을 구하시오.

(2) C 점의 휨모멘트를 구하시오.

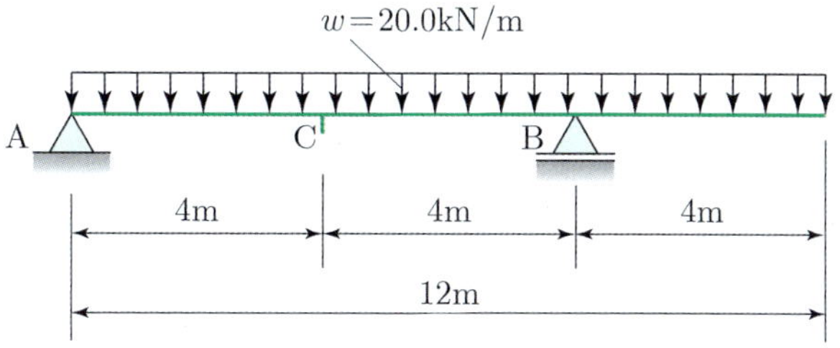

▎문제 4.3.12

13. 그림과 같이 보의 일부에만 등분포 하중이 작용할 때 최대 휨모멘트가 생기는 위치는 지점 A 로부터 얼마나 떨어진 곳인가? 단, 보의 자체 하중은 무시한다.

[중등교사 임용시험(기술)]

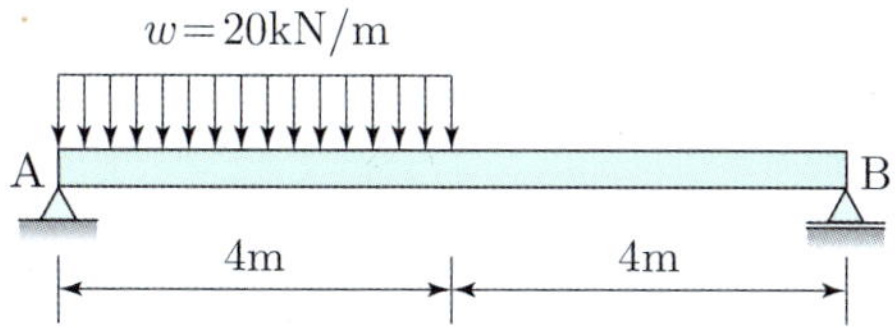

▎문제 4.3.13

14. 그림과 같이 하중이 작용하는 보에서 C 점의 전단력을 구하여라. 단, 보의 자체 하중은 무시한다. [중등교사 임용시험(기술)]

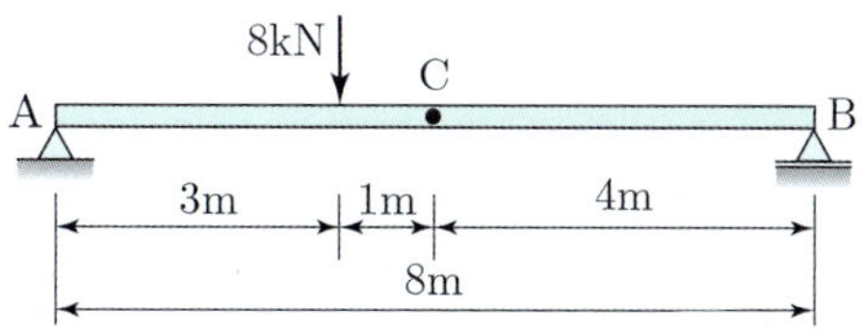

▎문제 4.3.14

15. 그림과 같이 길이 100 mm 인 단순지지보의 중앙에 100 N 의 집중 하중이 작용할 때 보에 발생하는 최대 굽힘응력[N/mm^2]을 구하여라. (단, 보의 단면은 가로(밑변) 6 mm, 세로(높이) 10 mm 인 사각단면이다.) [공무원시험]

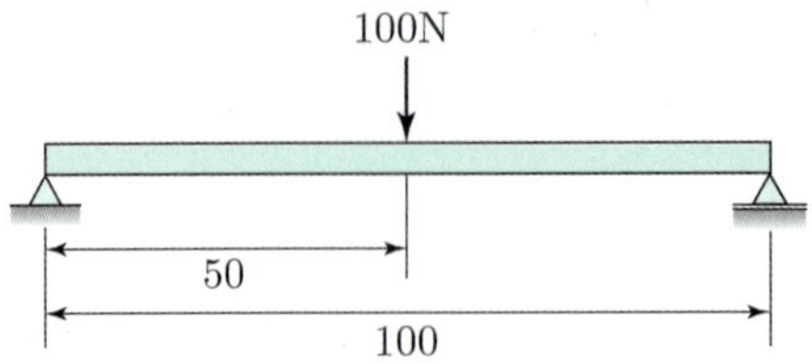

❙ 문제 4.3.15

16. 그림 (가)와 같은 단순보의 단면은 그림 (나)와 같다. 이와 같은 단순보의 단면에 발생하는 최대 휨 응력(σ_{max})을 구하시오. 단, 보의 자중은 무시한다. [중등교사 임용시험(건설)]

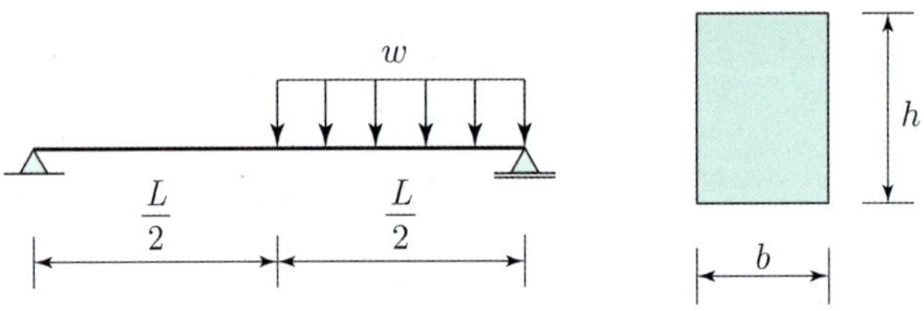

(가) 단순보 (나) 단순보의 단면

❙ 문제 4.3.16

17. 보의 길이가 L인 외팔보에 단위길이당 균일등분포하중 w가 작용할 때, 외팔보에 작용하는 최대 굽힘 모멘트로 옳은 것은? [공무원시험]

① wL ② $\frac{wL^2}{4}$

③ $\frac{wL}{2}$ ④ $\frac{wL^2}{3}$

⑤ $\frac{wL^2}{2}$

18. 아래 그림과 같은 분포하중을 가지고 있는 외팔보(cantilever beam)의 고정지지점 O에서의 모멘트의 크기를 구하시오. (단, $\overline{AB}=2m$, 등분포하중 $w_1=2kN/m$, $\overline{BO}=2m$, 등분포하중 $w_2=1kN/m$이다.) [공무원시험]

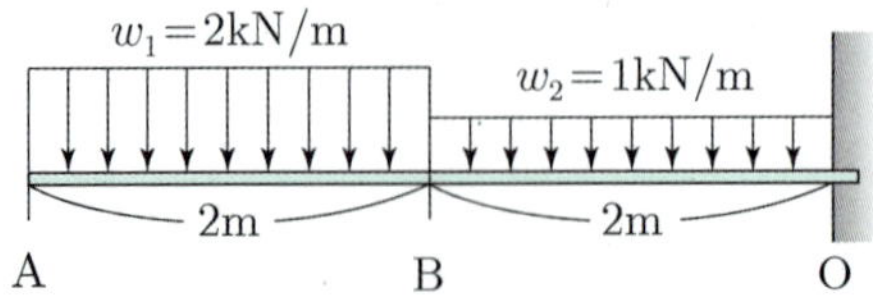

❙ 문제 4.3.18

① 10kN · m　　② 12kN · m

③ 14kN · m　　④ 16kN · m

19. 그림과 같은 단순보에서 최대 휨모멘트가 발생하는 곳의 위치하는 [m]는? (단, 자중은 무시한다.) [공무원시험]

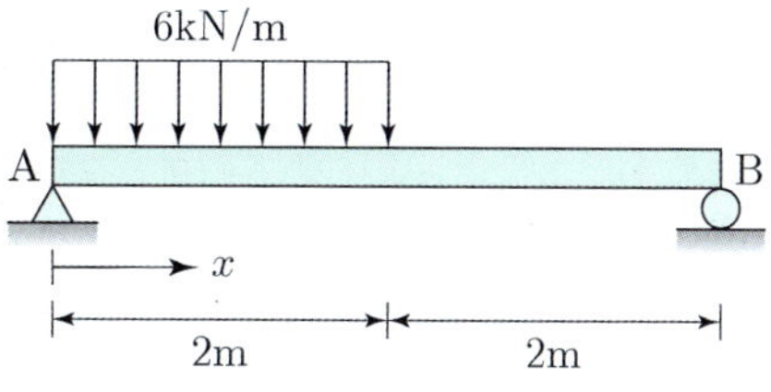

▎문제 4.3.19

① 1.0　　② 1.25

③ 1.5　　④ 1.75

20. 그림과 같은 하중을 받는 단순보에서 최대 휨모멘트가 발생하는 위치가 A점으로부터 떨어진 수평거리[m]는? (단, 보의 자중은 무시한다.) [공무원시험]

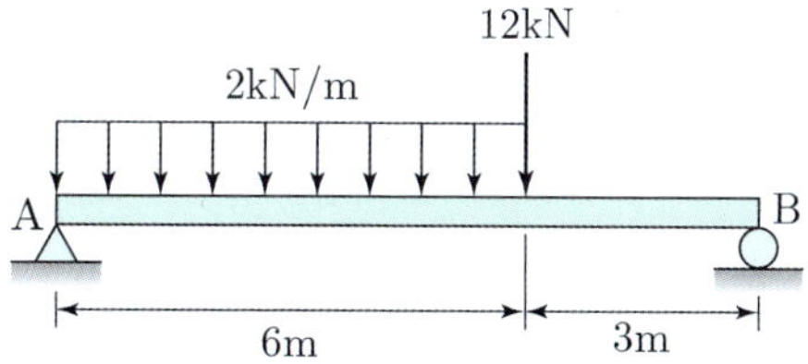

▎문제 4.3.20

① 3　　② 4

③ 5　　④ 6

21. 그림과 같은 단순보에서 D점의 전단력은? (단, 보의 자중은 무시한다.) [공무원시험]

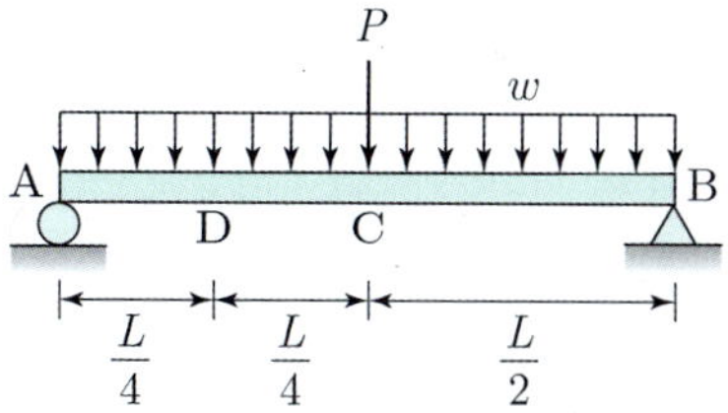

▎문제 4.3.21

① $\dfrac{P}{2}+\dfrac{wL}{2}$　　② $\dfrac{wL}{2}$

③ $\dfrac{P}{2}+\dfrac{wL}{4}$　　④ $\dfrac{P}{2}$

22. 그림과 같은 하중이 작용하는 직사각형 단면의 단순보에서 전단력을 지지할 수 있는 지간 L의 최대 길이[m]는? (단, 보의 자중은 무시하고, 허용전단응력은 1.5MPa이다.)

[공무원시험]

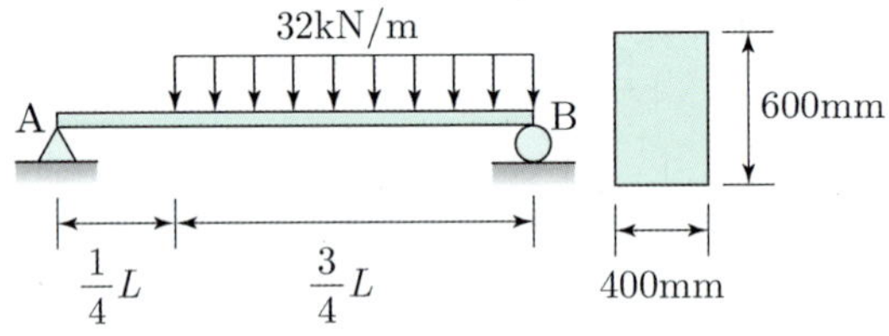

❙ 문제 4.3.22

① 8　　② 12

③ 16　　④ 20

23. 그림과 같은 단순보에서 최대 휨모멘트가 발생하는 단면까지의 A로부터의 거리 x[m]와 최대 휨모멘트 M_{max}[kN · m]를 구하여라. (단, 보의 자중은 무시한다.)

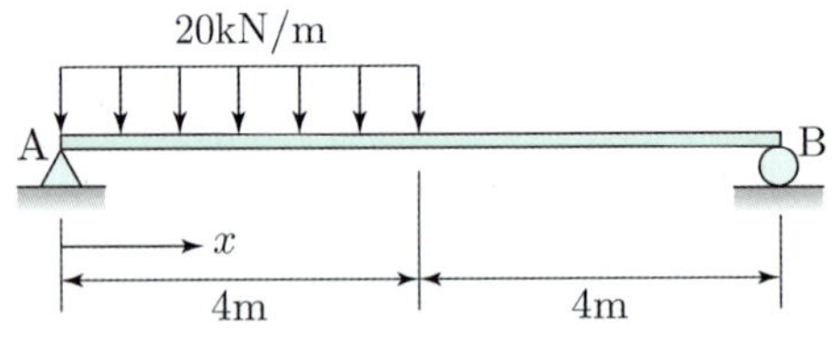

❙ 문제 4.3.23

24. [보의 처짐-외팔보 분포하중] 길이 L의 외팔보에 균일 분포 하중 q가 작용하고 있을 때 보의 최대 처짐을 구하여라. 보의 단면은 폭 b, 높이 h인 직사각형이고, 탄성계수는 E이다.

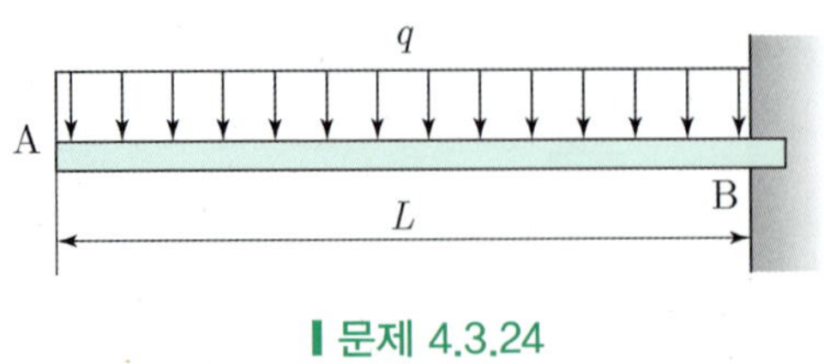

❙ 문제 4.3.24

25. [보의 처짐-단순보 집중하중] 길이 L의 단순보의 중앙에 집중하중 P가 작용하고 있을 때 최대 굽힘 모멘트, 최대 굽힘 응력, 최대 처짐을 구하여라. 보의 단면은 폭 b, 높이 h인 직사각형이고, 탄성계수는 E이다.

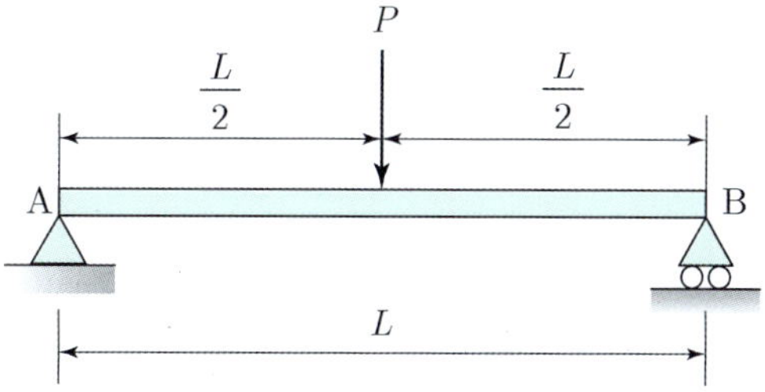

I 문제 4.3.25

26. [보의 처짐-단순보 균일하중] 길이 L의 단순보에 균일 하중 q가 작용할 때 보 중심에서의 처짐(δ)을 구하여라. 보의 탄성계수는 E, 보 단면의 면적 관성모멘트는 I이다.

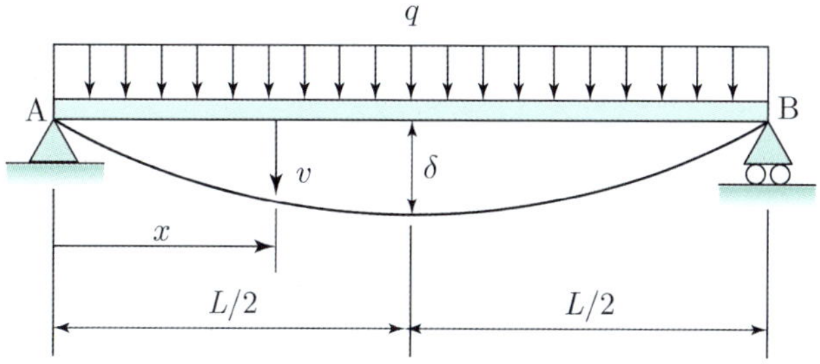

I 문제 4.3.26

27. [보의 처짐-외팔보 등변분포하중] 길이 L의 외팔보가 선형적으로 변하는 분포하중 q를 받고 있다. 자유단 A에서 $q = 0$이고 고정 지점 B에서 $q = q_0$이다. 다음을 구하여라.

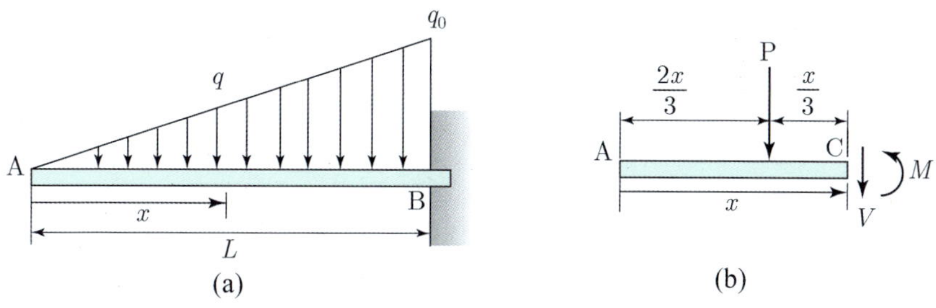

I 문제 4.3.27

(1) 자유단으로부터 거리 x인 위치에서의 전단력과 굽힘 모멘트

(2) 최대 전단력과 최대 굽힘 모멘트의 크기

(3) 최대 처짐

28. 그림과 같이 외팔보에 집중하중 P와 분포하중 w가 수직하게 작용한다. 〈조건〉을 고려하여 보의 A점 단면에서 걸리는 전단력, 굽힘모멘트와 최대 굽힘 인장응력을 각각 구하고, 풀이 과정과 함께 순서대로 쓰시오. [중등교사 임용시험-기계·금속(2018)]

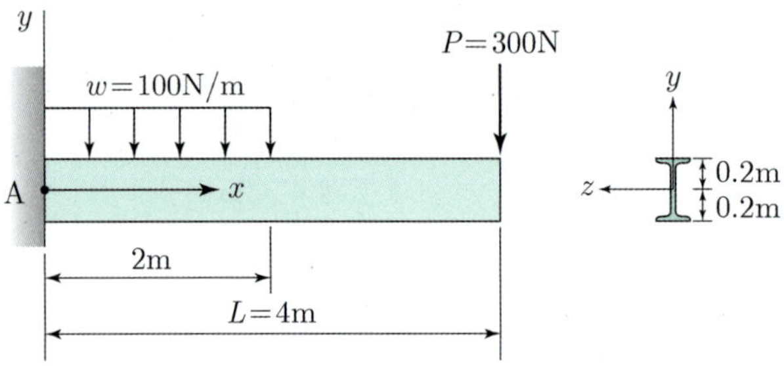

❙ 문제 4.3.28

〈조 건〉

- 부재의 자중에 의한 영향은 무시한다.
- 전단력의 단위는 (N), 굽힘모멘트의 단위는 (N·m), 응력의 단위는 (N/m^2)이다.
- 전단력 V와 굽힘모멘트 M에 대한 양(+)의 부호 규약은 다음과 같다.

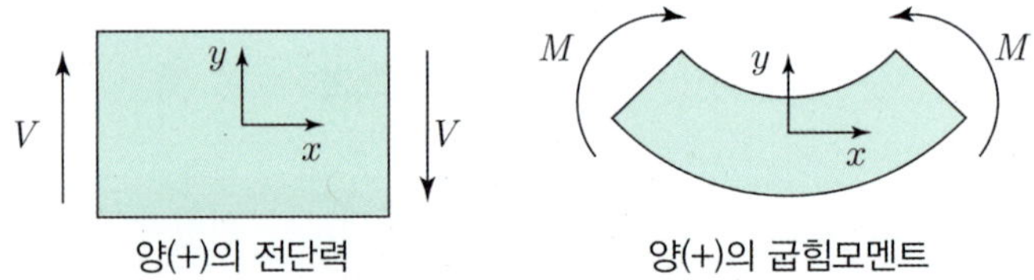

- 보에 대한 단면 2차모멘트 I는 $4\times10^{-4}(m^4)$이다.

CHAPTER

5

유체역학

5.1 유체의 기본 성질

1. 유체의 정의

유체는 아무리 작더라도 전단응력이 가해지면 연속적이고 영구적으로 변형되는 물질로 정의한다.

설명 물질을 이루는 분자 사이의 거리와 인력의 크기에 따라 물질을 크게 고체와 유체로 나눈다. 유체는 액체와 기체를 포함한다. 분자 사이의 응집력은 고체에서 가장 크고, 다음에 액체에서 크며, 기체에서는 아주 작다. 고체 분자들이 단단히 결합되어 있는 반면, 유체에서는 분자 간의 응집력이 약하기 때문에 비교적 자유롭게 움직일 수 있다. 따라서 유체는 일정한 형태를 지니지 못하고 자유롭게 변형하는 특성이 있다. 즉 임의 형상의 그릇에 채울 수 있으며 아주 작은 전단응력도 지탱하지 못하고 변형된다.

표 5.1.1 표준대기압, 25 ℃ 에서의 유체의 밀도

유체	밀도(kg/m^3)	유체	밀도(kg/m^3)
벤젠	879	등유	815
사염화탄소	1,584	메탄올	787
에탄올	783	엔진오일	885
가솔린	750	물	997
글리세린	1,260	수은	13,580

† 4 ℃ 에서 순수한 물의 밀도는 1,000 kg/m^{3}이고, 비중량은 9,810 N/m^{3}이다. 수은은 액체 금속이다.

2. 밀도, 비중량, 비중

(1) 밀도

물질의 단위 부피(V)당 질량(m)을 밀도라 하고 일반적으로 기호 ρ로 나타낸다.

$$\rho = \frac{m}{V} \ \ [\mathrm{kg/m^3}]$$

(2) 비중량

물질의 단위 부피(V)당 무게(W)를 비중량(γ, specific weight)이라 한다. 중력가속도가 g일 때 밀도가 ρ인 물질의 비중량은 다음과 같다.

$$\gamma = \frac{W}{V} = \frac{mg}{V} = \frac{m}{V} \times g = \rho g \ \ [\mathrm{N/m^3}]$$

수리수문학에서는 비중량을 단위중량이라고도 한다.

(3) 비중

순수한 물의 밀도를 기준으로 한 물질의 상대적 밀도를 비중(specific gravity)이라 한다. 물의 밀도를 ρ_w라 하면 밀도 ρ인 물질의 비중 S는 다음과 같다.

$$S = \frac{\rho}{\rho_w} = \frac{\rho g}{\rho_w g} = \frac{\gamma}{\gamma_w}, \qquad \gamma = \gamma_w S$$

여기에서 γ와 γ_w는 각각 물질과 물의 비중량을 나타낸다.

† 비중은 어떤 물질의 무게가 물보다 얼마나 더 가벼운지 또는 무거운지를 나타내는 척도가 된다. 비중이 큰 물질로는 수은($S \approx 13.6$)이 있으며 공기의 비중은 약 $1/800$이다. 일반적으로 기름의 비중은 1보다 작으므로 물에 기름을 부으면 기름은 모두 물 위에 뜬다. 비중이 1보다 작다는 것은 물보다 더 가볍다는 것을 뜻한다.

† 비중량(γ)은 단위 부피당 무게를 나타내며 SI 단위는 $[\gamma] = \mathrm{N/m^3}$이다. 그러나 비중은 물의 밀도에 대한 물질의 밀도 비를 나타내므로 차원이 없는 무차원 수(dimensionless number)이다.

비중과 비중량은 완전히 다른 물리량이므로 분명하게 구분해서 사용해야 한다. 비중 S인 물질의 비중량은 $\gamma = S\gamma_w$이다.

예제 5.1.1

25 ℃ 에서 10cm × 10cm × 50cm 의 직육면체 용기에 가득 차 있는 수은의 무게가 665 N 일 때 수은의 밀도[kg/m^3]를 구하여라.

풀이 수은의 부피 $V = 10\text{cm} \times 10\text{cm} \times 50\text{cm} = 0.1\text{m} \times 0.1\text{m} \times 0.5\text{m}$, 수은의 무게 $W = 665\,\text{N}$ 이다. 비중량 $\gamma = \dfrac{W}{V} = \rho g$ 이므로 수은의 밀도(ρ)는 다음과 같다.

$$\rho = \frac{W}{g\,V} = \frac{665}{9.8 \times (0.1 \times 0.1 \times 0.5)} = 13{,}571\,(\text{kg/m}^3)$$

■

예제 5.1.2

지름 50 cm, 높이 100 cm 인 실린더(cylinder)형 용기에 밀도가 885 kg/m^3 인 엔진오일이 가득 채워져 있다. 엔진오일의 질량과 무게를 구하여라.

풀이 실린더 지름 $D = 50\,\text{cm} = 0.5\text{m}$, 높이 $H = 100\,\text{cm} = 1\text{m}$, 엔진오일의 밀도 $\rho = 885\,\text{kg/m}^3$ 이다. 밀도 $\rho = \dfrac{m}{V}$ 이므로 질량(m)과 무게(W)는 다음과 같다.

$$m = \rho\,V = \rho \times \left(\frac{\pi D^2 H}{4}\right) = 885 \times \frac{\pi \times 0.5^2 \times 1}{4} = 173.8\,(\text{kg})$$

$$W = mg = 173.8 \times 9.8 = 1703\,(\text{N})$$

■

예제 5.1.3

부피가 5 m^3 인 기름의 무게가 40 kN 일 때 기름의 비중량, 밀도, 비중을 각각 구하여라. 단, 중력가속도 $g = 9.8\,\text{m/s}^2$, 물의 비중량은 9.8 kN/m^3 이다.

풀이 기름의 부피 $V = 5\,\text{m}^3$, 기름의 무게 $W = 40\,\text{kN}$ 이고, 물의 비중량은 $\gamma_w = 9.8\,\text{kN/m}^3$ 이다.

- 비중량 $\gamma = \dfrac{W}{V} = \dfrac{40\,\text{kN}}{5\,\text{m}^3} = 8\,\text{kN/m}^3$
- 밀도 $\rho = \dfrac{\gamma}{g} = \dfrac{8000\text{N/m}^3}{9.8\text{m/s}^2} = 816.3\,\text{kg/m}^3 \quad \left(\because \text{N} = \text{kg} \cdot \dfrac{\text{m}}{\text{s}^2}\right)$

• 비중 $S = \dfrac{\gamma}{\gamma_w} = \dfrac{8\,\mathrm{kN/m^3}}{9.8\,\mathrm{kN/m^3}} = 0.8163$

또는 $S = \dfrac{\rho}{\rho_w} = \dfrac{816.3\,\mathrm{kg/m^3}}{1000\,\mathrm{kg/m^3}} = 0.8163$

이상에서 중력가속도 $g = 9.8\,\mathrm{m/s^2}$이고, 물의 비중량 $\gamma_w = 9.8\,\mathrm{kN/m^3}$이므로 물의 밀도는 $\rho_w = \dfrac{\gamma_w}{g} = \dfrac{9800\mathrm{N/m^3}}{9.8\mathrm{m/s^2}} = 1000\,\mathrm{kg/m^3}$이다. ■

3. 유체의 점성

(1) 점성계수

유체 내부에서 발생하는 전단응력 τ가 속도구배 $\dfrac{du}{dy}$에 비례하는 유체를 뉴턴유체(Newtonian fluid)라 하고, 다음과 같이 정의되는 비례상수를 점성계수(μ, coefficient of viscosity)리 힌다.

$$\tau = \mu\frac{du}{dy}$$

점성계수의 SI 단위는 $\mathrm{Pa\cdot s}$, $\mathrm{N\cdot s/m^2}$, $\mathrm{kg/m\cdot s}$이다.

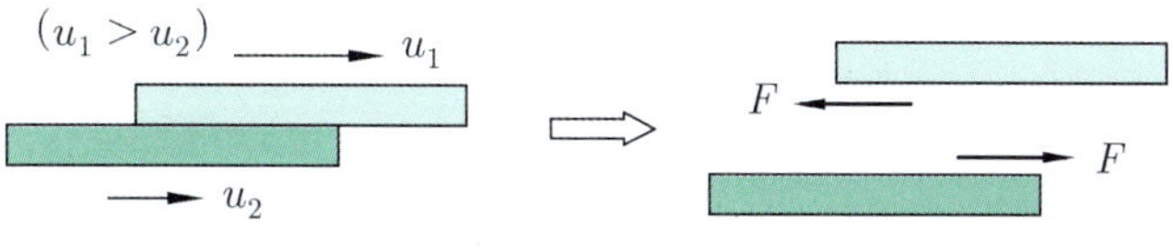

▎그림 5.1.1

설명 [그림 5.1.1]과 같이 접촉된 두 판 간에 속도 차이가 있으면 두 판 사이에 마찰력이 발생한다. 고체와 마찬가지로 유체 층 내에서도 속도 차이가 존재하면 마찰력이 발생하며, 이러한 성질을 나타내는 물리량을 점성계수 또는 점도(viscosity)라 한다.

점성이 있는 유체를 점성유체(viscous fluid), 점성이 없는 유체를 비점성유체(inviscid fluid)라 하고, 압축이 되는 유체를 압축성 유체(compressible fluid), 압축되지 않는 유체를 비압축성 유체(incompressible fluid)라 한다. 그리고 비점성·비압축성 유체를 이상유체(ideal fluid)라 한다.

실제유체는 모두 점성을 가지며 압축이 된다. 그런데 실제로는 점성·압축성 유체이지만 그 영향이 매우 작게 나타나는 경우에는 일반적으로 비점성·비압축성유체로 가정하여 해석한다. 점성과 압축성이 모두 고려되는 실제유체의 이론적 해석은 매우 어렵다. 따라서 학부 과정의 기초적인 유체역학에서 취급하는 유체는 대부분 이상유체이다.

(2) 동점성계수

다음과 같이 정의되는 점성계수(μ)와 밀도(ρ)의 비를 동점성계수(ν, kinematic viscosity)라 한다.

$$\nu = \frac{\mu}{\rho} \ [\mathrm{m^2/s}]$$

(3) 벽 점착조건

유체가 고체 표면 위를 흐를 때 고체 표면에서 유체입자의 미끄러짐이 없다는 조건, 즉 '벽에서 유체의 속도 $u=0$'이라는 조건을 벽 점착조건(no slip condition)이라 한다.

표 5.1.2 표준대기압, 20℃에서의 유체의 점성계수와 동점성계수

유체	밀도($\mathrm{kg/m^3}$)	점성계수(Pa·s)	동점성계수($\mathrm{m^2/s}$)
수소	0.084	8.8×10^{-6}	1.05×10^{-4}
공기	1.204	1.81×10^{-5}	1.51×10^{-5}
가솔린	680	2.9×10^{-4}	4.26×10^{-7}
물	998	1.01×10^{-3}	1.01×10^{-6}
에틸알콜	789	1.2×10^{-3}	1.52×10^{-6}
수은	13580	1.5×10^{-3}	1.1×10^{-7}
SAE 30 오일	891	0.29	3.25×10^{-4}
원유	855.6	7.18×10^{-3}	8.39×10^{-6}
글리세린	1264	1.494	1.18×10^{-3}

예제 5.1.4

점성계수 μ의 차원을 유도하여라. (M L, T는 각각 질량, 길이, 시간을 나타낸다.)

풀이 점성계수의 정의 $\tau = \mu \dfrac{du}{dy}$로부터 μ의 차원은 다음과 같다.

$$[\mu] = [\tau]\left[\frac{dy}{du}\right] = \frac{ML/T^2}{L^2} \times \frac{L}{L/T} = M/LT = ML^{-1}T^{-1}$$

이상에서 힘의 차원은 $[F] = [ma] = M \cdot \dfrac{L}{T^2}$이다. ■

예제 5.1.5

20℃에서 물의 점성계수는 약 $10^{-3}\text{Pa}\cdot\text{s}$, 밀도는 $998\,\text{kg/m}^3$이고, 공기의 점성계수는 약 $1.8\times10^{-5}\text{Pa}\cdot\text{s}$, 밀도는 $1.2\,\text{kg/m}^3$이다. 물과 공기의 동점성계수를 각각 구하여 비교하여라.

풀이 동점성계수의 정의 $\nu = \dfrac{\mu}{\rho}$로부터

- 물의 동점성계수 $\nu_w = \dfrac{\mu_w}{\rho_w} = \dfrac{10^{-3}}{998} = 1.002\times10^{-6}\,(\text{m}^2/\text{s})$
- 공기의 동점성계수 $\nu_a = \dfrac{\mu_a}{\rho_a} = \dfrac{1.8\times10^{-5}}{1.2} = 1.5\times10^{-5}\,(\text{m}^2/\text{s})$

이다. 점성계수는 물이 공기보다 크지만 공기의 밀도가 작기 때문에 동점성계수는 오히려 공기가 물보다 크다. ■

4. 쿠에트 유동

거리가 H인 두 무한평판 사이의 유체에서 아래 평판을 고정하고 위 평판을 U의 속도로 움직일 때 유체의 속도 분포 $u(y)$가 다음과 같이 선형적인 분포를 갖는 유동을 쿠에트 유동(Couette flow)이라 한다[그림 5.1.2].

$$u(y) = \frac{Uy}{H}$$

이때 유체의 점성계수가 μ이면 유체의 속도분포와 점성에 의해 유체에서 발생하는 전단응력(τ)과 면적 A의 평판이 받는 힘(F)은 다음과 같다.

$$\tau = \mu\frac{U}{H}$$

$$F = \tau A = \mu\frac{UA}{H}$$

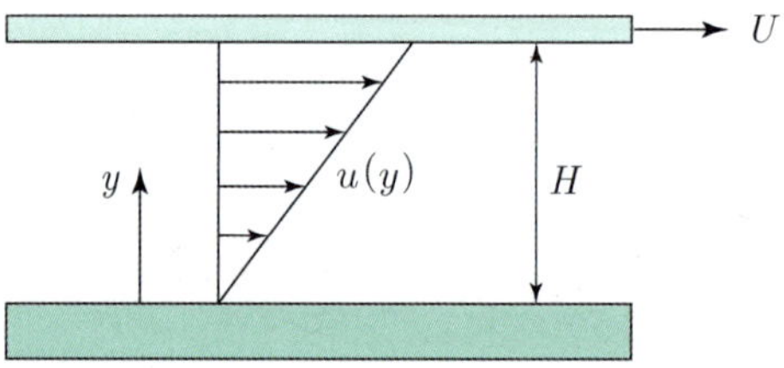

▍그림 5.1.2

설명 선형적인 유체의 속도분포를

$$u(y) = ay + b$$

로 놓으면, 벽 점착조건에 의해 아래 평판의 속도는 0이므로

$$y = 0\text{일 때 } u = 0 \quad \therefore b = 0$$

이고, 위 평판의 속도는 U이므로 $y = H$일 때 $u = U$에서

$$U = aH \quad \therefore \quad a = \frac{U}{H}$$

이다. 따라서 속도분포는 $u(y) = \frac{Uy}{H}$이다.

점성계수 μ인 유체에서의 전단응력

$$\tau = \mu\frac{du}{dy} = \mu\frac{d}{dy}\left(\frac{Uy}{H}\right) = \frac{\mu U}{H}$$

이므로 평판이 받는 힘은 $F = \tau A = \dfrac{\mu UA}{H}$ 이다. 쿠에트 유동에서는 판 사이의 유체에서 발생하는 전단응력이 일정하다.

예제 5.1.6

간격이 0.5cm인 평형 평판 사이에 점성계수 $4\,\mathrm{N \cdot s/m^2}$의 유체가 채워져 있다. 아래 평판을 고정하고 위 평판을 1m/s의 속도로 당길 때 유체에서 발생하는 전단응력을 구하여라.

풀이 판 사이 간격이 좁으므로 유체의 속도분포는 선형이라고 가정한다. 평판 사이 간격 $H = 0.5\,\mathrm{cm}$, 점성계수 $\mu = 4\,\mathrm{N \cdot s/m^2}$, 위 평판 속도 $U = 1\,\mathrm{m/s}$ 이므로 유체에서 발생하는 전단응력(τ)은 다음과 같다.

$$\tau = \mu\frac{du}{dy} = \mu\frac{U}{H} = (4\mathrm{N \cdot s/m^2}) \times \frac{1\mathrm{m/s}}{0.005\mathrm{m}} = 800\,\mathrm{N/m^2}$$ ■

예제 5.1.7

두께가 2mm인 얇은 기름 막 위에서 면적 $0.1\mathrm{m^2}$의 평판을 기름 막과 평형한 방향으로 5m/s의 일정속도로 이동시켰을 때 평판에 걸리는 힘이 150N이면 기름의 점성계수는 얼마인가?

풀이 판 사이의 간격이 좁으므로 유체의 속도분포는 선형이라고 가정한다. 이때 평판이 받는 힘 $F = \tau A = \dfrac{\mu UA}{H}$ 이므로 점성계수(μ)는 다음과 같다.

$$\mu = \frac{FH}{UA} = \frac{150\mathrm{N} \times 0.002\mathrm{m}}{(5\mathrm{m/s}) \times 0.1\mathrm{m^2}} = 6\mathrm{N \cdot s/m^2}$$ ■

5. 압력

압력(pressure)은 단위면적당 수직으로 작용하는 힘으로 정의된다. 면적 A에 힘 F가 수직으로 작용할 때 압력(P)은 다음과 같다.

$$P = \frac{F}{A}, \qquad F = PA$$

(1) 절대압력

완전 진공(vacuum) 상태의 절대 0기압을 기준으로 측정한 압력을 절대압력(absolute pressure)이라 한다.

설명 대기압은 여러 가지 조건에 따라 변하기 쉬우므로 압력을 나타낼 때는 이론적으로 완전한 진공 상태의 절대 0기압을 기준으로 나타내는 것을 원칙으로 하는데 이와 같은 압력을 절대압력이라 한다.

(2) 계기압력

절대압력(P_{abs})이 대기압(P_{atm})보다 높을 때 절대압력과 대기압의 차이를 계기압력(gage pressure, P_{gage})이라 한다.

$$P_{gage} = P_{abs} - P_{atm}$$

(3) 진공

절대압력이 대기압보다 낮을 때 대기압 이하의 압력을 진공(vacuum) 또는 진공압(vacuum pressure, P_{vac})이라 한다.

$$P_{vac} = P_{atm} - P_{abs}$$

설명 일반적인 압력계는 실제압력인 절대압력과 대기압과의 차이를 측정하며 이때의 압력을 계기압력(게이지압력)이라 한다.

완전진공을 절대압력으로 나타내면 0 Pa이고, 진공도 100%가 된다. 표준대기압력은 절대압력으로 101.325 kPa이고, 진공도 0%가 된다.

절대압력은 대기압보다 높을 수도 있고 낮을 수도 있는데 그 차이를 각각 계기압력(게이지 압력)과 진공이라 한다. 대기압보다 높은 압력을 정압, 낮은 압력을 부압이라고도 한다. 압력의 관계는 [그림 5.1.3]과 같다.

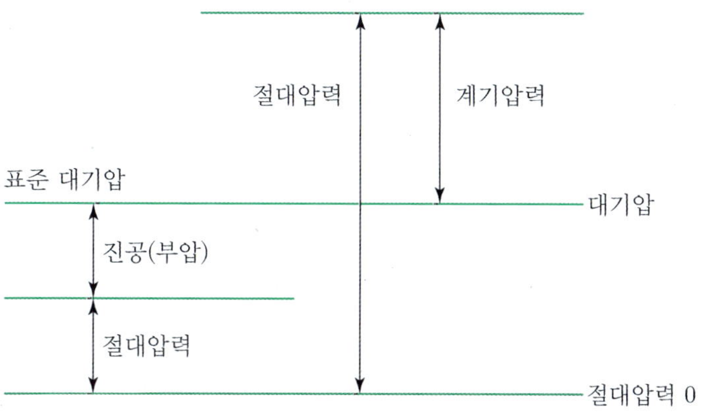

▎그림 5.1.3

예제 5.1.8

외부 대기 압력이 100kPa일 때 용기의 계기압력이 20kPa이면 절대압력은 몇 kPa인가?

풀이 절대압력

$$P_{abs} = P_{atm} + P_{gage} = 100 + 20 = 120\ (\text{kPa})$$

■

6. 체적탄성계수, 압축률

유체의 체적탄성계수(bulk modulus of elasticity, E)는 다음과 같이 정의된다. 체적탄성계수의 SI 단위는 Pa 또는 N/m^2이다.

$$E = -\frac{dP}{dv/v} = -v\frac{dP}{dv} = \rho\frac{dP}{d\rho}$$

압축률(압축계수, β)은 다음과 같이 정의되며 체적탄성계수(E)의 역수이다.

$$\beta = \frac{1}{E} = -\frac{1}{v}\frac{dv}{dP} = \frac{1}{\rho}\frac{d\rho}{dP}$$

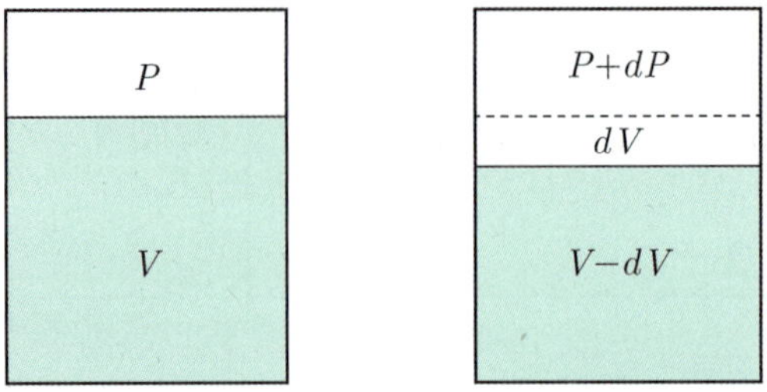

그림 5.1.4

설명 고체에 비하여 유체 분자들은 멀리 떨어져 있으므로 유체는 압력에 따라서 부피가 감소하거나 증가한다. 유체가 압축될 때는 $\Delta P > 0$, $\Delta V < 0$이고, 팽창할 때는 $\Delta P < 0$, $\Delta V > 0$이다. 이와 같이 유체에 압력을 가하면 유체가 수축하는 성질을 유체의 압축성이라 한다. 유체에 가해진 압력 ΔP와 유체의 압축비율 $\frac{\Delta V}{V}$는 거의 비례하는데 다음과 같이 정의되는

$$E = \lim_{\Delta V \to 0}\left[-\frac{\Delta P}{\Delta V / V}\right] = -\frac{dP}{dv/v} = -v\frac{dP}{dv} = \rho\frac{dP}{d\rho}$$

를 유체의 체적탄성계수(bulk modulus of elasticity)라 한다. 체적탄성계수 E의 단위는 압력의 단위와 같다. 음(−)의 부호는 E의 값을 양으로 만들기 위한 것이다.

한편 체적탄성계수의 역수 $\beta = 1/E$를 압축률(compressibility) 또는 체적압축계수라 한다. 압축률은 압력 증가에 따른 압축비를 나타내며 유체의 압축성을 나타내는 척도가 된다. 일반적으로 액체는 압축되지 않는 비압축성유체로 취급한다. 표준상태에서 물의 압축률은 약 $4.8 \times 10^{-8}\,\mathrm{m^2/N}$이므로 거의 압축되지 않는다고 하여도 무방하다. 압축률의 값이 작을수록 (또는 체적탄수계수 값이 클수록) 압축하기 어려운 유체를 나타낸다.

예제 5.1.9

피스톤-실린더 장치에 들어 있는 $0.01\,\mathrm{m^3}$의 액체에 $220\,\mathrm{MPa}$의 압력을 가했을 때 액체의 부피가 $0.009\,\mathrm{m^3}$이 되었다면 액체의 체적탄성계수는 얼마인가?

풀이 처음 부피 $V_0 = 0.01\,\mathrm{m^3}$, 나중 부피 $V_1 = 0.009\,\mathrm{m^3}$이고, 액체에 가한 압력 $\Delta P = 220\,\mathrm{MPa}$이다. 부피 변화량 $\Delta V = V_1 - V_0$이므로 체적탄성계수(E)는 다음과 같다.

$$E = -\frac{\Delta P}{\Delta V/V_0} = -\frac{220\,\text{MPa}}{(0.009-0.01)/0.01} = 2200\,\text{MPa}$$

7. 표면장력

액체는 액체분자의 응집력에 의해 표면을 작게 하려는 성질이 있는데 이 때문에 액체의 표면을 따라 발생하는 장력을 표면장력(surface tension)이라 한다. 정량적으로 표면장력은 자유표면의 단위 길이당 분자 간의 인력으로 정의되며, 표면장력에 의한 힘의 방향은 항상 접해 있는 표면의 접선방향이다. 표면장력의 단위는 N/m이다.

설명 액체 내부의 분자는 모든 방향으로 분자 간의 상호 인력이 평형을 이루고 있지만 자유표면(free surface)에 있는 분자에는 액체 내부로의 인력만이 작용하게 된다. 이와 같은 자유표면에 있는 분자에 작용하는 인력의 총 합력을 표면장력이라 한다. 분자 사이의 인력은 온도가 높을수록 약해지므로 표면장력도 온도에 따라 변화하며 온도가 상승하면 감소하게 된다. 표면장력의 크기는 얇은 막을 잡아당길 때 걸리는 힘을 측정하여 구할 수 있다.

예제 5.1.10

표면장력(σ)에 의해 형성된 반지름 R인 물방울의 내부 압력과 외부 압력의 차이를 구하여라.

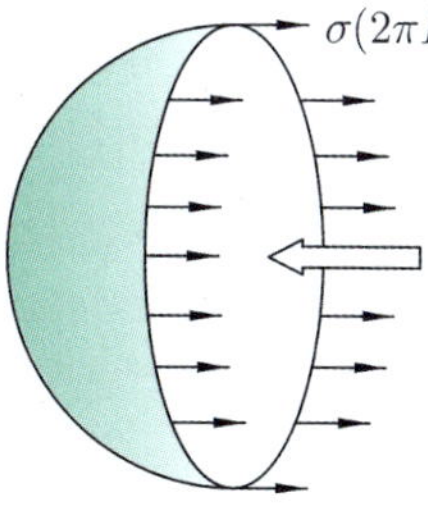

그림 5.1.5

풀이 물방울을 반으로 나누어 보면, 물방울 내부와 외부에 작용하는 압력에 의한 힘(F_P)과 표면장력에 의해 물방울 막을 지탱하고 있는 힘(F_S)이 평형을 이루고 있다는 것을 알 수 있다[그림 5.1.5]. 물방울의 안과 밖의 압력 차이를 ΔP라 하면 압력에 의한 힘

$$F_P = \Delta PA = \Delta P(\pi R^2)$$

이고, 물방울 테두리의 길이는 $2\pi R$ 이므로 표면장력에 의한 힘은

$$F_S = \sigma L = \sigma(2\pi R)$$

이다. 따라서 $F_P = F_S$에서 압력 차이(ΔP)는 다음과 같다.

$$\Delta P(\pi R^2) = \sigma(2\pi R)$$

$$\therefore \quad \Delta P = \frac{2\sigma}{R}$$

물방울이나 비눗방울 같은 구(sphere)의 표면에 작용하는 표면장력은 구의 안과 밖의 압력 차이를 지탱할 수 있다. 표면장력은 분자 간의 인력에 의한 응집력 때문에 발생하는 힘이므로 구 내부의 압력은 항상 외부 압력보다 높다. 따라서 ΔP를 내부 초과 압력이라고도 한다. 공기 중에서 물방울 내부 압력을 P_i라 하면 외부 압력이 대기압 P_{atm}이므로 압력 차이 $\Delta P = P_i - P_{atm}$은 물방울 내부의 계기압력이 된다.

8. 모세관 현상

작은 지름의 관(모세관, capillary tube)을 액체 속에 세웠을 때, 액체의 부착력이 응집력보다 큰 경우에는 관내의 액면이 올라가고, 그렇지 않은 경우에는 내려가는 현상을 모세관 현상(capillarity)이라 한다. 이때 표면장력에 의한 힘의 방향과 고체 면이 이루는 각을 접촉각(wetting angle, contact angle)이라 한다.

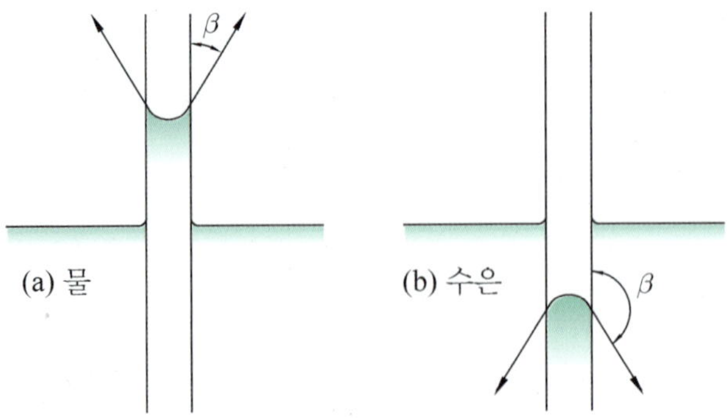

▎그림 5.1.6

설명 액체의 부착력이 응집력보다 크면 고체 면에 접촉한 액체 면이 올라가게 되고, 작을 때에는 내려가게 된다[그림 5.1.6]. 따라서 물과 같이 부착력이 큰 경우에는 (a)와 같은 모양을 보이고, 수은과 같이 응집력이 큰 액체에서는 (b)와 같은 현상을 나타낸다. 그림에서 β는 접촉각을 나타낸다. 공기 중에서 물과 깨끗한 유리의 접촉각은 거의 $0°$이고, 수은과 유리의 접촉각은 약 $140°$이다. 그리고 $\beta < 90°$이면 '액체가 고체를 적신다', $\beta > 90°$이면 '액체가 고체를 적시지 않는다'고 말한다. 수은이 바닥에 떨어지면 마치 쇠구슬과 같은 모양을 하고 구르는데, 이것은 $\beta \approx 140°$인 액체 수은이 고체를 적시지 않기 때문이다.

예제 5.1.11

그림과 같이 지름 D의 유리관을 액체 속에 세울 때 액체의 표면 장력 σ에 의해 관 벽을 따라 상승하는 액체의 높이 H를 구하여라. 단, 접촉각은 β이다.

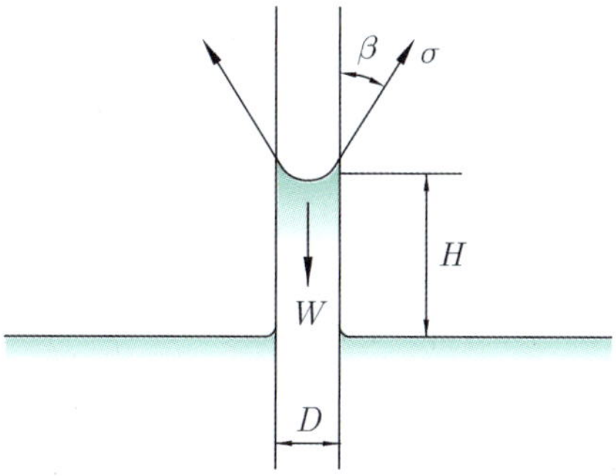

▌그림 5.1.7

풀이 모세관 속에서 올라간 높이 H의 액체 기둥의 무게

$$W = mg = (\rho V)g = \rho\left(\frac{\pi D^2 H}{4}\right)g$$

이고, 이것은 표면장력에 의해 발생하는 힘의 수직 성분

$$F_v = \sigma(\pi D)\cos\beta$$

와 평형을 이룬다. 따라서

$$\rho\left(\frac{\pi D^2 H}{4}\right)g = \sigma(\pi D)\cos\beta$$

에서 모세관 내부의 액체의 상승 높이(H)는 다음과 같다.

$$H = \frac{4\sigma\cos\beta}{\rho g D} = \frac{4\sigma\cos\beta}{\gamma D}$$

5.1 연습문제

1. 부피가 $0.1\,m^3$인 기름의 질량이 $90\,kg$일 때 기름의 밀도, 비중량, 비중을 구하여라. 단, 중력가속도 $g = 9.8\,m/s^2$, 물의 비중량은 $9.8\,kN/m^3$이다.

2. 주유소에서 휘발유 50ℓ를 주유하였다. 휘발유의 질량과 무게를 구하여라. 단, 휘발유의 밀도는 $750\,kg/m^3$이다. († $1\ell = 1000cc = 1000\,cm^3$)

3. 비중량이 $7,670N/m^3$인 에탄올의 비중을 구하여라.

4. 지름 $50\,cm$, 높이 $90cm$의 원통에 가득 채워진 기름의 질량을 구하여라. 단, 기름의 밀도는 $700\,kg/m^3$이다.

5. 주유소에서 기름을 넣으려 할 때 아침과 한낮 중 어느 때를 선택하는 것이 좋은가? 또는 시간과 무관한가? 이유를 설명하여라.

6. 그림과 같은 쿠에트(Couette) 유동에서 $H = 3\,mm$, $U = 4m/s$일 때, 유체에 의해 면적 $A = 2m^2$의 판에 걸리는 수평방향의 힘이 800N이면 유체의 점성계수는 얼마인가?

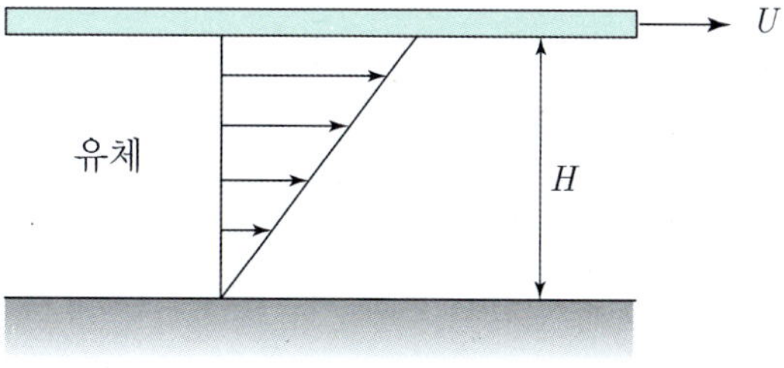

문제 5.1.6

7. $20\,℃$에서 점성계수가 $1.008\,g/cm \cdot s$인 물의 동점성계수는 몇 cm^2/s인가? 단, $20\,℃$ 물의 비중은 0.998이다.

8. 비중 0.86, 점성계수 0.05 Pa · s인 원유의 동점성계수(m^2/s)를 구하여라.

9. 동점성계수 $5\times10^{-4}m^2/s$, 비중 2.0인 액체의 점성계수를 구하여라.

10. 점성계수의 SI 단위는 $Pa\cdot s = N\cdot s/m^2$이지만 실용단위로는

$$1\,Poise = 1\,dyne\cdot s/cm^2$$

와 $cP = 1\,centi\,Poise = 10^{-2}Poise$를 많이 사용한다. 다음 물음에 답하여라.

(1) $1\,N\cdot s/m^2$는 몇 cP인가?

(2) 1기압, 20℃에서 공기와 물의 점성계수는 약 $1.8\times10^{-5}\,N\cdot s/m^2$, $1.0\times10^{-3}\,N\cdot s/m^2$이다. 두 점성계수를 cP로 환산하여라.

11. 그림과 같이 두께 $t = 2\,mm$의 얇은 기름 막 위에서 40cm × 40cm 평판을 일정속도 $U = 30\,cm/s$의 속도로 끌어당기는 데 걸리는 힘 F를 구하여라. 단, 기름의 점성계수는 1.5 Pa · s이고, 판 사이의 속도분포는 선형이라고 가정한다.

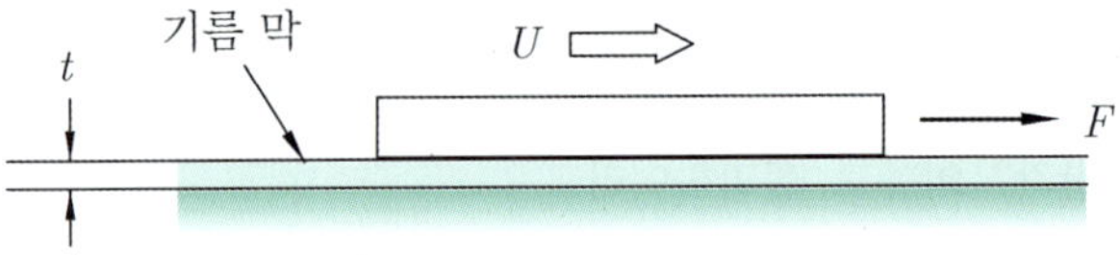

❙ 문제 5.1.11

12. 동점성계수의 SI 단위는 m^2/s이지만 실용단위로는

$$1\,Stoke = 1\,cm^2/s$$

와 $cSt = 1\,centi\,Stoke = 10^{-2}Stoke$를 많이 사용한다. 다음 물음에 답하여라.

(1) $1\,m^2/s$는 몇 cSt인가?

(2) 1기압, 20℃에서 공기와 물의 동점성계수는 약 $1.51\times10^{-5}\,m^2/s$, $1.01\times10^{-6}\,m^2/s$이다. 두 동점성계수를 cSt로 환산하여라.

13. 두 개의 큰 평판 사이에 두께 4mm의 액체가 채워져 있고, 어떠한 힘이 위 평판에 가해져 평판이 일정한 속도로 이동할 때 액체에서 30Pa의 전단응력이 발생하였다. 평판의 이동 속도를 구하여라. 단, 아래 평판은 고정되어 있고 액체의 점성계수는 0.02 Pa · s이다.

14. 수은의 점성계수 0.016 Poise를 $N \cdot s/m^2$으로 환산하여라.

15. 점성계수의 정의 $\tau = \mu \dfrac{du}{dy}$와 동점성계수의 정의 $\nu = \dfrac{\mu}{\rho}$로부터 동점성계수 ν의 차원을 유도하여 M, L, T로 나타내어라.

16. 반지름이 R인 원관에서 속도분포가 $u(r) = U\left(1 - \dfrac{r^2}{R^2}\right)$일 때 다음을 구하여라. 단, 유체의 점성계수는 $0.4\,Pa \cdot s$, 비중은 0.85이다.

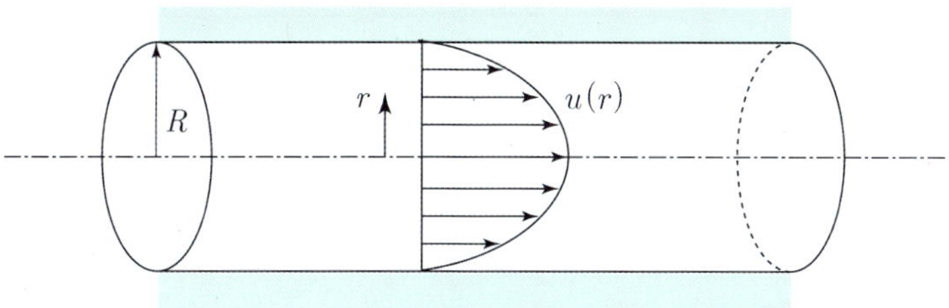

▌문제 5.1.16

(1) 유체의 동점성계수
(2) 관의 중심($r = 0$)에서의 전단응력
(3) $U = 5\,m/s$, $R = 4\,cm$일 때 관 벽($r = R$)에 작용하는 전단응력

17. $1\,m \times 2\,m$의 평판이 2mm 두께의 SAE-30 오일 위에서 $10\,m/s$의 속도로 미끄러지고 있다. 평판과 표면 사이 유체의 속도분포는 선형이라고 가정할 때 평판에 걸리는 힘을 구하여라. 기름의 점성계수는 $0.3\,Pa \cdot s$이다.

18. 피스톤-실린더 장치에 들어 있는 $0.01\,m^3$의 액체에 52 MPa의 압력을 가했을 때 액체의 부피가 $0.0095\,m^3$이 되었다면 액체의 체적탄성계수는 얼마인가?

19. 체적탄성계수가 1.2 GPa인 에틸알코올을 5% 압축하기 위해 필요한 압력을 구하여라.

20. 글리세린의 부피를 0.2% 압축하는데 8.65 MPa의 압력을 가해야 되었다. 글리세린의 체적탄성계수를 구하여라.

21. 체적탄성계수가 $110\,kN/cm^2$인 액체에 3.5 MPa의 압력을 가했을 때 액체의 체적변화율을 구하여라. († $N/cm^2 = N/(10^{-2}m)^2 = 10^4\,Pa$)

22. 표면장력의 크기는 얇은 유체 막을 잡아당길 때 걸리는 힘을 측정하여 구할 수 있다. 그림과 같이 길이 L의 철사를 사용하여 표면 장력(σ)에 의해 형성된 얇은 유체 막을 잡아당기는데 걸리는 힘이 $0.007\,\text{N}$일 때 표면장력을 구하여라. 단, $L = 10\text{cm}$이다.

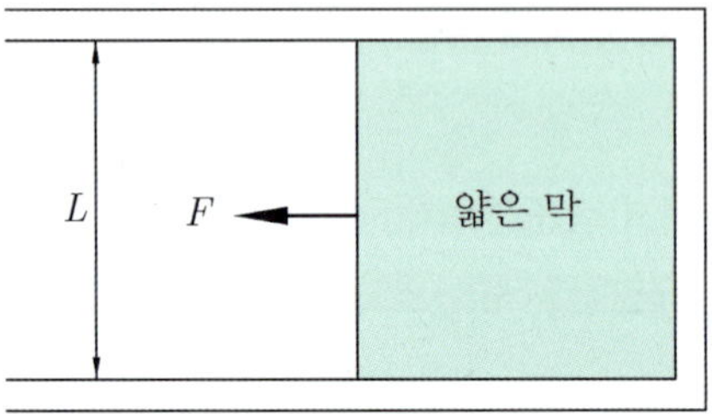

문제 5.1.22

23. 공기 중에 형성된 지름 $0.02\,\text{mm}$인 물방울의 내부 초과 압력은 얼마인가? 단, 물의 표면장력은 $0.07\,\text{N/m}$이고, 내부 초과 압력은 물방울 내부 압력(P_i)과 바깥 압력(P_o)의 차이 $(P_i - P_o)$이다.

24. 지름 $5\,\text{cm}$인 속이 찬 액체 방울의 내부 초과 압력 $2\,\text{Pa}$일 때 액체의 표면장력을 구하여라.

25. 물방울 내부의 압력이 바깥 압력보다 $140\,\text{Pa}$ 높을 때 물방울의 지름을 구하여라. 단, 물의 표면장력은 $0.07\,\text{N/m}$이다.

26. 액체의 표면 장력은 온도에 따라 변하며, 온도가 높을수록 작아진다. 다음 각 경우에 대해 지름 $1\,\text{mm}$의 깨끗한 유리관에서 모세관 현상에 의한 상승 높이를 구하여라. 단, 접촉각은 $0°$이다.

(1) 물의 온도가 $5\,℃$일 때: 물의 표면장력은 $0.0749\,\text{N/m}$이고 비중량은 약 $9.807\,\text{kN/m}^3$이다.

(2) 물의 온도가 $90\,℃$일 때: 물의 표면장력은 약 $0.0608\,\text{N/m}$이고 비중량은 약 $9.466\,\text{kN/m}^3$이다.

27. 그림과 같이 두 평판을 액체 속에 세웠을 때 모세관 현상에 의해 평판의 틈새로 끌어올려진 액체의 높이 h를 구하여라. 단, 액체의 표면장력은 σ, 비중량은 γ, 접촉각은 β, 틈새의 간격은 w이다.

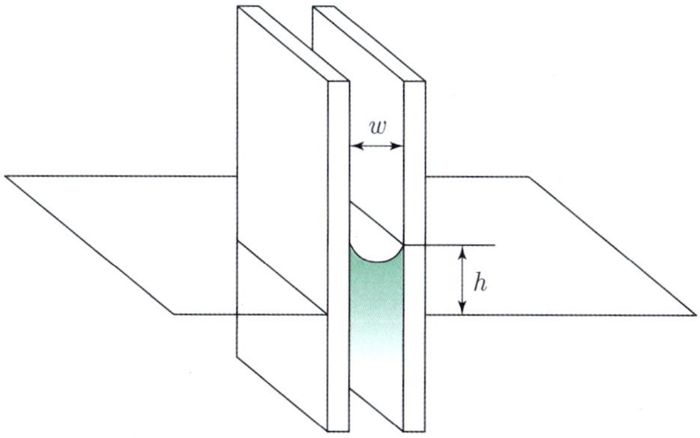

| 문제 5.1.27

28. 지름 0.2 mm의 깨끗한 관에서 표면장력에 의해 상승한 물기둥의 높이가 15cm이면 물의 표면장력은 얼마인가? 단, 물의 밀도는 996 kg/m^3, 중력가속도는 9.81 m/s^{2}이고, 접촉각은 0°이다.

29. 물속에 세워진 유리관에서 모세관 현상에 의해 상승한 물의 높이를 1mm 이하로 유지하는 유리관의 최소 지름을 구하여라. 접촉각 $\beta = 0°$이고, 물의 표면장력은 0.07 N/m, 비중량은 9.8 kN/m^{3}이다.

30. 지름 2 mm의 유리관을 표면장력이 30 dyne/cm인 액체 속에 세웠을 때 모세관 현상에 의해 올라간 액체의 높이를 구하여라. 단, 접촉각은 10°, 액체의 비중은 0.8이다.

31. 유체를 정의한 것으로 가장 옳은 것은?

① 전단응력이 발생하지 않는 물질

② 용기 안에 가득 찰 때까지 팽창하는 물질

③ 작은 전단응력을 가해도 변형되는 물질

④ 아무리 작은 압축 응력을 가해도 영구적으로 변형되는 물질

32. 유체의 성질에 대한 설명으로 옳지 않은 것은? [공무원시험]

① 어떤 물체의 비중은 물체의 단위중량과 4℃의 순수한 물의 단위중량과의 비이다.

② 점성계수의 차원은 L^2T^{-1}이며 동점성계수의 차원은 $ML^{-1}T^{-1}$이다.

③ 모세관현상에서 액체와 고체 벽 사이의 부착력이 액체 분자 간의 응집력보다 작으면 액체는 하강한다.

④ 물의 표면장력은 온도가 상승하면 감소한다.

33. 다음은 유체의 전단응력과 관련된 설명이다. 옳지 않은 것은? [공무원시험]

① 점성(viscosity)이란 전단에 저항하려는 유체의 성질이다.

② 뉴턴(Newton)의 점성법칙에 의하면, 전단응력은 주어진 유체의 각변형가속도와 점성계수에 정비례한다.

③ 점성계수의 SI 단위는 $N \cdot s/m^2$이다.

④ 점성유체라도 인접한 층 사이에 상대운동이 없는 경우, 겉보기 전단응력은 생기지 않는다.

34. 다음 중 차원이 없는 것은? [공무원시험]

① 점성계수 ② 동점성계수

③ 비중 ④ 비중량

35. 동점성계수(ν)의 차원은? [공무원시험]

① $ML^{-1}T^{-1}$ ② L^2T^{-1}

③ ML^2T^{-1} ④ $ML^{-1}T^2$

36. 표면 장력(σ)의 차원은?

① FL ② F/L

③ F/L^2 ④ F/L^3

37. 지름이 10mm인 물방울의 내부 초과 압력이 $40\,kgf/mm^2$이면 표면장력은 몇 kgf/mm인가? [중등교사임용시험(기계)]

① 10 ② 50

③ 100 ④ 200

38. 두 개의 무한 평판 사이에 비압축성 유체가 있고, 위쪽의 무한 평판 A가 0.4m/s로 그림과 같이 이동하고, 아래쪽 무한 평판은 정지되어 있다. 이들 평판 사이의 거리는 0.25mm로 작기 때문에 액체 간의 점성 마찰로 인한 속도 분포가 선형적이라고 가정된다. 액체의 점도는 $0.6 \times 10^{-3}\,kg/(m \cdot s)$이고, 액체의 밀도는 $800\,kg/m^3$이며, 점성계수 μ가 일정하다고 가정할 경우 다음 질문에 답하시오. [중등교사임용시험(기계)]

(1) 무한 평판 사이의 동점성계수를 m^2/s의 단위로 계산하시오.

(2) 아래의 정지된 무한 평판에 작용하는 전단응력을 Pa 단위로 계산하시오.

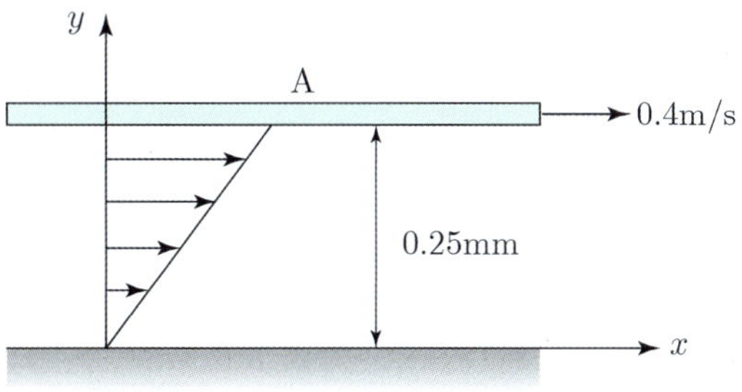

❙ 문제 5.1.38

39. 유체의 점성에 대한 설명으로 옳지 않은 것은? [공무원시험]

① 점성계수(dynamic viscosity)의 차원은 $[ML^{-1}T^{-1}]$이다.

② 실무에서는 동점성계수(kinematic viscosity)를 많이 사용하며 차원은 $[L^2T^{-1}]$이다.

③ 뉴턴의 점성법칙은 유체에 작용하는 전단응력과 유속이 비례한다는 것으로, 이때 비례상수가 점성계수이다.

④ 물은 전단응력 변화에 따른 점성계수의 변화를 무시할 수 있는 뉴턴 유체이다.

40. 어떤 유체의 부피가 8m^3이고 무게는 1,600kgf이다. 이 유체의 단위중량$[\text{kgf/m}^3]$과 비중을 구하여라. [공무원시험]

41. 다음 그림과 같이 2mm 떨어진 두 평판 사이에 점성계수가 $0.02\text{N}\cdot\text{s/m}^2$인 액체가 차 있다. 하부 판이 1m/s로 왼쪽으로 움직일 때, 상부 판을 오른쪽으로 2m/s로 움직이기 위해 필요한 힘 F는? (단, 상부 판 면적은 20cm×20cm이며 액체 내 속도기울기는 선형으로 가정한다.) [공무원시험]

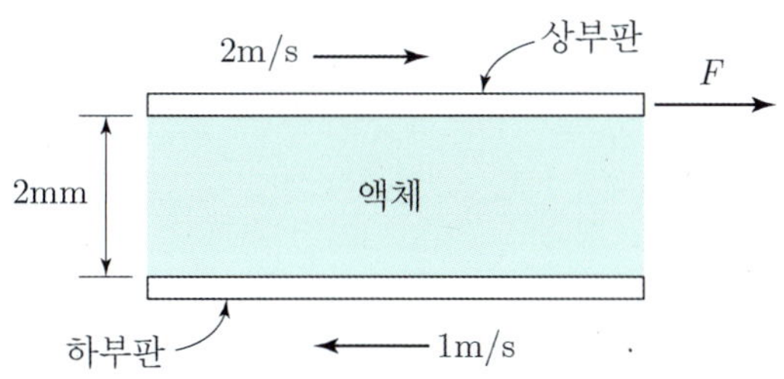

❙ 문제 5.1.41

① 0.4N	② 0.8N
③ 1.2N	④ 2.4N

42. 그림과 같이 기름으로 채워진 두 고정 벽 사이에 벽과 평행하게 설치된 20cm×50cm 평판을 1m/s의 속도로 당기는 데 필요한 힘[N]은? (단, 기름의 점성계수는 0.02 $N \cdot s/m^2$이고, 평판의 두께는 무시하며, 평판 이동으로 인해 발생하는 속도분포는 선형으로 가정한다.) [공무원시험]

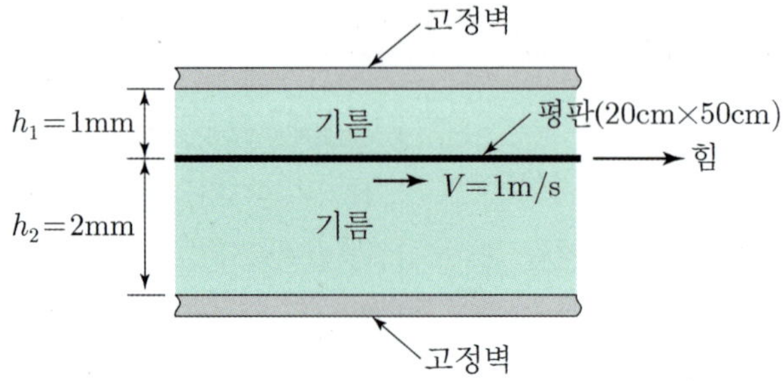

▌문제 5.1.42

① 1 ② 2
③ 3 ④ 4

5.2 유체 정역학

유체 정역학(Fluid statics, Hydrostatics)은 유체 요소들 사이에 상대운동이 없는 유체를 다루는 분야이다. 유체 내의 각 요소들 사이에 상대운동이 없으므로 모든 점에서 속도 구배가 0이 된다. 따라서 유체의 점성계수와 무관하게 유체 내의 모든 점에서 전단응력이 존재하지 않는다. 이때 고려해야 할 힘은 압력과 체적력(body force)인데 전기장이나 자기장 등이 존재하지 않으면 고려해야 할 힘은 압력과 중력뿐이다.

유체 정역학 문제를 해석하기 위해서는 역학에서의 힘의 평형 원리만 적용하면 된다. 이와 같은 유체 정역학의 수학적 해석 결과는 그대로 공학 문제에 적용할 수 있다. 유체 속에 잠겨 있는 물체가 받는 힘, 댐이나 수문이 받는 힘, 유압 프레스, 자동차의 유압 브레이크 등을 해석할 때 유체 정역학적 지식을 사용하여 필요한 물리량을 구할 수 있다

3. 압력의 방향과 압력의 등방성

유체의 압력은 임의의 면에 수직으로 작용하며, 정지 유체 내부의 임의의 한 점에 작용하는 압력은 모든 방향으로 같은 크기를 갖는다.

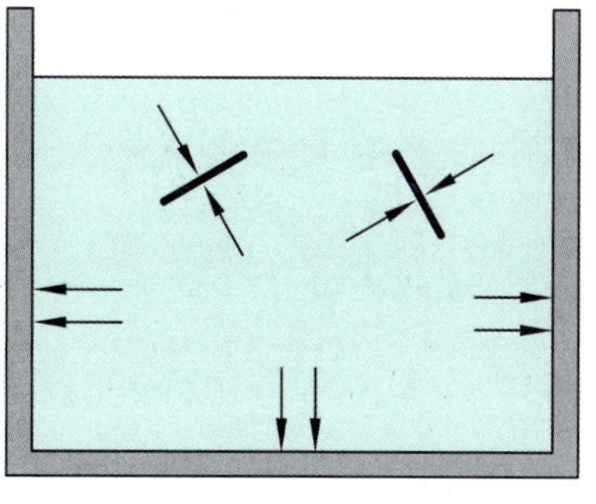

그림 5.2.1

설명 압력은 단위 면적에 수직으로 작용하는 힘($p = F/A$)으로 정의한다. 압력(p)에 의해 압력에 수직 방향으로 놓인 면적 A가 받는 힘 $F = pA$이고 압력의 방향은 [그림 5.2.1]과 같이 모든 면에 수직이다. 그리고 '정지 유체 내부의 임의의

한 점에 작용하는 압력은 모든 방향으로 같은 크기를 가진다.'는 것을 압력의 등방성이라 한다.

2. 파스칼의 원리

'밀폐된 용기 속에 갇혀 있는 유체에 압력을 가하면 가한 압력은 유체의 모든 부분에 동일한 세기로 전달된다.'는 것을 파스칼(Pascal)의 원리라 한다.

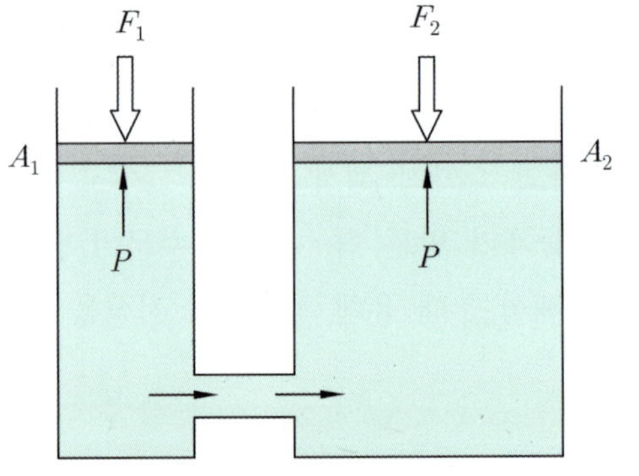

▌그림 5.2.2

설명 작은 힘으로 큰 힘을 얻는 수압기는 파스칼의 원리를 응용한 것이다. [그림 5.2.2]에서 면적 A_1의 피스톤에 F_1의 힘을 가하는 경우를 살펴보자. 중력의 영향을 무시하면 모든 점에서의 압력은 같으므로 압력의 정의 $p = F/A$에 의해 유체에서의 압력은

$$p = \frac{F_1}{A_1} = \frac{F_2}{A_2}$$

이다. 따라서

$$F_2 = \left(\frac{A_2}{A_1}\right) \times F_1$$

이므로 면적 비 A_2/A_1을 크게 하면 작은 힘 F_1을 증폭시켜 큰 힘 F_2를 얻을 수 있다.

예제 5.2.1

그림과 같이 지름 $D_1 = 240\text{mm}$, $D_2 = 40\text{mm}$의 두 피스톤으로 구성된 유압프레스가 있다. 지름 D_2의 작은 피스톤에 $W = 20\,\text{N}$의 물체를 올려놓을 때 큰 피스톤에 전달되는 힘 F를 구하여라. 단, 실린더 내의 유체는 비압축성 유체이며, 실린더와 피스톤 사이의 마찰과 피스톤의 무게는 무시한다.

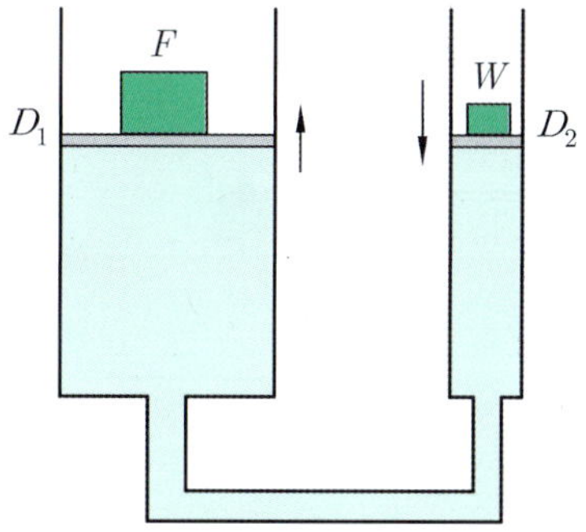

그림 5.2.3

풀이 큰 피스톤과 작은 피스톤의 단면적을 각각 A_1, A_2라 하면

$$A_1 = \frac{\pi D_1^2}{4},\quad A_2 = \frac{\pi D_2^2}{4}$$

이고, 실린더 내부의 압력을 P라 하면

$$P = \frac{F}{A_1} = \frac{W}{A_2}$$

이다. 따라서 큰 피스톤에 전달되는 힘

$$F = \frac{A_1}{A_2}W = \frac{\pi D_1^2/4}{\pi D_2^2/4} \times W = \left(\frac{D_1}{D_2}\right)^2 W$$

$$= \left(\frac{240}{40}\right)^2 \times 20$$

$$= 720\,(\text{N})$$

이다. 즉, 작은 피스톤에 가해준 $20\,\text{N}$의 힘이 $720\,\text{N}$으로 증폭되어 큰 피스톤으로 전달된다. ■

예제 5.2.2

그림과 같은 수압기에서 $P = 100$kgf의 힘으로 $W = 50{,}000$kgf의 힘을 받는 피스톤을 지탱하고 있다. 힘 F를 받는 피스톤의 지름 d를 구하여라. (단, 두 피스톤의 자중은 무시하고, 피스톤 바닥면 A와 B는 같은 높이에 있으며, 힘 P의 작용점으로부터 100cm 지점은 힌지로 연결되어 있다.)

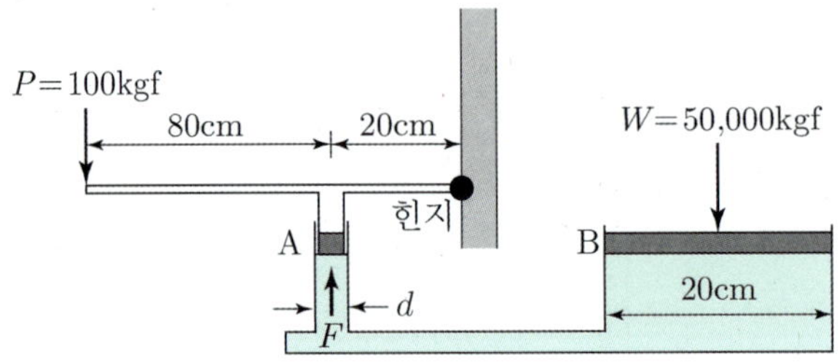

▎그림 5.2.4

풀이 힘 P와 F를 받고 있는 레버에 대해 힌지에 대한 모멘트 평형을 적용하면

$$F \times 20 = P \times (80 + 20)$$

$$\therefore \; F = 500(\text{kgf})$$

이다. 다음에 파스칼의 원리로부터 수압기 내 압력(p)이 같다는 조건을 적용하면 다음과 같이 피스톤 지름 d가 구해진다.

$$p = \frac{F}{\pi d^2/4} = \frac{W}{\pi (20)^2/4}$$

$$\therefore \; d = 20\sqrt{\frac{F}{W}} = 20\sqrt{\frac{500}{50{,}000}} = 2(\text{cm})$$ ■

3. 정지 유체 내의 압력 변화

(1) 수평방향 압력 변화

유체가 정지해 있을 때 기준면으로부터 같은 깊이(또는 같은 높이)에 있는 점에서의 압력은 모든 점에서 같다. 즉, 정적인 유체에서 압력은 수평면에서 일정하다.

(2) 수직 방향 압력 변화

밀도(ρ)가 일정한 유체 속에서 높이 차이가 h인 두 지점이 있을 때[그림 5.2.5], 아래 지점의 압력을 P_L, 위 지점의 압력을 P_U라 하면 두 지점의 압력 사이에는 다음과 같은 관계식이 성립한다. γ는 유체의 비중량이고 g는 중력가속도이다.

$$P_L = P_U + \gamma h = P_U + \rho g h$$

즉, 아래 지점은 위 지점보다 유체의 무게에 의한 압력(γh)을 더 받는다.

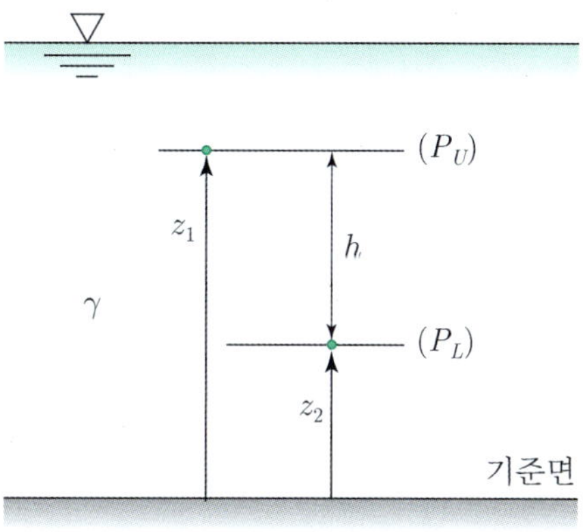

그림 5.2.5

예제 5.2.3

해수면에서 100 m 아래에 있는 물체에 작용하는 절대압력은 몇 kPa인가? 대기압은 101kPa이고, 바다 물의 밀도는 1024 kg/m^{3}이다.

풀이 수심 $h = 100\,\mathrm{m}$, 대기압 $P_a = 101\mathrm{kPa}$, 바다 물의 밀도 $\rho = 1024\,\mathrm{kg/m^3}$이다. 물체는 대기압($P_a$)과 물에 의한 압력($\gamma h$)을 모두 받으므로 물체에 작용하는 절대압력(P)은 다음과 같다.

$$\begin{aligned} P &= P_a + \gamma h = P_a + \rho g h \\ &= 101 + (1024 \times 9.8 \times 100) \times \frac{1}{1000}\,(\mathrm{kPa}) \\ &= 1104.52\,(\mathrm{kPa}) \end{aligned}$$

예제 5.2.4

그림과 같이 밀폐된 용기와 상부가 개방된 용기에 오일이 저장되어 있다. 오일의 밀도가 $850\,\text{kg/m}^3$일 때 용기 바닥의 절대압력(kPa)을 각각 구하여라. 단, 대기압은 1.013 bar이다.

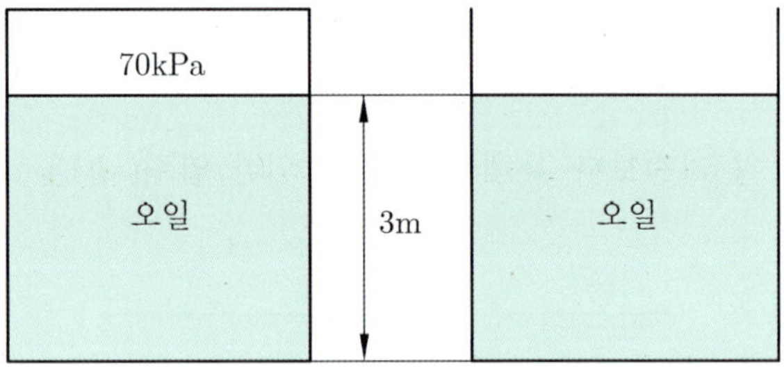

▍그림 5.2.6

풀이 오일의 밀도 $\rho = 850\,\text{kg/m}^3$, 대기압 $P_a = 1.013\,\text{bar} = 101.3\text{kPa}$이다.

- 밀폐된 용기의 바닥 압력(P_1): 오일 위 기체압력이 70kPa이므로

$$P_1 = 70\text{kPa} + \rho g h = 70 + (850 \times 9.8) \times 3 \times \frac{1}{1000}\ (\text{kPa})$$
$$= 94.99\,(\text{kPa})$$

- 개방된 용기의 바닥 압력(P_2): 오일 위 면이 대기와 접하고 있으므로

$$P_2 = P_a + \rho g h = 101.3 + (850 \times 9.8) \times 3 \times \frac{1}{1000}\ (\text{kPa})$$
$$= 126.29\,(\text{kPa})$$

이상에서 $1\text{bar} = 10^5\text{Pa} = 100\text{kPa}$이다. ■

4. 액주계

수직으로 세운 유리관 속의 액체 기둥(액주)의 높이를 측정하여 압력을 측정하는 장치를 액주계라 한다.

(1) 액주계의 원리

① 같은 유체에서 같은 높이에 있는 두 지점의 압력은 같다.

② 비중량 γ인 유체 내에서 두 지점의 높이 차이가 h일 때 아래 지점의 압력(P_L)

은 위 지점의 압력(P_U)보다 γh만큼 높다.

$$P_L = P_U + \gamma h$$

(2) 마노미터

[그림 5.2.7]은 용기의 압력 P_x를 측정하기 위해 설치한 U자관 액주계이다. 측정 유체의 비중량과 액주계 유체의 비중량은 각각 γ_1, γ_2이다.

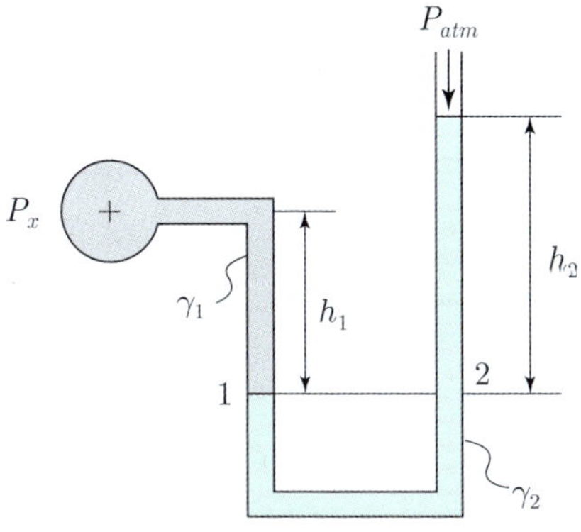

그림 5.2.7

먼저 액주계의 왼쪽을 고려하면 지점 1에서의 압력

$$P_1 = P_x + \gamma_1 h_1$$

이고, 오른쪽에서 지점 1과 같은 높이에 있는 단면 2에서의 압력은

$$P_2 = P_{atm} + \gamma_2 h_2$$

이다. 두 점 1, 2는 같은 유체(액주계 유체)에서 같은 높이에 있으므로 압력이 같다. 따라서

$$P_1 = P_2$$

$$P_x + \gamma_1 h_1 = P_{atm} + \gamma_2 h_2$$

$$P_x - P_{atm} = -\gamma_1 h_1 + \gamma_2 h_2 \qquad \cdots\cdots ①$$

$$P_x = P_{atm} - \gamma_1 h_1 + \gamma_2 h_2 \qquad \cdots\cdots ②$$

가 구해진다. 여기에서 ①은 용기 안의 계기압력을 나타내고, ②는 절대압력을 나타낸다. 따라서 액주계의 눈금 h_1, h_2를 읽으면 식 ①로부터 계기압력을 곧바로 측정할 수 있다는 것을 알 수 있다.

예제 5.2.5

관 내부를 흐르는 물의 압력을 구하기 위하여 [그림 5.2.8]과 같이 수은 액주계를 설치하였다. 그림과 같이 액주계를 읽었을 때 관 중심의 계기압력을 구하여라. 수은의 비중은 13.6이다.

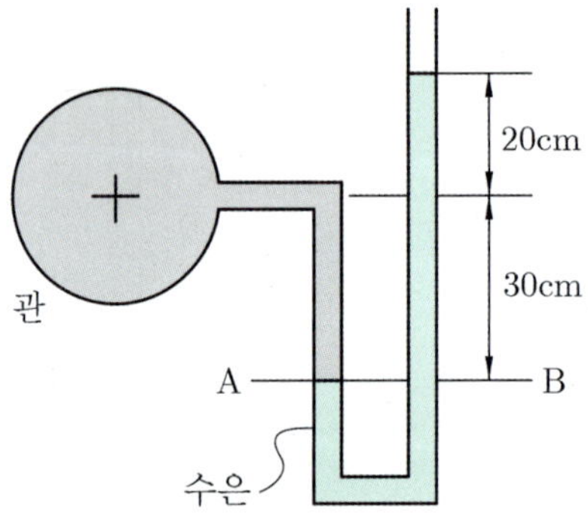

그림 5.2.8

풀이 관 중심의 압력을 P, 물의 비중량을 γ_w라 하면 단면 A에서의 압력

$$P_A = P + \gamma_w \times 0.3\,\mathrm{m}$$

이고, 대기압을 P_0, 액주계의 수은의 비중량을 γ_{Hg}라 하면 A와 같은 높이에 있는 액주계의 단면 B에서의 압력은

$$P_B = P_0 + \gamma_{Hg} \times (0.2 + 0.3)\mathrm{m}$$

이다. 두 점 A, B는 같은 유체(수은) 내에서 같은 높이에 있으므로 압력이 같다. 따라서

$$P_A = P_B$$

$$P + \gamma_w \times 0.3\mathrm{m} = P_0 + \gamma_{Hg} \times (0.2 + 0.3)\mathrm{m}$$

$$\therefore\ P - P_0 = \gamma_{Hg} \times (0.2 + 0.3)\mathrm{m} - \gamma_w \times 0.3\mathrm{m}$$

$$= (13.6 \times 9.8) \times (0.5) - 9.8 \times 0.3\ (\mathrm{kPa})$$

$$= 63.7\ (\text{kPa})$$

물의 비중량 $\gamma_w = 9.8\text{kN/m}^3$, 수은의 비중량 $\gamma_{Hg} = 13.6\gamma_w$이다. ■

예제 5.2.6

흐르는 물의 유속을 측정하기 위하여 벤투리관에 U자관 액주계를 설치하였다 [그림 5.2.9]. 액주의 높이 차이 $h = 20\text{cm}$일 때 A와 B 지점의 압력 차이를 구하여라. 액주계의 비중은 13.6이고, 물의 비중량은 $9.8\,\text{kN/m}^3$이다.

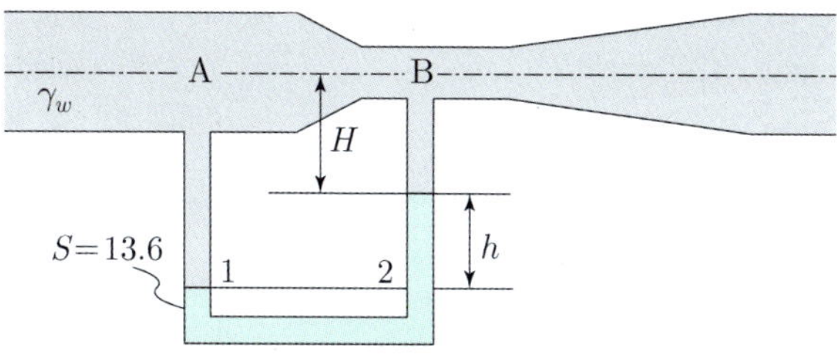

❙ 그림 5.2.9

풀이 그림에서 오른쪽 액주의 상단으로부터 관 중심까지의 거리를 H로 놓는다. 그리고 액주계의 왼쪽을 고려하면 지점 1에서의 압력은

$$P_1 = P_A + \gamma_w (H + h)$$

이고, 지점 1과 같은 높이에 있는 오른쪽 지점 2에서의 압력은

$$P_2 = P_B + \gamma_w H + \gamma h$$

이다. 여기에서

$$P_1 = P_2$$

이므로 다음과 같이 압력차이가 구해진다.

$$P_A + \gamma_w (H + h) = P_B + \gamma_w H + \gamma h$$

$$\therefore\ P_A - P_B = h(\gamma - \gamma_w) = h(S - 1)\gamma_w$$

$$= (20 \times 10^{-2}\text{m}) \times (13.6 - 1) \times 9.8\,\frac{\text{kN}}{\text{m}^3}$$

$$= 24.7\,\frac{\text{kN}}{\text{m}^2} = 24.7\,(\text{kPa})$$

■

5. 평면 표면에 작용하는 압력힘

[그림 5.2.10]과 같이 평면 수문이 수직으로 설치되었을 때 물에 의해 수문이 받는 전압력의 크기(F)는 다음과 같다.

$$F = \gamma h_c A$$

여기에서 γ는 물의 비중량, A는 수문의 면적, h_c는 수면으로부터 수문의 도심까지의 수직거리이다. 물의 압력은 아래로 내려갈수록 증가하기 때문에 전압력의 작용점은 언제나 도심 아래에 위치한다.

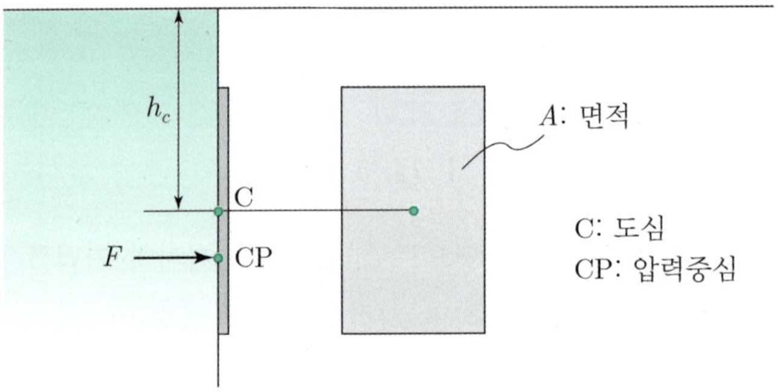

그림 5.2.10

[그림 5.2.11]과 같이 직사각형 판의 도심은 꼭짓점을 서로 연결한 대각선의 교점이고, 원판의 도심은 원의 중심이다.

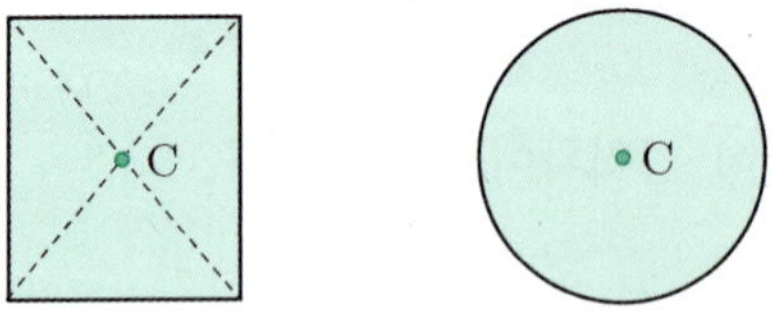

그림 5.2.11 평판의 도심

예제 5.2.7

그림과 같이 $2\,m \times 4\,m$의 직사각형 수문이 수직으로 설치되었을 때 수문에 작용하는 물에 의한 전압력을 구하여라.

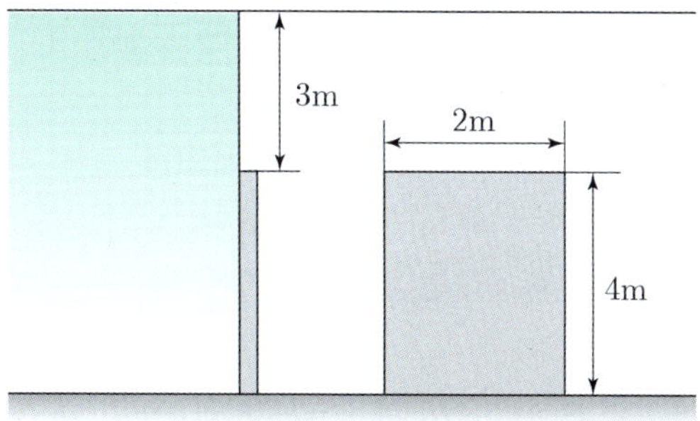

그림 5.2.12

풀이 직사각형의 도심은 높이(4m)의 1/2에 위치하므로 수면으로부터 수문의 도심까지의 수직거리

$$h_c = 3 + \frac{4}{2} = 5\,(\mathrm{m})$$

이고, 수문의 면적

$$A = 2\mathrm{m} \times 4\mathrm{m} = 8\mathrm{m}^2$$

이다. 따라서 평판에 작용하는 전압력(F)은 다음과 같다.

$$F = \gamma h_c A = 9.8 \times 5 \times 8\,(\mathrm{kN}) = 392\,(\mathrm{kN})$$

■

예제 5.2.8

그림과 같이 지름 $D = 4\,\mathrm{m}$의 원형 수문이 수직으로 설치되어 있다. 수면으로부터 수문의 최상단까지의 거리가 $5\,\mathrm{m}$일 때 수문에 작용하는 물에 의한 전압력의 크기를 구하여라.

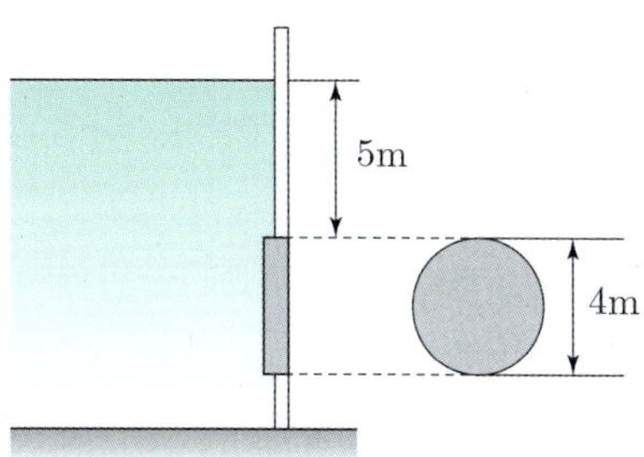

그림 5.2.13

풀이 원의 도심은 원의 중심이므로 수면으로부터 도심까지의 수직거리

$$h_c = 5 + \frac{4}{2} = 7\,(\text{m})$$

이다. 따라서 수문에 작용하는 전압력(F)은 다음과 같다.

$$\begin{aligned} F &= \gamma h_c A = \gamma h_c \times \frac{\pi D^2}{4} \\ &= 9.8 \times 7 \times \frac{\pi \times 4^2}{4}\ (\text{kN}) \\ &= 862\ (\text{kN}) \end{aligned}$$

■

6. 부력

(1) 아르키메데스의 원리

아르키메데스(Archimedes)의 원리는 다음과 같이 기술된다.

> "유체 중에 잠겨 있는 물체는 그 물체가 밀어낸 부피의 유체 무게와 같은 크기의 부력을 받는다."

즉, 유체의 비중량을 γ라 하면 물체가 받는 부력 F_B는 다음과 같다.

$$F_B = \gamma \times (\text{잠겨 있는 물체의 부피})$$

(2) 부력의 성질

압력은 깊이에 따라 증가하고 아래 면에 작용하는 압력 힘이 위에서 작용하는 힘보다 크기 때문에 부력은 언제나 연직 위 방향으로 작용한다.

[그림 5.2.14]와 같이 떠 있는 물체에서의 부력은 다음과 같다.

$$F_B = \gamma \times (\text{배제된 액체의 부피}) = \gamma V_1$$

여기에서 γ는 액체의 비중량, V_1은 액체에 잠긴 부분의 물체의 부피이다.

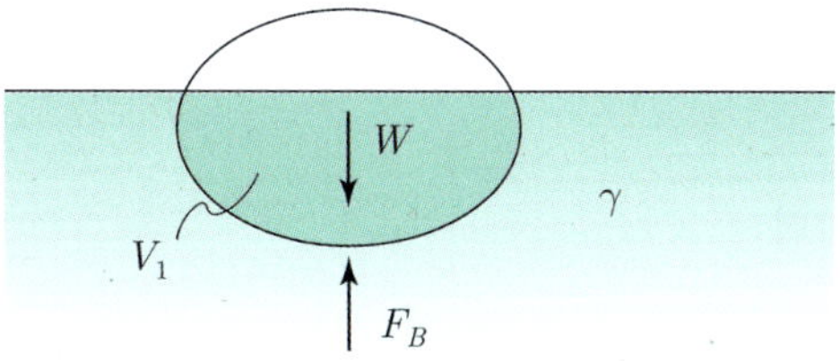

그림 5.2.14

물체가 떠 있을 때 정적 평형 조건으로부터 물체의 무게 $W(\downarrow)$는 부력 $F_B(\uparrow)$과 같아야 한다.

$$W = F_B$$

즉, 물체는 그것이 떠 있는 액체를 자신의 중량에 해당하는 액체의 부피만큼 배제한다. [그림 5.2.14]와 같이 액체 속에 잠긴 부분의 물체의 부피를 V_1이라고 하면 부력 $F_B = \gamma V_1$이므로 평형 조건은 다음과 같이 된다.

$$W = \gamma V_1$$

공기 중에서 측정한 물체의 무게가 W이고, 액체 속에서 받는 부력이 F_B이면 액체 속에서 측정한 물체의 무게 W_L은 다음과 같다.

$$W_L = W - F_B$$

즉, 액체 속에서 물체의 무게는 부력만큼 가벼워진다.

예제 5.2.9

한 변의 길이가 80 cm이고 비중이 0.7인 정육면체 물체가 [그림 5.2.15]와 같이 반듯하게 떠 있을 때 물속에 가라앉은 깊이(h)를 구하여라.

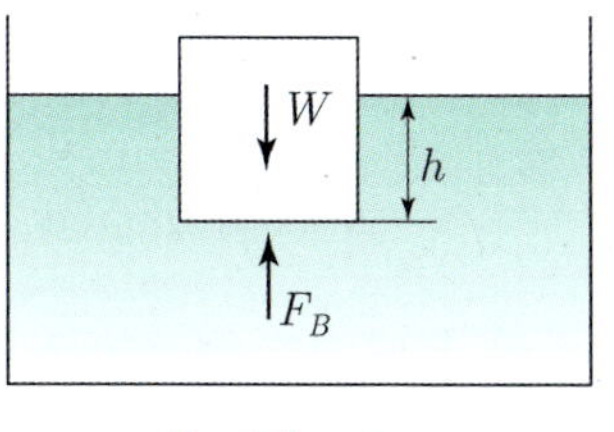

그림 5.2.15

풀이 물 위에 떠 있을 때 물체의 무게와 부력이 평형을 이루고 있다. 물체의 비중량과 물의 비중량을 각각 γ, γ_w, 물체의 부피와 물에 잠긴 물체의 부피를 각각 V, V_1으로 하면

$$F_B = W$$

$$\therefore \ \gamma_w V_1 = \gamma V$$

이다. 따라서 물속으로 들어간 물체의 높이를 h라 하면

$$V_1 = 80 \times 80 \times h \ \ (\mathrm{cm}^3)$$
$$V = 80 \times 80 \times 80 \ \ (\mathrm{cm}^3)$$

이므로

$$\gamma_w \times (80 \times 80 \times h) = (0.7\gamma_w) \times (80 \times 80 \times 80)$$

$$\therefore \ h = 56\,(\mathrm{cm})$$

이다. 즉, 물속으로 56cm만큼 가라앉는다. ■

예제 5.2.10

어떤 금속의 중량이 공기 중에서는 1,470N이고 물속에 완전히 잠겼을 때는 980N이다. 금속의 부피와 비중을 구하여라.

풀이 금속의 부피를 V, 물의 비중량을 γ_w라 하면 물속에서는 위 방향으로

$$F_B = \gamma_w V$$

의 부력을 받아서 물체의 무게는 부력만큼 가벼워진다. 따라서

$$1{,}470 - \gamma_w V = 980$$
$$1{,}470 - 9{,}800 \times V = 980$$

$$\therefore \ V = 0.05(\mathrm{m}^3)$$

이다. 공기 중에서 금속의 무게 $W = 1{,}470(\mathrm{N})$이므로 금속의 비중량(γ_s)은

$$\gamma_s = \frac{W}{V} = \frac{1,470}{0.05} = 29,400\,(\mathrm{N/m^3})$$

이고, 비중(S)은 다음과 같다.

$$S = \frac{\gamma_s}{\gamma_w} = \frac{29,400}{9,800} = 3$$ ■

5.2 연습문제

1. 호수의 수면으로부터 20 m 아래에 수평으로 놓여 있는 지름 80cm의 원판의 윗면에는 몇 kN의 압력 힘이 작용하는가? 단, 대기압은 100 kPa이다.

2. 수은 기압계의 눈금이 그림과 같을 때 대기압은 몇 kPa인가? 단, 수은의 비중은 13.6이고 물의 비중량은 $9.8\,kN/m^3$이다. 진공은 절대압력이 0임을 나타낸다.

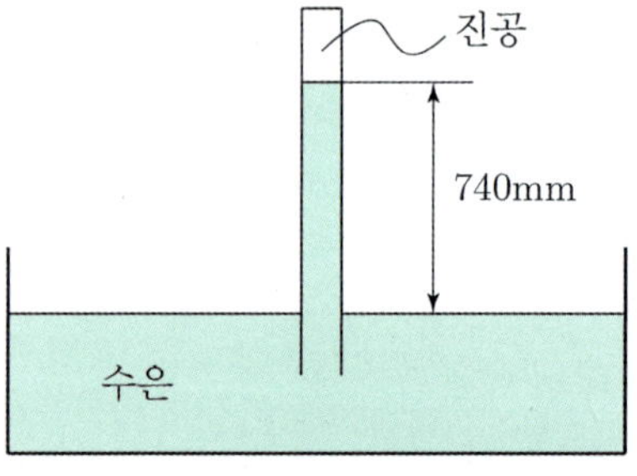

▍문제 5.2.2

3. 밀폐된 용기 안에 비중이 0.9인 오일이 들어 있고, 그 위에 압력 80kPa의 공기가 차 있다. 오일의 깊이가 4m일 때 탱크 바닥이 받는 압력을 구하여라.

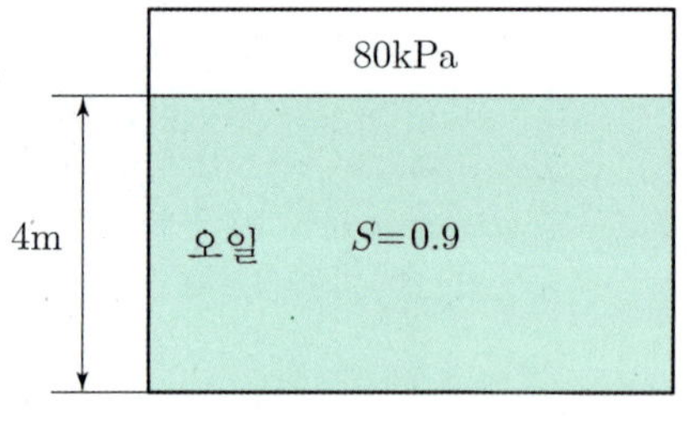

▍문제 5.2.3

4. 한 변의 길이가 10m이고 상부가 개방된 탱크에 비중 0.8의 액체가 가득 차 있다. 탱크 바닥이 받는 계기압력을 구하여라.

5. 어떤 액체의 자유표면으로부터 5 m 깊이의 게이지 압력이 39.2 kPa일 때 액체의 비중을 구하여라.

6. 그림과 같이 압력용기에 연결된 피에조미터의 상승 높이가 40cm일 때 용기 중심(A)에서의 계기압력(kPa)과 절대압력(kPa)을 구하여라. 단, 용기 내 유체의 밀도는 1200 kg/m^{3}이고 대기압은 100 kPa이다.

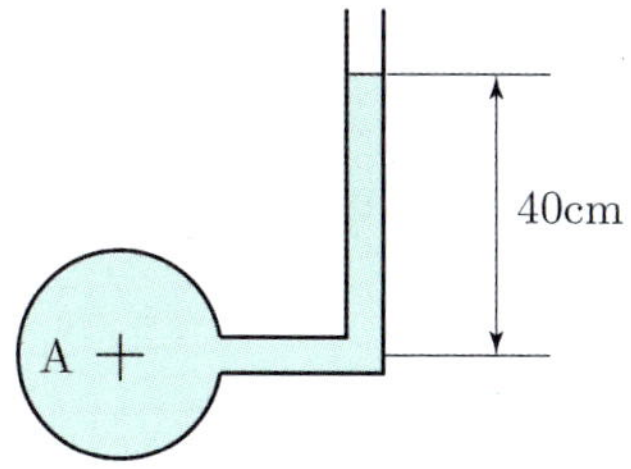

❙ 문제 5.2.6

7. 관 내부의 공기압력을 측정하기 위하여 수은 액주계를 사용하였다. 그림과 같이 액주계를 읽었을 때 관 내부의 계기압력(kPa)을 구하여라. 단, 공기의 무게는 무시한다.

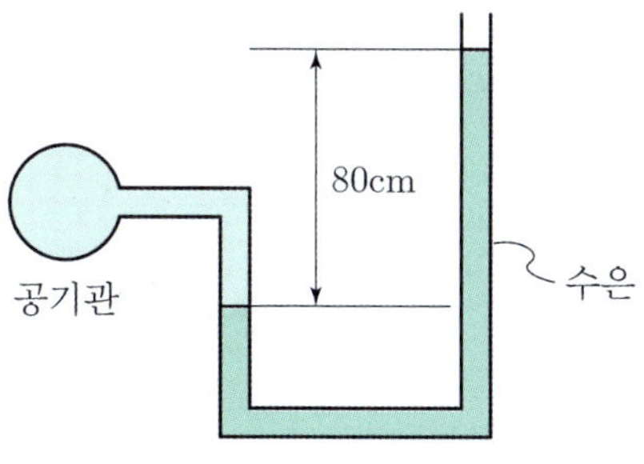

❙ 문제 5.2.7

8. 4m × 4m × 4m의 밀폐된 정육면체 탱크에 비중 0.85의 액체가 가득 차 있을 때 탱크의 한 측면에 작용하는 전압력은 몇 kN인가?

9. 바닷물의 비중량이 10.1 kN/m^{3}이라고 하면 해저 4 km 지점의 계기압력은 몇 MPa인가?

10. 그림과 같이 가로 30cm, 세로 80cm의 수문이 수로에 설치되어 있다. 수로에 50 cm 깊이까지 물이 차 있을 때 물에 의해 수문이 받는 전압력(N)을 구하여라.

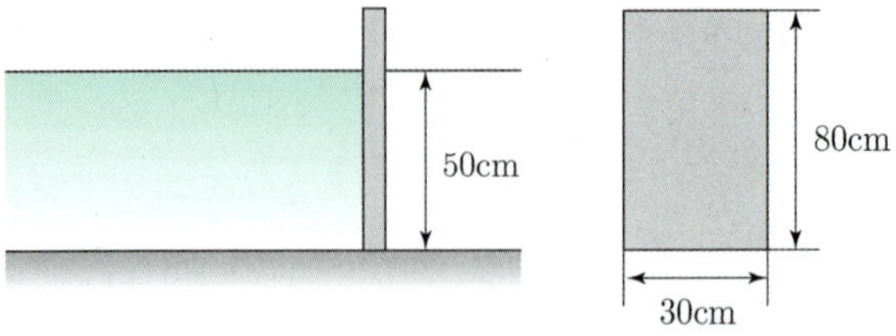

| 문제 5.2.10

11. 비중이 1보다 큰 어떤 금속의 무게가 공기 중에서는 294N이고, 물속에서의 49N일 때 금속의 부피와 비중을 구하여라. 단, 물의 비중량은 9800N/m^3이다.

12. 부피가 0.2m^3인 물체의 물속에서의 무게가 4kN이면 이 물체의 공기 중에서의 무게는 몇 kN인가?

13. 다음과 같이 지름이 D_1인 A 피스톤에 F_1의 힘이 작용할 때, 지름이 D_2인 B 실린더에 작용하는 유압은? 단, $D_1 = 4D_2$이다. [공무원시험]

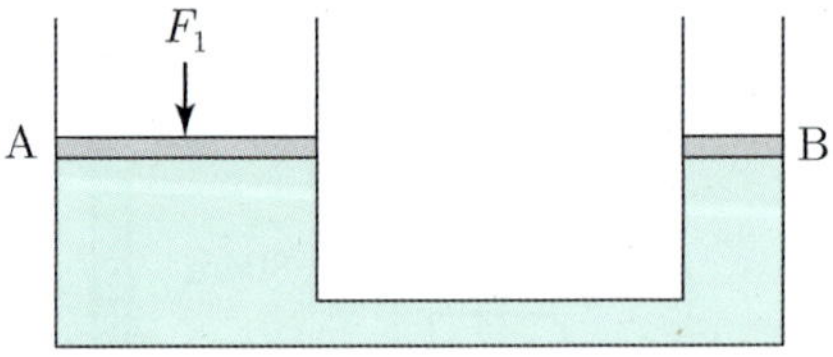

| 문제 5.2.13

① $\dfrac{4F_1}{\pi D_1^2}$　　② $\dfrac{F_1}{\pi D_1^2}$

③ $\dfrac{F_1}{2\pi D_1^2}$　　④ $\dfrac{F_1}{4\pi D_1^2}$

14. 수심이 h인 담수호에 폭이 b이고 수심보다 높은 직사각형 수문이 담수호 바닥으로부터 연직으로 설치되어 있을 때, 물속의 수문에 작용하는 힘의 크기가 가장 큰 경우는? [공무원시험]

① $h = 1\text{m},\ b = 20\text{m}$　　② $h = 2\text{m},\ b = 10\text{m}$

③ $h = 4\text{m},\ b = 5\text{m}$　　④ $h = 5\text{m},\ b = 4\text{m}$

15. 다음 물리량들을 MLT 계의 차원으로 나타낸 것 중 옳지 않은 것은?

① 표면장력: MT^{-2} ② 압력: $ML^{-1}T^{-2}$

③ 부력: $ML^{2}T^{-2}$ ④ 동력: $ML^{2}T^{-3}$

16. 그림과 같이 자유 수면에서 3m 수중 아래 연직으로 놓인 사각형 판에 1,800kN의 전수압이 작용할 때 사각형 판의 폭(m)은? 단, 물의 단위 중량은 $10\,kN/m^3$이다.

[공무원시험]

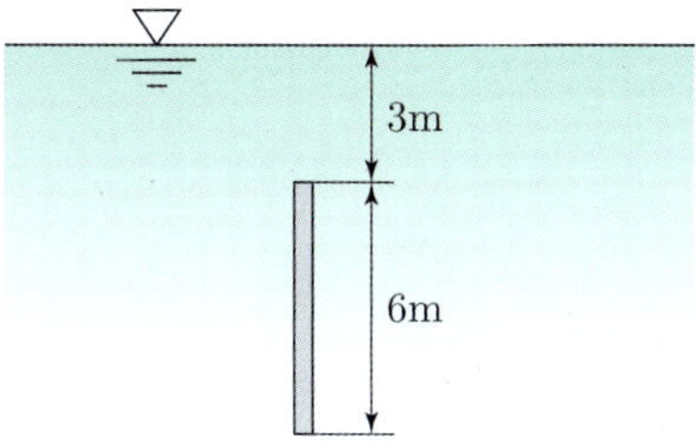

▌문제 5.2.16

① 5 ② 6

③ 7 ④ 8

17. 직육면체인 유람선의 크기가 길이 40m, 폭 15m, 높이 10m이고, 무게가 3,000t일 때, 유람선이 운항하는데 필요한 하천의 최소 수심(m)은? [공무원시험]

① 1 ② 3

③ 5 ④ 7

18. 길이 40m, 폭 8m, 높이 2m인 직육면체 뗏목이 있다. 뗏목의 무게가 80,000kgf이라면, 운항하는데 필요한 최소 수심(cm)은? [공무원시험]

① 15 ② 20

③ 25 ④ 30

19. 해수면으로부터 15m 아래로 내려간 잠수부의 폐 속 압력과 가장 가까운 것은? 단, 해수면의 대기압은 $10^5 N/m^2$(= 1기압), 중력 가속도는 $10 m/s^2$, 물의 밀도는 $1000 kg/m^3$이다. [공무원시험]

① 1기압 ② 1.5기압

③ 2기압 ④ 2.5기압

20. 밀폐된 용기 안에 비중이 0.8인 기름이 있고 그 위에 압력이 0.2kgf/cm^2인 공기가 있다. 기름의 표면에서 2m 깊이에 있는 점의 압력은 몇 kgf/cm^2인가? [공무원시험]

① 0.26　② 0.36

③ 0.46　④ 0.56

21. 유압 기기는 어떤 원리 또는 법칙을 이용한 것인가? [공무원시험]

① 아르키메데스의 원리　② 베르누이의 원리

③ 파스칼의 원리　④ 보일의 법칙

⑤ 샬의 법칙

22. 단면적이 0.1m^2인 U자형 관에 물이 채워져 있다. 여기에 비중 0.8인 기름을 0.05m^3 넣었을 때, 두 액체 표면의 높이차 h(m)는? (단, 기름은 물과 혼합되지 않는 비압축성 유체이다.) [중등교사 임용시험(기계·금속)]

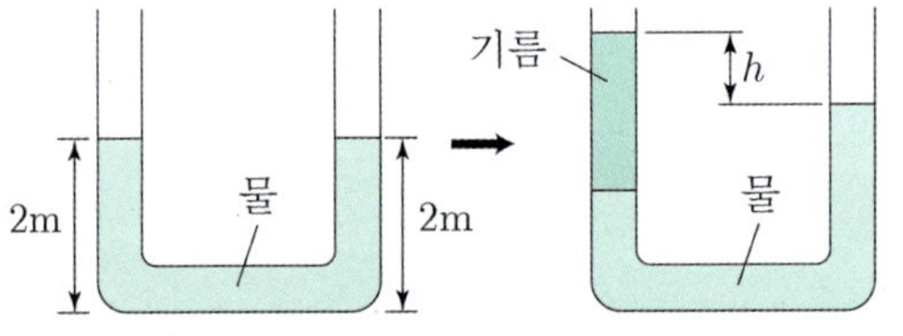

문제 5.2.22

① 0.05　② 0.08

③ 0.1　④ 0.2

⑤ 0.4

23. 한 변의 길이가 100mm인 정육면체 금속 블록이 물속에서의 무게가 50N이라면 공기 중에서의 무게(N)는? (단, 정지 상태의 물에 의한 부력만 고려하며 물의 밀도는 1000kg/m^3이고 중력가속도는 9.8m/s^2이다.) [중등교사 임용시험(기계·금속)]

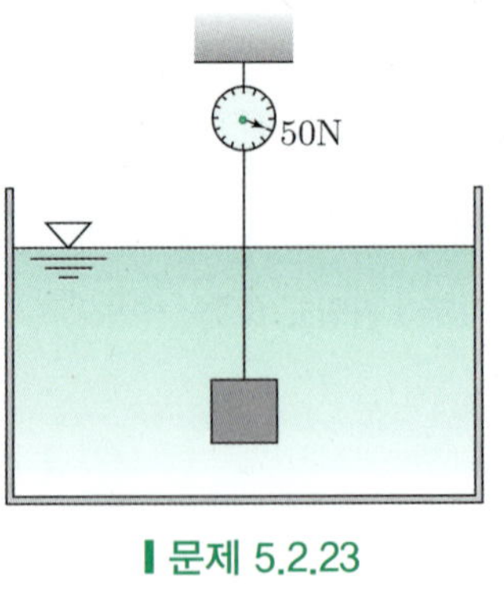

문제 5.2.23

① 40.2
② 54.9
③ 59.8
④ 64.7
⑤ 69.6

24. 다음 그림과 같은 유압잭에서 피스톤 A와 B의 단면적은 각각 10^{-2}m^2와 10^{-1}m^2이다. 피스톤 B에 1,000kN이 가해졌을 때, 피스톤 A에 가해진 힘 F_A[kN]를 구하시오. 또한 이와 평형을 이루기 위해 레버 C에 가해야 하는 힘 F_C[kN]를 구하고, 각각의 풀이 과정과 함께 쓰시오. (단, 기계 마찰은 무시하고, D점에서 레버는 회전할 수 있다.)

[중등교사임용시험(기술)]

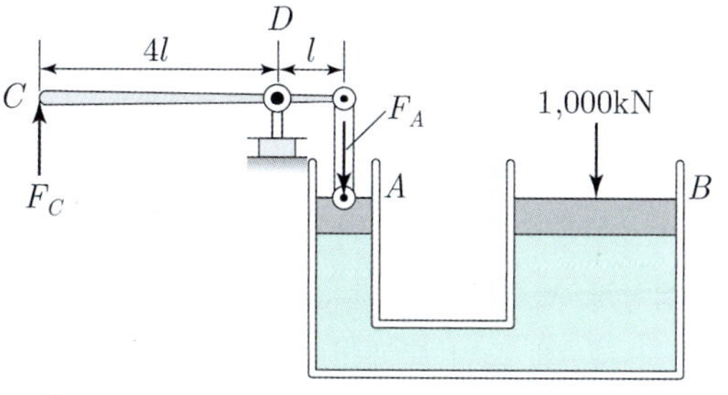

▎문제 5.2.24

25. 그림은 물이 들어 있는 수조의 단면이다. A－B면에 작용하는 힘 F_{AB}와 B－C면에 작용하는 힘 F_{BC}를 구하여라. (단, 수조의 폭은 b이며 γ는 물의 비중량이다.)

[중등교사 임용시험(항해·기관)]

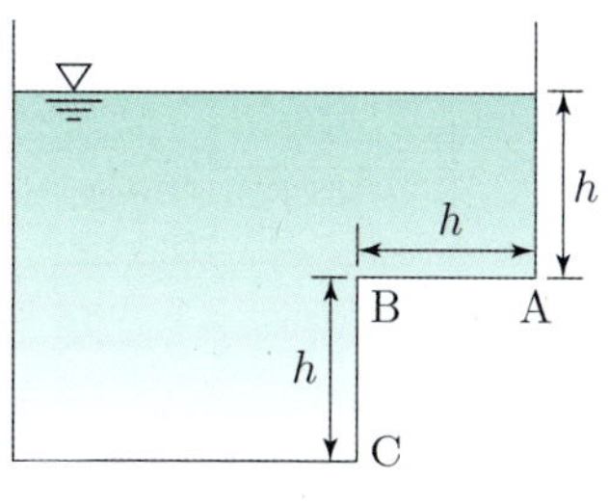

▎문제 5.2.25

26. 그림과 같이 비중이 0.3인 방형물체가 비중이 1.0인 담수에 떠 있다. 방형물체 중심의 상부에 88.2kN의 중량물을 적재한다면 방형물체가 담수에 잠기는 총 깊이[m]는? (단, 방형물체는 균등하게 잠긴다.)

[중등교사 임용시험(항해·기관)]

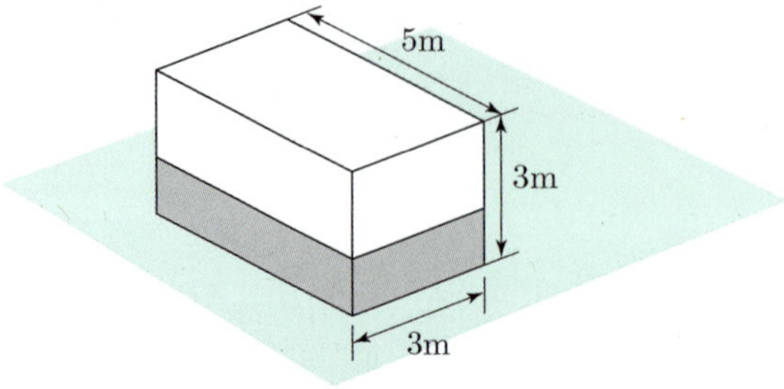

❙ 문제 5.2.26

① 1.2　② 1.5
③ 1.8　④ 2.1
⑤ 2.4

27. 부력에 관한 설명으로 옳지 않은 것은? [공무원시험]
① 부력은 유체 내 고체의 위, 아래 면에 작용하는 압력 차로 발생한다.
② 잠긴 부분의 형상과 체적은 같지만 밀도가 다른 나무와 쇠의 부력은 서로 다르다.
③ 부력의 크기는 유체 내 잠긴 물체의 체적에 해당하는 유체의 무게이다.
④ 물체의 경심이 중심보다 위에 있으면 안정적이다.

28. 그림과 같이 비중(S)이 다른 두 액체 층에 의해 직립 수문이 받는 힘[t]은? (단, 물의 단위중량은 $1\mathrm{t/m^3}$으로 한다.) [공무원시험]

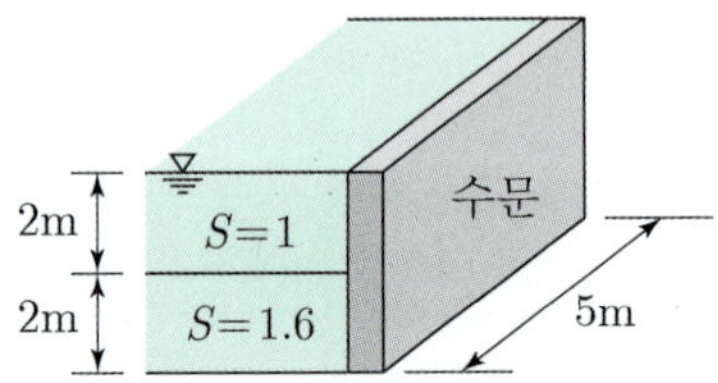

❙ 문제 5.2.28

① 20　② 23
③ 32　④ 46

29. 그림과 같은 유압기의 손잡이에 $F=30$kgf의 힘을 가하여 들어 올릴 수 있는 최대 무게 W[kgf]는? (단, 유압기의 자중은 무시한다.) [공무원시험]

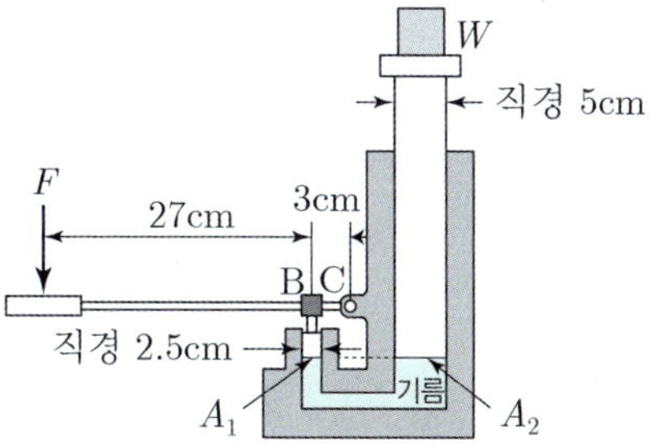

▌문제 5.2.29

① 300　　② 600　　③ 900　　④ 1,200

30. 그림은 밀도가 ρ인 물체가 밀도가 5ρ인 정지 액체에 부피의 2/3가 잠겨 정지 상태를 유지하고 있는 모습이다. 물체에 매인 줄은 용기 바닥에 고정되어 있다. 물체에 작용하는 중력의 크기를 F라고 할 때, 줄이 물체를 당기는 힘의 크기는? (단, 줄의 질량과 부피, 물체와 액체 사이의 전기적인 상호작용은 무시한다.) [공무원시험]

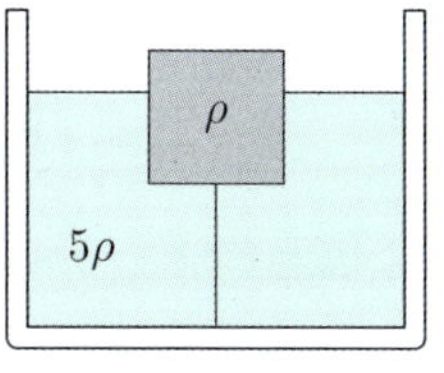

▌문제 5.2.30

① $\frac{5}{3}F$　　② $2F$　　③ $\frac{7}{3}F$　　④ $\frac{10}{3}F$

31. 그림 (가), (나)는 물과 식용유가 담긴 용기 속에 동일한 금속 덩어리가 바닥에 가라앉아 정지해 있는 모습을 나타낸 것이다. 이에 대한 설명으로 옳은 것은? (단, 비중은 물이 식용유보다 크다.) [공무원시험]

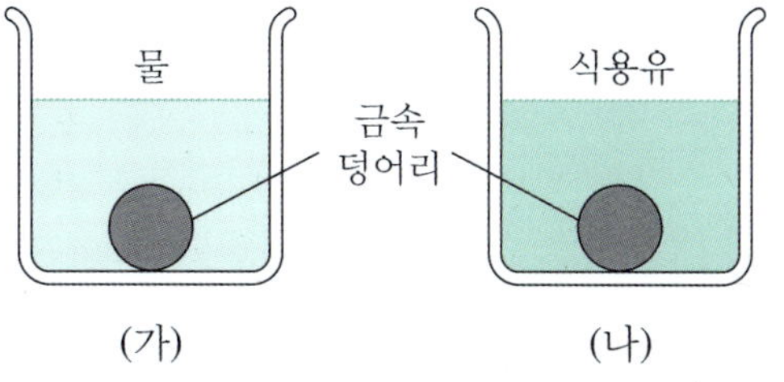

▌문제 5.2.31

① 금속 덩어리에 작용하는 부력은 (가)와 (나)에서 같다.
② 금속 덩어리에 작용하는 중력은 (나)보다 (가)에서 크다.
③ 금속 덩어리에 작용하는 합력은 (나)보다 (가)에서 작다.
④ 금속 덩어리가 바닥을 누르는 힘은 (나)보다 (가)에서 작다.

32. 그림과 같이 길이가 2m이고 폭이 2m인 덮개 수문의 끝에 힘 F를 가하여 수로를 막고 있다. 수문의 아랫면(A-A)을 기준으로 수로의 자유표면 높이 h가 3m일 때, 〈조건〉을 고려하여 수문에 작용하는 압력 $p(\mathrm{N/m^2})$와 정수력 F_h(N)를 각각 구하시오. 그리고 수문이 열리지 않게 하기 위한 최소의 힘 F(N)를 구하고, 풀이 과정과 함께 쓰시오.

[중등교사 임용시험-기계·금속(2018)]

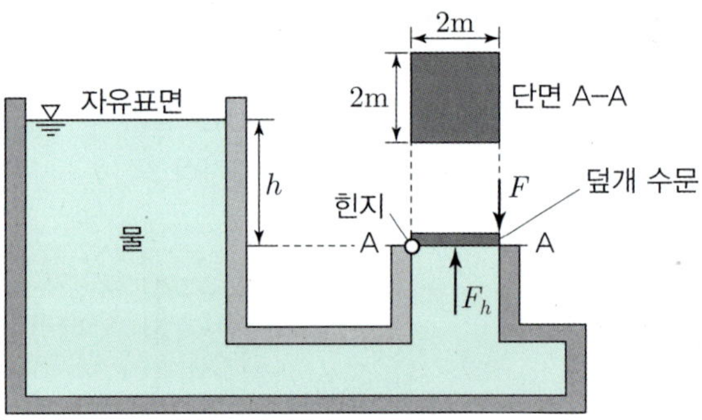

▌문제 5.2.32

〈조 건〉

- 수문의 무게는 무시한다.
- 대기에 의한 영향과 힌지의 마찰은 무시한다.
- 물의 밀도 ρ는 1,000$(\mathrm{kg/m^3})$, 중력 가속도 g는 9.8$(\mathrm{m/s^2})$이다.

5.3 연속 방정식과 베르누이 방정식

실제유체(real fluid)가 운동하고 있을 때 유체 흐름(유동, fluid flow)의 모양은 일반적으로 매우 복잡하며 그것을 정확하게 기술하기 위해서는 특히 미적분학 등의 수학적 지식이 요구된다. 그러나 복잡한 실제 현상을 이상화시켜 해석하여도 실제와 큰 차이가 없는 경우가 많은데 이러한 경우에는 단순화된 이상적인 모델을 해석하여 필요한 물리량을 구한다. 예를 들어 실제유체는 점성과 압축성을 모두 가지고 있지만 그 영향이 작을 때는 비점성(inviscid), 비압축성(incompressible) 유체로 가정하고 해석하여도 큰 오차가 없다. 그리고 우리가 살고 있는 3차원 공간에서 유체의 속도 $V(x,\ y,\ z,\ t)$와 압력 $P(x,\ y,\ z,\ t)$은 3차원이고 시간에 따라 변화하기도 하지만 기본적인 유체역학에서 취급하는 것은 이상유체의 1차원 정상유동(steady flow)이다.

여기에서는 유체 유동에서 나타나는 용어를 알아보고, 1차원 정상유동을 기본으로 하여 운동하는 유체에 대한 기초 개념을 익히도록 한다. 이상유체의 1차원 유동에서 가장 기본적인 방정식은 연속방정식과 베르누이 방정식(베르누이 정리)이다.

1. 유체 운동 기술 방법

(1) 오일러(Euler) 방법

유동장 내의 어떤 점에 착목하고 그 점에서의 유체 운동의 상태를 기록하는 방법. 공간의 좌표를 $(x,\ y,\ z)$라 하면 속도와 밀도 등은 각각 $V(x,\ y,\ z,\ t)$, $\rho(x,\ y,\ z,\ t)$로 표현된다.

(2) 라그랑주(Lagrange) 방법

각각의 유체 입자(particle)에 표시를 하고 개별 유체 입자를 추적하면서 그 입자의 성질을 기록하는 방법.

유동장 내에서 유체 입자들이 운동함에 따라 입자들의 속도와 압력, 밀도 등은 시간과 위치에 따라 변화한다. 이때 여기저기로 이동하는 입자들의 경로를 따라가는 것보다는 공간의 모든 점에서 시간에 따른 유동의 속도와 압력, 밀도 등을 기술하는 것이 편리하다. 따라서 각 질량 입자들에 대한 속도와 밀도 등을 기술하는 '라그랑주 방법'보다는 공간의 고정된 점에서의 물리량을 기술하는 '오일러 방법'을 일반적으로 사용한다.

2. 유체 운동의 시각화 방법

(1) 유선, 유적선, 유맥선

유체의 흐름을 시각적으로 묘사하는 데에는 일반적으로 다음 세 가지 선이 많이 사용된다.

① 유선(streamline): 임의의 순간에 모든 점에서 속도벡터에 접하는 선

② 유적선(pathline): 유동장 내에서 유체 입자가 이동한 궤적

③ 유맥선(streakline): 유동장 내의 특정 점을 지나는 입자들의 궤적

어떤 순간에 임의의 가상 곡선 상의 모든 점에서의 접선이 그 점에서의 속도 벡터의 방향과 일치할 때 그 곡선을 유선이라 한다. 즉, 유선 위의 임의의 점에서의 접선 벡터는 그 순간 그 지점에서의 속도벡터와 평행하다. 유선의 작은 요소 $\overrightarrow{dr} = (dx,\ dy,\ dz)$은 속도벡터 $\overrightarrow{V} = (u, v, w)$와 같은 방향이므로 유선을 따라서

$$\overrightarrow{V} \times \overrightarrow{dr} = 0 \quad \Rightarrow \quad \frac{dx}{u} = \frac{dy}{v} = \frac{dz}{w}$$

이다. 여기에서 u, v, w는 각각 x, y, z 방향의 속도 성분이다. [그림 5.3.1]은 하나의 유선을 나타낸다.

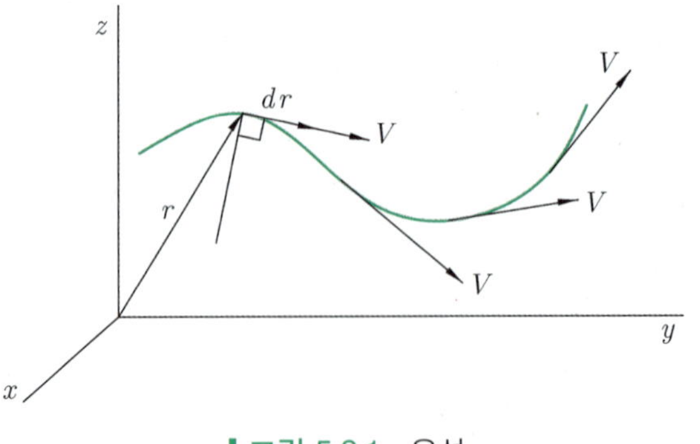

▎그림 5.3.1 유선

유적선은 실제로 유체 입자가 이동한 경로를 나타내는 선이고, 특정한 점을 지나는 염료나 연기 입자(smoke particle)들의 사진을 연속적으로 찍으면 유맥선이 된다. 비정상류에서는 유선과 유적선이 일치하지 않지만 정상류에서는 유선, 유적선, 유맥선이 모두 일치한다.

3. 유동 형태 분류

(1) 정상류, 비정상류

속도, 압력, 밀도 등의 물리량이 시간이 지나도 일정하게 유지되는 유동을 정상류(steady flow), 시간에 따라 변화하는 유동을 비정상류(unsteady flow)라 한다. '오일러 방법'으로 기술되는 유체의 속도를 V, 압력을 P, 밀도를 ρ라 하면 정상류에서 다음 식을 만족한다.

$$\frac{\partial V}{\partial t}=0, \qquad \frac{\partial P}{\partial t}=0, \qquad \frac{\partial \rho}{\partial t}=0$$

정상류는 어떤 점에서의 유체의 속도가 연속되는 시간에서 일정하게 유지될 때 일어난다. 그러나 정상류에서도 위치에 따라서는 유속이 다를 수 있다. 유속과 압력 및 밀도가 시간에 따라 변화하는 비정상류에서는 $\frac{\partial V}{\partial t} \neq 0$, $\frac{\partial P}{\partial t} \neq 0$, $\frac{\partial \rho}{\partial t} \neq 0$이다.

(2) 균일유동, 불균일유동

속도의 크기와 방향이 위치에 따라 변화하지 않는 유동을 균일유동(uniform flow), 위치에 따라 변화하는 유동을 불균일유동(nonuniform flow)이라 한다. 위치를 나타내는 변수를 s라 하면 균일유동에서 다음 식을 만족한다.

$$\frac{\partial V}{\partial s}=0, \qquad \frac{\partial P}{\partial s}=0, \qquad \frac{\partial \rho}{\partial s}=0$$

압력 차이에 의해 지름이 일정한 긴 파이프라인(pipeline) 안을 흐르는 유동은 균일유동이라 할 수 있다. 아주 긴 파이프에서는 길이에 따른 변화가 없으므로(각 위치에서의 상황이 같다) 균일유동이 된다. 불균일유동은 속도와 압력 등이 위치에 따라 변화하는 유동을 말하며 $\frac{\partial V}{\partial s} \neq 0$, $\frac{\partial P}{\partial s} \neq 0$, $\frac{\partial \rho}{\partial s} \neq 0$이다.

(3) 1차원 흐름

유체의 모든 성질이 하나의 공간 좌표와 시간으로 표현되는 유동을 1차원 흐름(유동)(one dimensional flow)이라 한다. 유체의 속도, 압력, 밀도 등이 공간에서 한 방향으로만 변화하는 유동을 말하며 변화하는 방향을 x라 하면 모든 물리량 F에 대하여

$$\frac{\partial F}{\partial x} \neq 0, \qquad \frac{\partial F}{\partial y} = 0, \qquad \frac{\partial F}{\partial z} = 0$$

가 된다. x 방향으로의 속도가 있지만 속도의 변화가 없는 유동$\left(\frac{\partial F}{\partial x} = 0\right)$도 1차원 흐름이라 한다.

(4) 2차원 흐름(two dimensional flow)

유체의 모든 성질이 두 개의 공간 좌표(x, y)와 시간(t)에 의존하는 유동을 2차원 흐름(유동)이라 한다. 유체의 속도, 압력, 밀도 등의 모든 물리량 F에 대해 다음 식을 만족한다.

$$\frac{\partial F}{\partial x} \neq 0, \qquad \frac{\partial F}{\partial y} \neq 0, \qquad \frac{\partial F}{\partial z} = 0$$

(5) 3차원 흐름(three dimensional flow)

유체의 모든 성질이 세 개의 공간 좌표(x, y, z)와 시간(t)의 함수인 유동을 3차원 흐름(유동)이라 한다. 유체의 속도, 압력, 밀도 등의 모든 물리량 F에 대해 다음 식을 만족한다.

$$\frac{\partial F}{\partial x} \neq 0, \qquad \frac{\partial F}{\partial y} \neq 0, \qquad \frac{\partial F}{\partial z} \neq 0$$

실제유체의 흐름은 대부분 3차원 흐름이다. 그러나 3차원 유동을 해석하는 것은 매우 어려우므로 많은 경우에 있어서 2차원 또는 1차원 흐름으로 가정하여 해석한다. 예를 들어 유한 차분법을 사용하여 해석할 때 2차원 유동인 경우 가로×세로를 100×100으로 나누면 총 만 개의 격자점이 나온다. 그런데 3차원 흐름인 경우 가로×세로×높이를 $100 \times 100 \times 100$으로 잡으면 총 백만 개의 격자점이 나오므로 많은 데이터를 저장할 수 있는 큰 컴퓨터 용량과 긴 계산 시간이 요구된다.

(6) 층류, 난류

[그림 5.3.2]의 (a)와 같이 유체가 층층이 쌓여 있는 판의 이동처럼 잘 정돈되어 규칙적으로 매끄러운 선을 따라 흐르는 유동을 층류(laminar flow)라 하고, (b)와 같이 유체의 흐름이 불규칙적이고 유체 입자들이 서로 섞이는 유동을 난류(turbulent flow)라 한다.

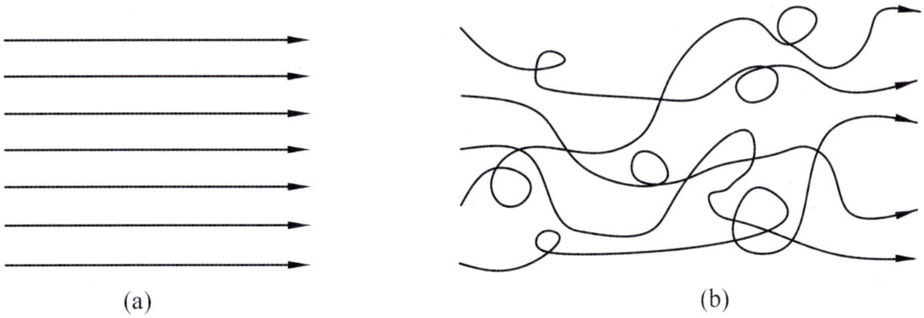

▍그림 5.3.2 층류(a)와 난류(b)

(7) 비압축성 유동, 압축성 유동

일반적으로 유체의 '비압축성(incompressibility)'은 다음과 같이 일정한 밀도를 의미한다.

$$\frac{\partial \rho}{\partial t}=0,\quad \frac{\partial \rho}{\partial x}=0,\quad \frac{\partial \rho}{\partial y}=0,\quad \frac{\partial \rho}{\partial z}=0$$

액체의 흐름은 대부분의 경우 비압축성 유동(incompressible flow)이며, 공기의 속도가 충분히 낮을 때도 비압축성 유동으로 간주할 수 있다. 비압축성 유동과 달리 유동 중에 유체의 밀도가 크게 변화하는 흐름을 압축성유동(compressible flow)이라 하고, 유동의 압축가능성을 결정하는 데는 다음과 같이 정의되는 마하수(Mach number, M 혹은 Ma)를 이용한다.

$$M=\frac{V}{c}$$

여기에서 V는 특성속도이고 c는 음속(speed of sound)이다. 마하수의 물리적 의미는 $M=\frac{(\text{관성력})}{(\text{압축력})}$이다.

비열비 k, 기체상수 R, 절대온도 T인 유체 속에서 음속(c)은 다음과 같다. E는 유체의 체적탄성계수이다.

$$c = \sqrt{\frac{E}{\rho}} = \sqrt{kRT}$$

마하수가 $M < 0.3$이면 공기 흐름도 비압축성유동으로 취급한다. 비압축성유동은 유체입자가 이동함에 따라 유체의 밀도가 일정한 것을 의미($D\rho/Dt = 0$)하며 모든 점에서 유체의 밀도가 같을 필요는 없다. 예를 들어 관 내부에서 물이 흘러가고 있을 때 관의 어떤 점에서 소금을 첨가하면 유체의 밀도는 일정하지 않지만 이 유동은 비압축성 유동이다. 일반적으로 액체는 체적탄성계수(E)가 매우 크므로(물의 체적탄성계수는 약 2×10^9 Pa이다) 거의 압축되지 않는다. 수격작용(water hammering)과 같이 밀도변화가 있는 현상은 예외적으로 압축성유동으로 취급하지만 대부분의 공학적인 문제에서 일어나는 액체의 흐름은 비압축성유동이다.

공기압축기와 터빈 내에서의 공기 유동 등과 같은 고속에서의 기체의 흐름은 압축성유동을 고려한다. 그러나 기체의 흐름이지만 자동차나 경비행기 주변의 유동, 또는 비행기가 이륙할 때의 흐름 등과 같이 낮은 속도 유동($M < 0.3$)은 비압축성 유동으로 취급한다.

† [수격작용] 관 속에서 운동하고 있는 물을 갑자기 정지시키거나, 정지한 물을 갑자기 흐르게 할 때 관 내부에서 압력의 급격한 상승 또는 강하가 일어나서 마치 망치로 치는 것 같은 소리가 나는 현상을 수격작용이라 한다. 운동 상태가 갑자기 변함에 따라 순간적으로 운동 에너지가 압력에너지로 변하여 압력이 급격히 상승하거나 떨어지게 된다.

예제 5.3.1

음속이 340 m/s일 때 비행 속도가 500 m/s인 비행기의 마하수는 얼마인가?

풀이 음속 $c = 340$ m/s, 비행기 속도 $V = 500$ m/s이므로 비행기의 마하수(M)는 다음과 같다.

$$M = \frac{V}{c} = \frac{500}{340} = 1.47$$

■

예제 5.3.2

영하 50℃의 공기 속에서 마하수 2로 비행하는 물체의 속도를 구하여라. 공기의 비열비는 1.4, 기체상수는 0.287 kJ/kg · K이다.

풀이 마하수 $M = V/c$에서 물체의 속도(V)는 다음과 같다.

$$V = Mc = M\sqrt{kRT}$$
$$= 2 \times \sqrt{1.4 \times 287 \times (273-50)} = 598.7\,(\mathrm{m/s})$$

■

(8) 아음속유동, 초음속유동

유체의 속도가 음속보다 느린 유동($M < 1$)을 아음속유동(subsonic flow)이라 하고, 음속보다 빠른 유동($M > 1$)을 초음속유동(supersonic flow)이라 한다.

(9) 점성유동, 비점성유동

점성이 고려되지 않는 흐름을 비점성유동(inviscid flow)이라 하고, 점성의 영향을 무시할 수 없는 흐름을 점성유동(viscous flow)이라고 한다.

모든 유체는 점성을 가지고 있지만 점성이 큰 영향을 미치지 않을 때는 비점성유동으로 간주하여 해석한다.

4. 레이놀즈수

관(pipe) 내부 유동에서 층류(laminar flow)와 난류(turbulent flow)는 다음과 같이 정의되는 레이놀즈수(Reynolds number) Re에 의해 결정된다.

$$Re = \frac{VD}{\nu} = \frac{\rho VD}{\mu}$$

여기에서 V는 평균유속(m/s), D는 관의 지름(m), ν는 동점성계수($\mathrm{m^2/s}$)이고, Re는 무차원수(dimensionless number)이다. 레이놀즈수의 증가와 함께 층류에서 난류로의 천이(transition)가 일어나며 이때의 레이놀즈수를 임계 레이놀즈수(Critical Reynolds number)라 한다. 실험에 의하면 일반적인 관에서 $Re < 2300$에서는 층류, $Re > 4000$에서는 난류라고 알려져 있다. 일반적으로 난류가 발달하기 시작하는 임계 레이놀즈수를 $Re_c = 2300$으로 잡지만 이 값은 유동 조건에 따라 다른 값을 나타낼 수 있다.

설명 유체 입자의 속도에 일시적인 교란(disturbance)이 발생하여도 입자가 서로 섞이려 하는 관성력(inertia force)에 비해 이를 저지하려는 점성력(viscous force)이 더 커지면 교란은 사라지고 곧 안정하게 된다. 그러나 관성력이 점점 더 커지면 교란이 증폭되어 유체 흐름은 불규칙하게 변한다. 레이놀즈수는 $\left(\frac{\text{관성력}}{\text{점성력}}\right)$을 나타내는 변수이다. 즉, 레이놀즈수가 커질수록 유체흐름은 점점 더 불안정하게 되며 어느 임계값을 넘어서면 층류에서 난류로 변화하게 된다. 임계레이놀즈 수는 실험으로 찾아내는 수이며 관의 형태나 표면 거칠기 등의 상황에 따라 다른 값을 나타낸다. 일반적으로 거친 표면의 관에서는 임계 레이놀즈수를 2000으로 잡지만, 관 벽이 매끄럽고, 진동이 없으며, 관으로 유입되는 유체에 교란이 없는 경우에는 $Re = 40000$까지도 층류가 될 수 있다. 임계 레이놀즈수는 기하학적 형상(geometry)에 따라서도 다른 값을 나타낸다. 레이놀즈수 $Re = \frac{VL}{\nu}$에서 'V는 특성속도, L은 특성길이'이며, 관에서의 특성길이는 관 지름으로 정한다. 두 개의 무한평판 사이의 유동에서 평균 속도를 특성 속도로 하고, 판 사이의 거리를 특성 길이로 할 때 임계 레이놀즈수는 약 1500이다.

예제 5.3.3

안지름이 40 cm인 관 속을 평균 유속 10 m/s로 동점성계수 $1.01 \times 10^{-6}\,\text{m}^2/\text{s}$의 물이 흐를 때 레이놀즈수를 구하여라.

풀이 레이놀즈수

$$Re = \frac{VD}{\nu} = \frac{10 \times 0.4}{1.01 \times 10^{-6}} = 3.96 \times 10^6$$

■

예제 5.3.4

안지름이 20 cm인 관 속을 흐르는 공기의 임계속도를 구하여라. 공기의 동점성계수는 $1.5 \times 10^{-5}\,\text{m}^2/\text{s}$이고 임계 레이놀즈수는 2300이다.

풀이 임계 레이놀즈수 $Re_c = \frac{V_c D}{\nu}$에서 임계속도(V_c)는 다음과 같다.

$$V_c = \frac{\nu Re_c}{D} = \frac{(1.5\times 10^{-5})\times 2300}{0.2}\,(\text{m/s})$$
$$= 0.1725\,(\text{m/s}) = 17.25\,(\text{cm/s})$$ ■

[보충 학습] 무차원수

다음은 유체역학에서 사용하는 무차원수(dimensionless number)와 그 물리적 의미이다. 이들 중에서 가장 많이 사용하는 것은 레이놀즈수(Re)이며 이 수는 유체요소에 작용하는 관성력의 점성력에 대한 비를 나타내는 척도이다. 고려하는 유동에서 이 두 종류의 힘이 중요할 때 레이놀즈수가 중요한 역할을 한다. 표에서 관성력은 유체 입자의 가속도에 의한 힘을 나타내고 중력은 유체 입자가 받는 중력에 의한 힘을 나타낸다.

변수	c: 음속, E: 체적탄성계수, g: 중력가속도, L: 특성길이, V: 속도, p: 압력, Δp: 압력차, ρ: 밀도, μ: 점성계수, σ: 표면장력, ν: 동점성계수, ω: 진동 유동의 주파수		
무차원수	**이름**	**물리적 의미**	**적용**
$Re = \dfrac{VL}{\nu}\left(= \dfrac{\rho VL}{\mu}\right)$	레이놀즈수 (Reynolds number)	$\dfrac{\text{관성력}}{\text{점성력}}$	일반적으로 모든 유체 유동 문제에서 중요한 변수이다.
$Fr = \dfrac{V}{\sqrt{gL}}$	프루드수 (Froude number)	$\dfrac{\text{관성력}}{\text{중력}}$	자유표면(free surface)을 가지는 유동
$Eu = \dfrac{p}{\rho V^2}\left(\text{or } \dfrac{\Delta p}{\rho V^2}\right)$	오일러수 (Euler number)	$\dfrac{\text{압력힘}}{\text{관성력}}$	압력이나 압력차가 중요한 유동
$M(\text{or } Ma) = \dfrac{V}{c}$	마하수 (Mach number)	$\dfrac{\text{관성력}}{\text{압축력}} = \dfrac{\text{속도}}{\text{음속}}$	압축성 유동
$Ca = \dfrac{\rho V^2}{E} = M^2$	코시수 (Cauchy number)	$\dfrac{\text{관성력}}{\text{압축력}}$	압축성 유동
$St = \dfrac{\omega L}{V}$	스트라울수 (Strouhal number)	$\dfrac{\text{원심력}}{\text{관성력}} = \dfrac{\text{특성시간}}{\text{진동주기}}$	특성 주파수를 가지는 비정상유동
$We = \dfrac{\rho V^2 L}{\sigma}$	웨버수 (Weber number)	$\dfrac{\text{관성력}}{\text{표면장력힘}}$	표면장력이 중요한 유동

† 때로는 오일러수와 프루드수를 각각 $Eu = \dfrac{\Delta P}{\rho V^2/2}$, $Fr = \dfrac{V^2}{gL}$ 으로 정의하여 사용한다.

5. 연속방정식

(1) 1차원 정상류의 연속방정식

단위 시간에 각 유동단면을 통과하는 유체의 질량은 모든 단면에서 같다는 것을 1차원 정상류의 연속방정식이라 한다. 단면의 면적이 A인 곳에서 유체의 밀도를 ρ, 속도를 V라 하면 1차원 정상류의 연속방정식은 다음과 같이 표현된다.

$$\rho A V = (\text{일정})$$

예

[그림 5.3.3]과 같이 단면 1에서의 면적, 밀도, 비중량, 속도를 각각 A_1, ρ_1, γ_1, V_1, 단면 2에서의 면적, 밀도, 비중량, 속도를 각각 A_2, ρ_2, γ_2, V_2라 하면 다음 관계식이 성립한다.

$$\rho_1 A_1 V_1 = \rho_2 A_2 V_2$$
$$\gamma_1 A_1 V_1 = \gamma_2 A_2 V_2$$

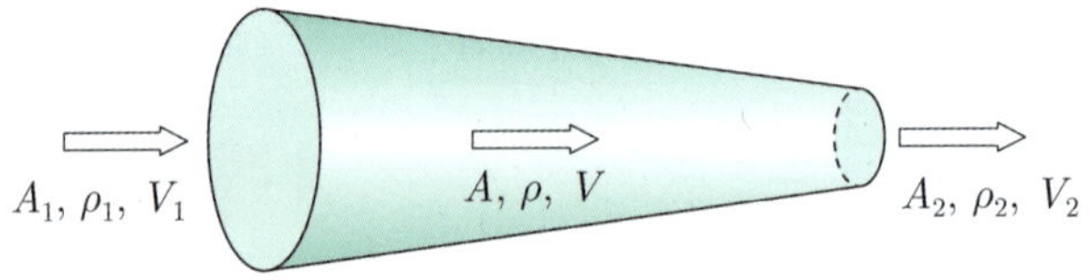

그림 5.3.3

설명 질량보존법칙을 적용하면 1차원 정상류의 연속방정식이 얻어진다. [그림 5.3.4]에서 평균 유출 속도가 V_2인 단면에서 Δt 동안에 유출되는 유체의 질량은 '출구면적 A_2와 Δt 동안에 이동한 거리 $V_2 \Delta t$로 이루어진 체적'에 포함된 유체의 질량과 같다.

$$m_2 = \rho_2 A_2 V_2 \Delta t$$

마찬가지로 Δt 동안에 단면 1에 유입되는 유체의 질량은

$$m_1 = \rho_1 A_1 V_1 \Delta t$$

이다. 여기에서 정상류이므로 유입되는 질량(m_1)과 유출되는 질량(m_2)은 같다. 따라서

$$\rho_1 A_1 V_1 \Delta t = \rho_2 A_2 V_2 \Delta t$$

$$\therefore \ \rho_1 A_1 V_1 = \rho_2 A_2 V_2$$

가 성립하고, 임의 단면에서

$$\rho A V = C \ \ (C\text{는 상수})$$

이다.

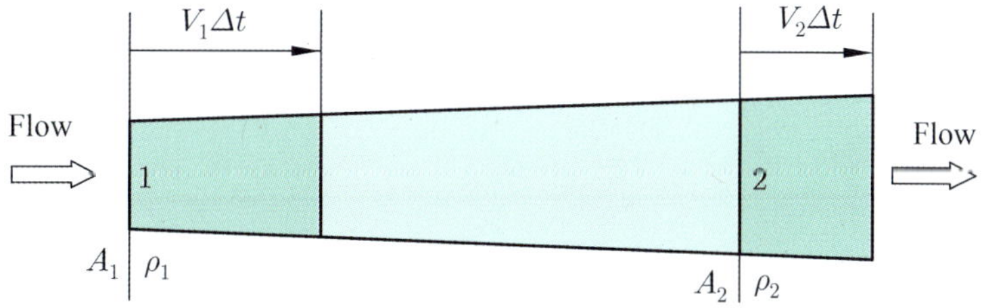

| 그림 5.3.4

예제 5.3.5

단면의 면적이 A인 곳에서 유체의 밀도를 ρ, 속도를 V라 할 때 1차원 정상류에 대한 연속방정식의 미분식을 유도하여라.

풀이 임의의 단면에서 연속방정식은

$$\rho A V = C \ \ (C\text{는 상수})$$

이다. 이 식을 미분하면

$$AVd\rho + \rho VdA + \rho AdV = 0$$

이고, 양변을 ρAV로 나누면 다음과 같은 1차원 정상류에 대한 연속방정식의 미분식이 구해진다.

$$\frac{d\rho}{\rho} + \frac{dA}{A} + \frac{dV}{V} = 0$$

■

(2) 체적유량, 질량유량, 중량유량, 체적유량

1차원 유동에서 단위 시간 동안에 흐르는 유체의 질량과 중량 및 체적은 다음과 같다.

① 체적유량 $Q\,[\mathrm{m^3/s}]$

$$Q = AV \quad [\mathrm{m^3/s}]$$

② 질량유량 $\dot{m}\,[\mathrm{kg/s}]$

$$\dot{m} = \rho AV \quad [\mathrm{kg/s}]$$

③ 중량유량 $G\,[\mathrm{N/s}]$

$$G = \gamma AV \quad [\mathrm{N/s}]$$

† 일반적으로 많이 취급하는 것은 체적유량(Q)이므로 대부분의 경우에 있어서 '유량'이라고 하면 '체적유량'을 의미한다.

예제 5.3.6

안지름 0.5 m의 송유관을 평균속도 2m/s로 기름이 흐를 때 다음을 구하여라. 기름의 밀도는 900 kg/m³이다.

(1) 체적유량

(2) 질량유량

(3) 중량유량

풀이 (1) $Q = AV = \dfrac{\pi D^2}{4} \times V = \dfrac{\pi \times 0.5^2}{4} \times 2 = 0.3927\,(\mathrm{m^3/s})$

(2) $\dot{m} = \rho AV = \rho Q = 900 \times 0.3927 = 353.4\,(\mathrm{kg/s})$

(3) $G = \gamma AV = \gamma Q = (900 \times 9.8) \times 0.3927 = 3463.6\,(\mathrm{N/s})$ ■

예제 5.3.7

단면적이 변화하는 관을 일정한 유량 $120\,\text{m}^3/\text{min}$으로 비압축성 유체가 흐르고 있다. 단면적이 $0.25\,\text{m}^2$인 곳에서의 유속은 얼마인가?

풀이 체적유량 $Q = AV$에서 유속(V)은 다음과 같다.

$$V = \frac{Q}{A} = \frac{120/60}{0.25} = 8\,(\text{m/s})$$

■

(3) 1차원 정상류-비압축성유체

비압축성 유체에서는 밀도가 일정하므로 연속방정식은 다음과 같이 된다.

$$Q = AV = \text{일정}$$
$$Q = A_1 V_1 = A_2 V_2$$

연속방정식에서 '$\rho = \rho_1 = \rho_2 =$ 일정'이므로 '$AV =$ 일정'이 된다. 압축성유체를 취급할 때는 질량유량이나 중량유량을 사용하지만 물과 같은 액체의 유동, 저속($M < 0.3$)의 공기 유동 등에서는 체적유량을 사용한다. 1차원 연속방정식으로부터 단면적이 작을 때는 유속이 빨라지고, 단면적이 커지면 유속이 느려진다는 것을 알 수 있다.

예제 5.3.8

그림과 같이 단면적이 변화하는 관을 비압축성 유체가 흐르고 있다. 안지름 D_1인 곳에서의 평균유속이 $10\,\text{m/s}$이면 안지름 D_2인 곳에서의 평균유속은 얼마인가? 단, $D_2 = D_1/2$이다.

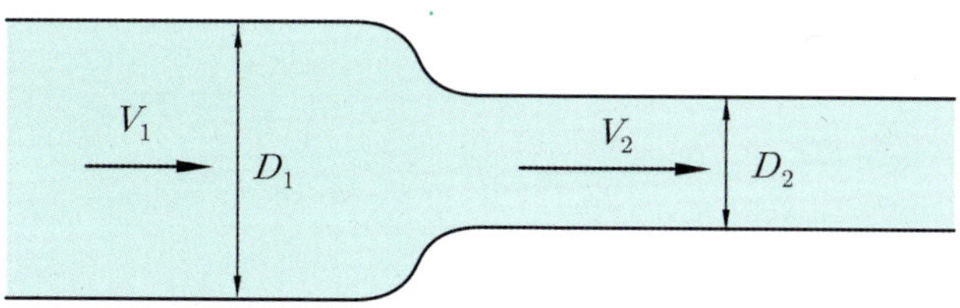

▎그림 5.3.5

풀이 비압축성 유체이므로 밀도가 일정하다. 연속법칙에서

$$Q = A_1 V_1 = A_2 V_2$$

$$\therefore \quad V_2 = \frac{A_1}{A_2} \times V_1 = \frac{\pi D_1^2/4}{\pi D_2^2/4} \times V_1 = \left(\frac{D_1}{D_2}\right)^2 V_1$$

$$= \left(\frac{D_1}{D_1/2}\right)^2 V_1 = (2)^2 \times 10 = 40\,(\mathrm{m/s})$$ ■

예제 5.3.9

안지름 20 cm 인 관속을 초당 $0.2\mathrm{m}^3$ 로 물이 흐르고 있을 때 레이놀즈수를 구하여라. 물은 밀도가 $1000\,\mathrm{kg/m}^3$ 인 비압축성유체이며, 점성계수는 $1.01 \times 10^{-3}\ Pa \cdot s$ 이다.

풀이 체적유량 $Q = AV$ 에서 $V = Q/A$ 이므로 레이놀즈수는 다음과 같다.

$$Re = \frac{VD}{\nu} = \frac{(Q/A) \times D}{\mu/\rho} = \frac{\rho Q}{\mu} \times \frac{D}{A}$$

$$= \frac{\rho Q}{\mu} \times \frac{D}{\pi D^2/4} = \frac{4\rho Q}{\pi \mu D}$$

$$= \frac{4 \times 1000 \times 0.2}{\pi \times (1.01 \times 10^{-3}) \times 0.2} = 1.26 \times 10^6$$ ■

6. 베르누이 방정식

(1) 베르누이 방정식

[그림 5.3.6]과 같이 동일 유선(streamline) 상의 임의의 두 점 ①, ② 사이에서 성립하는 다음 관계식을 베르누이 방정식(Bernoulli equation)이라 한다.

$$\frac{P_1}{\gamma} + \frac{V_1^2}{2g} + z_1 = \frac{P_2}{\gamma} + \frac{V_2^2}{2g} + z_2$$

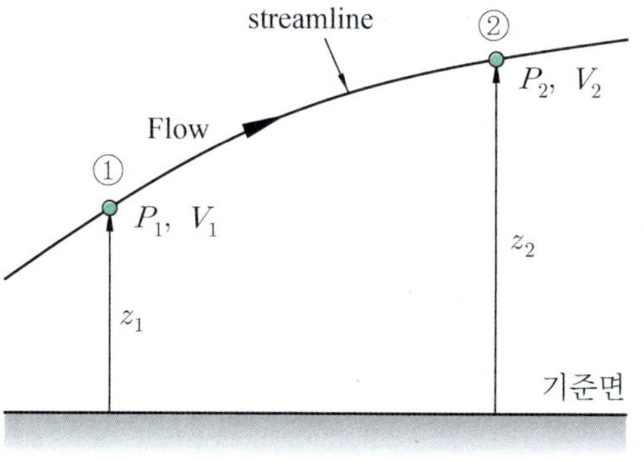

| 그림 5.3.6

베르누이 방정식은 유체의 흐름에서 유속과 압력을 구할 때 가장 기초가 되는 식이다.

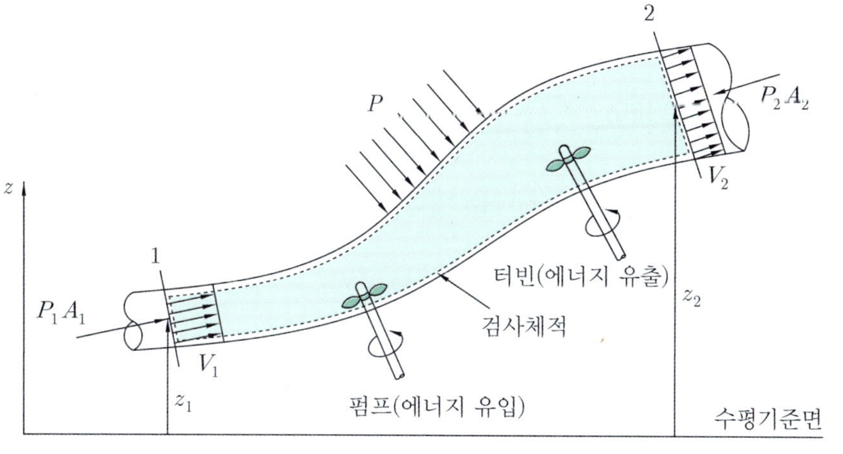

| 그림 5.3.7

설명 비점성 비압축성 유체에 대하여 [그림 5.3.7]과 같은 검사체적을 잡고 에너지 보존법칙을 적용한다. 유체의 단위 질량당 위치 에너지와 운동 에너지는 각각 gz, $V^2/2$이므로 질량유량을 $\dot{m}$라 하면 단면 1에서 유입되는 에너지와 단면 2에서 유출되는 에너지는 각각

$$\dot{m}(gz_1 + V_1^2/2), \qquad \dot{m}(gz_2 + V_2^2/2)$$

이다. 다음에 압력에 의한 일을 고려하면, 먼저 입구와 출구를 제외한 검사면의 나머지 부분에 작용하는 압력 힘은 유체의 운동방향에 수직으로 작용하므로 일을 하지 않는다. 그리고 입구의 출구에서 압력과 같은 방향으로 각각 A_1V_1,

$A_2 V_2$의 부피 변화가 생겼으므로 여기에서 압력이 한 일은 각각

$$P_1 A_1 V_1, \qquad P_2 A_2 V_2$$

이다. 따라서 펌프와 터빈을 고려하지 않으면 정상상태를 유지하고 있는 검사 체적에 대한 에너지 보존 식은 다음과 같이 된다.

$$\dot{m}\left(gz_1 + \frac{V_1^2}{2}\right) + P_1 A_1 V_1 = \dot{m}\left(gz_2 + \frac{V_2^2}{2}\right) + P_2 A_2 V_2 \qquad \cdots\cdots ①$$

여기에서 연속법칙에 의해

$$\dot{m} = \rho A_1 V_1 = \rho A_2 V_2 \qquad \cdots\cdots ②$$

이므로 $A_1 V_1 = A_2 V_2 = \dot{m}/\rho$이다. 이 식을 ①에 대입하면

$$\dot{m}\left(gz_1 + \frac{V_1^2}{2}\right) + P_1 \times \frac{\dot{m}}{\rho} = \dot{m}\left(gz_2 + \frac{V_2^2}{2}\right) + P_2 \times \frac{\dot{m}}{\rho}$$

이고, $\dot{m}g$를 나누어주면 다음 베르누이 방정식이 유도된다.

$$\boxed{\frac{P_1}{\gamma} + \frac{V_1^2}{2g} + z_1 = \frac{P_2}{\gamma} + \frac{V_2^2}{2g} + z_2} \qquad \cdots\cdots ③$$

여기에서 비중량 $\gamma = \rho g$이다.[6)]

† 식 ③의 베르누이 방정식이 성립하기 위해서는 다음의 여러 가지 조건이 만족되어야 한다.

(1) 정상유동: 시간에 따른 변화가 없고 일정한 상태를 유지해야 한다.

(2) 비압축성 유동: 마하수 $M < 0.3$이면 적용가능하다.

(3) 비점성유동: 흐름의 과정에서 마찰 손실이 없어야 한다.

(4) 단일 유선을 따라서 적용된다: 유선마다 $\frac{P}{\gamma} + \frac{V^2}{2g} + z$의 값이 다를 수 있다.

(5) 단면 1과 2 사이에 축일이 없다: 유선 위에 설치된 펌프나 터빈이 없다.

(6) 단면 1과 2 사이에 열전달이 없다: 흐름 중에 주위로부터 열이 공급되거나 유체로부터 주위로 열이 방출되지 않는다.

---

6) 이상의 유도과정은 참고로 하고 베르누이 방정식의 적용 및 응용 방법을 익히도록 한다.

† [에너지 방정식] 베르누이 방정식은 유체의 흐름에서 가장 기초가 되는 식이지만 실제 유체에 적용할 때는 관로에서 발생하는 여러 가지 손실을 고려해야 하고 여러 가지 물리적 상황을 이해해서 적용해야 한다. [그림 5.3.7]과 같이 펌프(E_p)와 터빈(E_t)이 설치되고 손실(h_{loss})이 고려된 에너지 방정식은 다음과 같다.

$$\frac{P_1}{\gamma}+\frac{V_1^2}{2g}+z_1+E_p=\frac{P_2}{\gamma}+\frac{V_2^2}{2g}+z_2+E_t+h_{loss}$$

(2) 수두

베르누이 방정식에 나타나는 항들은 유체의 단위 중량당 에너지를 나타내며 각 항들과 그들의 조합을 다음과 같이 부른다.

① $\frac{P}{\gamma}$: 압력수두(pressure head)

② $\frac{V^2}{2g}$: 속도수두(velocity hcad)

③ z : 위치수두(potential head), 높이수두(elevation head)

④ $\frac{P}{\gamma}+z$: 피에조메트릭 수두(piezometric head)

⑤ $\frac{P}{\gamma}+\frac{V^2}{2g}+z$: 전수두(total head)

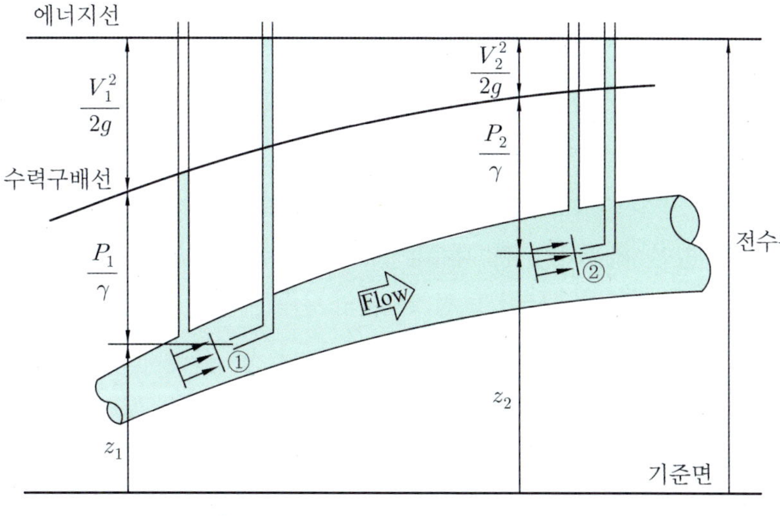

그림 5.3.8 에너지선과 수력구배선

설명 압력수두는 비중량 γ의 유체가 압력 P를 만들어내는 유체기둥의 높이 h ($P=\gamma h$)에 해당되고, 속도수두는 마찰이 없을 때 정지 상태로부터 자유낙하하여 속도가 V가 될 때까지의 낙하 거리 $h\left(\frac{mV^2}{2}=mgh\right)$가 된다. 단위 중량당 에너지는 $\left(\frac{\text{에너지}}{\text{무게}}=\frac{\mathrm{J}}{\mathrm{N}}=\frac{\mathrm{N\cdot m}}{\mathrm{N}}=\mathrm{m}\text{이므로}\right)$ 길이의 차원을 갖는다. 다음과 같이 압력수두, 속도수두, 위치수두의 차원은 모두 m이다.

$$\left[\frac{P}{\gamma}\right]=\frac{\mathrm{N/m^2}}{\mathrm{N/m^3}}=\mathrm{m},\qquad \left[\frac{V^2}{g}\right]=\frac{(\mathrm{m/s})^2}{\mathrm{m/s^2}}=\mathrm{m},\qquad [z]=\mathrm{m}$$

펌프나 터빈을 해석할 때 일반적으로 수두를 이용한다. 관 내부를 흐르는 마찰이 없는 유동에 대하여 시각적으로 수두를 나타내면 [그림 5.3.8]과 같다. 그림에서 피에조메트릭 수두$\left(\frac{P}{\gamma}+z\right)$를 연결한 선을 수력구배선(수력기울기선, (hydraulic gradient line; H.G.L.)이라 하고, 전수두$\left(\frac{P}{\gamma}+\frac{V^2}{2g}+z\right)$를 나타내는 선을 에너지선(energy line; E.L.)이라 한다.

(3) 정압, 동압, 전체압력(정체압력)

운동 에너지와 위치 에너지를 압력으로 환산하여 베르누이 방정식을 쓰면 다음과 같다.

$$P+\frac{\rho V^2}{2}+\gamma z=(\text{일정})$$

수두를 압력으로 환산하였을 때 압력 P를 정압, $\frac{\rho V^2}{2}$을 동압이라 하고, $P+\frac{\rho V^2}{2}=P_T$를 전압(전체압력, total pressure) 또는 정체압력(stagnation pressure)이라 한다.

예제 5.3.10

그림과 같이 기울어진 관 내부를 유체가 흐르고 있다. 점 1에서의 압력이 120kPa, 유속이 3m/s이고, 점 2에서의 유속은 5m/s이다. 두 지점의 높이 차이 $h=2\mathrm{m}$일 때 점 2에서의 압력을 구하여라. 단, 유체의 밀도는 $1000\,\mathrm{kg/m^3}$, 중력가속도는 $9.8\mathrm{m/s^2}$이며 손실은 무시한다.

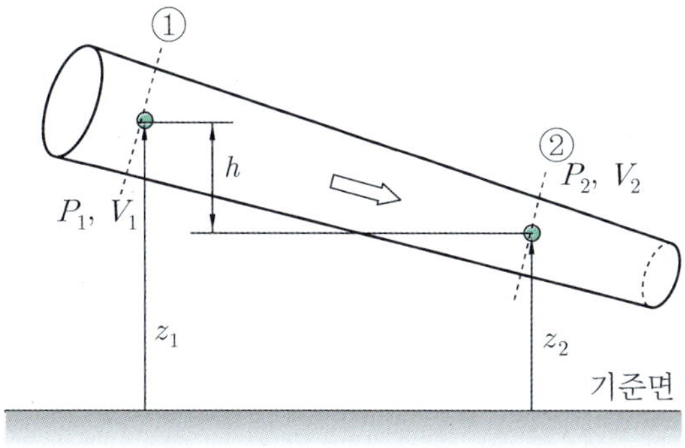

▎그림 5.3.9

풀이 기준면으로부터의 거리를 각각 z_1, z_2라 하면 $z_1 - z_2 = h$이고, 두 점 ①, ② 사이에 베르누이 정리를 적용하여 압력 P_2를 구한다.

$$\frac{P_1}{\gamma} + \frac{V_1^2}{2g} + z_1 = \frac{P_2}{\gamma} + \frac{V_2^2}{2g} + z_2$$

$$\therefore \; P_2 = P_1 + \frac{\gamma(V_1^2 - V_2^2)}{2g} + \gamma(z_1 - z_2)$$

$$= P_1 + \frac{\rho(V_1^2 - V_2^2)}{2} + \rho g(z_1 - z_2)$$

$$= 120 + \frac{1000(3^2 - 5^2)}{2} \times \frac{1}{1000} + (1000 \times 9.8 \times 2) \times \frac{1}{1000} \; (\text{kPa})$$

$$= 131.6 \, (\text{kPa})$$

■

예제 5.3.11

같은 유선 위에 두 점 1, 2가 있다. 점 1에서의 유속이 10m/s, 압력이 100kPa이고, 점 2에서의 압력이 150kPa일 때 점 2에서의 유속을 구하여라. 단, 점 1은 점 2보다 2m 높은 곳에 있고, 유체의 밀도는 1000kg/m^{3}이며, 손실은 무시한다.

풀이 두 점 1, 2 사이에 베르누이 정리를 적용하여 유속 V_2를 구한다. 기준면으로부터의 거리를 각각 z_1, z_2라 하면 $z_1 - z_2 = 2\,\text{m}$이다.

$$\frac{P_1}{\gamma} + \frac{V_1^2}{2g} + z_1 = \frac{P_2}{\gamma} + \frac{V_2^2}{2g} + z_2$$

$$\therefore \quad \frac{V_2^2}{2g} = \frac{V_1^2}{2g} + \frac{P_1 - P_2}{\gamma} + (z_1 - z_2)$$

$$\therefore \quad V_2 = \sqrt{V_1^2 + \frac{2(P_1 - P_2)}{\rho} + 2g(z_1 - z_2)}$$

$$= \sqrt{10^2 + \frac{2(100-150)\times 10^3}{1000} + 2\times 9.8\times 2} \ (\mathrm{m/s})$$

$$= 6.26\,(\mathrm{m/s})$$

■

예제 5.3.12

수평으로 놓인 단면적이 변화하는 관 내부를 비압축성유체가 흐르고 있다. 단면적 400cm^{2}인 곳에서의 유속이 2m/s, 압력이 150kPa일 때 단면적 100cm^{2}인 곳에서의 압력을 구하여라. 단, 유체의 밀도는 1000kg/m^{3}이며, 손실은 없는 것으로 가정한다.

풀이 단면적 400cm^2, 100cm^{2}인 면을 각각 1, 2라 한다. 먼저 연속방정식으로부터 2에서의 유속을 구한다.

$$Q = A_1 V_1 = A_2 V_2$$

$$\therefore \quad V_2 = \frac{A_1}{A_2} V_1 = \frac{400}{100} \times 2 = 8\,(\mathrm{m/s})$$

다음에 1, 2 사이에 베르누이 방정식을 적용하여 2에서의 압력을 구한다.

$$\frac{P_1}{\gamma} + \frac{V_1^2}{2g} + z_1 = \frac{P_2}{\gamma} + \frac{V_2^2}{2g} + z_2$$

(← 수평관이므로 $z_1 = z_2$)

$$\frac{P_2}{\gamma} = \frac{P_1}{\gamma} + \frac{V_1^2 - V_2^2}{2g}$$

$$\therefore \quad P_2 = P_1 + \frac{\gamma(V_1^2 - V_2^2)}{2g} = P_1 + \frac{\rho(V_1^2 - V_2^2)}{2}$$

$$= 150 + \frac{1000\times(2^2 - 8^2)}{2} \times \frac{1}{1000} \ (\mathrm{kPa})$$

$$= 120\,(\mathrm{kPa})$$

■

예제 5.3.13

그림과 같은 물탱크의 수면으로부터 거리가 h인 곳에 설치한 작은 오리피스(orifice)로부터 유출되는 물의 속도(V_2)를 구하여라. 단, 물탱크의 단면적은 오리피스의 단면적보다 아주 크며 손실은 없다고 가정한다.

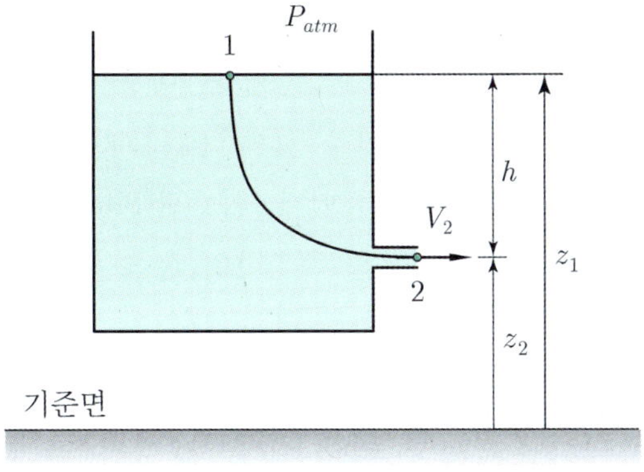

그림 5.3.10 물탱크와 오리피스

풀이 탱크의 수면을 1, 오리피스의 출구를 2로 하여 점 1과 2를 잇는 유선에서 베르누이 정리를 적용한다.

$$\frac{P_1}{\gamma}+\frac{V_1^2}{2g}+z_1=\frac{P_2}{\gamma}+\frac{V_2^2}{2g}+z_2 \qquad \cdots\cdots ①$$

탱크의 단면적이 오리피스 단면적보다 아주 클 때 수면의 하강 속도 $V_1 \approx 0$이고, 공기의 무게를 무시하면 수면과 오리피스의 출구는 모두 같은 대기압 상태($P_1=P_2=P_{atm}$)에 있다. 따라서 식 ①은

$$\frac{P_{atm}}{\gamma}+0+z_1=\frac{P_{atm}}{\gamma}+\frac{V_2^2}{2g}+z_2$$

$$\frac{V_2^2}{2g}=z_1-z_2 \qquad \cdots\cdots ②$$

가 된다. 식 ②에서 $z_1-z_2=h$이므로 오리피스 출구에서의 분출 속도(V_2)는 다음과 같다.

$$V_2=\sqrt{2gh} \qquad \cdots\cdots ③$$

식 ③은 토리첼리(E. Torricelli)에 의해 발견되었으므로 토리첼리의 정리라고 한다. ■

7. 피토관

흐르는 유체 속에 직각으로 굽은 관을 [그림 5.3.11]과 같이 설치하면 정상 상태에서 관 내부 압력과 외부 압력이 평형을 이루어 관 내부 유체는 정지하게 되므로 관 입구의 점에서는 유속이 0이 된다. 이 점을 정체점(stagnation point)이라 하고 이 점의 압력을 정체압력(stagnation pressure)이라 한다. 피토관(Pitot tube)은 직각으로 굽은 관의 한 구멍을 통하여 전달된 정체압력을 측정하여 유속을 구하는 장치이다.

(1) 피토관의 기본 원리

[그림 5.3.11]과 같이 수평으로 놓인 관의 벽에 설치한 액주계 A와 액주계의 끝 단면이 흐름의 방향에 수직하게 설치한 액주계 B에서 두 액주계의 높이 차이가 h일 때 관을 흐르는 유체의 속도 V는 다음과 같다.

$$V = \sqrt{2gh}$$

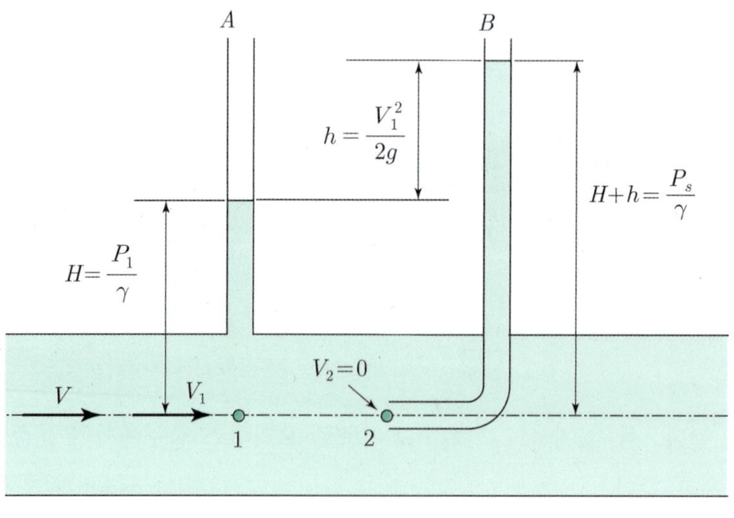

그림 5.3.11

설명 피토관의 원리는 다음과 같다. 그림의 점 1, 2 사이에 베르누이 정리를 적용하면

$$\frac{P_1}{\gamma}+\frac{V_1^2}{2g}+z_1=\frac{P_2}{\gamma}+\frac{V_2^2}{2g}+z_2 \qquad \cdots\cdots①$$

이다. 여기에서 수평으로 놓인 관이므로 $z_1=z_2$이고, 평형 상태에서 B의 입구 2에서는 유체가 액주계 속으로 유입되지 않고 정체되어 있으므로 유속 $V_2=0$이다. 액주계 A, B에서 점 1, 2의 압력(계기압력)은

$$P_1=\gamma H \qquad \cdots\cdots②$$

$$P_2=\gamma(h+H) \qquad \cdots\cdots③$$

이다. 따라서 식 ①은 다음과 같이 된다.

$$\frac{\gamma H}{\gamma}+\frac{V_1^2}{2g}=\frac{\gamma(H+h)}{\gamma}$$

$$\frac{V_1^2}{2g}=h$$

$$\therefore\ V_1=\sqrt{2gh} \qquad \cdots\cdots④$$

그림에서 H는 압력수두, h는 속도수두, $H+h$는 정체압력$\left(P_s=P+\frac{\rho V^2}{2}\right)$에 의한 수두(또는 전 수두)를 나타낸다.

(2) 자유 표면을 갖는 유동에서의 유속

[그림 5.3.12]와 같이 자유표면을 갖는 유동에 피토관을 설치하였을 피토관 입구로부터 충분히 떨어진 지점 1과 피토관 바로 입구의 점 2 사이에 베르누이 정리를 적용하면 다음과 같이 유속이 구해진다. h는 수면으로부터 액주 표면까지의 거리이다.

$$\frac{V^2}{2g}=h$$

$$\therefore\ V=\sqrt{2gh}$$

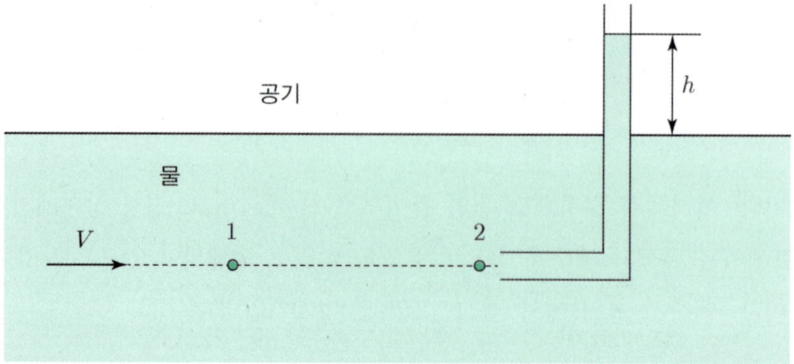

I 그림 5.3.12

예제 5.3.14

수평으로 놓인 관 내부의 유속을 측정하기 위하여 다음과 같이 피토 정압관(Pitot static tube)을 설치하였다[그림 5.3.13]. 액주계의 높이 차이가 h일 때 유속을 구하여라. 유체의 비중량은 γ, 액주계의 비중량은 γ_0이다.

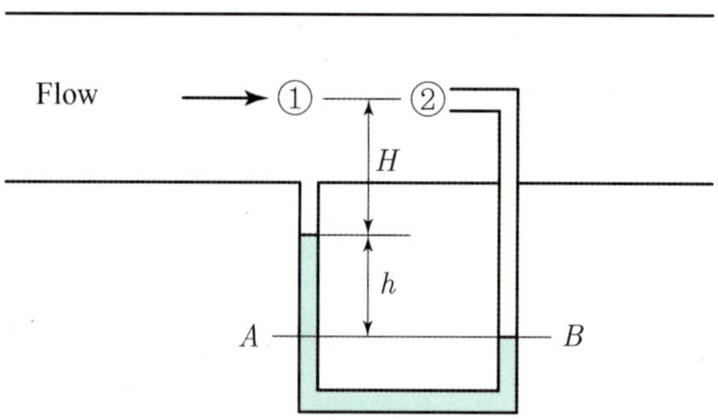

I 그림 5.3.13

풀이 그림과 같이 동일 유선 상에 있는 두 점 ①, ② 사이에 베르누이 방정식을 적용한다.

$$\frac{P_1}{\gamma}+\frac{V_1^2}{2g}+z_1=\frac{P_2}{\gamma}+\frac{V_2^2}{2g}+z_2 \qquad \cdots\cdots ①$$

평형 상태에서 피토관 바로 입구의 점 ②의 유체는 정체되어 있으므로 $V_2=0$이고, 수평으로 설치된 관이므로 $z_1=z_2$이다. 따라서 식 ①은

$$\frac{P_1}{\gamma}+\frac{V_1^2}{2g}=\frac{P_2}{\gamma}$$

$$\therefore \quad \frac{V_1^2}{2g} = \frac{P_2 - P_1}{\gamma} \qquad \cdots\cdots ②$$

이 된다. U자관 액주계에서 같은 높이에 있는 점 A, B에서의 압력은 같다. 액주계의 왼쪽과 오른쪽에서 P_A, P_B를 구하면

$$P_A = P_1 + \gamma H + \gamma_0 h$$
$$P_B = P_2 + \gamma (H + h)$$

이다. 따라서 $P_A = P_B$를 적용하면

$$P_1 + \gamma H + \gamma_0 h = P_2 + \gamma (H + h)$$

$$\therefore \quad P_2 - P_1 = (\gamma_0 - \gamma) h \qquad \cdots\cdots ③$$

이고, 이 식을 ②에 대입하면 다음과 같이 유속(V_1)이 구해진다.

$$V_1 = \sqrt{2gh\left(\frac{\gamma_0}{\gamma} - 1\right)} \qquad \cdots\cdots ④$$

■

5.3 연습문제

1. 다음 유동이 될 조건을 유속 V, 시간 t, 위치 s로 나타내어라.
   (1) 정상 상태 균일유동 (2) 비정상 상태 균일유동
   (3) 정상 상태 불균일유동 (4) 비정상 상태 불균일유동

2. 레이놀즈수 $Re = \dfrac{VD}{\nu}$가 무차원수(dimensionless number)임을 보여라.

3. 안지름 50 cm인 관 속을 평균 유속 12 m/s로 동점성계수 $1.5 \times 10^{-5}\,\mathrm{m^2/s}$의 공기가 흐를 때 레이놀즈수를 구하여라.

4. 안쪽 반지름이 50 cm인 관을 평균 유속 20 cm/s로 물이 흐를 때 레이놀즈수를 구하여라. 물의 동점성계수는 $1.01 \times 10^{-6}\,\mathrm{m^2/s}$이다.

5. 안지름 20 cm의 관 속을 흐르는 기름의 레이놀즈수가 2000일 때 평균 유속을 구하여라. 기름의 동점성계수는 $3 \times 10^{-4}\,\mathrm{m^2/s}$이다.

6. 안지름 60 cm인 관 속을 평균 유속 10 m/s로 흐르는 유체의 레이놀즈수를 구하여라. 단, 유체의 밀도는 $1.2\,\mathrm{kg/m^3}$, 점성계수는 $1.8 \times 10^{-5}\,\mathrm{Pa \cdot s}$이다.

7. 음속이 340 m/s일 때 시속 300 km로 달리는 고속 열차의 마하수는 얼마인가?

8. 마하수 0.2로 달리는 고속열차가 부산에서 서울까지 450km의 거리를 가는 데 걸리는 시간을 구하여라. 음속은 340 m/s이다.

9. 온도 −30℃에서 마하수 1.5로 비행하는 물체의 속도를 구하여라. 공기의 비열비는 1.4, 기체상수는 0.287 kJ/kg · K이다.

10. 영하 20℃의 공기에서 속도가 300 m/s인 비행기는 초음속 비행기인가? 공기의 비열비

는 1.4, 기체상수는 0.287 kJ/kg · K 이다.

11. 안지름 20 cm 의 관 속을 평균속도 5m/s 로 기름이 흐를 때 다음을 구하여라. 기름의 비중은 0.8 이다.
(1) 체적유량 (2) 질량유량
(3) 중량유량

12. 안지름 50 cm 인 관 속을 평균속도 10m/s 로 흐르는 공기의 질량유량(kg/s)을 구하여라. 공기의 기체상수는 0.287 kJ/kg · K, 온도는 20℃, 압력은 150 kPa 이다.

13. 관의 안지름 D, 유체의 밀도 ρ, 점성계수 μ, 체적유량 Q일 때 레이놀즈수를 구하여라.

14. 관의 안지름 D, 유체의 밀도 ρ, 점성계수 μ, 중량유량 G일 때 레이놀즈수를 구하여라.

15. 단면적이 변화하는 관 속을 물이 흐르고 있나. 안지름 5cm 인 부분에서의 평균유속이 8m/s 일 때 안지름이 8cm 인 부분에서의 유속과 체적유량을 구하여라.

16. 체적유량 $0.05\,m^3/s$ 으로 안지름 40cm 인 관 속을 흘러가는 도중에 관의 안지름이 20cm 로 축소된다. 두 관에서의 평균유속을 각각 구하여라.

17. 초당 50kg 의 물이 안지름 30 cm 의 관 속을 흐를 때 평균유속을 구하여라.

18. 안지름 20cm 의 관을 통하여 평균속도 50m/s 로 공기가 외부로 분사되고 있다. 관 내부의 계기압력이 40kPa, 공기의 온도가 20℃ 일 때 1초에 몇 kg의 공기가 분사되는가? 단, 공기의 기체상수는 0.287 kJ/kg · K 이고 대기압은 100 kPa 이다.

19. 고속도로의 톨 게이트로 진입하기 전에 차선이 여러 갈래로 나누어지는 이유를 연속법칙으로 설명하여라.

20. 계곡의 폭이 좁은 곳은 넓은 곳보다 물살이 센 이유를 설명하여라.

21. 그림과 같은 관 속을 일정한 유량의 비압축성 유체가 흐르고 있다. 안지름 비가 $D_1 : D_2 = 2 : 3$일 때 속도비 $V_1 : V_2$를 구하여라.

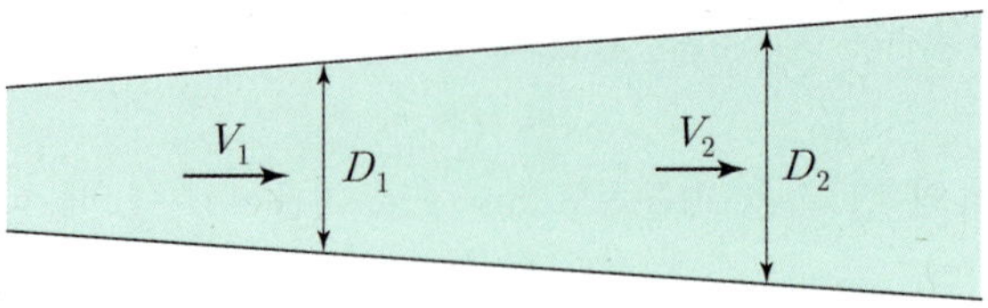

문제 5.3.21

22. 그림과 같이 안지름 5cm의 파이프가 안지름 15cm인 두 개의 파이프에 연결되어 있다. 파이프를 통하여 흘려보내는 유량이 $0.01\text{m}^3/\text{s}$일 때 각 파이프에서의 평균유속을 구하여라. 유체의 밀도는 일정하고, 안지름 15cm인 두 파이프에서의 유량은 같다.

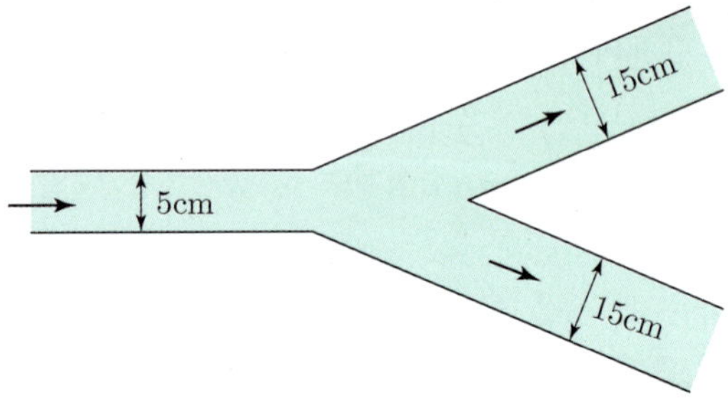

문제 5.3.22

23. 단면적이 변화하는 관을 유량 $180\,\text{m}^3/\text{min}$으로 비압축성 유체가 흐르고 있다. 단면적이 0.04m^2인 곳에서의 평균유속은 몇 m/s인가?

24. 지름이 다른 두 관이 연결된 관 내부를 물이 흐르고 있다. 관은 수평으로 놓여 있고 지름이 D_1인 관에서의 유속이 8m/s, 압력이 P_1이고, 지름이 D_2인 관에서의 압력을 P_2라 할 때 압력차이 $P_2 - P_1$을 구하여라. 단, $D_2 = 2D_1$이다.

25. 그림과 같은 관 내부를 비압축성유체가 흐르고 있다. 점 ①에서의 압력이 120kPa, 유속이 6m/s이고, 점 ②에서의 압력이 110kPa일 때 점 ②에서의 유속을 구하여라. 단, 유체의 밀도는 1000kg/m^3, 두 지점의 높이 차이 $h = 2\text{m}$이고, 손실은 무시한다.

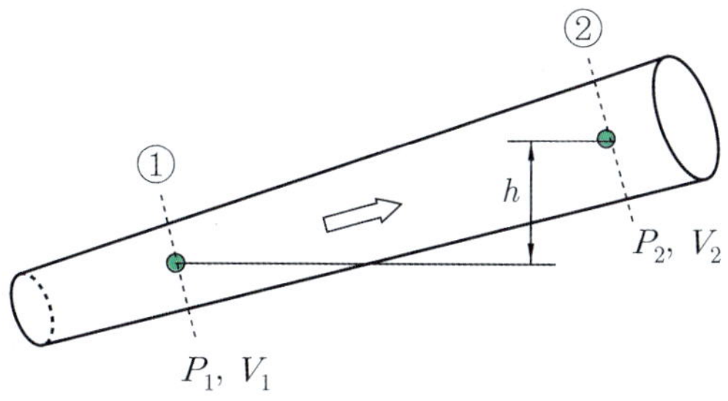

▎문제 5.3.25

26. 물의 유속을 측정하기 위하여 그림과 같이 피에조미터 A와 피토관 B를 설치하였다. A와 B의 눈금이 각각 20kPa, 80kPa을 가리킬 때 유속을 구하여라.

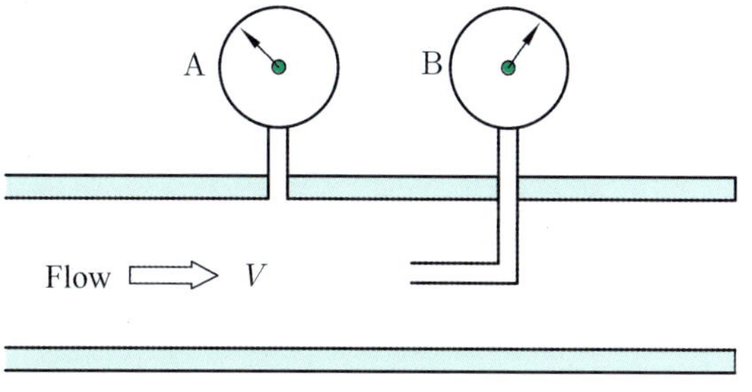

▎문제 5.3.26

† 압력계 A는 정압, B는 전압을 읽는다.

27. 그림과 같은 물탱크에 부착된 안지름 5cm의 노즐에서 분출되는 물의 속도와 체적유량을 구하여라. 단, 물은 이상유체이고 탱크는 아주 크다고 가정한다.

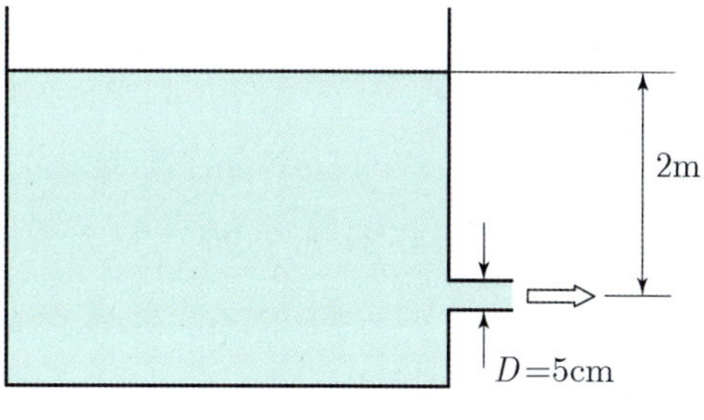

▎문제 5.3.27

28. 수평으로 놓인 관 내부를 비압축성유체가 흐르고 있다. 단면적 50cm^2인 곳에서의 유속이 9m/s, 압력이 110kPa일 때, 단면적 150cm^2인 곳에서의 압력을 구하여라. 유체의 밀도는 1000kg/m^3이며, 손실은 없다고 가정한다.

29. 그림과 같이 아주 큰 탱크에 연결된 작은 관을 통하여 기체가 분사되고 있다. 탱크 내부의 압력 $P_1 = 300\,\text{kPa}$이고 관 내부의 압력 $P_2 = 100\,\text{kPa}$일 때 분사 속도를 구하여라. 기체의 밀도는 $1.2\,\text{kg/m}^3$이다.

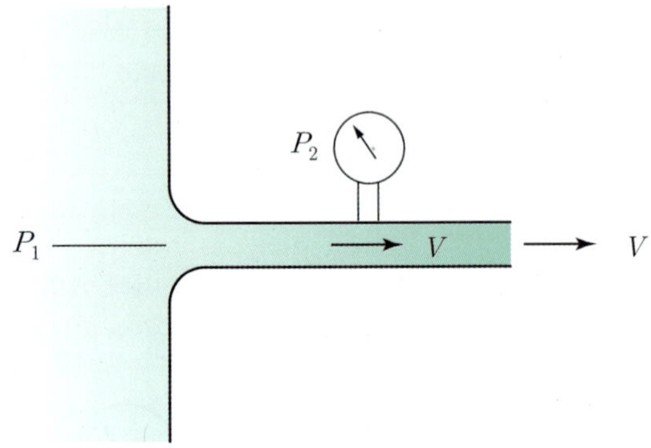

▎문제 5.3.29

30. 그림과 같은 피토 정압관에서 다음 각 경우에 대하여 유속 V를 구하여라.

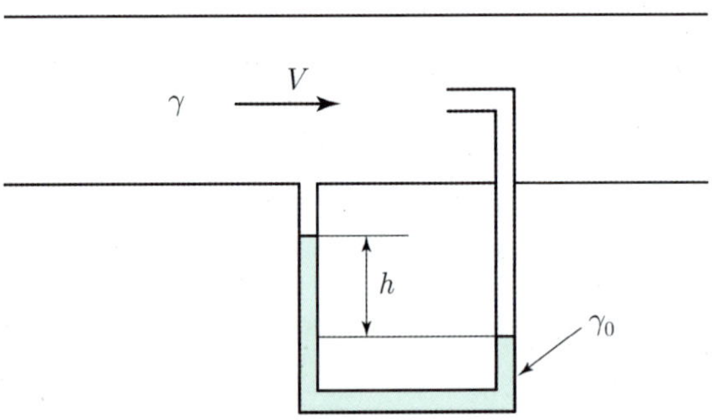

▎문제 5.3.30

(1) 파이프 속의 유체는 비중량 $\gamma = 11.8\,\text{N/m}^3$인 공기이고, 액주계의 유체는 비중량 $\gamma_0 = 9.8\,\text{kN/m}^3$인 물이며 $h = 20\text{cm}$일 때

(2) 파이프 속의 유체는 비중량 $\gamma = 9.8\,\text{kN/m}^3$인 물이고, 액주계의 유체는 비중량 $\gamma_0 = 132.8\,\text{kN/m}^3$인 수은이며 $h = 20\text{cm}$일 때

31. 수평으로 놓인 확대관 속을 기름이 흐르고 있다. 지름이 10cm인 곳에서의 속도와 압력이 8m/s, 150kPa일 때 지름이 40cm인 곳에서의 속도와 압력을 구하여라. 단, 기름의 밀도는 $800\,\text{kg/m}^3$이고, 손실은 무시한다.

32. 그림과 같이 높이 차이가 2m인 송유관 속을 비중량 $9\,kN/m^3$의 오일이 흐르고 있다. 송유관의 지름이 일정하고, 점 1에서의 압력이 150kPa, 유속이 2m/s일 때 점 2에서의 압력과 유속을 구하여라. 단, 손실은 무시한다.

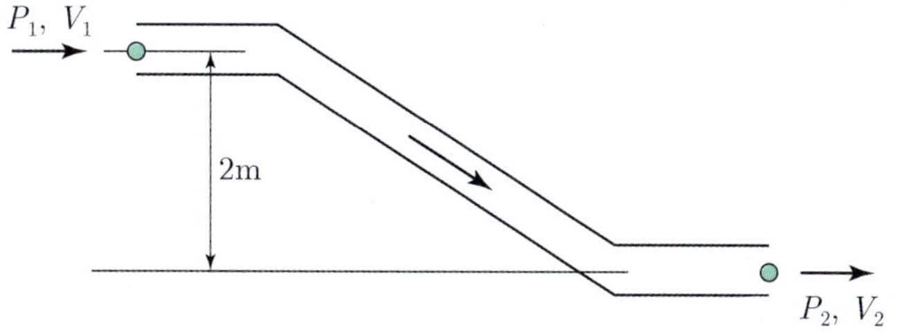

| 문제 5.3.32

33. 유체 운동에서 연속의 법칙에 대한 설명으로 옳은 것은? [중등교사임용시험(기계)]

① 질량 보존의 법칙을 만족시키는 방정식이다.

② 뉴턴의 제2법칙을 만족시키는 방정식이다.

③ 에너지와 일과의 관계를 만족시키는 방정식이다.

④ 유선상의 두 점에서 단위 체적당의 모멘트에 관한 방정식이다.

34. 그림과 같이 물의 흐름 속에 피토관(Pitot tube)을 설치하였다. 이때 A점에서의 유속은 베르누이 방정식을 이용하여 측정하면 다음 중 어느 것인가? [중등교사임용시험(기계)]

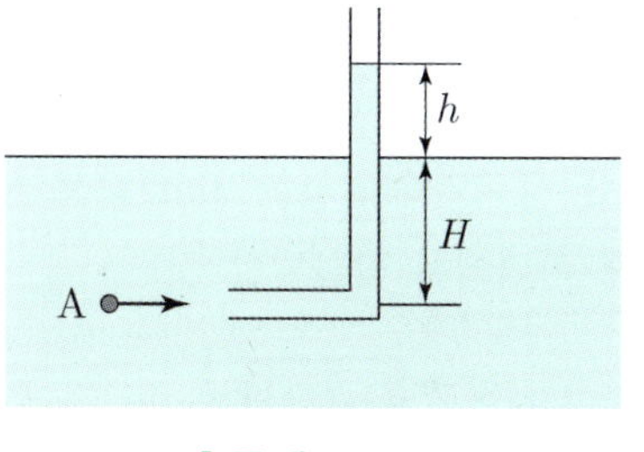

| 문제 5.3.34

① $\sqrt{gh}$ ② $2\sqrt{gh}$

③ $\sqrt{2gh}$ ④ $2g\sqrt{h}$

35. 지름 10cm인 원관에서 층류로 흐를 수 있는 유체의 최대 평균 속도는 몇 m/s인가? (단, 동점도 $\nu = 1.3\times10^{-6}m^2/s$이고, 임계 레이놀즈수는 2000이다.)

[중등교사임용시험(기계)]

① 2.6×10^{-2} ② 2.6×10^{-1}
③ 2.6×10^{2} ④ 1.3×10^{-2}

36. 층류와 난류의 구분 척도로서 사용되는 것은 어느 것인가? [중등교사임용시험(기계)]
① 프루드수 ② 오일러수
③ 레이놀즈수 ④ 웨브수

37. 자동차의 기화기는 어느 원리를 이용한 것인가? [중등교사임용시험(기계)]
① 베르누이 정리 ② 파스칼의 원리
③ 후크의 법칙 ④ 보일의 법칙

38. 이상유체(ideal fluid) 성질을 가진 유체가 관 속을 정상 유동할 때, 유체 1kgf가 가지는 전체 에너지는 [①] + [②] + [③] = [일정]이라는 베르누이 정리(Bernoulli's theorem)를 따른다. 이 식의 빈 칸 ①, ②, ③을 채우시오. 단, 빈 칸별로 답이 지정되어 있지 않음. [중등교사 임용시험(기계)]

39. 안지름이 1m인 균일한 관속을 10m/s의 평균 유속으로 물이 흐를 때 Re수(Reynolds number)를 구하고, 흐름이 층류인지 난류인지를 판별하시오. 단, 물의 동점성계수 $\nu=1.0\times10^{-6}\,\text{m}^2/\text{s}$이다. [중등교사 임용시험(기계)]

40. 직경 $d=0.1\text{m}$의 물 줄기가 그림과 같은 직경 $D=2\text{m}$인 탱크로부터 일정하게 흘러나올 때, 탱크 속의 물 깊이가 $h=3\text{m}$로 유지되도록 급수관을 통해 공급해야 할 유량 Q를 구하시오. (단, $\pi=3$, 중력가속도 $g=10\text{m/s}^2$로 하고, 유량 계산 과정과 최종 결과값은 소수점 이하 셋째 자리에서 반올림할 것) [중등교사 임용시험(기계·금속)]

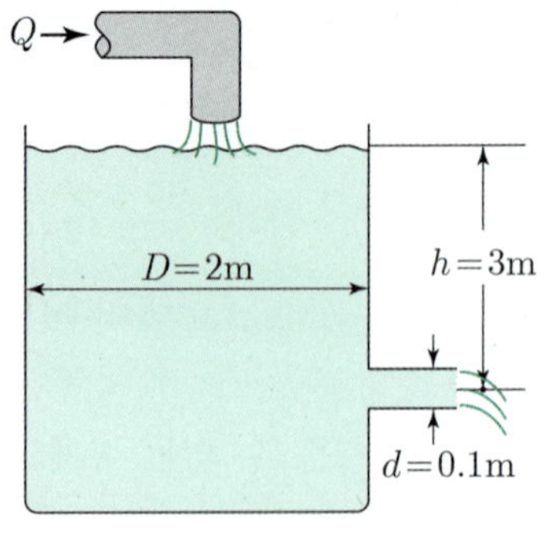

I 문제 5.3.40

41. 아래 그림과 같이 물이 흐르는 관이 있다. 관의 내경은 10 cm 이고 대기압은 1 kgf/cm^2 abs, 물의 비중량은 1000 kgf/m^{3}이며, C 점의 압력은 0.2 kgf/cm^2 abs 일 경우, 다음을 구하시오. (관로 손실은 무시함, 편의상 $\pi = 3.0$, 중력가속도 $g = 10\,\text{m/s}^2$으로 한다.)

[중등교사 임용시험(기계·금속)]

(1) 물의 유출 속도(m/s)　　　　(2) 유량(m^3/min)

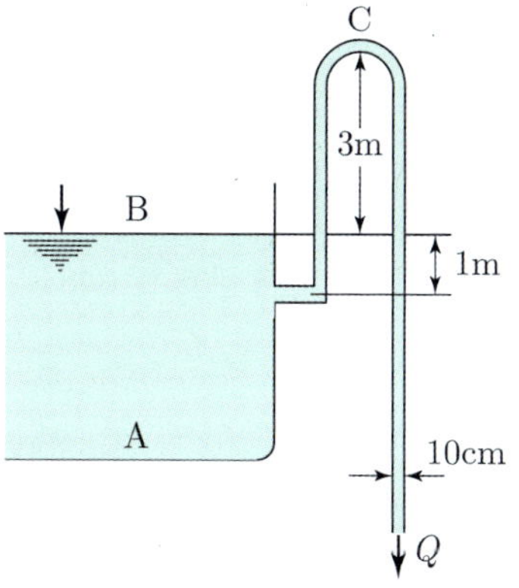

❙ 문제 5.3.41

42. 그림과 같이 단면적이 변하는 수평관 내부를 유체가 가득 차서 흐르고 있다. 단면 1에서의 압력은 P_1, 지름은 D_1이고, 단면 2에서의 압력은 P_2, 지름은 D_2이다. $D_1 = 2D_2$일 때 단면 1에서의 유속(V_1)은? (단. 유체의 밀도는 1,000kg/m^3, $P_1 - P_2 = 30\,\text{kPa}$이며, 이상 유체의 1차원 흐름이라고 가정한다.) [중등교사 임용시험(기계·금속)]

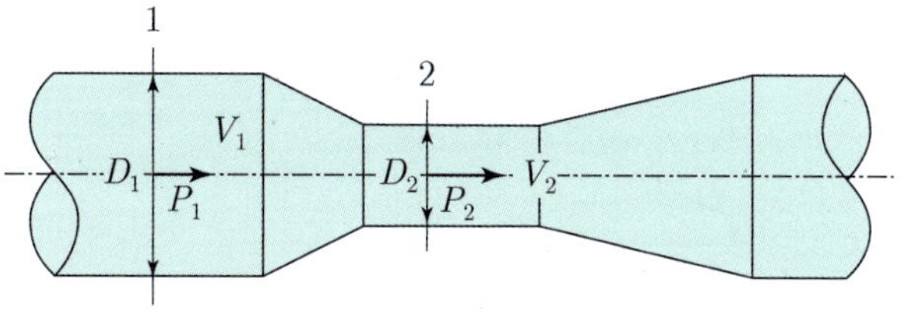

❙ 문제 5.3.42

① 2 m/s　　　　② 3 m/s

③ 4 m/s　　　　④ 5 m/s

⑤ 6 m/s

43. 그림과 같이 물탱크의 배수관(단면적: 0.25m^2)에 $0.5\text{m}^3/\text{s}$의 물이 흐르고 있다. 점 A에서의 압력의 근사값은? (단, 물의 밀도는 $1{,}000\,\text{kg/m}^3$, 중력가속도는 $9.8\,\text{m/s}^2$이며, 대기압은 무시하고, 손실수두는 고려하지 않는다. 또한, 물탱크의 직경은 배수관의 직경에 비하여 매우 크다.) [중등교사 임용시험(기계·금속)]

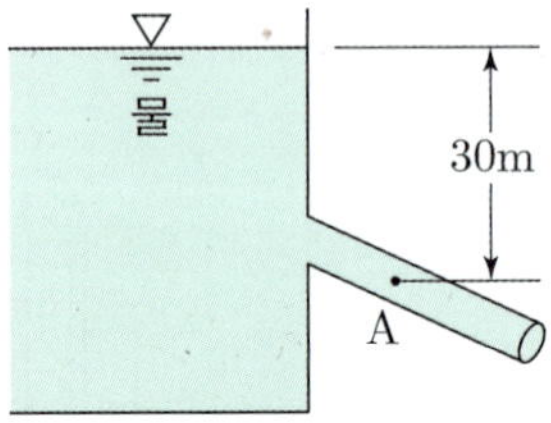

▌문제 5.3.43

① 282 kPa ② 292 kPa
③ 297 kPa ④ 300 kPa
⑤ 307 kPa

44. 그림과 같이 수평관 내부에 이상유체가 가득 차서 정상상태(steady state)로 흐르고 있다. 유량 $Q = 0.01\text{m}^3/\text{s}$, 단면 2에서 압력 $P_2 = 1\,\text{kPa}$, 단면적 $A_2 = 100\,\text{cm}^2$, 유속은 V_2이다. 단면적 $A_1 = 2A_2$일 때, 단면 1에서 압력 P_1을 구하여라. (단, 유체의 밀도는 $1000\,\text{kg/m}^3$, 관내의 마찰 손실은 무시한다.) [중등교사 임용시험(기계·금속)]

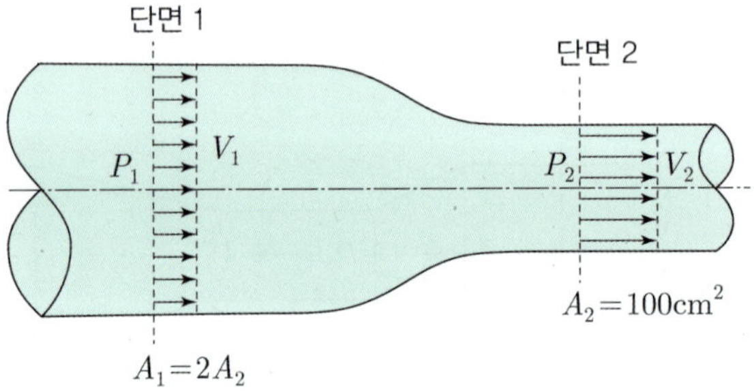

▌문제 5.3.44

45. 그림과 같이 개방된 물탱크의 바닥에 있는 노즐에서 물이 흐를 때 노즐 출구에서 h 만큼 떨어진 ㉠ 위치에서의 물줄기 직경을 식으로 쓰시오. (단, 노즐 직경 d는 물탱크 직경 및 물 높이 H에 비해 매우 작으며, 모든 손실과 대기압은 무시한다. 물의 밀도는 ρ, 중력가속도는 g이다.) [중등교사 임용시험(기계·금속)]

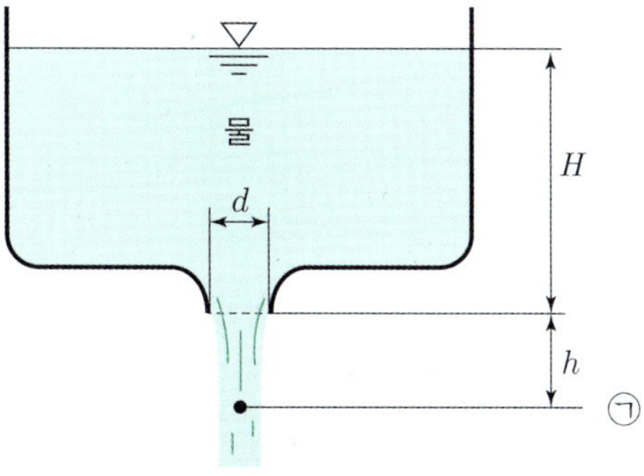

❙ 문제 5.3.45

46. 물의 흐름 상태를 파악하기 위해 지름 4cm인 유리관에 30℃의 물을 314cm^3/s로 흘려보낼 때 레이놀즈수(Re)를 쓰시오. (단, 30℃ 물의 점성계수는 0.01g/cm·s, 물의 밀도는 1g/cm^3, 원주율은 3.14로 가정한다.)

[중등교사 임용시험(건설)]

47. 다음 그림과 같은 관수로에서 A점과 B점의 압력 수두차가 0.8m이고 난변 I의 면적이 0.3m^2, 단면 II의 면적이 0.1m^2일 때, A점에서의 유속 V_A(m/s)를 구하시오. (단, 유체는 비압축성과 비점성의 정상류로서 밀도는 일정하며, 중력가속도는 9.8m/s^2으로 가정한다.)

[중등교사 임용시험(건설)]

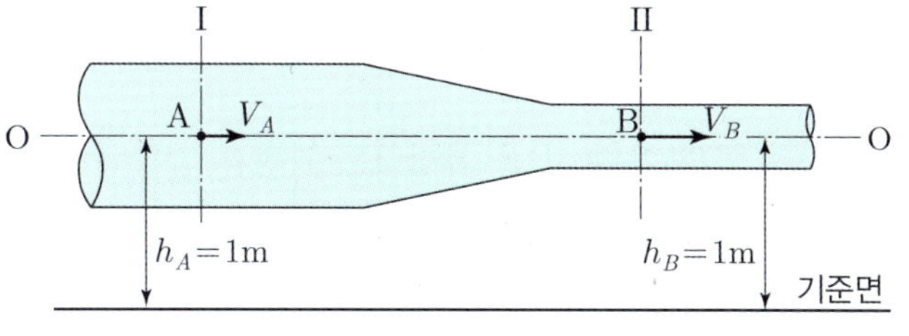

❙ 문제 5.3.47

48. 다음 그림과 같이 수평으로 놓여 있는 수압관에서 단면 I과 II의 관 지름은 각각 $D_1 = 1.0$m, $D_2 = 0.5$m이다. 단면 I의 유속 $V_1 = 1.0$m/s, 압력 $P_1 = 10$kgf/cm^2일 때, 단면 II의 유속(V_2)과 압력(P_2)을 계산하시오. (단, 원주율 $\pi = 3.14$로 한다. 계산 과정과 답을 모두 적고, 답은 소수 셋째 자리에서 반올림할 것)

[중등교사 임용시험(농공)]

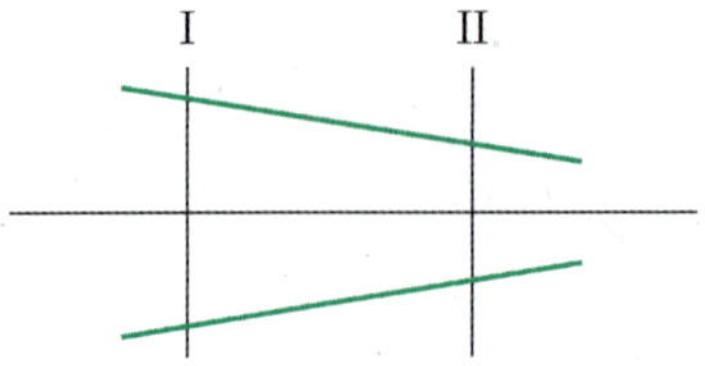

❙ 문제 5.3.48

(1) 단면 II의 유속(연속방정식 이용)

(2) 단면 II의 압력(베르누이 정리 이용) (단, 중력가속도 $g = 9.8\text{m/s}^2$, 물의 단위중량 $w = 1{,}000\text{kgf/m}^3$, 답의 단위는 kgf/cm^2으로 표시할 것)

49. 다음 그림과 같은 원형관에 물이 흐르고 있다. 단면 A에서 관의 직경 $d_A = 20\text{cm}$, 평균 유속 $V_A = 10\text{m/s}$일 때, 다음 물음에 답하시오. 단, 원주율 π는 3.14로 하시오.

[중등교사 임용시험(농공)]

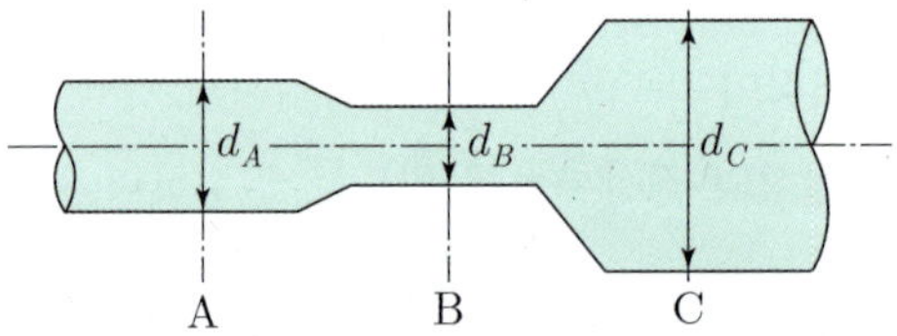

❙ 문제 5.3.49

(1) 관속에 흐르는 물의 유량(Q)을 계산하는 과정과 답을 적으시오.

$$Q = \quad (\text{m}^3/\text{s})$$

(2) 단면 B에서의 평균 유속 $V_B = 20\text{m/s}$일 때 단면 B의 직경 d_B를 계산하는 과정과 답을 적으시오.

$$d_B = \quad (\text{cm})$$

(3) 단면 C에서의 관의 직경 $d_C = 40\text{cm}$일 때, 단면 C의 평균 유속 V_C를 계산하는 과정과 답을 적으시오.

$$V_C = \quad (\text{m/s})$$

50. 그림과 같이 물이 흐르고 있는 원관의 중심축에 피토관의 입구를 설치했을 때, 정압관과 피토관의 수두 차가 2.5cm이었다. 원관은 수평으로 놓여 있고, 물은 마찰에 의한 에너지 손실이 없는 완전유체이며 흐름은 정상류라고 가정할 때, 원관 중심축에서의 유속은? 단, 중력가속도는 $9.8 m/s^2$으로 한다. [중등교사 임용시험(농공)]

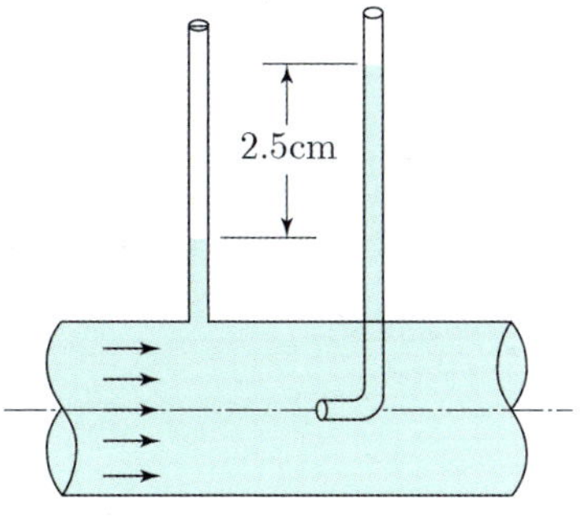

I 문제 5.3.50

① 0.34m/s ② 0.35m/s
③ 0.49m/s ④ 0.50m/s
⑤ 0.70m/s

51. 20℃의 깨끗한 물이 안지름 20mm인 원형관 속을 120m/min 속도로 흐르고 있다. 이 흐름이 층류인지 난류인지를 결정하고자 한다. 이에 관한 무차원수의 값을 구하고 이를 바탕으로 물의 흐름이 층류인지 난류인지를 답하시오. (단, 물의 동점성계수는 $1 \times 10^{-6} m^2/s$이다.) [중등교사 임용시험(농공)]

52. 그림과 같은 관로에 물이 화살표 방향으로 흐르고 있다. 지름 100mm인 관로에서의 유속 V_1이 2m/s였다면 지름 10mm인 관로에서의 유속 V_2는 몇 m/s인가? [중등교사 임용시험(항해·기관)]

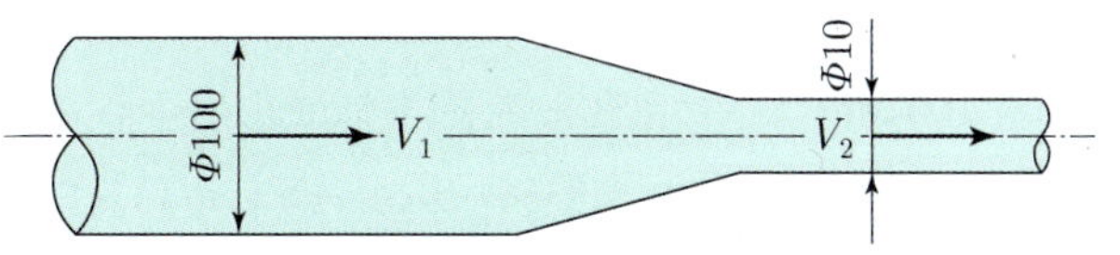

I 문제 5.3.52

① 0.02 ② 0.2
③ 2 ④ 20
⑤ 200

53. 그림과 같이 큰 탱크의 아래쪽 벽면에 오리피스(orifice, 작은 구멍)를 만들고, 탱크의 수위가 이 오리피스로부터 항상 2.5m가 되도록 물이 공급된다고 할 때, 이 오리피스에서 유출되는 물의 속도 v는 몇 m/s인가? [중등교사 임용시험(항해·기관)]

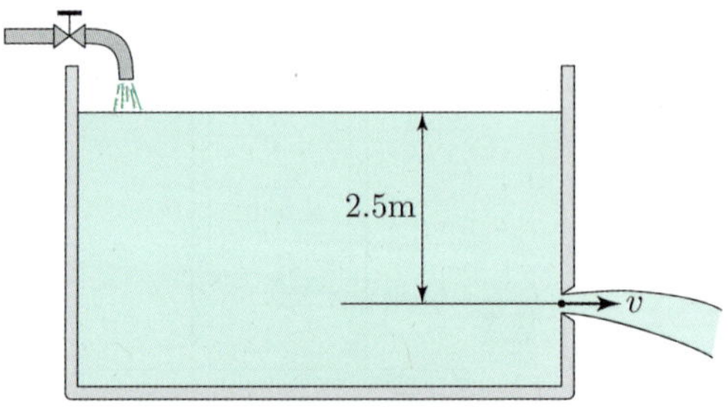

▌문제 5.3.53

① 2.5　　② 3.5
③ 5.0　　④ 7.0
⑤ 9.9

54. 내경 4cm인 원관 내부에 물이 37.68L/min로 흐르고 있다. 레이놀즈수(N_{Re})와 완전 발달된 흐름에서의 흐름 상태를 바르게 짝지은 것은? 단, 물의 밀도와 점도는 각각 $1g/cm^3$, $1cP = 0.01g/cm \cdot s$, 원주율은 3.14로 한다. [중등교사 임용시험(화공·섬유)]

	N_{Re}	흐름 상태
①	120	층류
②	200	층류
③	12,000	난류
④	20,000	난류
⑤	1,200,000	난류

55. 동점성계수(ν)가 $0.01cm^2/s$인 유체가 지름이 5cm인 관수로 속을 통과할 때, 레이놀즈(Reynolds) 수 2,300을 유지하여 흐를 수 있는 속도[cm/s]는? [공무원시험]

① 4.0　　② 4.6
③ 9.2　　④ 18.4

56. 다음 그림과 같이 직경 40cm인 원형관에 설치된 피조미터(Piezometer)와 피토관(Pitot-Static Tube)에서의 수면 높이차(H)가 20cm이다. 평균유속이 최대유속의 절반이

라고 가정하면, 관내를 흐르는 유량은? (단, 원주율π는 3.14, 중력가속도는 10m/s^2, 관의 중심부 유속을 최대유속이라 가정한다) [공무원시험]

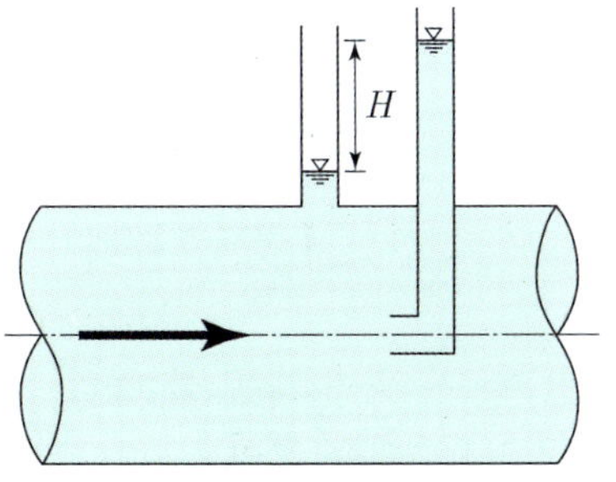

▎문제 5.3.56

① 31.4 l/s
② 62.8 l/s
③ 125.6 l/s
④ 251.2 l/s

57. 수평 관로에서 단면 1의 유속이 2m/s, 압력이 30kPa이다. 두 단면의 면적비(A_1/A_2)가 0.5일 때, 단면 2의 압력[kPa]은? (단, 물은 비압축성이며, 관로에서의 에너지 손실은 무시하고, 중력가속도는 10m/s^2, 물의 단위중량은 10kN/m^3로 한다.) [공무원시험]

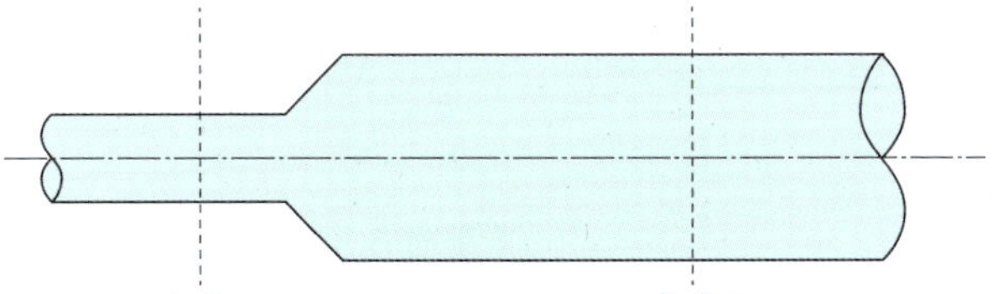

▎문제 5.3.57

① 3.05
② 3.15
③ 30.5
④ 31.5

58. 그림과 같이 탱크에 물(비중 1)과 기름(비중 0.5)이 채워져 있고, 아래 관을 통하여 물이 흐르고 있다. 이 때 관에 흐르는 최대유속 $v(\text{m/s})$를 구하시오. (단, 관 직경은 탱크 직경 및 물높이에 비하여 매우 작다. 흐름은 정상유동이고 점성, 대기압, 손실수두는 고려하지 않으며, 중력가속도 $g = 9.8(\text{m}^2/\text{s})$이다.) [중등교사 임용시험(기계·금속)]

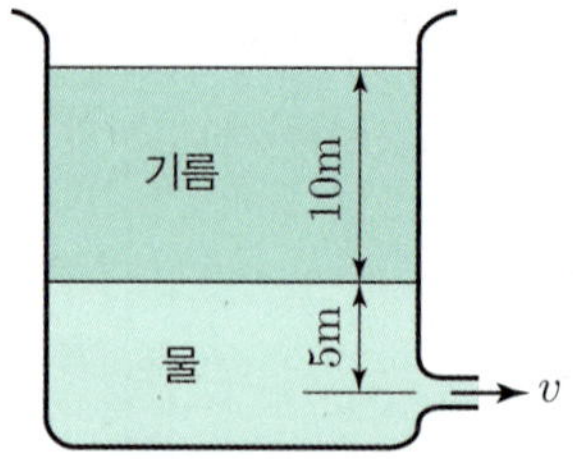

▌문제 5.3.58

59. 벤투리 유량계는 관내를 흐르는 공기 또는 물 등의 유체의 유량을 측정하는 기기이다. 수평 관에 벤투리관을 설치하여 물을 흘려보냈더니 정상상태에서 다음 그림과 같이 나타났다. 위치 1과 2에서의 안지름이 각각 100mm, 20mm라면 관내를 흐르는 물의 질량 유량을 〈작성 방법〉에 따라 구하시오. [중등교사 임용시험-기술(2018)]

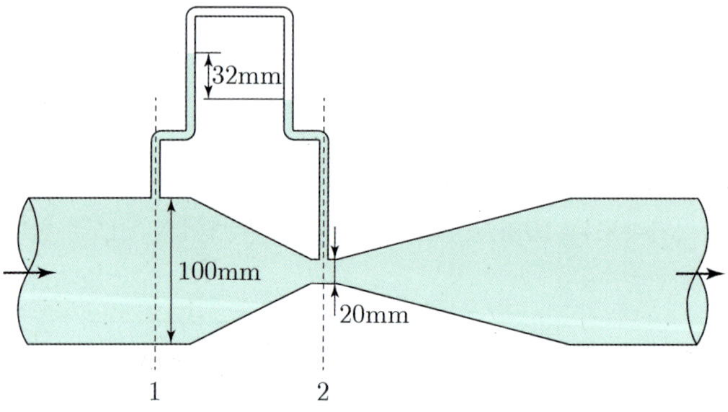

▌문제 5.3.59

〈작성 방법〉
• 그림에 나타낸 벤투리 유량계의 질량유량 $\dot{m}$을 [g/s]의 단위로 풀이과정과 함께 구할 것. (단, 중력가속도 $g=10\mathrm{m/s^2}$, 물의 밀도 $\rho=1.0\mathrm{g/cm^3}$, $\pi=3.0$, 위치 1에서의 속도는 위치 2에서의 속도에 비하여 무시할 수 있고 마찰효과는 없는 것으로 계산한다.)

연습문제
풀이 및 정답

제 1 장 _ 단위

연습문제 1.

1. 동력의 차원 $[P]=\frac{[W]}{[t]}=\frac{[Fs]}{[t]}=\frac{(ML/T^2)L}{T}=\frac{ML^2}{T^3}$

2. $\frac{\mathrm{J}}{\mathrm{kg}\cdot\mathrm{K}}=\frac{\mathrm{N}\cdot\mathrm{m}}{\mathrm{kg}\cdot\mathrm{K}}=\frac{(\mathrm{kg}\cdot\mathrm{m/s^2})\mathrm{m}}{\mathrm{kg}\cdot\mathrm{K}}=\frac{\mathrm{m^2}}{\mathrm{s^2}\cdot\mathrm{K}}$ $\quad\therefore\ [R]=L^2/T^2\Theta$

3. 표면장력의 차원 $[\sigma]=\frac{[F]}{[L]}=\frac{ML/T^2}{L}=\frac{M}{T^2}$

4. $[E]=\left[\frac{\Delta P}{\Delta V/V}\right]=[P]=F/L^2$ (FLT 계); $[E]=M/LT^2$ (MLT 계)

5. $40\frac{\mathrm{g}}{\mathrm{cm^3}}=40\frac{10^{-3}\mathrm{kg}}{(10^{-2}\mathrm{m})^3}=40\times10^3\frac{\mathrm{kg}}{\mathrm{m^3}}$

6. $W=mg=100\,\mathrm{kg}\times9.8\mathrm{m/s^2}=980\,\mathrm{N}$

7. $20\,\mathrm{kgf/cm^2}=20\times9.8\,\mathrm{N}/(10^{-2}\mathrm{m})^2=196\times10^4\,\mathrm{N/m^2}=1960\,\mathrm{kPa}$

8. $V=\frac{Q}{A}=\frac{500\mathrm{cm^3/s}}{50\mathrm{cm^2}}=10\,\mathrm{cm/s}=0.1\mathrm{m/s}$

9. $c=\sqrt{kRT}=\sqrt{1.4\times287\times(273-40)}=305.97(\mathrm{m/s})$

10. $T=\frac{PV}{mR}=\frac{500\times(4\times10^4\times10^{-6})}{0.2\times0.287}=348.43(\mathrm{K})=75.43(℃)$

11. $Re=\frac{\rho VD}{\mu}=\frac{1000\times0.2\times0.3}{1.01\times10^{-3}}=5.94\times10^4$

12. $\frac{100}{4.1868}\,\mathrm{kcal}=23.88\,\mathrm{kcal}$

13. 압력 $P=\frac{\rho v^2}{2}=\frac{1.23\times\left(\frac{0.6\times1000}{60}\right)^2}{2}=61.5(\mathrm{Pa})$

14. $W=Fs=(mg)s=(20\times9.8)\times1800\,(\mathrm{J})=352.8(\mathrm{kJ})$

15. 힘(중력에 의한 무게)의 방향과 이동 방향이 직각이므로 한 일$=0$
    일정한 힘 $\vec{F}$의 방향과 이동 거리 $\vec{s}$의 방향이 θ의 각을 이루면 $W=Fs\cos\theta$이다.
    $\theta=90°$이면 $\cos\theta=0$이다.

16. 일률(동력) $P=\frac{W}{t}=\frac{Fs}{t}=\frac{40\times12}{10}=48(\mathrm{W})$

17. 일률(동력) $P=Fv=(5000\times9.8)\times0.2=9800(\mathrm{W})=9.8(\mathrm{kW})$

18. 동력 $P=\frac{W}{t}$이므로 40분$=40\times60$초 동안 전동기가 한 일은 다음과 같다.

$W = Pt = 2 \times (40 \times 60) = 4800\,(\text{kJ})$

19. $E_k = \dfrac{mv^2}{2} = \dfrac{2 \times 10^2}{2} = 100\,(\text{J})$

20. $E_k = \dfrac{1}{2}mv^2 = \dfrac{1}{2} \times 400 \times \left(\dfrac{72 \times 1000}{3600}\right)^2 \times \dfrac{1}{1000} = 80\,(\text{kJ})$

21. $\omega = \dfrac{2\pi N}{60} = \dfrac{2\pi \times 900}{60} = 30\pi\ (\text{rad/s})$

22. 동력 $H_W = T\omega = T \times \dfrac{2\pi N}{60} = (2 \times 10^6 \times 10^{-3}) \times \dfrac{2\pi \times 300}{60}\ (\text{W})$

$= 62.83 \times 10^3\ (\text{W})$

$\therefore\ H_{kW} = \dfrac{H_W}{1000} = \dfrac{62.83 \times 10^3}{1000} = 62.83\,(\text{kW})$

Note 기계설계 과목에서는 동력의 기호로 H를 주로 사용한다.

23. 동력 $H = T \times \dfrac{2\pi N}{60}$

$\therefore\ T = \dfrac{60H}{2\pi N} = \dfrac{60 \times 400}{2\pi \times 120} = 31.8\,(\text{N} \cdot \text{m}) = 3.18 \times 10^4\,(\text{N} \cdot \text{mm})$

24. 동력 $H = T \times \dfrac{2\pi N}{60}$

$\therefore\ N = \dfrac{60}{2\pi} \times \dfrac{H}{T} = \dfrac{60}{2\pi} \times \dfrac{30 \times 10^3}{10^5 \times 9.8 \times 10^{-3}} = 292\ (\text{rpm})$

25. $E = \dfrac{PL}{A\Delta L} = \dfrac{(16) \times (1000)}{(20 \times 40) \times (1)}\left(\dfrac{\text{kgf}}{\text{mm}^2}\right) = 20\left(\dfrac{\text{kgf}}{\text{mm}^2}\right)$

$= 20\left(\dfrac{10\text{N}}{\text{mm}^2}\right) = 200(\text{MPa})$

여기에서 $1\text{kgf} = 10\text{N}$, $\dfrac{\text{N}}{\text{mm}^2} = \dfrac{\text{N}}{(10^{-3}\text{m})^2} = 10^6\text{Pa} = 1\text{MPa}$이다.

26. [정답: ③]

27. [정답: ④]

28. [정답: ④]

29. [정답: ①]

30. [정답: ①]

31. [정답: ②] 회전하는 관성차의 최대 운동에너지(E_k)

$E_k = \dfrac{1}{2}J\omega^2 = \dfrac{1}{2}J \times \left(\dfrac{2\pi N}{60}\right)^2 = \dfrac{1}{2}J \times \left(\dfrac{2 \times 3N}{60}\right)^2 = 0.005JN^2$

32. [정답: ③] $W = mg$

33. [정답: ①] 점성계수(μ)의 정의 $\tau = \mu\dfrac{du}{dy}$로부터 μ의 차원을 FLT계로 나타내면

$$[\mu] = [\tau]\left[\frac{dy}{du}\right] = [\tau]\frac{[y]}{[u]} = \frac{F}{L^2} \times \frac{L}{L/T} = FT/L^2$$

이고, MLT계에서 μ의 차원은 다음과 같다.

$$[\mu]=\frac{FT}{L^2}=\frac{(ML/T^2)T}{L^2}=M/LT$$

34. [정답: ④] 토크 T, 각속도 ω, 회전수 N(rpm), 동력 P일 때,

$$P=T\cdot\omega=T\cdot\left(\frac{2\pi N}{60}\right)\quad\therefore\quad T=\frac{60P}{2\pi N}=\frac{60\times(120\times75)}{2\times3\times2000}=45(\text{kgf}\cdot\text{m})$$

여기에서 $\pi=3$이고, $1\text{PS}=75\,\text{kgf}\cdot\text{m/s}$이다.

35. cgs 단위로 환산하여 구한다. $g=10\text{m/s}^2=10\times100\text{cm/s}^2$, $\rho=1.0\text{g/cm}^3$, $h=32\text{mm}=3.2\text{cm}$, $D=20\text{mm}=2\text{cm}$이다.

$$V=\sqrt{2gh}=\sqrt{2\times(10\times100)\times(3.2)}=80(\text{cm/s})$$

$$\dot{m}=\rho AV=\rho\times\left(\frac{\pi}{4}D^2\right)\times V=1\times\frac{3}{4}\times(2)^2\times80=240[\text{g/s}]$$

제 2 장 _ 정역학

연습문제 2.1

1. (a) $\vec{R}=100+40=140(\text{N})(\rightarrow)$

(b) $\vec{R}=80-30=50(\text{N})(\rightarrow)$

2. (a) $R=\sqrt{6^2+8^2}=10(\text{N})$, $\beta=\tan^{-1}\left(\frac{6}{8}\right)=36.87°$

(b) $R=\sqrt{P^2+Q^2+2PQ\cos\alpha}=\sqrt{10^2+6^2+2\times10\times6\cos60°}=14(\text{N})$

$$\beta=\sin^{-1}\left[\frac{Q\sin\alpha}{R}\right]=\sin^{-1}\left[\frac{6\times\sin60°}{14}\right]=21.79°$$

3. (a) $R=\sqrt{P^2+Q^2+2PQ\cos\alpha}=\sqrt{8^2+5^2+2\times8\times5\cos(50°+60°)}=7.85(\text{N})$

$$\beta=30°+\sin^{-1}\left[\frac{Q\sin\alpha}{R}\right]=30°+\sin^{-1}\left[\frac{5\times\sin110°}{7.85}\right]=66.76°$$

(b) $R=\sqrt{P^2+Q^2+2PQ\cos\alpha}=\sqrt{5^2+10^2+2\times5\times10\cos(90°-20°-30°)}$
$=14.2(\text{N})$

$$\beta=30°+\sin^{-1}\left[\frac{Q\sin\alpha}{R}\right]=30°+\sin^{-1}\left[\frac{10\times\sin40°}{14.2}\right]=56.91°$$

4. (a) 두 힘의 시작점을 일치시키면 두 힘이 이루는 각

$$\alpha=(90°-50°)+30°=70°$$

$$\therefore\quad R=\sqrt{P^2+Q^2+2PQ\cos\alpha}=\sqrt{10^2+5^2+2\times10\times5\cos(70°)}=12.62(\text{N})$$

(b) 두 힘의 시작점을 일치시키면 두 힘이 이루는 각

$$\alpha = 40° + (90° - 40°) = 90°$$

$\therefore\ R = \sqrt{P^2 + Q^2} = \sqrt{15^2 + 8^2} = 17\,(\text{N})$

5. (a) $\vec{F} = F(\cos\theta\,\vec{i} + \sin\theta\,\vec{j}) = 10(\cos 30°\,\vec{i} + \sin 30°\,\vec{j}) = 8.66\vec{i} + 5\vec{j}\ (\text{N})$

(b) $\vec{F} = F(\cos\theta\,\vec{i} + \sin\theta\,\vec{j}) = 10(\cos 130°\,\vec{i} + \sin 130°\,\vec{j}) = -6.43\vec{i} + 7.66\vec{j}\ (\text{N})$

6. (a) $\alpha = \tan^{-1}\left(\frac{3}{2}\right) = 56.31°$

(b) $\alpha = 180° + \tan^{-1}\left(\frac{8}{-12}\right) = 146.31°$

(c) $\alpha = 180° + \tan^{-1}\left(\frac{-14}{-10}\right) = 234.46°$

(d) $\alpha = \tan^{-1}\left(\frac{-3}{4}\right) = -36.87°$ 또는 $\alpha = 360° - 36.87° = 323.13°$

7. 세 변의 길이가 3, 4, 5인 직각삼각형과의 닮음과 힘의 방향을 고려한다.

(a) $\vec{F} = 20\left(-\frac{3}{5}\vec{i} - \frac{4}{5}\vec{j}\right) = -12\vec{i} - 16\vec{j}\ (\text{N})$

(b) $\vec{F} = 20\left(-\frac{4}{5}\vec{i} + \frac{3}{5}\vec{j}\right) = -16\vec{i} + 12\vec{j}\ (\text{N})$

8. $\vec{F_1} = 8(\cos 60°\,\vec{i} + \sin 60°\,\vec{j}) = 4\vec{i} + 4\sqrt{3}\,\vec{j}\ (\text{N}),\ \vec{F_2} = -5\vec{i}\ (\text{N})$

$\vec{R} = \vec{F_1} + \vec{F_2} = (4-5)\vec{i} + 4\sqrt{3}\,\vec{j} = -\vec{i} + 4\sqrt{3}\,\vec{j}\ (\text{N})$

합력의 크기 $R = \sqrt{(-1)^2 + (4\sqrt{3})^2} = 7\ (\text{N})$

9. $\vec{F_1} = 20(\cos 60°\,\vec{i} + \sin 60°\,\vec{j}) = 10\vec{i} + 10\sqrt{3}\,\vec{j}\ (\text{N}),\ \vec{F_2} = 20\vec{i}\ (\text{N})$

$\vec{R} = \vec{F_1} + \vec{F_2} = (10+20)\vec{i} + 10\sqrt{3}\,\vec{j} = 30\vec{i} + 10\sqrt{3}\,\vec{j}\ (\text{N})$

10. (a) $\vec{F_1} = 12(\cos 30°\,\vec{i} + \sin 30°\,\vec{j}) = 10.39\vec{i} + 6\vec{j}\ (\text{N}),\ \vec{F_2} = 10\vec{j}\ (\text{N})$

$\vec{F_3} = 6(-\cos 40°\,\vec{i} + \sin 40°\,\vec{j}) = -4.60\vec{i} + 3.86\vec{j}\ (\text{N})$

$\vec{R} = \vec{F_1} + \vec{F_2} + \vec{F_3} = (10.39 - 4.6)\vec{i} + (6 + 10 + 3.86)\vec{j} = 5.79\vec{i} + 19.86\vec{j}\ (\text{N})$

합력의 크기 $R = \sqrt{(5.79)^2 + (19.86)^2} = 20.69\ (\text{N})$

(b) $\vec{F_1} = 10\vec{i}\ (\text{N}),\ \vec{F_2} = 12(\cos 60°\,\vec{i} + \sin 60°\,\vec{j}) = 6\vec{i} + 10.39\vec{j}\ (\text{N})$

$\vec{F_3} = 6(-\cos 50°\,\vec{i} + \sin 50°\,\vec{j}) = -3.86\vec{i} + 4.60\vec{j}\ (\text{N})$

$\vec{R} = \vec{F_1} + \vec{F_2} + \vec{F_3} = (10 + 6 - 3.86)\vec{i} + (10.39 + 4.6)\vec{j} = 12.14\vec{i} + 14.99\vec{j}\ (\text{N})$

합력의 크기 $R = \sqrt{(12.14)^2 + (14.99)^2} = 19.29\ (\text{N})$

11. (a) $\vec{F_1} = 13\left(\frac{12}{13}\vec{i} + \frac{5}{13}\vec{j}\right) = 12\vec{i} + 5\vec{j}\ (\text{N})$

$\vec{F_2} = 14\left(\frac{1}{\sqrt{5}}\vec{i} + \frac{2}{\sqrt{5}}\vec{j}\right) = 6.26\vec{i} + 12.52\vec{j}\ (\text{N})$

$$\overrightarrow{F_3}=10\left(-\frac{4}{5}\vec{i}+\frac{3}{5}\vec{j}\right)=-8\vec{i}+6\vec{j}\ (\text{N})$$

$$\vec{R}=\overrightarrow{F_1}+\overrightarrow{F_2}+\overrightarrow{F_3}=(12+6.26-8)\vec{i}+(5+12.52+6)\vec{j}=10.26\vec{i}+23.52\vec{j}\,(\text{N})$$

합력의 크기 $R=\sqrt{(10.26)^2+(23.52)^2}=25.66\ (\text{N})$

(b) $\overrightarrow{F_1}=20\left(\frac{4}{5}\vec{i}+\frac{3}{5}\vec{j}\right)=16\vec{i}+12\vec{j}\ (\text{N})$

$$\overrightarrow{F_2}=22\left(-\frac{1}{\sqrt{5}}\vec{i}+\frac{2}{\sqrt{5}}\vec{j}\right)=-9.84\vec{i}+19.68\vec{j}\ (\text{N})$$

$$\overrightarrow{F_3}=13\left(-\frac{12}{13}\vec{i}+\frac{5}{13}\vec{j}\right)=-12\vec{i}+5\vec{j}\ (\text{N})$$

$$\vec{R}=\overrightarrow{F_1}+\overrightarrow{F_2}+\overrightarrow{F_3}=(16-9.84-12)\vec{i}+(12+19.68+5)\vec{j}$$

$$=-5.84\vec{i}+36.68\vec{j}\,(\text{N})$$

합력의 크기 $R=\sqrt{(-5.84)^2+(36.68)^2}=37.14\ (\text{N})$

12. $R=\sqrt{P^2+Q^2+2PQ\cos\alpha}$

$$\cos\alpha=\frac{R^2-P^2-Q^2}{2PQ}=\frac{70^2-50^2-40^2}{2\times50\times40}=0.2$$

$\therefore\ \ \alpha=\cos^{-1}(0.2)=78.46°$

이때 $\vec{R}=\overrightarrow{F_1}+\overrightarrow{F_2}=40\sin\alpha\,\vec{i}+(40\cos\alpha+50)\vec{j}=39.19+58\vec{j}\ (\text{N})$이므로 합력의 방향이 x축과 이루는 각은 $\tan^{-1}\left(\frac{58}{39.19}\right)=55.95°$이고, y축(수직선)과 이루는 각은 $90°-55.95°=34.05°$이다.

13. $\overrightarrow{F_1}=F\left(\frac{30\vec{i}+10\vec{j}}{\sqrt{30^2+10^2}}\right)=0.949F\vec{i}+0.316F\vec{j}$

$$\overrightarrow{F_2}=2\times\left(\frac{30\vec{i}-15\vec{j}}{\sqrt{30^2+15^2}}\right)=1.789\,\vec{i}-0.894\,\vec{j}\ (\text{kN})$$

$$\vec{R}=\overrightarrow{F_1}+\overrightarrow{F_2}=(0.949F+1.789)\vec{i}+(0.316F-0.894)\vec{j}$$

합력의 방향이 수평이므로 합력의 y 성분에서

$0.316F-0.894=0\ \ \therefore\ \ F=2.829\,(\text{kN})$

이때 합력의 크기는 $0.949F+1.789=4.474\,(\text{kN})$

14. $R_x=-400+300\cos45°-200\times\frac{4}{5}=-347.9\ (\text{N})$

$$R_y=0+300\sin45°+200\times\frac{3}{5}=332.1\ (\text{N})$$

합력 $\vec{R}=-347.9\,\vec{i}+332.1\,\vec{j}\ (\text{N})$

합력의 크기 $R=\sqrt{(-347.9)^2+(332.1)^2}=481\,(\text{N})$

합력의 방향이 x축의 음의 방향과 이루는 각은 $\tan^{-1}\left(\frac{332.1}{347.9}\right)=43.67°(\nwarrow)$

15. $R_x = 250\cos 30° + 370\cos 40° = 499.9$ (N)

$R_y = -250\sin 30° + 370\sin 40° = 112.8$ (N)

합력 $\vec{R} = 499.9\vec{i} + 112.8\vec{j}$ (N)

합력의 크기 $R = \sqrt{(499.9)^2 + (112.8)^2} = 512.5$ (N)

합력의 방향이 x축의 양의 방향과 이루는 각은 $\tan^{-1}\left(\frac{112.8}{499.9}\right)=12.72°(\nearrow)$

16. $\vec{R} = \vec{P} - \vec{Q} = 4\vec{i} - 3\vec{j}$ $\therefore$ $|\vec{R}| = \sqrt{4^2 + (-3)^2} = 5$

17. [정답: ②]

18. [정답: ④] 속력은 스칼라(scalar)양이다.

19. [정답: ③]

20. [정답: ⑤]

연습문제 2.2

1. $M_O = Fr\sin 60° = 200 \times 0.8\sin 60° = 138.6$ (N·m) (↶)

2. $M_O = \sum Fr - 400 \times (0.5 + 0.3 + 0.4) - 200 \times (0.5 + 0.3) - 300 \times 0.5$

$= 170$ (N·m) (↶)

3. $M_O = \sum Fr\sin\theta = 300 \times 1.2\sin 30° - 200 \times 1.2\sin 60°$

$= -27.85$ (N·m) (↶) $= 27.85$ (N·m) (↷)

4. $M_A = \sum Fr\sin\theta = 200 \times 0.8\sin 30° + 300 \times 0.8\sin 70° = 305.5$ (N·m) (↷)

5. $M_O = \sum Fr\sin\theta = 300 \times (0.5 + 0.3 + 0.4)\sin 30° - 100 \times (0.5 + 0.3)\sin 90°$

$- 200 \times 0.5\sin 60° = 13.4$ (N·m) (↶)

6. $\vec{F} = 80(-\sin 60°\vec{i} + \cos 60°\vec{j}) = -69.28\vec{i} + 40\vec{j}$ (N)

$M_O = 69.28 \times 2 + 40 \times 6 = 378.56$ (N·m) (↶)

7. $\vec{F} = 130\left(\frac{12}{13}\vec{i} - \frac{5}{13}\vec{j}\right) = 120\vec{i} - 50\vec{j}$ (N)

$M_O = 120 \times 3 + 50 \times 4 = 560$ (N·m) (↷)

8. $\vec{F} = 60\left(\frac{3\vec{i} - 5\vec{j}}{\sqrt{3^2 + 5^2}}\right) = 30.87\vec{i} - 51.45\vec{j}$ (N)

$M_B = 30.87 \times 5 + 51.45 \times 3 = 308.7$ (N·m) (↷)

$M_C = 30.87 \times 0 + 51.45 \times 3 = 154.35$ (N·m) (↶)

9. (1) $\vec{F} = 80(-\sin\theta\vec{i} + \cos\theta\vec{j}) = 80(-\sin 30°\vec{i} + \cos 30°\vec{j}) = -40\vec{i} + 69.28\vec{j}$ (N)

$M_O = -40 \times 2 + 69.28 \times 3 = 127.84$ (N·m) (↶)

(2) 힘 F의 작용선이 점 O를 지날 때 팔의 길이가 0이 되어 모멘트가 0이 된다. 따라

서 $\tan\theta = \dfrac{3}{2}$에서 $\theta = 56.31°$.

힘 F의 작용선이 직선 OA와 수직일 때 팔의 길이가 최대가 되어 모멘트가 최대가 된다. 따라서 $\tan\theta = \dfrac{2}{3}$에서 $\theta = 33.69°$.

10. $\vec{F} = 60(\cos 60° \vec{i} + \sin 60° \vec{j}) = 30\vec{i} + 51.96\vec{j}$ (N)

(a) $\overrightarrow{r_{C/A}} = -2\cos 30° \vec{i} + (2 + 2\sin 30°)\vec{j} = -1.732\vec{i} + 3\vec{j}$ (m)

$\overrightarrow{M_A} = \overrightarrow{r_{C/A}} \times \vec{F} = (xF_y - yF_x)\vec{k} = (-1.732 \times 51.96 - 3 \times 30)\vec{k}$ (N・m)

$= -179.99\vec{k}$ (N・m) $= 179.99$ (N・m) (↷)

(b) $\overrightarrow{r_{C/B}} = -2\cos 30° \vec{i} + 2\sin 30° \vec{j} = -1.732\vec{i} + \vec{j}$ (m)

$\overrightarrow{M_B} = \overrightarrow{r_{C/B}} \times \vec{F} = (xF_y - yF_x)\vec{k} = (-1.732 \times 51.96 - 1 \times 30)\vec{k}$ (N・m)

$= -119.99\vec{k}$ (N・m) $= 119.99$ (N・m) (↷)

11. (1) $\overrightarrow{M_O} = \overrightarrow{r_{A/O}} \times \vec{F} = \begin{vmatrix} \vec{i} & \vec{j} & \vec{k} \\ -2 & 5 & 1 \\ 2 & 3 & -4 \end{vmatrix}$

$= [5 \times (-4) - 1 \times 3]\vec{i} - [(-2) \times (-4) - 1 \times 2]\vec{j} + [(-2) \times 3 - 5 \times 2]\vec{k}$

$= -23\vec{i} - 6\vec{j} - 16\vec{k}$ (N・m)

(2) $\overrightarrow{M_O} = \overrightarrow{r_{A/O}} \times \vec{F} = \begin{vmatrix} \vec{i} & \vec{j} & \vec{k} \\ 3 & -2 & 5 \\ 2 & 3 & -4 \end{vmatrix}$

$= [(-2) \times (-4) - 5 \times 3]\vec{i} - [3 \times (-4) - 5 \times 2]\vec{j} + [3 \times 3 - (-2) \times 2]\vec{k}$

$= -7\vec{i} + 22\vec{j} + 13\vec{k}$ (N・m)

12. $\vec{F} = \dfrac{F}{\sqrt{2}}(\vec{j} - \vec{k})$

(1) $\overrightarrow{M_A} = \overrightarrow{r_{F/A}} \times \vec{F} = h(\vec{i} - \vec{j}) \times \dfrac{F}{\sqrt{2}}(\vec{j} - \vec{k})$

$= \dfrac{Fh}{\sqrt{2}}(\vec{i} \times \vec{j} - \vec{i} \times \vec{k} - \vec{j} \times \vec{j} + \vec{j} \times \vec{k})$

$= \dfrac{Fh}{\sqrt{2}}(\vec{k} + \vec{j} - 0 + \vec{i}) = \dfrac{Fh}{\sqrt{2}}(\vec{i} + \vec{j} + \vec{k})$

(2) $\vec{F}$의 작용선이 점 C를 지나므로

$\overrightarrow{M_D} = \overrightarrow{r_{C/D}} \times \vec{F} = (h\vec{i}) \times \dfrac{F}{\sqrt{2}}(\vec{j} - \vec{k}) = \dfrac{Fh}{\sqrt{2}}(\vec{i} \times \vec{j} - \vec{i} \times \vec{k})$

$= \dfrac{Fh}{\sqrt{2}}(\vec{k} + \vec{j}) = \dfrac{Fh}{\sqrt{2}}(\vec{j} + \vec{k})$

† 또는, 힘이 점 F에 작용하므로

$$\overrightarrow{M_D} = \overrightarrow{r_{F/D}} \times \vec{F} = h(\vec{i} - \vec{j} + \vec{k}) \times \frac{F}{\sqrt{2}}(\vec{j} - \vec{k})$$

$$= \frac{Fh}{\sqrt{2}}(\vec{i}\times\vec{j} - \vec{i}\times\vec{k} - \vec{j}\times\vec{j} + \vec{j}\times\vec{k} + \vec{k}\times\vec{j} - \vec{k}\times\vec{k})$$

$$= \frac{Fh}{\sqrt{2}}(\vec{k} + \vec{j} - 0 + \vec{i} - \vec{i} - 0) = \frac{Fh}{\sqrt{2}}(\vec{j} + \vec{k})$$

13. [정답: ③] $\vec{P}\times\vec{Q}$의 크기는 $|\vec{P}\times\vec{Q}| = PQ\sin\theta$이고, $\vec{P}\times\vec{Q}$의 방향은 오른손 법칙을 따른다. $\vec{P}\times\vec{Q}$는 스칼라가 아니고 벡터이다.

14. [정답: ④] $M_A = Fl\sin\alpha = 2\times 5\times \sin 45° = 5\sqrt{2}$ [kN · m]

15. [정답: ②] $\overrightarrow{r_{A/O}} = 4\vec{i} + 5\vec{j} - 2\vec{k}$ (m)

16. $M_O = Fl\sin\alpha = 400\times 2\times\sin 45° = 400\sqrt{2}$ [N · m]

❙ 연습문제 2.3

1. $\dfrac{T_{OA}}{\sin 135°} = \dfrac{T_{OB}}{\sin 120°} = \dfrac{200\,N}{\sin 105°}$ $\therefore$ $T_{OA} = 146.41\,N$, $T_{OB} = 179.32\,N$

2. $\dfrac{F_2}{\sin 110°} = \dfrac{F_3}{\sin 130°} = \dfrac{100\,N}{\sin 120°}$ $\therefore$ $F_2 = 108.51\,N$, $F_3 = 88.46\,N$

3. $\vec{F_1} + \vec{F_2} + \vec{F_3} = 0$ $\therefore F_{1x} = -3 - 6 = -9$ (N), $F_{2y} = -4 + 7 = 3$ (N)

   $F_{3z} = -5 + 9 = 4$ (N)

4. $\dfrac{200}{\sin\beta} = \dfrac{100}{\sin 150°}$ $\therefore$ $\beta = \sin^{-1}[2\sin(150°)] = 90°$

   $\alpha = 360° - \beta - 150° = 120°$

   $\dfrac{F}{\sin\alpha} = \dfrac{100N}{\sin 150°}$에서 $F = 173.2\,N$

5. $\dfrac{T_{AC}}{\sin 100°} = \dfrac{F_{BC}}{\sin 155°} = \dfrac{200\,N}{\sin 105°}$ $\therefore$ $T_{AC} = 203.9\,N$, $F_{BC} = 87.51\,N$

6. $\vec{F_1} + \vec{F_2} + \vec{F_3} + \vec{F_4} = 0$에서

   $200\vec{i} - 100\vec{j} + 250(-\cos 30°\,\vec{i} - \sin 30°\,\vec{j}) + \vec{F_4} = 0$

   $\therefore$ $\vec{F_4} = 16.51\vec{i} + 225\vec{j}$ (N)

   $F_x = 16.51\,N$, $F_y = 225\,N$, $|\vec{F_4}| = \sqrt{F_x^2 + F_y^2} = 225.6$ (N)

   $\theta = \tan^{-1}(F_y/F_x) = 85.8°$

7. $\vec{F_1} + \vec{F_2} + \vec{F_3} + \vec{F_4} + \vec{F_5} = 0$

   $100\vec{i} + 120(\cos 60°\,\vec{i} + \sin 60°\,\vec{j}) + 130(\cos 130°\,\vec{i} + \sin 130°\,\vec{j})$

   $+ 140(\cos 210°\,\vec{i} + \sin 210°\,\vec{j}) + \vec{F_5} = 0$

$\therefore\ \overrightarrow{F_5} = 44.8\vec{i} - 133.5\vec{j}$ (N)

$F_5 = |\overrightarrow{F_5}| = \sqrt{44.8^2 + (-133.5)^2} = 140.8$ (N)

$\theta = \tan^{-1}(133.5/44.8) = 71.45°$

8. 고정점 A에 작용하는 반력을 $R_A(\uparrow)$, 모멘트를 $M_A(\curvearrowleft)$로 한다.

A에 작용하는 반력의 수평성분은 0이다.

$R_A = 5 + 4 = 9$(kN)($\uparrow$), $M_A = 5 \times 1 + 4 \times 2 = 13$(kN · m)($\curvearrowleft$)

† 자유물체도를 그릴 때 구해야 할 힘과 모멘트의 방향은 임의로 가정할 수 있다. 계산 결과 구한 값이 양(+)이면 가정한 것과 같은 방향이고, 음(−)의 값이면 가정한 것과 반대방향이 된다.

9. $\sum M_A = 0$에서 $R_B \times 50 - 10 \times 20 - (10 + 20) \times 30 = 0 \quad \therefore\ R_B = 22$(N)

$\sum F_y = 0$에서 $R_A + R_B - 20 - 30 = 0 \quad \therefore\ R_A = 28$(N)

10. 분포하중을 B에서 1m 위치에 작용하는 집중하중 $P = (4\text{kN/m}) \times 2\text{m} = 8\text{kN}$으로 대체한다.

$\sum M_B = 0$에서 $R_A \times (3+2)\text{m} - 8\text{kN} \times 1\text{m} = 0 \quad \therefore\ R_A = \frac{8}{5}\text{kN}$

$\sum F_y = 0$에서 $R_A + R_B - 8\text{kN} = 0 \quad \therefore\ R_B = 8 - \frac{8}{5} = \frac{32}{5}\text{kN}$

11. 분포하중을 B에서 1m 위치에 작용하는 집중하중 $P = \frac{1}{2} \times 2\frac{\text{kN}}{\text{m}} \times 3\text{m} = 3\text{kN}$으로 대체한다.

$\sum M_B = 0$에서 $R_A \times 3\text{m} - 3\text{kN} \times 1\text{m} = 0 \quad \therefore\ R_A = 1\text{kN}$

$\sum F_y = 0$에서 $R_A + R_B - 3\text{kN} = 0 \quad \therefore\ R_B = 3 - 1 = 2\text{kN}$

12. 분포하중을 B에서 2m 위치에 작용하는 집중하중 $P = \frac{1}{2} \times 4\frac{\text{kN}}{\text{m}} \times 3\text{m} = 6\text{kN}$으로 대체한다.

$\sum M_B = 0$에서 $R_A \times (3+3)\text{m} - 6\text{kN} \times 2\text{m} = 0 \quad \therefore\ R_A = 2\text{kN}$

$\sum F_y = 0$에서 $R_A + R_B - 6\text{kN} = 0 \quad \therefore\ R_B = 6 - 2 = 4\text{kN}$

13. 분포하중을 B에서 2m 위치에 작용하는 집중하중 $Q = 4\frac{\text{kN}}{\text{m}} \times 2\text{m} = 8\text{kN}$으로 대체하여 자유물체도를 그린다. 점 A에 작용하는 반력의 x, y 성분을 각각 $A_x(\leftarrow)$, $A_y(\uparrow)$, 모멘트를 $M_A(\curvearrowleft)$라 하면,

$\sum F_x = 0$에서 $-A_x + 5\text{kN} \sin 30° = 0 \quad \therefore\ A_x = 2.5\text{kN}(\leftarrow)$

$\sum F_y = 0$에서 $A_y - 8\text{kN} - 5\text{kN} \cos 30° = 0 \quad \therefore\ A_y = 12.33\text{kN}(\uparrow)$

이므로 점 A에 작용하는 반력의 크기 $A = \sqrt{A_x^2 + A_y^2} = 12.58\text{kN}$이다.

점 A에 대한 모멘트 합은 0에서

$$M_A - 8\text{kN} \times 3\text{m} - 5\,\text{kN}\cos 30° \times 4\text{m} = 0 \quad \therefore \quad M_A = 41.32\,\text{kN}\cdot\text{m}\,(\curvearrowleft)$$

14. 핀 A에 작용하는 반력의 x, y 성분을 각각 $A_x(\leftarrow)$, $A_y(\uparrow)$, 롤러 B에 작용하는 반력을 $B(\rightarrow)$로 한다. 점 A에 대한 모멘트 합은 0에서

$$B \times 50 - 400\,\text{N}\cos 30° \times 40 - 400\,\text{N}\sin 30° \times 50 = 0 \quad \therefore \quad B = 477.1\,\text{N}\,(\rightarrow)$$

$\sum F_x = 0$에서 $-A_x + B - 400\text{N}\sin 30° = 0 \quad \therefore \quad A_x = 277.1\,\text{N}\,(\leftarrow)$

$\sum F_y = 0$에서 $A_y - 400\text{N}\cos 30° = 0 \quad \therefore \quad A_y = 346.4\,\text{N}\,(\uparrow)$

이므로 점 A에 작용하는 반력의 크기 $A = \sqrt{A_x^2 + A_y^2} = 443.6\,\text{N}$이다.

15. 핀 A에 작용하는 반력의 x, y 성분을 각각 $A_x(\leftarrow)$, $A_y(\uparrow)$, 롤러 B에 작용하는 반력을 $B(\rightarrow)$로 한다. 점 A에 대한 모멘트 합은 0에서

$$B \times 1 - 100\,\text{N} \times \sqrt{1^2 - 0.5^2} = 0 \quad \therefore \quad B = 86.6\,\text{N}\,(\rightarrow)$$

$\sum F_x = 0$에서 $-A_x + B = 0 \quad \therefore \quad A_x = 86.6\,\text{N}\,(\leftarrow)$

$\sum F_y = 0$에서 $A_y - 100\text{N} = 0 \quad \therefore \quad A_y = 100\,\text{N}\,(\uparrow)$

이므로 점 A에 작용하는 반력의 크기 $A = \sqrt{A_x^2 + A_y^2} = 132.3\,\text{N}$이다.

16. 로커 A에 작용하는 반력을 $A(\uparrow)$, 핀 B에 작용하는 반력의 x, y 성분을 각각 $B_x(\rightarrow)$, $B_y(\downarrow)$로 한다. 점 B에 대한 모멘트 합은 0에서

$A \times (1+1)\text{m} - 200\,\text{N} \times 1\text{m} = 0 \quad \therefore \quad A = 100\,\text{N}\,(\uparrow)$이다.

$\sum F_x = 0$에서 $B_x - 200\text{N} = 0 \quad \therefore \quad B_x = 200\,\text{N}\,(\rightarrow)$

$\sum F_y = 0$에서 $A - B_y = 0 \quad \therefore \quad B_y = 100\,\text{N}\,(\downarrow)$

이므로 점 B에 작용하는 반력의 크기 $B = \sqrt{B_x^2 + B_y^2} = 223.6\,\text{N}$이다.

17. 케이블에 의한 인장력은 $\overrightarrow{\text{BC}}$ 방향으로 작용하며, 이 힘을 성분으로 분해하면 $30\left(\frac{1}{\sqrt{2}}\vec{i} - \frac{1}{\sqrt{2}}\vec{j}\right)$kN이다. 점 A에 작용하는 반력의 x, y 성분을 각각 $A_x(\leftarrow)$, $A_y(\uparrow)$, 모멘트를 $M_A(\curvearrowleft)$라 한다.

$\sum F_x = 0$에서 $-A_x + \frac{30}{\sqrt{2}}\text{kN} = 0 \quad \therefore \quad A_x = 21.21\,\text{kN}\,(\leftarrow)$

$\sum F_y = 0$에서 $A_y - 10\text{kN} - 10\text{kN} - \frac{30}{\sqrt{2}}\text{kN} = 0 \quad \therefore \quad A_y = 41.21\,\text{kN}\,(\uparrow)$

이므로 점 A에 작용하는 반력의 크기 $A = \sqrt{A_x^2 + A_y^2} = 46.35\,\text{kN}$이다.

점 A에 대한 모멘트 합은 0에서

$$M_A + 10\text{kN} \times 4\text{m} + 10\,\text{kN} \times 2\text{m} - \frac{30}{\sqrt{2}}\text{kN} \times 3\text{m} = 0$$

$\therefore \quad M_A = 3.64\,\text{kN}\cdot\text{m}\,(\curvearrowleft)$

18. (a) 점 A에 작용하는 반력을 $A(\leftarrow)$, 점 B에 작용하는 반력의 x, y 성분을 각각 $B_x(\rightarrow)$, $B_y(\uparrow)$라 한다.

점 B에 대한 모멘트 합은 0에서 $-A\times 2a+P\times a=0$ $\therefore$ $A=\dfrac{P}{2}$

$$\sum F_x=0\text{에서 } B_x-A=0 \quad \therefore \quad B_x=\frac{P}{2}(\rightarrow)$$

$$\sum F_y=0\text{에서 } B_y-P=0 \quad \therefore \quad B_y=P(\uparrow)$$

이므로 점 B에 작용하는 반력의 크기 $B=\sqrt{B_x^2+B_y^2}=\dfrac{\sqrt{5}}{2}P$이다.

(b) 점 A에 작용하는 반력을 A라 하면 x 성분은 $\dfrac{3}{5}A$, y 성분은 $\dfrac{4}{5}A$이다.

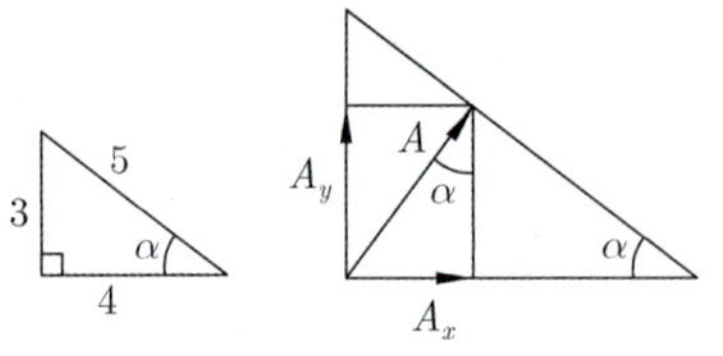

점 B에 작용하는 반력의 x, y 성분을 각각 $B_x(\leftarrow)$, $B_y(\downarrow)$라 한다.

점 B에 대한 모멘트 합은 0에서

$$P\times a+\frac{3}{5}A\times 2a-\frac{4}{5}A\times 2a=0 \quad \therefore \quad A=\frac{5}{2}P$$

$$\sum F_x=0\text{에서 } -B_x+\frac{3}{5}A=0 \quad \therefore \quad B_x=\frac{3P}{2}(\leftarrow)$$

$$\sum F_y=0\text{에서 } -B_y-P+\frac{4}{5}A=0 \quad \therefore \quad B_y=P(\downarrow)$$

이므로 점 B에 작용하는 반력의 크기 $B=\sqrt{B_x^2+B_y^2}=\dfrac{\sqrt{13}}{2}P$이다.

19. [정답: ④]

20. [정답: ①] $\sum M_A=0$에서 $m_1g\cdot 2+m_2g\cdot 3-T\sin(30°)\cdot 4=0$

$20\cdot 10\cdot 2+50\cdot 10\cdot 3-T\sin(30°)\cdot 4=0$ $\therefore$ $T=950(\text{N})$

21. [정답: ②]

22. [정답: ②] $T+2T+T=W$

23. [정답: ②]$R_A=R_B=\dfrac{2+4}{2}=3(\text{kN})$, $2x+4(x+4)-3\cdot 10=0$

24. 그림의 자유물체도에서 점 B에 대한 세 힘의 평형을 고려한다.

$$F_{\text{AB}}=\frac{\sqrt{3}\,P}{3},\quad F_{\text{BC}}=\frac{2\sqrt{3}\,P}{3}$$

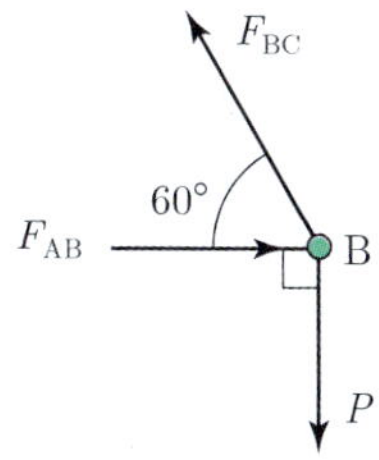

자유물체도

25. $F_1 < F_2 = F_3$: $2F_1 = \dfrac{W}{4}$, $2F_2 = \dfrac{W}{2}$, $4F_3 = W$

26. • $F_{AC} = 100\sqrt{2} = 141\,(\text{kN})$ (인장력)

• $F_{BC} = \dfrac{F_{AC}}{\sqrt{2}} = \dfrac{100\sqrt{2}}{\sqrt{2}} = 100\,(\text{kN})$ (압축력)

27. $\sum F_y = 0$에서 $P + 6 - 3 - 6 = 0$ ∴ $P = 3\,(\text{t})$

$\sum M_A = 0$에서 $Px + 6 \times 8 - 6 \times 10 = 0$

$3x - 12 = 0$ ∴ $x = 4\,(\text{m})$

28. (1) ① 물체에 작용하는 모든 힘의 합이 0이다. $\sum \vec{F} = 0$

② 물체에 작용하는 모든 모멘트 합이 0이다. $\sum \vec{M} = 0$

(2) 보의 무게를 무시하고 자유물체도를 그리면 다음과 같다. 보의 무게를 고려하면 조건에 따라 무게를 표시하면 된다. 예를 들어 균일 보인 경우 반력만을 구하기 위해서는 보 중앙에 연직 아래 방향의 무게 W를 표시한다.

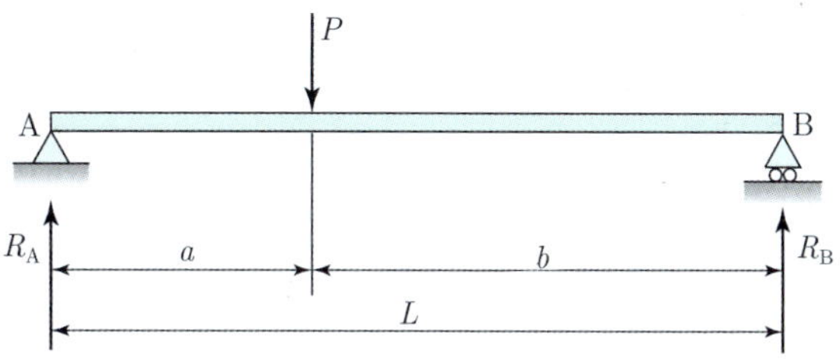

(3) 연직방향 힘의 합이 0이라는 조건($\sum F_y = 0$)에서

$$R_A + R_B - P = 0 \qquad \cdots\cdots ①$$

이고, 점 B에 대한 모멘트 합이 0이라는 조건($\sum M_B = 0$)에서

$$R_A \cdot L - P \cdot b + R_B \cdot 0 = 0$$

$$\therefore\ R_A L - Pb = 0 \qquad \cdots\cdots ②$$

이다. 식 ①, ②로부터 받침점에서의 반력은 다음과 같이 구해진다.

$$R_A = \frac{b}{L}P,\ R_B = \frac{a}{L}P \qquad \cdots\cdots ③$$

29. [정답: ①] $M_A - 10\text{kN}\times 7\text{m} = 0$

30. [정답: ②] $\sum M_B = 0$에서 $R_A\times 5 + (10\times 2)\times 1\text{kN} = 0$

$\therefore\ R_A = -4\text{kN} = 4\text{kN}(\downarrow)$

31. [정답: ③] 장애물과 차륜의 접촉점(모서리 점)에 대한 모멘트 평형으로부터

$P\times 30\text{cm} - 50kN\times 40cm = 0$

32. [정답: ①] P_1이 작용하는 점에 대한 모멘트 평형으로부터 $2R_A + (4\times 50) - 10R_B = 0$ 이고 $R_A = 3R_B$이므로 두 식을 연립해 풀면 $R_B = 50(\text{kN})$, $R_A = 150(\text{kN})$이다. 그리고 연직방향으로 힘의 평형을 적용하면

$$R_A + R_B - P_1 - 50 = 0 \quad \therefore\ P_1 = 150(\text{kN})$$

33. [정답: ②] 하나의 줄에 걸리는 장력은 같다.

$\therefore\ 2T = \dfrac{1200}{2}$에서 $T = 300(\text{kN})$

34. [정답: ④] B쪽 줄에 걸리는 장력과 A쪽 줄에 걸리는 장력은 m_Bg로 같다. 따라서

$F = 2m_Bg = 2\times 10\times 10 = 200(\text{N})$

35. [정답: ②] $\sum M_A = 0$: $(4\times 8)\times 1 - 10\sin 30°\times 7 + R_B\times 10 = 0$

$\therefore\ R_B = 0.3\,(\text{kN})(\uparrow)$

제 3 장 _ 동역학

연습문제 3.1

1. 평균속도 $\overrightarrow{v_{avg}} = \dfrac{\vec{r_2} - \vec{r_1}}{\Delta t} = \dfrac{(2\vec{i} - 7\vec{j}) - (4\vec{i} + 3\vec{j})}{2} = -\vec{i} - 5\vec{j}\ (\text{m/s})$

2. (1) $\vec{r} = (4t - t^2)\vec{i} + (-3t + t^2)\vec{j}$ (m)에 $t = 1$을 대입하면

$t = 1$일 때의 위치 $\vec{r} = 3\vec{i} - 2\vec{j}$ (m)

(2) $\vec{v} = \dfrac{d\vec{r}}{dt} = (4 - 2t)\vec{i} + (-3 + 2t)\vec{j}$ (m/s)

$t = 1$일 때의 속도 $\vec{v} = 2\vec{i} - \vec{j}$ (m/s)

$\theta = \tan^{-1}\left(\dfrac{v_y}{v_x}\right) = \tan^{-1}\left(\dfrac{-1}{2}\right) = -26.6°$

(3) $\vec{a} = \dfrac{d\vec{v}}{dt} = -2\vec{i} + 2\vec{j}$ (m/s^2): t에 따라 변하지 않는 등가속도 운동이다.

$t = 1$일 때의 가속도 $\vec{a} = -2\vec{i} + 2\vec{j}$ (m/s^2)

$\therefore$ 가속도의 크기 $|\vec{a}| = \sqrt{(-2)^2 + 2^2} = 2\sqrt{2}$ (m/s^2)

3. $\vec{v} = \frac{d\vec{r}}{dt} = \frac{d}{dt}(r\cos\omega t)\vec{i} + \frac{d}{dt}(r\sin\omega t)\vec{j} = (-r\omega\sin\omega t)\vec{i} + (r\omega\cos\omega t)\vec{j}$ (m/s)

$\therefore$ 속도의 크기 $|\vec{v}| = \sqrt{v_x^2 + v_y^2} = \sqrt{(-r\omega\sin\omega t)^2 + (r\omega\cos\omega t)^2}$

$= \sqrt{(r\omega)^2(\sin^2\omega t + \cos^2\omega t)} = r\omega$ (m/s)

$\vec{a} = \frac{dv}{dt} = \frac{d}{dt}(-r\omega\sin\omega t)\vec{i} + \frac{d}{dt}(r\omega\cos\omega t)\vec{j}$

$= (-r\omega^2\cos\omega t)\vec{i} + (-r\omega^2\sin\omega t)\vec{j}$ (m/s^2)

$\therefore$ 가속도의 크기 $|\vec{a}| = \sqrt{a_x^2 + a_y^2} = \sqrt{(-r\omega^2\cos\omega t)^2 + (-r\omega^2\sin\omega t)^2}$

$= \sqrt{(r\omega^2)^2(\sin^2\omega t + \cos^2\omega t)} = r\omega^2$ (m/s^2)

4. (1) $\vec{v} = \frac{d\vec{r}}{dt} = \frac{d}{dt}(\cos t)\vec{i} + \frac{d}{dt}(4 - \sin t)\vec{j} = (-\sin t)\vec{i} + (-\cos t)\vec{j}$ (m/s)

$t = 0$일 때 $\vec{v} = -\vec{j}$ (m/s)

$\therefore$ 속도의 크기 $|\vec{v}| = \sqrt{v_x^2 + v_y^2} = \sqrt{0 + (-1)^2} = 1$ (m/s)

(2) $\vec{a} = \frac{d\vec{v}}{dt} = \frac{d}{dt}(-\sin t)\vec{i} + \frac{d}{dt}(-\cos t)\vec{j} = (-\cos t)\vec{i} + (\sin t)\vec{j}$ (m/s^2)

$t = 0$일 때 $\vec{a} = -\vec{i}$ (m/s^2)

$\therefore$ 가속도의 크기 $|\vec{a}| = \sqrt{a_x^2 + a_y^2} = \sqrt{(-1)^2 + 0} = 1$ (m/s^2)

5. $\alpha = \sin^{-1}\left(\frac{V_B}{V_A}\right) = \sin^{-1}\left(\frac{200}{900}\right) = 12.84°$: 목적지인 동쪽을 기준으로 하여 북동쪽으로 12.84°의 방향으로 비행해야 한다. 이때 지면에 대한 비행기의 속력은 $V_C = \sqrt{V_A^2 - V_B^2} = \sqrt{900^2 - 200^2} = 877.5$ (km/h)이므로 1000km를 비행하는데 걸리는 시간은 $t = \frac{S}{V_C} = \frac{1000}{877.5} = 1.14$(h)이다.

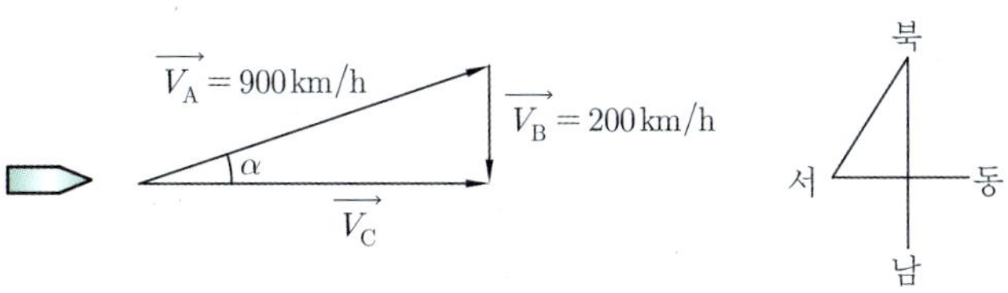

6. 평균 가속도 $\vec{a_{avg}} = \frac{\vec{v_2} - \vec{v_1}}{\Delta t} = \frac{(16\vec{i} - 10\vec{j}) - (-4\vec{i} + 2\vec{j})}{4} = 5\vec{i} - 3\vec{j}$ (m/s^2)

7. 가속도 $\vec{a} = \frac{\vec{v_2} - \vec{v_1}}{\Delta t}$

$\therefore$ $\vec{v_1} = \vec{v_2} - \Delta t\,\vec{a} = (5\vec{i} - 6\vec{j}) - 4 \times (2\vec{i} + 3\vec{j}) = -3\vec{i} - 18\vec{j}$ (m/s)

8. 평균 가속도 $a_{avg} = \dfrac{v_2 - v_1}{\Delta t} = \dfrac{(72 \times 1000/3600) - 0}{10} = 2\,(\mathrm{m/s^2})$

9. 동쪽을 $(+x)$, 북쪽을 $(+y)$로 잡으면 처음속도 $\overrightarrow{v_1} = 108\vec{i}\,(\mathrm{km/h})$, 나중 속도 $\overrightarrow{v_2} = 54\vec{j}\,(\mathrm{km/h})$이므로 평균 가속도

$$\overrightarrow{a_{avg}} = \frac{\overrightarrow{v_2} - \overrightarrow{v_1}}{\Delta t} = \frac{(54\vec{j} - 108\vec{i}) \times 1000/3600}{5} = -6\vec{i} + 3\vec{j}\ (\mathrm{m/s^2})$$

이고, 가속도의 크기 $a_{avg} = \sqrt{a_x^2 + a_y^2} = \sqrt{(-6)^2 + 3^2} = 6.71\,(\mathrm{m/s^2})$

10. 속도 $v = \dfrac{ds}{dt} = \dfrac{d}{dt}(t^3 + 3t^2 + t) = 3t^2 + 6t + 1\ \ (\mathrm{m/s})$

가속도 $a = \dfrac{dv}{dt} = \dfrac{d}{dt}(3t^2 + 6t + 1) = 6t + 6\ \ (\mathrm{m/s^2})$

$\therefore$ $t = 2$일 때 속도 $v = 25\,(\mathrm{m/s})$, 가속도 $a = 18\,(\mathrm{m/s^2})$

11. 위치 $s = v_0 t + \dfrac{1}{2}at^2 = 0 + \dfrac{1}{2} \times 0.4 \times 10^2 = 20\,(\mathrm{m})$

속도 $v = v_0 + at = 0 + 0.4 \times 10 = 4\,(\mathrm{m/s})$

12. $0 < t < 2$일 때 $v > 0$이고, $2 < t < 3$일 때 $v < 0$이다. 따라서 오른쪽을 $(+)$로 잡으면 $t = 2$까지는 오른쪽으로 이동하고, $2 < t < 3$에서는 왼쪽으로 이동한다.

$\therefore$ $ds = vdt$에서 이동거리

$$s = \int_0^2 (4 - 2t)dt - \int_2^3 (4 - 2t)dt = [4t - t^2]_0^2 - [4t - t^2]_2^3 = 5\,(\mathrm{m})$$

† 변위 $\Delta s = \displaystyle\int_0^3 (4 - 2t)dt = [4t - t^2]_0^3 = 3\,(\mathrm{m})$이다.

13. (1) $dv = adt$를 적분하면 $v = \displaystyle\int adt = \int kt\,dt = \frac{1}{2}kt^2 + C$

$t = 0$일 때 $v = 2$에서 $C = 2$이고, $t = 1$일 때 $v = 6$이므로 $k = 8$이다.

$\therefore$ $v = \dfrac{1}{2}kt^2 + C = 4t^2 + 2\,(\mathrm{m/s})$에서 $t = 2$일 때 $v = 18\,\mathrm{m/s}$이다.

(2) $ds = vdt$를 적분하면 $s = \displaystyle\int vdt = \int (4t^2 + 2)\,dt = \frac{4}{3}t^3 + 2t + C$

$t = 0$일 때 $s = 0$에서 $C = 0$이므로 $t = 3$일 때 $s = 42\,(\mathrm{m})$이다.

14. 정지했을 때 속도 $v = 0$이므로 $v = 10 - 2t = 0$에서 $t = 5\,(\mathrm{s})$이다.

$\therefore$ 이동 거리 $s = \displaystyle\int_0^5 (10 - 2t)dt = [10t - t^2]_0^5 = 25\ (\mathrm{m})$

15. (1) $s = \displaystyle\int vdt = \int (6t - 3t^2)\,dt = 3t^2 - t^3 + C$

$t = 0$일 때 $s = 0$에서 $C = 0$이므로 $t = 3$일 때 $s = 3 \times 3^2 - 3^3 = 0$이다.

(2) $v = 3t(2 - t)$이므로 $0 < t < 2$일 때 $v > 0$이고, $2 < t < 3$일 때 $v < 0$이다. 따라서 오른

쪽을 (+)로 잡으면 $t=2$까지는 오른쪽으로 이동하고, $2<t<3$에서는 왼쪽으로 이동한다. ∴ $ds=vdt$에서 이동거리

$$s=\int_0^2(6t-3t^2)dt-\int_2^3(6t-3t^2)dt=[3t^2-t^3]_0^2-[3t^2-t^3]_2^3=8\,(\mathrm{m})$$

16. 정지 상태에서 출발하므로 처음 속도 $v_0=0$이다.

$s=v_0t+\frac{1}{2}at^2$에서 $s=500\mathrm{m}$, $t=10\mathrm{s}$를 대입하면 $500=0+\frac{1}{2}a\times10^2$

∴ $a=10\mathrm{m/s^2}$

이고, 10초 후의 속도 $v=v_0+at=0+10\times10=100\,(\mathrm{m/s})$이다.

17. 처음속도 $v_0=72\mathrm{km/h}=\dfrac{72\times1000\mathrm{m}}{3600\mathrm{s}}=20\mathrm{m/s}$, 최종속도 $v_1=0$ (∵ 정지)

∴ 가속도 $a=\dfrac{v_1-v_0}{\Delta t}=\dfrac{0-20}{2}=-10\,(\mathrm{m/s^2})$

$v_1^2-v_0^2=2as$에서 $0-20^2=2\times(-10)\times s$ ∴ $s=20\,(\mathrm{m})$

18. (1) OA의 기울기이므로 $a=\dfrac{12}{4}=3\,(\mathrm{m/s^2})$

(2) OB의 기울기이므로 $a=\dfrac{12}{8}=\dfrac{3}{2}\,(\mathrm{m/s^2})$

(3) 0초에서 8초까지의 이동거리는 $v-t$그래프의 면적에서

$s=\frac{1}{2}\times4\times12+4\times12=72\,(\mathrm{m})$ ∴ 평균속도$=\dfrac{72}{8}=9\,(\mathrm{m/s})$

(4) 직선 BC의 방정식은 $v=-2t+28$이므로 직선과 t축과의 교점은 $t=14$이다. 따라서 오른쪽을 (+)로 잡으면 속도가 (+)인 0초에서 14초까지는 오른쪽으로 이동하고, 속도가 (−)인 14초부터 16초까지는 왼쪽으로 이동한다. $v-t$그래프의 면적에서 오른쪽으로 이동한 거리 $s_1=108\mathrm{m}$이고, 왼쪽으로 이동한 거리 $s_2=4\mathrm{m}$이다.

∴ 변위 $\Delta s=s_1-s_2=108-4=104\,(\mathrm{m})$

(5) (4)에서 이동 거리 $s=s_1+s_2=108+4=112\,(\mathrm{m})$

19. $v=v_0+at$ 의 양변을 제곱하면,

$$v^2=(v_0+at)^2=v_0^2+2av_0t+a^2t^2=v_0^2+2a\left(v_0t+\frac{1}{2}at^2\right)=v_0^2+2as$$

$$\left(\because s=v_0t+\frac{1}{2}at^2\right)$$

$$\therefore\ v^2-v_0^2=2as$$

20. (갈 때 걸린 시간)+(올 때 걸린 시간)=(1시간)이다.

걸린 시간 $t=\dfrac{s}{v}$이므로 집에서 시청까지의 거리를 $x(\mathrm{km})$라 하면

∴ $\dfrac{x}{6}+\dfrac{x}{4}=1$, $2x+3x=12$, $5x=12$ ∴ $x=\dfrac{12}{5}=2.4(\mathrm{km})$

21. 뛰어간 거리를 x(km), 걸어간 거리를 y(km)라고 한다.
뛰어간 거리와 걸어간 거리를 합한 전체 거리는 16km이므로

$$x+y=16 \qquad \cdots\cdots ①$$

이고, 총 소요 시간 2시간 30분은 $\frac{5}{2}$시간이므로

$$\frac{x}{8}+\frac{y}{4}=\frac{5}{2}\ \left(\leftarrow t=\frac{s}{v}\right)\quad \therefore\ x+2y=20 \qquad \cdots\cdots ②$$

이다. 이상의 두 식 ①, ②를 연립하여 풀면 $x=12$(km), $y=4$(km).

22. [정답: ④] $v^2-v_0^2=2ax$, $0-v_0^2=2\times(-2.5)\times(2000)$ $\therefore$ $v_0=100\,\text{m/s}$

23. [정답: ⑤] 처음 2초 동안은 $v_0=5\text{m/s}$의 등속운동을 하고, 다음 2초 동안은 초기속도 $v_0=5\text{m/s}$, 가속도 $a=1\text{m/s}^2$의 등가속도 운동을 한다.

$$\therefore\ s=v_0t_1+\left(v_0t_2+\frac{1}{2}at_2^2\right)=5\cdot 2+\left(5\cdot 2+\frac{1}{2}\cdot 1\cdot 2^2\right)=22(\text{m})$$

24. [정답: ④]

25. [정답: ④]

26. [정답: ④]

27. [정답: ④]

연습문제 3.2

1. $h=\frac{1}{2}gt^2=\frac{1}{2}\times 9.8\times 4^2=78.4\ (\text{m})$

2. $h=\frac{1}{2}gt^2\ \therefore t=\sqrt{\frac{2h}{g}}=\sqrt{\frac{2\times 400}{9.8}}=9.04\ (\text{s})$

$v=gt=9.8\times 9.04=88.59\ (\text{m/s})\ \ (=\sqrt{2gh})$

3. 처음 3초 동안 낙하한 거리 $h_1=\frac{1}{2}gt^2=\frac{1}{2}\times 9.8\times 3^2=44.1\ (\text{m})$

처음부터 5초 동안 낙하한 거리 $h_2=\frac{1}{2}gt^2=\frac{1}{2}\times 9.8\times 5^2=122.5\ (\text{m})$

따라서 3초 이후 2초 동안 낙하한 거리는 $h_2-h_1=122.5-44.1=78.4\ (\text{m})$

4. 그래프에서 $t=5$초일 때 $v=0$이다. 따라서 최고점에서의 속력은 0이므로 최고점까지 올라가는 데 걸린 시간은 5초이다. 이동거리는 속도-시간 그래프에서 면적이므로 최고점의 높이 $h_{\max}=\frac{1}{2}\times 5\times 49=122.5\ (\text{m})$이다.

5. $v^2-v_0^2=-2gh$에 최고점에서 $v=0$, $h=h_{\max}$를 대입하면

처음 속도 $v_0=\sqrt{2gh_{\max}}=\sqrt{2\times 9.8\times 20}=19.8\ (\text{m/s})$

6. $h_{\max}=\frac{v_0^2}{2g}=\frac{60^2}{2\times 9.8}=183.7\ (\text{m})\ \ (\because v^2-v_0^2=-2gh_{\max},\ v=0)$

최고점에서 속도는 0에서 $v=v_0-gt=0$ $\therefore$ $t=\frac{v_0}{g}=\frac{60}{9.8}=6.12\ (\text{s})$

7. 자유 낙하하는 물체가 $h_1 = 80 - 30 = 50\,(\mathrm{m})$ 낙하하는 데 걸리는 시간은 $h_1 = \frac{1}{2}gt_1^2$에서 $t_1 = \sqrt{\frac{2h_1}{g}}$ 이다. 이 시간 동안에 지면에서 쏘아 올린 공이 h_2까지 올라가므로

$$h_2 = v_0 t_1 - \frac{1}{2}gt_1^2 = v_0 t_1 - h_1$$

$$\therefore\ v_0 = \frac{h_1 + h_2}{t_1} = \frac{h}{t_1} = h\sqrt{\frac{g}{2h_1}} = 80 \times \sqrt{\frac{9.8}{2 \times 50}} = 25.04\ (\mathrm{m/s})$$

8. 물체 A가 낙하한 거리 $h_\mathrm{A} = v_0 t + \frac{1}{2}gt^2$

물체 B가 올라간 거리 $h_\mathrm{B} = v_0 t - \frac{1}{2}gt^2$

두 물체가 만날 때 $h_\mathrm{A} + h_\mathrm{B} = H$이므로 $2v_0 t = H$

$$\therefore\ v_0 = \frac{H}{2t} = \frac{200}{2 \times 4} = 25\ (\mathrm{m/s})$$

9. (1) $v = \sqrt{v_0^2 + 2gH} = \sqrt{30^2 + 2 \times 9.8 \times 80} = 49.68\ (\mathrm{m/s})$

(2) 옥상으로부터 최고점까지의 높이 $h_{max} = \frac{v_0^2}{2g} = \frac{30^2}{2 \times 9.8} = 45.92\ (\mathrm{m})$

물체의 이동 거리는 $2h_{max} + H = 2 \times 45.92 + 80 = 171.84\ (\mathrm{m})$

10. 처음 속도 $v_0 = 20\,\mathrm{m/s}$의 방향인 위쪽을 양(+)으로 잡고 물체를 던진 지점으로부터의 고도를 h라 하면 시간 t에서의 물체의 높이 $h = v_0 t - \frac{1}{2}gt^2$이다. 이때 지면은 $h = -40\ (\mathrm{m})$이므로 $20t - \frac{1}{2} \times 9.8t^2 = -40$

$$4.9t^2 - 20t - 40 = 0 \quad \therefore\ t = \frac{10 + \sqrt{10^2 + 4.9 \times 40}}{4.9} = 5.55\ (\mathrm{s}) \quad (\because t > 0)$$

11. 낙하 시간: $h = \frac{1}{2}gt^2$에서 $t = \sqrt{\frac{2h}{g}} = \sqrt{\frac{2 \times 1400}{9.8}} = 16.9\ (\mathrm{s})$

수평 방향 이동 거리: $R = v_0 t = \frac{500 \times 1000}{3600} \times 16.9 = 2347\ (\mathrm{m})$

12. 수평 성분 $v_x = 30\ (\mathrm{m/s})$ (등속도 운동)

수직 성분 $v_y = gt = 9.8 \times 4 = 39.2\ (\mathrm{m/s})$ (자유낙하, 등가속도 운동)

속도의 크기 $v = \sqrt{v_x^2 + v_y^2} = \sqrt{30^2 + 39.2^2} = 49.36\ (\mathrm{m/s})$

각도 $\theta = \tan^{-1}\left(\frac{v_y}{v_x}\right) = \tan^{-1}\left(\frac{39.2}{30}\right) = 52.57°$

13. 수직 방향: $H = \frac{1}{2}gt^2 = \frac{1}{2} \times 9.8 \times 6^2 = 176.4\ (\mathrm{m})$ (자유낙하)

수평 방향: $R = v_0 t = 40 \times 6 = 240\ (\mathrm{m})$ (등속도 운동)

14. $v_{0x} = v_0 \cos\alpha = 48 \times \cos 60° = 24\ (\mathrm{m/s})$

$v_{0y} = v_0 \sin\alpha = 48 \times \sin 60° = 41.57\,(\mathrm{m/s})$

(1) 2초 후의 높이 $h = v_{0y}t - \frac{1}{2}gt^2 = 41.57 \times 2 - \frac{1}{2} \times 9.8 \times 2^2 = 63.54\,(\mathrm{m})$

수평방향 속도 성분: $v_x = v_{0x} = 24\,(\mathrm{m/s})$

수직방향 속도 성분: $v_y = v_{0y} - gt = 41.57 - 9.8 \times 2 = 21.97\,(\mathrm{m/s})$

(2) 6초 후의 높이 $h = v_{0y}t - \frac{1}{2}gt^2 = 41.57 \times 6 - \frac{1}{2} \times 9.8 \times 6^2 = 73.02\,(\mathrm{m})$

수평방향 속도 성분: $v_x = v_{0x} = 24\,(\mathrm{m/s})$

수직방향 속도 성분: $v_y = v_{0y} - gt = 41.57 - 9.8 \times 6 = -17.23\,(\mathrm{m/s})$

† 2초 후에는 $v_y > 0$이므로 위로 올라가고, 6초 후에는 $v_y < 0$이므로 아래로 떨어진다.

15. $H = \frac{v_0^2 \sin^2\alpha}{2g} = \frac{80^2 \times (\sin 30°)^2}{2 \times 9.8} = 81.63\,(\mathrm{m})$

$R = \frac{v_0^2 \sin 2\alpha}{g} = \frac{80^2 \times \sin(60°)}{9.8} = 565.6\,(\mathrm{m})$

16. 비거리 $R = \frac{v_0^2 \sin 2\alpha}{g}$ $\quad \therefore v_0 = \sqrt{\frac{gR}{\sin 2\alpha}} = \sqrt{\frac{9.8 \times 140}{\sin(40°)}} = 46.2\,(\mathrm{m/s})$이므로 공의 속도가 $v_0 \geq 46.2\,(\mathrm{m/s})$가 되게 타격해야 한다.

17. 최고점에서 $v_y = v_0 \sin\alpha - gt = 0$이고 최고점까지 도달 시간은 5/2이다.

$\therefore \sin\alpha = \frac{gt}{v_0}$에서 $\alpha = \sin^{-1}\left(\frac{gt}{v_0}\right) = \sin^{-1}\left(\frac{9.8 \times 5/2}{40}\right) = 37.77°$

18. 해수면은 같은 고도에 있으므로 수평도달 거리 $R = \frac{v_0^2 \sin 2\alpha}{g}$에서

$\sin 2\alpha = \frac{gR}{v_0^2}$ $\quad \therefore 2\alpha = \sin^{-1}\left(\frac{gR}{v_0^2}\right) = \sin^{-1}\left(\frac{9.8 \times 4000}{300^2}\right) = 25.82°$이다.

따라서 포신을 수평선으로부터 위로 $\alpha = 12.91°$ 각도로 조준해야 한다.

19. 두 물체는 모두 연직 방향으로는 자유 낙하를 하므로 임의 시간에서 두 물체의 고도는 항상 같다. 따라서 시간이 지나면 A가 점점 B로 다가와서 결국은 만나게 된다. (두 물체 간의 거리를 R이라 하면 만나는 시간 $t = R/v_0$이다.)

20. [정답: ④] $v^2 - v_0^2 = -2gh$, 최고점에서 $v = 0$

21. [정답: ③] $h = \frac{1}{2}gt^2$, $v = gt$, $v_0 = 0$, $v_{avg} = \frac{v_0 + v}{2}$

22. 수평 방향으로는 등속운동이므로 $R = v_0 t$ $\therefore$ $t = \frac{R}{v_0} = \frac{40}{10} = 4\,(\mathrm{s})$

연직방향으로는 자유낙하운동이므로 $H = \frac{1}{2}gt^2 = \frac{1}{2} \times 9.8 \times 4^2 = 78.4\,(\mathrm{m})$

23. 두 물체는 수평 방향으로는 등속 운동($v\cos 45°$, 10m/s)을 하고 수직 방향으로는 등가속

도 운동(g)을 한다. 충돌한 시간을 t라 할 때 이 시간 동안 두 물체가 이동한 수평방향과 수직 방향의 거리의 합은 각각 50m, 30m이다.

- 수평 방향: $(v\cos 45°)t + 10t = 50$ ……①
- 수직 방향: $\left[(v\sin 45°)t - \frac{1}{2}gt^2\right] + \frac{1}{2}gt^2 = 30$ ……②

식 ①, ②를 연립하면 $t = 2(\text{s})$, $v = 15\sqrt{2}\,(\text{m/s})$이다.

24. [정답: ②]

25. [정답: ④]

26. 수평면과 α의 각도로 초기속도 v_0로 쏘아올린 물체는 수평방향으로는 $v_x = v_0\cos\alpha$의 등속 운동을 하고 연직 방향으로는 $v_y = v_0\sin\alpha - gt$의 등가속도 운동을 한다.

(1) 시간 t에서의 연직 방향 속도성분 $v_y = v_0\sin\alpha - gt$이므로 높이

$$y = (v_0\sin\alpha)t - \frac{1}{2}gt^2$$

이다. 따라서 $y=0$일 때 시간 t는 다음과 같다.

$$y = (v_0\sin\alpha)t - \frac{1}{2}gt^2 = 0$$

$$t(2v_0\sin\alpha - gt) = 0$$

$$\therefore\ t = 0,\ \frac{2v_0\sin\alpha}{g}$$

즉, $t=0$에서 골프공을 쏘아 올린 후 떨어질 때까지 걸린 시간

$$t_1 = \frac{2v_0\sin\alpha}{g} = \frac{2\times 50\times\sin 30°}{9.8} = 5.1\,(\text{s})$$

(2) 수평 도달 거리: 수평 방향으로 일정속도 $v_x = v_0\cos\alpha$의 등속 운동을 하므로 수평 도달 거리는 다음과 같다.

$$R = (v_0\cos\alpha)\cdot(t_1) = v_0\cos\alpha\times\frac{2v_0\sin\alpha}{g} = \frac{2v_0^2\cos\alpha\sin\alpha}{g}$$

$$= \frac{2\times 50^2\times\cos 30°\times\sin 30°}{9.8} = 221\,(\text{m})$$

(3) 최고 높이 $y_{\max}$: $v_{0y} = v_0\sin\alpha$이므로 $v_y^2 - (v_0\sin\alpha)^2 = -2gy$이고, 최고점에서의 $v_y = 0$이므로

$$0 - (v_0\sin\alpha)^2 = -2gy_{\max}$$

$$\therefore\ y_{\max} = \frac{(v_0\sin\alpha)^2}{2g} = \frac{(50\times\sin 30°)^2}{2\times 9.8} = 31.9\,(\text{m})$$

27. 최고점에서 y방향 속도 성분 $v_y = 0$이므로 최고점에 도달하는 시간은

$$v_{0y} - gt = 0 \quad \therefore\ t = \frac{v_{0y}}{t}$$

이다. 따라서 물체가 땅에 떨어질 때까지 걸린 시간은 $2t=\dfrac{2v_{0y}}{g}$이고 수평 방향으로 날아간 거리(R)에서

$$R=v_{0x}\cdot(2t)=\frac{2v_{0x}v_{0y}}{g}\quad\therefore\quad v_{0x}v_{0y}=\frac{gR}{2}\qquad\cdots\cdots(\star)$$

이다. 속도의 방향이 x축과 이루는 각을 θ라 하면

$$v_{0x}=v_0\cos\theta,\ \ v_{0y}=v_0\sin\theta$$

이므로 식 $(\star)$에서

$$v_{0x}v_{0y}=v_0^2\cos\theta\sin\theta=\frac{gR}{2}$$

$$\therefore\ \ v_0^2=\frac{gR}{2\cos\theta\sin\theta}=\frac{gR}{\sin(2\theta)}$$

가 된다. 따라서 $2\theta=\dfrac{\pi}{2}$일 때 $v_{\min}=\sqrt{gR}$ 이다.

28. A가 최고점에 도달하는 시간은 $10\sqrt{2}\sin60°-gt=0$에서 $t=\dfrac{\sqrt{6}}{2}(\mathrm{s})$이다. 이때 B가 수평방향으로 이동한 거리는 $10\sqrt{3}\cos45°\cdot t=15(\mathrm{m})$이다.

29. 문제에서 주어진 [그림]과 같이 발사점을 원점으로 하여 좌표축을 잡고 포탄의 위치와 속도를 각각 x, y 성분으로 분해하여 해석한다. 포탄의 처음 위치 $x_0=0$, $y_0=0$이고, 처음 속도($\overrightarrow{v_0}$)의 성분은

$$v_{0x}=200\cos30°=173.2\ (\mathrm{m/s}),\ \ v_{0y}=200\sin30°=100\ (\mathrm{m/s})$$

이다. 수평 방향으로는 등속운동이므로 시간 t에서의 속도의 x성분과 포탄의 위치(x)는

$$v_x=v_{0x}=173.2\ (\mathrm{m/s}),\ \ x=v_{0x}t=173.2t\ (\mathrm{m})$$

이다. 그리고 수직방향으로는 $a=-g$의 등가속도 운동이므로 시간 t에서의 속도의 y성분과 위치(y)는 다음과 같다.

$$v_y=v_{0y}-gt=100-9.8t\ (\mathrm{m/s})$$

$$y=v_{0y}t-\frac{1}{2}gt^2=100t-4.9t^2\ (\mathrm{m})$$

여기에서 y좌표를 연직 위 방향을 양(+)으로 잡았으므로 아래 방향으로 향하는 중력 가속도의 방향은 음(−)이 되어 포탄의 가속도 $a=-g$가 된다.

(1) 포탄이 최고점에 도달했을 때 연직방향 속도성분 $v_y=0$이 된다. 이 식을 이용하면 다음과 같이 최고점까지의 도달 시간(t)이 구해진다.

$$v_y=100-9.8t=0$$

$$\therefore\ \ t=\frac{100}{9.8}=10.2\ (\mathrm{s})$$

이때($t=10.2\mathrm{s}$) 최고점의 높이($y_{\max}$)는 다음과 같다.

$$y_{max} = 100t - 4.9t^2 = 100 \times 10.2 - 4.9 \times (10.2)^2 = 510.2\,(\text{m})$$

(2) 포탄이 해수면에 떨어졌을 때 포탄의 위치 $y = -100\text{m}$ 이다. 따라서

$$y = 100t - 4.9t^2 = -100$$

에서 해수면에 떨어질 때까지 걸린 시간(t)은

$$4.9t^2 - 100t - 100 = 0$$

$$\therefore\ t = \frac{100 + \sqrt{(-100)^2 + 4 \times 4.9 \times 100}}{2 \times 4.9} = 21.36\,(\text{s})\ \ (\because\ t > 0)$$

이다. 따라서 $t = 21.36\text{s}$ 동안 $v_{0x} = 173.2\,(\text{m/s})$의 일정속도로 날아간 수평 거리 ($R = x$)는 다음과 같다.

$$x = v_{0x}t = 173.2 \times 21.36 = 3699.6\,(\text{m})$$

30. (1) 최고점(B)에서 속도의 y성분은 0이다.

$$0 - v_{0y}^2 = -2gh\ \ \therefore\ v_{0y} = \sqrt{2gh} = \sqrt{2 \cdot 10 \cdot 20} = 20\,(\text{m/s})$$

C점에 도달하는 데 걸리는 시간을 구한다.

$$v_{0y}t - \frac{1}{2}gt^2 = 15\ \ \therefore\ 20t - \frac{1}{2} \cdot 10 \cdot t^2 = 15$$

이 식을 풀면 $t = 1, 3\,(\text{s})$인데 C점은 최고점에서 내려오는 점이므로 $t = 3\,(\text{s})$이다. 따라서 C점까지의 수평거리에서

$$v_{0x}t = 45\ \ \therefore\ v_{0x} = \frac{45}{3} = 15\,(\text{m/s})$$

가 구해진다. 따라서 $v_0 = \sqrt{v_{0x}^2 + v_{0y}^2} = \sqrt{15^2 + 20^2} = 25\,(\text{m/s})$이다.

(2) D점에 도달하는 시간은 $v_{0y}t - \frac{1}{2}gt^2 = 0$에서 $t = 4\,(\text{s})$이므로 수평거리(R)은 다음과 같다.

$$R = v_{0x}t = 15 \cdot 4 = 60\,(\text{m})$$

❙ 연습문제 3.3

1. $a = \dfrac{F}{m} = \dfrac{4000}{2000} = 2\,(\text{cm/s}^2)$: $1\text{dyne} = 1\text{g} \cdot \text{cm/s}^2$

2. $m = \dfrac{F}{a} = \dfrac{1.4}{25 \times 10^{-3}} = 56\,(\text{kg})$: $1\text{N} = 1\text{kg} \cdot \text{m/s}^2$

3. (1) $a_y = 0$에서 $\sum F_y = 0\ \ \therefore N = 30 + mg = 30 + 2 \cdot 9.8 = 49.6\,(\text{N})\,(\uparrow)$

(2) $a_x = (\sum F_x)/m = \dfrac{40 - 20}{2} = 10\,(\text{m/s}^2)\,(\rightarrow)$

(3) $\Delta x = \dfrac{1}{2}a_x t^2 = \dfrac{1}{2} \cdot 10 \cdot 4^2 = 80\,(\text{m})$

4. $T=m_A a,\ F-T=m_B a \quad \therefore \quad a=\dfrac{F}{m_A+m_B}=\dfrac{40}{3+7}=4\ (\mathrm{m/s^2})$

$T=m_A a=3\cdot 4=12\ (\mathrm{N})$

5. $v_0=0,\ v_1=72\mathrm{km/h}=72\cdot 1000\mathrm{m}/3600\mathrm{s}=20\mathrm{m/s}$

$\therefore \quad a=\dfrac{v_1-v_0}{\Delta t}=\dfrac{20-0}{4}=5\ (\mathrm{m/s^2})$

$F=ma=1000\mathrm{kg}\cdot 5\mathrm{m/s^2}=5000\mathrm{N}=5\mathrm{kN}$

6. $F=ma=m\dfrac{v_1-v_0}{\Delta t}=20\cdot\dfrac{0-10}{4}=-50\ (\mathrm{N})$

물체의 운동 방향과 반대 방향으로 50N의 힘을 가해야 한다.

7. $mg-T=ma \quad \therefore \quad T=mg-ma=100\times(9.8-2.8)=700\ (\mathrm{N})$

8. $a=\dfrac{F_x}{m}=\dfrac{500\cos 30^\circ}{40}=10.83\ (\mathrm{m/s^2})\ (\rightarrow)$

9. (1) $a_y=0$에서 $\sum F_y=0$

$\therefore \quad N=mg+40-60\sin 30^\circ=4\cdot 9.8+40-60\sin 30^\circ=49.2\ (\mathrm{N})\ (\uparrow)$

(2) $a_x=(\sum F_x)/m=\dfrac{60\cos 30^\circ-30-0.2\cdot 49.2}{4}=3.03\ (\mathrm{m/s^2})\ (\rightarrow)$

(3) $\Delta x=\dfrac{1}{2}a_x t^2=\dfrac{1}{2}\cdot 3.03\cdot 2^2=6.06\ (\mathrm{m})$

10. $\mu_s=\tan\phi=\tan 20^\circ=0.364$

11. $\phi=\tan^{-1}\mu_s=\tan^{-1}0.25=14.04^\circ$

12. 무게의 빗면 방향 성분과 수직 성분은 각각 $W\sin\theta$, $W\cos\theta$이므로 마찰력은 $\mu_k N=\mu_k\cos\theta$. 등속운동이므로 $a=0$이고 $\sum F=0$.

$$W\sin\theta-\mu_k W\cos\theta=0 \quad \therefore \quad \mu_k=\tan\theta=\tan 10^\circ=0.176$$

13. $\sum F=ma$에서 $mg\sin\theta-\mu_k mg\cos\theta=ma$

$\therefore \quad a=(\sin\theta-\mu_k\cos\theta)g=(\sin 30^\circ-0.3\cdot\cos 30^\circ)\cdot 9.8=2.35\ (m/s^2)$

14. M의 물체가 내려가는 방향을 $+a$로 한다. 장력을 T로 하여 각 물체에 대해 2법칙($\sum F=ma$)을 적용하면

$$T-mg-P=ma,\ Mg-T=Ma$$

$\therefore \quad a=\dfrac{Mg-mg-P}{M+m}=\dfrac{10\cdot 9.8-4\cdot 9.8-30}{10+4}=2.06\ (\mathrm{m/s^2})$

$$T=M(g-a)=10\cdot(9.8-2.06)=77.4\ (\mathrm{N})$$

15. (1) $T=Ma,\ mg-T=ma \quad \therefore a=\dfrac{mg}{M+m}=\dfrac{2\cdot 9.8}{3+2}=3.92\ (\mathrm{m/s^2})$

$T=Ma=3\cdot 3.92=11.76\ (\mathrm{N})$

(2) 등속운동($a=0$)이므로 $\sum F=0$에서 $T-\mu_k Mg=0,\ mg-T=0$

$$\therefore\ \mu_k=\frac{T}{Mg}=\frac{mg}{Mg}=\frac{m}{M}=\frac{3}{8}=0.375$$

(3) $T-\mu_k Mg=Ma,\ mg-T=ma$

$$\therefore\ a=\frac{(m-\mu_k M)g}{M+m}=\frac{(4-0.2\cdot 6)\cdot 9.8}{6+4}=2.744\ (\mathrm{m/s^2})$$

(4) (3)에서 $a=\dfrac{(m-\mu_k M)g}{M+m}$. 이 식에서 μ_k를 구하면

$$m-\mu_k M=\frac{a}{g}(M+m)$$

$$\therefore\ \mu_k=\frac{m}{M}-\frac{a}{g}\left(1+\frac{m}{M}\right)=\frac{2}{4}-\frac{1.3}{9.8}\left(1+\frac{2}{4}\right)=0.301$$

16. 장력을 T, 빗면을 따라 미끄러져 내려오는 방향을 가속도의 방향($+a$)으로 잡는다. A, B에 2법칙을 적용하면,

$$m_A g\sin\theta-\mu_k m_A g\cos\theta-T=m_A a \quad \cdots\cdots ①$$

$$T-m_B g=m_B a \quad \cdots\cdots ②$$

이다. ①+②에서

$$a=\frac{(m_A\sin\theta-\mu_k m_A\cos\theta-m_B)g}{m_A+m_B}$$

$$=\frac{(8\cdot\sin 40°-0.2\times 8\cdot\cos 40°-2)\cdot 9.8}{8+2}$$

$$=1.878\ (\mathrm{m/s^2})$$

이고, ②에서 $T=m_B(a+g)=2\cdot(1.878+9.8)=23.36\ (\mathrm{N})$이다.

가속도의 값이 양이므로 A는 빗면을 따라 미끄러져 내려온다.

17. 속도가 일정하므로 가속도 $a=0$이고, 2법칙에서 $\sum\vec{F}=0$가 된다.

장력을 수평성분과 수직성분으로 분해하여 해석한다.

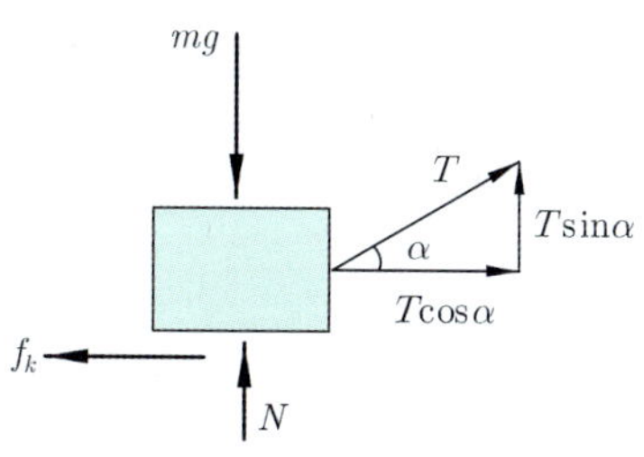

반력을 N으로 하면 마찰력 $f_k=\mu_k N$이다.

$$\sum F_y=0:\ N-mg+T\sin\alpha=0 \quad \cdots\cdots ①$$

$$\sum F_x = 0:\ T\cos\alpha - \mu_k N = 0 \qquad \cdots\cdots②$$

①에서 $N = mg - T\sin\alpha$를 ②에 대입하여 T를 구한다.

$$T\cos\alpha - \mu_k(mg - T\sin\alpha) = 0$$

$$\therefore\ T = \frac{\mu_k mg}{\cos\alpha + \mu_k \sin\alpha} = \frac{0.1 \cdot 40 \cdot 9.8}{\cos 30° + 0.1 \cdot \sin 30°} = 42.79\,(\mathrm{N})$$

18. 장력을 T로 하고 각 물체에 대해 제 2법칙을 적용한다.

$$\mathrm{A}:\ m_\mathrm{A} g\sin\theta - T = m_\mathrm{A} a \qquad \cdots\cdots①$$

$$\mathrm{B}:\ T - \mu_k m_\mathrm{B} g = m_\mathrm{B} a \qquad \cdots\cdots②$$

①+②를 하면 $m_\mathrm{A} g\sin\theta - \mu_k m_\mathrm{B} g = m_\mathrm{A} a + m_\mathrm{B} a$

$$\therefore\ a = \frac{(m_\mathrm{A}\sin\theta - \mu_k m_\mathrm{B})g}{m_\mathrm{A} + m_\mathrm{B}} = \frac{(4 \cdot \sin 30° - 0.3 \cdot 2) \cdot 9.8}{4+2} = 2.287\,(\mathrm{m/s^2})$$

19. [정답: ②]

20. [정답: ③]

21. [정답: ③]_$200 - F_{AB} = 5a$, $F_{AB} - F_{BC} = 3a$, $F_{BC} = 2a$

$\therefore\ a = 20\mathrm{m/s^2}$, $F_{BC} = 40\mathrm{N}$

22. [정답: ②]

이동 거리는 25m + 25m = 50m이다. $v_{avg} = \dfrac{50\mathrm{m}}{20\mathrm{s}} = 2.5\mathrm{m/s}$

$v-t$ 그래프에서 가속도는 기울기이다. $F = ma$

23. [정답: ③]

24. [정답: ③]

25. [정답: ①] $mg\sin 30° - \mu_k mg\cos 30° = ma$

26. [정답: ②]

27. [정답: ③]

28. [정답: ④] $N = mg - F\sin\theta$, $F\cos\theta - \mu_k N = ma$

29. 장력(T)의 수평과 수직 성분은 각각 $T\cos\theta$ (→), $T\sin\theta$ (↑)이다. 따라서 물체에 작용하는 수직 반력

$$N = mg - T\sin\theta$$

이므로 물체가 움직이기 시작할 때

$$T\cos\theta - \mu_s(mg - T\sin\theta) = 0$$

$$\therefore\ T = \frac{\mu_s mg}{\cos\theta + \mu_s \sin\theta}$$

이다. 여기에서 $f(\theta) = \cos\theta + \mu_s\sin\theta$가 최대일 때 T가 최소가 된다. 삼각함수 합성을 이용하면

$$f(\theta)=\cos\theta+\mu_s\sin\theta=\sqrt{1+\mu_s^2}\cos(\theta-\beta),\ \tan\beta=\mu_s$$

이므로 $\theta-\beta=0$일 때 $f(\theta)$가 최댓값을 가지고 이때 각(θ)은 다음과 같다.

$$\theta=\beta=\tan^{-1}(\mu_s)$$

† 삼각함수 합성: $a\sin\theta+b\cos\theta=\sqrt{a^2+b^2}\cos(\theta-\beta)$

$$\cos\beta=\frac{b}{\sqrt{a^2+b^2}},\ \sin\beta=\frac{a}{\sqrt{a^2+b^2}},\ \tan\beta=\frac{a}{b}$$

30. [정답: ⑤] 추에 뉴턴운동법칙을 적용하면

$$mg-T=ma$$

이다. 여기에서 $T=\frac{3}{7}mg$이므로 가속도 $a=\frac{4}{7}g$이 된다. 따라서 원통 표면가속도는 $a=\frac{4}{7}g$이고, 원통은 미끄러짐 없이 구르고 있으므로 원통중심의 가속도는 $\frac{2}{7}g$이다.

❙ 연습문제 3.4

1. $\omega=\frac{2\pi N}{60}=\frac{2\pi\cdot3600}{60}=314.16\,(\text{rad/s})$

$v=r\omega=(0.2\text{m})\cdot(314.16\text{ rad/s})=62.83\text{ m/s}$

2. 회전수 $\theta=\omega_{avg}t=\frac{1}{2}(\omega_f+\omega_0)t=\frac{1}{2}(0+2000)\cdot\frac{30}{60}=500\,(\text{rev})$

3. 줄에 의한 마찰력에 의해 도르래도 각가속도 $\alpha=a/R$로 회전한다.

운동법칙 $\sum F=ma$, $\sum M=I\alpha$를 적용하여 질량을 구한다.

m_1: $m_1g-T_1=m_1a\quad\therefore\ m_1=\frac{T_1}{g-a}=\frac{40}{9.8-9.8/2}=8.16\,(\text{kg})$

m_2: $T_2=m_2a\quad\therefore\ m_2=\frac{T_2}{a}=\frac{20}{9.8/2}=4.08\,(\text{kg})$

M: $T_1R-T_2R=\left(\frac{1}{2}MR^2\right)\alpha=\frac{1}{2}MRa\quad(\because R\alpha=a)$

$\therefore\ M=\frac{2(T_1-T_2)}{a}=\frac{2\cdot(40-20)}{9.8/2}=8.16\,(\text{kg})$

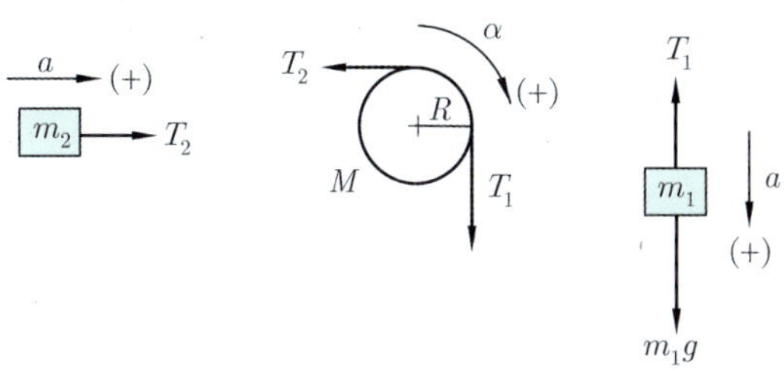

4. $a_r = r\omega^2 = (0.8\text{m}) \cdot (10\text{rad/s})^2 = 80\ \text{m/s}^2$

5. $a_t = r\alpha = (\frac{0.6\text{m}}{2}) \cdot (-0.4\text{rad/s}^2) = -0.12\ (\text{m/s}^2)$

[† 감속되므로 α의 부호를 음(−)으로 나타내고, 접선방향의 가속도가 음(−)이라는 것은 테두리의 선속도와 반대 방향이라는 것을 나타낸다.]

$\omega^2 - \omega_0^2 = 2\alpha\Delta\theta$에서 정지 상태의 $\omega = 0$이므로 처음 각속도

$$\omega_0 = \sqrt{-2\alpha\Delta\theta} = \sqrt{(-2) \cdot (-0.4) \cdot (10 \times 2\pi)} = 7.09\ (\text{rad/s})$$

6. 바닥에 닿는 공의 테두리를 지나는 접선에 대한 관성모멘트

$$I = I_c + mR^2 = \frac{2}{3}mR^2 + mR^2 = \frac{5}{3}mR^2$$

이므로 회전축을 공의 바닥으로 하여 $\sum M = I\alpha$를 적용하면

$$(mg\sin\theta)R = (\frac{5}{3}mR^2)\alpha = \frac{5}{3}mRa \quad \therefore \quad a = \frac{3}{5}g\sin\theta$$

이다. $v^2 - v_0^2 = 2as$에서 처음속도 $v_0 = 0$.

$$\therefore \quad v = \sqrt{2as} = \sqrt{2 \cdot (\frac{3}{5}g\sin\theta)s}$$

$$= \sqrt{2 \cdot (\frac{3}{5}) \cdot (9.8) \cdot \sin 30° \cdot 10} = 7.67\ (\text{m/s})$$

7. 굴러 내려가므로 구 또는 원판의 회전축은 테두리를 지나는 접선이다. 따라서 관성모멘트는 $I = I_c + mR^2 = kMR^2 + MR^2 = (1+k)MR^2$이고, 운동에너지는

$$E_k = \frac{1}{2}I\omega^2 = \frac{1}{2}(1+k)MR^2\omega^2 = \frac{1}{2}(1+k)Mv^2 \quad (\because v = R\omega)$$

이다. 높이 h의 위치에너지가 바닥에서의 운동에너지로 모두 변환되므로 에너지 보존법칙에 의해

$$\frac{1}{2}(1+k)Mv^2 = Mgh \quad \therefore v = \sqrt{\frac{2gh}{1+k}}$$

이다.

(† 문제 6에서 $k = 2/3$, $h = 10\sin 30°$이므로

$$v = \sqrt{\frac{2gh}{1+k}} = \sqrt{\frac{2 \cdot (9.8) \cdot (10\sin 30°)}{1+2/3}} = 7.67\ (\text{m/s})$$

이 된다.)

8. $M = I\alpha \quad \therefore \quad \alpha = \dfrac{M}{I} = \dfrac{12}{0.2} = 60\ (\text{rad/s}^2)$

9. $E_k = \dfrac{1}{2}I\omega^2 = \dfrac{1}{2} \cdot (0.4) \cdot (100)^2 = 2000\ (\text{J})$

10. $P=M\omega=M\cdot\frac{2\pi N}{60}=(100)\cdot\frac{2\pi\cdot(4000)}{60}\cdot\frac{1}{1000}=41.9(\text{kW})$

11. 속이 찬 구(sphere)의 질량관성모멘트 $I=2mR^2/5$

$$\therefore\ k=\sqrt{\frac{I}{m}}=\sqrt{\frac{2mR^2/5}{m}}=\sqrt{\frac{2}{5}}\,R$$

12. [정답: ②] 줄에 걸리는 장력을 T라 하고 풀리와 블록에 대해 운동법칙을 적용한다. 블록의 가속도 $a=r\alpha$이다.

$$\sum M_O=I\alpha:\ Tr=I\alpha \qquad \cdots\cdots①$$

$$\sum F=ma:\ mg-T=ma=mr\alpha \qquad \cdots\cdots②$$

식 ①에서 $Tr=I\alpha$를 식 ②에 대입하여 α를 구한다.

$$mgr=I\alpha+mr^2\alpha\quad\therefore\ \alpha=\frac{mgr}{(I+mr^2)}$$

13. $a_r=r\omega^2=1\times\left(\frac{2\pi}{2}\right)^2=\pi^2[\text{m/s}^2]$

14. 중심축에 대한 모멘트 $M=FR$, 질량관성모멘트 $I=\frac{1}{2}mR^2$을 $M=I\alpha$에 대입하면

$$FR=\frac{1}{2}mR^2\cdot\alpha$$

$$\therefore\ \alpha=\frac{2F}{mR}=\frac{2\cdot 40}{50\cdot(0.2)}=8(\text{rad/s}^2)$$

15. 먼저 각가속도를 구한다.

$$M=I\alpha$$

$$\therefore\ \alpha=\frac{M}{I}=\frac{80}{200}=0.4\ (\text{rad/s}^2)$$

따라서 각속도 $\omega_1=0$이므로 3분 후의 각속도

$$\omega_2=\omega_1+\alpha t=0.4\cdot(3\cdot 60)=72(\text{rad/s})$$

이다. 이 때 플라이휠의 분당 회전수(rpm)는 다음과 같다.

$$\omega_2=\frac{2\pi N_2}{60}$$

$$\therefore\ N_2=\frac{60\,\omega_2}{2\pi}=\frac{60\cdot 72}{2\pi}=687.5(\text{rpm})$$

16. [정답: ②] 각 변위 $\theta-\theta_0=2\pi\cdot 5=10\pi$이고, 정지 상태에서 회전을 시작하므로 $\omega_0=0$이다. 그리고 막 미끄러질 때는 구심력과 마찰력이 같을 때이므로

$$mr\omega^2=\mu mg$$

$$\therefore\ \omega^2=\frac{\mu g}{r}$$

이다. 여기에서 각 변위와 각속도의 관계식을 이용하면 다음과 같이 각가속도(α)가 구해진다.

$$\omega^2 - \omega_0^2 = 2\alpha(\theta - \theta_0)$$

$$\frac{\mu g}{r} = 2\alpha \cdot 10\pi$$

$$\therefore \quad \alpha = \frac{\mu g}{20\pi r} = \frac{0.5 \cdot (10\text{m/s}^2)}{20\pi \cdot (0.05\text{m})} = \frac{5}{\pi}\text{rad/s}^2$$

17. [정답: ②] $F_r = m\frac{v^2}{r} = \mu mg$

18. [정답: ④] $\frac{1}{2}mv^2 = mg \cdot \frac{3}{4}R \quad \therefore \quad v^2 = \frac{3}{2}gR$

물체가 트랙으로부터 받는 힘은 물체의 무게와 원심력의 합이다.

$$F = mg + F_r = mg + m\frac{v^2}{r} = mg + m\frac{(3gR/2)}{R} = \frac{5}{2}mg$$

19. [정답: ③] 줄에 걸리는 장력은 구의 무게(mg)와 원심력$\left(m\frac{v^2}{r}\right)$의 합이다.

20. [정답: ①]

21. (1) 막대가 수직으로 서 있을 때를 중력에 의한 위치에너지의 기준으로 잡고 이때 위치에너지 값을 0으로 한다. 막대가 수평으로 놓여 있을 때 막대의 운동에너지는 0이고, 막대의 질량중심은 기준점보다 $L/2$ 위에 있으므로 이때의 위치에너지는 $mgh = \frac{1}{2}mgL$이다. 막대가 수직으로 서 있을 때 막대의 위치에너지는 0이고 운동에너지는 $\frac{1}{2}I\omega^2$이다. 따라서 역학적 에너지 보존법칙에 의해 각속도(ω)는 다음과 같다.

$$\frac{1}{2}I\omega^2 = \frac{1}{2}mgL$$

$$\therefore \quad \omega = \sqrt{\frac{mgL}{I}} = \sqrt{\frac{mgL}{mL^2/3}} = \sqrt{\frac{3g}{L}}$$

(2) 막대 질량중심(CM)의 접선방향 속력(v_{CM}):

$$v_{CM} = r_{CM}\omega = \frac{1}{2}L \times \sqrt{\frac{3g}{L}} = \frac{1}{2}\sqrt{3gL}$$

막대의 가장 낮은 점의 속력(v_L):

$$v_L = r_L\omega = L \times \sqrt{\frac{3g}{L}} = \sqrt{3gL}$$

r_{CM}과 r_L은 회전축(O)으로부터 막대의 질량중심과 가장 낮은 점까지의 거리이다.

제 4 장 _ 재료역학

연습문제 4.1

1. $\sigma_t = \dfrac{P}{A} = \dfrac{P}{\pi D^2/4} = \dfrac{4 \times 4000}{\pi \cdot (20)^2} = 12.73 \dfrac{\text{N}}{\text{mm}^2} = 12.73\text{MPa}$

2. $\sigma_c = \dfrac{P}{A} = \dfrac{P}{(\pi D_o^2 - \pi D_i^2)/4} = \dfrac{4 \cdot (60 \times 1000)}{\pi \cdot (80^2 - 50^2)} = 19.59(\text{MPa})$

3. 핀의 위와 아래에 전단하중이 작용하므로 전단면이 2개이다.

$$\tau = \frac{F}{A} = \frac{F}{2(\pi d^2/4)} = \frac{2F}{\pi d^2}$$

$$\therefore \ d = \sqrt{\frac{2F}{\pi \tau}} = \sqrt{\frac{2 \cdot (15 \times 10^3)}{\pi \cdot (30 \times 10^6)}} = 0.0178(\text{m}) = 17.8(\text{mm})$$

4. $\sigma_{\max} = \dfrac{M}{Z} = \dfrac{32 d_2 M}{\pi(d_2^4 - d_1^4)} = \dfrac{32 \times 100 \times (6 \times 10^6)}{\pi(100^4 - 70^4)}$

$$= 80.4(\text{N/mm}^2) = 80.4(\text{MPa})$$

5. $M = \sigma_{\max} Z = \sigma_{\max} \times \dfrac{\pi d^3}{16}$

$$\therefore \ d = \sqrt[3]{\frac{32M}{\pi \sigma_{\max}}} = \sqrt[3]{\frac{32 \times 4 \times 10^4}{\pi \times 3}} = 51.4\ (\text{mm})$$

6. $\tau_{\max} = \dfrac{T}{Z_p} = \dfrac{16 d_2 T}{\pi(d_2^4 - d_1^4)} = \dfrac{16 \times 50 \times (2 \times 10^6)}{\pi(50^4 - 40^4)}$

$$= 138(\text{N/mm}^2) = 138(\text{MPa})$$

7. 단위를 kN, m로 통일하여 계산한다.

$$T = \tau_{\max} Z_p = \tau_{\max} \times \frac{\pi d^3}{16}$$

$$\therefore \ d = \sqrt[3]{\frac{16T}{\pi \tau_{\max}}} = \sqrt[3]{\frac{16 \times 4000}{\pi \times (6000 \times 10^4)}} = 0.0698(\text{m}) = 69.8(\text{mm})$$

8. $\epsilon = \dfrac{\Delta l}{l_0} = \dfrac{2\text{mm}}{500\text{mm}} = 0.004$

9. $\epsilon = \dfrac{l - l_0}{l_0} = \dfrac{l}{l_0} - 1 \quad \therefore \ l_0 = \dfrac{l}{1+\epsilon} = \dfrac{300}{1+0.005} = 298.507\ (\text{mm})$

10. $\epsilon' = \dfrac{\Delta d}{d_0} = \dfrac{0.008}{20} = 4 \times 10^{-4}$

11. $\nu = \dfrac{\epsilon'}{\epsilon} = \dfrac{\Delta d/d_0}{\Delta l/l_0} = \dfrac{0.01/40}{0.5/500} = 0.25$

12. $\nu=\dfrac{\epsilon'}{\epsilon}=\dfrac{\Delta a/a_0}{F/AE}=\dfrac{\Delta a}{a_0}\cdot\dfrac{AE}{F}=\dfrac{4\times10^{-3}}{20}\cdot\dfrac{(0.02)^2\cdot(200\times10^9)}{50\times10^3}=0.32$

13. 훅의 법칙에서 $\sigma=E\epsilon$이므로 $\epsilon=\sigma/E$ 이다. 푸아송 수의 정의에 의해

$$m=\frac{1}{\nu}=\left|\frac{\epsilon}{\epsilon'}\right|=\frac{\epsilon}{\Delta d/d_0}=\frac{\sigma/E}{\Delta d/d_0}\quad\therefore\Delta d=\frac{\sigma d_0}{mE}$$

14. 전단변형률 $\gamma=\dfrac{\lambda}{l}=\dfrac{0.4\,\text{mm}}{100\,\text{mm}}=0.004$, 전단각 $\phi\approx\gamma=0.004\,\text{Rad}$

15. $\Delta l=\dfrac{\sigma l_0}{E}=\dfrac{(100\times10^6\text{Pa})\cdot(500\text{mm})}{200\times10^9\,\text{Pa}}=0.25\,\text{mm}$

16. $\Delta L=\dfrac{PL}{AE}$에서

$$E=\frac{PL}{A\Delta L}=\frac{4PL}{\pi d^2\Delta L}=\frac{4\cdot(140\times10^3\text{N})\cdot500\text{mm}}{\pi(0.01)^2\text{m}^2\cdot(505-500)\text{mm}}=178.25\text{ GPa}$$

17. $\gamma=\dfrac{\tau}{G}=\dfrac{F/A}{G}=\dfrac{F}{AG}=\dfrac{100\times10^3}{(1000\times10^{-6})\cdot(80\times10^9)}=1.25\times10^{-3}$

18. $\tau=G\gamma$이고 $\tau=F/A$이므로 $\dfrac{F}{A}=G\gamma$

$\therefore\ F=GA\gamma=(80\times10^9)\cdot(10\times10^{-4})\cdot10^{-3}=80\times10^3(\text{N})=80(\text{kN})$

19. $\theta=\dfrac{32\,TL}{\pi Gd^4}\times\dfrac{180}{\pi}$ ($^\circ$: deg)에서

$$d=\sqrt[4]{\frac{32\,TL}{\pi G\theta}\times\frac{180}{\pi}}=\sqrt[4]{\frac{32\times(5\times10^3)\times4}{\pi\times(8\times10^4\times10^6)\times2}\times\frac{180}{\pi}}$$

$$=0.0924(\text{m})=92.4(\text{mm})$$

20. [정답: ②]

21. [정답: ③]

22. [정답: ②]

23. [정답: ②]

24. [정답: ③]

25. [정답: ③]

26. [정답: ③]

27. [정답: $E=\dfrac{400}{\pi}$, $\nu=0.3$]

28. [정답: ②]

29. [정답: ③]

30. [정답: ①]

31. [정답: ④]

32. [정답: ①]

33. [정답: ②]

34. [정답: ②]

35. [정답: ①] $\sigma_1=\dfrac{6M}{bh^2}$, $\sigma_2=\dfrac{6M}{hb^2}$

36. [정답: ②] $\Delta L=\dfrac{PL}{AE}=\dfrac{(9\times10^3)\times200}{\dfrac{\pi}{4}(100^2-80^2)\times(200\times10^3)}=\dfrac{1}{100\pi}$

37. 단위를 N, mm, MPa로 통일하여 계산한다.

$$\tau_{\max}=\frac{T}{Z_p}=\frac{16T}{\pi d^3}=\frac{16\times(20\times10^6)}{\pi(100)^3}=\frac{320}{\pi}[\text{MPa}]$$

$$\theta=\frac{32TL}{\pi Gd^4}=\frac{32\times(20\times10^6)\times10^4}{\pi(80\times10^3)(100)^4}=\frac{0.8}{\pi}[\text{rad}]$$

38. [정답: ②] 푸아송 비 $\nu=\frac{1}{2}$, 가로변형률 $\epsilon'=0.001$ 이므로 세로변형률(ϵ)은 다음과 같다.

$$\nu=\frac{\epsilon'}{\epsilon}\quad\therefore\quad\epsilon=\frac{\epsilon'}{\nu}=\frac{0.001}{1/2}=0.002$$

39. [정답: ①] 보 단면의 폭 $b=6\text{cm}$, 높이 $h=6\text{cm}$, 휨 모멘트 $M_b=3600\,\text{kgf}\cdot\text{cm}$ 이다. 단면의 최대 휨 응력은 보의 표면 $y=\frac{h}{2}$에서 발생하며 그 값은 다음과 같다.

$$\sigma_b=\frac{M_b}{I}y=\frac{M_b}{(bh^3/12)}\times\frac{h}{2}=\frac{6M_b}{bh^2}=\frac{6\times(3600)}{6\times(6^2)}=100(\text{kgf/cm}^2)$$

40. 후크의 법칙으로부터 가한 힘 F를 구한다.

$$\sigma=E\epsilon,\quad\frac{F}{A}=E\cdot\frac{\Delta L}{L}$$

$$\frac{F}{2}=(2\times10^6)\times\frac{0.01}{2}\quad\therefore\quad F=2\times10^4\,\text{kgf}$$

41. 리벳 하나에는 상하 2부분에 전단력이 발생한다. 그리고 리벳의 개수가 5개이므로 리벳의 전단면적 $A=\frac{\pi}{4}d^2$에 작용하는 힘 $F=\frac{P}{2\times5}=\frac{P}{10}$이다. 따라서 리벳에 작용하는 평균전단응력($\tau_m$)은 다음과 같다.

$$\tau_m=\frac{F}{A}=\frac{\left(\frac{P}{10}\right)}{\left(\frac{\pi}{4}d^2\right)}=\frac{4}{\pi d^2}\times\frac{P}{10}=\frac{4}{\pi(10\times10^{-3}\text{m})^2}\times\frac{(1\times10^3\text{N})}{10}$$

$$=\frac{4}{\pi}\times10^6\left(\frac{\text{N}}{\text{m}^2}\right)=\frac{4}{\pi}(\text{MPa})$$

42. [정답: ②] 인장응력 $\sigma=80\text{N/mm}^2$과 전단응력 $\tau=30\text{N/mm}^2$을 동시에 받는 봉의 응력을 평면응력 $\sigma_x=\sigma$, $\sigma_y=0$, $\tau_{xy}=\tau$로 간주할 수 있다. 이때 그림과 같이 모어 원을 그리면 다음과 같이 최대 주응력($\sigma_{\max}$)이 구해진다.

$$\sigma_{\max}=\frac{\sigma}{2}+\sqrt{\left(\frac{\sigma}{2}\right)^2+\tau^2}=\frac{80}{2}+\sqrt{\left(\frac{80}{2}\right)^2+30^2}=90(\text{N/mm}^2)$$

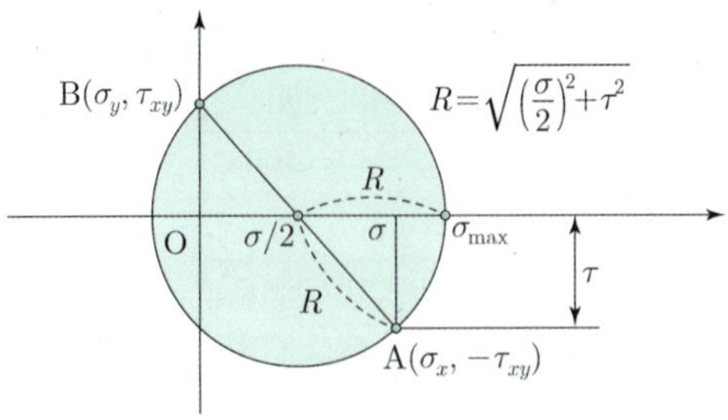

43. [정답: ②] 주어진 평면응력 상태는 $\sigma_x=2\text{MPa}$, $\sigma_y=-4\text{MPa}$, $\tau_{xy}=3\text{MPa}$이다. 모어 원의 중심은

$$\sigma_m=\frac{\sigma_x+\sigma_y}{2}=\frac{2-4}{2}=-1[\text{MPa}]$$

이고 반지름(R)은

$$R=\sqrt{\left(\frac{\sigma_x-\sigma_y}{2}\right)^2+\tau_{xy}^2}=\sqrt{\left(\frac{2+4}{2}\right)^2+3^2}=3\sqrt{2}\,[\text{MPa}]$$

이므로 주응력(σ_1)은

$$\sigma_1=\sigma_m+R=-1+3\sqrt{2}\,[\text{MPa}]$$

이다. 그리고 방향각(θ_1)은 다음과 같다.

$$\theta_1=\frac{1}{2}\tan^{-1}\left(\frac{2\tau_{xy}}{\sigma_x-\sigma_y}\right)=\frac{1}{2}\tan^{-1}\left(\frac{2\times3}{2+4}\right)=\frac{1}{2}\times45°=22.5°$$

44. [정답: ①] ①, ②, ③, ④ 모두 $\tau_{xy}=0$이다.

① $\sigma_x=-\sigma$, $\sigma_y=2\sigma$: $\tau_{\max}=R=\dfrac{2\sigma-(-\sigma)}{2}=\dfrac{3}{2}\sigma$

② $\sigma_x=\sigma$, $\sigma_y=2\sigma$: $\tau_{\max}=R=\dfrac{2\sigma-(\sigma)}{2}=\dfrac{1}{2}\sigma$

③ $\sigma_x=-\dfrac{\sigma}{2}$, $\sigma_y=\sigma$: $\tau_{\max}=R=\dfrac{\sigma-\left(-\dfrac{\sigma}{2}\right)}{2}=\dfrac{3}{4}\sigma$

④ $\sigma_x=-\sigma$, $\sigma_y=\sigma$: $\tau_{\max}=R=\dfrac{\sigma-(-\sigma)}{2}=\sigma$

45. [정답: ④] 그림과 같이 좌표축을 설정하고 평면 응력에 대한 모어 원을 그린다. 먼저 모어 원의 중심(C)의 좌표는 $(\sigma_{\text{m}},0)$이다. 여기에서 평균응력(σ_{m})과 원의 반지름(R)은 다음과 같다.

$$\sigma_{\text{m}}=\frac{\sigma_x+\sigma_y}{2}=\frac{1850+250}{2}=1050(\text{kgf/cm}^2)$$

$$R=\sqrt{\left(\frac{\sigma_x-\sigma_y}{2}\right)^2+\tau_{xy}^2}=\sqrt{\left(\frac{1850-250}{2}\right)^2+(-600)^2}=1000(\text{kgf/cm}^2)$$

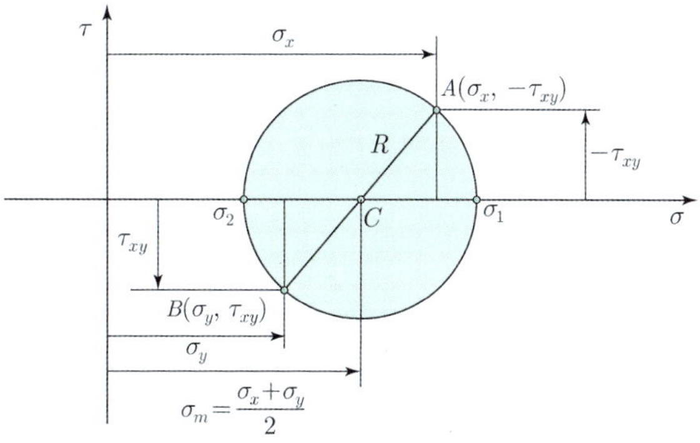

따라서 모어 원에서 최대 주응력(σ_1)과 최소 주응력(σ_2)은

$$\sigma_1 = \sigma_{\rm m} + R = 1050 + 1000 = 2050\,(\rm kgf/cm^2)$$

$$\sigma_2 = \sigma_{\rm m} - R = 1050 - 1000 = 50\,(\rm kgf/cm^2)$$

이고, 주어진 식($\sigma_1 + 3\sigma_2$)의 값은 다음과 같다.

$$\sigma_1 + 3\sigma_2 = 2050 + 3\times 50 = 2200\,(\rm kgf/cm^2)$$

46. 문세에서 전단응력이 요소의 양의 면($+x$면)에서 축의 음의 방향($-y$)으로 작용하고 있다. 이에 따라 그림과 같이 수직응력(σ_x)이 양이면 오른쪽에, 전단응력(τ_{xy})이 음이면 위쪽으로 그린다.

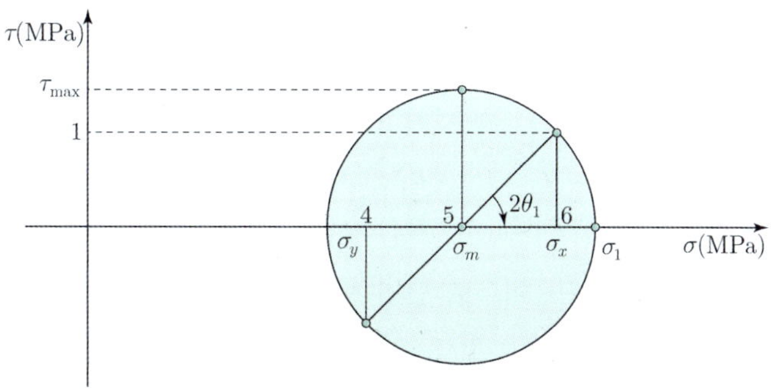

모어 원의 중심의 좌표는 $(\sigma_{\rm m}, 0)$이다. 여기에서 평균응력($\sigma_{\rm m}$)과 원의 반지름(R)은 다음과 같다.

$$\sigma_{\rm m} = \frac{\sigma_x + \sigma_y}{2} = \frac{6+4}{2} = 5\,(\rm MPa)$$

$$R = \sqrt{\left(\frac{\sigma_x - \sigma_y}{2}\right)^2 + \tau_{xy}^2} = \sqrt{\left(\frac{6-4}{2}\right)^2 + (1)^2} = \sqrt{2}\,(\rm MPa)$$

따라서 모어 원에서 최대 주응력(σ_1)과 최대 전단응력($\tau_{\max}$)의 크기는 다음과 같다.

$$\sigma_1 = \sigma_m + R = 5 + \sqrt{2}\,(\text{MPa})$$

$$\tau_{max} = R = \sqrt{2}\,(\text{MPa})$$

최대 주응력의 방향θ_1(°, degree)의 크기($|\theta_1|$)는 다음과 같이 구한다.

$$\tan(|2\theta_1|) = \frac{\tau_{xy}}{\sigma_x - \sigma_m} = \frac{1}{6-5} = 1$$

$$|2\theta_1| = \tan^{-1}(1) = \frac{\pi}{4}$$

$$\therefore\ |\theta_1| = \frac{1}{2} \times \frac{\pi}{4} = \frac{\pi}{8} = 22.5°$$

모어원에서 θ_1은 시계 방향이다. 그리고 문제에서 시계 방향을 음(−)으로 정의하였으므로 주어진 문제의 답은 $\theta_1 = -22.5°$이 된다.

47. (1) 볼트의 중앙 단면에 작용하는 전단력 F(N): 마찰력 $f = \mu P$이고 마찰력은 물체가 움직이려고 하는 반대 방향으로 작용하므로

$$F = F_S - \mu P = 450 - 0.3 \times 500 = 300(\text{N})$$

(2) 볼트의 중앙 단면에 작용하는 전단응력 $\tau(\text{N/mm}^2)$:

$$\tau = \frac{F}{A} = \frac{4F}{\pi d_1^2} = \frac{4 \times 300}{3 \times 10^2} = 4(\text{N/mm}^2)$$

연습문제 4.2

1. $A_0L_0 = A_1L_1$이므로 $\dfrac{L_1}{L_0} = \dfrac{A_0}{A_1}$이다. 따라서 변형률($\epsilon$)의 정의로부터

$$\epsilon = \frac{L_1 - L_0}{L_0} = \frac{L_1}{L_0} - 1 = \frac{A_0}{A_1} - 1 \quad \therefore\ \frac{A_0}{A_1} = 1 + \epsilon$$

이다. 여기에서 $\dfrac{A_1}{A_0} = \dfrac{1}{1+\epsilon}$이므로 단면수축률은 다음과 같이 계산된다.

$$\eta = \frac{A_0 - A_1}{A_0} = 1 - \frac{A_1}{A_0} = 1 - \frac{1}{1+\epsilon} = 1 - \frac{1}{1+0.05} = 0.0476 = 4.76\%$$

2. 구속이 없을 때 온도 변화에 의해 늘어나는 봉의 길이

$$\Delta L = L_0 \alpha \Delta T = 1000 \times (1.2 \times 10^{-5}) \times (100 - 20) = 0.96(\text{mm})$$

이다. 그런데 봉과 벽 사이에는 0.5mm의 공간이 있으므로 벽에 의해 늘어나지 못하는 봉의 길이 $\Delta L' = 0.96 - 0.5 = 0.46(\text{mm})$이고, 이 $\Delta L'$에 의해 응력이 발생한다. 따라서 Hook의 법칙에 따라 다음과 같이 응력이 계산된다.

$$\sigma = E\epsilon = E \times \frac{\Delta L'}{L'} = (200 \times 10^9) \times \frac{0.46}{1000.5}$$

$$= 91.95 \times 10^6(\text{Pa}) = 91.95(\text{MPa})$$

3. $\sigma_{\min} = \dfrac{F_{\min}}{A} = \dfrac{4F_{\min}}{\pi d^2} = \dfrac{4 \times (10 \times 1000)}{\pi \times 20^2} = 31.83\,(\text{N/mm}^2)$

$\sigma_{\max} = \dfrac{F_{\max}}{A} = \dfrac{4F_{\max}}{\pi d^2} = \dfrac{4 \times (30 \times 1000)}{\pi \times 20^2} = 95.49\,(\text{N/mm}^2)$

- 평균응력 $\sigma_{\text{m}} = \dfrac{\sigma_{\max} + \sigma_{\min}}{2} = \dfrac{95.49 + 31.83}{2} = 63.66\,(\text{N/mm}^2)$
- 응력진폭 $\sigma_{\text{a}} = \dfrac{\sigma_{\max} - \sigma_{\min}}{2} = \dfrac{95.49 - 31.83}{2} = 31.83\,(\text{N/mm}^2)$

4. $\sigma = \dfrac{P}{A} = \dfrac{4P}{\pi d^2} = \dfrac{4 \cdot (40 \times 10^3)}{\pi (0.01)^2} = 5.093 \times 10^8\,(\text{Pa}) = 509.3\,(\text{MPa})$

5. 허용응력 $\sigma_a = \dfrac{\sigma_s}{S} = \dfrac{49\,\text{MPa}}{7} = 7\,\text{MPa}$

최대 압축하중 $W = \sigma_a A = 7(20)(50) = 7000\text{N} = 7\text{kN}$

6. 허용전단응력 $\tau_a = \tau_w = \dfrac{F}{\pi d^2/4} = \dfrac{4F}{\pi d^2} = \dfrac{4(5000\text{N})}{\pi (8\text{mm})^2} = 99.47\,\text{MPa}$

$$\therefore \text{ 안선율 } S = \frac{\tau}{\tau_a} = \frac{340}{99.47} = 3.42$$

7. 재료의 허용 전단응력을 τ_a라 하면 두 축이 전달할 수 있는 최대 토크는 다음과 같다.

$$T_1 = \tau_a Z_p = \tau_a \times \frac{\pi d^3}{16}$$

$$T_2 = \tau_a Z_p = \tau_a \times \frac{\pi (d_2^4 - d_1^4)}{16 d_2} = \tau_a \times \frac{\pi [d^4 - (d/2)^4]}{16d} = \tau_a \times \frac{\pi d^3}{16}\left(1 - \frac{1}{2^4}\right)$$

따라서 축이 전달할 수 있는 최대 토크 비 T_1/T_2는 다음과 같이 구해진다.

$$\frac{T_1}{T_2} = \frac{1}{\left(1 - \frac{1}{2^4}\right)} = \frac{1}{\frac{15}{16}} = \frac{16}{15}$$

8. [정답: ③]

9. [정답: ③] 온도를 상승시켰으므로 발생한 열응력은 $\sigma = -60\text{MPa}$(압축응력)이다.

$$\sigma = -E\alpha(T - T_0)$$

$$\therefore\ T = T_0 - \frac{\sigma}{E\alpha} = 20 - \frac{(-60 \times 10^6)}{(200 \times 10^9)(1.2 \times 10^{-5})}$$

$$= 20 + 25(℃) = 45(℃)$$

10. [정답: ③] 초기 표점 길이 $L_0 = 50\text{mm}$, 초기 단면적 $A_0 = 100\text{mm}^2$이고 주어진 선도에서 하중 $P = 10\text{kN}$일 때 변위 $\Delta L = 1\text{mm}$이다. 이때 훅의 법칙으로부터 다음과 같이 재료의 세로 탄성계수(E)가 구해진다.

$$\sigma = E\epsilon \quad \therefore \quad \frac{P}{A_0} = E \times \left(\frac{\Delta L}{L}\right)$$

$$\therefore \quad E = \frac{P}{A_0} \times \left(\frac{L}{\Delta L}\right) = \frac{10\text{kN}}{100\text{mm}^2} \times \left(\frac{50}{1}\right) = \frac{5\text{kN}}{\text{mm}^2} = 5\text{GPa}$$

11. [정답: ①] 후크의 법칙 $\sigma = E\epsilon$을 만족하는 구간은 σ가 ϵ에 비례하는 구간이므로 OA 구간이 된다. 그리고 직선 OA의 기울기는 탄성계수(E)가 된다.

12. [정답: ①] SS400은 기준강도가 $\sigma = 400\frac{\text{N}}{\text{mm}^2} = 400\text{MPa}$인 것을 나타낸다.

$$S = \frac{\sigma}{\sigma_a} \quad \therefore \quad \sigma_a = \frac{\sigma}{S} = \frac{400}{2} = 200\,(\text{MPa})$$

13. [정답: ④]

14. [정답: ②]

15. [정답: ③] 처음 지름 $D_0 = 20\text{mm}$, 변형 후 지름 $D_1 = 10\text{mm}$이다.

$$\eta = \frac{A_0 - A_1}{A_0} \times 100\% = \left(1 - \frac{A_1}{A_0}\right) \times 100\% = \left[1 - \left(\frac{D_1}{D_0}\right)^2\right] \times 100\%$$

$$= \left[1 - \left(\frac{10}{20}\right)^2\right] \times 100\% = 75\%$$

16. [정답: ②]

17. [정답: ③] 진변형률(ϵ_T)과 공칭변형률(ϵ)은 다음 관계를 갖는다.

$$\epsilon_T = \ln(1+\epsilon) \qquad \cdots\cdots ①$$

그리고 진응력(σ_T)과 공칭응력(σ) 및 공칭변형률(ϵ)은 다음 관계를 갖는다.

$$\sigma_T = \sigma(1+\epsilon) \qquad \cdots\cdots ②$$

②에서 $(1+\epsilon) = \frac{\sigma_T}{\sigma}$를 ①에 대입하면 $\epsilon_T = \ln\left(\frac{\sigma_T}{\sigma}\right)$.

18. [정답: ②]

19. [정답: ①]

20. [정답: ②]

21. [정답: ③]

22. [정답: ③]

23. [정답: ③]

24. [정답: ①]

25. [정답: ②]

26. [정답: ②] 길이 4m가 2cm 늘어났을 때 변형률은

$$\epsilon = \frac{\Delta L}{L} = \frac{2}{400} = 0.005$$

이고, 비례구간에서 기울기가 탄성계수(E)이므로 그림에서 탄성변형률

$$\epsilon_e = \frac{\sigma}{E} = \frac{6}{2000} = 0.003$$

이다. 따라서 잔류변형률 $\epsilon_r = \epsilon - \epsilon_e = 0.005 - 0.003 = 0.002$이다.

27. [정답: ②]

28. [정답: ③]

29. [정답: ②] 소재의 부피가 일정하므로

$$\frac{\pi}{4}(20)^2 \times 100 = \frac{\pi}{4}(10)^2 \times L_1 \quad \therefore \quad L_1 = 400(\text{mm})$$

$$\epsilon = \frac{L_1 - L_0}{L_0} = \frac{400-100}{100} = 3,\ \ \epsilon_t = \ln\frac{L_1}{L_0} = \ln\left(\frac{400}{100}\right) = \ln 4 = 2\ln 2 = 1.4$$

30. [정답: ③] 변형률(ϵ), 탄성변형률(ϵ_e), 소성변형률(ϵ_p)은

$$\epsilon = \frac{\Delta L}{L} = \frac{15}{1500} = 0.01,\ \ \epsilon_e = \frac{\sigma}{E} = \frac{300}{200\times 10^3} = 0.0015$$

$$\epsilon_p = \epsilon - \epsilon_e = 0.01 - 0.0015 = 0.0085$$

이므로 봉의 영구신장량(ΔL_p)은 다음과 같다.

$$\epsilon_p = \frac{\Delta L_p}{L} \quad \therefore \quad \Delta L_p = \epsilon_p L = 0.0085 \times (1500) = 12.75(\text{mm})$$

31. [정답: ①]

32. (1) 인장강도: 최대 인장 하중 $P_{\max} = 7850\text{kgf}$, 변형 전 시험편의 지름 $D_0 = 10\text{mm}$이다.

$$\sigma_{\max} = \frac{P_{\max}}{A_0} = \frac{P_{\max}}{\pi D_0^2/4} = \frac{4\times 7850}{\pi \times 10^2} = 99.95(\text{kgf/mm}^2)$$

(2) 연신율: 시험편의 변형 전 처음 길이 $L_0 = 50\text{mm}$, 변형 후 길이 $L_1 = 58\text{mm}$이다.

$$\varepsilon = \frac{L_1 - L_0}{L_0} \times 100\,(\%) = \frac{58-50}{50} \times 100(\%) = 16(\%)$$

33. ㉠ 피로파괴

㉡ S-N 곡선, 피로한도 곡선 (또는 S-N 선도, σ-N 선도라 한다.)

34. (1) 평균응력의 식: $\sigma_m = \dfrac{\sigma_{\max} + \sigma_{\min}}{2}$

(2) 응력비의 식: $R = \dfrac{\sigma_{\min}}{\sigma_{\max}}$

(3) 최대응력 값: $\sigma_{\max} = 200(\text{MPa})$

(4) 최소응력 값: $\sigma_{\min} = 20(\text{MPa})$

응력비의 정의에서 $\sigma_{\min} = R\sigma_{\max}$이다. 이 식과 평균응력 식으로부터 $\sigma_{\max}$과 $\sigma_{\min}$을 구하면 다음과 같다.

$$\sigma_m = \frac{\sigma_{\max} + \sigma_{\min}}{2} = \frac{\sigma_{\max} + R\sigma_{\max}}{2} = \frac{(1+R)\sigma_{\max}}{2}$$

$$\therefore \quad \sigma_{\max} = \frac{2\sigma_m}{1+R} = \frac{2\times 110}{1+0.1} = 200(\text{MPa})$$

$$\sigma_{\min} = R\sigma_{\max} = 0.1 \times 200 = 20(\text{MPa})$$

35. (1) 직선 OP의 기울기가 의미하는 기계적 성질의 명칭: 탄성구간에서 직선의 기울기는 재료의 탄성계수(modulus of elasticity, 세로탄성계수, E)를 나타낸다. 훅의 법칙에

서 $\sigma = E\epsilon$이다.

(2) σ_y가 200(N/mm^2)일 때 항복하중 P_y(N): 초기 단면적 $A_0 = 78.5$(mm^2)이고 공칭 응력은 $\sigma = \dfrac{P}{A_0}$로 정의되므로 항복하중(P_y)은 다음과 같다.

$$P_y = A_0 \sigma_y = 78.5 \times 200 = 15{,}700(\text{N})$$

설명 • 오프셋 항복응력: 알루미늄 합금은 상당한 연성을 가지고 있지만 그림의 (a)와 같이 뚜렷한 항복점을 갖지 않는다. 그러나 알루미늄 합금에서도 뚜렷한 비례 한도를 갖는 초기 선형 영역이 있다.

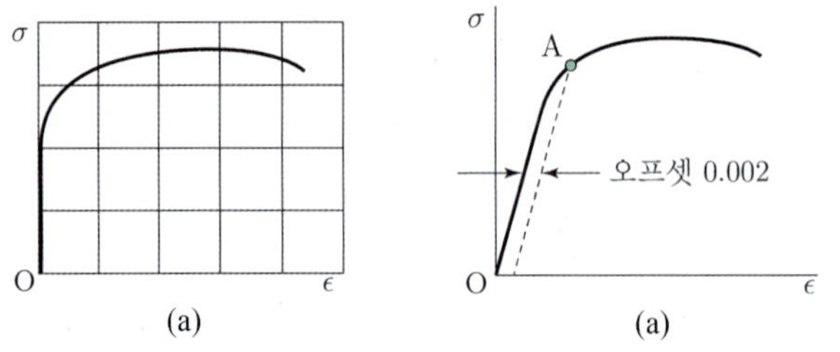

I 문제 4.2.35 (a) 알루미늄 합금의 응력–변형률 선도
(b) 오프셋 방법에 의해 결정된 항복응력

알루미늄과 같이 재료가 뚜렷한 항복점을 갖지 않고 비례한도를 지나 큰 변형률이 일어날 경우에는 오프셋 방법(offset method)으로 임의의 항복응력을 얻는다. 그림의 (b)와 같이 응력-변형률 선도 위에 곡선의 초기 선형 부분에 평행하며 0.002(0.2%)의 표준변형률만큼 오프셋 시킨 직선을 그려 넣는다. 이때 오프셋 선과 응력-변형률 곡선과의 교점(그림 (b)의 점 A)을 항복응력으로 정의한다. 이 응력은 임의 방법으로 결정되어 재료 고유의 성질이 아니므로 이를 오프셋 항복응력(offset yield stress)라 하며 진짜 항복응력과 구분한다. 알루미늄과 같은 재료에서는 오프셋 항복응력이 비례한도보다 약간 크다.

I 연습문제 4.3

1. $V_{max} = 2\text{kN}$, $M_{max} = 4\text{kN} \cdot \text{m}$

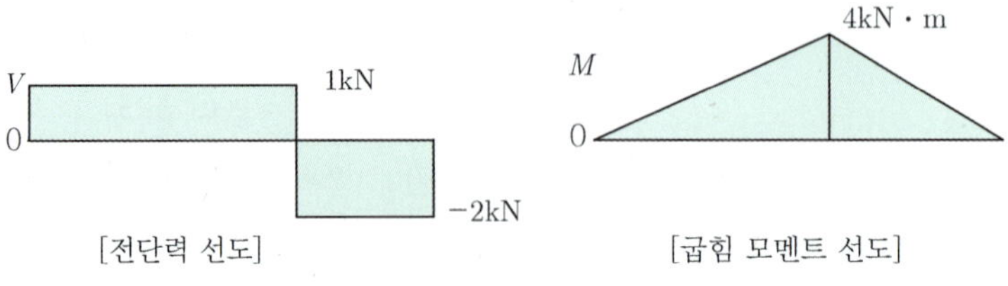

2. $V_{max} = P + Q$, $M_{max} = PL + Qb$

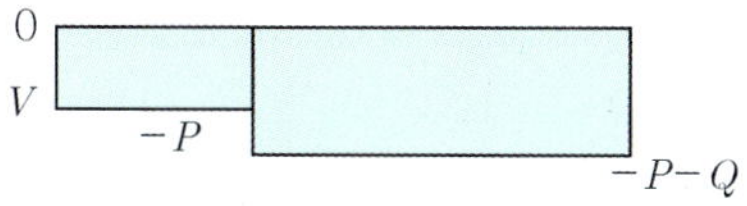

[전단력 선도]

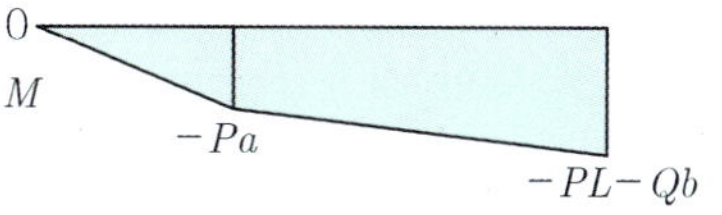

[굽힘 모멘트 선도]

3. $\sum M_B = 0$: $-R_A(100) + (3)(80) + (4)(60) + (6)(30) = 0 \quad \therefore R_A = 6.6\,\text{kN}$

30cm와 60cm 지점에서 보를 절단하고 A지점으로부터 절단면까지의 보에 대한 자유물체도를 각각 그려서 전단력과 굽힘 모멘트를 구한다.

30cm 지점: $\sum F_y = 0$에서 $R_A - 3 - V = 0 \quad \therefore \quad V = 3.6(\text{kN})$

$\sum M_C = 0$에서 $M + (3)(0.1) - R_A(0.3) = 0 \quad \therefore \quad M = 1.68(\text{kN} \cdot \text{m})$

60cm 지점: $\sum F_y = 0$에서 $6.6 - 3 - 4 - V = 0 \quad \therefore \quad V = -0.4(\text{kN})$

$\sum M_C = 0$에서 $M + (3)(0.4) + (4)(0.2) - (6.6)(0.6) = 0$

$\therefore \quad M = 1.96(\text{kN} \cdot \text{m})$

4. 분포하중을 지점 B로부터 $L/3$만큼 떨어진 곳에 작용하는 하나의 집중하중 $W = q_0L/2$으로 대체하여 전체 자유물체도를 그리고 반력을 구한다. 임의 지점 x에서의 분포하중 $q(x) = q_0x/L$이고, 자유물체도 (b)에서 $P = q_0x^2/2L$이다.

(1) 전체 자유물체도에 $\sum M_B = 0$을 적용하면

$$R_A L - \left(\frac{q_0L}{2}\right)\left(\frac{L}{3}\right) = 0 \quad \therefore \quad R_A = \frac{q_0L}{6}$$

$\sum F_y = 0$에서 $R_A + R_B - \dfrac{q_0L}{2} = 0 \quad \therefore \quad R_B = \dfrac{q_0L}{3}$

(2) $\sum F_y = 0$에서 $R_A - \dfrac{q_0x^2}{2L} - V = 0 \quad \therefore \quad V = \dfrac{q_0L}{6} - \dfrac{q_0x^2}{2L}$

$\sum M_C = 0$에서 $M + \dfrac{q_0x^2}{2L}\left(\dfrac{x}{3}\right) - R_A(x) = 0 \quad \therefore \quad M = \dfrac{q_0Lx}{6} - \dfrac{q_0x^3}{6L}$

(3) M은 x에 대한 3차 함수이고, $\dfrac{dM}{dx} = \dfrac{q_0L}{6} - \dfrac{3q_0x^2}{6L} = 0$인 $x = \dfrac{L}{\sqrt{3}}$에서 최대 굽힘 모멘트가 발생한다. 이 값을 대입하면 $M_{max} = \dfrac{q_0L^2}{9\sqrt{3}}$이다.

5. (1) 반력: 분포하중을 보의 중앙에 작용하는 하나의 집중하중

$$P = (100\text{kN/m}) \times 6\text{m} = 600\text{kN}$$

으로 대체하여 전체 물체의 자유물체도를 그린다. 여기에서 B점에 대한 모멘트 평형조건을 적용하면

$$R_A(4) - 200(2) - 600(1) = 0 \quad \therefore \quad R_A = 250(\text{kN})$$

(2) 다음에 3m 길이의 보에 작용하는 분포하중을 3m 보의 중앙에 작용하는 집중하중 $(100\text{kN/m}) \times 3\text{m} = 300\text{kN}$으로 대체하여 그림과 같이 지점 A로부터 절단면까지의 물체에 대한 자유물체도를 그린다.

$$\sum F_y = 0\text{에서 } R_A - 300 - 200 - V = 0 \quad \therefore \quad V = -250(\text{kN})$$

$$\sum M_C = 0\text{에서 } M + 200(1) + 300(1.5) - R_A(3) = 0$$

$\therefore \quad M = 100(\text{kN} \cdot \text{m})$

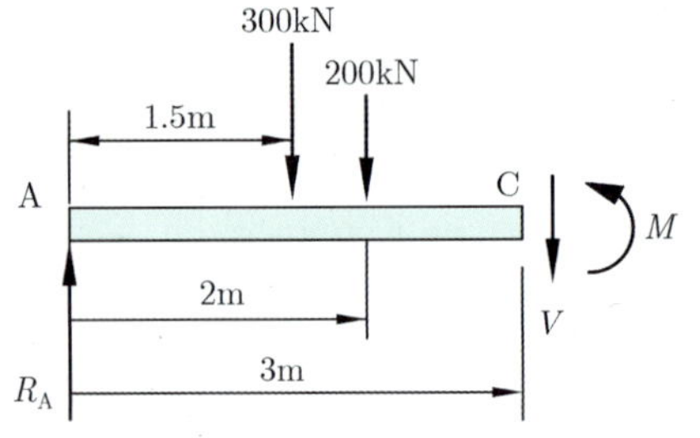

6. (1) $\delta = \dfrac{PL^3}{48EI} = \dfrac{1200 \times (2000)^3}{48 \times (20000) \times \dfrac{60 \times 100^3}{12}} = 2(\text{mm})$

(2) $\sigma_{\max} = \dfrac{M_b}{Z} = \dfrac{M_b}{bh^2/6} = \dfrac{6M_b}{bh^2}$

최대 휨 모멘트는 보 중앙에서 발생하며 크기는 $600\text{kgf} \cdot \text{m}$이다. 따라서 최대 응력은 다음과 같다.

$$\sigma_{\max} = \frac{6M_b}{bh^2} = \frac{6 \times (600 \times 10^3)}{60 \times 100^2} = 6\text{kgf/mm}^2$$

7. (1) 최대 휨 모멘트는 벽면 지점 A에서 발생한다. 문제의 기하학적 구조로부터 분포하중을 보의 중앙에 작용하는 하나의 집중하중

$$P = (10\text{kN/m}) \times (4\text{m}) = 40\text{kN}$$

으로 대체할 수 있다. 이때 모멘트 평형 조건($\sum \overrightarrow{M} = 0$)으로부터 다음과 같이 최대 휨 모멘트가 구해진다.

$$M_A - 40\text{kN} \times (2+2)\text{m} - 100\text{kN} \times 8\text{m} = 0$$

$\therefore \quad M_{\max} = M_A = 960\text{kN} \cdot \text{m}$

(2) 힘 평형 조건($\sum \overrightarrow{F} = 0$)을 연직 방향으로 적용하면 다음과 같이 반력이 구해진다.

$$R_A - 40\text{kN} - 100\text{kN} = 0$$

$\therefore \quad R_A = 140\text{kN}$

8. (1) $\dfrac{wL}{4}$ (2) $\dfrac{wL}{4}$

(3) $\frac{3wL^2}{32}$

9. (a)의 전체 자유물체도에서 점 B에 대한 모멘트 평형 조건을 적용하여 반력을 구한다.

$$R_A \times 120 - 15 \times 80 - 30 \times 40 = 0 \quad \therefore R_A = 20\,(\text{N})$$

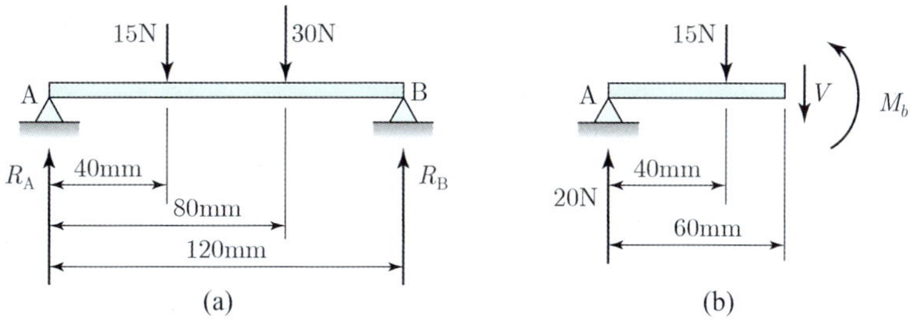

다음에 보의 중앙을 잘라서 (b)와 같이 자유물체도를 그린 후 모멘트 평형 조건을 적용하면 다음과 같이 굽힘 모멘트가 구해진다.

$$M_b = 20 \times 60 - 15 \times 20 = 900\,(\text{N} \cdot \text{mm})$$

10. (1) $R_B = 50 \times 4 = 200\,(\text{kgf})$

(2) $V_{\max} = 200\,(\text{kgf})$

(3) $M_{\max} = 200 \times 200 = 40000\,(\text{kgf} \cdot \text{cm})$

11. $M_{\max} = 120\,\text{N} \cdot \text{m}$

12. (1) $R_A = 60\,\text{kN}$, $R_B = 180\,\text{kN}$

(2) $M_C = 80\,\text{kN} \cdot \text{m}$

13. $x = 3\,\text{m}$

14. $V_C = -3\,\text{kN}$

15. 보 길이 $L = 100\text{mm}$, 하중 $W = 100\text{N}$이다. 좌우 대칭이므로 보의 양 끝단에는 $\frac{W}{2}$의 반력이 작용한다. 이때 최대 굽힘 모멘트는 보 중앙에서 발생하며 그 크기는

$$M_{\max} = \frac{W}{2} \times \frac{L}{2} = \frac{100}{2} \times \frac{100}{2} = 2500\text{N} \cdot \text{mm}$$

이다. 보 단면의 폭 $b = 6\text{mm}$, 높이 $h = 10\text{mm}$이므로 발생하는 최대 굽힘응력($\sigma_{b,\max}$)은 다음과 같다.

$$\sigma_{b,\max} = \frac{M_{\max}}{Z} = \frac{M_{\max}}{(bh^2/6)} = \frac{6M_{\max}}{bh^2} = \frac{6 \times (2500)}{6 \times (10^2)} = 25\,(\text{N/mm}^2)$$

16. 보의 왼쪽과 오른쪽 지점을 각각 A, B로 하면 평형 방정식에서 $R_A = \frac{wL}{8}$, $R_B = \frac{3wL}{8}$ 이다. 최대 전단력은 $V_{\max} = \frac{3wL}{8}$이고, 점 B로부터 왼쪽으로 거리 x인 점의 굽힘 모멘트(M)는

$$M = \frac{3wL}{8}x - \frac{w}{2}x^2 = -\frac{w}{2}\left(x - \frac{3L}{8}\right)^2 + \frac{9wL^2}{128}$$

이므로 최대 굽힘 모멘트는 $M_{\max} = \frac{9wL^2}{128}$이다. 따라서 최대 휨응력($\sigma_{\max}$)은 다음과 같다.

$$\sigma_{\max} = \frac{M_{\max}}{Z} = \frac{27}{64}\frac{wL^2}{bh^2}$$

17. [정답: ⑤]

18. [정답: ③]

19. [정답: ③]

20. [정답: ④]

21. [정답: ③]

22. [정답: ③]

23. $x = 3[\mathrm{m}]$, $M_{\max} = 90[\mathrm{kN \cdot m}]$

24. 지점 A로부터의 거리를 x로 잡고, 연직 아래 방향을 양의 처짐으로 잡으면 처짐 곡선의 미분방정식은

$$EI\frac{d^2v}{dx^2} = -M = -\left(-\frac{qx^2}{2}\right) = \frac{qx^2}{2}$$

이다. 이 식을 두 번 적분하면

$$EIv = \frac{q}{24}x^4 + C_1x + C_2$$

인데, 고정단 B $(x = L)$에서 $v = 0$, $v' = 0$이므로

$$\frac{qL^4}{24} + C_1L + C_2 = 0, \quad \frac{qL^3}{6} + C_1 = 0$$

에서 $C_1 = -\frac{qL^3}{6}$, $C_2 = \frac{qL^4}{8}$이다. 따라서

$$v = \frac{q}{24EI}(x^4 - 4L^3x + 3L^4)$$

이다. 최대 처짐은 자유단 $x = 0$에서 발생하므로 이 값을 대입하면

$$v_{\max} = \frac{qL^4}{8EI} = \frac{qL^4}{8E(bh^3/12)} = \frac{3qL^4}{2Ebh^3}$$

25. (1) 최대 굽힘 모멘트($M_{\max}$), 최대 휨 응력($\sigma_{\max}$): 전체 자유물체도에서 $R_A = R_B = \frac{P}{2}$이고, 최대 굽힘 모멘트는 보의 중앙에서 발생하며 $M_{\max} = \left(\frac{P}{2}\right)\left(\frac{L}{2}\right) = \frac{PL}{4}$이다. 따라서 최대 휨 응력 $\sigma_{\max} = \frac{M_{\max}}{Z} = \frac{PL/4}{bh^2/6} = \frac{3PL}{2bh^2}$이다.

(2) 보의 처짐: 지점 A로부터 거리가 $x\,(0 < x < L/2)$인 곳에서의 모멘트 $M = Px/2$이므로 연직 아래 방향을 양의 처짐으로 잡으면 처짐 곡선의 미분방정식은

$$EI\frac{d^2v}{dx^2} = -M = -\frac{Px}{2}$$

가 된다. 이 식을 두 번 적분하면

$$EIv = -\frac{Px^3}{12} + C_1x + C_2$$

인데 $x=0$에서 $v=0$이고, $x=L/2$에서 $v'=0$ ($\because$ 좌우대칭이므로 보의 중앙에서의 기울기 $dv/dx=0$)인 조건을 적용하면 $C_1 = \frac{PL^2}{16}$, $C_2=0$이다. 따라서

$$v = \frac{Px}{48EI}(3L^2 - 4x^2)$$

이고, 최대 처짐($v_{\max}$)은 보의 중앙에서 발생하므로 $x=L/2$을 대입하면

$$v_{\max} = \frac{PL^3}{48EI} = \frac{PL^3}{48E(bh^3/12)} = \frac{PL^3}{4bh^3E}$$

26. (1) 경계 조건: 보의 양 끝단에서의 처짐은 0이므로

$$v(0) = v(L) = 0 \qquad \cdots\cdots ①$$

이다. 그리고 보의 양 끝단은 매입되어 있지 않으므로 굽힘 모멘트는 0이다. 따라서 $EI\frac{d^2v}{dx^2} = -M$에 의해

$$v''(0) = v''(L) = 0 \qquad \cdots\cdots ②$$

이다.

(2) 미분방정식: 연직 아래 방향으로의 처짐을 양으로 잡으면 균일 하중 q(q는 상수)가 작용할 때 보의 처짐은

$$EI\frac{d^4v}{dx^4} = q \qquad \cdots\cdots ③$$

로 기술된다. 식 ③을 두 번 적분하면

$$EI\frac{d^3v}{dx^3} = qx + C_1,\quad EI\frac{d^2v}{dx^2} = \frac{q}{2}x^2 + C_1x + C_2$$

인데, ②에서 $v''(0) = v''(L) = 0$ 이므로 $C_2 = 0$, $C_1 = -\frac{qL}{2}$이다. 따라서

$$EI\frac{d^2v}{dx^2} = \frac{q}{2}(x^2 - Lx)$$

이고, 이 식을 다시 두 번 적분하면

$$EI\frac{dv}{dx} = \frac{q}{2}\left(\frac{1}{3}x^3 - \frac{L}{2}x^2\right) + C_3$$

$$EIv = \frac{q}{2}\left(\frac{1}{12}x^4 - \frac{L}{6}x^3\right) + C_3x + C_4$$

이다. 여기에서 ①의 경계조건 $v(0) = v(L) = 0$에 의해 $C_4 = 0$, $C_3 = \frac{qL^3}{24}$이다. 따라서

$$EIv = \frac{q}{2}\left(\frac{1}{12}x^4 - \frac{L}{6}x^3 + \frac{L^3}{12}x\right)$$

이다. 보 중심에서의 처짐(δ)을 구하기 위해 $x=L/2$을 대입하면

$$EI\delta=\frac{qL^4}{2\times 12}\left(\frac{1}{2^4}-\frac{2}{2^3}+\frac{1}{2}\right)=\frac{qL^4}{2\times 12}\times\frac{5}{16}=\frac{5qL^4}{384}$$

가 된다. 따라서 보의 중앙에서의 처짐은

$$\delta=\frac{5qL^4}{384EI}$$

이고, 이것은 보에 발생하는 최대 처짐이 된다.

27. (1) 임의 지점 x에서 $q(x)=q_0x/L$이다. (b)와 같이 거리 x에 걸쳐 작용하는 분포하중 $\frac{1}{2}\left(\frac{q_0x}{L}\right)\times(x)$을 집중하중 P로 대체하여 자유물체도를 그린다.

$$\sum F_y=0\text{에서}\;\; V=-P=-\frac{q_0x^2}{2L}$$

$$\sum M_C=0\text{에서}\;\; M=-P\left(\frac{x}{3}\right)=-\frac{q_0x^3}{6L}$$

(2) 최대 전단력과 최대 굽힘 모멘트는 고정단 B에서 발생하므로 $x=L$을 대입하면 $V_{\max}=\frac{q_0L}{2}$, $M_{\max}=\frac{q_0L^2}{6}$이다.

(3) 지점 A로부터 거리를 x로 잡고, 연직 아래 방향을 양의 처짐으로 잡으면 처짐 곡선의 미분방정식은

$$EI\frac{d^2v}{dx^2}=-M=-\left(-\frac{q_0x^3}{6L}\right)=\frac{q_0x^3}{6L}$$

이다. 이 식을 두 번 적분하면

$$EIv=\frac{q_0}{120L}x^5+C_1x+C_2$$

인데, 고정단 B $(x=L)$에서 $v=0$, $v'=0$이므로

$$\frac{qL^4}{120}+C_1L+C_2=0,\;\; \frac{q_0L^3}{24}+C_1=0$$

에서 $C_1=-\frac{q_0L^3}{24}$, $C_2=\frac{q_0L^4}{30}$이다. 따라서

$$v=\frac{q_0}{120LEI}(x^5-5L^4x+4L^5)$$

이다. 최대 처짐은 자유단 $x=0$에서 발생하므로 이 값을 대입하면

$$v_{\max}=\left(\frac{q_0}{120LEI}\right)(4L^5)=\frac{q_0L^4}{30EI}$$

28. 전체 분포하중의 크기(F_R)는

$$F_R=w\times 2=100\times 2=200(\text{N})$$

이고, 분포하중을 하나의 집중하중으로 대체하여 자유물체도를 그리면 그림과 같다.

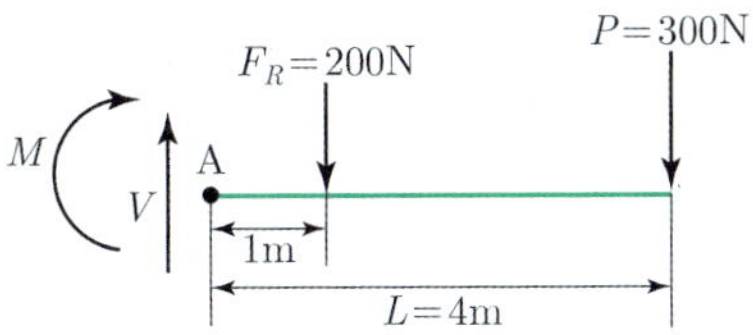

그림에서 y방향 힘의 평형($\sum F_y = 0$)을 고려하면

$$V - F_R - P = 0$$

$\therefore \quad V = F_R + P = 200 + 300 = 500(\mathrm{N})$ ······①

이고, A점에 대한 모멘트 평형($\sum M_A = 0$)을 고려하면

$$M + F_R \times 1 + P \times 4 = 0$$

$\therefore \quad M = -F_R - 4P = -200 - 4 \times 300 = -1400(\mathrm{N \cdot m})$ ······②

이다. 최대 굽힘모멘트는 A점 단면에서 발생하므로 최대 굽힘 인장응력(σ_{max})는 다음과 같다.

$$\sigma_{max} = -\frac{M}{I} y_{max} = \left(\frac{1400}{4 \times 10^{-4}}\right) \times 0.2 = 7 \times 10^5 (\mathrm{N/m^2})$$ ······③

주어진 보의 단면에서 $y_{max} = 0.2\mathrm{m}$이다.

제 5 장 _ 유체역학

❙ 연습문제 5.1

1. 밀도 $\rho = \dfrac{m}{V} = \dfrac{90}{0.1} = 900\,(\mathrm{kg/m^3})$, 비중량 $\gamma = \rho g = 900 \times 9.8 = 8820\,(\mathrm{N/m^3})$

비중 $S = \dfrac{\gamma}{\gamma_w} = \dfrac{8820}{9800} = 0.9$

2. 질량 $m = \rho V = 750 \times (50 \times 10^{-3}) = 37.5\,(\mathrm{kg})$ ($\because$ $1\mathrm{cm^3} = (10^{-2}\mathrm{m})^3 = 10^{-6}\mathrm{m^3}$)

무게 $W = mg = 37.5 \times 9.8 = 367.5\,(\mathrm{N})$

3. 비중 $S = \dfrac{\gamma}{\gamma_w} = \dfrac{7670}{9800} = 0.783$

4. 질량 $m = \rho V = 700 \times \dfrac{\pi (0.5)^2}{4} \times 0.9 = 123.7\,(\mathrm{kg})$

5. 한낮에 온도가 올라가면 기름의 밀도가 감소하므로 부피가 증가한다. 따라서 뜨거운 한낮보다 밀도가 큰 시간인 아침을 이용하는 것이 조금이라도 싼 값으로 기름을 구입하게 된다. (주유소에서는 기름의 부피를 기준으로 기름 값을 계산한다.)

6. $F=\frac{\mu UA}{H}$에서 $\mu=\frac{FH}{UA}=\frac{800\times0.003}{4\times2}=0.3(\text{Pa}\cdot\text{s})$

7. $\nu=\frac{\mu}{\rho}=\frac{1.008}{0.998\times1}=1.01(\text{cm}^2/\text{s})$ († $1000\,\text{kg/m}^3=1\,\text{g/cm}^3$)

8. $\nu=\frac{\mu}{\rho}=\frac{0.05}{0.86\times1000}=5.81\times10^{-5}(\text{m}^2/\text{s})$

9. $\mu=\rho\nu=(2\times10^3)\times(5\times10^{-4})=1(\text{Pa}\cdot\text{s})$

10. (1) $1\,\text{N}\cdot\text{s/m}^2=10^5\text{dyne}\cdot\text{s}/(100\,\text{cm})^2=10\,\text{dyne}\cdot\text{s/cm}^2$

$=10\,\text{Poise}=1000\,\text{cP}$

(2) 공기: $1.8\times10^{-5}\,\text{N}\cdot\text{s/m}^2=1.8\times10^{-2}\,\text{cP}$

물: $1.0\times10^{-3}\,\text{N}\cdot\text{s/m}^2=1\text{cP}$

11. $F=\frac{\mu UA}{H}=\frac{1.5\times0.3\times(0.4\times0.4)}{0.002}=36(\text{N})$

12. (1) $1\,\text{m}^2/\text{s}=(100\text{cm})^2/\text{s}=10^4\,\text{cm}^2/\text{s}=10^4\,\text{St}=10^6\,\text{cSt}$

(2) 공기: $1.51\times10^{-5}\,\text{m}^2/\text{s}=15\,\text{cSt}$

물: $1.01\times10^{-6}\,\text{m}^2/\text{s}=1.01\,\text{cSt}$

† 물의 점성계수와 동점성계수는 약 1cP, 1cSt이다.

13. $\tau=\mu\frac{U}{H}$에서 $U=\frac{\tau H}{\mu}=\frac{30\times0.004}{0.02}=6(\text{m/s})$

14. 연습문제 (10)에서 $1\,\text{N}\cdot\text{s/m}^2=10\,\text{Poise}$

$\therefore\ 0.016\,\text{Poise}=0.0016\,\text{N}\cdot\text{s/m}^2$

15. $\nu=\frac{\mu}{\rho}=\frac{\tau}{du/dy}\times\frac{1}{\rho}=\frac{ML^{-1}T^{-2}}{T^{-1}}\times\frac{L^3}{M}=L^2T^{-1}=L^2/T$

16. (1) $\nu=\frac{\mu}{\rho}=\frac{0.4}{0.85\times1000}=4.71\times10^{-4}(\text{m}^2/\text{s})$

(2) $\tau=\mu\frac{du}{dr}=-2\mu U\times\frac{r}{R^2}$ $\therefore$ $r=0$에서 $\tau=0$

(3) 관벽($r=R$)에서 $\tau_w=-\frac{2\mu U}{R}=-\frac{2\times0.4\times5}{0.04}=-100(\text{Pa})$

17. $F=\frac{\mu UA}{H}=\frac{0.3\times10\times(1\times2)}{0.002}=3000(\text{N})$

18. $E=-\frac{\Delta P}{\Delta V/V}=-\frac{52}{(0.0095-0.01)/0.01}=1040(\text{MPa})$

19. $\Delta P=-E\times\frac{\Delta V}{V}=-1.2\times(-0.05)=0.06(\text{GPa})=60(\text{MPa})$

20. $E=-\frac{\Delta P}{\Delta V/V}=-\frac{8.65}{-0.002}=4325(\text{MPa})$

21. $\dfrac{\Delta V}{V}=-\dfrac{\Delta P}{E}=-\dfrac{3.5\times10^6}{110\times10^3\times10^4}=-3.18\times10^{-3}=-0.318\%$

22. $F=\sigma\times 2L$ 이므로 표면장력 $\sigma=\dfrac{F}{2L}=\dfrac{0.07}{2\times0.1}=0.035(\mathrm{N/m})$

표면장력이 걸리는 부분의 길이는 유체 막 두께의 양쪽 테두리 길이인 $2L$이다.

23. $\Delta P=\dfrac{2\sigma}{R}=\dfrac{2\times0.07}{0.01\times10^{-3}}=14\times10^3(\mathrm{Pa})=14(\mathrm{kPa})$

24. $\sigma=\dfrac{\Delta PR}{2}=\dfrac{2\times(0.05/2)}{2}=0.025(\mathrm{N/m})$

25. $D=\dfrac{4\sigma}{\Delta P}=\dfrac{4\times0.07}{140}=2\times10^{-3}(\mathrm{m})=2(\mathrm{mm})$

26. (1) $H=\dfrac{4\sigma\cos\beta}{\gamma D}=\dfrac{4\times0.0749\times1}{9807\times0.001}=0.0305(\mathrm{m})=30.5(\mathrm{mm})$

(2) $H=\dfrac{4\sigma\cos\beta}{\gamma D}=\dfrac{4\times0.0608\times1}{9466\times0.001}=0.0257(\mathrm{m})=25.7(\mathrm{mm})$

27. 평판을 적시고 있는 액체의 길이를 L이라 하면 상승한 액체의 무게 $W=\gamma V=\gamma(whL)$ 이고, 표면장력에 의한 수직 방향의 힘 $F=(2L\sigma)\cos\beta$

$\therefore\ \gamma whL=2L\sigma\cos\beta$에서 $h=\dfrac{2\sigma\cos\beta}{\gamma w}$

28. 표면장력 $\sigma=\dfrac{\rho ghD}{4\cos\beta}=\dfrac{996\times9.81\times0.15\times(0.2\times10^{-3})}{4\times\cos0}$

$=73.28\times10^{-3}(\mathrm{N/m})=0.07328(\mathrm{N/m})$

29. 최소지름 $D=\dfrac{4\sigma\cos\beta}{\gamma H}=\dfrac{4\times0.07\times\cos0}{9800\times0.001}=0.0286(\mathrm{m})=2.86(\mathrm{cm})$

관 지름이 2.86 cm보다 작으면 물은 1 mm보다 더 높이 상승하게 된다.

30. $h=\dfrac{4\sigma\cos\beta}{\gamma D}=\dfrac{4\times(30\times10^{-3})\times\cos10°}{(0.8\times9800)\times0.002}=7.54\times10^{-3}(\mathrm{m})=7.54(\mathrm{mm})$

$(\leftarrow\ \mathrm{dyne/cm}=10^{-5}\mathrm{N}/10^{-2}\mathrm{m}=10^{-3}\mathrm{N/m})$

31. [정답: ③]
32. [정답: ②]
33. [정답: ②]
34. [정답: ③]
35. [정답: ②]
36. [정답: ②]

37. [정답: ③] $\sigma=\dfrac{\Delta PR}{2}=\dfrac{40\times(10/2)}{2}=100(\mathrm{kgf/mm})$

38. (1) $\nu=\dfrac{\mu}{\rho}=\dfrac{0.6\times10^{-3}}{800}=7.5\times10^{-7}(\mathrm{m^2/s})$

(2) $\tau=\mu\dfrac{V}{H}=(0.6\times10^{-3})\times\dfrac{0.4}{0.25\times10^{-3}}=0.96(\mathrm{N/m^2})=0.96(\mathrm{Pa})$

39. [정답: ③] 뉴턴의 점성법칙은 유체에 작용하는 전단응력과 속도구배(속도기울기)가 비

례한다는 것으로, 이때 비례상수가 점성계수이다.

40. 단위중량(비중량) $\gamma=200$, 비중 $S=0.2$

41. [정답: ③] 하부 판을 고정했다고 생각하면 고정된 하부 판에 대한 상부 판의 상대속도 $V=V_L+V_U$이다.

$$F=\tau A=\mu\frac{V}{H}A=\mu\frac{(V_L+V_U)}{H}\times A$$

42. [정답: ③] 평판의 위 면에는 $F_1=\mu\frac{V}{h_1}A$, 아래 면에는 $F_2=\mu\frac{V}{h_2}A$의 전단력이 작용한다. 따라서 평판에 작용하는 총 힘(F)은 다음과 같다.

$$F=\mu\frac{V}{h_1}A+\mu\frac{V}{h_2}A=\mu\left(\frac{1}{h_1}+\frac{1}{h_2}\right)VA$$

▎연습문제 5.2

1. $F=PA=(P_0+\gamma h)A=(100+9.8\times 20)\times\frac{\pi\times(0.8)^2}{4}=148.8(\text{kN})$

2. $P=\gamma h=(13.6\times 9.8\text{kN/m}^3)\times 0.74\text{m}=98.6\text{kN/m}^2=98.6(\text{kPa})$

3. $P=P_{air}+\gamma h=80+(0.9\times 9.8)\times 4=115.28\ (\text{kPa})$

4. $P-P_0=\gamma h=(0.8\times 9.8)\times 10=78.4(\text{kPa})$

5. $P-P_0=\gamma h=\gamma_w Sh \quad \therefore\ S=\frac{P_g}{\gamma_w h}=\frac{39.2}{9.8\times 5}=0.8$

6. • 계기압력 $P_{gage}=\rho gh=1200\times 9.8\times 0.4=4704(\text{Pa})=4.704(\text{kPa})$

• 절대압력 $P_{abs}=P_0+P_{gage}=100+4.704=104.704\ (\text{kPa})$

7. $P_{gage}=\gamma_{Hg}h=(13.6\times 9.8)\times 0.8=106.6(\text{kPa})$

8. $F=\gamma h_c A=(0.85\times 9.8)\times\frac{4}{2}\times(4\times 4)=266.56(\text{kN})$

9. $P=\gamma h=10.1\frac{\text{kN}}{\text{m}^3}\times(4\times 10^3\text{m})=40.4\times 10^3\frac{\text{kN}}{\text{m}^2}=40.4\text{MPa}$

10. $F=\gamma h_c A=9800\times\frac{0.5}{2}\times(0.3\times 0.5)=367.5(\text{N})$

물에 접하고 있는 부분은 $30\text{cm}\times 50\text{cm}$의 면이다.

11. $294-9800\times V=49 \quad \therefore\ V=0.025(\text{m}^3)$

$$S=\frac{\gamma}{\gamma_w}=\frac{W/V}{\gamma_w}=\frac{294/0.025}{9800}=1.2$$

12. 공기 중 무게$=F_B+$물속 무게$=9.8\times 0.2+4=5.96(\text{kN})$

13. [정답: ①]

14. [정답: ④]

15. [정답: ③]

16. [정답: ①] $\gamma_w \times \left(3+\frac{6}{2}\right)\times(6\times b)=1800$, $\gamma_w=10\,\text{kN/m}^3$ $\therefore$ $b=5\text{m}$.

17. [정답: ③] $\gamma_w \times (40\times 15\times h)=3000\times 10^3$, $\gamma_w=1000\,\text{kgf/m}^3$ $\therefore$ $h=5\text{m}$.

18. [정답: ③]

19. [정답: ④]

20. [정답: ②]

21. [정답: ③]

22. [정답: ③] U자형 관의 단면적이 0.1m^2이므로 관에서의 기름의 높이

$$H=\frac{V}{A}=\frac{0.05}{0.1}=0.5\,(\text{m})$$

이다. 그림에서 두 지점 1, 2에서의 압력은 같으므로 h는 다음과 같다.

$$P_0+\gamma H=P_0+\gamma_w(H-h)$$

$$H-h=\frac{\gamma}{\gamma_w}H$$

$$\therefore\ h=\left(1-\frac{\gamma}{\gamma_w}\right)H=(1-0.8)\times 0.5=0.1\,(\text{m})$$

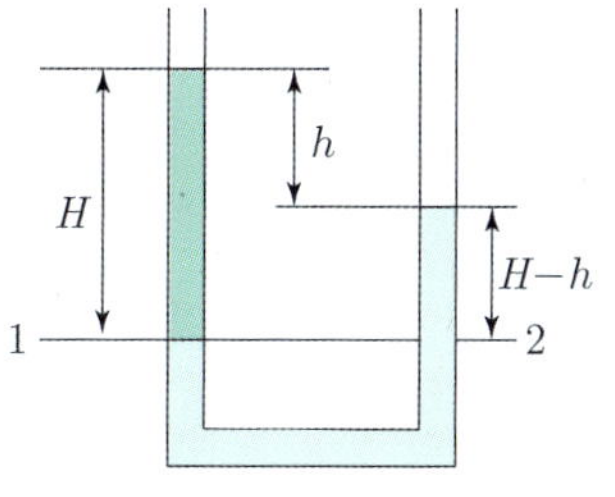

23. [정답: ③] 물속에서의 물체의 무게는 그 물체가 받는 부력만큼 가벼워진다. 여기에서 물체가 완전히 물속에 잠겨 있으므로 부피 V인 물체가 받는 부력 $F_B=\gamma_w V$이다. 따라서 다음과 같이 물체의 공기 중에서의 무게(W)가 구해진다.

$$W-F_B=50\,(\text{N})$$

$$\therefore\ W=50+F_B=50+\gamma_w V=50+9800\times(0.1)^3=59.8\,(\text{N})$$

24. 피스톤 A와 B의 단면적은 각각 $A_A=10^{-2}\text{m}^2$, $A_B=10^{-1}\text{m}^2$이고, 피스톤 B에 가해지는 힘 $F_B=1{,}000\text{kN}$이다.

(1) 피스톤 A에 가해진 힘 F_A[kN]: 파스칼의 원리에 의해 피스톤 A와 B의 바닥에서의 압력은 같다.

$$P=\frac{F_A}{A_A}=\frac{F_B}{A_B}$$

$$\therefore \quad F_A = \left(\frac{A_A}{A_B}\right)F_B = \left(\frac{10^{-2}\text{m}^2}{10^{-1}\text{m}^2}\right)\times 1000\text{kN} = 100\text{kN}$$

(2) 레버 C에 가하여야 하는 힘 F_C[kN]: D점에 대해 모멘트 평형원리를 적용하면

$$F_C \times (4l) = F_A \times (l)$$

$$\therefore \quad F_C = \left(\frac{l}{4l}\right)\times F_A = \frac{1}{4}\times 100\text{kN} = 25\text{kN}$$

25. (1) A-B면에 작용하는 힘(F_{AB}): 일정한 깊이에 놓여있는 A-B면에서는 압력이 일정하다. 수심 h에서의 압력 $P=\gamma h$이고 판의 면적 $A=bh$이므로

$$F_{AB} = PA = (\gamma h)(bh) = \gamma bh^2$$

(2) B-C면에 작용하는 힘(F_{BC}): B-C면은 수직으로 서있는 평판이다. 수면으로부터 B-C 면의 도심까지 거리

$$h_c = h + \frac{h}{2} = \frac{3h}{2}$$

이고, 판의 면적 $A=bh$이므로

$$F_{BC} = \gamma h_c A = \gamma\left(\frac{3h}{2}\right)(bh) = \frac{3}{2}\gamma bh^2$$

26. [정답: ②] 물체의 무게(W): 물체의 비중량 $\gamma = S\gamma_w$, 부피 V로 하면

$$W = \gamma V = (S\gamma_w V) = (0.3\times 9.8)\cdot(3\times 3\times 5) = 132.3\,(\text{kN})$$

S는 물체의 비중이고, 물의 비중량 $\gamma_w = 9.8\text{kN/m}^3$이다.

• 부력(F_B): 방형물체가 담수에 잠기는 총 깊이를 $h\,(\text{m})$라 하면

$$F_B = \gamma_w\cdot(3\times 5\times h) = (9.8)\cdot(3\times 5\times h) = 147h\,(\text{kN})$$

• 여기에서 부력(F_B)은 물체의 무게(W)와 방형물체의 상부에 적재된 중량물의 무게 (W_L)의 합과 같으므로 다음과 같이 h가 구해진다.

$$F_B = W + W_L$$

$$147h = 132.3 + 88.2 \quad \therefore \quad h = \frac{220.5}{147} = 1.5\,(\text{m})$$

27. [정답: ②] 잠긴 부분의 부피가 같으면 부력이 같다. 부력은 물체가 밀어낸 유체무게와 같다.

28. [정답: ④] 압력은 수심에 비례한다. 깊이 h에서 압력 $P_1 = \gamma_1 h$이고, 수문의 바닥에서 압력 $P_2 = P_1 + \gamma_2 h = \gamma_1 h + \gamma_2 h$이므로 수문에 작용하는 압력분포는 그림과 같다. 여기에서 수문의 단위 폭에 작용하는 압력 힘(f)은 그림의 면적이 된다.

$$f = \frac{1}{2}\gamma_1 h^2 + \frac{1}{2}[\gamma_1 h + (\gamma_1 h + \gamma_2 h)]h \ = \frac{1}{2}(3\gamma_1 + \gamma_2)h^2$$

따라서 폭 $b=5\text{m}$의 수문이 받는 전체 압력 힘(F)은

$$F = fb = \frac{1}{2}(3\gamma_1 + \gamma_2)bh^2 = \frac{1}{2}(3S_1 + S_2)\gamma_w bh^2 = \frac{1}{2}(3 + 1.6)\gamma_w bh^2$$

$$= \frac{4.6}{2} \times 1 \times 5 \times 2^2 = 46(\text{t})$$

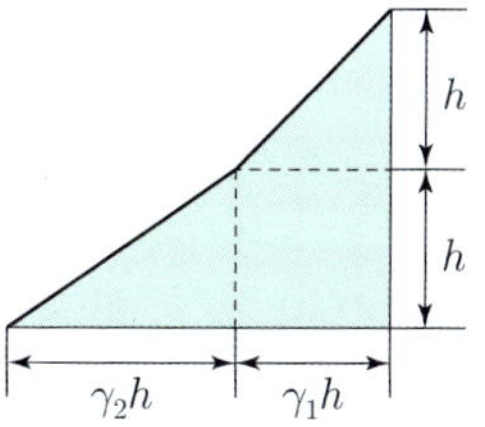

29. [정답: ④] 단면적 A_1의 피스톤에 작용하는 힘을 P라고 하면 레버의 힌지 C에 대한 모멘트 평형으로부터

$$P \times 3 = F \times (27 + 3) \quad \therefore \quad P = 10F = 300\text{kgf}$$

이고, 유압기 내에서 파스칼의 원리를 적용하면

$$p = \frac{P}{A_1} = \frac{W}{A_2} \quad \therefore \quad W = \frac{A_2}{A_1}P = \left(\frac{5}{2.5}\right)^2 \times 300 = 1{,}200(\text{kgf})$$

30. [정답: ③] 물체의 부피를 V라 하면

$$(\text{물체 무게}) + (\text{장력}) = (\text{부력})$$

$$\rho g V + T = \frac{2}{3}V \times (5\rho g) \quad \therefore \quad T = \frac{7}{3}(\rho g V) = \frac{7}{3}F$$

(물체 무게)는 물체에 작용하는 중력(F)이다.

31. [정답: ④] 금속덩어리에 작용하는 중력은 같고, 부력은 (가)가 (나)보다 크다.

32. 수문의 길이 l=2m, 폭 b=2m, 수로의 자유표면 높이 h=3m이다.

(1) 수문에 작용하는 압력 $p(\text{N/m}^2)$: 자유표면으로부터 h=3m 아래 지점의 압력과 같으므로

$$p = \rho g h = 1000 \times 9.8 \times 3 = 29{,}400(\text{N/m}^2)$$

(2) 정수력 F_h(N): 수평으로 놓여있는 수문에 작용하는 압력이 균일하므로

$$F_h = pA = pbl = 29{,}400 \times 2 \times 2 = 117{,}600(\text{N})$$

(3) 수문이 열리지 않게 하기 위한 최소의 힘 F(N): 힌지에 대한 모멘트 평형 ($\sum M_{\text{힌지}} = 0$)을 적용하면

$$F \times 2 - F_h \times 1 = 0$$

$$\therefore \quad F = \frac{1}{2}F_h = \frac{1}{2} \times 117{,}600 = 58{,}800(\text{N})$$

❙ 연습문제 5.3

1. (1) $\frac{\partial V}{\partial t}=0,\ \frac{\partial V}{\partial s}=0$ (2) $\frac{\partial V}{\partial t}\neq 0,\ \frac{\partial V}{\partial s}=0$

(3) $\frac{\partial V}{\partial t}=0,\ \frac{\partial V}{\partial s}\neq 0$ (4) $\frac{\partial V}{\partial t}\neq 0,\ \frac{\partial V}{\partial s}\neq 0$

2. $[V]=L/T,\ [D]=L,\ [\nu]=L^2/T\ \ \therefore\ [Re]=[VD/\nu]=1$ (무차원수)

3. $Re=\frac{VD}{\nu}=\frac{12\times 0.5}{1.5\times 10^{-5}}=4\times 10^5$

4. $Re=\frac{VD}{\nu}=\frac{0.2\times(2\times 0.5)}{1.01\times 10^{-6}}=1.98\times 10^5$

5. $V=\frac{\nu Re}{D}=\frac{(3\times 10^{-4})\times 2000}{0.2}=3\,(\mathrm{m/s})$

6. $Re=\frac{VD}{\nu}=\frac{VD}{\mu/\rho}=\frac{\rho VD}{\mu}=\frac{1.2\times 10\times 0.6}{1.8\times 10^{-5}}=4\times 10^5$

7. $M=\frac{V}{c}=\frac{300\times 1000/3600}{340}=0.245$

8. $t=\frac{s}{V}=\frac{s}{Mc}=\frac{450\times 1000}{0.2\times 340}\times\frac{1}{3600}=1.838\,(\mathrm{hr})$

9. $V=Mc=M\sqrt{kRT}=1.5\times\sqrt{1.4\times 287\times(273-30)}=468.7\,(\mathrm{m/s})$

10. $M=\frac{V}{c}=\frac{V}{\sqrt{kRT}}=\frac{300}{\sqrt{1.4\times 287\times(273-20)}}=0.94<1$ (아음속비행기)

11. (1) $Q=AV=\frac{\pi D^2}{4}\times V=\frac{\pi\times(0.2)^2}{4}\times 5=0.157\,(\mathrm{m^3/s})$

(2) $\dot{m}=\rho AV=\rho Q=(0.8\times 1000)\times 0.157=125.6\,(\mathrm{kg/s})$

(3) $G=\gamma AV=\gamma Q=(0.8\times 9800)\times 0.157=1230.9\,(\mathrm{N/s})$

12. $\dot{m}=\rho AV=\frac{P}{RT}\times AV=\frac{P}{RT}\times\frac{\pi D^2}{4}\times V$

$$=\frac{150}{0.287\times(273+20)}\times\frac{\pi\times(0.5)^2}{4}\times 10=3.5\,(\mathrm{kg/s})$$

13. $V=\frac{Q}{A}=\frac{Q}{\pi D^2/4}=\frac{4Q}{\pi D^2},\ \nu=\frac{\mu}{\rho}\ \ \therefore\ Re=\frac{VD}{\nu}=\frac{(4Q/\pi D^2)D}{\mu/\rho}=\frac{4\rho Q}{\pi\mu D}$

14. $V=\frac{G}{\gamma A}=\frac{G}{\rho g(\pi D^2/4)}=\frac{4G}{\pi D^2\rho g},\ \nu=\frac{\mu}{\rho}$

$$\therefore\ Re=\frac{VD}{\nu}=\frac{(4G/\pi D^2\rho g)D}{\mu/\rho}=\frac{4G}{\pi\mu g D}$$

15. $Q=A_1V_1=A_2V_2\ \ \therefore\ V_2=\frac{A_1}{A_2}V_1=\left(\frac{D_1}{D_2}\right)^2V_1=\left(\frac{5}{8}\right)^2\times 8=3.125\,(\mathrm{m/s})$

$Q=A_1V_1=\frac{\pi\times(0.05)^2}{4}\times 8=0.0157\,(\mathrm{m^3/s})$ ($\because$ 유량은 같다.)

16. $V_1 = \dfrac{Q}{A_1} = \dfrac{Q}{\pi D_1^2/4} = \dfrac{4\times 0.05}{\pi\times(0.4)^2} = 0.398(\text{m/s})$

$V_2 = \dfrac{Q}{A_2} = \dfrac{Q}{\pi D_2^2/4} = \dfrac{4\times 0.05}{\pi\times(0.2)^2} = 1.592(\text{m/s})$

17. $V = \dfrac{\dot{m}}{\rho A} = \dfrac{\dot{m}}{\rho(\pi D^2/4)} = \dfrac{50}{1000\times\pi\times(0.3)^2/4} = 0.707(\text{m/s})$

18. $\dot{m} = \rho A V = \dfrac{P_{abs}}{RT}\times A V = \dfrac{P_{atm}+P_{gage}}{RT}\times\dfrac{\pi D^2}{4}\times V$

$= \dfrac{40+100}{0.287\times(273+20)}\times\dfrac{\pi\times(0.2)^2}{4}\times 50 = 2.615(kg/s)$

19. 톨 게이트에서는 고속도로 이용료를 지불하기 위해 차를 천천히 운행해야 한다. 즉, 속도가 느리므로 면적을 크게(여러 차선으로) 해야 고속도로 전체의 차량 소통이 원활해진다.

20. $Q = AV$이므로 폭이 좁은 곳(면적이 작은 곳)에서는 유속이 크게 된다.

21. $Q = A_1 V_1 = A_2 V_2$에서 $V_2 = \dfrac{A_1}{A_2}V_1 = \left(\dfrac{D_1}{D_2}\right)^2 V_1 = \left(\dfrac{2}{3}\right)^2 V_1 = \dfrac{4V_1}{9}$

$\therefore\ V_1 : V_2 = 9 : 4$

22. 반지름 5cm 관: $V_1 = \dfrac{Q}{A_1} = \dfrac{Q}{\pi D_1^2/4} = \dfrac{0.01}{\pi\times 0.05^2/4} = 5.09(\text{m/s})$

반지름 15cm 관: $V_2 = \dfrac{Q/2}{A_2} = \dfrac{Q/2}{\pi D_2^2/4} = \dfrac{0.01/2}{\pi\times 0.15^2/4} = 0.283(\text{m/s})$

23. $V = \dfrac{Q}{A} = \dfrac{180/60}{0.04} = 75(\text{m/s})$

24. $D_2 = 2D_1$이므로 $V_2 = V_1/4 = 2(\text{m/s})$이고, 수평관에서 $z_1 = z_2$이므로

$$\frac{P_1}{\gamma}+\frac{V_1^2}{2g} = \frac{P_2}{\gamma}+\frac{V_2^2}{2g}$$

$\therefore\ P_2 - P_1 = \dfrac{\gamma(V_1^2 - V_2^2)}{2g} = \dfrac{\rho(V_1^2 - V_2^2)}{2} = \dfrac{1000\times(8^2-2^2)}{2}(\text{Pa}) = 30(\text{kPa})$

25. $\dfrac{P_1}{\gamma}+\dfrac{V_1^2}{2g}+z_1 = \dfrac{P_2}{\gamma}+\dfrac{V_2^2}{2g}+z_2$로부터

$$V_2^2 = V_1^2 + \frac{2(P_1-P_2)}{\rho} + 2g(z_1 - z_2)$$

$$= 6^2 + \frac{2\times(120-110)\times 10^3}{1000} + 2\times 9.8\times(-2)$$

$$= 16.8(\text{m}^2/\text{s}^2)$$

$$\therefore\ V_2 = \sqrt{16.8} = 4.1(\text{m/s})$$

26. $V = \sqrt{\dfrac{2(P_2-P_1)}{\rho}} = \sqrt{\dfrac{2(80-20)\times 10^3}{1000}}\ (\text{m/s}) = 10.95(\text{m/s})$

27. $V=\sqrt{2gh}=\sqrt{2\times9.8\times2}=6.26(\text{m/s})$

$Q=AV=\dfrac{\pi D^2}{4}\times V=\dfrac{\pi\times0.05^2}{4}\times6.26=0.0123(\text{m}^3/\text{s})$

28. $V_2=\dfrac{A_1}{A_2}V_1=\dfrac{50}{150}\times9=3(\text{m/s})$이고, 수평관에서 $z_1=z_2$이므로

$$\frac{P_1}{\gamma}+\frac{V_1^2}{2g}=\frac{P_2}{\gamma}+\frac{V_2^2}{2g}$$

$$\therefore\ P_2=P_1+\frac{\rho(V_1^2-V_2^2)}{2}=110+\frac{1000\times(9^2-3^2)}{2}\times\frac{1}{1000}(\text{kPa})=146(\text{kPa})$$

29. 베르누이 방정식 $\dfrac{P_1}{\gamma}+\dfrac{V_1^2}{2g}+z_1=\dfrac{P_2}{\gamma}+\dfrac{V_2^2}{2g}+z_2$에서 $z_1=z_2$, $V_1=0$을 대입하면

$$V_2=\sqrt{\frac{2(P_1-P_2)}{\rho}}=\sqrt{\frac{2(300-100)\times10^3}{1.2}}(\text{m/s})=577.4(\text{m/s})$$

30. (1) $V=\sqrt{2gh(\dfrac{\gamma_0}{\gamma}-1)}=\sqrt{2\times9.8\times0.2\times(\dfrac{9800}{11.8}-1)}(\text{m/s})=57.02(\text{m/s})$

(2) $V=\sqrt{2gh(\dfrac{\gamma_0}{\gamma}-1)}=\sqrt{2\times9.8\times0.2\times(\dfrac{132.8}{9.8}-1)}(\text{m/s})=7.01(\text{m/s})$

31. $V_2=\dfrac{A_1}{A_2}V_1=\left(\dfrac{D_1}{D_2}\right)^2V_1=\left(\dfrac{10}{40}\right)^2\times8=0.5(\text{m/s})$이고, 수평관 $z_1=z_2$이므로

$$\frac{P_1}{\gamma}+\frac{V_1^2}{2g}=\frac{P_2}{\gamma}+\frac{V_2^2}{2g}$$

$$\therefore\ P_2=P_1+\frac{\rho(V_1^2-V_2^2)}{2}=150+\frac{800\times(8^2-0.5^2)}{2}\times\frac{1}{1000}(\text{kPa})=175.5(\text{kPa})$$

32. 지름이 일정하므로 $V_2=V_1=2\text{m/s}$이고,

베르누이 방정식 $\dfrac{P_1}{\gamma}+\dfrac{V_1^2}{2g}+z_1=\dfrac{P_2}{\gamma}+\dfrac{V_2^2}{2g}+z_2$로부터

$$P_2=P_1+\gamma(z_1-z_2)=150+9\times2(\text{kPa})=168(\text{kPa})$$

33. [정답: ①]

34. [정답: ③]

35. [정답: ①] MKS 단위계로 통일하여 계산한다. 관 지름 $D=10\text{cm}=10^{-1}\text{m}$, 유체의 동점성계수 $\nu=1.3\times10^{-6}\text{m}^2/\text{s}$, 임계 레이놀즈수는 $Re_c=2000$이다.

최대 평균유속을 V로 하면 원관에서 레이놀즈수의 정의로부터

$$Re_c=\frac{VD}{\nu}$$

$$\therefore\ V=\frac{\nu Re_c}{D}=\frac{(1.3\times10^{-6})\times(2\times10^3)}{10^{-1}}=2.6\times10^{-2}(\text{m/s})$$

36. [정답: ③]

37. [정답: ①]

38. ① $\dfrac{P}{\gamma}$ ② $\dfrac{V^2}{2g}$ ③ z

$\dfrac{P}{\gamma}+\dfrac{V^2}{2g}+z=$일정'인 베르누이 정리를 물어보는 문제이다.

39. MKS 단위계로 통일하여 계산한다. 관 지름 $D=1\text{m}$, 유속 $V=10\text{m/s}$, 동점성계수 $\nu=1.0\times10^{-6}\text{m}^2/\text{s}$이다.

$$\therefore\ Re=\frac{VD}{\nu}=\frac{10\times1}{10^{-6}}=10^7>2100$$

따라서 흐름은 난류이다.

40. 출구에서 유출되는 물만큼 급수관에서 공급해야 수위가 일정하게 유지된다. 토리첼리의 정리로부터 지름 $d=0.1\text{m}$인 출구에서의 유속 $V=\sqrt{2gh}$이다.

$$\therefore\ Q=AV=\left(\frac{\pi}{4}d^2\right)\sqrt{2gh}=\frac{3}{4}\times0.1^2\times\sqrt{2\times10\times3}=0.058(\text{m}^3/\text{s})$$

41. (1) 물의 표면 B와 C 사이에 베르누이 정리를 적용한다. B점의 속도는 0으로 가정한다.

$$\frac{P_1}{\gamma}+0+z_1=\frac{P_2}{\gamma}+\frac{v_2^2}{2g}+z_2$$

$$\frac{v_2^2}{2g}=\frac{P_1-P_2}{\gamma}-(z_2-z_1)=\frac{(1-0.2)\times10^4}{1000}-3=5(\text{m})$$

$$\therefore\ v_2=\sqrt{2\times10\times5}=10(\text{m/s})$$

(2) 유량 $Q=Av=\left(\dfrac{\pi}{4}d^2\right)v=\dfrac{3}{4}\times0.1^2\times10\times60=4.5(\text{m}^3/\text{min})$

42. [정답: ①] 마찰 손실을 무시하고 두 점 1, 2 사이에 베르누이 방정식을 적용한다. 관은 수평으로 놓여 있으므로 $z_1=z_2$이다.

$$\frac{P_1}{\gamma}+\frac{V_1^2}{2g}=\frac{P_2}{\gamma}+\frac{V_2^2}{2g}\qquad\cdots\cdots①$$

연속방정식에서 유량 $Q=A_1V_1=A_2V_2$이고, $D_1=2D_2$이므로

$$\frac{\pi}{4}D_1^2V_1=\frac{\pi}{4}D_2^2V_2$$

$$\therefore\ V_1=\left(\frac{D_2}{D_1}\right)^2V_2=\left(\frac{D_2}{2D_2}\right)^2V_2=\frac{1}{4}V_2\qquad\cdots\cdots②$$

이다. 식 ②를 식 ①에 대입하여 정리하면

$$\frac{P_1-P_2}{\gamma}=\frac{V_2^2}{2g}\left[1-\left(\frac{1}{4}\right)^2\right]=\frac{15V_2^2}{32g}$$

이므로 단면 2에서의 속도(V_2)는

$$V_2 = \sqrt{\frac{32g}{15} \times \frac{(P_1 - P_2)}{\gamma}} = \sqrt{\frac{32}{15} \times \frac{(P_1 - P_2)}{\rho}}$$

$$= \sqrt{\frac{32}{15} \times \frac{30 \times 1000}{1000}} = 8\,(\mathrm{m/s})$$

이다. 따라서 단면 1에서의 유속(V_1)은 다음과 같다.

$$V_1 = \frac{1}{4} V_2 = \frac{1}{4} \times 8 = 2\,(\mathrm{m/s})$$

43. [정답: ②] 배수관의 단면적 $A = 0.25\mathrm{m}^2$, 유량 $Q = 0.5\mathrm{m}^3/\mathrm{s}$이므로 점 A에서의 유속은

$$V_2 = \frac{Q}{A} = \frac{0.5}{0.25} = 2\,(\mathrm{m/s})$$

이다. 물탱크의 수면을 1, 점 A를 2로 하여 점 1과 2 사이에 베르누이 정리를 적용한다.

$$\frac{P_1}{\gamma} + \frac{V_1^2}{2g} + z_1 = \frac{P_2}{\gamma} + \frac{V_2^2}{2g} + z_2$$

탱크의 단면적이 관 단면적보다 아주 클 때 수면의 하강 속도 $V_1 \approx 0$이다. 그리고 $P_1 \approx 0$, $z_1 - z_2 = 30\,(\mathrm{m})$ 이므로 점 A에서의 압력은 다음과 같이 구해진다.

$$0 + 0 + z_1 = \frac{P_2}{\gamma} + \frac{V_2^2}{2g} + z_2$$

$$P_2 = \gamma(z_1 - z_2) - \frac{\rho V_2^2}{2} = 9.8 \times 1000 \times 30 - \frac{1000 \times 2^2}{2}$$

$$= 292 \times 10^3\,(\mathrm{Pa}) = 292\,(\mathrm{kPa})$$

44. 먼저 연속방정식으로부터 단면 1, 2에서의 유속을 구한다.

$$Q = A_1 V_1 = A_2 V_2$$

$$\therefore\ V_1 = \frac{Q}{A_1} = \frac{Q}{2A_2} = \frac{0.01}{2 \cdot (100 \cdot 10^{-4})} = 0.5\,(\mathrm{m/s})$$

$$V_2 = \frac{Q}{A_2} = \frac{0.01}{(100 \cdot 10^{-4})} = 1\,(\mathrm{m/s})$$ (← SI 단위로 계산한다. $1\,\mathrm{cm}^2 = 10^{-4}\mathrm{m}^2$)

다음에 1, 2 사이에 베르누이 방정식을 적용하여 단면 1에서의 압력 P_1을 구한다.

$$\frac{P_1}{\gamma} + \frac{V_1^2}{2g} + z_1 = \frac{P_2}{\gamma} + \frac{V_2^2}{2g} + z_2$$ (← 수평관이므로 $z_1 = z_2$)

$$\frac{P_1}{\gamma} = \frac{P_2}{\gamma} + \frac{V_2^2 - V_1^2}{2g}$$

$$\therefore\ P_1 = P_2 + \frac{\gamma(V_2^2 - V_1^2)}{2g} = P_2 + \frac{\rho(V_2^2 - V_1^2)}{2}$$

$$= 1 + \frac{1000 \times (1^2 - 0.5^2)}{2} \times \frac{1}{1000}\ (\mathrm{kPa}) = 1.375\,(\mathrm{kPa})$$

45. 수면으로부터 H 아래 지점과 $(H+h)$ 아래 지점 ㉠ 위치를 각각 1, 2로 한다. 수면과 1, 2 점 사이에 베르누이 정리를 각각 적용하면 두 지점에서의 유속은

$$V_1=\sqrt{2gH}\,,\quad V_2=\sqrt{2g(H+h)}$$

이다. 따라서 연속법칙으로부터 다음과 같이 ㉠ 위치에서의 물줄기 직경(D_2)이 구해진다.

$$Q=A_1V_1=A_2V_2$$

$$\frac{\pi}{4}d^2\sqrt{2gH}=\frac{\pi}{4}D_2^2\sqrt{2g(H+h)}$$

$$\therefore\ D_2=\left(\sqrt{\frac{2gH}{2g(H+h)}}\right)^{1/2}d=\left(\frac{H}{H+h}\right)^{1/4}d$$

46. 관 지름 $D=4\text{cm}$, 유량 $Q=314\text{cm}^3/\text{s}$이다. 평균유속을 V라 하면

$$Q=AV=\left(\frac{\pi}{4}D^2\right)V\quad\therefore\quad V=\frac{4Q}{\pi D^2}$$

이다. 물의 점성계수 $\mu=0.01\text{g/cm}\cdot\text{s}$이고 밀도 $\rho=1\text{g/cm}^3$이다. 주어진 값을 대입하면 레이놀즈수(Re)는 다음과 같다.

$$Re=\frac{\rho VD}{\mu}=\frac{\rho\left(4Q/\pi D^2\right)D}{\mu}=\frac{4\rho Q}{\pi D\mu}=\frac{4\times1\times314}{3.14\times4\times0.01}=10{,}000$$

이상에서 cgs 단위계를 사용하여 Re를 구하였다.

47. 마찰 손실을 무시하고 두 지점 A, B 사이에 베르누이 방정식을 적용한다. 관은 수평으로 놓여 있고 $z_A=h_A=z_2=h_B$이다.

$$\frac{P_A}{\gamma}+\frac{V_A^2}{2g}=\frac{P_B}{\gamma}+\frac{V_B^2}{2g}\qquad\cdots\cdots①$$

연속방정식에서 유량 $Q=A_AV_A=A_BV_B$이므로

$$0.3V_A=0.1V_B\quad\therefore\quad V_B=3V_A\qquad\cdots\cdots②$$

이다. 그리고 주어진 조건에서 A점과 B점의 압력 수두차가 0.8m이므로

$$\frac{P_A}{\gamma}-\frac{P_B}{\gamma}=0.8\,\text{m}\qquad\cdots\cdots③$$

이다. 식 ②, ③을 식 ①에 대입하여 정리하면

$$\frac{V_A^2}{2g}\left[1-(3)^2\right]=\frac{P_B}{\gamma}-\frac{P_A}{\gamma}=-0.8\text{m}\quad\therefore\quad\frac{V_A^2}{2g}\times8=0.8\text{m}$$

이다. 따라서 A점에서의 유속 $V_A(\text{m/s})$는 다음과 같다.

$$V_A=\sqrt{\frac{1}{8}\times2g\times(0.8\text{m})}=\sqrt{2\times9.8\left(\frac{\text{m}}{\text{s}^2}\right)\times(0.1\text{m})}$$

$$=\sqrt{2\times\frac{98}{10}\times\frac{1}{10}}\,(\text{m/s})=\frac{\sqrt{2\times98}}{10}(\text{m/s})$$

$$= \frac{\sqrt{2\times(2\times 7^2)}}{10}(\mathrm{m/s}) = 1.4(\mathrm{m/s})$$

48. (1) 연속방정식에서 $Q = \frac{\pi}{4}D_1^2 V_1 = \frac{\pi}{4}D_2^2 V_2$

$$\therefore \ V_2 = \left(\frac{D_1}{D_2}\right)^2 V_1 = \left(\frac{1}{0.5}\right)^2 \times 1.0 = 4(\mathrm{m/s})$$

(2) 단면 I, II의 중심 지점(1, 2)사이에 베르누이 정리를 적용하여 단면 II의 압력 P_2를 구한다. 수평관이므로 고도 $z_1 = z_2$이다.

$$\frac{P_1}{\gamma} + \frac{V_1^2}{2g} + z_1 = \frac{P_2}{\gamma} + \frac{V_2^2}{2g} + z_2$$

$$\therefore \ P_2 = P_1 + \frac{\gamma(V_1^2 - V_2^2)}{2g} + \gamma(z_1 - z_2)$$

$$= 10 + \frac{1000(1^2 - 4^2)}{2\times 9.8} \times \frac{1}{10^4} + 0\ (\mathrm{kgf/cm^2})$$

$$= 9.92\,(\mathrm{kgf/cm^2})$$

여기에서 $\frac{\mathrm{kgf}}{\mathrm{m^2}} = \frac{\mathrm{kgf}}{(10^2\mathrm{cm})^2} = \frac{\mathrm{kgf}}{10^4\,\mathrm{cm^2}}$이다.

49. (1) 유량 Q: 관 지름 $d_A = 20\mathrm{cm}$, 평균 유속 $V_A = 10\mathrm{m/s}$이다.

$$Q = AV = \left(\frac{\pi}{4}d_A^2\right)V_A = \left\{\frac{3.14}{4}\cdot(0.2)^2\right\}\cdot 10 = 0.314(\mathrm{m^3/s})$$

(2) 연속방정식에서 단면 A와 B에서의 유량(Q)은 같다. 물은 비압축성 유체라고 가정한다.

$$Q = \left(\frac{\pi}{4}d_A^2\right)V_A = \left(\frac{\pi}{4}d_B^2\right)V_B$$

$$\therefore \ d_B = \sqrt{\frac{V_A}{V_B}}\,d_A = \sqrt{\frac{10}{20}} \times 20 = 10\sqrt{2}\,(\mathrm{cm})$$

(3) 연속방정식에서 단면 A와 C에서의 유량(Q)은 같다. 물은 비압축성 유체라고 가정한다.

$$Q = \frac{\pi}{4}d_A^2 V_A = \frac{\pi}{4}d_C^2 V_C$$

$$\therefore \ V_C = \left(\frac{d_A}{d_C}\right)^2 V_A = \left(\frac{20}{40}\right)^2 \cdot 10 = 2.5(\mathrm{m/s})$$

50. [정답: ⑤] 문제의 그림과 같이 수평 관에 설치된 피토관에서 정압관과 피토관의 수두차($h = 2.5\,\mathrm{cm} = 0.025\mathrm{m}$)는 유체의 속도수두($v^2/2g$)와 같다.

$$h = \frac{v^2}{2g} \quad \therefore \ v = \sqrt{2gh} = \sqrt{2\times 9.8\times 0.025} = 0.7(\mathrm{m/s})$$

51. SI 단위로 통일한 안지름(D), 유속(V), 동점성계수(ν)는 다음과 같다.

$$D = 20\text{mm} = 0.02\text{m}, \quad V = 120\frac{\text{m}}{\text{min}} = 120 \times \frac{\text{m}}{60\text{s}} = 2\frac{\text{m}}{\text{s}}$$

$$\nu = 1 \times 10^{-6}\text{m}^2/\text{s}$$

이때 레이놀즈수(Re)는

$$Re = \frac{VD}{\nu} = \frac{2 \times 0.02}{1 \times 10^{-6}} = 4 \times 10^4$$

이다. 따라서 $Re > 2400$이므로 흐름은 난류이다.

52. [정답: ⑤] 연속법칙으로부터 유속을 구한다. 물은 밀도가 일정한 비압축성 유체라고 가정한다. 지름 $D_1 = 100\text{mm}$인 곳에서 유속 $V_1 = 2\text{m/s}$이고, 지름 $D_2 = 10\text{mm}$인 곳에서의 유속을 V_2라 하면 유량 $Q = AV$가 일정하므로

$$A_1 V_1 = A_2 V_2$$

$$\left(\frac{\pi}{4}D_1\right)^2 V_1 = \left(\frac{\pi}{4}D_2\right)^2 V_2$$

$$\therefore \quad V_2 = \left(\frac{D_1}{D_2}\right)^2 V_1 = \left(\frac{100}{10}\right)^2 \cdot 2 = 200(\text{m/s})$$

53. 면으로부터 오리피스까지 수직 거리 $h = 2.5\text{m}$이다. 수위가 일정하므로 토리첼리의 정리로부터 유출되는 물의 속도(v)는 다음과 같다.

$$v = \sqrt{2gh} = \sqrt{2 \times 9.8 \times 2.5} = 7(\text{m/s})$$

54. [정답: ④] cgs 단위계로 통일하여 레이놀즈수를 계산한다.

$$N_{Re} = \frac{\rho VD}{\mu} = \frac{\rho(Q/A)D}{\mu} = \frac{\rho D}{\mu} \cdot \frac{Q}{\pi D^2/4} = \frac{4\rho Q}{\pi \mu D}$$

$$= \frac{4 \cdot (1) \cdot (37.68 \times 1000/60)}{3.14 \cdot (0.01) \cdot (4)} = 20{,}000$$

따라서 $N_{Re} > 4{,}000$이므로 흐름 상태는 난류이다.

55. [정답: ②] $Re = \dfrac{VD}{\nu} \quad \therefore \quad V = \dfrac{\nu Re}{D} = \dfrac{0.01 \times 2300}{5} = 4.6(\text{cm/s})$

56. [정답: ③] 관 중심부에서 유속이 최대가 되므로

$$\frac{v_{\max}^2}{2g} = H \quad \therefore \quad v_{\max} = \sqrt{2gH}$$

이고, 평균유속은 $v_{avg} = \dfrac{1}{2}v_{\max}$이므로 유량($Q$)은 다음과 같다

$$Q = Av_{avg} = \frac{\pi}{4}D^2 \times \frac{1}{2}\sqrt{2gh} = \frac{3.14}{4} \times 0.4^2 \times \frac{1}{2}\sqrt{2 \times 10 \times 0.2}$$

$$= 0.1256(\text{m}^3/\text{s}) = 125.6(\text{L/s})$$

여기에서 $1\text{L} = 1000\text{cm}^3$이고, $1\text{m}^3 = (10^2\text{cm})^3 = 10^6\text{cm}^3 = 10^3\text{L}$

57. [정답: ④] 연속법칙에서

$$V_2 = \frac{A_1}{A_2} V_1 = 0.5 \times 2 = 1(\text{m/s})$$

이고, 베르누이정리로부터

$$P_2 = P_1 + \frac{\gamma}{2g}(V_1^2 - V_2^2) = 30 + \frac{10}{2 \times 10}(2^2 - 1^2) = 31.5(\text{kPa})$$

γ의 단위가 kN/m^3이므로 압력의 단위가 kPa이 된다.

58. 기름 깊이 $H = 10\text{m}$, 물깊이 $h = 5\text{m}$이다. 기름의 비중 $S = 0.5$이고, 물의 비중량을 γ_w라 하면 기름의 비중량 $\gamma = \gamma_w S$이다. 이때 기름 층의 바닥(기름과 물의 경계면)에서의 압력(P_1)은

$$P_1 = \gamma H = \gamma_w S H \qquad \cdots\cdots ①$$

이다. 기름과 물의 경계면(1)과 아래 관 출구(2) 사이에 베르누이 정리를 적용한다. 대기압을 고려하지 않으므로 $P_2 = 0$이다.

$$\frac{P_1}{\gamma_w} + \frac{V_1^2}{2g} + z_1 = 0 + \frac{V_2^2}{2g} + z_2 \qquad \cdots\cdots ②$$

여기에서 관 직경이 탱크 직경보다 아주 작을 때 수면의 하강 속도 $V_1 \approx 0$이므로 식 ②는

$$\frac{\gamma_w S H}{\gamma_w} + 0 + z_1 = \frac{V_2^2}{2g} + z_2$$

$$\frac{V_2^2}{2g} = (z_1 - z_2) + SH$$

가 된다. 여기에서 $z_1 - z_2 = h$이므로

$$\frac{V_2^2}{2g} = h + SH$$

$$\therefore \quad V_2 = \sqrt{2g(h+SH)} = \sqrt{2 \cdot 9.8(5 + 0.5 \cdot 10)} = 14(\text{m/s})$$

59. 단면 1과 2의 중심점에 대해 베르누이 정리를 적용한다.

$$\frac{P_1}{\gamma} + \frac{V_1^2}{2g} + z_1 = \frac{P_2}{\gamma} + \frac{V_2^2}{2g} + z_1 \qquad \cdots\cdots ①$$

여기에서 $z_1 = z_2$이고, 위치 1에서의 속도를 무시하면($V_1 = 0$)

$$\frac{V_2^2}{2g} = \frac{P_1 - P_2}{\gamma}$$

$$\therefore \quad V_2 = \sqrt{\frac{2(P_1 - P_2)}{\rho}} \qquad \cdots\cdots ②$$

이다. 마노미터에서 수두 차이 $h = 32\text{mm} = 3.2\text{cm}$일 때 압력차이

$$P_1 - P_2 = \rho g h \qquad \cdots\cdots ③$$

이고, 식 ③을 ②에 대입하면 다음과 같이 유속 V_2가 구해진다.

$$V_2 = \sqrt{\frac{2(P_1 - P_2)}{\rho}} = \sqrt{\frac{2\rho gh}{\rho}} = \sqrt{2gh}$$
$$= \sqrt{2 \times (10 \times 100) \times (3.2)} = 80(\text{cm/s})$$

따라서 위치 2에서의 안지름 D_2 =20mm=2cm이므로 질량유량 $\dot{m}$[g/s]은 다음과 같다.

$$\dot{m} = \rho A_2 V_2 = \rho \times \frac{\pi}{4} D_2^2 \times V_2 = 1 \times \frac{3}{4} \times (2)^2 \times 80 = 240[\text{g/s}]$$

† 여기에서 cgs 단위(cm, g, s)로 환산하여 계산하였다.

차원과 SI 단위

M, L, T, Θ는 각각 질량, 길이, 시간, 절대온도를 나타낸다.

표 차원과 SI 단위

물리량	차원	SI 단위
면적 A	L^2	m^2
부피 V	L^3	m^3
속도 v	L/T	m/s
가속도 a	L/T^2	m/s^2
각속도 ω	$1/T$	1/s
힘 F	ML/T^2	$kg \cdot m/s^2$ 또는 N(Newton)
밀도 ρ	M/L^3	kg/m^3
비중량 γ	M/L^2T^2	N/m^3
주파수 f	$1/T$	1/s 또는 Hz
압력 P	M/LT^2	N/m^2 또는 Pa(Pascal)
응력 σ, τ	M/LT^2	N/m^2 또는 Pa(Pascal)
표면장력 σ	M/T^2	N/m, kg/s^2
일 W	ML^2/T^2	$N \cdot m$ 또는 J(Joule)
에너지 E	ML^2/T^2	$N \cdot m$ 또는 J(Joule)
열전달률 $\dot{Q}$	ML^2/T^3	J/s
토크(모멘트) T	ML^2/T^2	$N \cdot m$
동력 P	ML^2/T^3	J/s 또는 W(Watt)
체적유량 Q	L^3/T	m^3/s
질량유량 $\dot{m}$	M/T	kg/s
중량유량 G	ML/T^3	N/s
비열 c	$L^2/T^2\Theta$	$J/kg \cdot K$
기체상수 R	$L^2/T^2\Theta$	$J/kg \cdot K$
점성계수 μ	M/LT	$N \cdot s/m^2$, $Pa \cdot s$
동점성계수 ν	L^2/T	m^2/s

단위 변환

- 길이: $1mm = 0.0394\,inch$; $1m = 3.281\,ft$; $1\,km = 0.622\,mile$; $1\,mile = 5280\,ft$

  $1\,inch = 2.54\,cm$; $1\,ft = 12\,inch = 0.3048\,m$; $1\,yard = 0.9144\,m$
- 면적: $1m^2 = 10.76\,ft^2$; $1mm^2 = 0.00155\,inch^2$
- 체적: $1m^3 = 10^3\ell = 35.31\,ft^3$; $1\,\ell = 10^3\,cm^3 = 10^{-3}\,m^3$
- 질량: $1kg = 0.0685\,slug$; $1\,slug = 14.59\,kg$; $1\,ton = 1000\,kg$
- 중력가속도: $g = 9.80665\,m/s^2 = 32.174\,ft/s^2$
- 힘: $1N = 10^5\,dyne$; $1\,N = 0.2248\,lb$; $1kgf = 9.80665\,N$; $1\,lb = 4.448\,N$
- 점성계수: $1\,Pa \cdot s = 1\,N \cdot s/m^2 = 10\,poise = 0.02089\,lb \cdot s/ft^2$

  $1\,poise = 1g/cm \cdot s = 1\,dyne \cdot s/cm^2 = 0.1\,kg/m \cdot s$

  $1\,poise = 0.1\,N \cdot s/m^2 = 0.1\,Pa \cdot s = 100\,cP$
- 밀도: $1\,kg/m^3 = 0.00194\,slug/ft^3$
- 에너지: $1J = 1N \cdot m = 0.7375\,ft \cdot lb$; $1J = 10^7\,erg$; $1cal = 4.1860\,J$(exactly)
- 유량: $1\,m^3/s = 10^6 cm^3/s = 1000\ell/s = 35.31\,ft^3/s$; $1\,\ell/s = 10^{-3}\,m^3/s$
- 동점성계수: $1\,m^2/s = 10^4\,stoke = 10.76\,ft^2/s$

  $1\,stoke = 1cm^2/s = 10^{-4}\,m^2/s = 100\,cSt$
- 동력: $1W = 1J/s = 0.7375\,ft \cdot lb/s$; $1kW = 1.341\,hp = 737.5\,ft \cdot lb/s$

  $1\,PS = 75\,kgf \cdot m/s = 735.5\,W$; $1\,hp = 746\,W$; $1hp = 550\,lb \cdot ft/s$
- 압력: $1\,bar = 10^5\,Pa = 100kPa = 0.987\,atm$; $1kN/m^2 = 1\,kPa = 0.145\,psi$

  $1mm\,H_2O = 9.807\,Pa$; $1mmHg = 0.0394\,inch\,Hg = 133.3\,Pa$

  $1\,atm = 760\,mmHg = 101.325\,kPa = 1.01325\,bar = 14.70\,psi$
- 비열, 기체상수: $1\,J/kg \cdot K = 5.98\,ft \cdot lb/slug \cdot R$
- 비체적: $1\,m^3/kg = 515.5\,ft^3/slug$
- 비중량: $1\,N/m^3 = 0.006365\,lb/ft^3$
- 온도 차이(ΔT): $1\,℃ = 1\,K = 1.8\,°F = 1.8\,R$
- 속도: $1\,m/s = 3.281\,ft/s = 3.60\,km/h = 2.28\,mile/h$; $1knot = 0.5155\,m/s$

  [ℓ = liter = 1000 cc = $1000\,cm^3$; ft = foot; lb = pound force; psi = $lb/inch^2$]

참고문헌

1. 교육부, 공업역학, 대한교과서(주), 1999.
2. 권진회 외 공역, Meriam & Kraige 저, 정역학, 범한서적(주), 2006.
3. 김영탁 외 공역, Riley & Sturges 저, 정역학, 사이텍미디어, 1998.
4. 박정선 외 공역, J. M. Gere & B. J. Goodno 저, 재료역학, 교보문고, 2011.
5. 서상호 외 공역, R. W. Fox, P. J. Pritchard, A. T. McDonald 저, 유체역학, 텍스트북스, 2009.
6. 유주식, 기계공학 기초이론, 경문사, 2011.
7. 유주식, 알기 쉽게 설명한 기계설계기초, 교육과학사, 2012.
8. 유주식, 쉽게 배우는 기계공학개론, 교육과학사, 2013.
9. 윤순현 외 공역, Munson, Young, Okiishi, Huebscj 저, 유체역학, 교보문고, 2011.
10. 이장무 역, Beer & Johnston 저, vector-동역학, 희중당, 1993.
11. 이장무 외 공역, Meriam & Kraige 저, 동역학, 범한서적(주), 2001.
12. 이택식, 유정열 공역, R. L. Street 외 공저, 유체역학, 범한서적, 1997.
13. D. Halliday, R. Resnick & J. Walker, Fundamentals of Physics, John Willey & Sons, Inc., 1993.
14. M. Browne, Physics for Engineering and Science, Schaum's Outlines, Mcgraw Hill, 2010.
15. M. Potter & D. Wiggert, Fluid Mechanics, Schaum's Outlines, Mcgraw Hill, 2008.
16. R. V. Giles & J. B. Evett, Fluid Mechanics and Hydaulics, Schaum's Outlines, Mcgraw Hill, 1994.
17. W. A. Nash, Strength of Materials, Schaum's Outline Series, Mcgraw Hill, 1980.
18. 사이버국가고시센터(www.gosi.go.kr)
19. 서울특별시 인재개발원(hrd.seoul.go.kr)
20. 한국교육과정평가원(www.kice.re.kr)

찾아보기

ㅂ

ㅅ

ㅇ

ㅈ

ㅊ

ㅋ

ㅌ

ㅍ

ㅎ

기타

기계공학 핵심역학 제2판

지은이 유주식
펴낸이 조경희
펴낸곳 경문사
펴낸날 2019년 3월 5일 1판 1쇄
2023년 3월 2일 2판 1쇄
등 록 1979년 11월 9일 제1979-000023호
주 소 04057, 서울특별시 마포구 와우산로 174
전 화 (02)332-2004 팩스 (02)336-5193
이메일 kyungmoon@kyungmoon.com

값 32,000원

ISBN 979-11-6073-567-3